HANDBUCH
PORSCHE 911
TYP 964

Alle Varianten von 1989 bis 1994

Impressum

HEEL Verlag GmbH
Gut Pottscheidt
53639 Königswinter
Tel.: 02223 9230-0
Fax: 02223 923026
info@heel-verlag.de
www.heel-verlag.de
Deutsche Ausgabe:

3. Auflage 2021

Englische Originalausgabe:
Bentley Publishers
1734 Massachusetts Avenue
Cambridge, Massachusetts
USA

Englischer Originaltitel:
Porsche 911 Enthusiast's Companion: Carrera 2, Carrera 4, and Turbo

Deutsche Übersetzung: Heiner Stertkamp
Lektorat: Jürgen Schlegelmilch
Titelbild: Stefan Lindloff
Satz: Bettina Scholten, Bonn

Printed in Czech Republik

ISBN 978-3-95843-032-7

Zur Vermeidung rechtlicher Probleme jetzt schon dieser Warnhinweis:
Dieses Buch soll Hilfe zur Selbsthilfe sein. Die hierin veröffentlichten technischen Ratschläge entsprechen nicht immer den üblichen Handwerksregeln.
Für etliche technische Ratschläge in diesem Buch wird handwerkliches Grundwissen vorausgesetzt, ohne das man die entsprechenden Arbeiten nicht angehen soll.
Im Zweifelsfall sollte man vor Durchführung von technischen Arbeiten immer einen geschulten Spezialisten zu Rate ziehen und die Arbeiten nicht selbst durchführen.
Etliche Ratschläge können bei fehlerhafter Ausführung unter bestimmten Umständen zu erheblichen Folgeschäden führen.
Autoren und Verlag lehnen daher ausdrücklich jede Haftung für die veröffentlichten Arbeitsanweisungen und daraus gefolgerte Schlüsse ab. Für alle anhand dieses Buches ausgeführten Arbeiten übernimmt der durchführende Schrauber, Bastler oder Mechaniker das alleinige und uneingeschränkte Risiko. Ebenso ist die Haftung der Autoren und des Verlags für Druckfehler, Schreibfehler und sachliche Fehler jeder Art ausdrücklich ausgeschlossen.
Bei dem vorliegenden Handbuch handelt es sich um eine Übersetzung aus dem Englischen. Deshalb verwendet der Autor zur Veranschaulichung der durchzuführenden Arbeiten gelegentlich auch rechtsgelenkte Fahrzeuge.

Wichtig: Bitte beachten Sie, dass es bei linksgelenkten Ausführungen zu dementsprechenden Abweichungen bei Befestigungspunkten und Bauteilausführungen kommen kann. Generell ist die Abfolge der Arbeitsschritte aber identisch.

Für Korrekturen und Updates besuchen Sie unsere Homepage: www.heel-verlag.de

Adrian Streather

HANDBUCH PORSCHE 911 TYP 964

Alle Varianten von 1989 bis 1994

HEEL

Inhalt

S-LM 5599

Warnungen

Hinweis: Dieses Buch kann die aktuellen Werksveröffentlichungen der Porsche AG nicht ersetzen. Nicht jedes bei der Arbeit am 964 zu beachtende Detail kann hier beschrieben werden. Ebensowenig kann vor jedem Risiko gewarnt werden, das der Umgang mit Technik und Werkzeugen birgt.

Regelmäßig aktualisiert Porsche sowohl seine Wartungs- und Reparaturhinweise als auch die Ersatzteillisten. In diesem Buch beschriebene Arbeiten und Daten können daher inzwischen veraltet sein. Halten Sie sich also bei Ihrem Porsche-Händler auf dem Laufenden oder abonnieren Sie einen Aktualisierungsdienst, um immer auf dem neuesten Stand zu sein.

Somit können weder der Autor noch der Verlag ausdrücklich oder stillschweigend eine Haftung dafür übernehmen, dass dieses Buch vollständig und fehlerfrei ist. Die Haftung für die Eignung für bestimmte Zwecke ist daher ausgeschlossen, selbst wenn sie dem Autor oder dem Verlag dafür empfohlen wurden oder wenn in diesem Buch ein bestimmter Verwendungszweck angegeben ist. Autor und Verlag schließen außerdem die Haftung aus für unmittelbare, mittelbare sowie für zufällige und Folgeschäden aus der Verwendung von Beispielen, Anweisungen oder anderen Informationen aus diesem Buch. Die sonstige Haftung, gesetzlich oder vertraglich, ist auf den Kaufpreis dieses Buches begrenzt.

Zu Ihrer Sicherheit

- Einige Reparaturen könnten Sie überfordern. Fehlen Ihnen Erfahrung, Werkzeug, Ausrüstung oder ein geeigneter Arbeitsplatz, so überlassen Sie die Arbeit besser einem Fachmann.
- Arbeiten Sie nicht am Fahrzeug, wenn Sie sich unwohl fühlen. Das Unfallrisiko steigt beträchtlich, wenn Sie müde, aufgeregt oder unter Medikamenteneinwirkung stehen.
- Ersetzen Sie Befestigungselemente, die durch Gebrauch verschlissen oder verformt sind. Viele Befestigungselemente sind nur für einmalige Verwendung ausgelegt und können Schaden verursachen, wenn sie abermals verwendet werden. Dies schließt Schrauben, Bolzen, Muttern, Unterlegscheiben, selbstsichernde Muttern und Schrauben, Sicherungsringe und Splinte ein. Ersetzen Sie diese stets durch neue.
- Wenn Sie unter dem Wagen arbeiten wollen, muss der Untergrund eben sein. Sichern Sie das Fahrzeug durch Keile vor dem Wegrollen. Arbeiten Sie unter einem aufgebockten Fahrzeug erst, wenn es sicher auf dafür bestimmten Böcken abgestützt ist, nicht wenn es nur auf einem Wagenheber steht. Arbeiten Sie niemals bei laufendem Motor unter dem Fahrzeug. Wenn der Batteriestrom nicht benötigt wird, nehmen Sie den Minuspol von der Batterie ab, so dass der Wagen nicht angelassen werden kann, während Sie darunter arbeiten.
- Binden Sie Ihre Haare hinten zusammen, wenn sie länger sind. Tragen Sie weder Krawatte, noch Schal, Halstuch oder andere lose Kleidung. Legen Sie Uhr und Ringe ab, damit sie keinen elektrischen Kurzschluss auslösen, sich nicht in drehenden Teilen verfangen oder durch schwere Teile verformt werden können. Andernfalls könnten schwere Verletzungen die Folge sein.
- Beachten Sie immer die Sicherheitsvorschriften. Die richtige Sicherheitsausrüstung ist unverzichtbar, sobald Sie mit gefährlichen Stoffen umgehen. Vor der Arbeit mit Chemikalien lesen Sie bitte erst die Sicherheitshinweise des Herstellers.
- Klemmen Sie das Massekabel von der Batterie (Minuspol) ab, wann immer Sie an Kraftstoffanlage oder Elektrik arbeiten.
- Halten Sie einen geprüften Feuerlöscher in greifbarer Nähe bereit.
- Lassen Sie niemals den Motor in Werkstatt oder Garage laufen, solange nicht für ausreichende Belüftung gesorgt ist.
- Batterien geben explosives Wasserstoffgas ab. Halten Sie deshalb Zündquellen von der Batterie fern.
- Achten Sie auf gute Beleuchtung des Arbeitsplatzes. Benutzen Sie Sicherheits-Handleuchten, wenn Sie in oder unter dem Fahrzeug arbeiten.
- Bei der Entsorgung von Flüssigkeiten aus dem Fahrzeug sind die Vorschriften zu beachten. Sammeln Sie Öl, Kraftstoff oder Bremsflüssigkeit in geeigneten Behältern.

- Die Klimaanlage ist mit dem Kältemittel R134a befüllt. Das Mittel ist in hohem Maße umweltschädlich und darf nicht ins Freie gelangen. Die Klimaanlage darf daher nur mit spezieller geprüfter Ausrüstung zum Auffangen und Recycling des Kältemittels gewartet werden.
- Die Hochspannung an Zündspule, Verteiler oder Zündkerzen des laufenden Motors ist lebensgefährlich. Arbeiten Sie daran nicht bei laufendem Motor.
- Vor jedweder Schweißarbeit sollten Sie die Batterie ausbauen oder zumindest den Minuspol abklemmen.
- Schweißen Sie nie in der Nähe von Kraftstoff oder in der Nähe von Kraftstofftank, Expansionsbehälter, Kraftstoffpumpe, Kraftstoffleitungen oder Kraftstoffablasshähnen.
- Stellen Sie sicher, dass alle offenen Kraftstoffsysteme entleert und von Kraftstoffdunst befreit sind, bevor Sie daran schweißen.
- Klemmen Sie die Batterie nicht bei laufendem Motor ab, weil dadurch der Schutz vor kurzzeitigen Spannungsspitzen durch die Batterie verloren geht.

Vorsicht:

- Die in diesem Buch angegebenen Teilenummern dienen lediglich der Identifizierung und nicht zur Bestellung. Lassen Sie sich die Bestellnummern von Ihrem Porsche-Händler geben und die Verfügbarkeit der Teile bestätigen, bevor Sie Ihre Arbeit beginnen.
- Bevor Sie mit dem Selbermachen beginnen, klären Sie, dass alle erforderlichen Werkzeuge und Ersatzteile verfügbar sind. Lesen Sie die Gebrauchsanweisungen gründlich. Benutzen Sie stets nur das für den jeweiligen Arbeitsgang geeignete Werkzeug. Stets heißt es: „Gute Arbeit ist nur mit gutem Werkzeug und den zugelassenen Ersatzteilen möglich".
- Druckluft- und Elektroschrauber eignen sich zum Lösen von gewöhnlichen Schrauben und Muttern. Verwenden Sie sie zum Anziehen nur, wenn sie eine Kupplung haben. Sie sind ungeeignet zum Festziehen, wenn ein bestimmtes Anzugsdrehmoment gefordert wird.
- Entfernen Sie alle elektronischen Steuereinrichtungen, bevor Sie den 964 Temperaturen von mehr als 80 °C aussetzen (z. B. Trockner nach dem Lackieren oder Heizlampe).
- Stellen Sie vor Abklemmen der Batterie sicher, dass Ihnen der Code für die Aktivierung des Radios bekannt ist. Ansonsten könnten Sie gezwungen sein, sich wegen der Wiederaktivierung zum Händler bemühen zu müssen.
- Lassen Sie den Motor nicht laufen, wenn Kerzenstecker von den Zündkerzen getrennt sind. Schäden an der Katalysatoranlage können die Folge sein.
- Der Airbag bläst sich bei einem Frontalaufprall selbsttätig auf. Dazu bedient er sich pyrotechnischer Mittel. Bei unsachgemäßer Arbeit daran können daher große Gefahren verursacht werden. Überlassen Sie die Arbeit am Airbag einem ausgewiesenen Fachmann.
- Einmal ausgelöst, muss der Airbag erneuert werden. Auch diese Arbeit sollte nur durch einen Fachmann ausgeführt werden. Fehler bei Aus- oder Einbau können diesen unbeabsichtigt auslösen oder außer Funktion setzen. Die Porsche-Vertragswerkstatt verfügt über geschultes Personal, die erforderliche Testausrüstung und Reparaturschulung für den Airbag.
- Schließen Sie die Batterie nicht an und betätigen Sie die Zündung nicht, wenn der Airbag aus dem Lenkrad ausgebaut ist. Ansonsten wird eine Fehlermeldung gespeichert und die Airbag-Kontrolllampe aktiviert. Nur die Porsche-Vertragswerkstatt kann den Fehlerspeicher löschen und den Airbag neu aktivieren.
- Das Abklemmen der Batterie kann den Fehlerspeicher der Motronic löschen. Lesen Sie deshalb den Fehlerspeicher vor dem Abklemmen der Batterie aus.
- Manche Alarmanlagen aus dem Zubehörhandel, einschließlich der Nachrüstanlagen von Porsche haben einen speziellen Notfallschlüssel. Den sollten Sie parat haben, wenn Sie Arbeiten am 964 vornehmen, mit denen die Alarmanlage gestört werden könnte. Manchmal ist er nötig, um die Wegfahrsperre abzuschalten.

Vorwort

Dieses Buch von Adrian Streather ist das erste, das sich intensiv mit dem Porsche 911 der Baureihe 964 beschäftigt, die von Modelljahr 1989 bis 1994 gebaut wurde.
In den ersten Jahren wurde der 964 in der Presse hoch gelobt als der beste 911 aller Zeiten. Dies galt besonders für den revolutionären Carrera 4. Mit der Zeit häuften sich freilich auch kritische Stimmen. Manche davon halten bis heute an. Adrian Streather stellt die Fakten hierzu klar, um eine faire Bewertung zu ermöglichen.
Dieses Buch umfasst alle Varianten des 964 einschließlich der Sauger- und Turbo-Modelle sowie der Schalt- und Tiptronic-Ausführungen. Neben der Modellgeschichte gibt es eine ausführliche Kaufberatung und Tipps für den Besitzer. Dabei werden Motor, Kraftübertragung, Bremsen, Radaufhängungen, die Versionen der Kraftstoffeinspritzung, Elektrik und Elektronik genau beschrieben ebenso wie Räder und Reifen. Auch zu Fehlersuche und Reparatur sind wertvolle Tipps enthalten.
In den Anhängen sind wichtige Informationen zusammengetragen sowie insbesondere Produktionszahlen, Sonderausstattungen ab Werk und Farben enthalten.
Als Adrian Streather selbst einen 964 besaß, stellte er fest, dass viele über die Technik dieser Wagen kaum informiert waren. So forschte er nach, wie die Bauteile funktionieren und miteinander vernetzt sind. Ziel war es zu erläutern, wie Reparaturen durchgeführt werden können. Streathers umfassende Kenntnisse und Erfahrungen wurden dazu entsprechend komprimiert. Vieles davon wäre ohne die wesentlichen Beiträge von anderen 964-Besitzern aus aller Welt nicht zusammengekommen; daher gebührt ihnen herzlicher Dank für ihre Mitwirkung!
Dieses Buch wendet sich an diejenigen, die einen 964 besitzen oder zu kaufen gedenken, aber auch an die, die sich allgemein für die Marke Porsche begeistern. Es gehört in die Porsche-Bibliothek des Enthusiasten ebenso wie zum Blättern auf den Couchtisch. Zudem ist es eine große Hilfe bei Wartungs- und Reparaturarbeiten. Es hilft, dafür die richtigen Ersatzteile ausfindig zu machen und zu beschaffen. Jeder 964-Besitzer braucht dieses Buch, egal ob er sein Fahrzeug selbst wartet und repariert oder nicht.

Der 964 ist ein großartiger Vertreter der 911-Tradition im Hause Porsche.

Sir Malcolm Guthrie
22. September 2003

Widmung

Dies Buch ist dem liebenden Andenken an meine Tochter Natalie Louise gewidmet, die am 29. März 2002 im Alter von nur 17 Jahren verstorben ist.
Meine Frau Gail und unsere Kinder haben Natalie von Herzen geliebt. Noch wenige Tage vor ihrem Tod konnte ich mit ihr noch eine Fahrt im Carrera 4 unternehmen.
Ruhe in Frieden, Natalie, nur Dein leidenschaftlicher Geist ist uns geblieben – und wird uns erhalten bleiben.

Adrian Streather
Walzenhausen, Schweiz
22. September 2003

Kapitel 1: Auftragsnummer 964

Modellübersicht

Die 964er des Modelljahrgangs 1990

(Foto: Porsche)

Tabellen

Die Geburtsstätte reinrassiger Sportwagen ist das Porsche-Werk in Zuffenhausen.

(Foto: Porsche AG)

1998 verstarb Ferry Porsche; seine Schwester Louise folgte ihm im Jahr darauf. Dies ist eines der letzten Bilder, das beide Unternehmensgründer gemeinsam zeigt. Ende einer Ära, aber nicht des Unternehmens.

(Foto: Porsche AG)

Einführung

Was sich bei Porsche hinter der Auftragsnummer 964 verbarg, wurde Anfang 1989 mit Auslieferung des ersten Carrera 4 offensichtlich. Dieser Allrad-Sportwagen hatte mit seinem Vorgänger nur noch 15 Prozent seiner Teile gemeinsam. Die Unterschiede betreffen besonders die Elektronik und dort in erster Linie das neue Motor-Steuergerät.

Einen Geländewagen hatte Porsche bereits 1954 gebaut, um damit an einen lukrativen Auftrag zur Motorisierung der noch im Aufbau begriffenen Bundeswehr zu gelangen. Bis ein allradgetriebener Porsche als Serienwagen vorgestellt werden konnte, musste es jedoch noch gut 35 Jahre dauern. Die Zwischenzeit füllte Porsche mit zwei weiteren Allrad-Projekten, nämlich dem 953 und dem 959, der schließlich in einer Kleinstserie von 283 Exemplaren angeboten wurde. Die mit diesen Entwicklungen gewonnene Erfahrung sollte sich nun auszahlen und die Arbeit im Hause Porsche signifikant verändern – die revolutionären Fortschritte kamen dem 964 Carrera 4 und seinen Geschwistern zugute.

Währen der sechs Jahre, in denen der 964 gebaut wurde, erfuhr er wesentliche Veränderungen, technische Modernisierungen und eine beachtliche Ausweitung der Modellpalette.

Dieses und die folgenden Kapitel geben dem Leser einen vollständigen Überblick über die 964-Geschichte. Die dazu präsentierten Fotos stammen sowohl aus privaten Archiven als auch aus dem Porsche-Werksarchiv. In diesem Kapitel werden Sie jedes 964-Modell mindestens einmal abgebildet finden.

Weiterhin werden die besonderen Merkmale der einzelnen Modelle genau erläutert, beginnend mit den Neuerungen für den Modelljahrgang 1990 bis zu den letzten Verbesserungen für das Modelljahr 1994.

Auf den folgenden Seiten finden Sie auch Angaben zu den Preisen (je nach Quellenlage DM, US-$ oder £) der verschiedenen 964-Modelle auf den wichtigsten Märkten. Dazu wurde eine ganze Reihe Quellen herangezogen, unter denen die

Prospekte der Porsche AG in Deutschland, der Porsche Cars North America und der Porsche Cars Great Britain für die Modelljahre 1989 bis 1994 die wichtigsten waren.

Ebenfalls sind die Extras passend zu den Modelljahren aufgeführt. Auch hier konnten viele Quellen genutzt werden, allen voran die offiziellen Preislisten. Genannt werden jeweils die Grundpreise ohne Mehrwertsteuer (Mehrwertsteuersatz Deutschland 1989 bis 1992: 14 %, ab 1993: 15 %).

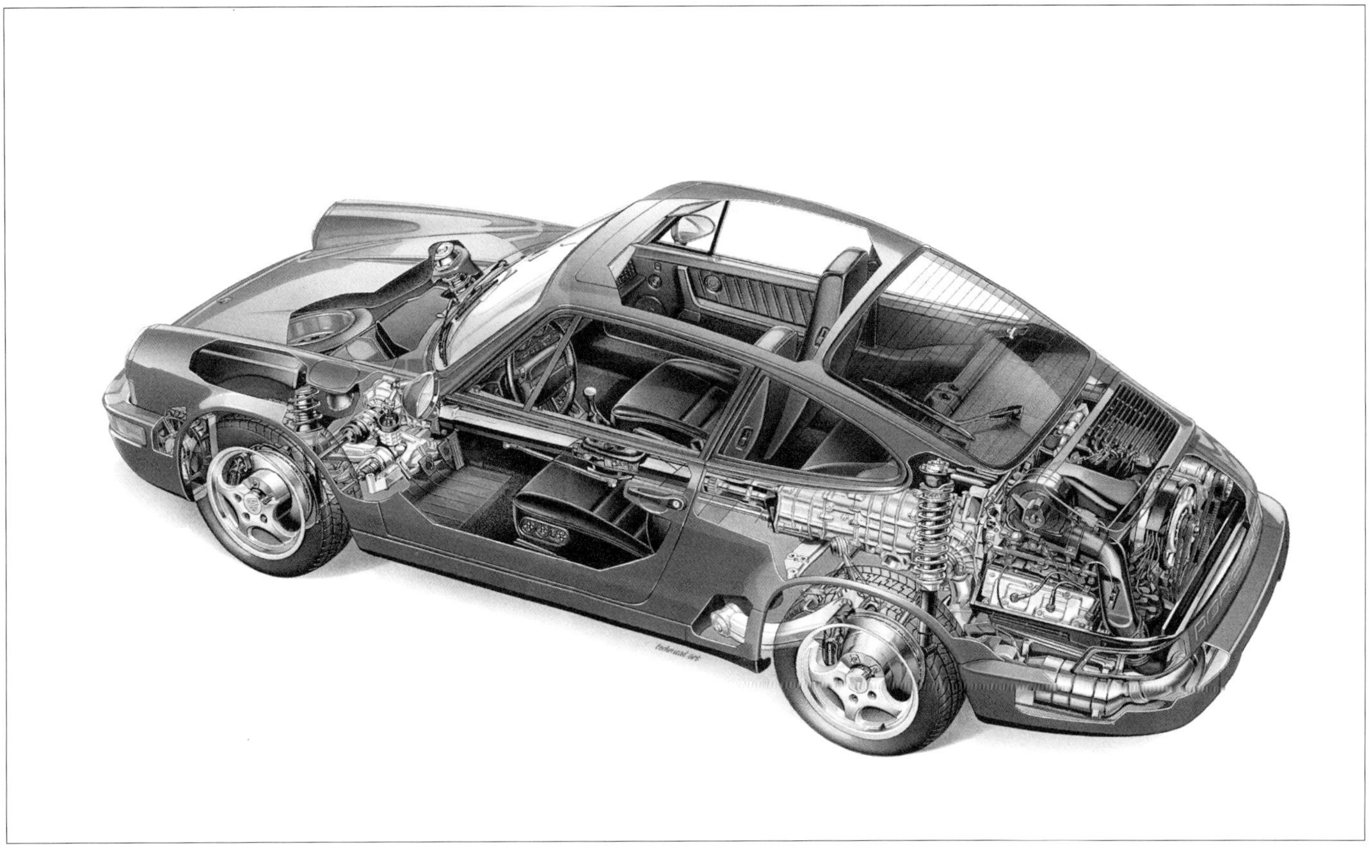

Carrera 4 von 1989

Codes für die Modelljahre

Die Modelljahre werden beim 964 anhand eines Buchstabens unterschieden:
K-Programm für das Modelljahr 1989
L-Programm für das Modelljahr 1990
M-Programm für das Modelljahr 1991
N-Programm für das Modelljahr 1992
P-Programm für das Modelljahr 1993
R-Programm für das Modelljahr 1994

Carrera 4 Coupé von 1989

(Foto: Quincy Dong)

Das gleiche Modell in der Heckansicht

(Foto: John Miles)

Modelljahr 1989 (K-Programm)

◀ Aus der 964-Reihe gab es im Modelljahr 1989 lediglich den Carrera 4 als Coupé. Offiziell endete dessen Produktion für dieses erste Modelljahr mit dem Juli 1989; allerdings gelangte manches zuvor produzierte Fahrzeug erst nach Beginn des Modelljahres 1990 in die Hände seines stolzen Erstbesitzers.

Vom Typ 964 wurden in diesem Modelljahr 2068 Exemplare gebaut sowie weitere 1117 Stück für den US-Markt. Es handelt sich also um eine relativ seltene Ausführung des 964. Die zum Modelljahr 1990 vorgenommenen Veränderungen sind bei diesem aufgeführt. Die Spezifikation der Ur-Modelle ist im Kapitel Sonderausführungen beschrieben.

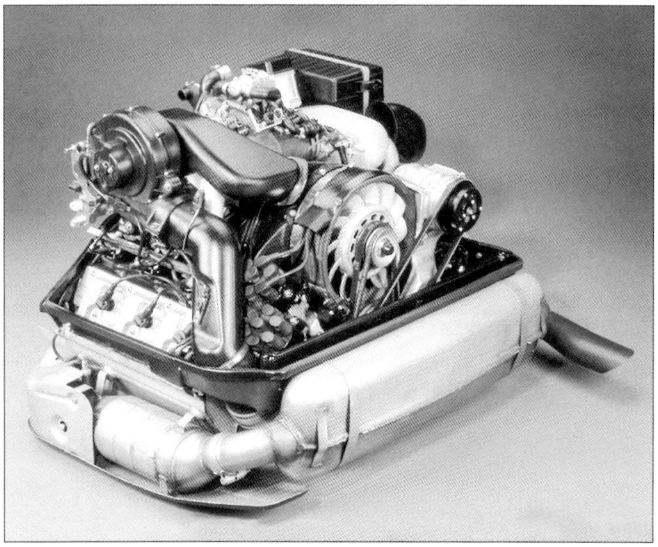

Der 3,6-Liter-Motor M64/01 des Carrera 4

(Foto: Porsche)

◀ Der Carrera 4 wurde mit dem 3,6-Liter-Motor M64/01 ausgerüstet, kombiniert mit dem Getriebe G64/00. Einzige Ausnahme in letzterer Hinsicht ist die Ausführung für die Schweiz mit der Schaltbox G64/01.
Das Motronic-gesteuerte Triebwerk gibt 250 PS bei 6100/min ab, die Drehmomentspitze beeindruckt mit 309 Nm bei 4800/min. Es enthält ein einteiliges Schwungrad.

Serienmäßig gab es Design 90-Räder, vorn in der Größe 6Jx16, hinten 8Jx16. Die serienmäßige Bereifung Bridgestone RE71 misst vorn 205/55ZR16, hinten 225/50ZR16. Die US-Version wurde grundsätzlich mit den gleichen Reifen ausgeliefert, jedoch scheint bei einigen Exemplaren schon ab Werk ein anderes Fabrikat aufgezogen worden zu sein.

Preise 1989

Modell	Preis
Carrera 4 Coupé	100.276 DM

Modelljahr 1990 (L-Programm)

◄ Mit dem Modelljahr 1990 entwickelte sich der 964 zu einer halbwegs vollständigen Modellfamilie. Sämtliche Modelle profitierten nun von den zahlreichen Verbesserungen.

Zusätzlich zum Coupé gab es den Carrera 4 nun auch als Targa und als Cabrio.

Ebenfalls neu war der nur hinterradgetriebene Carrera 2, der ebenfalls in allen drei Karosserieausführungen angeboten wurde. Zudem konnte beim Carrera 2 anstelle des Schaltgetriebes die Automatik „Tiptronic" mit manueller Beeinflussung des Schaltzeitpunkts geordert werden, gegen Aufpreis natürlich.

Preise 1990

Modell	Preis
Carrera 2 Coupé	90.789 DM
Carrera 2 Coupé Tiptronic	96.052 DM
Carrera 2 Targa	95.350 DM
Carrera 2 Targa Tiptronic	100.614 DM
Carrera 2 Cabrio	103.508 DM
Carrera 2 Cabrio Tiptronic	108.771 DM
Carrera 4 Coupé	102.280 DM
Carrera 4 Targa	106.842 DM
Carrera 4 Cabrio	115.000 DM

Carrera 2 von 1990

(Foto: Jay Heppe)

Carrera 4 von 1990

(Foto: Tito Solari)

Carrera 4 Targa von 1990

(Foto: Ken Chambers)

Carrera 4 Cabrio von 1990

(Foto: Doug Leavitt)

Modellpflege 1990

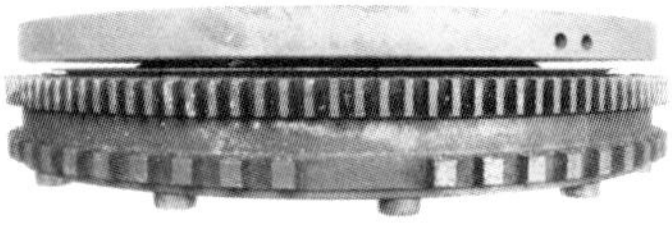

Zweimassen-Schwungrad

- Neuer Anlasser (nur die Tiptronic-Modelle bleiben beim Anlasser des Carrera 4 von 1989)
- Schalter für Heckspoiler auf der Mittelkonsole
- Schalter für Heckspoiler nicht mehr unter der Motorhaube
- Radlauf vorn und Fahrwerks-Aufhängungspunkte dort geändert (*Hinweis:* Wegen dieser strukturellen Änderung zum Modelljahr 1990 muss bei Reparatur des Vorderwagens das Modelljahr des Fahrzeugs angegeben werden.)
- Zweimassen-Schwungrad an Fahrzeugen mit Fünfgang-Schaltgetriebe
- Bordcomputer als Extra gegen Aufpreis erhältlich
- Beifahrer-Airbag als Extra gegen Aufpreis erhältlich
- Armaturentafel umgestaltet, um Platz für Beifahrer-Airbag zu schaffen
- Motormanagement überarbeitet
- Ab Februar 1990 Entfall der Schutzkappe über dem Anschluss für den Luftmengenmesser
- Sicherung für Ölkühler, Schiebedach, Verdeck und Klimagebläse von 25 auf 30 Ampere geändert (kurz nach Beginn des Modelljahres)
- Obere Aufhängung der vorderen Stoßdämpfer geändert
- Carrera 4-Modelle mit geänderter Radnabenkonstruktion
- Ölkühlerthermostat jetzt Teilenummer 964 207 047 03
- Scheinwerferhöhenverstellung vom Fahrerplatz aus (nicht für US-Modell)

Aufpreise für Extras 1990

Extra	Preis	Anmerkung
Sperrdifferenzial	1333 DM	nicht für Carrera 4
Polierte 16-Zoll-Felgen	1991 DM	
Metalliclack	1486 DM	
Sonderlackierung	1929 DM	
Lack nach Farbmuster Kunde	2679 DM	
Heckwischer	508 DM	
Sekuriflex-Windschutzscheibe	719 DM	
Bordcomputer	526 DM	bei Tiptronic serienmäßig
Sportsitze	894 DM	teilweise elektrische Verstellung
Vollelektrische Sitzverstellung	1526 DM	für Normal- und Sportsitze
Vollederausstattung	4780 DM	in Standardfarben
Vollederausstattung	6552 DM	besondere Farbauswahl
Klimaanlage	3245 DM	
Verstärker für Radioanlage	372 DM	für serienmäßiges Radio
Radio Blaupunkt Berlin	2206 DM	
Radio Blaupunkt Bremen	1043 DM	
Radio Blaupunkt Toronto	1043 DM	
CD-Wechsler (CD-10)	1688 DM	

Mit seinem breiten Heck eine imposante Erscheinung: Der Turbo 3.3 von 1991 in der Heckansicht.

(Foto: Aldo Vanini)

Mehr Fahrspaß durch weniger Gewicht: Der hier gezeigte Carrera 4 3.6 Leichtbau stammt ebenfalls aus dem Modelljahr 1991.

(Foto: Porsche AG)

Modelljahr 1991 (M-Programm)

◀ Für das Modelljahr 1991 muss man fünf Fahrzeuggruppen unterscheiden:

- Normalversion, gebaut bis Oktober 1990
- Normalversion, gebaut ab 1. November 1990
- US-Version, gebaut von Mai bis Oktober 1990
- US-Version, gebaut ab November 1990
- Kanada-Version, gebaut ab November 1990, aber ohne Airbags

Hinweis:

Ab 30. April 1990 wurde für die USA der Beifahrer-Airbag obligatorisch. Daher begann für die Amerikaner das Modelljahr 1991 bereits früher.

Die M-Modelle sind folglich nicht leicht zu unterscheiden. Am ehesten geht das mit dem Aufkleber am linken Türpfosten oder mit dem Herstellungsdatum gemäß Lieferunterlagen. Die Unterscheidung kann helfen, die Bestellung falscher Ersatzteile oder Nutzung falscher Reparaturanweisungen zu vermeiden.

Zum Modelljahr 1991 kehrte der Turbo zurück, und zwar mit 3,3 Litern Hubraum und Einspritzanlage Bosch KE-Jetronic. Dabei handelt es sich um ein mechanisch arbeitendes System mit kontinuierlicher Kraftstoffeinspritzung, wobei jedoch die Gemisch-Anpassung bereits auf elektronischem Weg erfolgt. Die Zündfunken lieferte eine elektronische Bosch-Anlage des Typs EZ69.

Preise 1991

Modell	Preis
Carrera 2 Coupé	108.920 DM
Carrera 2 Coupé Tiptronic	115.175 DM
Carrera 2 Targa	114.360 DM
Carrera 2 Targa Tiptronic	120.615 DM
Carrera 2 Cabrio	124.025 DM
Carrera 2 Cabrio Tiptronic	130.280 DM
Carrera 4 Coupé	122.600 DM
Carrera 4 Targa	128.040 DM
Carrera 4 Cabrio	137.705 DM
Turbo Coupé	175.500 DM

Aufpreise für Extras 1991

Extra	Preis
Metalliclack	976 DM
CD-Spieler von Alpine	734 DM
Sitzheizung	272 DM
Elektrisch verstellbare Lordosenstütze	551 DM
Sportsitze	294 DM
Softleder-Sitzbezüge	360 DM
Heckwischer	320 DM
Schiebedach	906 DM
Velours-Fußmatten	125 DM

Modellpflege 1991

Obere Stoßdämpferaufhängung hinten 1989/90

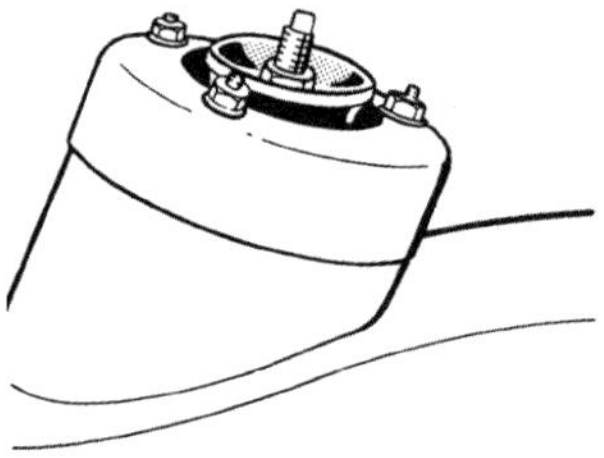

Ab 1991

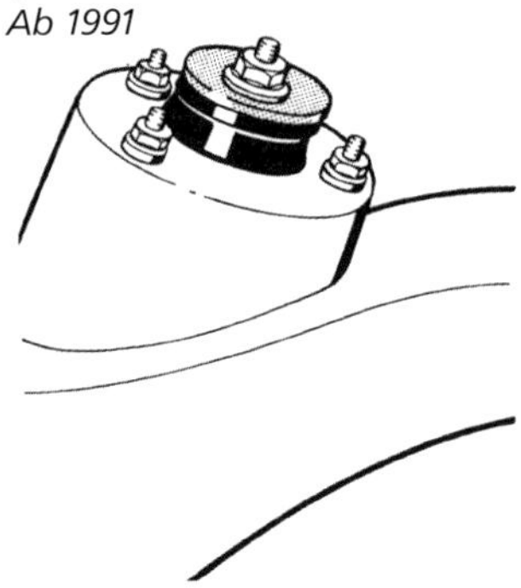

- Ab Mai 1990 Beifahrer-Airbag im US-Modell serienmäßig (US-Modelljahr 1991)
- Ab etwa Juni 1990 neues Kunststoff-Saugrohr statt Alu (US-Version kommt der Normalversion zuvor)
- Ab November 1990 neue Hinterradaufhängung; keine Gleichteile mit vorher gebauten Fahrzeugen
- Neue Tafel für Klimaanlagenregelung (Stufe 0 bedeutet ausgeschaltetes Gebläse)
- Modelle für USA, Kalifornien und Japan mit Motorkontrolllampe über Motronic (OBD1)
- Geänderte Kopfdichtungen eingebaut ab Seriennummer 62M06838 (M64/01) bzw. 62M52757 (M64/02 mit Tiptronic)
- Ab April 1991 neue Bremsklotz-Dämpferplatte mit Stahlklammer
- Wasserbasierte Sonderlacke eingeführt
- Steuerung des Heckspoilers von ABS-Steuergerät auf Tacho geändert, jedoch in der Funktion unverändert
- Neue Relais für ABS-Steuergerät eingeführt: R24 für Carrera 4, R52 für Carrera 2; Geschwindigkeitssensor am Getriebe entfällt
- Federbeine vorn verbessert
- Schraubenfedern geändert
- Kupplungs-Ausrückhebel geändert
- Im Vorjahr eingeführten Ölkühlerthermostat 964 207 047 05 geändert; neue Teilenummer 964 207 047 06
- Am Turbo Beschleunigungsanreicherung am Lambdasonden-Steuergerät erhöht
- Tiptronic-Steuergerät verbessert
- Heckspoiler-Steuergerät verbessert
- Heckspoiler-Steuergerät tauscht seinen Platz mit Zentralverriegelungs-Steuergerät
- Neue Alarmanlage (wie beim 928) mit Steuergerät unter dem rechten Sitz

Modelljahr 1992 (N-Programm)

American Roadster von 1992

(Foto: Bruce Eckerts)

◀ 1992 bot Porsche erstmals Sondermodelle mit Straßenzulassung an. Diese Ausführungen werden weiter unten in diesem Kapitel näher beschrieben. Die Sondermodelle basieren auf Carrera 2 und Carrera 4. Zu ihnen zählt der Carrera 2 Turbo-Look, der in den USA „American Roadster" genannt wurde.

Carrera RS von 1992

(Foto: Wolfgang Ruffer)

◀ Der Carrera RS war nur in Europa erhältlich, und zwar in drei verschiedenen Ausführungen.

Als Einzelstück entstand bei Porsche Exclusive aus dem letzten Carrera 2 Turbo-Look des Modelljahres 1992 der America GS.

Carrera 2 Cabrio Turbo-Look von 1992

(Foto: Porsche)

Turbo S 3.3 Leichtbau von 1992

(Foto: Porsche)

◄ In sehr kleiner Stückzahl entstanden außerdem zwei Sonderversionen des Turbo:

- Beim Turbo S2 handelte es sich um ein Homologationsmodell für die amerikanische IMSA-Rennserie.
- Der leistungsstärkere Turbo S war für die europäischen Märkte bestimmt.

Carrera Cup von 1992

(Foto: Jim Newman)

◄ 1992 wurde für die USA eine nationale Ausgabe des Carrera Cup geplant. Dafür stellte Porsche 45 Fahrzeuge gleichen Namens her und lieferte sie an die amerikanische Tuningfirma ANDIAL, die sie für diese Rennserie präparierte. Leider fand sich kein Sponsor, und so kam diese Rennserie nicht zustande. 25 dieser Fahrzeuge wurden von ANDIAL wieder auf den Straßenzustand zurückgerüstet.

Preise 1992

Modell	**Preis**
Carrera RS	125.087 DM
Carrera 2 Cabrio Turbo-Look Tiptronic	73.106 £
Turbo	163.615 DM
Turbo S	253.700 DM
Turbo S2	120.492 $

Modellpflege 1992

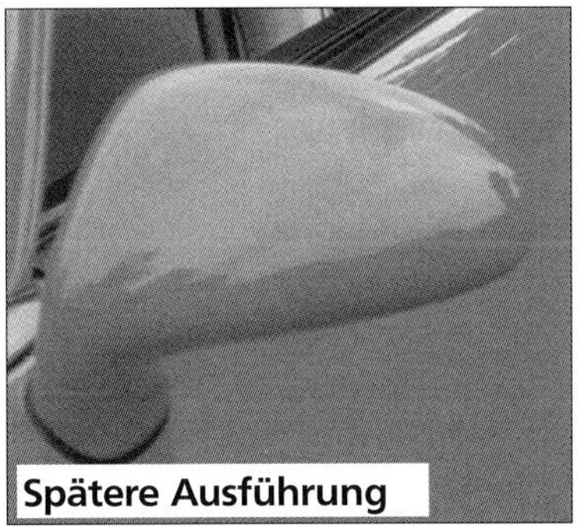

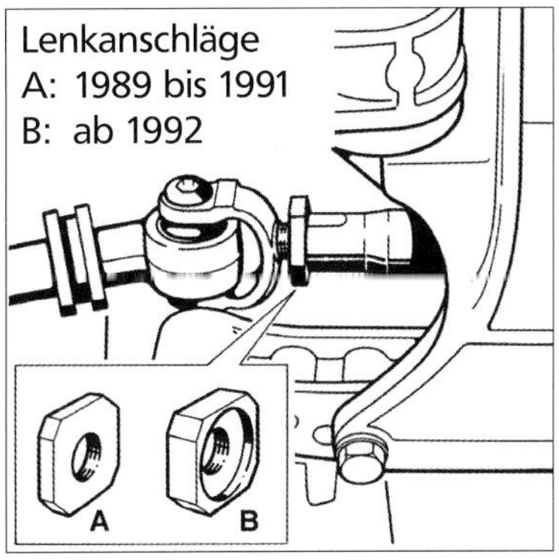

- 16-Zoll-Räder Design 92 serienmäßig
- Neue, strömungsgünstigere Außenspiegel
- Neue Lenkanschläge an ZF-Lenkung für 17-Zoll-Räder (10 statt 6 Millimeter stark)
- Carrera 4 mit neuem ABS-Steuergerät
- Röhren für Heizung und Klimaanlage geändert
- Vierkolben-Bremszangen hinten serienmäßig beim Carrera 2
- Neue Abdeckungen innen an den Vorderradträgern, serienmäßig beim Carrera 2
- Sonderausführungen für Kalifornien und Japan entfallen (Vorbereitung dafür seit Modelljahr 1991)
- Modifizierter Dichtring am Zündverteiler
- Carrera 2 und Turbo: vordere Schraubenfedern modifiziert
- Carrera 2 und 4: hintere Schraubenfedern während des Modelljahrs modifiziert
- Vordere Radnabe geändert
- Turbo-Modelle: veränderte Kurbelwellen-Riemenscheibe
- Zweimassen-Schwungrad für Carrera 4 geändert, neues LuK-Schwungrad für Carrera 2
- Kupplungs-Trägerplatte modifiziert
- Kupplungs-Ausrücklager verbessert
- Geänderter Ölkühlerthermostat, Teilenummer jetzt 964 207 047 07
- Geänderter Einsatz für Ölkühlerthermostat, Teilenummer jetzt 964 207 349 01
- Geänderter Ölkühler, Teilenummer jetzt 964 207 220 01
- Turbo-Modelle: Beschleunigungsanreicherung für Lambdasonden-Steuergerät angehoben
- Turbo: Motormanagement verbessert
- Tiptronic Steuergerät verbessert und mit neuen Funktionen (u. a. Anfahren im 1. Gang)
- Dreh- statt Kolbenventil an Servolenkungsstange

Modelljahr 1993 (P-Programm)

Die 964-Typenvielfalt des Modelljahres 1994

(Foto: Porsche AG)

◄ 1993 wurde in den USA die leichtere und preiswertere Sportausführung des Carrera 2 eingeführt, RS America genannt. Er ging bereits im Januar 1992 in Produktion, also im Modelljahr 1992. Dennoch erhielten schon die ersten Exemplare Identnummern mit dem „P" für 1993 (Zusatzausstattung M718). Die ersten Exemplare wurden mit Motoren aus dem Modelljahr 1992 (Kennzeichen „N") ausgerüstet.

Turbo 3.6 von 1993

(Foto: Michael Behrman)

◄ Der 911 Turbo wurde mit einem 3,6 Liter großen Motor aufgewertet, der noch mehr Leistung abgab. Diese Version wurde Turbo 3.6 genannt; der entsprechende Schriftzug auf der Motorhaube war stets silbern.

Die US-Ausführung unterscheidet sich vom normalen Turbo 3.6, der 20 Millimeter tiefer liegt. Beim US-Modell jedoch wurde die Einstellung der Hinterachse vom Turbo des Vorjahres unverändert übernommen, während bei den übrigen Turbo 3.6 verstärkte Bauteile aus dem Carrera RS mit solchen des Turbo kombiniert sind. Dadurch konnten diese tiefergelegt und mit bereiteren Reifen ausgerüstet werden. Dennoch kamen in beiden Fällen 18-Zoll-Felgen von Speedline mit Reifen der gleichen Abmessungen zum Einsatz.

911 Anniversary von 1993

(Foto: Andy Jones)

◄ Vom 911 Anniversary, bekannt auch als Celebration oder Jubilee, wurden zum dreißigsten Geburtstag des Elfers 911 Stück gebaut; basierend auf dem Carrera 4 Turbo-Look. Diese Fahrzeuge waren meist in violettem, schwarzem oder silbernem Metalliclack gehalten; jedes Exemplar trug eine eigene Nummer.

RS 3.8 von 1993

(Foto: Frank Thierer)

◄ RS 3.8 und RSR 3.8 schließen den Reigen der Sondermodelle für Europa mit Saugmotor.

RSR 3.8 von 1993

964 RSR 3.8 von 1993

(Foto: Jeremy Stoupas)

◄ 1993 stellte Porsche für Rennteams eine Reihe RSR 3.8 her. Ein Kunde jedoch wünschte ein solches Fahrzeug mit Straßenzulassung – und selbstverständlich erhielt er es. Dieser Wagen läuft zur Zeit in Großbritannien. Soweit bekannt ist dies der einzige werksgelieferte RSR mit Straßenzulassung.

Besonderheiten des RSR gegenüber dem RS:

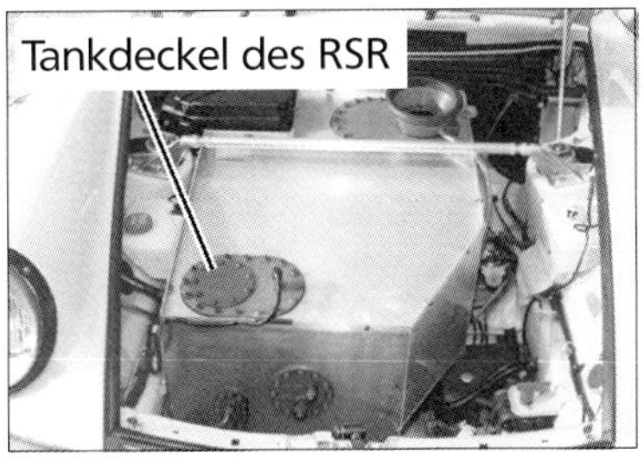

- Hinten keine seitlichen Blinker
- RS-Heckstoßstange mit Hörnern ohne Kennzeichenbeleuchtung
- Renn-Tankverschluss, vom Kofferraum aus zugänglich, statt wie beim Carrera RS im vorderen linken Kotflügel
- Bremssättel mit Temperaturanzeige anstelle des Porsche-Schriftzuges
- Heck-Kotflügel aus Karbonfaser statt Kunststoff

Turbo 3.6 IMSA von 1993

(Foto: Porsche AG)

Turbo – der Supersportwagen

◀ Der Turbo 3.6 IMSA war der letzte 964 Turbo, der für die IMSA oder irgendeine andere Rennserie homologiert wurde.

Preise 1993

Modell	Preis
Speedster	113.090 DM
Carrera RS 3.8 Coupé	193.500 DM
Carrera 2 Coupé	123.414 DM
Carrera 2 Targa	129.375 DM
Carrera 2 Cabrio	139.957 DM
Carrera 4 Coupé	136.740 DM
Carrera 4 Targa	142.701 DM
Carrera 4 Anniversary	125.474 DM
Carrera 2 Cabrio Turbo-Look	175.395 DM
RS America	53.900 US-$
Turbo 3.6 Coupé	204.000 DM

Modellpflege 1993

Reibscheiben Sperrdifferenzial

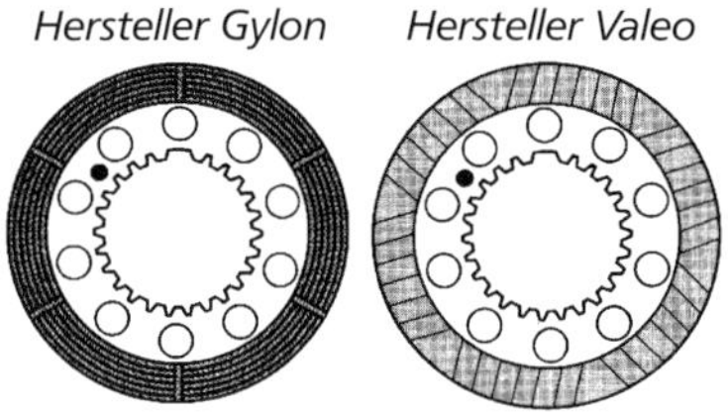

- Synthetisches Motoröl für alle Motoren und Länder
- Airbagsystem geändert
- LuK-Zweimassen-Schwungrad serienmäßig auch am Carrera 2
- Carrera 4 mit Reibscheiben von Valeo im Sperrdifferenzial
- Neuer Spannring für die Vorderachse, Teilenummer 964 341 155 13
- Kältemittel in der Klimaanlage auf R134a umgestellt, außerdem Kältemittelöl, Verschleißteile und Trockner geändert
- Heizgebläse-Widerstand hinten geändert, Teilenummer jetzt 964 616 550 02
- US-Modelle mit geänderten Radeinstelldaten
- Dichtring des Verteilers geändert
- Spannungsregler in der Lichtmaschine überarbeitet, Teilenummer jetzt 928 603 142 00
- Hecktriebler mit neuen Abdeckplatten innen an den Vorderradträgern
- Turbo-Modelle: Riemenscheibe an der Kurbelwelle geändert
- Einsatz im Ölkühlerthermostat geändert, Teilenummer jetzt 964 207 349 02
- Ölkühler geändert, Teilenummer jetzt 964 207 220 02
- Turbo-Modelle: Beschleunigungsanreicherung im Steuergerät der Lambdasonde verändert
- Turbo: Motorsteuerung überarbeitet

Speedster mit schmalem Heck von 1994 (Foto: Don Watson)

Speedster Turbo-Look von 1994 (Foto: Jens Torner)

Turbo 3.6 Flachschnauzer von 1994 (Foto: Mark Smith)

Carrera 4 Turbo-Look von 1994

(Foto: Chris Deel)

Modelljahr 1994 (R-Programm)

◀ 1994 war das letzte Modelljahr für den 964. Die Produktion endete bereits im Dezember 1993. In Europa wurde der 964 nun durch den 993 ersetzt, in den USA erfolgte der Übergang zum neuen Modell erst ein Jahr später.

Einige US-Exemplare des 964 von 1994 sollten deshalb als Sonderausstattung M718 deklariert sein, weil nur so die Vergabe einer 1994er Identnummer für ein im Modelljahr 1993 hergestelltes Fahrzeug erlaubt war. Die Verkaufsprospekte von Porsche Cars North America weisen aus, dass es 1994 nur eine sehr beschränkte Modellauswahl gab. Den Carrera 2 mit schmalem Heck gab es als Coupé und als Cabrio nur in geringer Anzahl, vom Carrera 4 war nur die US-Version mit Turbo-Look erhältlich. Dieses Modell musste als Lückenfüller herhalten, bis das Nachfolgemodell 993 auch in den USA angeboten werden konnte.

Trotz dieser Endzeitstimmung erlebte die 964-Baureihe mit der Rückkehr des 911 Speedster doch noch eine Premiere. Dieser war sowohl mit schmalem als auch mit Turbo-Look-Heck erhältlich. Weitere Einzelheiten werden im Abschnitt über die Sonderausführungen genannt.

◀ 1994 gab es auch eine kleine Reihe Turbo 3.6, zu der auch der Turbo 3.6 S mit normaler oder mit flacher Schnauze gehörte.

Der RS America kam zum Modelljahr 1994 mit Sitzen anstelle der Gepäckablage des Vorjahresmodells.

Carrera 4 Turbo-Look von 1994

(Foto: Mark Lintott)

Preise 1994

Modell	Preis
Carrera 2 Coupé	125.760 DM
Carrera 2 Targa	129.375 DM
Carrera 2 Cabrio	142.620 DM
Carrera 4 Coupé	135.550 DM
Carrera 4 Targa	142.700 DM
Carrera 4 Cabrio	151.950 DM
RS America	54.800 US-$
Speedster	66.400 US-$
Turbo 3.6 Flachschnauzer	249.400 DM
Turbo 3.6 Coupé	207.880 DM

Modellpflege 1994

- Zylinderkopfdichtungen aus Stahl statt Graphit-Kompositmaterial
- RS America mit Rücksitzbank

Aufpreise für Extras 1994

Extra	Preis
Metalliclack	1036 $
Sonderlackierung nach Muster Kunde	2498 bis 2664 $
Türverkleidungen in Stoff	174 $
Ledersitze	1474 $
Leder-Innenraum	2340 bis 3569 $
Sonderausführung Innenraum	2772 bis 4000 $
Sitzheizung links oder rechts	je 289 $
Sperrdifferenzial	913 $
Scheinwerferwaschanlage	216 $
Sportsitze links oder rechts	je 289 $
17-Zoll-Felgen, fünfstrahlig	1378 $
Gepäckablage im Fond	656 $

Carrera Turbo-Look von 1984

(Foto: Brice Kadel)

Sonderversionen

Dieser Abschnitt enthält zusätzliche Informationen über die Sonderversionen, die in den Modelljahren 1990 bis 1994 von der 964-Reihe hergestellt wurden. Überwiegend widmet sich dieses Buch zwar den 964-Normalmodellen, doch hier werden nochmal die Erkennungsmerkmale dieser Spezialausführungen aufgelistet, um diese bei Bedarf identifizieren zu können.

Sonderversionen mit Saugmotor

Carrera 4 von 1989

Der Carrera 4 war 1989 der erste 911 in Serienausführung mit Allradantrieb. Es wurden immerhin über 3000 Coupés davon allein in diesem ersten Jahr gebaut; es kann damit gerade noch als Sonderversion angesprochen werden. Seine Besonderheiten wurden in diesem Kapitel bereits angesprochen. Im Folgenden soll der Stammbaum der Carrera 4-Versionen erkennbar werden.

Versuchsträger für die Allradtechnik im 911: Porsche 953

(Foto: Darrin Fink)

◂ Urvater aller Allrad-911 ist der Rallyewagen 911 SC/RS Paris-Dakar, intern Typ 953. Davon entstanden zwar nur vier Stück für das Rothmans-Team, aber die Idee einer Serienausführung lag in der Luft. Abgeleitet war der Carrera 4 natürlich vom 911 Carrera 3.2, der von 1984 bis 1988 gebaut wurde. So erbte der Carrera 4 manches technische Ausrüstungsteil von diesem Carrera 3.2, beispielsweise die Bosch-Motronic, wenn auch in verbesserter Ausführung.

Ein sehr naher Verwandter: Gut erhaltene Exemplare des allradangetriebenen Porsche 959 erzielen heute Liebhabepreise von rund 750.000 Euro. (Foto: Stuart Zeh)

◂ Zwischen dem 953 und dem ersten Carrera 4 steht natürlich der Supersportwagen 959, der ursprünglich als Nachfolger des 953 die Rallye Paris-Dakar bestritt – mit großem Erfolg, bis neue Homologationsregeln ihn ausschlossen. So kam es zu einer Kleinserie von 283 Stück. Der 959 hat die Entwicklung des Carrera 4 maßgeblich bestimmt. Dennoch ist das Allradsystem, wie es schließlich beim Carrera 4 zum Einsatz kam, bereits mit dem 953 eingeführt worden.

Carrera 4 RS von 1991

(Foto: Porsche)

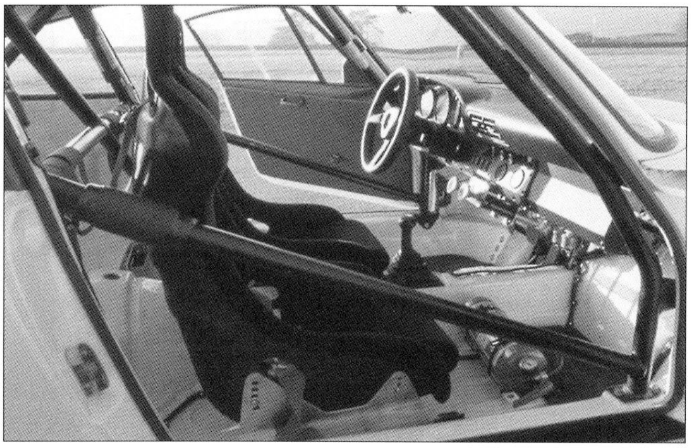

Innenraum des Carrera 4 RS

(Foto: Porsche)

Das Gesicht des Carrera 4 RS

(Foto: Porsche)

Carrera 4 RS Leichtbau

◀ Der Carrera 4 RS war eine Idee von Jürgen Barth, der in den achtziger und neunziger Jahren den Kunden-Rennsport koordinierte.

Die einzige Gemeinsamkeit von Carrera 4 und Carrera 4 RS ist der Allradantrieb. Der RS wurde von der Porsche Rennabteilung in Weissach aus Teilen aufgebaut, die vom Werk Zuffenhausen stammten. Sie hatten keine Identnummern und waren nicht straßenzulassungsfähig. Zwanzig Stück entstanden auf diese Weise; einer davon ist kürzlich in England aufgetaucht.

Karosserie und Fahrwerk entsprechen dem Carrera RS, ebenso der Motorcode M64/03 und das Motormanagement, auf 260 PS eingestellt. Das Getriebe entspricht dem 959 für Paris-Dakar. Die hinteren Kotflügel sind vom 911 SC/RS von 1984 abgeleitet. Das Bremssystem stammt aus dem 964 Carrera Cup von 1991, jetzt mit Pagid-Bremsbelägen. Die Feststellbremse war ungewöhnlich, denn dazu musste der Fahrer die Bremse treten und dann mit einem Schalter auf der Mittelkonsole die Hydraulikleitung sperren, damit sich der Druck nicht mehr abbauen kann. Die vordere Haube wurde ebenso wie die Türhäute aus Aluminium gefertigt, die Seitenfenster aus Plexiglas. Die Außenspiegel stammen vom 964 RSR, keilförmig geformt in die vorderen Spitzen der Türausstellfenster eingesetzt. Der Rennsport-Überrollkäfig wurde von der Firma Matter aus Aluminium gefertigt. Auf den meisten Bildern sieht man den Carrera 4 RS mit 16-Zoll-Felgen Design 90. Bei genauem Hinschauen entdeckt man, dass die hinteren 9 Zoll breit sind, während sie normalerweise nur 8 Zoll erreichen.

Wegen des kurz übersetzten Paris-Dakar-Getriebes lassen sich nur 200 km/h erreichen. Das ist auf der Rennstrecke ein mächtiges Handicap. So bleibt völlig offen, für was für eine Rennserie diese Wagen eigentlich gedacht waren. Jedenfalls reichte die gebaute Stückzahl nicht für eine Homologierung in der FIA-Gruppe N aus, und wegen seines geringen Gewichts passte der Wagen auch in keine andere Rennklasse seiner Zeit.

Kein Wunder also: Der Carrera 4 RS wurde ausschließlich im Jahr 1991 hergestellt.

Sowohl offen, …
(Foto: Porsche AG)

… als auch geschlossen ist das 964 Cabrio Turbo Look von 1992 ein absoluter Blickfang. (Foto: Adrian Streather)

964 American Roadster von 1992
(Foto: Steve Hughes)

Carrera 2 Cabrio Turbo-Look oder American Roadster

◀ Das Carrera 2 Cabrio Turbo-Look, auch bekannt als American Roadster, wurde 1992 vorgestellt. Angeblich soll es auch eine Version 1993 geben, der Autor hat dafür aber keine Bestätigung gefunden. Die meisten Turbo-Look-Fahrzeuge, die zur Veredelung bei Porsche Exclusive abgeliefert wurden, werden nicht vor 1993 auf die Straße gekommen sein.

Der Turbo-Look verband die Optik des Turbo-Hecks nebst weit ausgestellten Kotflügeln mit der sehr beliebten Form des Cabrios. Solche Cabrios wurden in den USA und besonders in Kalifornien sehr gern gekauft. Dennoch kamen nur 250 solche Fahrzeuge als American Roadster mit entsprechendem Schriftzug auf der Motorhaube in die USA. Angeblich war diese Version aus Anlass des vierzigsten Geburtstags des 356 Roadster vorgestellt worden. Dabei mag es sich um eine werbetechnische Maßnahme gehandelt haben, jedoch hat der Autor für diese These keine Bestätigung zu finden vermocht.

Für den Rest der Welt entstanden weitere 750 Turbo-Look. Die meisten davon wurden in Deutschland verkauft. Diese Fahrzeuge glänzten in der Regel mit einer sehr vollständigen Ausstattung. Besonders häufig wählten die Kunden auffällige Pastell-Metallicfarben wie Himbeerrot (L83E), Wimbledongrün (L23I) oder Lavendelblau (L38W)

Vom Carrera 4 gab es offiziell keine Turbo-Look-Version. Theoretisch konnten Kunden natürlich ein Normalfahrzeug auf das breite Heck umrüsten lassen, aber dies scheint erst im Modelljahr 1994 praktiziert worden zu sein, als es den Speedster gab.

Die wichtigsten Kennzeichen des Turbo-Looks sind:
- Heck wie beim 964 Turbo verbreitert
- Hydraulischer Bremskraftverstärker
- Vordere Bremsen wie beim 964 Turbo
- Hintere Bremsen mit Bremssätteln aus dem Turbo, aber nicht mit innenbelüfteten Bremsscheiben

Dieses Modell wurde nur 1992 gebaut.

In einer Pressemitteilung vom 6. Januar 1992 verkündet Porsche die Präsentation des RS America auf der Detroit Motor Show. Gleichzeitig kommunizierte man einen Preis von 53.900 $ für den „Pure-Protein Porsche 911". (Foto: Porsche AG)

Dieses Exemplar eines RS America strahlt in der seltenen Farbe Fly-Yellow.

(Foto: Anthony Curreri)

RS America von 1993

(Foto: Michael Wildt)

RS America

◀ Der RS America wurde nur in den USA angeboten. Dennoch gingen nicht alle Fahrzeuge dieses Typs in die USA und erscheinen deshalb nicht in den Unterlagen von Porsche Cars North America. Mindestens eines ist in die Schweiz gelangt, andere mögen von US-Militärangehörigen in Europa angeschafft worden sein.

Der RS America hat mit der europäischen RS-Serie nichts gemeinsam, sondern stellt eine abgespeckte, kostengünstige und leichtere Version des Carrera 2 Coupé dar. Er hat deshalb dessen unveränderte Karosserie und den Motor M64/01. Die Servolenkung fehlt, ebenso wie der Antrieb für die Servopumpe an der rechten Nockenwelle. Der Innenraum wurde vereinfacht und leichter. Die Rücksitze fielen zugunsten einer Gepäckablage weg. Andere Einbauteile orientieren sich am Carrera RS.

Der RS America bekam das Sportfahrwerk M030 und einen starren Heckspoiler. Bei den ersten Exemplaren sollen die Kotflügel von Hand bearbeitet sein. Gegenüber dem serienmäßigen Carrera 2 Coupé sparte der Kunde jeweils um die 10.000 Dollar.

Viele RS America erhielten zahlreiche Zusatzausstattungen, z. B. Klimaanlage, Stereoanlage oder Schiebedach. Dadurch verringerte sich die Gewichtseinsparung gegenüber dem serienmäßigen Carrera 2 Coupé von 91 auf gerade einmal 23 Kilo.

Heutzutage macht sich der Preisunterschied gegenüber dem Carrera 2 Coupé beim Gebrauchtverkauf eines RS America nicht mehr bemerkbar.

Der RS America wurde nur in den Jahren 1993 und 1994 gebaut.

America GS

◀ Das Projekt America GS begann 1990 und endete 1995 mit der Auslieferung des letzten Fahrzeugs an einen Kunden in den USA.

Basisfahrzeug war der letzte Carrera 2 Turbo-Look (nicht in US-Ausführung):

- Der Motor wurde durch einen rennpräparierten M64/02 ersetzt.
- Die Tiptronic A50 wurde verstärkt und auf Rennbetrieb ausgelegt.
- Die Bremsanlage wurde dem 911 Le Mans GT Turbo entnommen. Die Radnaben mit Zentralverschluss gestatteten den Einbau spezieller 17-Zoll-Räder.
- Die Farbe für die Außenlackierung wurde speziell für den Kunden gemischt.
- Der Innenraum wurde den Wünschen des Kunden entsprechend modifiziert. Dazu wurden die Sitze in mehrfarbigem Leder bezogen, ebenso Armaturentafel und Türverkleidungen. Die Sicherheitsgurte wurden gefärbt und mussten deshalb nochmals auf Reißfestigkeit geprüft werden, weil Porsche diese Gurtfarbe zuvor noch nie benutzt hatte.
- Das Hardtop erhielt ein elektrisches Schiebedach. Nichts blieb unbeachtet, sogar die Befestigungspunkte für dieses Hardtop wurden in Leder gefasst, wobei außen das Porsche-Wappen eingeprägt wurde.

Hinweis:
Um die Identität des Besitzers zu schützen, können keine näheren Angaben zu diesem Fahrzeug gemacht werden. Die nebenstehenden Bilder wurden mit Genehmigung des Besitzers unter der Bedingung veröffentlicht, dass sein Name ungenannt bleibt.

911 Anniversary von 1993

(Foto: Adrian Streather)

911 Anniversary

◀ Der 911 Anniversary (auch als Jubilee oder Celebration bekannt) mit breitem Heck wurde zum 30. Geburtstag der 911-Baureihe aufgelegt, also nur 1993 gebaut. Er wurde nicht in die USA exportiert. Einige Details zu diesem Modell wurden bereits weiter oben angesprochen.

Der 911 Anniversary entspricht dem Carrera 4 mit schmalem Heck, abgesehen von der Heckverbreiterung, dem speziellen „30 Jahre"-Innenraum und der Außenlackierung.

Oft heißt es, der Anniversary hätte die Turbo-Bremsanlage. Das trifft nicht zu, vielmehr wurden die Bremsen des normalen Carrera 4 verwendet. Auch das Fahrwerk entspricht dem normalen Carrera 4 und nicht dem Turbo.

Den Werksunterlagen zufolge blieben zwölf Anniversary-Coupé-Karosserien übrig. Diese wurden für besondere Kunden auf die Anniversary-Spezifikation aufgerüstet, erhielten jedoch nicht die Zählnummern des Sondermodells. Ein eichengrün lackiertes Exemplar in England gilt als das letzte Fahrzeug dieser Serie, ein anderes in Indischrot mit scharlachfarbenem Leder befindet sich in Deutschland. Der Verbleib der anderen zehn ist unbekannt. Sie alle sind offiziell mit der Zusatzausstattung M491 (Turbo-Look) versehen.

◀ Ein 911 Anniversary wurde zu einem Ruf RCT Evo umgebaut.

Speedster von 1994

(Foto: Denis Zuba)

964 Speedster

◀ Der 964 Speedster wurde nur 1994 gebaut, und zwar in zwei Ausführungen. Dreitausend Identnummern wurden für dieses Modell reserviert, es entstanden aber deutlich weniger Exemplare. Die meisten hatten das schmale Heck, lediglich 15 Stück den Turbo-Look. Davon waren einige im Werk 1 nachträglich umgebaut, die anderen jedoch sind gleich auf dem Fließband im Turbo-Look entstanden. Fotos vom Speedster mit Turbo-Look sind selten.

Der einzige Unterschied zwischen dem normalen Speedster und dem Turbo-Look ist die Heckverbreiterung; die gesamte übrige Technik blieb unverändert.

Beide Versionen des Speedster entstanden auf der Basis des Carrera 2 Cabrios. Die Türverkleidungen wurden dem RS entliehen. Dazu kamen spezielle Schalensitze und zahlreiche weitere Änderungen.

Speedster in US-Ausführung, 1994

(Foto: Don Watson)

Laut Porsche Cars North America wurden 1993 und 1994 zusammen 925 Speedster importiert, alle dem Modelljahr 1994 zugeordnet, denn dem Modelljahr 1993 wurde offiziell kein einziger Speedster zugeordnet.

◀ Porsche-Enthusiast Don Watson besaß einen der fünf speziellen, polarsilber lackierten Speedster in US Ausführung. Dieses Exemplar wurde ursprünglich nach Montreal in Kanada ausgeliefert.

Speedster im Turbo-Look

(Foto: Jens Torner)

Dem Speedster wurden viele Ehrungen zuteil; er gewann zahlreiche Schönheitskonkurrenzen. Auch bei den Automobilsammlern erfreut sich der Speedster besonderer Beliebtheit. Der bekannte US-amerikanische Schauspieler, Comedian und Autor Jerry Seinfeld konnte den allerletzten 964 Speedster seiner Sammlung einverleiben.

Carrera 4 Turbo-Look (nur für die USA)

◀ Die Herstellung des Porsche 964 wurde im Dezember 1993 eingestellt, als das Modelljahr 1994 (R-Programm) bereits angebrochen war. Die Auslieferung erfolgte, bei reduziertem Modellangebot, noch bis weit in das Jahr 1994 hinein. Die frühe Produktionseinstellung erklärt sich daraus, dass im Januar 1994 bereits das Nachfolgemodell 993 in Serie ging. Die Auslieferung in die USA verzögerte sich aber um rund ein Jahr. Um die dadurch entstehende Lücke auszufüllen, bot Porsche dort weiterhin eine spezielle Version Carrera 4 Turbo-Look an.

Diese entsprach weitgehend dem 911 Anniversary, jedoch mit einem wichtigen Unterschied: Jene Fahrzeuge entstanden auf Basis bisher ungenutzt gebliebener Turbo-Karossen der Baujahre 1992 und 1993, die mit normalen Carrera 4-Fahrwerken kombiniert wurden. Hinzu kam der serienmäßige Motor M64/01 mit dem Getriebe G64/00. Bremsen und Elektronik entsprachen dem Carrera 4. Einige wenige Teile aus dem Turbo wurden verbaut, soweit die Heckverbreiterung dies erforderlich machte, jedoch keine kompletten Turbo-Systeme. Der serienmäßige, ausfahrbare Heckspoiler wurde in die breitere Karosserie eingepasst. Weder erhielt der Carrera 4 Turbo-Look die rot lackierten Bremssättel noch die gelochten Bremsscheiben des Turbo.

Wie viele Exemplare dieses Carrera 4 Turbo-Look entstanden ist unbekannt. Oft wird die Zahl 256 genannt, aber es können bis zu 450 Exemplare gewesen sein, denn das Verbreitungsgebiet erstreckte sich wohl bis nach Taiwan, wo ein Exemplar gelandet sein soll.

Carrera 2 Turbo-Look in US-Ausführung von 1994

(Fotos: Mark Lintott)

Carrera 2 Targa Florio

Zum Ende des Modelljahres 1993, ein halbes Jahr vor der Produktionseinstellung, stand bei Porsche immer noch eine Reihe Targas unverkauft herum. Schon während der gesamten Laufzeit der Baureihe hielten sich die Produktionszahlen des Targa in engen Grenzen, weil diese Variante der 964-Familie bei den Kunden offensichtlich weniger populär war.

◀ Um diese Targas doch noch an den Mann und die Frau zu bringen, wurden diese bei Porsche Exclusive mit einem speziellen Interieur und dem Namen Florio versehen. Dabei war alles nur Denkbare in Leder gehüllt, in das an vielen Stellen der Porsche-Schriftzug eingeprägt war. Am Targa-Bügel wurde unten der Namenszug „florio" ergänzt.

Diese Fahrzeuge bekamen alle Rechtssteuerung und wurden nach England ausgeliefert. Die genaue Anzahl der so ausgestatteten Fahrzeuge ist unbekannt. Ebenfalls unbekannt ist, ob sie auch außerhalb Großbritanniens angeboten wurden. Der Florio ist zwar kein offizielles Sondermodell der 964-Reihe, stellt aber dennoch etwas Besonderes dar, das Liebhaber mit einem Preisaufschlag honorieren.

911 Targa Florio von 1993

(Fotos: Bob Highnett)

Carrera RS in Grundausführung von 1992

(Foto: Jim Moder)

Carrera RS

Der Carrera RS – von manchen auch 964 RS genannt – wurde nur im Modelljahr 1992 produziert. RS steht wie stets bei Porsche für „Rennsport" und bezeichnet hier die Clubsport-Version des 964. Er war straßenzulassungsfähig, so dass man ihn auf eigener Achse zu den Rennen fahren konnte. Viele wurden auch ganz einfach im Alltagsbetrieb eingesetzt. Dem Autor ist ein noch immer rüstiges Exemplar mit 225.000 Kilometern Laufleistung bekannt!

Der Carrera RS basierte auf dem Carrera 2, unterschied sich aber in vielen Details, wie aus der nachfolgenden Tabelle ersichtlich:

Besonderheiten von Carrera 2 und Carrera RS

Bauteil	Carrera 2 von 1992	Carrera RS	Anmerkung
Motor			
Motortyp	M64/01	M64/03	10 PS Mehrleistung
Antrieb Lima und Gebläse	zwei Riemen	ein Riemen	
Motormanagement	Bosch Motronic	dito., umprogrammiert, neuer Drehzahlgeber am Schwungrad	Einzelheiten siehe Kapitel 4
Antrieb			
Getriebe	G 50/03 (G50/05 für USA)	G50/10	Einzelheiten im Kapitel Kraftübertragung
Übersetzung Schalthebel	4,0	3,4	
Schaltweg	ca. 62 mm	ca. 52 mm	
Schalthebelposition		28 mm höher als beim Carrera 2	
Schwungrad	Zweimassen	Einteilig	Beim RS Touring nicht erhältlich
Kupplungsscheibe	Dämpferbelag vernietet	Dämpferbelag verklebt	
Führungsrohr Kupplungslager		Verlängert	
Kupplungspedal-Bauteil		aus dem 911 Turbo	
Kupplungs-Ausrücklager		aus dem 968	
Differenzial	Normalausführung	Sperrwirkung 20 bis 100 %	
Bremsen			
Verstärker	Unterdruck	Hydraulisch	
Bremsscheiben	innenbelüftet, nicht gelocht	innenbelüftet und gelocht	

Besonderheiten von Carrera 2 und Carrera RS

Bauteil	Carrera 2 von 1992	Carrera RS	Anmerkung
Hauptbremszylinder	20,64 mm Durchmesser	25,4 mm Durchmesser	
Verschleißanzeige	nur an einem Belag jeder Hinterradbremse	an jedem Belag vorn und hinten	

Lenkung	mit Servo	ohne Servo	nicht erhältlich beim Rechtslenker und beim RS Touring

Höhe/Gewicht			
Höhe	1310 mm	1270 mm	um 40 Millimeter abgesenkt
Gewicht	1361 kg (USA: 1386 kg)	1220 kg	

Räder	16 Zoll, Alulegierung	17 Zoll, Magnesium-Legierung, normaler und zusätzlicher asymmetrischer Hump	Der zusätzliche Hump soll den Reifen bei Druckverlust besser auf der Felge halten.

Radaufhängungen			
Stabilisator vorn	nicht verstellbar	fünffach verstellbar	Details siehe Kapitel 6
Vorderer Führungsarm		härtere Buchsen	
Vordere Federbein-aufhängung	Gummi	Monoball	
Vordere Federn		kürzer	nicht mit Boge-Stoßdämpfer kombinierbar
Vordere Stoßdämpfer	Boge	Bilstein	
Hintere Stoßdämpfer	Boge	Bilstein, modifiziert für mehr negativen Sturz	linke und rechte Bilstein-Dämpfer unterschiedlich
Schräglenkeraufhängung		zwei zusätzliche 3-mm-Unterlegscheiben	dient der Anpassung der Vorspur
Hinterer Stabilisator	nicht verstellbar	dreifach verstellbar	Details siehe Kapitel 6
Hintere Federn		kürzer	Nicht mit Boge-Stoßdämpfer kombinierbar

Karosserie			
Ausführung	Punktverschweißt	Nahtverschweißt	
Vordere Kotflügel		umgebördelt	
Hintere Kotflügel		umgebördelt	
Vordere Haube	Stahl	Aluminium	
Aufsteller vordere Haube	serienmäßig	fehlt	manuelle Aufstellstange am RS
Rücksitze	serienmäßig	fehlen	
Verglasung		dünner und leichter	außer Windschutzscheibe
Schalldämmung	serienmäßig	fehlt	
Klimaanlage	serienmäßig	fehlt	

Besonderheiten von Carrera 2 und Carrera RS

Bauteil	Carrera 2 von 1992	Carrera RS	Anmerkung
Elektrik			
Batterie	72 Ah	36 Ah	
Elektrische Fensterheber	serienmäßig	fehlen	
Alarmanlage	serienmäßig	fehlt	
Zentralverriegelung	serienmäßig	ersetzt durch manuellen Gurt und einzelne Schlösser	Türverkleidungen durch einfache Abdeckung mit sechs Schrauben ersetzt
Radio	serienmäßig	fehlt	
Nebelscheinwerfer	serienmäßig	fehlen	
Waschwasserbehälter unter linkem Kotflügel	serienmäßig	fehlt	RS mit 1 Liter großem Intensiv-Waschwasserbehälter im Kofferraum
Außenspiegel	elektrisch einstellbar	manuell einstellbar	
Fahrer-Airbag	serienmäßig	fehlt	RS mit Lenkrad ohne Airbag
Notaus-Schalter	fehlt	im Kofferraum	

Vom Carrera RS gab es drei Ausführungen, von denen 1992 insgesamt knapp über 2000 Exemplare entstanden sind. Dies sind:

- Carrera RS Gruppe N-GT (für die Grand-Touring-Klasse der FIA): homologierte Rennversion; von dieser entstanden weniger als 300 Stück, alles Linkslenker
- Carrera RS in Normalausführung, Links- und Rechtslenker
- Carrera RS Touring, Links- und Rechtslenker

In Deutschland waren nur die Basisausführung mit Linkslenkung und der Gruppe N-GT erhältlich, nicht jedoch die Touring-Ausführung.

In Nordamerika war der Carrera RS nicht erhältlich. Stattdessen gab es dort den ähnlich präparierten Carrera Cup in Straßenausführung.

Die folgende Tabelle beschreibt die wesentlichen Unterschiede zwischen den drei Varianten des Carrera RS:

Unterschiede zwischen den RS-Versionen

Bauteil	Normalausführung	Touring	NGT
Schwungrad	Leichtausführung	Zweimassen	Leichtausführung
Kupplungsscheibe	Stahlfederdämpfer, Belag Valeo F808 verklebt	Stahlfeder, Belag Valeo F808 vernietet	robuste, gesinterte Keramikbeläge, Leichtausführung
Führungsrohr Kupplungslager	Verlängert	Wie beim Carrera 2	Verlängert
Kupplungs-Ausrücklager	wie Typ 968	wie Carrera 2	wie Typ 968
Druckplatte	Kontaktdruck 10.600 bis 11.500 Nm		
Kupplungspedal-Bauteil	wie 911 Turbo		
Differenzial	20-100 % Sperre	20-100 % Sperre	40 % Sperre
Überrollkäfig	auf Wunsch	nicht erhältlich	serienmäßig
Verlängerte Lenkradnabe	auf Wunsch	auf Wunsch	serienmäßig
Lenkservo	nur für Rechtslenker	serienmäßig	fehlt
Außenspiegel	manuell verstellbar	elektrisch verstellbar	Rennversion

Carrera RS Touring von 1992 (Foto: George Stevens)

◀ Den Carrera RS NGT gab es mit Straßenzulassung oder als reine Rennausführung. Für Letztere mussten mehrere Bauteile verlegt werden, so die Motronic in den hinteren rechten Sitzausschnitt.

Carrera RS Gruppe N-GT von 1992 (Foto: Adrian Streather)

◀ Den Carrera RS Touring gab es mit einer Reihe Extras, einschließlich Klimaanlage, Schiebedach, Scheinwerferwaschanlage und anderer dem Komfort dienlicher Ausstattungen.

Welches dieser Carrera-Cup-Fahrzeuge ist ein Gruppe N-GT?

(Foto: Porsche AG)

Den Carrera RS gab es nur mit ausgewählten Farbkombinationen.

Farbkombinationen für Carrera RS

Außenfarbe	Farbe Innenausstattung
Rubinrot Metallic	Rubinrot
Amethyst Metallic	Schwarz
Schwarz	Violett oder Violettgrau
Maritimblau	Maritimblau
Nachtblau Pearl	Schwarz
Indischrot	Perlgrau
Grand-Prix-Weiß	Schwarz
Polarsilber Metallic	Dunkel- oder Hellgrau

Die Farbcodes hierzu sind in **Anhang B** aufgeführt.

Carrera RS 3.8 von 1993

(Foto: Frank Thierer)

Innenraum des Carrera RSR 3.8 von 1993

(Foto: Jeremy Stoupas)

Kofferraum des Carrera RSR 3.8 von 1993

(Foto: Jeremy Stoupas)

RS 3.8 und RSR 3.8

RS 3.8 und RSR 3.8, beide im Turbo-Look, waren die letzten RS-Modelle. Auch hier ist die genaue Produktionszahl nicht bekannt. Insgesamt vermutet man 210 Exemplare; beide Varianten hatten ihren eigenen Code in der Fahrzeug-Identnummer.

Besonderheiten von RS 3.8 und RSR 3.8:

- Neuer 3,8-Liter-Motor (M64/04) mit 300 PS
- Überarbeitetes Fünfganggetriebe (G50/10)
- Fahrwerk Sonderanfertigung Bilstein mit Doppelfeder-Beinen
- Fünffach verstellbarer vorderer Stabilisator
- Dreifach verstellbarer hinterer Stabilisator
- Bei RSR 3.8 fehlt das ABS (beim RS 3.8 ist es vorhanden)
- Hinterachse des RS kann breitere Räder aufnehmen
- RS 3.8 mit 18-Zoll-Felgen von Speedline
- RSR 3.8 mit 18-Zoll-Felgen von BBS

Heck des Carrera RSR 3.8 von 1993

(Foto: Jeremy Stoupas)

Bug des Carrera RSR 3.8 von 1993

(Foto: Jeremy Stoupas)

An der Karosserie wurden folgende Änderungen vorgenommen:

- Frontspoiler im Turbo-S-Design
- Karosserie wie beim Turbo
- Kleineres Rennlenkrad
- Bei Straßenversion Airbag im Lenkrad
- Vordere Haube und Türaußenhäute aus Aluminium
- Tank fasst 92 Liter Kraftstoff
- Spezielle rennerprobte Domverstrebung vorn
- Zusätzliche Lufteinlässe für Vorderradbremsen statt Nebelscheinwerfer
- Spezieller sechsfach verstellbarer Heckspoiler
- Dünnere Fensterscheiben an den Seiten und hinten
- Weitgehend ausgeräumter Innenraum, manuell verstellbarer Leder-Fahrersitz (wie Carrera RS)
- Rückwandverkleidung im Innenraum mit RS 3.8-Logo (fehlt bei RSR komplett)
- Renn-Überrollkäfig von Matter fertig für den Renneinsatz eingebaut

20 Jahre Porsche Turbo: Baureihen 930, 964 und 993

(Foto: Steve Shanks)

Es gibt tatsächlich Menschen, denen der Porsche Turbo noch nicht schnell genug ist …

Sonderversionen mit Turbomotor

In der Baureihe 964 hatte Porsche keine Probleme damit, die Wünsche der Kundschaft nach mehr Leistung zu befriedigen. Von 1991 bis 1994 stieg die Leistungsabgabe von 320 auf 381 (Turbo S) bzw. 385 PS (Turbo 3.6 S). Mehr PS waren hier also viel leichter zu verwirklichen als bei den Saugmotoren. Die glanzvolle Geschichte der Marke Porsche im Rennsport mag zu dieser Leistungsblüte nicht unerheblich beigetragen haben.

Leistungspaket X33 (Motor M30/69S)

Hinter dem Sonderausstattungs-Kürzel X33 verbarg sich in den Jahren 1991 und 1992 ein Paket, das die Leistung auf 355 PS anhob. Die dazu geänderten Teile sind unten tabellarisch aufgeführt.

Außerdem wurde das Triebwerk zusätzlich an folgenden Stellen bearbeitet:

- Speziell optimierte und polierte Ein- und Auslasskanäle
- Saugrohr innen optimiert und poliert

Entscheidend für den höheren Leistungswert waren die geänderten Steuerzeiten.

Umfang des Pakets X33

Teil	Teilenummer	Anzahl
Nockenwelle links	930 105 147 50	1
Nockenwelle rechts	930 105 148 50	1
Flansch für Abstandshülse links	911 105 171 02	1
Flansch für Abstandshülse rechts	911 105 172 02	1
Bolzen	900 067 082 02	4
Bolzen	N 010 183 1	1
Zahnrad	930 113 025 03	1
Spannhülse	N 013 349 1	2
Dichtungssatz	930 100 908 03	1
Zylinderkopf	930 104 043 14	6

Turbo S2 von Brumos

(Foto: Jens Moller)

Turbo S2 für die USA

Für die Zulassung des 964 Turbo zur IMSA-Sportwagen-Rennserie war es erforderlich, eine gewisse Anzahl dieses Rennwagens in Straßenausführung auszuliefern.

Zu diesem Zweck entstand der Turbo S2. Bis auf Motor und die individuell vom Kunden gewünschte Rennausstattung erfolgte die Herstellung bei Porsche. Als einzige Besonderheit wurde bereits ab Werk der Code TS2 vergeben.

Die zwanzig halbfertigen Turbo S2 wurden zu ANDIAL nach Kalifornien verschifft. Dort wurde ein nach deren Entwürfen modifizierter Motor eingebaut, einschließlich eines neuen, größeren Turboladers. Der Motor erhielt nach Fertigstellung die Bezeichnung M30/69S. So wurde der Wagen an den Händler ausgeliefert und schließlich an den Käufer übergeben.

Porsche lieferte also zwanzig serienmäßige 964 Turbo, die erst bei ANDIAL zum S2 umgewandelt wurden.

Diese Erkenntnis ist Pete Wetzel von ANDIAL zu verdanken. Da die Motoren nie auf dem Leistungsprüfstand getestet wurden, beruht die Leistungsangabe von 371 PS auf Schätzung. Bei Auslieferung von Porsche lautete die Leistungsangabe noch 322 PS, was dem damals serienmäßigen Wert des 3,3 Liter Turbo entspricht. ANDIAL änderte diese Angabe nicht, bevor das Fahrzeug an Händler oder Käufer übergeben war.

ANDIAL Motortuning-Bausatz

Teil	Teilenummer	Anzahl
Nockenwelle links	964 105 246 09	1
Nockenwelle rechts	964 105 247 P3	1
Turbolader K27	920 123 099 00	1
Ladeluftkühler	930 110 330 P3	1
Adapter Nockenwellenantrieb	930 105 171 P3	1
Luftschlauch	930 110 334 P3	1
Schelle für Luftschlauch	930 110 336 P3	1
Riemenscheibenbolzen	N 014 74 P3	2

Turbo S von 1992

(Foto: Porsche AG)

Motor M30/69 SL

(Foto: Porsche AG)

Heck des Turbo S von 1992

(Foto: Porsche AG)

Turbo S (nicht für die USA)

◀ Der Turbo S ist wohl der Höhepunkt der 964-Baureihe. Nur 80 oder 81 Exemplare wurden davon überhaupt gebaut. Der nur im Modelljahr 1992 hergestellte Turbo S wurde nicht in die USA exportiert.

Verglichen mit dem Turbo von 1991 fallen am Turbo S folgende Unterschiede auf:

- Schärfere Nockenwellen (schärfer als jene im 355-PS-Paket X33)
- Neue Einspritzventile
- Verzicht auf die Servolenkungspumpe
- Leichter laufendes Kühlgebläse dank poliertem Gehäuse und Lüfterrad
- Gebläse und Lichtmaschine werden von einem statt zwei Keilriemen angetrieben, Kühlgebläse direkt auf Lichtmaschinenwelle
- Luftfiltergehäuse und Ladeluftkühlerrahmen rot lackiert
- Motorhalterungen aus dem Carrera RS mit 115 Millimeter langen Schrauben
- Verzicht auf Klimaanlage
- Zweiter Ölkühler an der für den Klimakondenser vorgesehenen Stelle

Der modifizierte Motor erhielt die Bezeichnung M30/69 SL.

Im Antrieb wurde Folgendes geändert:

- Speziell ausgewählte Kupplungsscheibe mit richtigem Anpressdruck
- Spezielles Schwungrad mit eigener Teilenummer
- Längeres Führungsrohr für das Kupplungs-Ausrücklager
- Kupplung fast wie beim Carrera RS, jedoch ohne Signalring für Motronic auf dem Schwungrad
- Getriebe G50/52
- Verzicht auf vordere Motoraufhängung

◀ Änderungen am Fahrwerk:

- Wie beim Carrera RS Tieferlegung um 40 Millimeter
- Federeinstellung wie bei Carrera RS
- Spezielles Turbo-S-Sportfahrwerk von Bilstein

Änderungen an der Bremsanlage:

- Bremssättel aus 964 Turbo mit Teilen aus 928 und Sonderanfertigungen für Turbo S kombiniert
- Bremskolbendurchmesser vorn 36 und 44 Millimeter
- Bremskolbendurchmesser hinten 28 und 30 Millimeter
- Vordere Bremssättel mit 70 mm langen Schrauben aus dem 928 GTS befestigt
- Durchmesser vordere Bremsscheiben: 322 Millimeter
- Bremsbeläge: Textar T4045 (wie 928 GTS), hinten T428
- Speziell für Turbo S entwickelte Belagverschleißanzeige
- ABS beibehalten, aber hinteres Bremsventil neu, Teilenummer 965 355 305 01

Änderungen an Radaufhängung und Lenkung:

- Verzicht auf Servolenkung
- Gummiverbindungen zwischen Zahnstange und Lenkgestänge eingefügt. 4-mm-Scheibe als Lenkanschlag
- Klemmschraube mit Unterlegscheibe zwischen Federstrebe und Zapfenlager (Teilenummer 901 333 143 01) mit 150 Nm Anzugsdrehmoment
- Sehr harte Buchsen an vorderen Lenkarmen (wie beim Carrera RS)
- Anlenkung der Schubstrebe an der Hinterachse in 7 Grad versetzter Position
- Extraleichte Rennsport-Federdomstrebe im Kofferraum

◀ Der Turbo S war der erste 964, der serienmäßig mit 18-Zoll-Rädern ausgeliefert wurde.

Turbo S von 1992

(Foto: Porsche)

Turbo S von 1992

(Foto: Frank Thierer)

Änderungen an der Karosserie:
- Karosserie weiter versteift
- Mittelteil hinten und Stoßstangenhalterungen wie beim Carrera RS ausgeführt
- Vordere Haube und Heckspoiler aus kohlefaserverstärktem Kunststoff
- Lufteinlässe für Ölkühler und Bremsen anstelle der beiden Nebelscheinwerfer; weitere Lufteinlasse an den Heckkotflügeln
- Alle Scheiben außer Windschutzscheibe dünner und leichter
- Verzicht auf Dämmmaterial und PVC-Versiegelung des Unterbodens
- Komplette Unterbodenverkleidung einschließlich Motorraum

Der Turbo S entstand als Linkslenker. Einige wurden jedoch zu Rechtslenkern umgebaut. Der Tank der Linkslenker fasst 92 Liter, der der Rechtslenker nur 77 Liter.

Änderungen an Innenausstattung und Verkleidungen:
- Türöffner und Türverkleidungen wie beim Carrera RS, jedoch sind Türgriff und -öffner in Leder eingefasst, farblich der Außenlackierung angepasst
- Vollleder-Rennsitze, Sitzmitte und Schale in Außenfarbe des Fahrzeugs
- Farbige Dreipunkt-Sicherheitsgurte für Fahrer und Beifahrer
- Lenkrad durch Ausführung F-ATI II ohne Airbag ersetzt.
- Teppich an Innenraum-Rückwand mit eingeprägtem Logo „Turbo S"
- Verzicht auf Innenausstattung hinter den Vordersitzen
- Innenraum-Rückwand mit leichtem Teppich verkleidet
- Türverriegelungsknöpfe ohne LEDs
- Schalter, Hebel und Dachhimmel in Leder eingefasst
- Kofferraumteppich mit eingeprägtem Logo „Turbo S"

Turbo S von 1992

(Foto: Frank Thierer)

Änderungen an der Elektrik:

- Verzicht auf elektrische Bauteile, soweit möglich
- Außenspiegel nur noch manuell verstellbar
- Seitenscheiben nur noch manuell zu betätigen
- Verzicht auf Heckwischer
- Zentralverriegelung durch schlüsselbetätigte Schlösser ersetzt
- Verzicht auf Alarmanlage
- Batterie mit nur 36 Ah (wie Carrera RS)
- Verzicht auf alle nicht mehr benötigten elektrischen Leitungen
- Verzicht auf Scheiben- und Scheinwerferwaschanlage einschließlich Waschwasserbehälter
- Intensiv-Waschsystem im Kofferraum nur für Windschutzscheibe
- Ein- statt Doppelton-Fanfare
- Innenbeleuchtung auf fahrerseitige Leuchte reduziert

Turbo 3.6 S von 1994

(Foto: Porsche)

Turbo 3.6 S

Als die Herstellung des Turbo 3.6 auslief, verfügte das Werk noch über etwa 90 unverkaufte Exemplare. Diese wurden bei Porsche Exclusive zum Turbo 3.6 S aufgerüstet.

Dabei gab es drei verschiedene Ausführungen:
- X83 für Japan
- X84 als Normalausführung und
- X85 für die USA.

Zusätzlich wurde ein 385-PS-Leistungskit als Sonderausstattung X88 ins Angebot aufgenommen.

Wie bei so vielen Sonderausführungen bestehen auch zum Turbo 3.6 S unterschiedliche Angaben zur produzierten Stückzahl. Nach deutschen Quellen wurden 76 Exemplare als Flachschnauzer ausgeliefert, hauptsächlich in die USA und nach Japan, und weitere 13 Stück mit dem normalen Erscheinungsbild.

Fachleute streiten, ob die Klappscheinwerfer der Flachschnauzer-Ausführung dem 968 (herrschende Meinung) oder dem 928 entnommen sind.

Im Kern sind die Ausführungen X83, X84 und X85 gleich, berücksichtigen jedoch jeweils nationale Vorschriften.

Der Motor in diesen Fahrzeugen ist ein modifizierter M64/50S mit
- neuen Nockenwellen,
- neuen Nockenwellenritzeln,
- neuem Turbolader und
- Vierfach-Sportauspuffanlage.

Die Leistungsangabe für diesen Motor M64/50S beträgt 283 kW oder 385 PS, also 4 PS mehr als beim Turbo 3.3 S. Wegen seines Gewichtsnachteils kann der 3.6 S dennoch mit dem normalen Turbo S nicht ganz mithalten.

Das serienmäßige Getriebe G50/52 ist beim Turbo 3.6 S mit einem 20/100-Prozent-Sperrdifferenzial kombiniert. Wie beim Turbo S und beim Turbo 3.6 wählte Porsche 18-Zoll-Felgen von Speedline.

Turbo 3.6 S von 1994

(Foto: Porsche AG)

Dank der ab Werk vorgesehenen Option M407 waren die Aluminiumfelgen jeweils hochglanzpoliert.

Abgesehen vom Motor betreffen die wichtigsten Änderungen die sichtbare Karosserie. Anstelle des Flachschnauzer-Looks einzelner früherer Modelle bekam der Bug nun ein ebenfalls flacheres Profil, das jedoch bereits die Linie des kommenden 993 andeutete. Man könnte behaupten, dass der Turbo 3.6 S mit seinem Gesicht und den schräger gestellten Scheinwerfern die 993-Reihe bereits vorwegnahm.

Änderungen an der Karosserie:

- Kotflügel flacher ausgeführt für flacher liegende, ausfahrbare Scheinwerfer
- Spezieller Frontspoiler passend zum Flachbau-Design
- Neu gestalteter Heckspoiler
- Neuer Lufteinlass für den Ölkühler
- Lufteinlässe in den hinteren Kotflügeln zur verbesserten Motorkühlung
- Zusätzlicher Ölkühler, den bereits vorhandenen, aufgrund der geänderten Platzverhältnisse hinter dem Frontspoiler verkleinerten Ölkühler ergänzend
- Neuer Klimakühler anstelle des alten unter dem Vorderkotflügel
- Scheiben- und Scheinwerferwaschbehälter der neuen Linienführung und den geänderten Kotflügelinnenverkleidungen angepasst

Im Ergebnis war alles, was sich vor den Vorderrädern befand, neu gestaltet worden.

Änderungen an der Elektrik:

- Vorderer Kabelbaum geringfügig der neuen Bugform angepasst
- Zusätzlicher Kabelbaum neben dem bestehenden für Scheinwerfer und Scheinwerfer-Höhenverstellung
- Neuer Schalter im Innenraum für die Scheinwerfer-Höhenverstellung
- Nebelscheinwerfer durch Lufteinlass für Bremsenkühlung ersetzt, soweit diese oder ein Tagfahrlicht nicht durch gesetzliche Vorschriften erzwungen werden
- Doppeltonfanfare durch einfache Hupe ersetzt
- Tacho bis 320 km/h

Turbo 3.6 S von 1994

(Foto: Mark Smith)

Die Version für die USA (X85) unterscheidet sich von der Normalversion des Turbo 3.6 S (X84) folgendermaßen:

- Vorn sind die Schalensitze aus dem RS durch normale Sportsitze ersetzt.
- Die Rücksitzbank und die Gurte sind anders als bei der Normalversion beibehalten.
- Der Tank fasst 77 statt nur 72 Liter Kraftstoff.
- Der Motorschutzschild enthält keine Entlüftungslöcher.
- Die Hinterradaufhängung aus dem Turbo 3.6 RS ist ersetzt durch die des Turbo von 1992.

Die letzten Turbo 3.6 S erhielten den Zusatzausstattungscode X88.

Außer dem leistungsstärkeren 385-PS-Motor erhielt der Käufer nun auch:

- Fronspoiler, Sonderausstattung X92
- Heckspoiler 3.6, Sonderausstattung X93
- Lufteinlässe an beiden Fahrzeugseiten zur Motorkühlung, Sonderausstattung X99

Die Kotflügelinnenverkleidungen mussten aufgrund der Heckspoilerform und der zusätzlichen seitlichen Lufteinlässe modifiziert werden.

Die japanische Ausführung hatte Rechtslenkung und war an die japanischen Vorschriften angepasst.

Turbo 3.6 IMSA von 1993

(Foto: Porsche AG)

Turbo 3.6 IMSA

◀ Für die IMSA-Rennserie entwickelte Porsche den Turbo 3.6 IMSA. Dies war die letzte Version des Turbo bis 1996, zugleich die letzte aus der Baureihe 964. Viel ist über dieses Modell nicht bekannt. Fahrzeuge dieses Typs sind 1994 und 1995 in Le Mans an den Start gegangen.

Motorrad-Ass Michael Doohan und sein Turbo

(Foto: Porsche AG)

Der 964 und seine Besitzer

In diesem Abschnitt werden einige bekannte Persönlichkeiten vorgestellt, die mit dem Porsche 964 verbunden sind.

Michael Doohan

Von 1994 bis 1998 wurde der Australier Michael Doohan als erster Fahrer fünf Mal in Folge Motorrad-Weltmeister der 500-ccm-Klasse. 1991 hat er seinen 964 direkt im Werk abgeholt.

Dieser Carrera 4 von 1992 gehörte einst David Coulthard, dem späteren Spitzenfahrer im McLaren-Mercedes-Team der Formel 1.

(Foto: Daryk Grantham)

David Coulthard

◀ Der Schotte David Coulthard begann 1994 seine Formel-Karriere im Williams-Team. Der Vizeweltmeister von 2001 absolvierte 246 Starts, startete 12 Mal von der Pole-Position und errang 13 Siege. Zwei Jahre vor seinem Formel-1-Debüt kaufte er einen Carrera 4.

Anke Huber und ihr 964 Cabrio von 1992

(Foto: Porsche AG)

Anke Huber

◀ Die deutsche Tennissportlerin Anke Huber gehörte zu den Spitzenspielerinnen der Welt. Da ist es nur passend, wenn sie sich in einem Spitzenfahrzeug aus Deutschland präsentiert, dem 964 Carrera Cabrio, Baujahr 1992. Zwei Jahre später gewann sie das von Porsche gesponsorte Tennisturnier in Filderstadt und damit auch ein nagelneues 911 Cabrio der Baureihe 993.

Karl-Heinz Rummenigge und sein 964 Cabrio von 1990

(Foto: Porsche AG)

Karl-Heinz Rummenigge

◄ Karl-Heinz-Rummenigge ist eine deutsche Fußball-Legende; 1981 wurde er zum europäischen Fußballer des Jahres gewählt. Der heutige Vorstandsvorsitzende der FC Bayern München AG besaß ebenfalls mal ein Porsche 911 Cabrio (1990).

Zwei Motorrad-Asse aus Italien inspizieren den 964 Turbo.

(Foto: Porsche AG)

Alessandro Gramigni und Loris Reggiani

◄ Die beiden erfolgreichen italienischen Motorrad-Rennfahrer Alessandro Gramigni (125-ccm-Weltmeister 1992) und Loris Reggiani (zweimaliger Vizeweltmeister, 1981 und 1992) interessieren sich auch für schnelle Fortbewegung auf vier Rädern, in diesem Fall für einen 964 Turbo.

Kapitel 2: Kauf und Betrieb

Auch beim Autokauf heißt es: Wissen ist Macht!

Carrera 4 von 1989 und Carrera 2 von 1990

(Foto: Adrian Streather)

Gut aufgestellt: Treffen britischer 964-Enthusiasten

(Foto: John Miles)

Ferdinand Anton Ernst „Ferry" Porsche mit dem 911 Anniversary von 1993

(Foto: Porsche AG)

Einführung

Während seiner sechs Modelljahre entstanden vom Typ 964 über 57.000 Exemplare. Daher ist die Auswahl auf dem Gebrauchtwagenmarkt recht groß – Sie können bei der Auswahl also anspruchsvoll sein. Die Angaben auf den folgenden Seiten sollen Ihnen einen Modellvergleich ermöglichen, Schritt für Schritt zum richtigen Exemplar hinführen, Preisinformationen vermitteln und eine Anleitung für die Inspektion vor dem Kauf geben. Letztere besteht aus zwei Abschnitten:

Ein erster kurzer Blick dient der Entscheidung, ob das Fahrzeug es wert ist, sich näher mit ihm zu beschäftigen. Die Kaufinspektion selbst dient der genauen Überprüfung des Fahrzeugs, das Sie ernstlich ins Auge gefasst haben. Wenn man sich in der Bewertung einzelner Punkte nicht sicher ist, kann und sollte man sich Hilfe bei einem Porsche-964-Fachmann holen.
Wenn Sie einen 964 gekauft haben, kommen Wartung und Inspektionen auf Sie zu (Wartungsplan sowie die Beschreibung der wichtigsten Arbeiten siehe Ende dieses Abschnitts).

Inspektion vor dem Kauf

Eine genaue Beurteilung des 964 durch einen Fachmann vor dem Kauf ist sinnvoll, wenn er wie erhofft Schwachstellen aufdeckt, die der normale Käufer nicht gefunden hätte. Wie gründlich sollte eine solche Inspektion sein? Was kommt dadurch auf den Verkäufer zu? Welche Tests (z. B. Kompressionsdiagramm) sollte man machen? Viele Verkäufer wehren sich dagegen – nicht weil sie etwas zu verbergen hätten, sondern weil manche dieser Tests in ihrer Durchführung aufwändig sind und eventuell Schäden verursachen können. Wer möchte schon sein heiliges Blechle dem Schraubenschlüssel eines Unbekannten anvertrauen? Wenn der Kaufinteressent alle Kosten zu tragen bereit ist, wird sich mancher Verkäufer dennoch erweichen lassen. Andere lassen sich unter keinen Umständen darauf ein.

Auch wenn eine detaillierte Funktionsprüfung einschließlich ausführlicher Probefahrt nach den Anweisungen dieses Buchs durchgeführt wird, sollte man bedenken, dass es beim Gebrauchtwagenkauf keine hundertprozentige Sicherheit geben kann.

Die große Modellpalette des 964, Modelljahrgang 1990 auf einen Blick

(Foto: Porsche AG)

Erster Kauf

Viele Leser dieses Buchs werden zum ersten Mal auf der Suche nach einem Porsche 911 sein, vielleicht sogar ihrem ersten Porsche überhaupt. Für sie ist dieser Abschnitt bestimmt. Die folgenden Ratschläge beruhen ausschließlich auf den persönlichen Erfahrungen und Erkenntnissen des Autors und vertrauensvoller anderer Personen.

Für den Erstkäufer ist die Beachtung der Ratschläge in diesem Buch besonders wichtig. Es ist nicht falsch, eine zweite oder dritte Meinung einzuholen. Wer wenig Erfahrung mit der Marke Porsche und besonders dem 911 hat, läuft am ehesten Gefahr, beim Kauf eines 964 einen schwerwiegenden Fehler zu begehen. Wie schon ausgeführt, gibt es reichlich Coupés, Targas, Cabrios und Sondermodelle mit Saugmotor – an Auswahl fehlt es nicht.

Egal ob als Alltagsfahrzeug oder für Wochenendausfahrten bestimmt: Es ist wichtig, den richtigen 964 auszuwählen. Zeitgenössische Testberichte und Prospekte, aber auch aktuelle Berichte in Fachmagazinen wie Porsche Fahrer oder Oldtimer Markt sind sehr hilfreich bei der Entscheidungsfindung. Inzwischen ist der 964 nämlich längst in der Klassiker-Szene angekommen.

Hauptunterschiede
Coupé, Targa, Cabrio oder Speedster?

◄ Die Entscheidung für die Karosserieform ist eine persönliche Wahl; sie ist von individuellen Einstellungen abhängig – was finde ich schön, welches Fahrgefühl schätze ich? Cabrio, Speedster und Targa sind definitiv nicht für den Winterbetrieb mit Schnee, Frost und Eis bestimmt. Sie eignen sich nur für wärmeres Wetter. Von Carrera 4 Targa und Cabrio gibt es Versionen für den Winterbetrieb. Den Speedster gab es nur mit Hinterradantrieb und mit Schalt- oder Automatikgetriebe.

Zunächst sollte man für sich klären, welche Karosserievariante den eigenen Ansprüchen am besten entspricht.

(Foto: Porsche AG)

Schmales Heck oder Turbo-Look?

Die meisten Carreras haben das normale Heck. Es gab jedoch sieben Saugmodelle mit Turbo-Look (breite Heckkotflügel und Räder). Ein weiteres solches Modell wurde bei Porsche Exclusive gefertigt. So kommen wir auf folgende acht Sauger-Varianten mit breitem Heckteil:

Carrera 4 (links) und Carrera 4 Turbo-Look (rechts)

- Carrera 2 Cabrio Turbo-Look von 1992 (nicht für die USA)
- American Roadster (US-Version des Carrera 2 Cabrio Turbo-Look)
- America GS von 1992 (Einzelstück)
- Carrera 4 „911 Anniversary" von 1993 (nicht für die USA)
- Carrera RS 3.8 von 1993
- RSR 3.8 von 1993
- Carrera 4 Turbo-Look von 1994 (nur für die USA)
- Speedster Turbo-Look von 1994 (jeder 964 Turbo-Look ist ein guter Kauf)

Die Unterschiede zwischen der Normalversion (auch als RoW/Rest of World bekannt) und der US-Ausführung werden an den entsprechenden Stellen dieses Buches genau beschrieben.

Carrera 4 oder Carrera 2?

Wenn Sie nicht nur die Kraft optimal auf die Straße bekommen möchten, sondern auch bei schlechten Witterungsbedingungen wie Regen, Schnee und Eis mit Ihrem 911 unterwegs sein werden, empfiehlt sich der Carrera 4. Mit dem Eingreifen der Traktionskontrolle verstärkt sich beim Carrera 4 die Untersteuerneigung. Für den Novizen mag dies eine Überraschung sein, aber nach einer gewissen Eingewöhnung ist es recht leicht, mit diesem Verhalten zurechtzukommen. Durch einfache Modifikationen lässt sich die Untersteuerneigung leicht verringern (vgl. **Kapitel 11**). Sobald Sie sich an das Fahrverhalten des Carrera 4 und der Traktionskontrolle gewöhnt haben, werden Sie auch in der Lage sein, durch kurzes Antippen der Bremse das Eingreifen der Traktionskontrolle zu vermeiden.

Mit dem Carrera 4 kommt auch das Fahren auf losem Untergrund in Frage. Auf Splitt und weichem Boden fährt er sich perfekt. Für die Lackierung ist ein solcher Einsatz aber eher nachteilig.

Der Carrera 2 bietet beeindruckende Fahrleistungen und steht dem Carrera 4 auf trockener Fahrbahn in nichts nach, ja wird dessen Rundenzeiten sogar noch unterbieten. Der Carrera 4 kommt etwas schneller vom Start weg, ist jedoch schwerer, komplizierter und etwas teurer im Unterhalt.

Fahrleistungsvergleich Carrera 2 und Carrera 4

Messgröße	Carrera 2	Carrera 4
Höchstgeschwindigkeit		
Durchschnitt hin und zurück	254 km/h	251 km/h
Höchster Messwert	257 km/h	255 km/h
Beschleunigung aus dem Stillstand		
0 auf 48 km/h	2,1 sek	1,9 sek
0 auf 64 km/h	3,0 sek	2,9 sek
0 auf 80 km/h	4,0 sek	4,0 sek
0 auf 96 km/h	5,1 sek	5,2 sek
0 auf 112 km/h	6,7 sek	7,0 sek
0 auf 128 km/h	8,3 sek	8,8 sek
0 auf 144 km/h	10,2 sek	11,0 sek
0 auf 160 km/h	12,7 sek	14,0 sek
0 auf 176 km/h	15,3 sek	17,4 sek
0 auf 192 km/h	18,7 sek	21,3 sek
0 auf 208 km/h	23,7 sek	27,5 sek
Stehender Kilometer	24,6 sek	25,5 sek
48 auf 112 km/h durch die Gänge	4,6 sek	5,1 sek
Beschleunigung im 4. Gang		
32 auf 48 km/h	5,7 sek	6,3 sek
48 auf 80 km/h	5,4 sek	5,8 sek
64 auf 96 km/h	5,4 sek	5,9 sek
80 auf 112 km/h	5,5 sek	5,9 sek
96 auf 128 km/h	5,3 sek	5,8 sek
112 auf 144 km/h	5,0 sek	5,7 sek
128 auf 160 km/h	5,1 sek	5,6 sek
144 auf 176 km/h	5,3 sek	5,9 sek
160 auf 192 km/h	5,3 sek	7,0 sek
Beschleunigung im 5. Gang		
32 auf 48 km/h	8,2 sek	–
48 auf 80 km/h	7,5 sek	7,9 sek
64 auf 96 km/h	7,3 sek	7,9 sek
80 auf 112 km/h	7,4 sek	8,2 sek
96 auf 128 km/h	7,6 sek	8,4 sek
112 auf 144 km/h	8,1 sek	8,8 sek
128 auf 160 km/h	8,1 sek	9,1 sek
144 auf 176 km/h	7,7 sek	9,2 sek
160 auf 192 km/h	8,2 sek	9,9 sek
176 auf 208 km/h	8,2 sek	9,7 sek
192 auf 224 km/h	–	11,7 sek

Die Daten wurden aus verschiedenen, teils englischen Fachzeitschriften und Prospekten zusammengestellt.

Wenn der Allrad für den Alltagsbetrieb nicht zwingend erforderlich ist, empfiehlt sich der Carrera 2. Der Carrera 4 setzt sich bei regnerischen und verschneiten Bedingungen spektakulär in Szene und bietet unter diesen Verhältnissen eine optimale Straßenlage.

Carrera 2 und 4 sind hervorragende Sportwagen. Wägen Sie sorgfältig die Vor- und Nachteile beider Ausführungen ab und machen Sie Probefahrten mit möglichst vielen Varianten, bevor Sie Ihre Kaufentscheidung treffen.

◄ Die nebenstehende Tabelle verrät, mit welch atemberaubenden Fahrleistungswerten Sie rechnen dürfen.

Bei diesem Vergleich ist der Carrera 4 mit Zweimassen-Schwungrad ausgerüstet gewesen. Mit normalem Schwungrad wäre er etwas beschleunigungsstärker, etwa gleichauf mit dem 911 Turbo von 1989, jedoch mit etwa 5 km/h niedrigerer Höchstgeschwindigkeit.

Angebote für Sonnenanbeter

◀ Für viele ist es das Schönste, sich bei offenem Verdeck den Wind durch die Haare fahren zu lassen. Der 964 bietet für solche Charaktere eine reiche Auswahl. Die verschieden Modelle finden Sie überall in diesem Buch angesprochen.

Die Lederinnenausstattung sorgt bei diesem Carrera 2 Targa von 1990 für ein luxuriöses Genießen des Offenfahrens.

(Foto: Will Jones)

Bei diesem American Roadster handelt es sich um die US-Ausführung des Carrera 2 Turbo-Look.

(Foto: Bruce Eckerts)

Speedster von 1994

(Foto: Frank Thierer)

Sauger oder Turbomotor?

Wem es auf Leistung und Höchstgeschwindigkeit ankommt, der findet mit dem Turbo genau das, was er sucht. Die Modellauswahl:

- Turbo von 1991 und 1992
- Turbo 3.6 von 1993 und 1994
- Sonderausführungen des Turbo

Alle Turbos waren Coupés; es gab keine Targas oder Cabrios mit leistungssteigernder Zwangsbeatmung.

Turbo 3.6 S Flachschnauzer von Porsche Exclusive

(Foto: Porsche AG)

◄ Von den Sonderausführungen ist der Turbo S2 mit zwanzig Exemplaren besonders selten. Porsche baute zum Ende des Modelljahres 1994 außerdem 80 oder 81 Turbo S und 76 bis 90 Turbo 3.6 S mit Flachschnauze. Dies waren die letzten 964er, die überhaupt produziert wurden.

Um zusätzliche Leistung zu generieren, bietet der Turbo weit mehr Potenzial als ein vergleichbarer Wagen mit 3,6 Liter Saugmotor. Porsche und andere Hersteller offerierten eine Reihe von Tuningpaketen. Details zu diesen Modifikationen und den Möglichkeiten der Leistungssteigerungen vgl. **Kapitel 1** und **3**.

Der Turbo eignet sich in erster Linie für trockene Fahrbahnen. Er wurde zwar serienmäßig mit Sperrdifferenzial ausgerüstet, erhielt jedoch keine weitere Traktionskontrolle.

Die Unterhalts- und Wartungskosten des 964 Turbo sind deutlich höher als beim Sauger. Er hat ein paar zusätzliche, teure Bauteile. Ein Turbo eignet sich weniger für den Einstieg in das 964-Abenteuer. Jedenfalls sollte der Käufer eines solchen Wagens bereits über erhebliche Fahrerfahrung mit einem leistungsstarken Turbofahrzeug verfügen.

Wählhebel des Carrera 2 Tiptronic

Das gesamte Porsche-Modelljahr 1992 auf einen Blick!

(Foto: Porsche AG)

Schaltgetriebe oder Tiptronic-Automatik?

◀ Die Tiptronic war eine weitere revolutionäre Idee von Porsche für Hochleistungs-Sportwagen. Gegenüber dem Schaltgetriebe kostet sie zwar etwas an Beschleunigungszeit und Höchstgeschwindigkeit, außerdem sind Fahrzeuge mit Tiptronic etwas schwerer und teurer im Unterhalt. Nach augenblicklichem Erkenntnisstand gilt die Tiptronic jedoch als außerordentlich zuverlässig.

Die Tiptronic war für die Carrera 2 mit normalem Heck von 1990 bis 1994 erhältlich, ebenso für den Carrera 2 Turbo-Look und den 1993 und 1994 angebotenen Speedster. Carrera 4 und Turbo waren nie mit Tiptronic erhältlich.

Kaufberatung

Bevor man sich als Kaufinteressent überhaupt irgendein Fahrzeug anschaut, sollte man sich vergewissern, was man sucht und für welchen Zweck es bestimmt sein soll: Alltagswagen, Wochenendfahrzeug, teilweiser oder ausschließlicher Rennbetrieb, Schönheitswettbewerbe und Corsos oder nur ein Spielzeug für die Garage? Auch wenn sich der 911 im Allgemeinen besonders in den letzten Jahren als stabile Wertanlage mit teilweise erstaunlichen Zuwächsen erwiesen hat, so sollte man bedenken, dass der Besitz eines Porsche 964 eine kostspielige Angelegenheit ist, besonders im Unterhalt. Denn nur gut gepflegte Exemplare bringen beim Wiederverkauf entsprechende Summen ein. So sollte man seltene Sondermodelle peinlich sauber halten, wenig bewegen und für mehrere Jahre im Besitz halten, damit sie wirklich im Bestzustand überleben und einen entsprechend hohen Verkaufserlös erzielen.

Bedenken Sie, dass heute naturgemäß nur noch gebrauchte 964er erhältlich sind. Gelegentlich findet sich einmal einer mit geringer Laufleistung, doch meist werden über 100.000 Kilometer auf dem Tacho stehen. Ihr Alter beträgt inzwischen über 20 Jahre. Wie die Fahrzeuge bisher eingesetzt wurden, das entscheidet über ihre zukünftige Zuverlässigkeit. Mit diesem Kapitel soll der Kaufinteressent erkennen lernen, wo sich unschöne Überraschungen verstecken, bevor er sich mit dem Kauf in ein Abenteuer stürzt.

Porsche-Spezialist Adrian Streather hat nicht nur das vorliegende 964-Buch verfasst, sondern auch einen ausführlichen Kaufratgeber für diese 911-Generation (HEEL Verlag). Hier findet jeder Kaufinteressent weitergehende Informationen, worauf man bei der Suche nach einem perfekten 964-Exemplar achten sollte.

Die Porsche-Clubszene ist sehr aktiv und bietet neben gemeinsamen Ausfahrten auch die Möglichkeit, sich mit Gleichgesinnten auszutauschen.

(Foto: John Miles)

Vor der Suche sollte man sich im Klaren sein, welche Variante des 964 aus welchem Modelljahr eigentlich gesucht wird.

Wo finde ich einen 964?

Zu Beginn der Nachforschungen versuchen Sie, so viele Informationen über die aktuelle Marktlage zu sammeln wie möglich. Clubzeitschriften, Inserate in Internet, Automobilzeitschriften und Zeitungen können dabei ergiebige Quellen sein. Auch der jährlich erscheinende Oldtimer Katalog (HEEL Verlag) mit aktuellen Marktpreisen von Classic Data ist eine gute Investition. Schauen Sie auch bei den Gebrauchtwagenhändlern oder im Porsche-Zentrum vor Ort. Suchen Sie sich im Internet ein 964-Forum, in dem Sie sich mit Gleichgesinnten austauschen können und weitere Tipps bekommen. Nehmen Sie Kontakt zum Porsche-Club in Ihrer Nähe auf. Ein ausführliches Clubverzeichnis finden Sie unter *www.porsche.com/germany/sportandevents/porscheclubs/.*

Preise

Die Frage „Wie teuer kommt ein 964?" zeugt von einem guten Maß Unwissenheit. Ohne gute Kenntnisse um die Schwachstellen und reichlich Informationen werden Sie aufgeschmissen sein. Die preisbeeinflussenden Faktoren sind sehr zahlreich. Bedenken Sie: Letztlich ist ein Fahrzeug so viel wert wie der Käufer dafür bezahlt. Das Wichtigste ist aber, auch im Anblick des Objekts der Begierde ruhig zu bleiben und den Verstand nicht auszuschalten.

Welche Faktoren bestimmen den Preis?

- Die Tatsache, dass es ein Porsche ist
- Besondere nationale Ausführungen: Die Schweiz, Deutschland, England, Japan, USA und Kalifornien, Kanada, Australien und viele andere Nationen haben eigene Ausführungen
- Rechtslenker sind bei uns billiger als Linkslenker
- Seltene Ausführungen (nicht in allen Ländern gleich!) – manche Ausführungen sind in manchen Ländern nicht erhältlich gewesen
- Farbkombinationen von Lack und Innenausstattung – besonders in den USA sind manche Kombinationen teurer
- Bekannte Probleme mit bestimmten Ausführungen

- Originalität des Fahrzeugs
- Kilometerstand
- Alter
- Schalt- oder Automatikgetriebe

Die nachfolgende Tabelle gibt einen guten Überblick über das Preisgefüge der verschiedenen 964-Ausführungen in Deutschland, wie es sich bei Drucklegung dieses Handbuchs darstellte, ermittelt von Classic Data. Die Spezialisten für Fahrzeugbewertungen aus Bochum beobachten seit über 25 Jahren den Markt für zwei- und vierrädrige Klassiker und bieten ein bundesweites Netz qualifizierter Kfz-Sachverständiger, die u.a. Wertgutachten für angebotene oder gekaufte Fahrzeuge erstellen. Unter *www.classic-data.de* findet man eine nach Postleitzahlen sortierte Liste der Classic-Data-Partner.

In der Realität können die Preise jedoch abhängig von Ausstattung und Fahrzeughistorie variieren. Natürlich spielen Originalität und Zustand bei den zu erzielenden Preisen die größte Rolle.

Preisübersicht

					Zustandsnote				
Modell	**Karosserie**	**Baujahr**	**PS/kW**	**ccm**	**1**	**2**	**3**	**4**	**5**
911 Carrera 2 (964)	Coupé	1989-1993	250/184	3600	k.N.**	44.500	29.600	17.700	k.N.**
911 Carrera 2 (964)	Targa	1989-1993	250/184	3600	k.N.**	45.800	30.400	18.200	k.N.**
911 Carrera 2 (964)	Cabriolet	1989-1993	250/184	3600	k.N.**	49.000	32.400	19.600	k.N.**
911 Carrera 4 (964)	Coupé	1988-1993	250/184	3600	k.N.**	45.700	30.300	18.300	k.N.**
911 Carrera 4 (964)	Targa	1989-1993	250/184	3600	k.N.**	47.200	31.300	18.800	k.N.**
911 Carrera 4 (964)	Cabriolet	1989-1993	250/184	3600	k.N.**	50.800	33.500	20.000	k.N.**
911 Carrera WTL* (964)	Cabriolet	1992-1993	250/184	3600	k.N.**	80.000	58.000	31.000	k.N.**
911 Carrera WTL* (964)	Coupé	1993-1994	250/184	3600	k.N.**	73.500	54.200	25.800	k.N.**
911 Turbo (964)	Coupé	1990-1992	320/235	3299	190.000	150.000	115.000	68.000	k.N.**
911 Turbo (964)	Cabriolet	1993	355/261	3299	200.000	155.000	120.000	k.N.**	k.N.**
911 Carrera RS (964)	Coupé	1991-1992	260/191	3600	240.000	190.000	145.000	100.000	k.N.**
911 Speedster (964)	Cabriolet	1993-1994	250/184	3600	180.000	135.000	90.000	k.N.**	k.N.**
911 Speedster WTL* (964)	Cabriolet	1993-1994	250/184	3600	230.000	190.000	k.N.**	k.N.**	k.N.**
911 Turbo (964)	Coupé	1993-1994	360/265	3600	265.000	200.000	155.000	90.000	k.N.**

WTL Werks-Turbo-Look, k.N.** keine Notierung*

Quelle: ***Classic Data*** *(Stand 2015)*

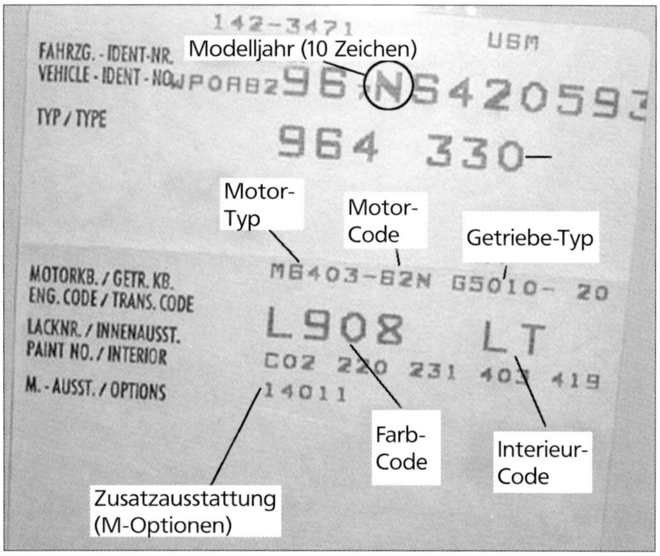

964-Typschild von 1992 (N-Programm)

Authentizität

◀ Unter der vorderen Haube befindet sich in der Nähe des Schlosses ein weißer Aufkleber. Die Angaben darauf sind sehr wichtig. Die Aufschlüsselung wird im Folgenden kurz beschrieben:

- Fahrzeug-Identnummer: WPO mit 14 weiteren Zeichen dahinter

Hinweis:
Das insgesamt zehnte Zeichen bezeichnet das Modelljahr – vgl. ***Kapitel 1****.*

- Typ oder Modell (964XXX): Vgl. untenstehende Tabelle
- Motortyp (M6043), Motorcode (62N), Getriebecode (G5010)
- Lackcode (L908) und Innenausstattungscode (LT)
- Zusatzausstattungen (C02), beginnt stets mit dem Landescode. Zu den Sonderausstattungen vgl. **Anhang B.**

Stellen Sie anhand der nachfolgenden Tabelle fest, ob der Fahrzeugtyp mit dem Angaben auf dem Typschild übereinstimmt. Falls nicht oder falls der Aufkleber fehlt, könnte dies ein Problem signalisieren. Entweder wurde die Haube

Erläuterung der 964-Modellcodes

Modell	Code	Anmerkung
Carrera 4 Coupé	964130	
Carrera 4 Coupé Rechtslenker	964131	
Carrera 4 Coupé C03	964140	für Kalifornien
Carrera 4 Coupé Turbo-Look für USA	964150	
Carrera 4 „911 Anniversary"	964150	
Carrera 4 „911 Anniversary" Rechtslenker	964151	
Carrera 2 Coupé	964330	inkl. Carrera Cup für USA
Carrera 2 Coupé Rechtslenker	964331	
Carrera 2 Coupé C03	964340	für Kalifornien
Carrera 4 Targa	964230	
Carrera 4 Targa Rechtslenker	964231	
Carrera 4 Targa C03	964240	für Kalifornien
Carrera 2 Targa	964430	
Carrera 2 Targa Rechtslenker	964431	
Carrera 2 Targa C03	964440	für Kalifornien
Carrera 4 Cabrio	964530	
Carrera 4 Cabrio Rechtslenker	964531	
Carrera 4 Cabrio C03	964540	für Kalifornien
Carrera 2 Cabrio	964630	
Carrera 2 Cabrio Rechtslenker	964631	
Carrera 2 Cabrio C03	964640	für Kalifornien
Carrera 2 Cabrio Turbo-Look und American Roadster	964650	
Carrera 2 Cabrio Turbo Look Rechtslenker	964651	
964 Turbo	964770	
964 Turbo Rechtslenker	964771	
Speedster	964830	
RS America	964320	
Carrera RS	964360	
RS 3.8	964360	

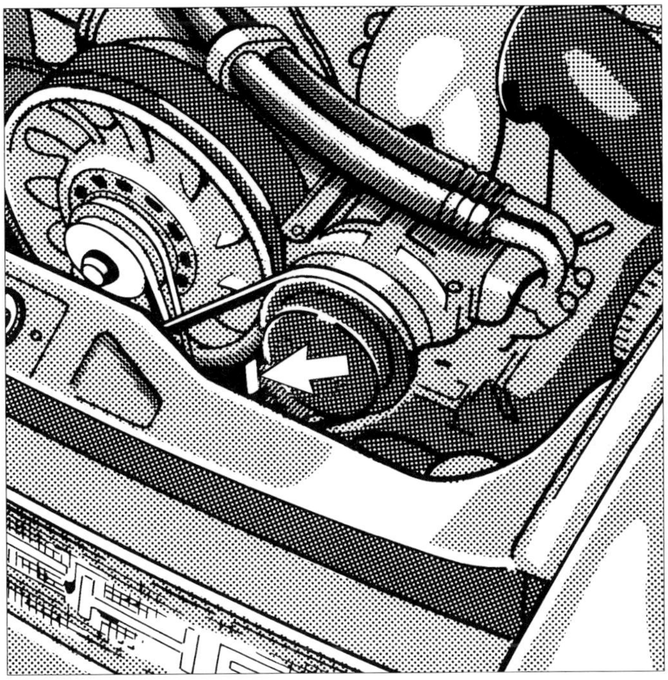

erneuert und der Aufkleber versehentlich nicht angebracht oder etwas Ernsteres ist die Ursache. Bei Widersprüchen zwischen dem Fahrzeug und den Angaben auf dem Typschild ist auf jeden Fall Vorsicht angesagt.

Weitere wichtige Nummern, auf die man achten muss, sind die Codes für den Motor und das Herstellungsdatum; vgl. dazu nachfolgende Tabelle. Die drei Zeichen auf dem Aufkleber müssen mit den ersten drei der Motor-Seriennummer übereinstimmen. Diese Zeichenfolge wird nicht bestätigen, ob der originale Motor eingebaut ist, aber dass es sich dabei um die richtige Variante für dieses Modelljahr handelt.

◀ Die Motor-Seriennummer (siehe Pfeil) muss mit der ursprünglichen Herstellerdokumentation abgeglichen werden, um zu bestätigen, dass es sich um den Original-Motor handelt.

Das Triebwerk des Turbo aus dem Modelljahr 1993 hat die Seriennummer 61P, es handelt sich dabei um den Motortyp M64/50 mit 3,6 Litern Hubraum.

(Foto: Porsche AG)

Motor-Seriennummern

62K	Modelljahr 1989
62L	Modelljahr 1990
62M	Modelljahr 1991
61M	Turbo Modelljahr 1991
62N	Modelljahr 1992
61N	Turbo Modelljahr 1992
62P	Modelljahr 1993
61P	Turbo Modelljahr 1993
62R	Modelljahr 1994
61R	Turbo Modelljahr 1994

Hinweis:

Das dritte Zeichen der Motornummer muss mit dem zehnten Zeichen der Fahrzeug-Identnummer übereinstimmen, und zwar sowohl auf dem Aufkleber als auch in der am Motor angebrachten Motornummer.

Wenn also auf dem Aufkleber die Seriennummer 62K steht, sollte die Motornummer mit 62K beginnen. Sollten die Fahrzeug-Identnummer, die Motornummer und der Aufkleber insoweit nicht übereinstimmen, ist eine nähere Untersuchung erforderlich.

Die Sonderausstattung Tiptronic ändert an den hier relevanten Nummern nichts.

Die Fahrzeug-Identnummern sind nach Jahrgängen im **Anhang A** aufgeführt, ebenso die Seriennummern für die wichtigsten Bauteile.

Wer sich für einen RS America interessiert, sollte wissen, dass die ersten 294 Exemplare, gebaut von Januar bis Juli 1992, mit einem auf das Modelljahr 1993 verweisenden „P" in der Fahrzeug-Identnummer versehen sind, während die Motoren ab Werk die Seriennummer 62N aus 1992 haben. In diesen Fällen sollte unter den Sonderausstattungen der Code M718 aufgeführt sein.

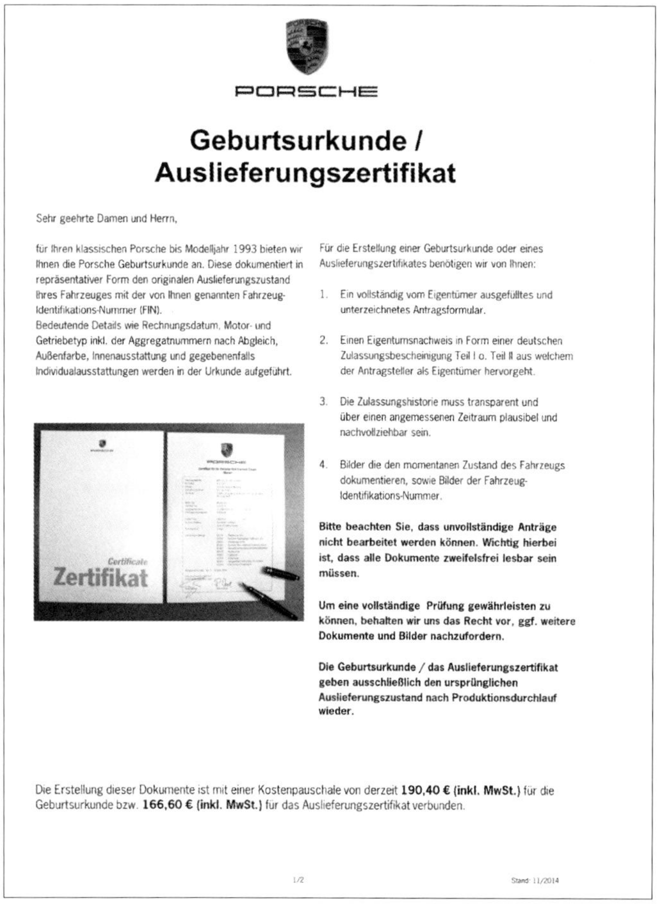

PORSCHE

Geburtsurkunde / Auslieferungszertifikat

Sehr geehrte Damen und Herrn,

für Ihren klassischen Porsche bis Modelljahr 1993 bieten wir Ihnen die Porsche Geburtsurkunde an. Diese dokumentiert in repräsentativer Form den originalen Auslieferungszustand Ihres Fahrzeuges mit der von Ihnen genannten Fahrzeug-Identifikations-Nummer (FIN).
Bedeutende Details wie Rechnungsdatum, Motor- und Getriebetyp inkl. der Aggregatnummern nach Abgleich, Außenfarbe, Innenausstattung und gegebenenfalls Individualausstattungen werden in der Urkunde aufgeführt.

Für die Erstellung einer Geburtsurkunde oder eines Auslieferungszertifikates benötigen wir von Ihnen:

1. Ein vollständig vom Eigentümer ausgefülltes und unterzeichnetes Antragsformular.
2. Einen Eigentumsnachweis in Form einer deutschen Zulassungsbescheinigung Teil I o. Teil II aus welchem der Antragsteller als Eigentümer hervorgeht.
3. Die Zulassungshistorie muss transparent und über einen angemessenen Zeitraum plausibel und nachvollziehbar sein.
4. Bilder die den momentanen Zustand des Fahrzeugs dokumentieren, sowie Bilder der Fahrzeug-Identifikations-Nummer.

Bitte beachten Sie, dass unvollständige Anträge nicht bearbeitet werden können. Wichtig hierbei ist, dass alle Dokumente zweifelsfrei lesbar sein müssen.

Um eine vollständige Prüfung gewährleisten zu können, behalten wir uns das Recht vor, ggf. weitere Dokumente und Bilder nachzufordern.

Die Geburtsurkunde / das Auslieferungszertifikat geben ausschließlich den ursprünglichen Auslieferungszustand nach Produktionsdurchlauf wieder.

Die Erstellung dieser Dokumente ist mit einer Kostenpauschale von derzeit **190,40 € (inkl. MwSt.)** für die Geburtsurkunde bzw. **166,60 € (inkl. MwSt.)** für das Auslieferungszertifikat verbunden.

1/2 Stand: 11/2014

Anleitung für die Beantragung eines Herstellernachweises von Porsche. (Foto: Porsche AG)

◀ In Amerika hilft ein „Certificate of Authenticity", um die genauen Details eines Porsche 964 zu ermitteln. In Deutschland stellt Porsche gegen eine Gebühr von rund 170 Euro eine „Geburtsurkunde" aus, die zusammen mit dem für rund 190 Euro bestellbaren Auslieferungszertifikat eine offizielle „Echtheitsbestätigung" darstellt. Die Anforderung kann mit relativ wenig Aufwand erledigt werden: Das Formular muss unter *www.porsche.com/germany/accessoriesand-services/porscheservice/vehicleinformation/documents/* runtergeladen werden und vom Eigentümer des Fahrzeugs ausgefüllt und unterzeichnet werden. Einen Eigentumsnachweis in Form einer deutschen Zulassungsbescheinigung Teil I oder Teil II, aus welchem der Antragsteller als Eigentümer hervorgeht ist erforderlich. Außerdem muss die Zulassungshistorie transparent und über einen angemessenen Zeitraum plausibel und nachvollziehbar sein. Bilder, die den momentanen Zustand des Fahrzeugs dokumentieren, sowie Bilder der Fahrzeug-Identifikations-Nummer müssen ebenfalls beigefügt werden.

Hinweis:
Die Geburtsurkunde dient nicht als Wertgutachten!

Bitte bedenken Sie, dass auch ein noch so amtlich ausschauender Eigentumsnachweis eine Fälschung sein kann!

Erster Blick

Der „erste Blick" dient dazu herauszufinden, ob das Fahrzeug eine nähere Begutachtung wert ist. Es werden zahlreiche 964er angeboten. Diese Anleitung hilft, eine grobe Vorsortierung vorzunehmen, um Zeit, Mühen und Geld zu sparen.

Überzeugen Sie sich persönlich davon, dass es sich bei dem angebotenen Fahrzeug um jenes in den Papieren aufgeführte handelt. Verlangen Sie die erforderlichen Unterlagen vom Verkäufer und prüfen Sie die Übereinstimmung mit den Nummern am Fahrzeug. Nur diese persönliche Überprüfung gibt Ihnen Sicherheit. Hat der Verkäufer Probleme, Ihnen die dafür nötigen Unterlagen zu zeigen, sollten Sie vom Kauf Abstand nehmen.

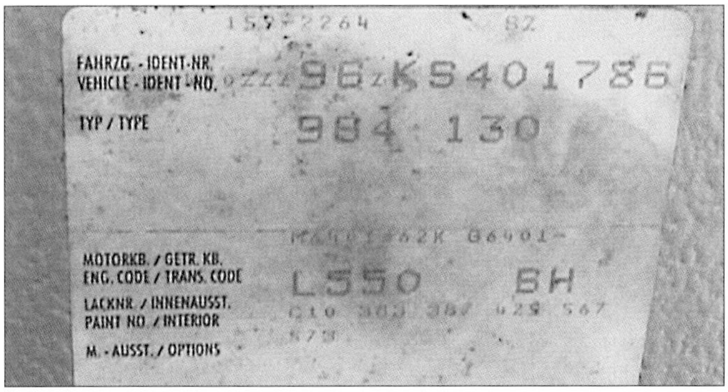

Typschild eines 964 von 1989 (K-Modell)

Typschild eines RS America von 1993 (P-Modell)

Das Typschild (Bild unten) unter der vorderen Haube enthält für den Anfang die wichtigsten Informationen. Vergleichen Sie, wie soeben beschrieben, die Fahrzeug-Identnummer mit der Motor-Seriennummer.

Fehlt das Typschild, kann das darauf zurückzuführen sein, dass die Haube repariert oder erneuert wurde. Dennoch ist in solchen Fällen äußerste Vorsicht geboten.

Das Typschild enthält die Lacknummer. Diese sollte mit dem Schild über der Batterie übereinstimmen. Dort ist auch die Farbbezeichnung angegeben, z. B. „550 Leinengrau-Metallic". Fehlen alle Schilder mit der Lacknummer, ist noch größere Vorsicht angeraten. Ist der Farbcode gefunden, so vergleichen Sie diesen mit dem tatsächlichen Farbton in hellem Licht. Manche Metallicfarben sind nicht leicht zu unterscheiden, aber wenn der Aufkleber an einem weißen Fahrzeug die Farbe Schwarz anzeigt, muss etwas falsch sein.

Die in der Fahrzeug-Identnummer aufgeführten Buchstaben-Kombinationen bedeuten Folgendes:

WP0ZZZ:	Normalausführung (RoW)
WP0 A:	Coupé in US-Ausführung
WP0 B:	Targa in US-Ausführung
WP0 C:	Cabrio in US-Ausführung.

Wenn Sie sich mit der Anschaffung eines Fahrzeugs aus dem Ausland beschäftigen – hier gilt die USA immer noch als dankbarer Markt –, beachten Sie, dass eine Umrüstung auf deutsche Zulassungsbestimmungen unter Umständen teuer werden kann. Auch die Ersatzteilbeschaffung könnte sich als umständlich erweisen.

Prüfen Sie sorgfältig die Eigentumsverhältnisse anhand des Fahrzeugbriefs und beim Auslandskauf besonders sorgfältig anhand der dort üblichen Eigentumsnachweise.

Fragen Sie den Verkäufer nach allen verfügbaren Dokumenten wie:

- Betriebsanleitung
- Garantie-/Serviceheft
- HU-Bericht/AU-Protokolle
- Sämtliche Reparaturrechnungen

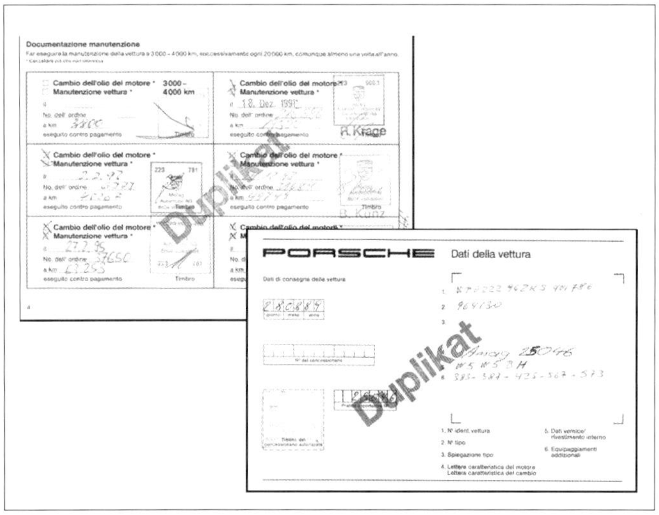

Achten Sie auf eine möglichst lückenlose Servicedokumentation.

(Foto: Adrian Streather)

◀ Überprüfen Sie, ob es sich bei dem Garantie-/Serviceheft um das originale handelt. Nachfertigungen sind mit einem Stempelaufdruck „Duplikat" auf jeder Seite versehen. Der Aufdruck kann auch in einer anderen Sprache erfolgt sein. In einem Duplikat fehlt stets das Typschild. Die Angaben vom Typschild sind vielmehr von Hand eingetragen.

Fragen Sie nach den eingebauten Sonderausstattungs-Codes und vergleichen Sie diese anhand von **Anhang B** mit dem Fahrzeug.

Wenn die Echtheit auf diese Weise bestätigt werden konnte, sollte eine kurze visuelle Inspektion des Fahrzeugs erfolgen. Diese dient ausschließlich dem Zweck zu schauen, ob sich eine nähere Beschäftigung mit dem Fahrzeug überhaupt lohnt. Sofern der Anreiseweg sehr lang ist, kann eine Reihe guter Fotos dafür bereits ausreichen.

- Schauen Sie nach Roststellen,
- Lackreparaturen und Überlackierungen und
- Schäden am Fahrzeug sowie Reparaturspuren.
- Sind Modifikationen erkennbar?

Doppelzündung in Verbindung mit Motronic

◀ An einem Carrera 2 oder 4 mit Saugmotor (mit zwei Verteilern) prüfen Sie, ob die Umrüstung der Verteilerentlüftung erfolgt ist.

Hinweis:

*Der Entlüftungsschlauch führt vom ersten Verteiler zum Luftleitrohr. Probleme mit dem Riemen und der Entlüftung der Doppelzündung sind weiter unten in diesem Kapitel sowie in **Kapitel 4** beschrieben.*

Was vor dem Kauf zu tun ist

Dieser Schritt umfasst die bereits bei der Inspektion vor dem Kauf genannten Prüfschritte zur Identitätsfeststellung des 964.

Karosserie

◀ Die zehnjährige Durchrostungsgarantie, die seitens Porsche für Fahrzeuge ab Modelljahr 1981 eingeführt wurde, ist bei allen 964-Exemplaren ohnehin längst abgelaufen. Trotzdem lohnt die Prüfung, ob alle dafür erforderlichen Händlerstempel vorhanden sind.

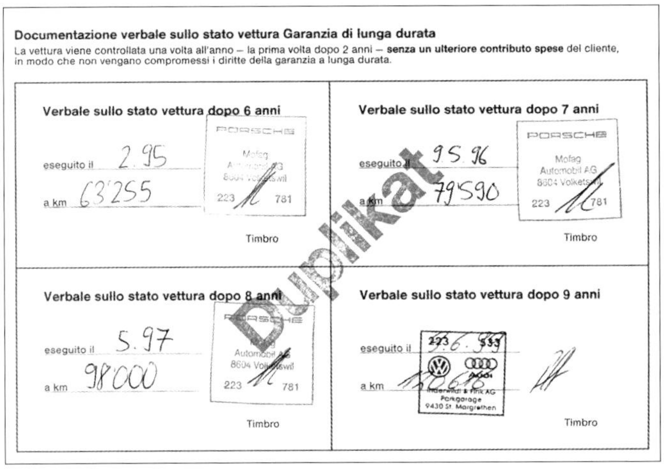

Documentazione verbale sullo stato vettura Garanzia di lunga durata

La vettura viene controllata una volta all'anno – la prima volta dopo 2 anni – **senza un ulteriore contributo spese** del cliente, in modo che non vengano compromessi i diritte della garanzia a lunga durata.

Verbale sullo stato vettura dopo 6 anni eseguito il 2.95 a km 63'255 PORSCHE Mofag Automobil AG 8604 Volketswil 223 781 Timbro	**Verbale sullo stato vettura dopo 7 anni** eseguito il 9.5.96 a km 79'590 PORSCHE Mofag Automobil AG 8604 Volketswil 223 781 Timbro
Verbale sullo stato vettura dopo 8 anni eseguito il 5.97 a km 98'000 PORSCHE Mofag Automobil AG 8604 Volketswil 223 781 Timbro	**Verbale sullo stato vettura dopo 9 anni** eseguito il a km Parkgarage 9430 St. Margrethen Timbro

Duplikat

Bei der Karosserieprüfung ist also auf jeden Fall nach Roststellen Ausschau zu halten, denn selbst der 964 kann von Korrosion befallen sein. Die Verzinkung verzögert die Rostbildung, kann sie aber nicht gänzlich verhindern.

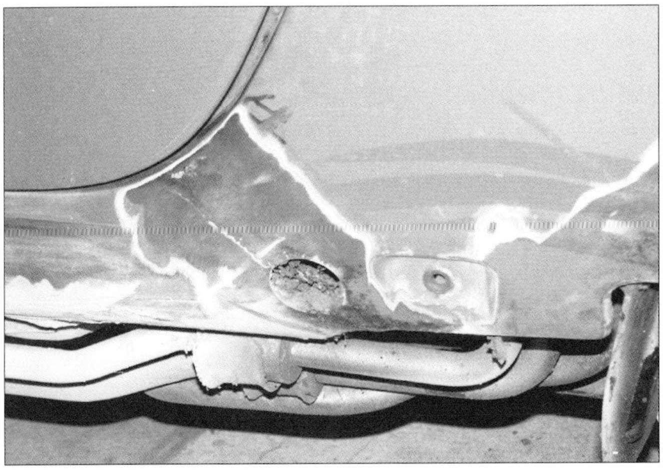

Rost an der Unterkante der linken Tür

◀ Achten Sie außen besonders auf folgende Stellen:

- Untere Ecken der Windschutzscheibe
- In der Nähe von Anbauteilen können sich Rostblasen verstecken.
- Um Scheinwerfer und seitliche Blinker (falls vorhanden) kann Steinschlag Rostbildung verursacht haben.

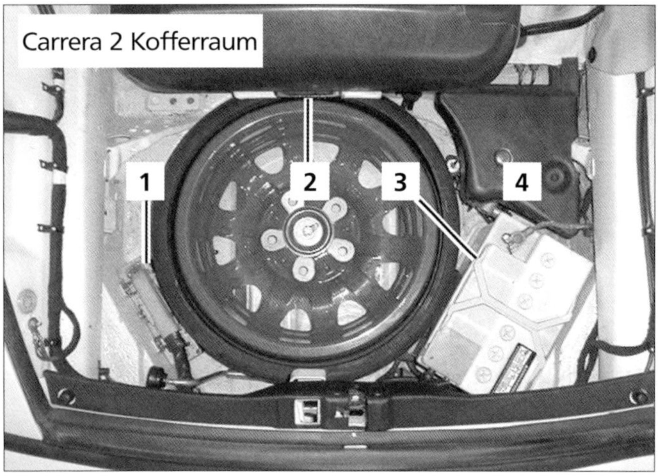

*ABS-Steuergerät (**1**), Fahrgestellnummerschild (**2**), Batterie (**3**), Abdeckung der ABS-Hydraulik (**4**)*

◀ Im Kofferraum

- Schauen Sie nach Rost an den Halterungen des Tanks, Schraubenköpfen, Bolzen, Magnetventilen und Leitungen.
- Schauen Sie unter das Reserverad.
- Suchen Sie Korrosionsstellen, Beulen und Wasserschäden an der ABS-Anlage. Letztere zeigen sich durch Wasserflecke an.
- Ist der Lack unter dem ABS-Steuerblock durch ausgetretene Bremsflüssigkeit beschädigt?
- Der Behälter der Intensiv-Scheibenwaschanlage wird gern undicht und beschädigt darunter liegende Steuergeräte.
- Schauen Sie unter und neben der Batterie nach Korrosion, die durch Überladen entstanden sein kann.
- Suchen Sie unter dem Reserverad nach Rost oder Schäden. Prüfen Sie, ob die Abläufe im Reserveradkasten funktionsfähig sind.

Achten Sie auf Lackausbesserungen und Überlackierungen. Porsche-Lackierungen sind stets sorgfältig ausgeführt und überall mit einem Klarlacküberzug versehen. Neue Lackierung lässt sich bei genauem Hinsehen immer erkennen. Am besten schaut man in wenig zugängliche Ecken, z. B. die Türvorderkanten oder unter den Radausschnitten, ob man dort Farbabweichungen feststellt. Eine schlechte Nachlackierung macht das Fahrzeug stets uninteressant. Eine gute Lackreparatur rechtfertigt immer noch einen Preisabschlag.

Aufkleber mit Lacknummer an einem 964 Turbo von 1991

(Foto: Steve Shanks)

◀ Überprüfen Sie die Lackcodes gemäß Aufkleber am Fahrzeug mittels **Anhang B** – ist das die Farbe des Fahrzeugs?

Können Sie Farbunterschiede feststellen? Nehmen Sie den 964 möglichst im hellen Tageslicht in Augenschein, nicht in der Garage oder bei künstlichem Licht. Gehen Sie mit einigem Abstand um das Fahrzeug herum, und Sie werden Lackabweichungen z. B. durch Verwendung von Spachtel, schnell entdecken. Besonders enfach kann man dies unter den Kotflügeln feststellen. Achten Sie auf abblätternden Lack – Originallack blättert nicht ab.

Stoßstangen: Die Reparatur von Front- oder Heckschäden kann man an den Stoßfängern ablesen. Die originale Ausführung von Porsche besteht aus Kunststoff. Dieses bildet im Lauf der Jahre feine Risse oder Kratzer, die im Sonnenlicht leicht zu erkennen sind. Fehlen solche Risse oder Kratzer, wurde die Stoßstange kürzlich repariert oder ersetzt. Originalteile sind erhältlich, aber oft wird aus GFK gefertigter Ersatz verwendet. Besonders aufwändig sind Ersatzanfertigungen aus Kevlar. So gut das Kevlar auch sein mag, seien Sie gewarnt und erkundigen Sie sich nach dem Grund, warum neue Stoßstangen angebaut wurden.

Prüfen Sie die Spaltmaße von Türen und Hauben, wenn der 964 (hier ein Carrera 4 von 1992) genau eben steht.

(Foto: Deryk Grantham)

◀ Fahnden Sie nach Schäden an der Karosserie oder Reparaturspuren. Mit einem einfachen Zentimetermaß kann man die Spaltmaße an einigen wenigen Stellen an Türen und Hauben messen. Wenn sie bei auf ebener Fläche abgestelltem Fahrzeug ungefähr gleich sind, ist die Karosserie nicht verzogen und das Fahrwerk richtig justiert. Größere Unterschiede deuten auf Unfallschäden oder ein verstelltes Fahrwerk hin und erfordern eine nähere Überprüfung.

Prüfen Sie die Rückleuchtengläser. Hat sich Schmutz dahinter gefangen? Ausbleicherscheinungen und Verfärbung ist leider normal. Rückfahr- und Nebelschlusslicht, soweit überhaupt vorhanden, befinden sich hinter der Blende mit dem Porsche-Schriftzug.

Verdeck

- Bitten Sie den Verkäufer, das Verdeck zu schließen, damit Sie auf Schäden, Ausbleichen und auf einwandfreie Funktion achten können. Ein ausgeblichenes Verdeck zu erneuern kann recht kostspielig werden.
- Prüfen Sie, ob die Verdeckbetätigung so umgebaut wurde, dass sie auch bei laufendem Motor funktioniert. Falls ja, prüfen Sie, ob das Warnsystem dann auch noch funktioniert.
- Prüfen Sie mit Gartenschlauch oder Wassereimer, ob das Verdeck wasserdicht ist.

Carrera 2 Targa von 1992

(Foto: Will Jones)

◀ **Targa:**

- Prüfen Sie, ob die Dachteile alle genau passen.
- Prüfen Sie, ob das Dach dicht hält.

Prüfen Sie die Tür- und Haubendichtungen. Wenn man bei geschlossener Tür Wasser über die Vorderkante laufen lässt, sollte diese dicht halten. Ebenso kann bei Cabrio-Verdeck und Targa-Dach verfahren werden. Eingedrungenes Wasser werden Sie auf dem Teppich wiederfinden. Danach wandert es unter den Teppich und in die Schalldämmung. Legen Sie Küchentücher neben die Kunststoffverkleidung und schauen Sie, ob sie feucht werden. Falls ja, wird sich unter dem Teppich Wasser angesammelt haben.

Schauen Sie unter die Teppiche und unter die vorderen und hinteren Sitze. Entfernen Sie (mit Einverständnis des Besitzers) so viel Teppich wie möglich. Einige Teile sind verklebt und lassen sich nicht herausnehmen. Porsche hat hier einige schwere Dämmstoffe eingebaut, die Wasser sehr gut aufsaugen und wie ein Schwamm festhalten. Diese Dämmung ist mit schwarzem Kunststoff verkleidet. Schauen Sie, ob diese Verkleidung Risse hat. Drücken Sie auf die Dämmung. Wenn dabei Geräusche wie beim Laufen mit nassen Schuhen entstehen, befindet sich mit ziemlicher Sicherheit Wasser darunter.

Heckspoiler

Nur RS America, RS 3.8, RSR und Turbo haben starre Heckspoiler. Finden Sie einen nicht ausfahrbaren Spoiler an einem anderen Modell, so stellen Sie sicher, dass das Warnsystem für den ausgefahrenen Spoiler außer Betrieb gesetzt wurde; vgl. dazu **Kapitel 10**.

◀ Von den genannten Modellen abgesehen haben alle 964er serienmäßig einen elektrisch ausfahrbaren, elektronisch gesteuerten Heckspoiler.

Carrera 2 Targa von 1990

(Foto: Tom Sharpes)

Für den 964 gab es eine ganze Reihe von Felgendesigns.

Räder

◀ Prüfen Sie Größe, Zustand und Design der Räder. Einzelheiten zu den Radtypen finden Sie in **Kapitel 6**. Kommen Ihnen die Räder nicht bekannt vor, so fragen Sie, ob dies die Originalräder sind, mit denen der Wagen gekauft wurde. Prüfen Sie, ob die Umbördelungen an den Radausschnitten weiter herumgebogen wurden. Das wird oft unfachmännisch mit wenig geeignetem Rundmaterial erledigt. Solche Arbeiten verraten, dass der Wagen einmal breitere Räder gehabt haben muss. Fragen Sie den Vorbesitzer, was er Ihnen dazu sagen kann. Nicht selten sind zum Verkauf angebotene 964er mit 16-Zoll-Rädern ausgestattet, und weisen trotzdem bearbeitete Radläufe auf. Offensichtlich wurden die Räder in diesen Fällen für den Verkauf ausgetauscht. Erkundigen Sie sich beim Verkäufer hierzu. Fragen Sie nach einem Bild des Wagens aus der Zeit, als der Verkäufer ihn erwarb.

Der Grund, warum man hier nachhaken sollte, liegt darin, dass solche Modifikationen auf noch viel weitreichendere Tuningmaßnahmen, einen schweren Unfall oder, was das Schlimmste wäre, einen Umbau auf Basis eines älteren 911-Typs hinweist. Außerdem signalisieren Sie damit dem Verkäufer, dass Sie sich mit dem 964 auskennen, was Ihnen eine günstigere Verhandlungsposition sichern wird.

Prüfen Sie die Reifen. Sind sie von einem unbekannten Fabrikat oder sind an einer Achse verschiedene Reifentypen montiert, befinden sie sich in schlechtem Zustand (zu geringe Profiltiefe, beschädigt) oder sind sie überaltert, muss teurer Ersatz beschafft werden. Als Zulieferer unbedenklich sind folgende Fabrikate: Bridgestone, Continental, Dunlop, Kumho, Michelin, Pirelli, Toyo und Yokohama. Weitere Informationen zu den Reifen finden Sie ebenfalls in **Kapitel 6**.

Rechts ein recht hoch stehender Carrera 4 in US-Ausführung, links die auf RS-Niveau tiefergelegte Normalausführung

(Foto: Adrian Streather)

American Roadster von 1992

(Foto: Steve Hughes)

Radaufhängungen

◀ Bei serienmäßigen 964 Coupés, Targas und Cabrios mit 16- oder 17-Zoll-Felgen beträgt der Höhenabstand zwischen Reifen und Radlauf etwa 40 (bei der US-Version 50) Millimeter. Einzelheiten hierzu finden Sie in **Kapitel 6**.

Eine Tieferlegung ist kein Grund, vom Kauf des 964 Abstand zu nehmen. Fragen Sie, wie die Tieferlegung durchgeführt wurde, welche Teile dafür geändert wurden und lassen Sie sich dafür die Rechnungen vorlegen. Fragen Sie auch, wer die anschließende Fahrwerkeinstellung vorgenommen hat und lassen Sie sich die entsprechenden Dokumente vorlegen. Radeinstellung, Geradestellung und Einstellung der Bodenfreiheit sind nichts für Hobby-Schrauber ohne Spezialkenntnisse!

Innenraum

◀ Im Innenraum geht es um die Bewertung des Zustands. Nichts sollte eingerissen oder verzogen sein. Sind Schäden durch eingedrungenes Wasser erkennbar? Leder ist erstaunlich widerstandsfähig, von den Kunstmaterialien kann man das aber nicht sagen.

Probieren Sie alle elektrischen Sitzverstellfunktionen aus. Funktionieren einzelne nicht, kann es daran liegen, dass diese damals nicht eingebaut waren. Vergleichen Sie hierzu die Sonderausstattungscodes. Sofern vorhanden prüfen Sie die Sitzheizung. Das wird gerne vergessen (vor allem im Sommer), obwohl die Reparatur kostspielig sein kann. Fragen Sie den Verkäufer, ob Probleme mit den Airbags bekannt sind. Die US-Ausführung hatte ab Modelljahr 1990 zwei Airbags, der 1989er Carrera 4 keinen. Oft wurde der Beifahrerairbag außer Funktion gesetzt. Fragen Sie den Verkäufer, ob dies hier auch geschehen ist.

Prüfen Sie, ob alle Innenleuchten funktionieren und von den Türschaltern richtig angesteuert werden.

Die Motor-Seriennummer ist in die nach oben zeigende Fläche unter dem Lüftergehäuse eingeschlagen.

(Foto: Jeff Curtis)

Motorraum

◀ Die Motor-Seriennummer persönlich zu überprüfen ist nicht einfach, aber unverzichtbar.

Ist im Motorraum Ölverlust erkennbar? Wenn der Motorraum makellos sauber erscheint fragen Sie, warum er kürzlich gereinigt wurde. Sind auf der Unterbodenverkleidung unter dem Motor oder, wenn diese fehlt, auf dem Boden Ölflecke erkennbar? Solche Tropfen sollten Sie nicht vom Kauf abhalten. Schauen Sie auch, ob sich Öltropfen unter dem Wagen gebildet haben. Ein sauber glänzender Kühlventilator, womöglich gar verchromt, ist ein Zeichen für einen umsichtigen Besitzer.

Schauen Sie mit der Taschenlampe nach Differenzial und Servolenkungspumpe. Finden Sie dort Ölablagerungen? Ein Carrera 4 hat drei Differenziale, nämlich je eines vorn und hinten sowie ein zentrales.

Kontrollieren Sie den Zustand von Verteiler, Zündspulen und Zündkabeln der Doppelzündanlage. Sind die Kabel möglicherweise durch Marderbiss beschädigt?

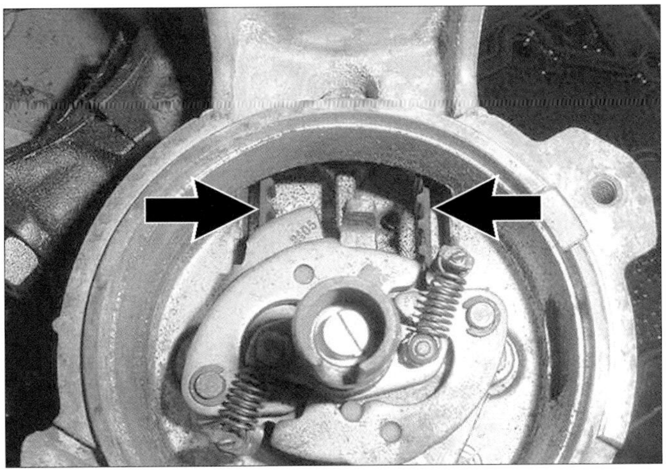

◀ Bei den Saugern: Ist der Antriebsriemen im Zündverteilerbauteil (Pfeile) in Ordnung? Ist der Riemen beschädigt, gibt dies Anlass zu ernster Sorge. Prüfen Sie, ob die Verteilerent lüftung nachgerüstet wurde.

Hinweis:
Zu Schäden am Verteilerantrieb finden Sie Näheres in ***Kapitel 4****.*

Achten Sie auf offensichtliche Modifikationen wie K&N-Luftfilter, durchbohrte Luftfiltergehäuse und anderes Ungewöhnliche. Stellen Sie solche Änderungen fest, fragen Sie den Verkäufer, was sonst noch am Motor verändert wurde. Solche Änderungen können folgende Nachteile mit sich bringen:

- **Fahrbarkeit:** Die Leerlaufdrehzahl könnte unter die normalen 840-920/min absacken. Achten Sie während der Probefahrt darauf, dass die laufende Klimaanlage den Motor nicht abwürgt.

- **Abgas:** Einige Modifikationen führen dazu, dass die Grenzwerte für die Abgasuntersuchung nicht mehr eingehalten werden können. Lassen Sie sich deshalb das Protokoll der letzten Abgasuntersuchung vorlegen.
- **Zuverlässigkeit:** Die Lebensdauer des Motors kann leiden, was sich leider nicht messen oder feststellen lässt. Fragen Sie deshalb einen Porsche-Fachmann um seine Meinung.

Nicht zugelassene Sportluftfilter können zu erlöschen der Betriebserlaubnis führen und Probleme bei Polizeikontrollen und der Hauptuntersuchung bereiten.

Kupplung und Schwungrad

*Zweimassen-Schwungrad Serienausführung (**1**), Zweimassen-Schwungrad von LuK (**2**), Einfaches Schwungrad und Kupplung (**3**)*

◄ Bei Änderungen an Schwungrad und Kupplung lassen Sie sich vom Verkäufer die Rechnungen dazu vorlegen. Bei der Kupplung sollte LuK-Teilenummer 964 114 012 02 verwendet worden sein. Die Verwendung des Original-Porsche-Ersatzteils ist natürlich auch in Ordnung.

In **Kapitel 5** finden Sie weitergehende Informationen zu Schwungrad und Kupplung.

Reserverad und Werkzeug

Ist die Werkzeugrolle vollständig bestückt? Sind Werkzeuge beschädigt oder rostig? Prüfen Sie den Wagenheber – handelt es sich um die richtige Ausführung?

◄ Das Reserverad ist stets entleert. Der an den Zigarettenanzünder anschließbare Kompressor zum Auffüllen nach der Montage darf daher nicht fehlen.

Funktionsprüfung

Vor der Probefahrt sollten Sie die Funktion der wichtigsten Komponenten prüfen. Nutzen Sie im Zweifel die zum Fahrzeug gehörige Betriebsanleitung. Bevor Sie den 964 anlassen, prüfen Sie Folgendes:

Alarmanlage: Entriegeln Sie die Türen und öffnen Sie den Kofferraum, ohne die Haube anzurühren. Schließen Sie die Türen und verriegeln Sie sie mit dem Zündschlüssel. Entsichern Sie jetzt den Sicherungshaken und heben Sie die vordere Haube an, sollte die Alarmanlage losgehen. Dies ist der einfachste Weg, die Alarmanlage zu überprüfen. Das gewaltsame Öffnen einer Tür oder Haube zu simulieren wäre nicht ratsam. Bei Targa und Cabrio kann stattdessen auch die hintere Gepäckraumabdeckung angehoben werden, während alles verschlossen ist. Einzelheiten zur Alarmanlage finden Sie in **Kapitel 8** beschrieben.
Die ab Werk eingebaute Alarmanlage ist recht einfach. Für manche Länder sind zusätzliche Sicherungsmaßnahmen gefordert. Diese sind in der Betriebsanleitung beschrieben.

Kofferraum des 964 Carrera 4 mit nicht serienmäßiger Federdomstrebe

◄ **Hauptsicherungskasten:** Wenn durch Entriegeln der Türen der Alarm wieder abgestellt wurde, begutachten Sie den Hauptsicherungskasten hinten im Kofferraum.

Nehmen Sie den Deckel ab und prüfen Sie, ob alle Sicherungen intakt sind.

Prüfen Sie, ob alle in der Zeichnung unter dem Deckel angegebenen Relais tatsächlich vorhanden sind.

Beim Beleuchtungstest überprüfen Sie
- Standlicht, Abblendlicht und Fernlicht
- Rückleuchten
- Bremsleuchten
- Nebelscheinwerfer
- Innenbeleuchtung
- Motorraum- und Kofferraumbeleuchtung
- Handschuhfachbeleuchtung
- Blinker und Warnblinklicht

Prüfen Sie die Funktion sämtlicher Schalter für elektrische Fensterheber.

Funktioniert alles an diesem Carrera 2 von 1990?

(Foto: Jeff Curtis)

◄ Scheibenwischer & -waschanlage

- Prüfen Sie alle drei Stufen der Scheibenwischer und die Intervallfunktion, nachdem Sie die Windschutzscheibe befeuchtet haben.
- Ist der Strahl aus allen vier Scheibenwaschdüsen gleichmäßig?
- Prüfen Sie die Scheinwerferwaschanlage (setzt eingeschaltete Scheinwerfer voraus).
- Prüfen Sie die Intensiv-Reinigungsfunktion, falls eingebaut.
- Prüfen Sie nach Befeuchten der Heckscheibe ggf. den Heckwischer.

An der feuchten Heckscheibe können Sie auch das Funktionieren der Heckscheibenheizung feststellen.

Außenspiegel

- Prüfen Sie die Verstellbarkeit beider elektrischer Außenspiegel in sämtliche Richtungen.
- Die Außenspiegelheizung funktioniert nur zusammen mit der heizbaren Heckscheibe; sie ist an allen 964ern serienmäßig.

◄ Sitze

Prüfen Sie alle mechanischen und elektrischen Verstellmöglichkeiten. Die Sitze müssen sich gleichmäßig vor- und zurückbewegen. Bei vorhandener Sitzheizung prüfen Sie auch deren Funktion. Die Betriebsanleitung erläutert alle Funktionen und wie man sie aktiviert.

Prüfen Sie auch den Zigarettenanzünder.

Audiosystem

Lassen Sie Cassetten- oder CD-Spieler während der Probefahrt länger laufen um zu sehen, ob sie unempfindlich gegen Fahrbahnunebenheiten sind.

Instrumentensatz des Turbo 3.6 von 1993

◄ Instrumente

Ist ein Bordcomputer eingebaut, prüfen Sie, ob der im Außenspiegel untergebrachte Fühler die richtige Temperaturanzeige bewirkt.

Überprüfen Sie auch die Zeituhr und deren Verstellbarkeit mit dem Schalter unter der Armaturentafel.

◄ Heckspoiler

Wenn das zu inspizierende Fahrzeug über einen Schalter in der Mittelkonsole für das Aus- und Einfahren des Heckspoilers verfügt, prüfen Sie dessen Funktion (entfällt bei RS America, RS 3.8, RSR und Turbo). Bewegt sich der Spoiler dabei gleichmäßig und ohne nennenswerte Geräusche? Bei ausgefahrenem Spoiler prüfen Sie, ob das Dichtelement beschädigt ist. Eine Blende fährt zusammen mit dem Spoiler aus. Bilder und Einzelheiten dazu finden Sie in **Kapitel 7**.

Hinweis:

Bei den 1989er Modellen befindet sich der Schalter unter der Motorhaube am Stellmotor für den Spoiler.

Schiebedach:

Falls vorhanden, sollte es gleichmäßig und leise laufen. Es wird über Seilzüge bewegt. Ist einer davon gerissen, funktioniert das Schiebedach nicht mehr ordnungsgemäß.

◄ Mechanik und Elektrik des Verdecks müssen beim Cabrio sorgfältig geprüft werden. Die Rahmen dürfen nicht verbogen oder verzogen sein oder unter Spannung stehen. Detaillierte Hinweise verrät **Kapitel 7**.

Warum sollte man sich mit einem Schiebedach begnügen?

(Foto: Porsche AG)

John Miles probiert den Carrera 4 von 1990 auf einer ruhigen Landstraße aus.

Probefahrt

Wenn alles zufriedenstellend funktioniert, können Sie die Probefahrt antreten. Der Anlassvorgang ist ausführlich in **Kapitel 8** beschrieben.

◀ **Warnleuchten:** Vor dem Losfahren müssen alle Warnleuchten bis auf die für den Heckspoiler (in der Uhr untergebracht) erloschen sein. Dies wird, je nach Modellvariante, 7 bis 60 Sekunden dauern. Sind nach 60 Sekunden außer der Spoilerwarnleuchte noch andere nicht erloschen, überprüfen Sie die Sache, bevor Sie losfahren. Wenn während der Fahrt keine Kontrolllampen aufleuchten, ist alles in Ordnung.

Hinweis:

Die Heckspoiler-Warnlampe erlischt normalerweise, wenn ca. 7 km/h erreicht sind.

◀ **Freigängigkeit der Vorderräder:** Schlagen Sie bei langsamer Fahrt das Lenkrad vollständig nach rechts und nach links ein. Sind Scheuergeräusche zu hören oder Scheuerspuren zu sehen, kann das folgende Ursachen haben:

- Falsche Einpresstiefe
- Zu breite Felgen
- Zu breite Reifen
- Lenkanschlag für diese Räder ungeeignet

◀ **Wichtiges Indiz:** Achten Sie auf solche typischen, meist von falscher Bereifung verursachte Scheuerstellen, wie an diesem Carrera 4 von 1989.

Hinweis:

Probleme dieser Art treten meist nur bei den Modelljahren 1989 bis 1991 auf. Zu breite Räder können aber freilich auch bei jüngeren Modellen ein Problem sein.

Traktionskontrolle PDAS (nur Carrera 4): Halten Sie den Wagen auf der Straße an und aktivieren Sie mit dem PDAS (**P**orsche **D**ynamische **A**llrad **S**teuerung)-Schalter die Traktionskontrolle. Wenn Sie den Knopf nach rechts drehen, wird nach spätestens zehn Sekunden eine gelbe LED blinken. Fahren Sie los, jedoch ohne abzubiegen oder einzulenken. Der Wagen wird massiv untersteuern, weil die Traktionskontrolle es dem Wagen ermöglichen soll, sich geradewegs aus tiefem Schnee oder Sand zu befreien. Bei 40 km/h schalten sich System und LED automatisch ab. So haben Sie einen schnellen Funktionstest der Traktionskontrolle durchgeführt.

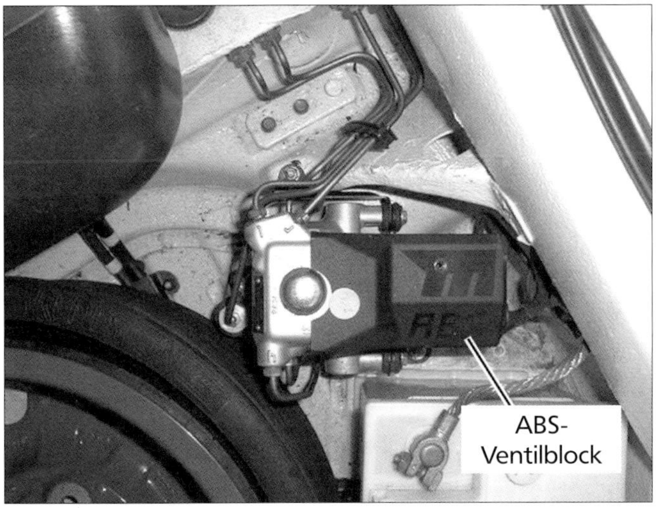

Kofferraum des Carrera 2

◀ **ABS:** Es empfiehlt sich – sofern es Verkehrslage und Umgebung gefahrlos ermöglichen –, einmal scharf zu bremsen, um das Eingreifen des ABS zu überprüfen. Es macht sich durch ein pulsierendes Pedal bei starkem Bremsen bemerkbar. Dieser Effekt tritt deshalb auf, weil das ABS in regelmäßigen Abständen die Bremse anzieht und wieder freigibt und damit eine Stotterbremsung simuliert, die es dem Fahrer ermöglicht, das Fahrzeug trotz Bremsvorgang manövrieren zu können.

Kühlung: Prüfen Sie während der Probefahrt die Funktion von Klimaanlage, Heizung, Ölkühler und zusätzlicher Motorkühlung im Motorraum.

Motorraum (Saugmotor):
*Zusätzlicher Motorkühlventilator **(1)***
*Riemengetriebener Ventilator für Frischluft **(2)***

◀ Die Hauptkühlleistung für den Motor bewerkstelligt das riemengetriebene Lüfterrad im Motorraum. Alle weiteren Kühlfunktionen werden vom Klimasteuergerät kontrolliert.

*Ölkühler (**1**)*
*Ölkühlergebläse (**2**)*

◀ Mehre Kühlfunktionen sind gleichzeitig aktiv. Der Ölkühler im rechten vorderen Kotflügel bedarf frischer Luft, die ihm durch den Fahrtwind zugeleitet wird. Im Motorraum wird Frischluft durch das riemengetriebene Lüfterrad zugeführt. Die einwandfreie Funktion des Kühlsystems kann man also nur während der Fahrt prüfen.

Das Ölkühlerthermostat öffnet sich erst nach Erreichen der Betriebstemperatur. Das zweistufige Ölkühlergebläse prüft man jedoch am besten im Stand. So sind Öltemperaturen zu erreichen, die dazu führen, dass sich das Gebläse zuschaltet. Das Erreichen der zweiten Gebläsestufe ist recht schwierig und gelingt meist nur im dichtesten Stadtverkehr.

Der Ölkühler wird folgendermaßen aktiviert:

- Der Ölkühlerthermostat öffnet, wenn die Motoröl-Temperaturanzeige etwa in der 8- oder 9-Uhr-Stellung steht. Die zuvor gestiegene Öltemperatur fällt nun plötzlich ab. Das zeigt dem Fahrer an, dass sich das Thermostat geöffnet hat und das heiße Motoröl nun zum Ölkühler im Fahrzeugbug geleitet wird.
- Das Ölkühlergebläse läuft an, wenn die Motoröl-Temperaturanzeige etwa in der 9- oder 10-Uhr-Stellung steht. Der Ölkühlerventilator schaltet sich nun in der unteren Stufe zu, was nicht leicht zu hören ist, aber wieder wird die Motoröltemperatur zügig etwa auf die 9-Uhr-Stellung sinken. Steigt die Öltemperatur dann weiter auf etwa die 11-Uhr-Stellung, schaltet der Ventilator – für den Fahrer deutlich vernehmbar – auf die höhere Stufe.

◀ Bei den Modellen mit Saugmotoren ist ein elektrisches Zusatzgebläse (Pfeil) im Motorraum eingebaut. Dieses schaltet sich ein, wenn die Luft im Frischluftkanal zu warm wird, wobei eine Überprüfung des Gebläses sehr schwierig ist. Es kommt jedoch relativ häufig vor, dass sich nach Wiederanlassen des heißen Motors nach etwa 15 bis 20 Minuten Pause diese Kühlvorrichtung – für den Fahrer deutlich vernehmbar – zuschaltet. Besonders bei hoher Geschwindigkeit ist das Gebläse recht laut.

Vorsicht:
Teile des Kühlsystems können sehr heiß werden, so dass man sich daran verbrennen kann. Prüfen Sie also nicht mit der bloßen Hand, ob ein Bauteil heiß ist oder von heißem Öl durchflossen wird.

Klimaanlage: Schalten Sie bei im Leerlauf laufendem Motor die Klimaanlage ein. Beim Einschalten darf der Motor nicht abgewürgt werden. Das Einschalten des Klimakompressors kann der Fahrer auf zweierlei Weise wahrnehmen:

- Die Motordrehzahl fällt kurz ab und erholt sich dann wieder und
- im Klimaanlagenschalter leuchtet eine kleine gelbe Kontrolllampe auf.

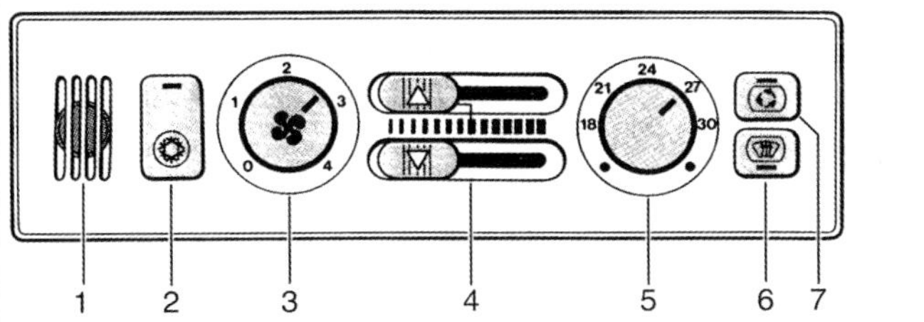

Innentemperaturfühler (1)
Klimaanlagenschalter (2)
Gebläseschalter (3)
Schieber zur Regulierung der Luftverteilung (4)
Temperaturregler (5)
Defrosterschalter (6)
Umluftschalter (7)

◄ Wählen Sie Gebläsestufe 4, stellen Sie den Temperaturregler auf den blauen Punkt und prüfen Sie, ob kalte Luft aus den Lüftungsdüsen kommt. Bewegen Sie die Schieberegler und schauen Sie, ob sich der Luftstrom auch ändert. Stellen Sie die Klimaanlage wieder ab.

Heizung: Drehen Sie den Temperaturschalter auf den roten Punkt. Nahezu augenblicklich strömt warme Luft auf beiden Seiten aus den Lüftungsdüsen. Das hintere Gebläse läuft stets auf Stufe 1, wenn die Heizung eingeschaltet ist und die Innenraumtemperatur niedriger ist als der eingestellte Wert.

Defroster: Schalten Sie das Defroster-Gebläse für die Windschutzscheibe ein. Das Gebläse kennt nur eine Drehzahl: ganz schnell. Prüfen Sie, ob wirklich sämtliche warme Luft auf die Windschutzscheibe geleitet wird.

In **Kapitel 8** sind Heizung, Klimatisierung und Entlüftung genauer beschrieben.

Probefahrt: Nehmen Sie den 964 bei der ausgiebigen (!) Probefahrt – nach einer angemessenen Warmlaufphase und soweit es die Verkehrssituation erlaubt – ruhig etwas härter ran. Lassen Sie ihn – im Rahmen der erlaubten Geschwindigkeit – ordentlich laufen. Achten Sie darauf, ob Sie im Rückspiegel Rauch- oder Qualmentwicklung erkennen.

Während der Testfahrt

- Überprüfen Sie bei normalem Bremsen, ob der Wagen zu einer Seite zieht.
- Horchen Sie auf Schleifgeräusche aus der Servolenkung, die man auch durch das Lenkrad erfühlen kann.
- Prüfen Sie, ob Kupplung und Gangwechsel normal funktionieren – die Kupplung des 964 ist etwas gewöhnungsbedürftig; man muss hauptsächlich darauf achten, ob sie rupft. Rutscht die Kupplung etwas beim Einkuppeln, müssen Kupplung oder Schwungrad bald ausgewechselt werden. Stellen Sie aber sicher, dass Sie die Kupplung richtig bedienen.

Zuweilen findet man sogar in einem Porsche-Zentrum noch einen gebrauchten 964. Auch ein Besuch bei einem Klassikerhändler kann sich lohnen. Die Preise für einen 964 bewegen sich allerdings auf einem hohen Niveau, Tendenz steigend … (Foto: PCA-GR)

Testfahrt durch Fachmann

Fragen Sie den Verkäufer, ob er mit einer Probefahrt durch einen Fachmann einverstanden ist. Bei der Suche nach dem idealen 964 sollte Sie aber auf jeden Fall noch jemand begleiten, der sich mit diesem 911-Typ auskennt – und bestenfalls selbst einen fährt. Im Porsche-Club sollte sich jemand finden lassen, der Sie mit seiner Meinung unterstützend beraten kann.

Schlussüberlegungen

Vor der Kaufentscheidung ist noch Folgendes zu bedenken:

- Der Porsche 964 ist nicht irgendein Auto, sondern ein reinrassiger Sportwagen. Das hat Vor- und Nachteile. Eine dicke Haut zu haben, kann das Leben mit dem Porsche beträchtlich erleichtern.
- Die Kosten für Wartung und Inspektionen sind hoch.
- Bei hohem Tempo verbraucht der 964 viel Kraftstoff. Ein gut eingestellter, tiefergelegter 964 kann auf der Autobahn über 260 km/h erreichen. Der Verbrauch wird dann bei 25 Litern auf 100 Kilometern liegen.
- Neue Reifen sind teuer – und an diesem sicherheitsrelevanten Bauteil sollte man nicht sparen!
- Der 964 ist recht zuverlässig, jedoch sind Ersatzteile teuer und manchmal rar. Die meisten Reparaturen sind recht einfach auszuführen, aber Werkstattstunden sind bei Porsche meist recht kostenintensiv. Beim Carrera 4 sind häufiger der Fachmann und spezielle Testausrüstungen gefragt.

Wichtig ist es, dass der Mechaniker und seine Werkstatt alle vom Werk beigestellten Reparaturhandbücher zur Verfügung haben sowie das Bosch-Testgerät 9288 (in Fachkreisen als „Bosch-Hammer" bekannt).

Holen Sie sich von mehreren Versicherungen Angebote ein, bevor Sie den Kaufvertrag für Ihr Fahrzeug unterzeichnen. Oftmals gibt es spezielle Angebote für Klassiker.

Lohn aller Mühen und aufwändiger Suche: Endlich steht der eigene Porsche vor der Tür – hier ein Turbo 3.6 von 1993

(Foto: Emilios Theodosiou)

Wartung nach dem Kauf

◀ Nach dem Kauf sollten Sie unabhängig von Kilometerstand und letzter eingetragener Inspektion folgende Arbeiten ausführen (lassen):
- Motorölwechsel mit Filter
- Alle Arbeiten der 20.000-Kilometer-Inspektion

Diese erste Komplett-Inspektion sollte spätestens 3000 bis 4000 Kilometer nach dem Kauf erfolgen, aber es ist natürlich jedem Besitzer überlassen, wann er was inspizieren lässt.

Vorsicht:
Wenn in naher Zukunft eine Gewährleistungsfrist auslaufen wird, ist es ratsam, kurz vorher noch einmal eine gründliche Fahrzeuginspektion vornehmen zu lassen.

Wartung und Inspektion

Das Inspektionsintervall beträgt 20.000 Kilometer; abweichende Sonderregelungen gibt es nur wenige. Je nach Land ist das Intervall etwas unterschiedlich definiert:
- In Europa (ohne Großbritannien) 20.000 Kilometer
- In Großbritannien 12.000 Meilen
- In den USA 15.000 Meilen
- Ansonsten 20.000 Kilometer oder 12.500 Meilen

Bei seltenem Gebrauch sollte auf jeden Fall jährlich eine Inspektion durchgeführt werden.

Hinweis:
Natürlich ist der Begriff „seltener Gebrauch" Definitionssache. Viele Besitzer haben ein Saisonkennzeichen für ihr Fahrzeug und nutzen ihren 964 nur an ein paar schönen Tagen im Jahr. Viele europäische Versicherungsgesellschaften haben die Grenze von 7500 km festgelegt, bis zu der ein Fahrzeug als wenig genutzt gilt. Am besten erkundigt man sich bereits während der Suche nach dem Traum-911 bei verschiedenen Versicherungen nach deren Konditionen.

Welche Arbeiten für eine Inspektion ausgeführt werden müssen, ist der Liste am Ende dieses Kapitels zu entnehmen.

Kleine und große Inspektion

Das vom Hersteller empfohlene Intervall für die normale Inspektion orientiert sich an den Verhältnissen des Durchschnittsfahrers. Je nach Klima und Betriebsbedingungen kann ein anderes Intervall empfehlenswert sein. Ähnliches gilt, wenn der Fahrer einen speziellen Fahrstil pflegt, der den 964 übermäßig beansprucht. Nur wenn dies berücksichtigt wird, kann die Inspektion den sicheren und zuverlässigen Betrieb des Fahrzeugs gewährleisten.

Rallye-Einsätze – wie hier für einen Carrera 4 in US-Ausführung – fallen bestimmt nicht unter die Definition „normaler Gebrauch"!

(Foto: Darrin Fink)

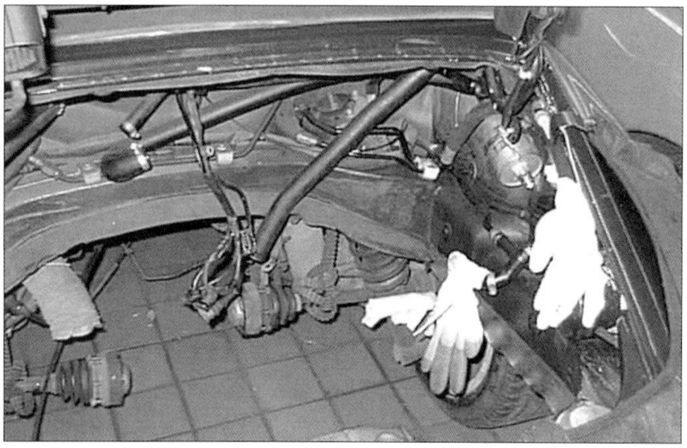

Bei schlechter Pflege kann aus einer kleinen Wartung schnell eine große Reparatur werden. (Foto: Mario Costa-Sa)

Für den Porsche 964 ist kein Intervall für härtere Einsatzbedingungen angegeben. Der Besitzer muss sich hier also selbst entscheiden und sollte den Rat einer autorisierten Werkstatt einholen.

Unter folgenden Bedingungen ist eine Anpassung des Wartungsintervalls erforderlich:
- Betrieb in staubiger (Wüste), nasser (Tropen) oder schlammiger (schlecht ausgebaute Straßen) Umgebung
- Häufiges Fahren im Stop-and-Go-Verkehr (Großstadt)
- Häufiger Kurzstreckeneinsatz, bei dem der Motor nicht richtig warm wird
- Extreme Außentemperaturen (z. B. Hitze im australischen Outback oder Kälte im winterlichen Norden und Osten Europas)
- Gebirgige Umgebung oder große Höhen über 1500 Meter über N. N.
- Anhängerbetrieb

Wartungsplan

Das von Porsche angegebene Intervall, das im Wartungsplan am Ende dieses Kapitels angegeben ist, stellt lediglich eine Richtgröße dar. Unter folgenden Bedingungen ist ein auf 5000 Kilometer verkürztes Wartungsintervall zu empfehlen:
- Verwendung mineralischen Motoröls
- Wettbewerbseinsatz des Fahrzeugs

„Prüfen" und „inspizieren" schließt stets alle begleitenden Arbeiten ein wie Einstellen, Berichtigen und Auffüllen. Nicht dazu gehört jedoch die Reparatur, der Austausch oder die Überholung von Teilen.

Hinweis:
Die Inspektionskosten beim 964 sind nicht zu unterschätzen. Holen Sie sich verschiedene Angebote ein, auch bei auf Porsche 911 spezialisierten Restaurierungsbetrieben. In Internetforen findet man ebenfalls viele Empfehlungen zu unabhängigen Werkstätten mit Porsche-Erfahrung.

Öle

Kaum ein Thema wird so leidenschaftlich diskutiert wie die Verwendung des optimalen Öls. Generell sind moderne vollsynthetische Öle nicht zwangsläufig auch die beste Wahl für einen Klassiker wie den 964. Während dünnes Öl tendenziell auch zu Ölleckagen neigt, trägt dickeres Öl mehr zur Abdichtung des Motors bei. Auch die Wärmeleitfähigkeit des Schmierstoffs verbessert sich.

Synthetische und mineralische Ölsorten dürfen nicht gemischt werden!

Was Sie über Öle wissen sollten

Die Viskosität bildete 1911 die Grundlage der ersten Motorenöl-Klassifikation und wurde in dem SAE-Klassifikationssystem (Society of Automotive Engineers) festgelegt – damals für unlegierte (ohne Additive) Einbereichsöle. Daraus entwickelte sich die Viskositätsmessung (DIN 51511) bei unterschiedlichen Temperaturen und Geschwindigkeitsgefällen. Unterschieden werden die dynamische und die kinematische Viskosität. Mit der Messung der dynamischen Viskosität erfolgt die Einteilung in die Winterklassen 0W, 5W, 10W, 15W, 20W und 25W. Je kleiner die Zahl vor dem W, umso „dünnflüssiger" ist das Öl in der Kälte.

Die kinematische Viskosität ist das Verhältnis der dynamischen Viskosität zur Dichte des Öls bei einer bestimmten Temperatur, Maßeinheit: m^2/s. Hier erfolgt bei einer Prüftemperatur von 100 °C die Einteilung der SAE-Sommer-Viskositätsklassen 20, 30, 40, 50, 60. Je größer die Zahl hinter dem W, umso „dickflüssiger" ist das Öl bei 100 °C. Ein SAE-30-Öl läuft also im Sommer leichter als ein SAE-60-Öl, jedoch ist beim 60er Öl der Schmierfilm bei hohen Temperaturen belastbarer (für den Motorsporteinsatz etwa). Getriebeöle haben SAE-Einteilungen von SAE 70W (dünnflüssig) bis SAE 250 (dickflüssig).

◄ Im Jahre 2014 präsentierte Porsche Classic eine eigene Produktlinie mit speziell auf die Bedürfnisse von Klassikern abgestimmten Ölen. Diese Motoröle sind über alle Porsche-Zentren zu beziehen. Nähere Informationen zu den Classic Motorölen hat Porsche auf seiner Website *www.porsche.com/germany/accessoriesandservices/classic/* bereitgestellt.

Ölwechsel

Die Porsche-Empfehlung für ältere luftgekühlte Motoren lautet: Jährlich Ölwechsel einplanen! Spätestens alle 5000 Kilometer sollte man mineralische Öle erneuern.

Motoröl- und Filterwechsel

Quelle: Informationen der Porsche AG

Vor dem Ölwechsel lassen Sie den Motor im Leerlauf warmlaufen, bis die Betriebstemperatur erreicht ist.

Der Ölkühlerthermostat muss geöffnet sein, so dass Öl den Ölkühler durchströmt. Dies ist der Fall, wenn die Öltemperaturanzeige etwa auf der 9-Uhr-Stellung steht.

Heben Sie das Fahrzeug an und sichern Sie es ordnungsgemäß.

Vorsicht:
Der Wagen muss stabil und sicher aufgebockt sein. Dies geht entweder auf einer professionellen Hebebühne oder auf dafür vorgesehenen Achsböcken. Ein Wagenheber allein gewährt keine ausreichende Unterstützung.

Entfernen Sie den Spritzschutz am Motor.

Schieben Sie einen 20-Liter-Behälter unter den Ölthermostat vorn im rechten hinteren Radhaus. Entfernen Sie die Ablassschraube (Pfeil), um das Öl abzulassen.

Vorsicht:
Heißes Öl reizt die Haut – tragen Sie also Schutzhandschuhe.

◄ Platzieren Sie den 20-Liter-Behälter unter die Ablassschraube am Kurbelgehäuse. Entfernen Sie die Ablassschraube, um das Öl abzulassen.

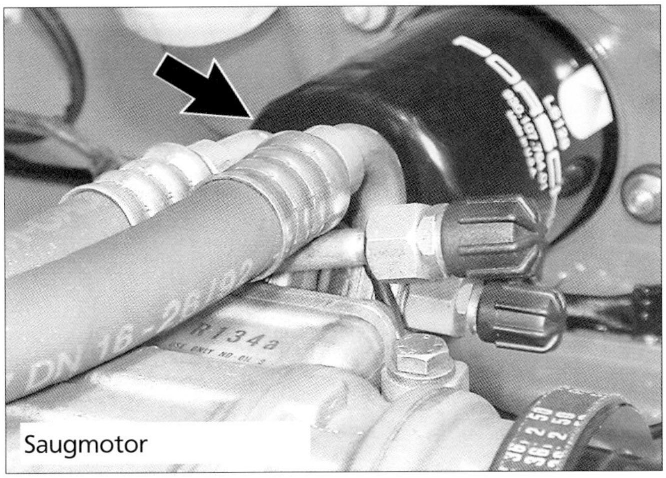
Saugmotor

◄ Suchen Sie den Ölfilter:

- Bei den Saugmotoren befindet er sich rechts neben dem Klimakompressor im Motorraum.
- Bei den Turbomotoren ist er rechts vom Schwungradgehäuse untergebracht und nur von unten zu erreichen.

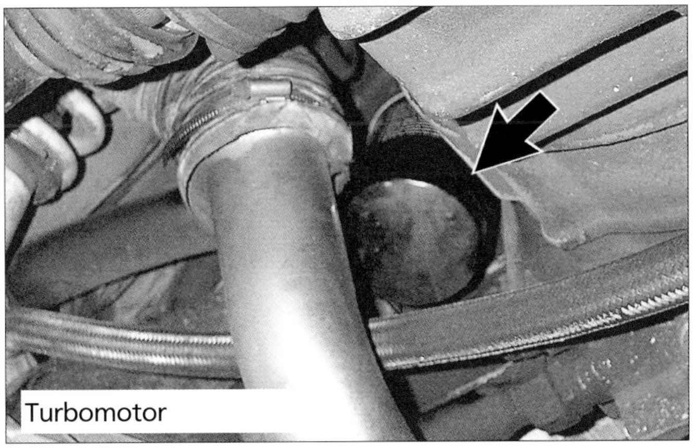
Turbomotor

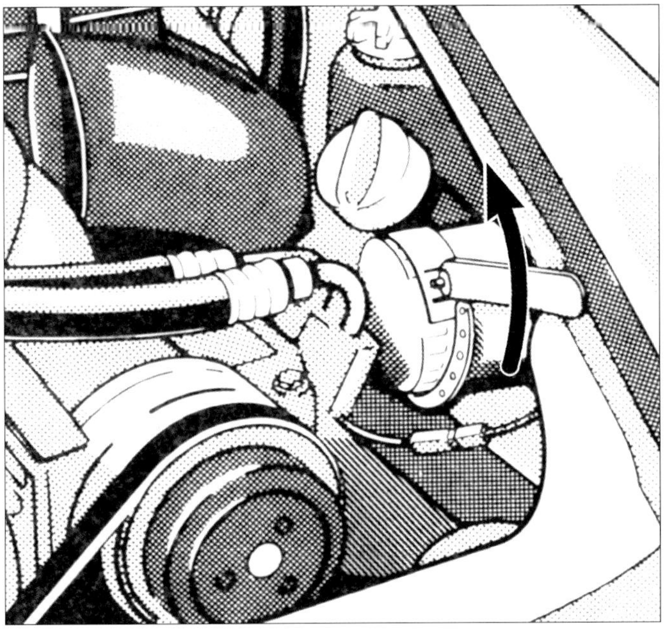
Ausbau des Ölfilters

◄ Lösen Sie den Ölfilter. Stellen Sie sicher, dass im Filter verbliebenes Öl auslaufen kann und sauber aufgefangen wird.

Hinweis:
Beim Saugmotor wird für den Ausbau das Werkzeug Hazet 2171-2 benutzt.

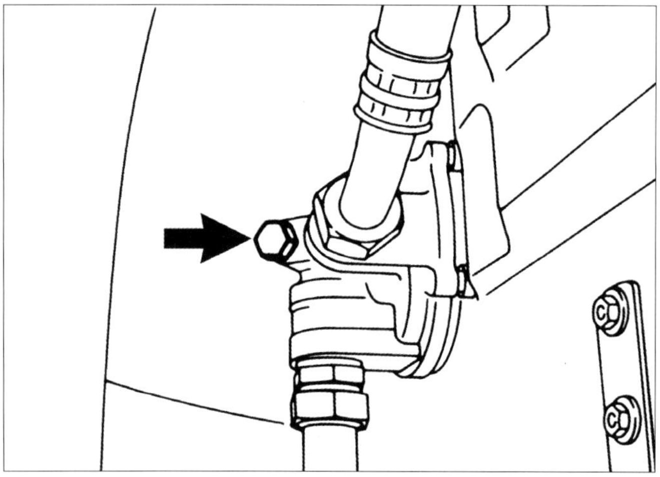

◄**Saugmotor:** Lösen Sie die Ölablassschraube (Pfeil) am Ölfiltersockel. Lassen Sie dort verbliebenes Öl in einen passenden Behälter ablaufen.

Vorsicht:
Bei der Entsorgung von Öl und Filter sind die jeweiligen Vorschriften zu beachten. Säubern Sie die Ölablassschrauben und setzen Sie sie wieder ein. Verwenden Sie für die Ölablassschrauben stets neue Dichtringe.

Geben Sie einen dünnen Ölfilm auf die neuen Gummidichtungen des Filters. Setzen Sie den Filter von Hand auf und ziehen Sie ihn fest, bis Sie stärkeren Widerstand spüren. Dann drehen Sie ihn mit dem Werkzeug noch eine halbe Umdrehung weiter.

Füllen Sie das frische Öl ein, und zwar
- beim Saugmotor ca. 6 Liter und
- beim Turbomotor ca. 8 Liter.

Lassen Sie den Motor im Leerlauf laufen und füllen Sie weitere 3 Liter nach (auf Ölverlust achten!). Bauen Sie den Spritzschutz wieder an den Motor.

Anzugsdrehmomente

Ölablassschraube am Kurbelgehäuse:	70 Nm
Ölablassschraube am Filtersockel:	31 Nm
Ölablassschraube am Thermostatgehäuse:	65 Nm

Ölfüllmengen

Beim Ölwechsel:	
Saugmotoren:	9 Liter
Turbomotoren:	11 Liter
Gesamtinhalt:	
Saugmotoren:	11,5 Liter
Turbomotoren:	13 Liter

Vorsicht:
Beim Ölwechsel verbleiben ca. zwei Liter im Motor. Füllen Sie also nicht zu viel nach!

Kraftstofffilterwechsel

Quelle: Informationen der Porsche AG

Vorsicht:

Benzin ist leicht entflammbar und die Dämpfe sind explosiv. Rauchen Sie also nicht und arbeiten Sie nicht in der Nähe von Heizungen oder anderen Feuerquellen an der Kraftstoffanlage. Sorgen Sie für einen ausreichend belüfteten Arbeitsplatz. Halten Sie für den Notfall einen Feuerlöscher bereit.

Bei Arbeiten an der offenen Kraftstoffanlage tragen Sie geeignete Schutzhandschuhe, da längerer Kontakt mit Kraftstoff Krankheiten und Reizungen der Haut auslösen kann. Tragen Sie eine Schutzbrille!

Unter Druck stehender Kraftstoff kann als Strahl austreten. Bevor Sie Kraftstoffleitungen lösen, wickeln Sie also ein Tuch oder einen Lappen um die Leitung, um evtl. herausspritzenden Kraftstoff aufzufangen. Verschließen Sie alle offenen Kraftstoffleitungen, damit kein weiteres Benzin austreten kann.

◀ **Saugmotoren:** Rechts im Motorraum schrauben Sie die hintere Kraftstoff-Ausgangsleitung (Pfeil) vom Filter ab und erst dann die vordere Eingangsleitung.

Vorsicht:

Kontern Sie dabei am Anschluss des Filtergehäuses (Pfeil).

Lösen Sie die Halteklammer und nehmen Sie den Filter heraus.

Der Einbau erfolgt in umgekehrter Reihenfolge.

- Achten Sie auf den die Fließrichtung anzeigenden Pfeil am neuen Filter.
- Lassen Sie den Motor an und achten Sie auf eventuelle Undichtigkeiten.

◀ **Turbomotoren:** Links im Motorraum schrauben Sie hinter dem Ladeluftkühler die untere Kraftstoff-Ausgangsleitung vom Filter ab und erst dann die obere Eingangsleitung.

Vorsicht:

Kontern Sie dabei am Anschluss des Filtergehäuses (Pfeil).

Lösen Sie die Halteklammer und nehmen Sie den Filter heraus.

Der Einbau erfolgt in umgekehrter Reihenfolge.

- Achten Sie auf den die Fließrichtung anzeigenden Pfeil am neuen Filter!
- Ansonsten gelten dieselben Hinweise für den Filterwechsel wie bei Saugmotoren.

Bremsflüssigkeit

Die Wirkung der Bremse hängt vom Zustand ihrer Bauteile und dem der Bremsflüssigkeit ab. Sie muss frei von Luftblasen und Verunreinigungen sowie in ausreichender Menge vorhanden sein.

Vorsicht:
Bei Arbeiten an der Bremsanlage halten Sie sich stets an die Anweisung im Porsche Werkstatthandbuch. Die Bremse ist sicherheitsrelevant. Ihre Gesundheit und Ihr Leben hängen davon ab, dass sie funktioniert.

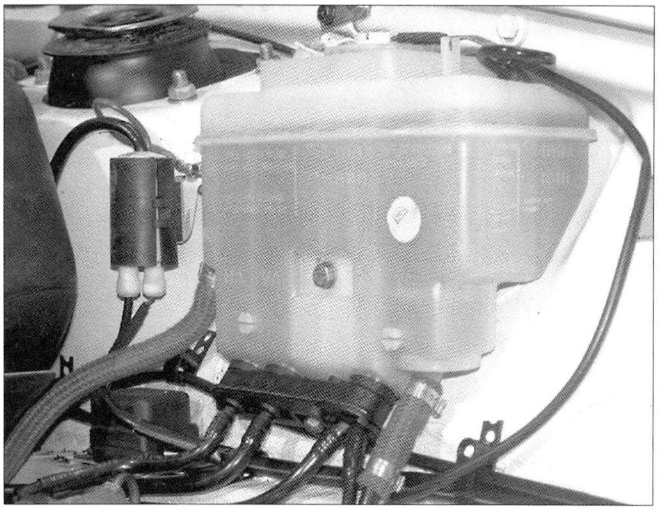

Der abgebildete Behälter des hydraulischen Bremskraftverstärkers ist doppelt so groß wie der des Unterdruck-Bremskraftverstärkers.

Bremsflüssigkeit ist hygroskopisch, d. h. sie nimmt aus der Luft Feuchtigkeit auf. Deshalb sollte sie alle zwei Jahre gewechselt werden! Wird dies unterlassen, kann das Wasser nicht nur Korrosionsprobleme an den Bauteilen der Bremse (Bremskolben, Hauptbremszylinder) verursachen, sondern auch zu Dampfblasenbildung bei heißer Bremse führen – ein katastrophales Bremsversagen wäre die Folge.
Porsche schreibt die Verwendung von Super DOT 4-Bremsflüssigkeit vor. Diese bietet gegenüber älteren einige Vorzüge. Sie nimmt Wasser langsamer auf, Tau- und Siedepunkt liegen weiter auseinander. Nur zwei Prozent Wassergehalt reichen jedoch, um den Siedepunkt auf 60 Grad herabzusenken. Verwenden Sie keine Silikon-Bremsflüssigkeit (Spezifikation DOT 5).

Kontrollieren des Bremsflüssigkeits-Standes

◀ Suchen Sie den Bremsflüssigkeitsbehälter

- bei den Linkslenkern links im Kofferraum und
- bei den Rechtslenkern rechts im Kofferraum.

Unterdruckanlage im Carrera 2 (alle Ausführungen mit schmalem Heck) und beim RS America
- Kontrollieren Sie, ob der Flüssigkeitspegel zwischen MIN und MAX steht.
- Steht er dicht an MIN, so lassen Sie den Motor an, treten das Bremspedal so weit wie möglich durch und prüfen den Pegel erneut.

Hydraulische Anlage in Carrera 4 und Turbo-Look, American Roadster, Carrera RS und Cup sowie allen Turbos
- Lassen Sie den Motor an, pumpen Sie mit dem Bremspedal, bis Sie hören, wie die Hydraulikpumpe anläuft.
- Sobald die Pumpe aufhört zu laufen, prüfen Sie den Flüssigkeitspegel, der zwischen MIN und MAX stehen muss.

Vorsicht:
Füllen Sie niemals über die MAX-Markierung hinaus Bremsflüssigkeit nach.

Eine genaue Beschreibung der beiden Bremskraftverstärkertypen enthält **Kapitel 6**.

Wartung der Klimaanlage

Moderne Klimaanlagen verwenden das Kältemittel R134a. Dieses ersetzte Anfang der neunziger Jahre aus Gründen besserer Umweltverträglichkeit das Kältemittel R12. Nach aktuellem Stand dürfen in Ländern der EU R134a-Klimaanlagen seit 2011 nicht mehr nachgerüstet werden und ab 2017 dürfen auch keine Neuwagen mit solchen Anlagen mehr verkauft werden.

Vorsicht:
Absichtliches oder unbeabsichtigtes Mischen der Kältemittel R12 und R134a oder Öle kann Schäden an Kompressor, Expansionsventil und Trockner verursachen.

Das Ablassen von Kältemittel in die Luft ist verboten. Entsorgung und Neubefüllung sollte man einem Fachbetrieb überlassen.

Eine schnelle Prüfung, welches Kältemittel eingesetzt wurde, vermeidet unnötige Kosten durch vermeidbare Schäden und Reparaturen an der Klimaanlage.

◄ Kann das Kältemittel nicht identifiziert werden, wenden Sie sich an einen Fachmann mit Neutronics R1-2002-Testgerät o. ä. Einzelheiten zu diesen Testgeräten finden Sie in der Porsche-Ausstattungs Bekanntmachung Nr. 9501.

Hinweis:
Bei der Auswahl eines Fachbetriebs für Arbeiten an der Klimaanlage achten Sie darauf, dass diese Werkstatt mit allen Test-, Füll- und Entsorgungsgeräten ausgerüstet ist. Die Klimaanlage beim 964 funktioniert im Prinzip genauso wie bei jedem anderen Auto. Die Komponenten sind an anderen Stellen untergebracht, aber die Anschlüsse entsprechen der Norm.

Vor dem Füllen mit neuem Kältemittel muss die Klimaanlage dicht und vollständig entleert sein. Sie muss den Unterdrucktest mindestens drei Stunden lang bestehen.

Kältemittelmengen	
R12 (bis 1992):	930 g
R134a (ab 1993):	840 g

Kompressoröl	
Densoil (bis 1992):	80-120 cm^3
ND8 (ab 1993):	120-160 cm^3

Funktionsprüfung der Klimaanlage

Hinweis:
Für den Nieder- und Hochdrucktest der Klimaanlage verfahren Sie nach dem Wartungshandbuch für Porsche 964 Carrera 2 und 4. Sofern nur die Temperatur geprüft werden soll, kann dies während der Fahrt geschehen.

Für die Überprüfung der Klimaanlage verfahren Sie nach den folgenden Anweisungen, um Messfehler zu vermeiden, die unnötige Arbeit und Reparaturkosten für nicht existente Defekte nach sich ziehen könnten.

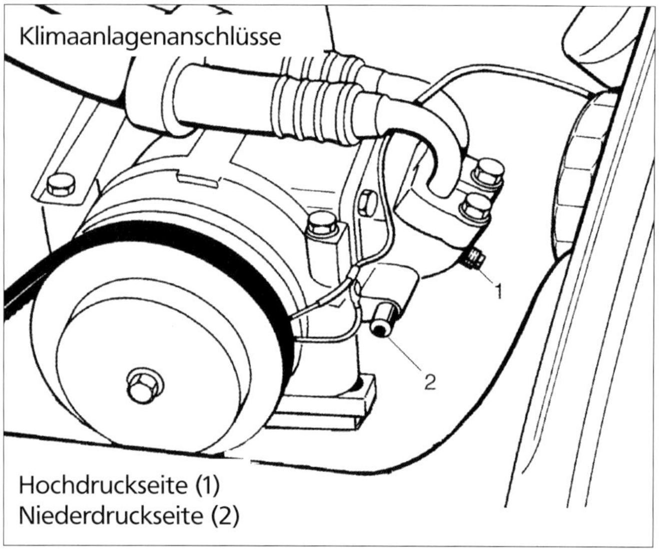

Stellen Sie das Fahrzeug so ab, dass es nicht direkter Sonneneinstrahlung ausgesetzt ist.

Vorsicht:
Ansonsten könnte das angestrahlte Bauteil beeinflusst werden, z. B. könnte das Kältemittel zu früh verdampfen.

◄ Beim Drucktest werden zunächst die Druckmessgeräte installiert. Dies entfällt beim reinen Temperaturtest.

Hinweis:
Die Hoch- und Niederdruckanschlüsse befinden sich am Klimakompressor. Die Tests führt am besten ein Fachmann aus.

Klimakondenser und Gebläse unter dem linken Kotflügel

◄ Säubern Sie den Klimakondenser im linken Kotflügel mit dem Hochdruckreiniger.

Vorsicht:
Richten Sie den Hochdruckstahl nicht direkt auf den Gebläsemotor, weil das Wasser darin einen Kurzschluss auslösen könnte.

Hinweis:
Entfernen Sie das linke Vorderrad und die Kotflügelinnenverkleidung, damit Sie besser an den Kondenser herankommen.

Man kann den Kondenser zwar durch den Grill in der Bugschürze sehen, aber für eine gründliche Reinigung ist er von dort her nicht ausreichend zugänglich.

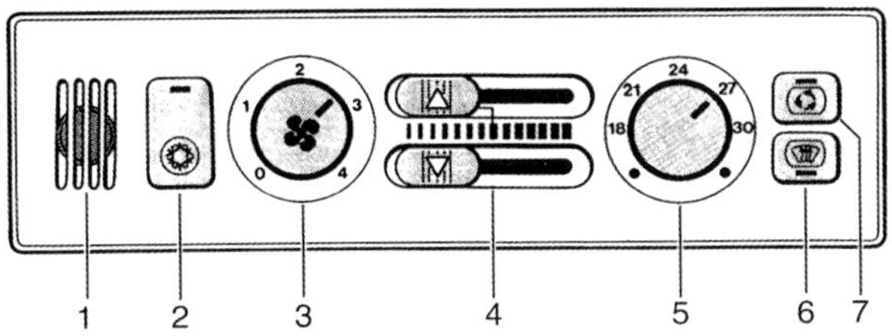

1. Innentemperaturfühler
2. Klimaanlagenschalter
3. Gebläseschalter
4. Schieber zur Regulierung der Luftverteilung
5. Temperaturregler
6. Defrosterschalter
7. Umluftschalter

Klimaanlage mit Kältemittel R12

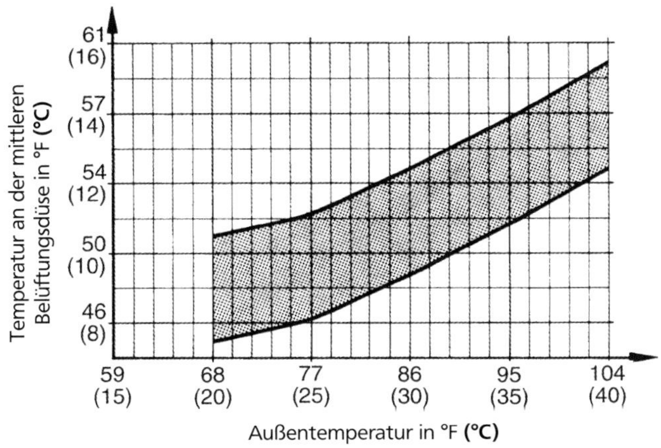

Klimaanlage mit Kältemittel R134a

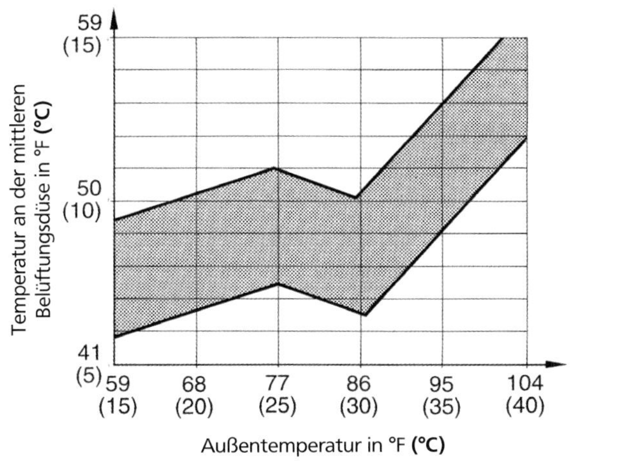

- Bauen Sie die Innenverkleidung des Kotflügels und Rad wieder an.
- Schließen Sie Schiebedach, Türen und Fenster, um die Wirkung der Anlage besser überprüfen zu können.
- Lassen Sie den Motor laufen und warten Sie, bis die Leerlaufdrehzahl sich eingependelt hat.

◀ Drehen Sie den Temperaturschalter auf Kalt (blauer Punkt).

- Schieben Sie die beiden Lüftungsregler nach rechts, so dass sie ein Maximum an Luft hereinlassen.
- Schalten Sie das Gebläse auf Stufe 4.
- Öffnen Sie alle Lüftungsdüsen an der Armaturentafel.
- Schalten Sie die Klimaanlage mit dem Klimaschalter ein.

Hinweis:
Die Drehzahl fällt daraufhin kurz ab.

- Öffnen Sie das Fenster der Fahrertür ein paar Minuten, damit die heiße Luft herausgedrückt werden kann. Dann schließen Sie das Fenster wieder.
- Schalten Sie auf Umluftbetrieb.

Unternehmen Sie eine Probefahrt und notieren Sie nach einer Viertelstunde die Außentemperatur. Bei Fahrzeugen mit Bordcomputer kann diese über die Anzeige im Drehzahlmesser abgelesen werden.
Notieren Sie die Temperatur der in den Innenraum strömenden Luft. Dazu halten Sie ein Fernthermometer – ideal und universell einsetzbar ist ein digitales Infrarot-Thermometer mit integriertem Laserpointer, Preis ca. 50,- Euro – an die mittlere Düse in der Armaturentafel.

◀ Vergleichen Sie die abgelesenen Werte mit denen der abgebildeten Übersichten.

Hinweis:
Wenn der 964 bei dieser Prüfung nicht gefahren wird, sollte die Drehzahl bei 2000/min gehalten werden, bis die Messungen abgeschlossen sind. Es dauert etwas, bis die Anlage die gewünschte Leistung abzugeben vermag. Denken Sie an die Warnungen bezüglich der Ableitung von Abgasen bei stehendem Fahrzeug.

Wartung der Tiptronic

Vorsicht:
Für die Tiptronic gibt es zwei unterschiedliche Flüssigkeiten: ATF gehört ins Getriebe, normales Getriebeöl ins Differenzial an der Hinterachse.

Automatikflüssigkeit (ATF)

- Heben Sie das Fahrzeug an und sichern Sie es.

Vorsicht:
Das Fahrzeug muss stets sicher stehen. Verwenden Sie eine professionelle Hebebühne oder dafür vorgesehene Achsböcke. Ein Wagenheber allein reicht nicht aus.

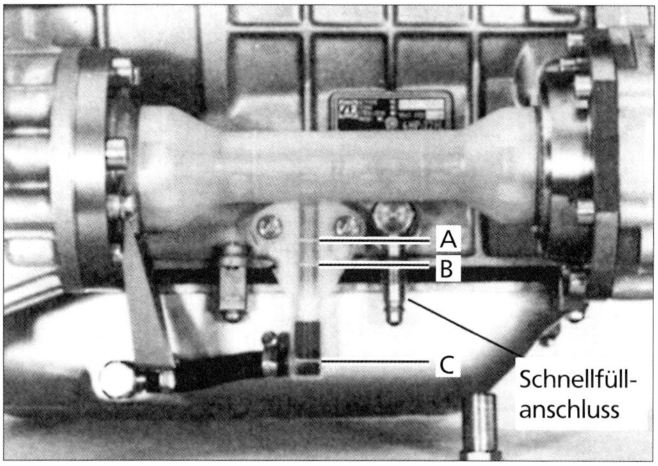

Entfernen Sie den Spritzschutz unter dem Getriebe. Stellen Sie den Wählhebel auf P oder N und lassen Sie den Motor im Leerlauf laufen.

◄ Kontrollieren Sie die Anzeige rechts am Getriebe:

- **A** zeigt den maximalen Flüssigkeitspegel bei Betriebstemperatur (80 °C),
- **B** den minimalen bei Betriebstemperatur und
- **C** den normalen Pegel bei 20 °C an.

Beim Nachfüllen

- stellen Sie die ATF-Temperatur mit dem Bosch-Messgerät 9288 („Bosch-Hammer") fest,
- nutzen Sie einen passenden Schnellfüllanschluss zum Nachfüllen und
- prüfen hinterher, ob sich der für die Temperatur richtige Pegel eingestellt hat.

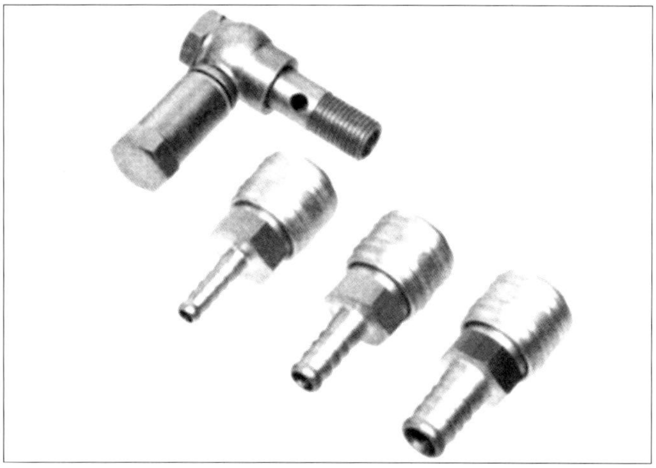

Schnellfülladapter in verschiedenen Größen werden vom Werkzeugfachhandel angeboten.

ATF-Werte

Wechsel:	alle 40.000 Kilometer
Empfohlene Flüssigkeit:	Dexron IID
Füllmengen:	
Getriebe 50/01:	9 Liter
Getriebe 50/02:	9,5 Liter

Vorsicht:
Beim ATF-Wechsel bleibt eine große Restmenge in Wandler und Getriebeölkühler zurück. Daher ist die Nachfüllmenge beim Flüssigkeitswechsel deutlich geringer als oben angegeben.

Hinweis:
Fragen Sie Ihren Porsche-Händler nach den neuesten Empfehlungen zur ATF.

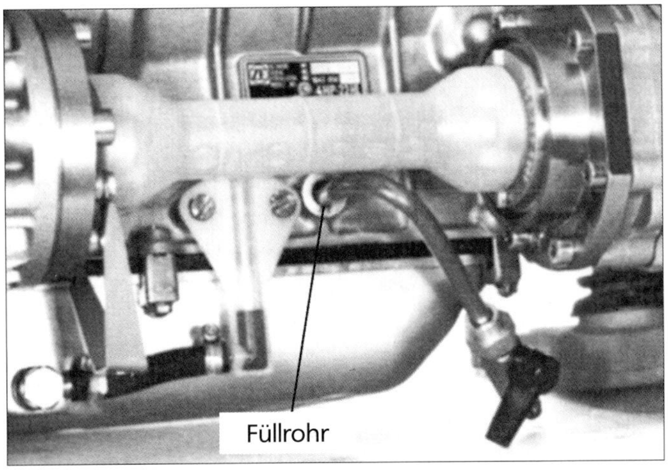

Notfüllung

◀ Im Notfall lösen Sie den Schnellfüllanschluss und füllen ATF über ein gebogenes Rohr o.ä. in das Getriebe ein.

Differenzialölwechsel

Differenzial, Antriebswellen und Radantrieb werden mit normalem Getriebeöl geschmiert. Der Einfüllstopfen ist zugleich Pegelmarke.

Angaben zum Differenzialöl
Wechselintervall: .... alle 80.000 Kilometer
Empfohlene Sorte:
Mineralöl .... 75W90 nach API-Klassifikation GL5 oder
Synthetisches Öl .... MIL-L2105B oder C
Füllmenge: .... 0,9 Liter

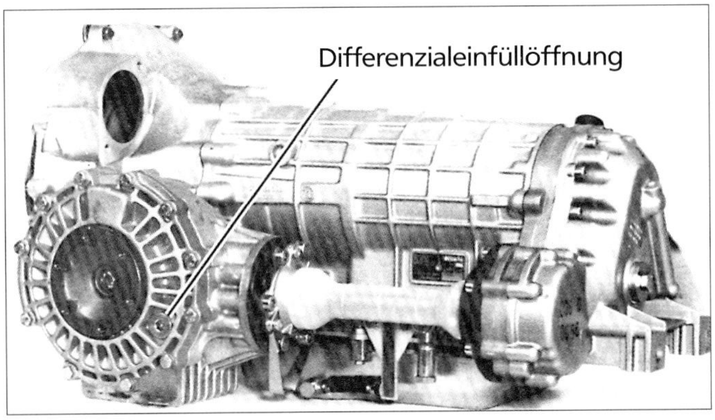

Nur einer ist wintertauglich: Carrera 4 von 1990 in Hongkong.

(Foto: Mark Johnston)

Winterfest machen und saisonale Arbeiten

Im Herbst stellt sich dem Porsche-Fahrer die Frage: Einmotten oder Weiterfahren? Jeder mag dazu seine eigene Entscheidung treffen. Wo die Außentemperatur unter 7 °C fällt und Schnee keine winterliche Ausnahmeerscheinung ist, empfiehlt der Autor:

- Gönnen Sie Ihrem Carrera 2 oder Turbo einen Winterschlaf.
- Bereiten Sie den Carrera 4 auf die kalte Jahreszeit vor und entdecken Sie, dass er im Winter ebenso viel Spaß macht wie im Sommer.

Das unten beschriebene „Einwintern" eignet sich auch für den Carrera 4, die Vorbereitung auf den Winterbetrieb auch für Carrera und Turbo.

Dank Allrad und Verzinkung kann man einen Carrera 4 (der gezeigte ist Modelljahr 1989) auch im Winter sicher und ohne schlechtes Gewissen bewegen.

(Foto: Adrian Streather)

Einwintern

Wie viel Mühe sich der Besitzer mit den Vorbereitungen für den Winterschlaf macht, entscheidet er selbst. Man kann sehr vieles tun. Einige bocken den Wagen dazu auf, bauen die Räder ab und lagern sie gesondert. Was man sonst noch abbauen will, muss jeder Besitzer selbst entscheiden. Man bedenke, dass man das alles aber auch wieder zusammenbauen muss. Und bei einem eventuellen Notfall sollte das Fahrzeug schnell aus der Garage gebracht werden können. Die hier beschriebene Verfahrensweise ist die vom Autor bevorzugte. Passen Sie sie Ihren Bedürfnissen an.

Der Wagen sollte nicht im Freien überwintern. Einigen Besitzern bleibt jedoch nichts anderes übrig. Gehen Sie dann nach der gleichen Methode vor, verwenden Sie jedoch eine deutlich dickere, wetterfeste Fahrzeugabdeckung; je nach Qualität muss man um die 150 Euro investieren. Preiswertere Ausführungen sind in der Regel wirklich nur als Staubschutz im Indoor-Bereich zu gebrauchen. Verriegeln Sie das Fahrzeug.

Vor dem Einwintern lassen Sie etwa einen Liter Motoröl ab. Oft reicht es, fehlendes Öl (noch) nicht nachzufüllen.

Sorgen Sie für ausreichend winterfestes Scheiben- und Scheinwerferwaschwasser, besonders beim Überwintern im Freien. Auch hier sollte man nicht das billigste Produkt verwenden, das angeboten wird.

Hinweis:

Es ist nicht notwendig, das Öl komplett durch eine billigere Sorte für den Winter zu ersetzen. Bis auf zwei Liter lagert das Öl ohnehin im Öltank, nicht im Motor.

Reifenluftdruck bei kalten Rädern

16 oder 18 Zoll:

Vorn .... 2,5 bar

Hinten .... 3,0 bar

17 Zoll:

Vorn und hinten: .... 2,5 bar

Perfekte Bedingungen: Dieser Carrera RS von 1992 überwintert in einer trockenen und beheizten Garage.

(Foto: Andy Parrot)

Beim Überwintern unter freiem Himmel sind solche Autoschutzdecken eine lohnenswerte Investition: 911 Carrera 4 unter einer Abdeckhülle. (Foto: Don Watson)

Stellen Sie sicher, dass der Reifenluftdruck dem Normalwert entspricht. Den Druck zu erhöhen macht entgegen verbreiteter Meinung keinen Sinn, da er schon hoch genug ist.

Waschen, reinigen und (besonders wichtig:) trocknen Sie Ihr Fahrzeug. Nehmen Sie Teppiche, Matten und Abdeckungen aus Innen- und Kofferraum heraus, soweit sie nicht verklebt sind. Stellen Sie sicher, dass darunter alles trocken ist und legen Sie die Teile nicht wieder hinein. Es empfiehlt sich, auch das Reserverad auszubauen. Erledigen Sie diese Arbeiten, bevor Sie das Fahrzeug zu seinem Überwinterungsplatz bringen.

Stellen Sie sicher, dass Sie diesen Platz den Winter über für nichts anderes benötigen. Das eingemottete Fahrzeug darf nicht mehr aus eigener Kraft bewegt werden.

Hinweis:

Bei normalem Reifenluftdruck sind keine Standschäden an den Reifen zu befürchten. Auch aus diesem Grund muss das Fahrzeug also nicht bewegt werden.

Legen Sie eine alte Decke oder Teppich auf den gewählten Standplatz unter das Fahrzeug. Diese werden evtl. Feuchtigkeit aufsaugen, ebenso wie abtropfendes Öl.

Stellen Sie nun das Fahrzeug auf den Überwinterungsplatz.

Bauen Sie die Batterie aus und lagern Sie sie an einem trockenen, sauberen Ort. Stellen Sie sicher, dass die Batteriepole mit nicht leitendem Material bedeckt werden. Es wird nicht empfohlen, die Batterie bei längerer Einlagerung im Fahrzeug zu belassen.

◀ Decken Sie das Fahrzeug mit einer Schutzhülle ab. Eine dicke, wasserdichte Qualität ist für das Überwintern im Freien empfehlenswert. Die Preise für eine gute Ausführung beginnen bei rund 150.- Euro.

Lassen Sie unter keinen Umständen während des Winterschlafs den Motor kurzzeitig an.

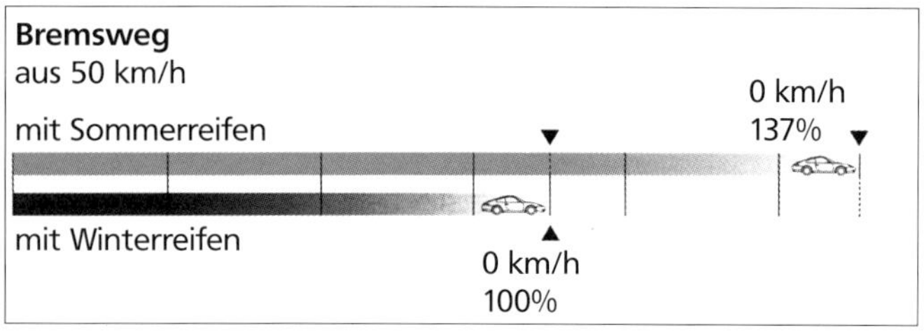

In Deutschland gilt die Winterreifenpflicht. Als Faustregel gilt sie für die Zeit zwischen Oktober und Ostern, in der die Temperaturen in der Regel stets unter 10 °C liegen. Ab dieser Temperaturgrenze arbeitet ein Sommerreifen deutlich schlechter als sein Winterpendant: Selbst mit ABS verlängert sich der Bremsweg deutlich, hier aus 50 km/h. Dazu kommt eine schlechtere Haftung bei rutschiger Fahrbahn.

Eine exclusive Art des Überwinterns: Carrera 4 von 1989 im amerikanischen Winter an der Westküste

(Foto: Andrew Muzyckha)

Winterliche Strandfahrt mit einem 911 Anniversary

(Foto: Tony Hall)

Vorbereitung auf Winterbetrieb

Vorsicht:

Diese Vorschläge richten sich vorwiegend an den Carrera-4-Besitzer.

Der Autor empfiehlt, den 964 mit Hinterradantrieb nicht auf verschneiten oder eisigen Straßen zu betreiben.

Hinweis:

Im Winter müssen Sie viel öfter bremsen, besonders auf nicht geräumten oder durch hohes Verkehrsaufkommen verstopften Straßen. Durch winterlichen Schmutz (z. B. Salz, Sand, Splitt) erhöht sich der Bremsbelagverschleiß. Gute Bremsen sind im Winter wichtig, besonders wenn es kalt ist.

Viele gute Werkstätten bieten einen Winter-Check an. Wenn Sie den 964 den Winter über fahren wollen, ist ein solcher Check sicher sinnvoll.

Montieren Sie die empfohlenen Winterräder, achten Sie bei den Felgen auf die richtige Einpresstiefe.

Reifen- und Felgenempfehlungen für den Winter

Vorn	
Radgröße	6 oder 7Jx16
Einpresstiefe der Felgen	52 bis 55 mm
Reifengröße	205/55-16
Hinten	
Radgröße	8 oder 9Jx16
Einpresstiefe der Felgen	52 bis 55 mm
Reifengröße	225/50-16 oder 225/45-16

Vorsicht:

- *Verwenden Sie vorn und hinten Winterreifen gleicher Marke und gleichen Typs.*
- *Bauen Sie keine breiteren Räder an als empfohlen.*
- *Diese Größen gestatten erforderlichenfalls den Anbau von Schneeketten. Je nach Wetterlage gibt es in vielen bergigen Regionen Schneekettenpflicht.*

Waschen und trocknen Sie das Fahrzeug wie fürs Einwintern. Lassen Sie die Teppiche an Ort und Stelle.

Wenn Sie den Waschwasserbehälter nicht entleeren wollen, sollte das Waschwasser zum größten Teil aus Scheibenklar mit Frostschutz bestehen. Durch mehrmaliges Betätigen der Waschanlage ist gewährleistet, dass alle Leitungen mit frostsicherer Scheibenreinigungsflüssigkeit gefüllt sind.

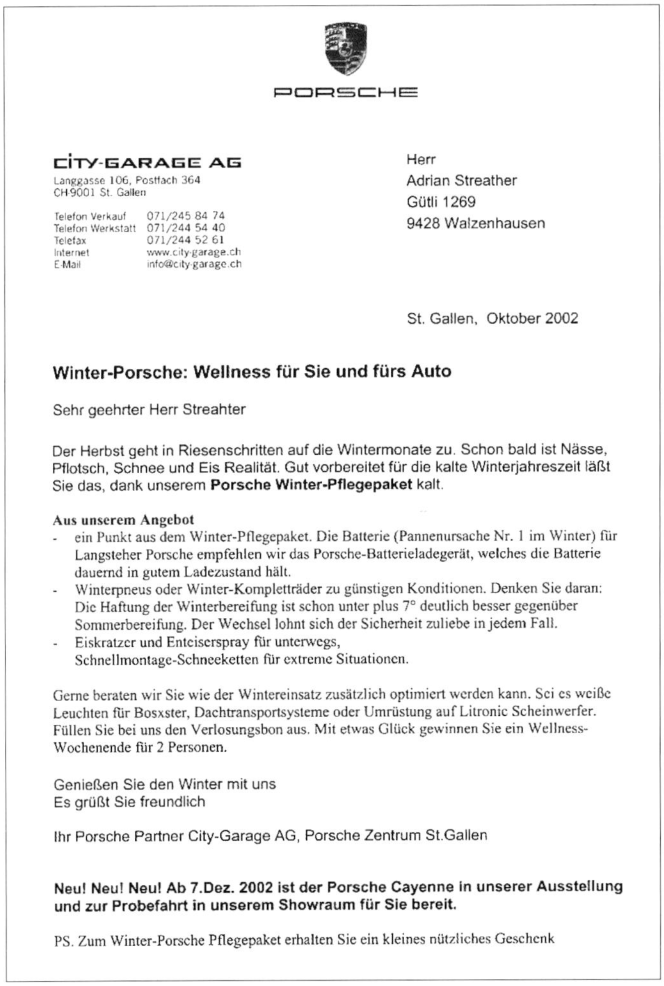

PORSCHE

CITY-GARAGE AG
Langgasse 106, Postfach 364
CH-9001 St. Gallen

Telefon Verkauf 071/245 84 74
Telefon Werkstatt 071/244 54 40
Telefax 071/244 52 61
Internet www.city-garage.ch
E-Mail info@city-garage.ch

Herr
Adrian Streather
Gütli 1269
9428 Walzenhausen

St. Gallen, Oktober 2002

Winter-Porsche: Wellness für Sie und fürs Auto

Sehr geehrter Herr Streahter

Der Herbst geht in Riesenschritten auf die Wintermonate zu. Schon bald ist Nässe, Pflotsch, Schnee und Eis Realität. Gut vorbereitet für die kalte Winterjahreszeit läßt Sie das, dank unserem **Porsche Winter-Pflegepaket** kalt.

Aus unserem Angebot
- ein Punkt aus dem Winter-Pflegepaket. Die Batterie (Pannenursache Nr. 1 im Winter) für Langsteher Porsche empfehlen wir das Porsche-Batterieladegerät, welches die Batterie dauernd in gutem Ladezustand hält.
- Winterpneus oder Winter-Kompletträder zu günstigen Konditionen. Denken Sie daran: Die Haftung der Winterbereifung ist schon unter plus 7° deutlich besser gegenüber Sommerbereifung. Der Wechsel lohnt sich der Sicherheit zuliebe in jedem Fall.
- Eiskratzer und Enteiserspray für unterwegs, Schnellmontage-Schneeketten für extreme Situationen.

Gerne beraten wir Sie wie der Wintereinsatz zusätzlich optimiert werden kann. Sei es weiße Leuchten für Bosxster, Dachtransportsysteme oder Umrüstung auf Litronic Scheinwerfer. Füllen Sie bei uns den Verlosungsbon aus. Mit etwas Glück gewinnen Sie ein Wellness-Wochenende für 2 Personen.

Genießen Sie den Winter mit uns
Es grüßt Sie freundlich

Ihr Porsche Partner City-Garage AG, Porsche Zentrum St.Gallen

Neu! Neu! Neu! Ab 7.Dez. 2002 ist der Porsche Cayenne in unserer Ausstellung und zur Probefahrt in unserem Showraum für Sie bereit.

PS. Zum Winter-Porsche Pflegepaket erhalten Sie ein kleines nützliches Geschenk

Passend zur kalten Jahreszeit bieten Werkstätten spezielle Winterchecks an. Hier das Angebot einer schweizerischen Werkstatt.

◀ Wenn Ihr Fahrzeug die Intensiv-Scheibenwaschanlage hat, entleeren Sie den Wasserbehälter. In Gegenden, in denen im Winter die Temperaturen erfahrungsgemäß deutlich unter den Gefrierpunkt sinken, kann man die Pumpe ebenfalls herausnehmen, sofern die Leitungen abgedichtet bleiben.

Hinweis:
Der Ausbau der Pumpe dient allein der Vorsicht! Steht der Wagen in einer trockenen Garage, ist diese Maßnahme nicht zwingend notwendig.

Die Behandlung der Tür- und Haubendichtungen mit Talkum oder entsprechenden Mitteln aus dem Zubehörhandel hilft, dass die Türen nicht anfrieren.

Hinweis:
Als geeignetes Schmiermittel hat sich Vaseline erwiesen. Eine hauchdünne Schicht reicht normalerweise den ganzen Winter über.

Vorsicht:
Silikonspray ist nicht empfehlenswert. Alle Silikonsorten sind am 964 fehl am Platz, selbst in versiegeltem Behälter. Halten Sie Ihre Kleidung fern von geschmierten Teilen, besonders Ihren Abendanzug.

Behandeln Sie alle Schlösser und Riegel mit normalem Frostschutzmittel. Man kann diese Mittel auch in die Schlüssellöcher hinein spritzen.

Vorsicht:
Ein Autoschlüssel kann in einem gefrorenen Türschloss schnell abbrechen.

Lassen Sie den Autoschlüssel erst auf Umgebungstemperatur abkühlen, bevor Sie ihn ins Schloss stecken, sonst könnte er darin festfrieren, ohne dass Sie die Tür aufbekommen.

Winter-Pflegepaket von Porsche

Winter-Pflegepaket 2002

Rundum geprüft für den schönsten Winter:

Der Check umfasst folgende Punkte:

- ✔ Batterie-Service, Säuredichte und Leistungstest
- ✔ Niveaukontrolle, Flüssigkeiten und Frostschutz
- ✔ Scheiben-, Scheinwerfer-Waschanlage
- ✔ Scheibenwischerblätter, Heizung, Gebläse
- ✔ Elektrik, Beleuchtungsanlage und Scheinwerfereinstellung
- ✔ Reifen-Zustand, Luftdruck einschliesslich Reserverad, auf Wunsch gegen Berechnung, umrüsten auf Winterreifen
- ✔ Karosserie, Hardtop, Türen und Dichtungen

... und das alles für Fr. 99.–

Empfehlung für die Winterpflege – die 99 CHF entsprechen ungefähr 80 Euro.

Reiben Sie alle erreichbaren beweglichen Teile mit Graphitöl ein, z. B. Heckwischer, Heckspoiler und, falls möglich, die elektrischen Fensterheber.

Vorsicht:
Es empfiehlt sich, die elektrischen Fensterheber im Winter mit gebotener Vorsicht zu benutzen, da wie bei allen Autos die Scheiben gerne an ihren Dichtungen festfrieren. Im Gegensatz zu modernen Fahrzeugen besteht beim 964 allerdings eher die Gefahr, dass der überlastete Fensterhebermotor durchbrennt.

Prüfen Sie die Funktion der Heizung.

Prüfen Sie den Zustand der Wischerblätter vorn und hinten. Eis an der Scheibe kann den Wischerblättern leicht Schaden zufügen. Wechseln Sie alle zwei Jahre die Wischerblätter; wählen Sie auch hier Markenprodukte (z. B. Bosch, SWF).

Hinweis:
Steht der Wagen stets im Freien, ist ein jährlicher Wechsel empfehlenswert; so jedenfalls hält es der Autor.

Prüfen Sie Ölstand und -qualität. Fragen Sie den Porsche-Händler nach den neuesten Schmiermittel-Empfehlungen. Achten Sie darauf, dass das gewählte Öl für die tiefsten Temperaturen bei Ihnen und an Ihrem Winter-Urlaubsort geeignet ist.

Die Bremsbeläge sollten noch mindestens 50 Prozent Reststärke haben, damit sie sicher den Winter über nicht gewechselt werden müssen. Renn-Bremsbeläge wie Pagid Orange sind durch normale zu ersetzen.w

Fertig für den Skiurlaub: Ein Carrera 4 von 1989 in Österreich.

(Foto: Jens Moller, damaliger Besitzer)

Fahrzeugpflege im Winterbetrieb

Entsalzen Sie die Karosserie mit warmem Seifenwasser in einer Waschbox.

Reinigen Sie mindestens alle zwei Wochen die Radkästen.

Vorsicht:
Richten Sie den Hochdruckstrahl nicht auf die Ölleitungen, den Öltank und das Ölkühlergebläse im Radhaus vorne rechts.

Hinweis:
Der Autor empfiehlt, das Fahrzeug wöchentlich zu waschen.

Auch wenn der 964 Carrera 4 absolut wintertauglich ist: Fahren Sie vorsichtig.

Vorbereitung für den Sommerbetrieb

Eine Reihe Neunelfer voll Vorfreude auf den Sommer.

(Foto: Thierry de Wispelaere)

Wird das Wetter besser, so sollten Sie den 964 aus dem Winterschlaf wecken und auf die Sommersaison vorbereiten.

Carrera 2 und Turbo

Verfahren Sie wie beim Einwintern, nur in umgekehrter Reihenfolge. Dabei müssen Sie alles wieder zusammenbauen, was Sie vorher auseinander genommen haben.

Bauen Sie die Räder wieder an, sofern Sie sie abgenommen haben.

Vor Einbau der Batterie öffnen Sie die Motorhaube. Gießen Sie einen Liter Motoröl nach und lassen Sie es zehn Minuten lang in alle Ecken des Motors gelangen.

Hinweis:
Durch das Nachfüllen (nicht über die Maximalmarkierung hinaus) gelangt Öl an einige Flächen, die durch den langen Stillstand trocken geworden sind.

Carrera 4 von 1990 im englischen Sommer

(Foto: John Miles)

Turbo 3.6 auf Zypern, eingetaucht in die Farben des mediterranen Sommers

(Foto: Emilios Theodosiou)

Bauen Sie die Batterie ein und starten Sie den Motor. Stellen Sie die Uhr auf die richtige Zeit.

Hinweis:
Nach einem solchen ersten Start hört man meist einige merkwürdige Geräusche. Diese entstehen dadurch, dass die Flüssigkeiten erst einmal die neuralgischen Stellen im Triebwerk erreichen müssen.

Carrera 4

Die Befreiung von winterlichen Schutzmaßnahmen erfolgt in umgekehrter Folge der Vorbereitung auf den Winterbetrieb. Dabei ist eigentlich nichts Besonderes zu beachten.

Säubern Sie den Carrera 4 sorgfältig von außen und innen.

Achten Sie darauf, dass alle Dichtungen von Schmiermitteln befreit werden. Vaseline wird sich dabei nur mit Mühe entfernen lassen, das ist ihr einziger Nachteil.

Holen Sie die Sommerreifen hervor und montieren Sie diese; schon kann die erste Fahrt beginnen.

Fahrzeugpflege

Angaben: Mark Johnston, Hongkong
Illustrationen: Alex Choy und Mark Johnston, beide aus Hongkong

Rechtsgelenkter Carrera 4 von 1991

(Foto: Mark Johnston)

Das Angebot an Pflegemitteln ist fast unüberschaubar: Hier eine kleine Auswahl an Reinigungsmitteln für ein glänzendes Erscheinungsbild.

(Foto: Mark Johnston)

Wir alle lieben den Anblick des makellosen, frisch gewaschenen und polierten Porsche. Ihre wertvolle Investition ist allerhand schädlichen Umwelteinflüssen ausgesetzt. Sonne, Schmutz, Smog und saurer Regen können noch dem bestgepflegten Porsche schaden, egal wo auf der Welt Sie leben.

Beim Waschen kommt es auf gute Vorbereitung an, weil Schmutz und Dreck sich wie Sandpapier auf Ihre Lackierung auswirken können. Beachten Sie jedoch einige einfache Regeln, wird Ihr Porsche immer gut aussehen.

Fahrzeugwäsche außen

Vorsicht:

- *Achten Sie darauf, dass Katalysatoren, Schalldämpfer und Bremsen nicht mehr zu heiß sind, bevor Sie sie kaltem Wasser aussetzen.*
- *Richten Sie den Wasserstrahl nicht direkt auf die Rückleuchtenbauteile oder in die Schlitze am Heckspoiler.*

Für die Außenwäsche von Hand verwenden Sie nur weiche, waschbare Tücher. Waschen Sie den Wagen möglichst im Schatten oder der Dämmerung, nicht in praller Sonne. Dort würde das Seifenwasser allzu rasch trocknen und die gelösten Bestandteile als Flecken auf der Karosserie zurücklassen.

Bei der Handwäsche sollte der Wasserstrahl nicht stärker sein, als zum Ablösen des Schmutzes erforderlich. Bei hohem Druck kann im Wasser oder im Dampf gelöster Schmutz Kratzer auf der Lackierung verursachen. Außerdem könnte Wasser in Öffnungen gedrückt werden, wo es nichts zu suchen hat.

Wasser- und Dampfschlauch mit niederem Druck sind besonders im Winter vorteilhaft, um Schlamm und Schnee abzuwaschen. Nutzen Sie höheren Druck erst, nachdem der grobe Schmutz entfernt ist. Schädliche Schmutzpartikel können in Schneeresten versteckt sein.

Vorsicht:

Die Waschstraße sollten Sie mit dem Porsche meiden. Bei maschineller Reinigung kann, allen Beschwörungen zum Trotz, der Lack Kratzer davontragen.

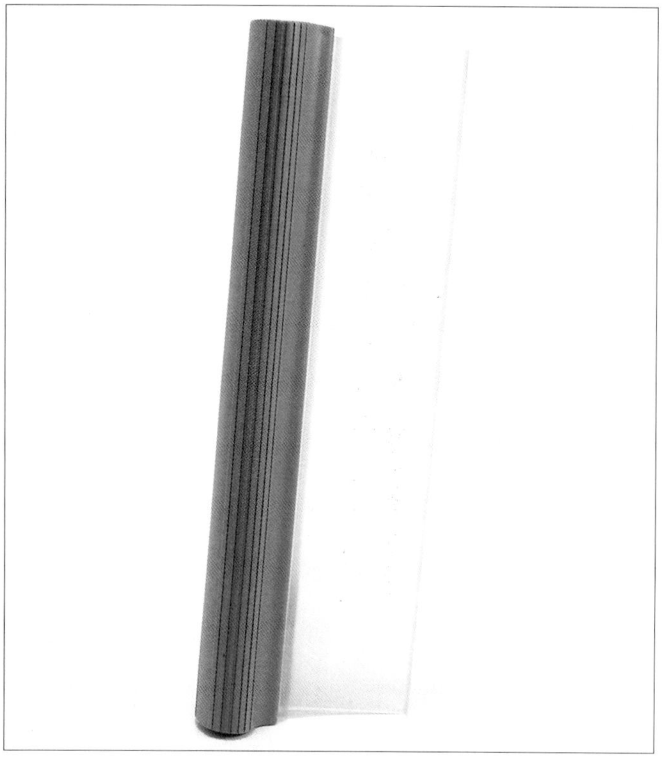

Profi-Gummi-Abzieher zum groben Trocknen von Lackflächen

(Foto: Mark Johnston)

◀ Zum Trocknen der Oberflächen verwenden Sie einen Profi-Gummi-Abzieher von rund 35 cm Länge, der sich den Rundungen der Karosserie perfekt anpassen kann und mit dem in kürzester Zeit alle Tröpfchen entfernt werden können. Das verringert die Arbeitszeit und vermeidet Wasserflecken auf dem Lack. Mit einem hochwertigen, echten Leder trocknen Sie das Fahrzeug anschließend komplett. Echte Fensterleder sauber zu halten ist nicht einfach. Man kann sie in Seifenwasser waschen, aber sie fransen dann gern aus und können nach einigen Wäschen nicht mehr so gut Wasser aufnehmen. Gute Fensterleder sind selten und teuer, gehen Sie also mit Ihrem pfleglich um.

Tipp:
Wer weitere zahlreiche nützliche Praxistipps rund um die Fahrzeugpflege erfahren möchte, dem sei an dieser Stelle auch das Buch von Pflegespezialist Christian Petzoldt (Das große Buch der Fahrzeugpflege) empfohlen.

Außenwäsche und Politur

Der Lack Ihres Fahrzeugs ist auf bestimmte Öle angewiesen, um glänzend zu bleiben. UV-Strahlung und Luftverschmutzungen können diese Öle komplett verschwinden lassen, so dass die Lackierung matt und hässlich wird. Dagegen gehen Sie in drei Schritten vor:

- Waschen
- Polieren
- Versiegeln

Nach Politur und Wachsen bleibt auf der Karosserie viel überschüssiges Wachs und mancher Fussel vom Poliertuch übrig. Eine leichte Nasswäsche mit Einsatz einer sehr weichen Zahnbürste um Carrera-Schriftzug, Seitenblinker, Windschutzscheibe und Fensterdichtungen herum dient der Entfernung überschüssiger Politur. Jeder mag für sich entscheiden, welches Wachs und welche Politur er für die optimale hält. Hier sollte man nicht am falschen Ende sparen. Ledern Sie danach den Wagen nochmals ab, damit er wieder wie neu aussieht.

Hinweis:
Wachsen und polieren Sie immer hintereinander. Je nach örtlichen Verhältnissen ist mindestens zweimal im Jahr zu polieren, unter verschärften Bedingungen öfter.

Scheibenreinigung

Die meisten Glasreiniger enthalten Ammoniak, das kräftig reinigt. Viele verschiedene Marken entfernen Straßenstaub und andere Rückstände von der Außenseite der Scheiben. Über die perfekten Reinigungsmethoden und -mittel gibt es zahlreiche unterschiedliche Ansichten – ein Blick in die einschlägigen Foren reicht aus. Letztendlich muss jeder seine eigene Methode finden.

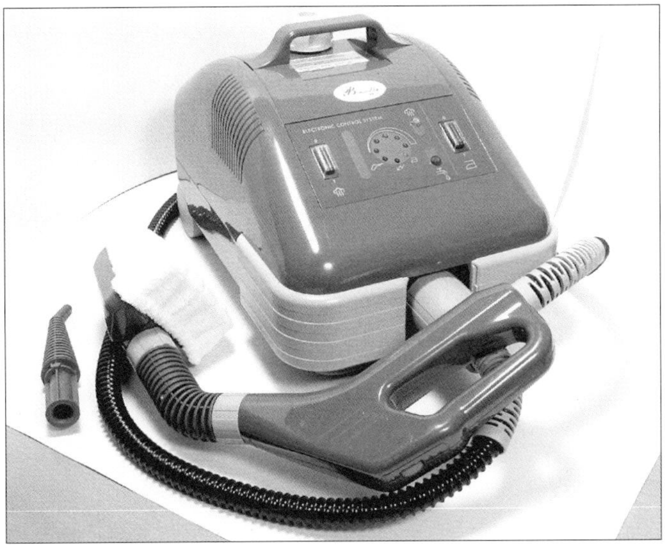

Dampfreiniger von Brundle

(Foto: Mark Johnston)

Reinigung des Innenraums

Die komplette Innenreinigung erfordert den Ausbau der Sitze. Das wird meist nicht möglich sein, hilft aber, um an schwer zugängliche Stellen neben Mittelkonsole, Radioverstärker und Steuergerät zu kommen. Als erstes wird der komplette Innenraum ausgesaugt. Entfernen Sie die Matten und schlagen Sie sie gründlich aus. Saugen Sie sie einzeln ab.

Hinweis:
Industriestaubsauger wie die an manchen Tankstellen sind für die Reinigung von Bodenmatten wie diesen oft zu stark und defekte Düsen beschädigen die Matten. Seien Sie also vorsichtig, bevor Sie sich großen Ärger einhandeln.

◀ Leichte Verschmutzungen oder Flecken am Teppich lassen sich meist mit gutem, flüssigem Teppichreiniger beseitigen. Am besten beginnt man an versteckten Stellen, um das Ergebnis zu beobachten. Mit feuchtem Tuch und etwas Reinigungsmittel sollten Sie leicht kreisförmig reiben. Hartnäckige Flecken erfordern einen professionellen Dampfreiniger oder den Fachmann von der Fahrzeugaufbereitung.

◀ Hartnäckige Flecken erfordern einen professionellen Dampfreiniger oder etwas Ähnliches.

Abstauben

Mit einem kleinen, weichen Pinsel reinigen Sie die Luftdüsen, Armaturentafel, Instrumente, Schalter und die Plastikteile an der Mittelkonsole. Wischen Sie mit dem Leder über die Instrumentengläser.
Für schnelles und gründliches und vor allem sehr schonendes Entstauben größerer Flächen wie Instrumententräger und Mittelkonsole eignet sich ein Staubentferner aus speziellem Tuch wie beispielsweise der „Swiffer Staubmagnet".

Pflege von Sitzen, Leder und Innenausstattung

◂ Soweit Leder verarbeitet ist, verwenden Sie einen Lederreiniger und Lederpflegemittel. Vorher jedoch wischen Sie das Leder mit einem leicht feuchten, fusselfreien Tuch ab, um Staub und Schmutz zu entfernen. Leder braucht Nahrung, deshalb sind die Pflegemittel so wichtig. Achten Sie darauf, dass das Pflegemittel in jede Lederfläche gründlich eingerieben wird. Wenn es eingezogen ist, wischen Sie das Leder mit trockenem Stoff ab.

Motorwäsche

Den Motor sauber zu halten ist mehr als nur eine Frage der Kosmetik. Öl und andere Flüssigkeiten kann man auf einer sauberen Maschine leichter entdecken. Normalerweise reicht eine Dampfreinigung. Lesen Sie aber die folgende Warnung, bevor Sie Lösemittel für hartnäckige Flecken anwenden. Die gründlichere Reinigung überlässt man besser dem Fachmann.

Vorsicht:
Aufgrund von Umwelt- und Entsorgungsvorschriften, die das Einleiten des Abwassers in die Kanalisation verbieten, kommt eine heimische Motorwäsche nicht in Frage. Das ist eine Aufgabe für einen zertifizierten Fachbetrieb.

Batteriepflege

Korrosion an den Batteriepolen bzw im Batteriefach entfernt man am besten mit einer Mischung aus gleichen Anteilen Wasser und Backpulver (Natron). Das zur Reinigung von Batterie und Batterieträger verwendete Tuch sollte man für keine weiteren Arbeiten mehr verwenden. Wenn möglich, sollten Sie eine wartungsfreie Batterie verwenden, um dieses Problem zu vermeiden.

Feuchtigkeitskontrolle im Innenraum

◀ In sehr feuchter Umgebung wie in den Tropen verursacht die hohe Luftfeuchtigkeit nach längerer Standzeit bei modernen Fahrzeugen Probleme.

Die Elektronik und Innenverkleidungsmaterialien leiden darunter am heftigsten. Man kann dem Problem mit einer Permapack-Entfeuchtungspatrone beikommen, die bis zu einem halben Liter Wasser aufnimmt und die Luftfeuchtigkeit ca. zwei Wochen lang auf 40 bis 60 Prozent drücken kann. Die Patrone ist aus Edelstahl. Es bleibt kein Wasser in ihr übrig, weil es vollständig vom Granulat im Inneren aufgenommen wird. Stellen Sie eine Patrone auf den Boden Ihres Fahrzeugs und wechseln Sie sie aus, wenn sie voll ist. Wenn Sie sie dann zweieinhalb Stunden lang bei 230 °C in den Backofen stellen, können Sie sie wieder verwenden.

Wartungspläne

Diese Wartungspläne dienen als Leitlinie, basierend auf den Empfehlungen des Hauses Porsche.
Jeder Besitzer kann sich für kürzere Intervalle entscheiden. Für den Durchschnittsfahrer, der sein Fahrzeug normal einsetzt, besteht dafür jedoch kein Anlass; er würde sich nur unnötige Kosten aufbürden.

Wartungsarbeit	alle 20.000 km	alle 40.000 km	alle 80.000 km
Unter dem Fahrzeug			
Genaue Sichtprüfung der Bremsschläuche und -leitungen auf Dichtheit, Abstand von anderen Bauteilen, Scheuerspuren und Bremsflüssigkeitspegel. Achten Sie besonders auf die von einem Elektromotor angetriebene Hydraulikpumpe für das ABS in Carrera 4, Carrera RS, Carrera Cup sowie allen Turbo-Look und Turbo-Modellen.	•		
Genaue Sichtprüfung Getriebe und Antriebswellen auf Dichtheit und Ölstand	•		
Genaue Sichtprüfung der Auspuffanlage auf Dichtheit und Beschädigung, auch durch scheuernde Räder, Festigkeit der Verbindungen und Halterungen.	•		
Prüfung Einstellung Vorspur, Reifenzustand und Reifenluftdruck	•		
Prüfung Festigkeit der Lenkungshalterungen sowie Unversehrtheit der Bälge	•		
Spurstangengelenke: Prüfung von Spiel und Festigkeit sowie der Schutzkappen darüber	•		
Genaue Sichtprüfung der Lenkhilfe auf Undichtigkeit	•		
Genaue Sichtprüfung der Bälge an den Kugelgelenken auf Beschädigung	•		
Sichtprüfung der Bolzen der Radaufhängungen auf festen Sitz	•		
Genaue Sichtprüfung der Gummimanschetten an den Kraftübertragungsgelenken auf Undichtigkeit und Beschädigung	•		
(Nur Turbo-Look- und Turbo-Modelle): Prüfung hintere Radlager	•		
Tiptronic (nur Carrera 2 und Speedster): Getriebeölwechsel mit Filtersieb		•	
Schaltgetriebe mit mineralischem Öl: Getriebeölwechsel – ***Hinweis:*** *Vollsynthetisches Öl erfordert nach jetzigem Kenntnisstand keinen Wechsel, solange es nicht verunreinigt ist.*			•
Motorraum			
Nach größeren Arbeiten an Motor oder Getriebe (z. B. Austausch derselben) Diagnose mit Fehlerauslesung, erforderlichenfalls Reparatur und Fehlerlöschung	•		
Prüfung Spannung des Keilriemens	•		
Zustandsprüfung des Zahnriemens der Servolenkungspumpe	•		
Genaue Sichtprüfung aller mit Öl oder anderen Flüssigkeiten gefüllten Bauteile auf Dichtheit	•		
Prüfung Funktion, Flüssigkeitspegel, Düseneinstellung und Frostschutz in Scheiben- und Scheinwerferwaschanlage	•		
Bei Fahrzeugen ohne Kat (Ausstattung M150): Systemtest (entfällt für Länder, in denen Kats vorgeschrieben sind)	•		
Prüfung von Kats, Lambdasonde und Luftleitblech auf richtigen Sitz. Genaue Sichtprüfung aller elektrischen Anschlüsse auf Schäden, Festigkeit und Korrosion, Funktionsprüfung Lambdasonde.	•		

Wartungsarbeit	alle 20.000 km	alle 40.000 km	alle 80.000 km
Motorraum (Fortsetzung)			
Abgasuntersuchung, soweit nach den Vorschriften des jeweiligen Landes vorgeschrieben (in Deutschland alle zwei Jahre).	•		
Bei Saugern: Prüfung der Stromkreise für die beiden Zündanlagen	•		
Bei Saugern: Zustandsprüfung Keilriemen für den zweiten Zündverteiler; beim geringsten Schaden erneuern ***Hinweis:*** *Diese Prüfung entfällt, wenn eine Zündverteiler-Entlüftung eingebaut ist.*	•		
Bei Saugern: Erneuerung Keilriemen für den zweiten Zündverteiler			•
Prüfung Ventilspiel (Beschreibung für Hobby-Schrauber in diesem Buch)	•		
Erneuerung Zündkerzen	•		
Erneuerung Luftfilter	•		
Prüfung Dichtheit und fester Sitz der Schläuche und Leitungen der Kurbelgehäuseentlüftung	•		
Genaue Sichtprüfung Kraftstoffanlage auf Dichtheit, Beschädigung, Spiel, Zustand und festen Sitz von Schläuchen und Anschlüssen	•		
Erneuerung Kraftstofffilter	•		
Prüfung Dichtheit der Schläuche, Leitungen und Anschlüsse am Ansaugsystem	•		
Prüfung Leichtgängigkeit des Gaszugs einschließlich Anschlüsse und Verbindungen sowie Prüfung Vollgasöffnung und Bewegung der Resonanzklappen	•		
Prüfung Lenkölstand, ggf. nachfüllen	•		
Prüfung Befestigung des Turboladers, der Wastegates, Auspuffanlage und anderen Anschlüssen	•		
Funktionsprüfung Kraftstoff-Sicherheitsventil	•		
Funktionsprüfung Turbo-Überdruckventil	•		
Karosserie und Elektrik			
Ggf. Prüfung Flüssigkeitsstand der Batterie	•		
Funktionsprüfung der elektrischen Ausrüstung	•		
Funktionsprüfung Beleuchtung einschließlich Blinkern	•		
Funktionsprüfung Doppeltonhorn	•		
Funktionsprüfung Betätigungshebel der Heizungsanlage, genaue Sichtprüfung der Heizungsbauteile im Kofferraum auf Beschädigung und Korrosion	•		
Wartung Klimaanlage einschließlich Druckprüfung	•		
Prüfung toter Gang des Handbremshebels	•		

Wartungsarbeit	alle 20.000 km	alle 40.000 km	alle 80.000 km
Karosserie und Elektrik (Fortsetzung)			
Prüfung toter Gang des Bremspedals	•		
Prüfung Bremsflüssigkeitspegel, erforderlichenfalls nachfüllen	•		
Prüfung Bremsbeläge und -scheiben auf Verschleiß, Beschädigung und Korrosion	•		
Genaue Sichtprüfung hydraulische Kupplungsbetätigung auf Dichtheit und Endstellung Kupplungspedal	•		
Funktionsprüfung und Schmierdienst Türaufhalter	•		
Schmierdienst Türscharniere	•		
Prüfung Funktion, fester Sitz und Zustand der Schlösser an Türen und Hauben	•		
Zustands- und Funktionsprüfung der Sicherheitsgurte. Austausch der Gurte mit Verschleißspuren	•		
Prüfung der Dichtungen an Türen, Hauben und Dach, erforderlichenfalls Erneuerung	•		
Probefahrt			
Funktionsprüfung Fuß- und Handbremse, Bremskraftverstärker, Kupplung, ggf. Tempomat, Lenkung, Heizung und ggf. Klimaanlage sowie der Instrumente	•		
Prüfung auf Geräusche und Funktion der Kraftübertragung und der Differenziale (am Carrera 4)	•		
Prüfung Ölaustritt nach der Probefahrt	•		

Besondere Wartungshinweise

Legen Sie den Prüfbericht für die Durchrostungsgarantie ab (falls sie nicht längst abgelaufen ist)	alle 12 Monate ab dem 3. Betriebsjahr
Schmierdienst, Funktions- und genaue Sichtprüfung Heckspoilermechanismus auf Schäden und Korrosion	alle 12 Monate ab dem 3. Betriebsjahr
Prüfung Zustand Airbags	alle 12 Monate ab dem 3. Betriebsjahr
Erneuerung Bremsflüssigkeit	alle zwei Kalenderjahre
Erneuerung Airbags (nach Auslaufen der Herstellergarantie)	alle 15 Kalenderjahre

Kapitel 3: Der Motor des 964

964 Speedster Turbo-Look

(Foto: Jens Torner)

Tabellen

911 (930) Turbo

(Foto: Larry Hayes)

Einführung

In diesem Kapitel wird ein Überblick über die Motoren im 964 und ihre Komponenten gegeben. Wie im Rest dieses Buchs, sind mit dem Vorläufer des 964 generell folgende Modelle gemeint:

- Carrera 3,2 Liter mit Saugmotor, Modelljahre 1984 bis 1989
- 930 Turbo 3,3 Liter, Modelljahre 1986 bis 1989

Motortechnik

Die nachfolgende Tabelle gibt einen Überblick, welche Motoren in welchen Modellen verwendet wurden:

964-Motoren

Modell und Jahr	Motorcode	Hubraum	Getriebe	Ersatzteilnummer	Fahrzeugausführung
Carrera 4, 1989	M64/01	3,6 Liter	Fünfgang-Schaltgetriebe	964 100 264 01	Alle
Carrera 2 und 4, 1990/1991	M64/01	3,6 Liter	Fünfgang-Schaltgetriebe	964 100 264 31	Alle
Carrera 2 und 4, 1992-1994	M64/01	3,6 Liter	Fünfgang-Schaltgetriebe	964 100 264 41	Alle, auch Turbo-Look
Carrera 2, 1990-1994	M64/02	3,6 Liter	Viergang-Automatik	964 100 264 02	Alle, auch Turbo-Look
RS America, 1993/1994	M64/01	3,6 Liter	Fünfgang-Schaltgetriebe	964 100 264 41	US-Modell
Speedster, 1994	M64/01	3,6 Liter	Fünfgang-Schaltgetriebe	964 100 264 41	Alle, auch Turbo-Look
Speedster, 1994	M64/02	3,6 Liter	Viergang-Automatik	964 100 264 02	Alle, auch Turbo-Look
Carrera RS	M64/03	3,6 Liter	Fünfgang-Schaltgetriebe	964 100 264 03	Nicht für USA (RoW), auch Touring
Carrera RS Gruppe N GT	M64/03	3,6 Liter	Fünfgang-Schaltgetriebe	964 100 264 43	Nicht für USA (RoW)
Carrera RS 3.8	M64/04	3,6 Liter	Fünfgang-Schaltgetriebe	964 100 264 44	Nicht für USA (RoW)
Turbo, 1991/1992	M30/69	3,3 Liter	Fünfgang-Schaltgetriebe	930 100 269 00	Alle außer Japan
Turbo, 1991/1992	M30/69	3,3 Liter	Fünfgang-Schaltgetriebe	930 100 269 01	Japan
Turbo S, 1992	M30/69SL	3,3 Liter	Fünfgang-Schaltgetriebe	unbekannt	Nicht für USA (RoW)
Turbo 3.6, 1993/1994	M64/50	3,6 Liter	Fünfgang-Schaltgetriebe	965 100 264 50	Alle

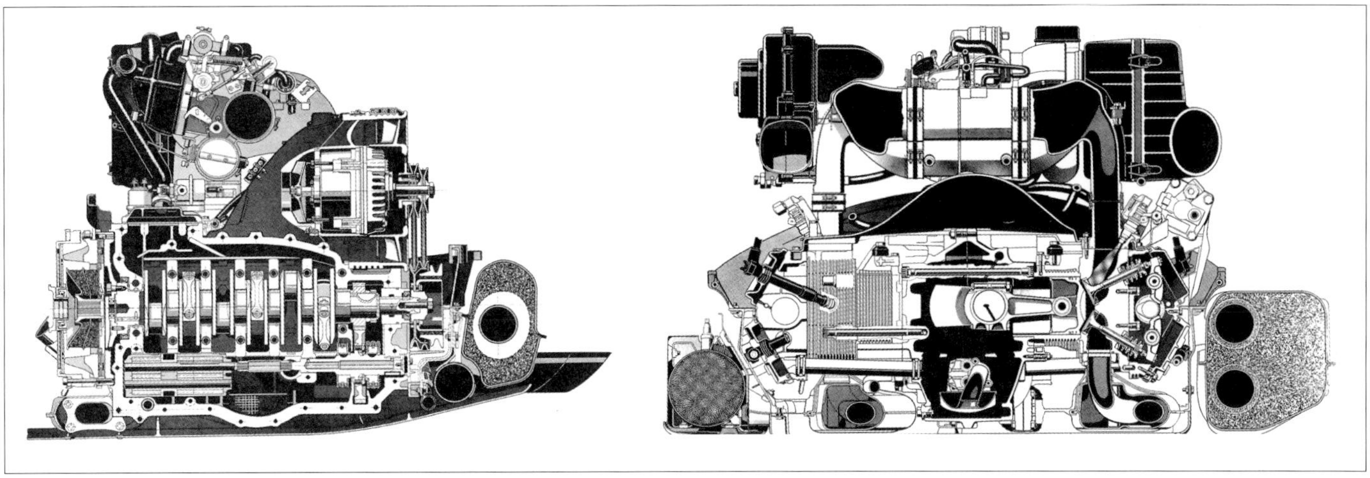

Saugmotor M64

(Zeichnungen: Porsche AG)

Saugmotoren

Motor M64/01 im Carrera 4

◄ Der Carrera 4 und die nachfolgenden Modelle hatten den Motor M64/01 mit 3,6 Litern Hubraum unter der Haube. Gegenüber dem 3,2-Liter-Motor im Vorgänger Carrera 3.2 wurden die Bohrung von 95 auf 100 und der Hub von 74,4 auf 76,4 Millimeter vergrößert. Das erforderte eine neue Kurbelwelle, die gegenüber dem 3,2 Liter 2,2 Kilo leichter war.

Kolben und Laufbuchsen wurden von Mahle bezogen.

Kleine Luftleitbleche im Kurbelgehäuse leiten zusätzliche Kühlluft an die Unterseite der Zylinder. Keramische Auskleidungen der Auspuffkanäle helfen der Kühlung zusätzlich. Ein mittels Riemen von der Kurbelwelle angetriebener Zwölfblatt-Kühlerventilator soll, gegenüber dem mit elf Blättern versehenen 3,2 Liter, zusätzliche Kühlung verschaffen, denn der 3,6 Liter produzierte noch mehr Abwärme als sein kleinerer Vorgänger.

In der nachfolgenden Tabelle sind die technischen Daten der Saugmotoren zusammengefasst.

Hinweis:
Zum Vergleich sind die Daten des Vorgängermotors (Carrera 3.2 in US-Ausführung) in der Spalte 930/25 aufgeführt. Die Leistungswerte sind jeweils nach DIN ermittelt worden.

Motorspezifikationen (Saugmotoren)

Motor	930/25 (Carrera 3.2)	M64/01, M64/02	M64/03	M64/04
Bohrung	95 mm	100 mm		102 mm
Hub	74,4 mm			
Hubraum	3164 ccm	3600 ccm		3746 ccm
Verdichtungsverhältnis	9,5:1	11,0:1	11,3:1	11,0:1
Leistung kW/PS bei 1/min	149/200 bei 5900	184/247 bei 6100	191/256	221/300 bei 6500
Drehmoment Nm bei 1/min	264 bei 4800	310 bei 4800	325 bei 4800	488 bei 5250
Drehzahlgrenze	6470-6570/min	6650-6750/min	6800	7100
Kraftstoffbedarf	95 ROZ		98 ROZ	
Kraftstoffverbrauch	9-13 l/100 km	10-14 l/100 km	10-14 l/100 km	10-12 l/100 km
Öldruck bei 5000/min	4,5 bar	5 bar		
Ölverbrauch	Bei allen Motoren ca. 1,5 Liter je 1000 km			

Turbomotoren

3,3 Liter Turbo-Motor von 1991 im eingebauten Zustand

(Foto: Kevin Ross)

◀ Der erste 964 Turbo erschien zum Modelljahr 1991 und war mit dem Motor M30/69 ausgestattet, eine verfeinerte Ausführung des 930/68 aus der US-Version des Turbo von 1989. Die wichtigsten Änderungen für den M30/69, wie er in den Turbos von 1991 und 1992 eingebaut war, betreffen

- die Absenkung des Ladedrucks von 0,8 auf 0,7 bar,
- den neuen Turbolader und
- den größeren Ladeluftkühler.

Zudem erhielt die Einspritzanlage Bosch KE-Jetronic zusätzliche elektronische Regelungselemente in Gestalt eines Turbolader-Steuergeräts. Dieses steuert das Zündungsrelais, übernimmt die Regelung anhand der Lambdasonden-Signale, steuert die Beschleunigungsanreicherung und übernimmt weitere Funktionen. Das Zündungs-Steuergerät enthält das auf den Motor maßgeschneiderte Zündkennfeld.

Zum Modelljahr 1993 wurde der Turbomotor auf 3,6 Liter vergrößert und mit einer überarbeiteten Version von Turbo- und Zündungs-Steuergerät ausgerüstet. Dieses neue Triebwerk M64/50 basiert auf dem 3,6 Liter Saugmotor der 964-Reihe.

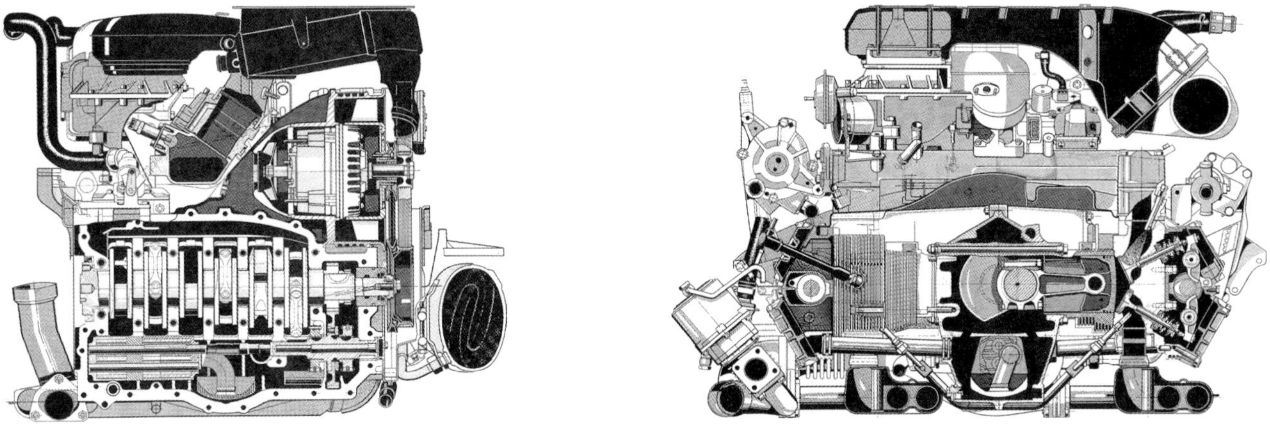

Motor M30 des Turbo von 1991

(Zeichnung: Porsche)

In der nachfolgenden Tabelle sind die technischen Daten der Turbomotoren zusammengefasst.

Hinweis:
Zum Vergleich sind die Daten des Vorgängermotors (US-Version) in der Spalte 930/68 von 1989 aufgeführt. Die Leistungswerte sind jeweils nach DIN ermittelt worden.

Motorspezifikationen (Turbomotoren)

Motor	**930/68**	**M30/69**	**M30/69S**	**M30/69SL**	M64/50	M64/50S
Bohrung	97 mm				100 mm	
Hub	74,4 mm				76,4 mm	
Hubraum	3299 ccm				3600 ccm	
Verdichtungsverhältnis	7,0:1				7,5:1	
Leistung kW/PS bei 1/min	221/300 bei 5500	235/320 bei 5750	261/355 bei 5750	280/381 bei 6000	265/355 bei 5500	283/385 bei 5750
Drehmoment Nm bei 1/min	430 bei 4000	450 bei 4500	471 bei 5000	490 bei 4800	520 bei 4200	520 bei 5000
Drehzahlgrenze	6550-6650					
Kraftstoffbedarf	95 ROZ	98 ROZ				
Kraftstoffverbrauch	12-18 l/100 km			14-23 l/100 km	12-18 l/100 km	13-19 l/100 km
Öldruck bei 5000/min	4,5 bar				5,0 bar	5,0 bar
Ölverbrauch	Bei allen Motoren ca. 1,5 Liter je 1000 km					

Motoraufhängung

Motor- und Getriebeeinheit sind an drei Punkten in der Karosserie aufgehängt. Dabei bestehen insbesondere zwischen der Saug- und der Turboversion keine Unterschiede:

- Hinten befinden sich zwei Motoraufhängungspunkte,
- vorn nur einer.

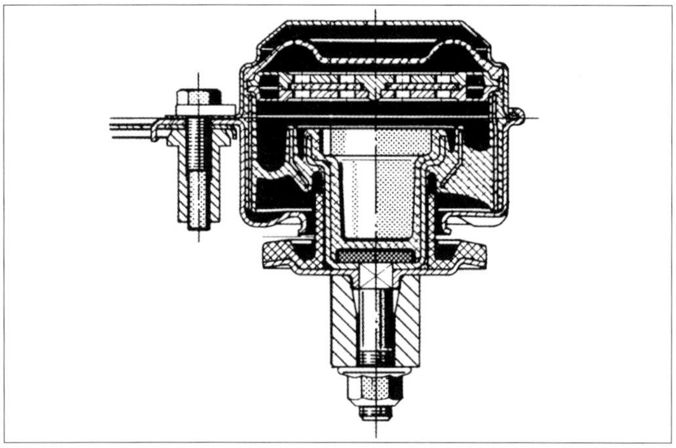

◀ Die hinteren Aufhängungen sind hydraulisch gedämpft.

◀ Diese Aufhängungen (die Zeichnung zeigt die rechte Ausführung) sind von oben in die Aufnahmepunkte der Karosserie befestigt. Die hydraulischen Lager hinten fangen Vertikalschwingungen aus dem Antrieb auf, so dass sie nicht weiter übertragen werden.

Anzugsdrehmomente:

Motor/Motoraufhängung (M12):	85 Nm
Motoraufhängung/Karosserie (M8):	23 Nm

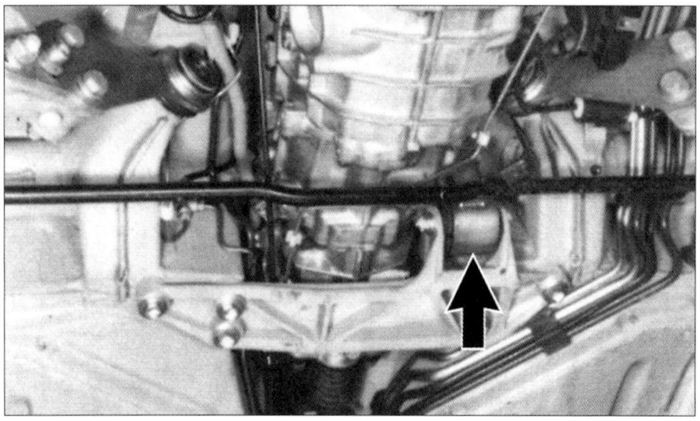

◀ Die vordere Motoraufhängung (Pfeil) ist gummigelagert.

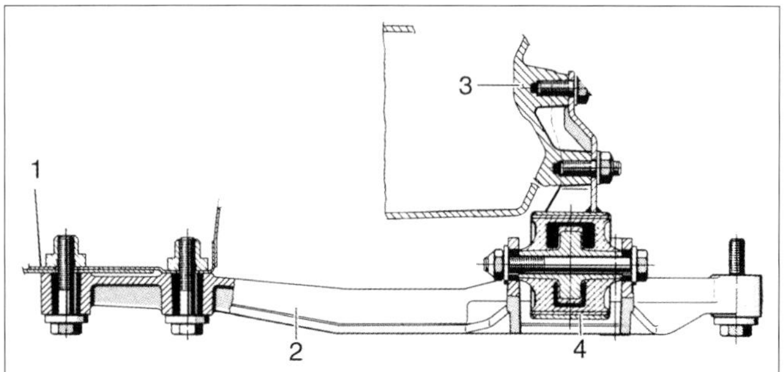

1 Karosserie
2 Querträger
3 Getriebegehäuse
4 Vordere Aufhängung

◀ Die vordere Motoraufhängung befindet sich zwischen Getriebegehäuse und Getriebe-Querträger. Sie ist so konstruiert, dass horizontale Schwingungen vom Antriebsstrang her abgefangen werden.

Anzugsdrehmomente:

Querträger/Karosserie (M10):	46 Nm
Motoraufhängung/Querträger (M10):	46 Nm
Getriebehalterung/Getriebe (M10):	46 Nm

Ölkreislauf beim Saugmotor

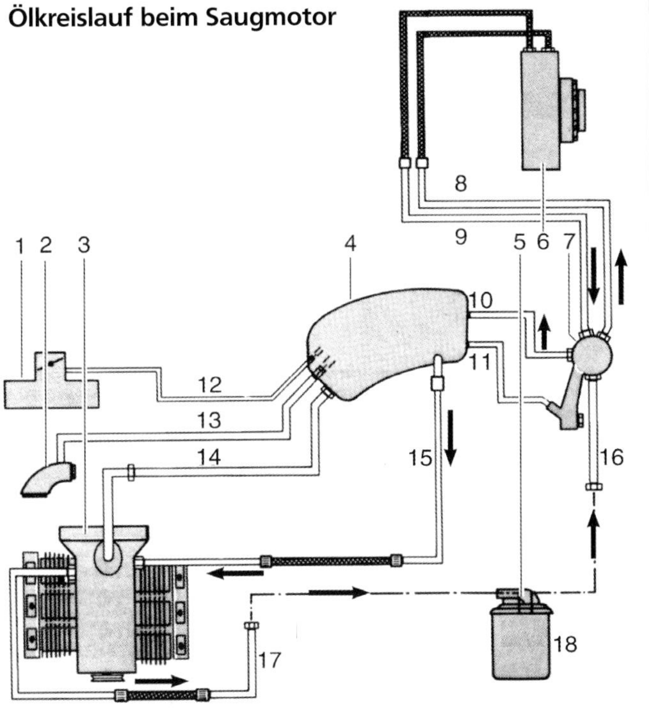

Komponenten:
1 Drosselklappengehäuse
2 Öleinfüllstutzen
3 Motor
4 Öltank
5 Ölfilter
6 Motorölkühler und Gebläse
7 Ölkühlerthermostat

Schläuche und Leitungen:
8 Ölkühler-Zuleitung
9 Ölkühler-Rückleitung
10 Öl-Rückleitung
11 Ölablass
12 Luftausgleichsleitung mit 1,5 mm-Engstelle am Öltank
13 Ölnachfüllleitung
14 Kurbelgehäuseentlüftung mit 6 mm-Engstelle am Öltank
15 Haupt-Ölleitung zum Motor
16 Vordere Ölleitung
17 Hintere Ölleitung
18 Öltank

Schmierung

Ölkreislauf

◀ Der Ölkreislauf umfasst bei den Saugmodellen

- die vom Motor angetriebene Ölpumpe im Kurbelgehäuse,
- den Ölfilter,
- den Öltank,
- den Ölkühlerthermostat mit Leitungen sowie
- den Ölkühler mit Leitungen.

Beim Turbo 3.3 von 1991/92 kommen hinzu
- die Turbolader-Ölpumpe mit Leitungen sowie
- eine spezielle Turbo-Ölwanne.

Beim Turbo 3.6 wurden am Ölkreislauf einige Änderungen vorgenommen. Vorwiegend betreffen sie
- die Neuanordnung von Bauteilen und
- eine Ölzuführung vom linken Kettenspanner zum Turbo-Schmiersystem.

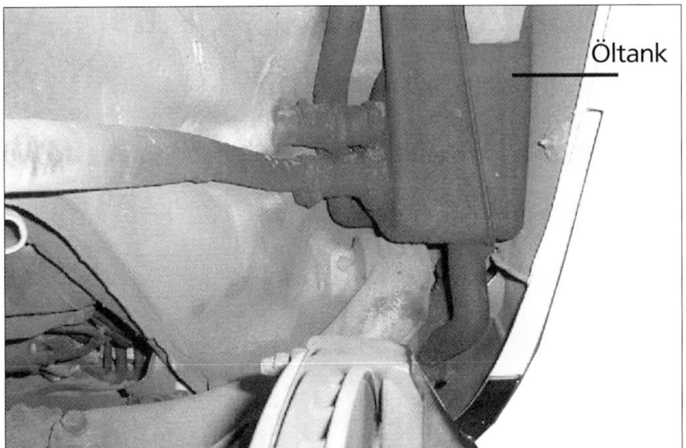

◀ Wie bei früheren 911-Motoren verfügen M64 und M30 über eine Trockensumpfschmierung. Das Öl wird in einem externen Behälter vor dem rechten Hinterrad bevorratet. Nach Abstellen des Motors fließt das Öl bis auf einen kleinen Rest von ca. 2 Litern zurück in diesen Behälter. Dies ist beim Ölwechsel zu beachten; dazu wurden in Kapitel 2 bereits detaillierte Hinweise gegeben.

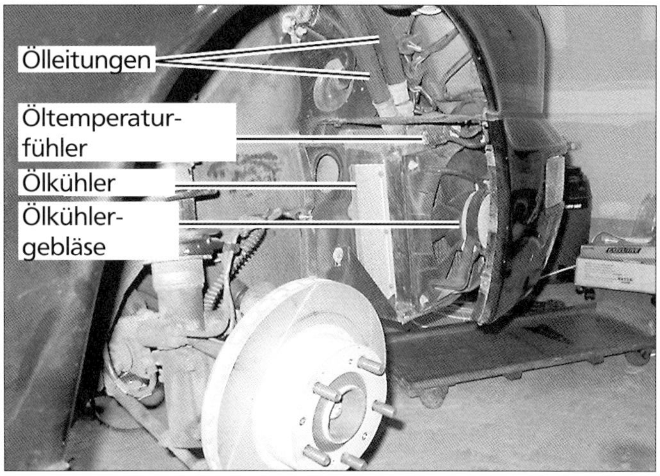

Ölkühler

Der Ölkühler und seine Bauteile befinden sich auf der rechten Seite und vorn rechts im Fahrzeug.

Hinweis:
Der wichtigste Unterschied zu den Vorgängermodellen liegt darin, dass der 964 auf einen Ölkühler am Motor verzichtet.

◄ Ein Ölkühler mit zweistufigem Gebläse befindet sich vor dem rechten Vorderrad. Das Gebläse befindet sich außerhalb des Ölkühlers. Der Kühler ist parallel zur Längsachse des Fahrzeugs eingebaut.

Durch die vom Gebläse zugeführte Luft wird die Kühlleistung im Bedarfsfall kräftig gesteigert.

Innerhalb des Ölkühlers befindet sich ein Öltemperaturfühler für Klimaanlage und Heizung. Ab einer bestimmten Öltemperatur schaltet diese das Gebläse auf niedriger Stufe, bzw. bei einer bestimmten höheren Temperatur auf hoher Stufe zu.

Hinweis:
Unter normalen Fahrbedingungen erreicht das Ölkühlergebläse die hohe Stufe niemals. Die Klima- und Heizungssteuerung reagiert dabei auf die Öltemperatur im Ölkühler, nicht im Motor.

◄ Der Ölkühler ist über zwei Ölleitungen mit einem Thermostaten und dem Öltank im Fahrzeugheck verbunden. Diese Leitungen sind auf der rechten Fahrzeugseite verlegt.

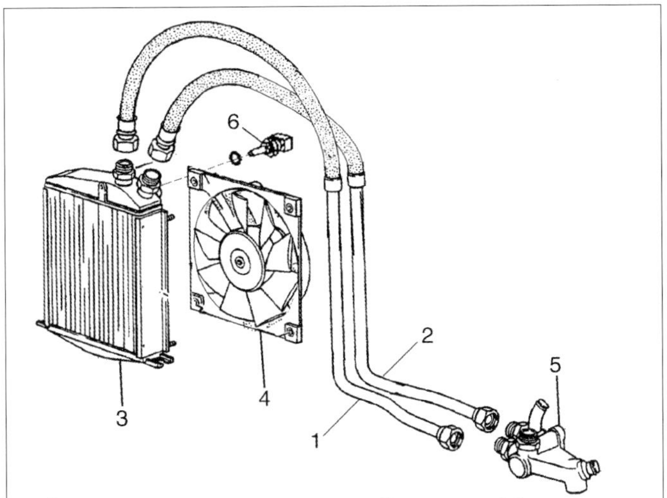

1 Ölrückleitung zum Öltank
2 Ölzuleitung zum Ölkühler
3 Ölkühler
4 Ölkühlergebläse
5 Ölkühlerthermostat
6 Ölkühler-Temperaturfühler

◀ Von den beiden starren Ölleitungen vom Thermostat zum Ölkühler ist die innere (1) die heiße Zu- und die äußere (2) die kühlere Rückleitung. Auch im vorderen Kotflügel ist die Zuführung auf der Innenseite verlegt. Dies ist nicht erkennbar, auch wenn die untere hintere Abdeckung am Radhaus entfernt ist. Die heißere, innere Zuleitung ist per Schlauch mit dem Ölkühler verbunden. Diese verläuft steiler als die Rückleitung. Der angewinkelte Anschluss an der Rückseite des Kühlers leitet gekühltes Öl unten vom Ölkühler weg.

Ölkühlerthermostat

Der Ölkühler ist über eine Leitung mit dem Öltank verbunden, die geradewegs durch das Ölthermostat hindurch führt.

◀ Die andere Leitung wird durch das Ölthermostat gesteuert, das sich unten rechts im Bereich vor dem Öltank befindet.

Eine Bimetallfeder öffnet bei Erhitzung auf eine bestimmte Temperatur automatisch das Thermostat, so dass das Öl hindurchfließen kann. Das vom Motor kommende Öl wird dann zunächst in den Ölkühler umgeleitet, bevor es in den Vorratstank gelangen kann.
Die Temperaturwerte, bei denen das Thermostat öffnet bzw. schließt, wurden mehrfach geändert. Die Bauteile für Fahrzeuge bis Baujahr 1991 können untereinander ausgetauscht werden, jedoch ist die spätere Version jeweils vorzuziehen. Der Wechsel zu einer älteren Thermostatausführung wird nicht empfohlen. Die folgende Tabelle betrifft Sauger und Turbos gleichermaßen:

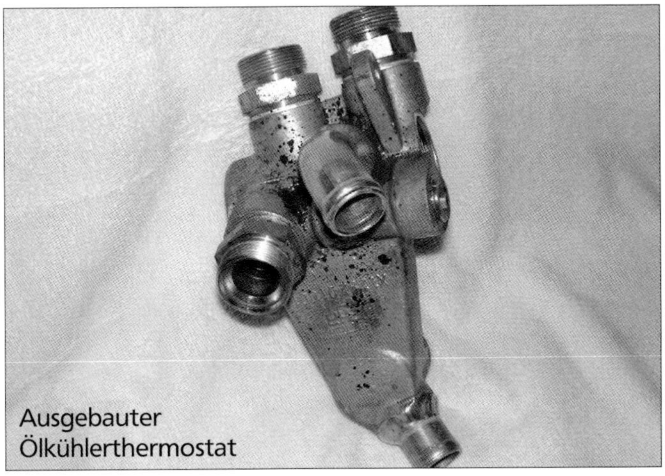
Ausgebauter Ölkühlerthermostat

Ölkühlerthermostaten und Ersatzteilnummern:

1989 -1990	964 207 047 03
1991	964 207 047 05
1991	964 207 047 06
1992	964 207 047 07
1993	964 207 047 08
Thermostateinsätze 1992 - 1994:	964 207 349 01

Vorsicht:
Zum Modelljahr 1992 wurde die Halterung des Thermostatgehäuses geändert, so dass frühere Ausführungen nicht mehr passen.

Schmierung des Turboladers

Der durch den Abgasstrom betriebene Turbolader sorgt für jene zusätzlichen PS, die den Turbo so grundlegend von seinen Geschwistern unterscheiden. Der Turbolader verfügt über ein eigenes Schmiersystem. Motoröl wird dazu durch eine Pumpe an der Rückseite der linken Kurbelgehäusehälfte in den Turbolader gefördert, von wo aus es dann wieder in den Motoröltank zurückfließt. Auf diese Weise werden auch die Luftblasen aus dem Öl entfernt, die infolge der schnellen Bewegung und einer damit verbundenen Schaumbildung entstehen können.

Motor 911 Turbo 3.6

Hier geht es um die Besonderheiten des Schmiersystems in den Turbo-Motoren M30/69 (1991/92) und M64/50 (1993/94) gegenüber den Saugmotoren M64/01.

Kurbelgehäuse

Das zweiteilige Leichtmetall-Kurbelgehäuse musste gegenüber den Saugern verändert werden. Die normalerweise verschlossenen Ölbohrungen sind beim M64/50 offen; dort ist der Hauptstrom-Ölfilter angeschlossen.

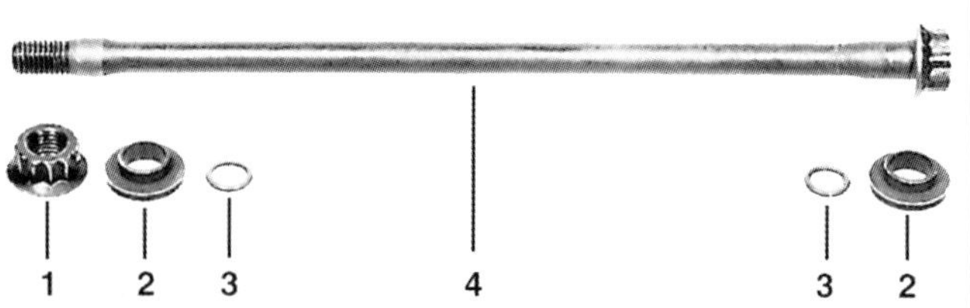

1 Mutter
2 Unterlegscheibe
3 Dichtring
4 Langbolzen mit Kopf zur rechten Kurbelgehäusehälfte hin

Kurbelgehäusebolzen

Loctite 574 wird auf die Dichtflächen an beiden Kurbelgehäusehälften aufgetragen, um diese gegeneinander abzudichten. Für das Einsetzen der Dichtringe empfiehlt sich die Benutzung des Porsche-Spezialwerkzeugs 9511.

Anzugsdrehmomente:
Langbolzen: .... 50 Nm
Bolzen am äußeren Ring des Kurbelgehäuses: ...... 23 Nm

Schwingungsdämpfer

Der Schwingungsdämpfer, der zugleich Riemenscheibe ist, wurde für den Motor M64/50 modifiziert. Für den Ausbau verwendet man das Porsche-Spezialwerkzeug 9285/1.

Radialschlag des Schwingungsdämpfers
Maximalwert: .... 0,5 mm

Um den Haltebolzen des Schwingungsdämpfers zu entfernen, benötigt man ein passendes Riemenscheiben-Fixierwerkzeug.

Pleuelbolzen

Die Pleuel und ihre Endstücke werden mit Bolzen der Zugfestigkeitsklasse 12,9 verschraubt. Die Bolzen müssen nach jedem Ausbau erneuert werden.

Anzugsdrehmomente
Pleuel/Endstücke
Erste Stufe: .... 15 Nm
Zweite Stufe: .... um 90 Grad weiterdrehen
Dritte Stufe: .... nochmals um 90 Grad weiterdrehen

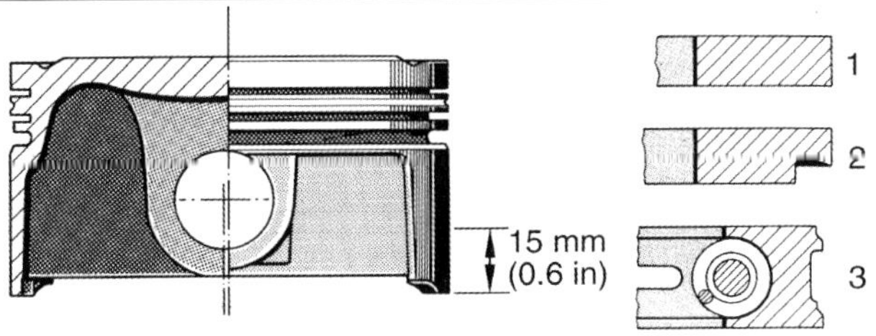

Kolbenringe:
1 Kolbenring mit schrägem Profil (oberer Kompressionsring)
2 Kolbenring mit Absatzprofil (unterer Kompressionsring)
3 Doppelt abgeschrägter Ölabstreifring mit röhrenförmiger Feder

Kolben

Die Kolben werden in vier Größen geliefert (Übermaß 0, 1, 2 und 3). Das Übermaß ist in den Kolbenboden eingeschlagen und muss dem Toleranzwert entsprechen, der auf dem Zylinder angegeben ist.

◀ Man misst den Kolbenverschleiß 15 Millimeter oberhalb seiner Unterkante.

Zylinder

Die Leichtmetallzylinder haben einen Soll-Durchmesser von 100 Millimetern. Die Nikasilbeschichtung der Mahle-Laufbuchsen wurde aufgalvanisiert. Als Abdichtung der Laufbuchsen zum Kurbelgehäuse ist ein rundes Viton-Dichtelement eingebaut. Nach oben zum Zylinderkopf hin ist jeweils ein Stahlring eingearbeitet, der genau in die Rille oben in der Laufbuchse passt.

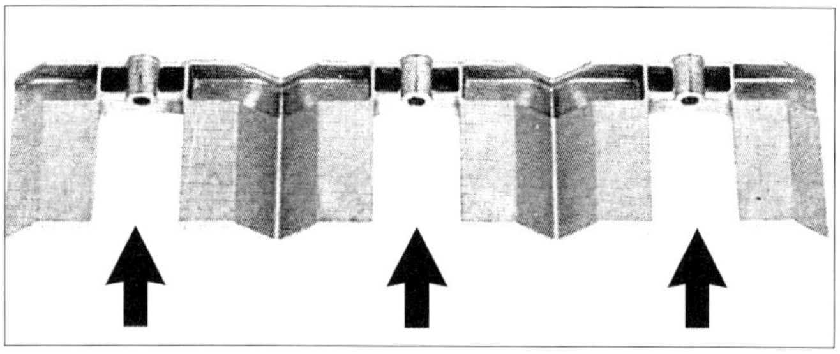

Luftführung

◀ Um optimale Kühlung zu gewährleisten, wurden die Luftführungen des normalen M64-Motors beibehalten, jedoch ohne die Stütze in der Mitte (siehe Pfeil).

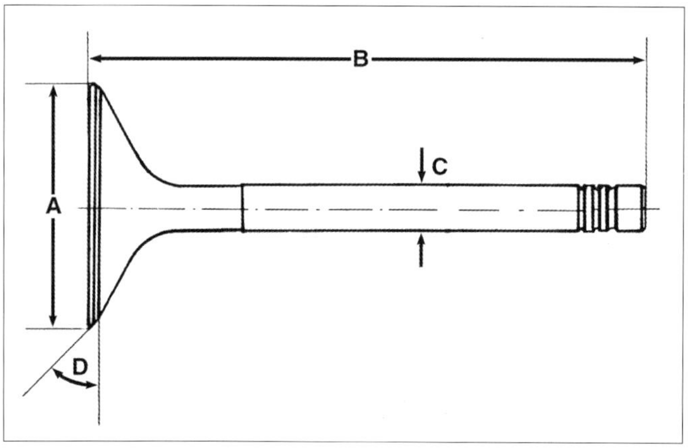

Ventile

◀ Die Einlassventile entsprechen genau jenen aus dem Motor M30/69. Für die Auslassventile wurde jedoch ein anderes Material verwendet als beim Motor M30/69.

Um den maßgenauen Sitz der Ventilfedern zu prüfen, benötigt man das Porsche-Spezialwerkzeug P10c.

Abmessungen der Ventile

Wert	Einlass	Auslass
A Ventildurchmesser	46 mm	42,5 mm
B Ventillänge	110,1 mm	109 mm
C Ventilschaftdurchmesser	8,97 mm	8,94 bis 8,96 mm (leicht konisch)
D Ventilsitz	45 Grad	45 Grad

Kipphebel

Die Kipphebel und ihre Wellen entsprechen genau jenen aus dem M64-Saugmotor.

Anzugsdrehmoment
Kipphebelwelle/Nockenwellengehäuse .... 20 Nm

Nockenwellen

Die Nockenwellen wurden aus hochwertigem, gehärtetem Gusseisen gefertigt. Die Nockenwellenlager sind dem Motor M64/01 entliehen.

Ventilhub	
Einlass	11,9 mm
Auslass	10,3 mm

Ersatzteilnummern der Ventile

- Rechte Seite: 964 248 20
- Linke Seite: 964 247 21

Steuerzeiten

Die Steuerzeiten sind folgendermaßen eingestellt:

Ventilsteuerzeiten	
Einlass öffnet	2 Grad vor OT
Einlass schließt	54 Grad nach UT
Auslass öffnet	43 Grad vor UT
Auslass schließt	3 Grad nach OT

Nockenwellengehäuse

An die nicht bearbeiteten Teile an der Auslassseite der Nockenwellengehäuse gehören M8-Schrauben. Ansonsten werden die gleichen Schrauben verwendet wie bei den M64-Saugmotoren.

Ventildeckel

Die Ventildeckel auf der Einlassseite sind identisch mit jenen, die in den M64-Saugmotoren zu finden sind; auslassseitige Deckel stammen aus dem Motor M30/69.

Schmierung des Kettenspanners

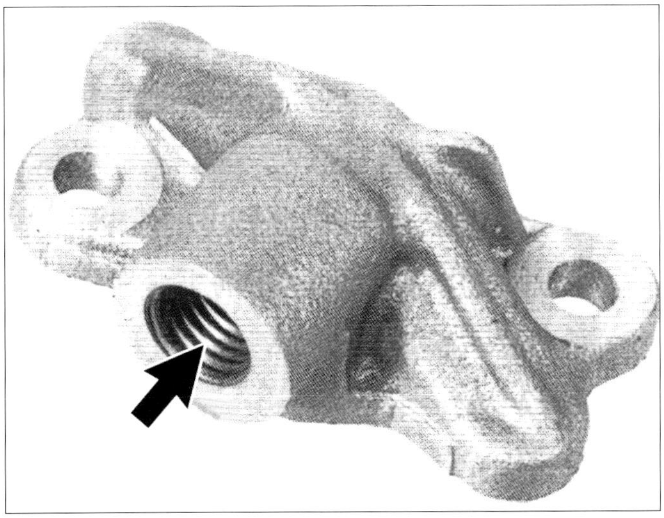

◀ An der Ölzuleitung für den linken Kettenspanner ist ein zusätzlicher Anschluss für den Turbolader vorgesehen (Pfeil).

Leistungsdaten

Carrera 4 von 1989

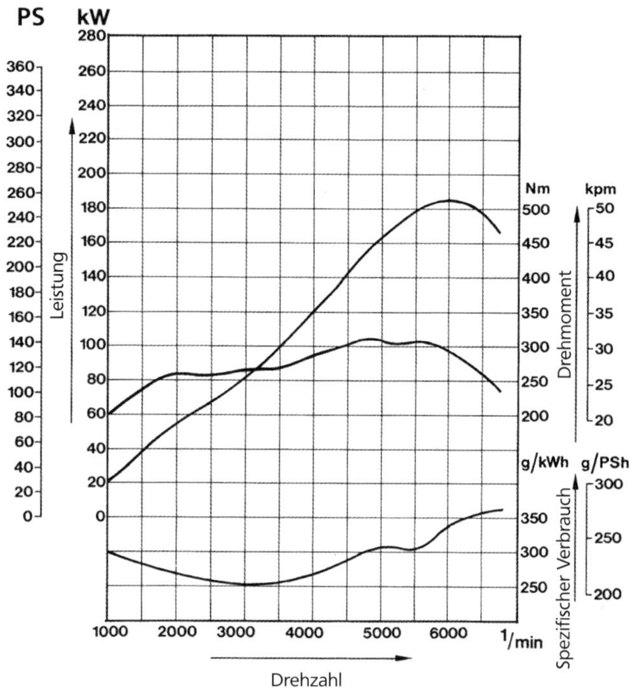

Turbo 3.3 von 1991

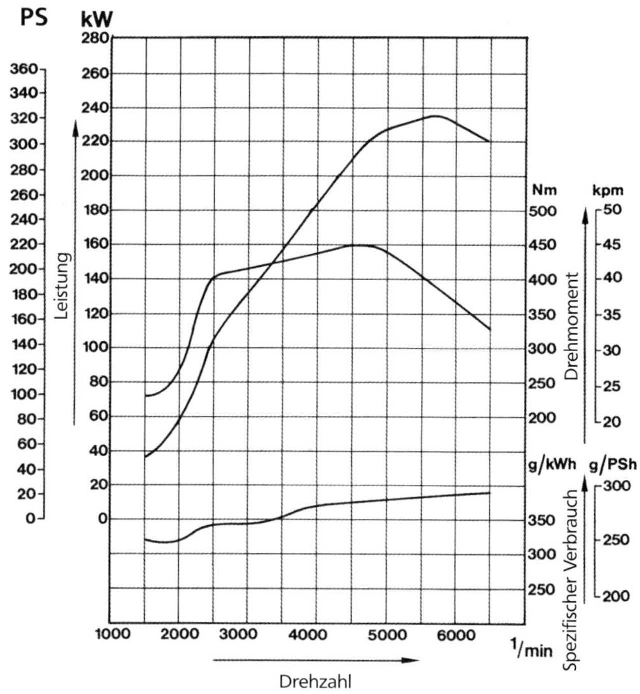

Carrera RS von 1992

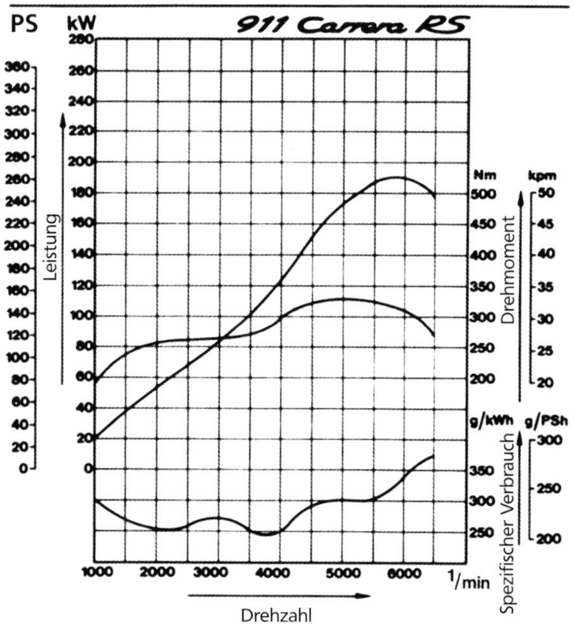

Turbo 3.6 von 1993

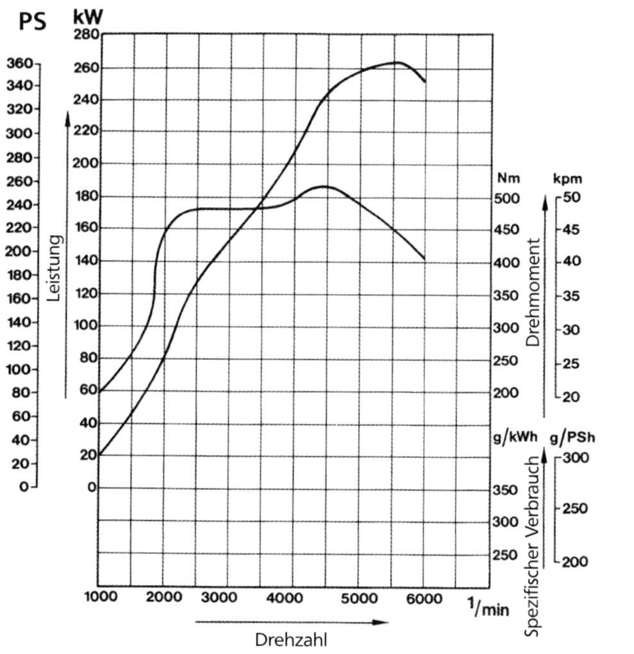

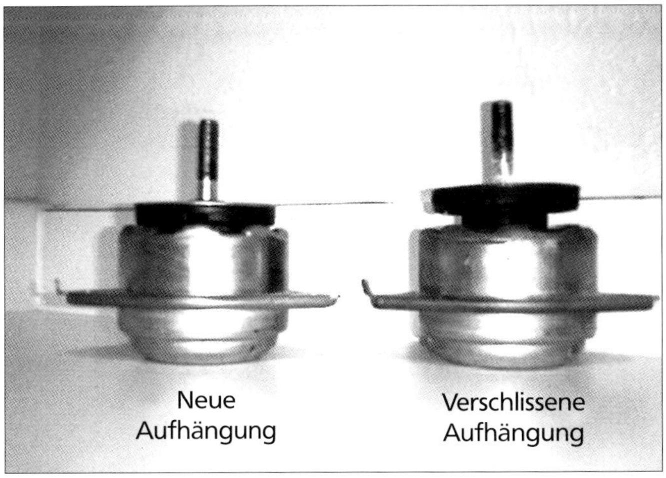

(Foto: Robert Plante)

Wartungshinweise

Schäden an der hinteren Motoraufhängung

◀ Kräftige Vibrationen am Heck des 964 sind oft durch schadhafte hintere Motoraufhängungen verursacht. Das Auswechseln ist sehr einfach. Die Aufhängungen sind vom Motorraum und von der Fahrzeugseite her erreichbar.

Eine schadhafte hintere Motoraufhängung erkennt man erst nach dem Ausbau. Man kann an ihr keine austretende Flüssigkeit oder andere äußere Hinweise auf die Schadhaftigkeit feststellen, solange sie eingebaut ist. In ausgebautem Zustand ist die Veränderung jedoch leicht erkennbar. Schüttelt man das defekte Aufhängungsteil, hört man das Hydrauliköl hin- und herschwappen. Im Vergleich zu einer intakten Aufhängung ist das defekte Teil mindestens 12,7 Millimeter höher.

Kapitel 4: Motormanagement, Auspuffanlage, Motorelektronik

Carrera RS von 1992

(Foto: Andy Parrot)

911 Carrera 4 von 1990

(Foto:Thierry de Wispelaere)

911 Turbo von 1991

(Foto: Denis Zuba)

Rechtsgelenkter Carrera 4 von 1990

(Foto: Alan Baldwin)

Einführung

Der größte, stärkste Motor läuft nicht rund und kann keine Emissionswerte einhalten, wenn er nicht die richtige Menge Kraftstoff bekommt oder Motorsteuerung und Auspuffanlage nicht richtig funktionieren.

In diesem Kapitel geht es um die Kraftstoffversorgung des Motors sowie um die Funktionen und Bauteile der Motorsteuerung einschließlich Motorelektrik, Zündanlage und Auspuff. Welcher Motor in welches Modell gehört, wurde schon in Kapitel 3 beschrieben. Im Folgenden geht es um Motormanagement und Kraftstoffeinspritzung.

Kraftstoffanlagen im 964

Sauger: .... Bosch Motronic

Turbo: .... Bosch KE-Jetronic

Hinweise zur Problembehandlung und Wartung finden sich am Ende dieses Kapitels. Fehlersuche und -behebung werden ausführlich in **Kapitel 9** erklärt.

Kraftstoffanlage

Bei allen 964-Varianten befindet sich der Tank unter der vorderen Haube hinter dem Gepäckraum und vor dem Passagierraum.

Eine elektrische Kraftstoffpumpe fördert das Benzin mit hohem Druck zum Motor. Beim Saugmotor ist für diese Aufgabe eine Pumpe vorgesehen, bei den Turbos gleich zwei. Der korrekte Kraftstoffdruck wird letztlich mit Hilfe eines Kraftstoffdruckregler konstant gehalten. Was es damit auf sich hat, erfahren Sie in einem späteren Abschnitt dieses Kapitels.

Bevor der Kraftstoff die Ringleitung zur Versorgung des Motors erreicht, passiert er einen Kraftstofffilter. Die Kraftstoffleitungen sind aus gummiverkleidetem Polyamid-Kunststoff gefertigt.

Vorsicht:

Vermeiden Sie es, die Leitungen zu verbiegen, zusammenzudrücken oder abzuknicken, weil sie dadurch irreparabel

Kraftstoffanlage des Carrera 4

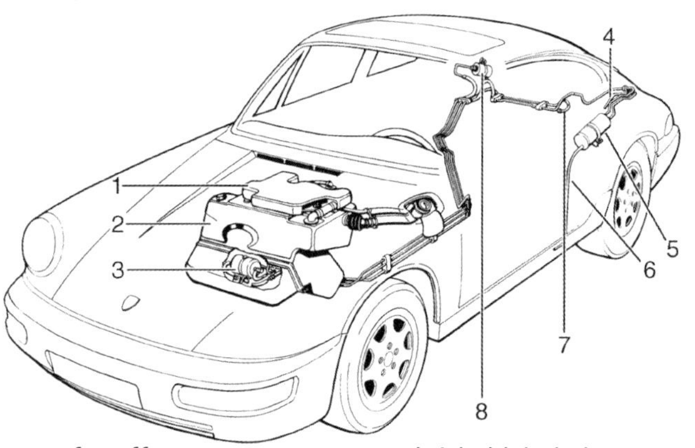

1 Kraftstoff-Ausdehnungsbehälter
2 Kraftstofftank
3 Kraftstoffpumpe
4 Zuleitung zum Motor
5 Aktivkohlebehälter
6 Spülleitung
7 Kraftstoffrückleitung
8 Kraftstofffilter

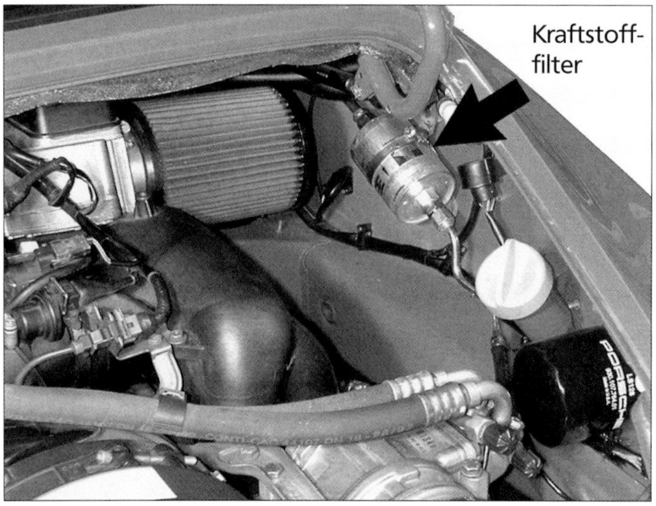

beschädigt werden. Die Anschlüsse sind während des Herstellungsprozesses in die Polyamid-Kraftstoffschläuche hineingepresst worden. Reparieren ist nicht möglich. Im Schadensfall muss die gesamte Leitung ausgewechselt werden.

Kraftstoffanlage der Saugmotoren

◀ Die Kraftstoffpumpe läuft beim Anlassen des Motors an und bleibt in Betrieb, bis sie aus Sicherheitsgründen unmittelbar nach Abstellen des Motors automatisch abgestellt wird.

Den Antriebsstrom erhält die Kraftstoffpumpe aus dem Motronic- und Kraftstoffpumpenrelais R41 über Sicherung 34.

Die Masseverbindung der Kraftstoffpumpe wird über das Motronic-Steuergerät freigeschaltet, sobald der Motor mit mehr als 30/min dreht.

Hinweis:
Weitere Informationen zum Kraftstoffpumpen-Stromkreislauf entnehmen Sie bitte dem Abschnitt über das Motronic- und Kraftstoffpumpenrelais.

◀ Die Kraftstoffpumpe befindet sich unter der rechten Seite des Passagierraums. Sie ist von unten her zugänglich.

◀ Der Kraftstofffilter (Pfeil) befindet sich rechts vorn oben im Motorraum.

Kraftstoffanlage der Turbo-Modelle

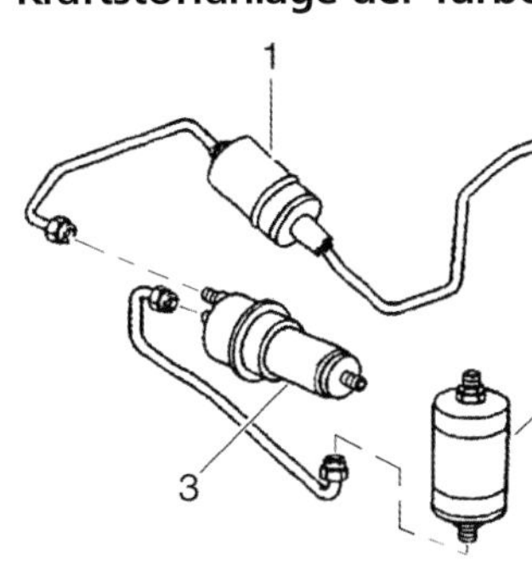

1 Hintere Kraftstoffpumpe
2 Vordere Kraftstoffpumpe
3 Kraftstoff-Sammelbehälter
4 Kraftstofffilter

Kraftstoffanlage der Turbo-Modelle

◀ Die Kraftstoffpumpen laufen beim Anlassen des Motors und bleiben in Betrieb, bis sie aus Sicherheitsgründen unmittelbar nach Abstellen des Motors automatisch abgestellt werden.

Bei der Turbo-Ausführung fördern zwei Kraftstoffpumpen das Benzin zum Motor.

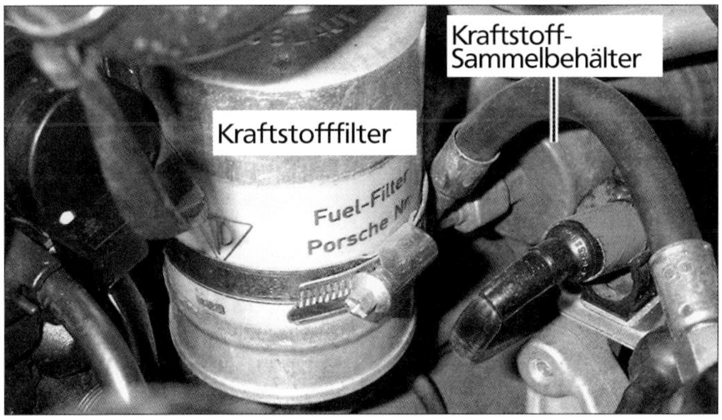

◀ Der Kraftstoff-Sammelbehälter, bei dem es sich um einen Druckbehälter handelt, dient dazu, Druckschwankungen auszugleichen.

Kraftstofffilter und Sammelbehälter befinden sich links im Motorraum.

Einspritzpumpenrelais der Turbo-Modelle

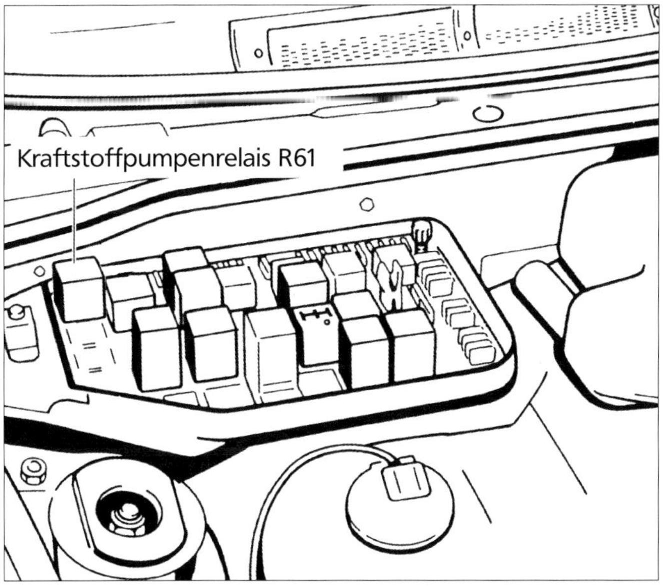

◀ Das Einspritzpumpenrelais R61 befindet sich im zentralen Sicherungs- und Relaiskasten im Kofferraum.

Kraftstoffdruck

Der Kraftstoffdruck lässt sich mit spezieller Testausrüstung messen.

Kraftstoffdruck bei den Saugmotoren

Kraftstoffdruck

Motor stehend: .... 3,1 bis 3,5 bar

Leerlauf (840-920/min): .... 3,6 bis 4,0 bar

Restdruck

20 Min. nach Abstellen: .... mindestens 3,0 bar

Fördermenge in 30 Sek.: .... mindestens 850 ccm

Kraftstoffdruck bei den Turbo-Modellen

Kraftstoffdruck
Prüfwert: .... 6,1 bis 6,8 bar
Einstellwert: .... 6,3 bis 6,5 bar

Restdruck
10 Min. nach Abstellen: .... 1,6 bar
20 Min. nach Abstellen: .... 1,4 bar

Fördermenge beider Pumpen zusammen
in 30 Sek.: .... mindestens 1500 ccm

Hinweis:
Bei den Turbomotoren spielt der Kraftstoffdruck eine wichtige Rolle, vgl. dazu die Ausführungen zu deren Einspritzanlage.

Kraftstoffdruckregulierung

Kraftstoffdruckregler

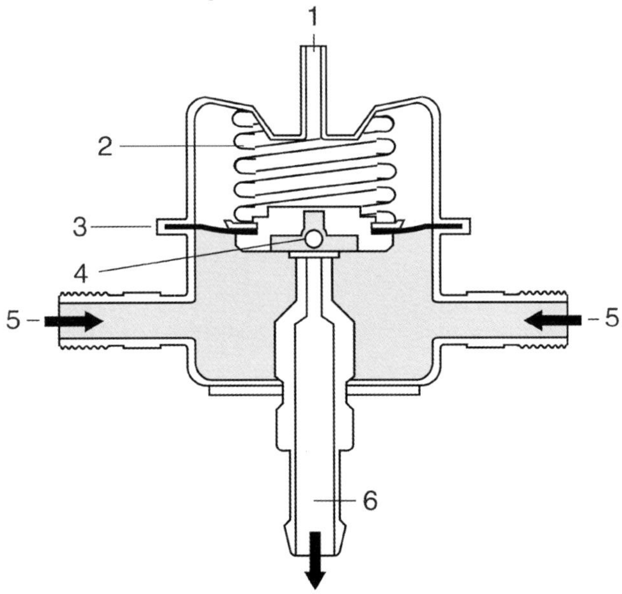

1 Unterdruckanschluss zum Saugrohr
2 Feder
3 Membran
4 Prüfventil
5 Ankommender Kraftstoff aus der Ringleitung
6 Rückleitung zum Tank

◄ Wenn der Kraftstoffdruck einen bestimmten Wert übersteigt, öffnet die Membran den Kraftstoffdruckregler und überschüssiger Kraftstoff gelangt zurück in den Tank.

Bei laufendem Motor dient der Unterdruck im Saugrohr dazu, den Kraftstoffdruck leicht zu beeinflussen. Daher ergeben sich bei stehendem Motor andere Kraftstoffdruckwerte als bei laufendem. Der jeweilige Sollwert ist der Übersicht auf der vorigen Seite zu entnehmen.
Bei Abstellen des Motors schließt sich die federbelastete Membran im Kraftstoffdruckregler, so dass ein Restdruck in der Kraftstoff-Ringleitung erhalten bleibt. Dadurch wird das Wiederanlassen beschleunigt.

Kraftstoffempfehlungen

Vorsicht:
Bei mit Katalysator ausgestatteten Fahrzeugen darf nur unverbleiter Kraftstoff verwendet werden, weil die Bleiverbindung den Kat schädigen würde.

Kraftstoffempfehlung
Sauger
Carrera 2 und 4
(Motoren M64/01 und 02): .... 95 ROZ
Carrera RS oder RS 3.8
(Motoren M64/03 und 04): .... 98 ROZ
Turbos (Motoren M30/69 und M64/50): .... 98 ROZ

Bei den Carrera 2 und 4 mit ihren Saugmotoren M64/01 bzw. 02 wurde gegenüber dem Vorgänger Carrera 3.2 die Zündung um 6 Grad Richtung spät verstellt. Dadurch konnte das Verdichtungsverhältnis auf 11,3:1 erhöht werden, ohne dass auf den hierzulande üblichen 95-oktanigen Kraftstoff verzichtet werden musste.

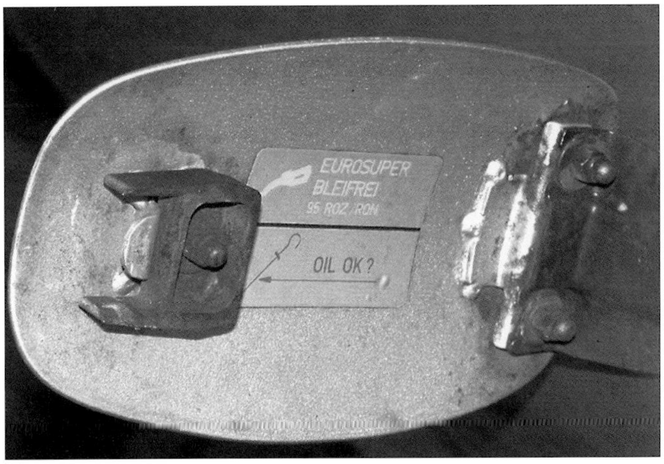

Aufkleber auf der Tankklappe des Carrera 4

Hinweis:
In der Betriebsanleitung für den 964 in US-Ausführung wird darauf hingewiesen, dass die Saugmotoren mit Klopfsensoren ausgestattet sind, so dass die kurzzeitige Verwendung von Kraftstoff bis herunter zu 91 ROZ möglich ist. In diesen Betriebsanleitungen fehlt ein Hinweis auf die beim Turbo erforderliche Kraftstoffqualität. Da der Turbo nicht über Klopfsensoren verfügt, ist er auf mindestens 98 ROZ angewiesen.

◄ Der Ersatzteilkatalog führt zahlreiche Varianten für den Aufkleber auf der Tankklappe auf. Beispielsweise heißt es am Carrera 4 mit Saugmotor, dass nur europäischer Super-Kraftstoff mit mindestens 95 ROZ verwendet werden soll.

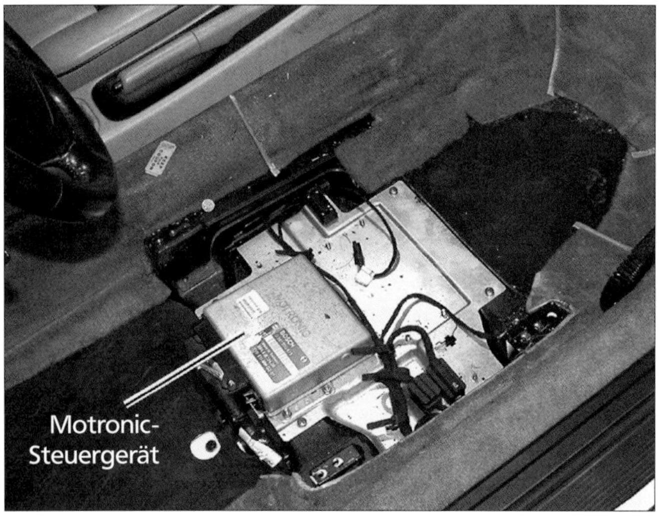

Motronic-Steuergerät bei Saugmotoren

Systembeschreibung

Die 964 mit Saugmotor verfügen über eine Bosch Motronic. Diese digitale Motor-Elektronik der Entwicklungsstufe M2.1 fasst folgende Steuerfunktionen zusammen:

- Von der Lambdasonde gesteuerte Kraftstoffdosierung
- Kraftstoffdosierung ohne Lambdasignal
- Steuerung des Zündzeitpunkts
- Klopfverhinderung
- Leerlaufkontrolle
- Drehzahlbegrenzung
- Adaptive Steuerfunktionen

Hinweis:
Das ideale Kraftstoff-Luftgemisch beträgt nach Gewicht 14,72 : 1, man spricht auch vom „stöchiometrischen Verhältnis“, das mit dem griechischen Buchstaben Lambda und dem Wert 1 beziffert wird ($\lambda = 1$). Der Lambda-Wert für die ideale Verbrennung beträgt also „1“. Liegt der Wert unter 1 spricht man von einem fetten Gemisch, ein Wert über 1 kennzeichnet eine zu magere Gemischzusammensetzung. Die Kraftstoffdosierung wird noch im Kapitel zur Lambdasonde detaillierter beschrieben.

Alle Exemplare dieser in England versammelten 964-Reihe haben die Bosch-Motronic M2.1.

(Foto: John Miles)

Die Motronic-Version für den 964 ist dem Motormanagement des Carrera 3.2 ähnlich, enthält jedoch folgende Verbesserungen:

- Neues elektronisches Steuergerät mit 55-poligem Anschluss und Selbstdiagnosefähigkeit
- Sequenzielle Kraftstoffeinspritzung, Klopfregelung, Steuerung der Resonanzklappe im Ansaugsystem und Doppelzündung
- Selbstdiagnose von Luftmassenmesser, Zylinderkopf-Temperaturfühler, Ansaugluft-Temperaturfühler, Lambdasonde, Klopfsensoren, Hallsensoren sowie des Mikroschalters für Leerlauf und Volllast
- Adaptive Steuerung über Lambdasonde
- Adaptive Leerlaufregelung
- Dreiwege-Metallkatalysator
- Einzelner Schwungrad-Drehzahlsensor ohne separates OT-Signal

- Relais im Sicherungskasten im Kofferraum für Motronic und Kraftstoffpumpe
- Elektrische Rollenzellen-Kraftstoffpumpe
- Einspritzdüsen mit Messingwicklungen und 16 Ohm Widerstand darin
- Kraftstoffleitungen aus Polyamid
- Elektronisch überwachte Tankentlüftung
- Feuchtigkeitsresistente Lambdasonde
- Hochtemperaturbeständige Zündkerzen
- Zwei Zündverteiler mit Hallsensor
- Verzicht auf Höhenkorrekturschalter in Fahrzeugen mit Lambdasonde
- Höhenpotentiometer in Fahrzeugen ohne Lambdasonde
- Ein Klopfsensor auf jeder Zylinderbank, untergebracht an den Sensorbrücken

Die folgende Schemazeichnung (Seite 136) zeigt die Motronic im Carrera 4 von 1989.

Die Regelung der Kraftstoffeinspritzung erfolgt vollelektronisch. Das Steuergerät bestimmt die jeweils einzuspritzende Kraftstoffmenge und den Zündzeitpunkt anhand der Daten von

- Luftmassenmesser,
- Ansaugluft-Temperaturfühler,
- Zylinderkopf-Temperaturfühler,
- Schwungrad-Positionssensor,
- Gaspedalstellung und
- Lambdasonde.

Der Zündzeitpunkt wird vollelektronisch festgelegt und ist nicht einstellbar. Der Zündverteiler enthält keine mechanischen Verstellmechanismen. Die einzige Funktion der beiden Verteiler besteht darin, den Zündfunken jeweils auf die richtige Zündkerze zu lenken. Der Zündzeitpunkt wird allein durch die Motronic bestimmt, die dazu Signale vom Schwungrad-Drehzahlsensor heranzieht.

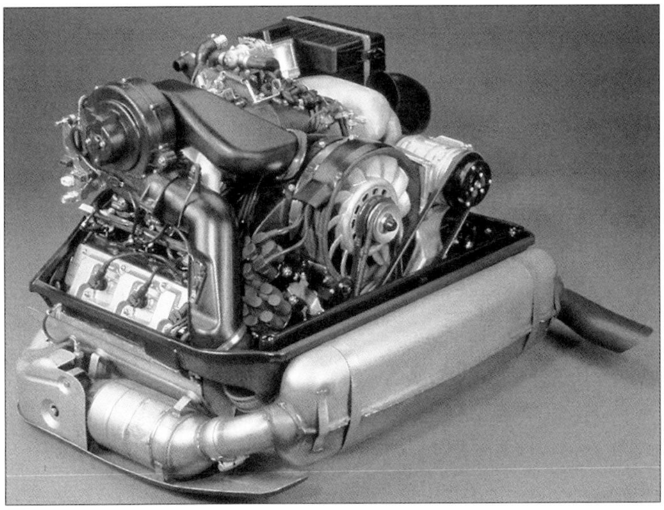

Der Motronic obliegt die effiziente Steuerung des 3,6-Liter-Motors. (Foto: Porsche AG)

Motronic des Carrera 4 von 1989

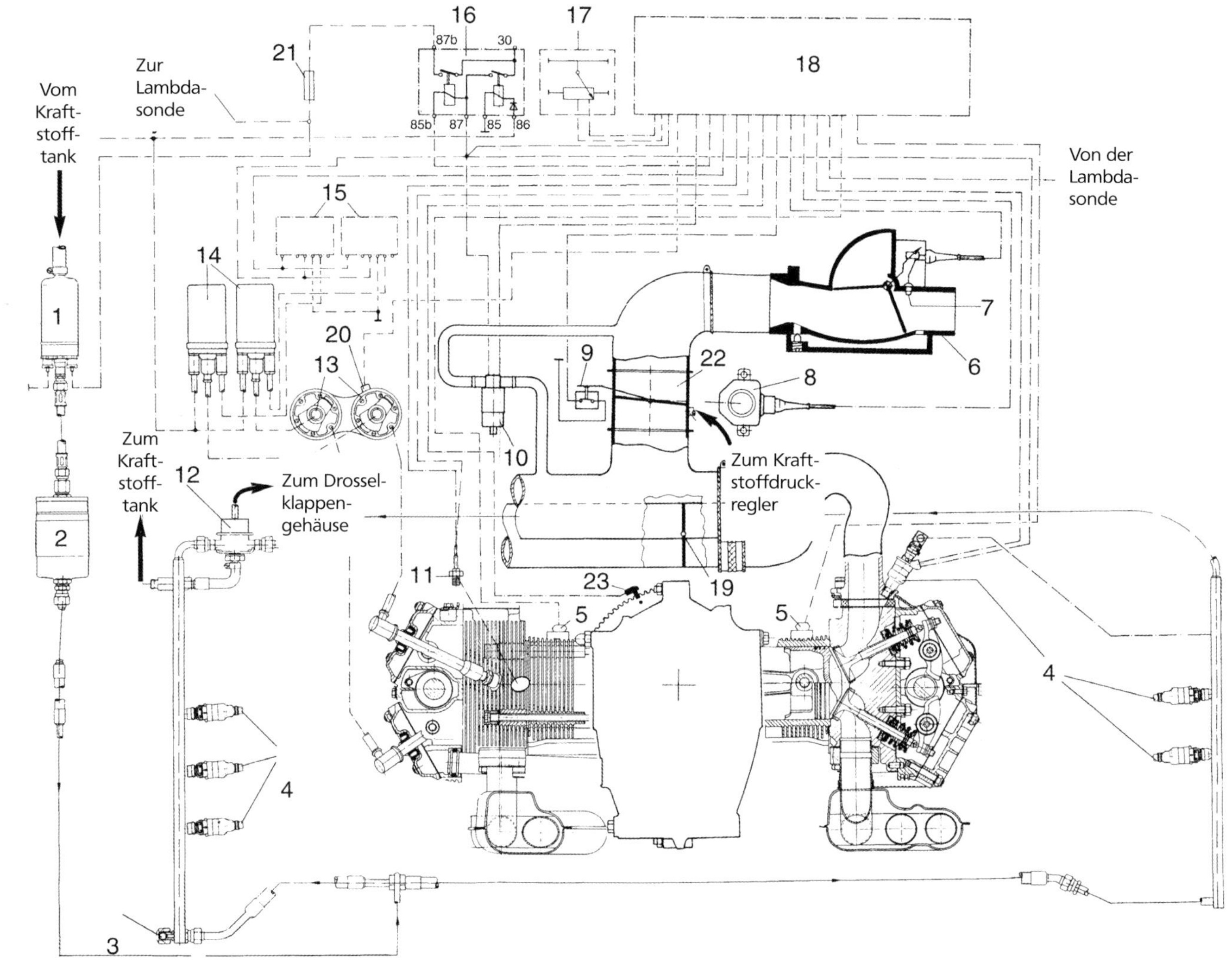

1 Kraftstoffpumpe
2 Kraftstofffilter
3 Anschluss für Kraftstoffdruck-Messung
4 Einspritzdüsen
5 Klopfsensoren
6 Luftmassenmesser
7 Lufttemperaturfühler
8 Drosselklappenschalter, Kontakt für Volllast
9 Drosselklappenschalter, Kontakt für Leerlauf
10 Leerlaufregelventil
11 Zylinderkopf-Temperaturfühler
12 Kraftstoffdruckregler
13 Doppel-Verteiler
14 Zündspulen
15 Endpunkte der Zündung
16 Relais für Motronic und Kraftstoffpumpe
17 Höhenkorrekturschalter (nur bei Fahrzeugen ohne Lambdasonde)
18 Motronic-Steuergerät
19 Saugrohr-Resonanzklappe
20 Hallsensor für die Zündanlage
21 Sicherung für die Kraftstoffpumpe (Nr. 34, 15 A)
22 Drosselklappengehäuse
23 Schwungrad-Drehzahlsensor

Unter Druck wird Kraftstoff durch elektronisch gesteuerte Magnetventil-Düsen eingespritzt. Die Motronic bestimmt, wann sich die Düsen öffnen und wieder schließen.

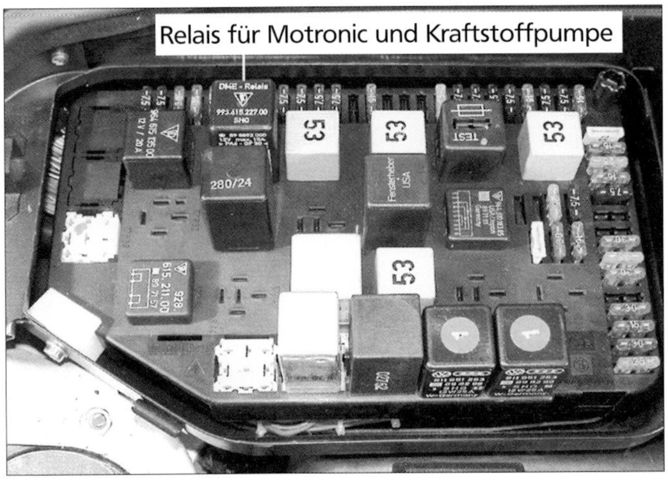

Die Motronic bietet adaptive Regelkreise, die die Basiswerte im Steuergerät den jeweiligen Einsatzbedingungen entsprechend anpassen.

Motronic- und Kraftstoffpumpenrelais

◄ Das Motronic- und Kraftstoffpumpenrelais R41 versorgt das Motronic-Steuergerät, die Lambdasonden-Beheizung und die Kraftstoffpumpe mit Strom. Es befindet sich im Hauptsicherungskasten rechts hinten im Kofferraum.

Relais für Motronic und Kraftstoffpumpe

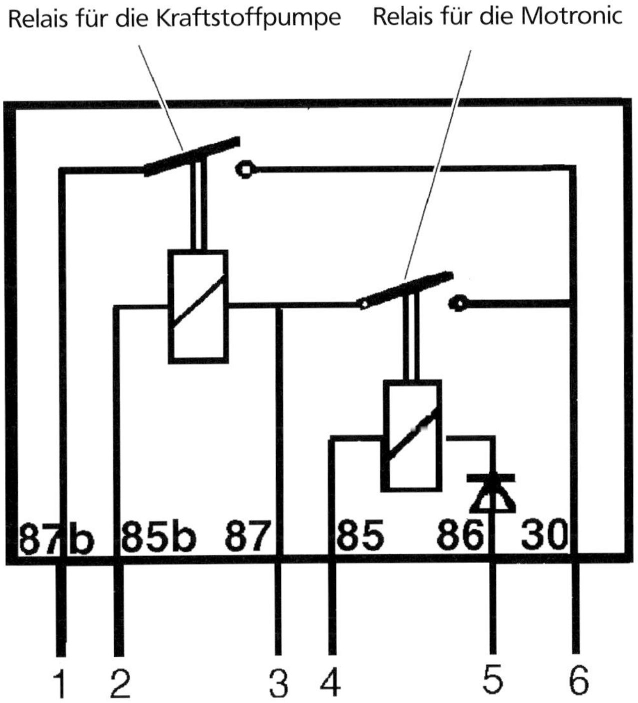

1 Zur Kraftstoffpumpe (über Sicherung 34)
2 Geschalteter Masseanschluss
3 Zum Motronic-Steuergerät
4 Masse
5 Vom Steuergerät der Alarmanlage
6 Von der Batterie

◄ Das Relais funktioniert folgendermaßen:
Wird der Zündschlüssel auf „Start" gedreht, so erhält das Relais über die Hauptsicherung der Zentralelektrik und den Stromkreis für die Wegfahrsperre (Klemme 86) Strom (12 V).

Hinweis:
Zum Modelljahr 1991 wurde eine vereinheitlichte Alarmanlage aus dem Porsche 928 übernommen. Die Wegfahrsperre wurde dafür geändert, vgl. Kapitel 10.

12-V-Steuerstrom fließt zum Motronic-Steuergerät (Klemme 87).

Hinweis:
Der Motronic-Speicher wird auch bei abgestellter Zündung mit Strom versorgt.

- 12-Volt-Spannung erreicht auch das Kraftstoffpumpenrelais.
- Der geschaltete Masseanschluss (Klemme 85) wird über das Motronic-Steuergerät geschaltet, wenn der Zündschlüssel auf „Start" steht oder der Motor mit mindestens 30/min dreht.
- Wenn Klemme 85 Masseschluss erhält, fließt Strom (12 V) über Sicherung 34 zu Kraftstoffpumpe und Lambdasonden-Beheizung (Klemme 87b).

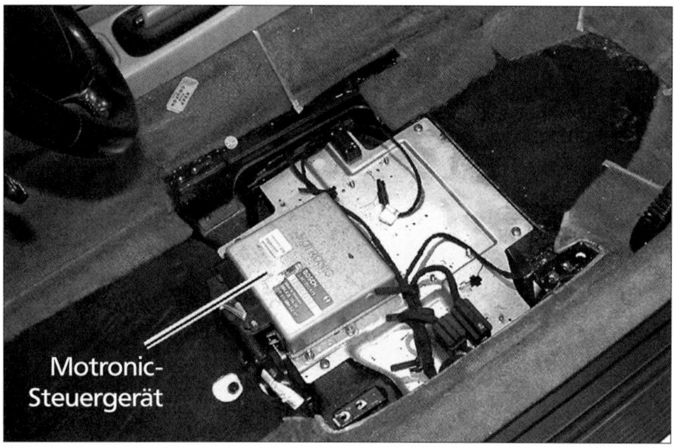

◀ Das Motronic-Steuergerät befindet sich unter dem linken Sitz.

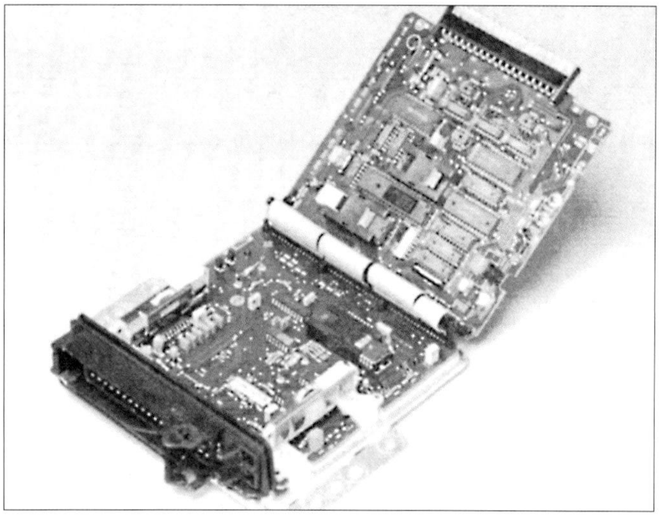

Motronic-Steuergerät: Im Schadensfall ist ein Neuteil eine kostspielige Angelegenheit und Gebrauchtteile sind rar. Inzwischen gibt es aber auch Firmen, die sich auf die Reparatur dieser Steuergeräte spezialisiert haben, mit etwas Glück und je nach Art des Defektes kann der Schaden für ca. 300 Euro beseitigt werden.

◀ Die Daten der darin hinterlegten Kennfelder sind in einem EPROM-Programm abgelegt. Es ist so angelegt, dass auch bei Entfall der Stromversorgung die gespeicherten Daten erhalten bleiben.

Adaptive Regelkreise gestatten es dem Motronic-Steuergerät, sich der individuellen Fahrweise und den jeweiligen Betriebsbedingungen anzupassen. Diese optimierten Werte werden in einem Speicher abgelegt. Das Steuergerät ist auch deshalb direkt mit der Batterie verbunden, damit dieser Speicher stets mit Strom versorgt wird. Im Falle eines Stromausfalls gehen allerdings sämtliche Daten verloren. Sollte dieses Szenario eingetreten sein (z. B. durch das Abklemmen der Batterie, um sie aufzuladen), bedarf es einer fünfzehnminütigen Fahrt, bis dieser Speicher neu programmiert ist.

Aufkleber für eine kalifornische 964-Ausführung (Länderkennung C03)

Verschiedene Versionen des Steuergeräts

Während der Bauzeit des 964 wurde das Motronic-Steuergerät mehrfach modifiziert. Die entsprechenden Ersatzteilnummern sind in der nachfolgenden Liste aufgeführt.

Hinweis:

Im Allgemeinen können Steuergeräte mit höherer Ersatzteilnummer anstelle der vorhandenen Ausführung eingebaut werden, nicht jedoch umgekehrt.

Die in der folgenden Tabelle angegebene Übersicht für den Einsatzzeitraum der verschiedenen Versionen kann nur einen ungefähren Stand wiedergeben. Normalerweise wurde erst der Lagerbestand an Steuergeräten aufgebraucht, bevor

Das Steuergerät dieses Carrera RS von 1992 wurde mit einem geänderten Kennfeld ausgerüstet („Chiptuning"). Zusammen mit anderen Veränderungen brachte diese Maßnahme 10 zusätzliche Pferdestärken.

(Foto: Adrian Streather)

die neue Version zum Einsatz kam. Es gab eine spezielle Ausführung für Kalifornien von 1989 bis in das Modelljahr 1991 hinein. Zum Modelljahr 1992 war die US-Ausführung unverändert auch für Kalifornien einsetzbar.

Steuergerätevarianten

Jahr	Teilenummer	Einführungs-zeitpunkt	Anmerkung
1989	911 618 124 00	Februar 1989	
	911 618 124 02	Mai 1989	
1990	911 618 124 02		
	911 618 124 01	Oktober 1989	
	911 618 124 03	Februar 1990	
	911 618 124 04	März 1990	
1991	964 618 124 00		Nicht M114
	964 618 124 02	März 1990	Nicht M114
	964 618 124 01		M114
1992	964 618 124 01		Nicht für USA (RoW)
	964 618 124 03		Nicht M114
	964 618 124 01		M114, Carrera RS
	964 618 124 04	November 1991	M114, Carrera RS
1993	964 618 124 03		
	964 618 124 04		M114, Carrera RS
1994	964 618 124 03		M114, Carrera RS
	964 618 124 04		M114

Hinweis:
M114 ist die Ausführung für Taiwan

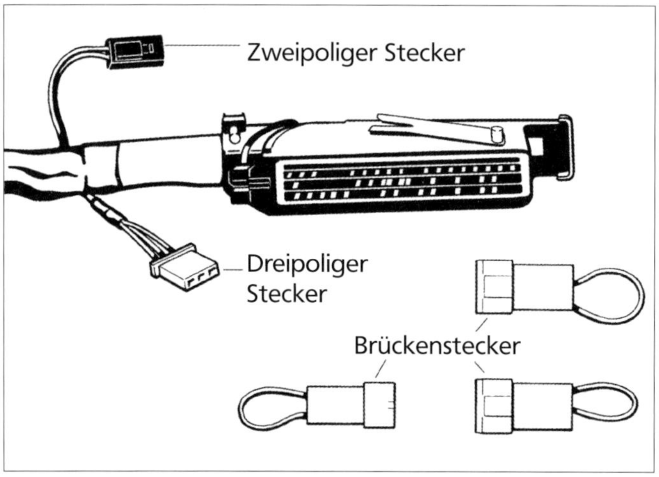

Codierung des Steuergeräts

◀ Die Verkabelung des Motronic-Steuergeräts ist auf unterschiedliche Länderspezifikationen und Getriebearten ausgelegt. Dazu ragen aus dem Kabelbaum ein zwei- und ein dreipoliger Stecker heraus. Je nach Ausführung wie aus der nachfolgenden Tabelle ersichtlich wird – unter Verwendung der Brückenstecker (Jumper) – damit Folgendes bewirkt:

- offen, also nicht überbrückt
- überbrückt zur Masse hin
- überbrückt zur 12-V-Stromquelle hin

Codierung des Steuergeräts

Getriebe und Land	**Zweipoliger Stecker (schwarz)**	**Dreipoliger Stecker (weiß)**
Tiptronic		
Mit Kat, nicht für USA und Japan	Zur Masse überbrückt	Offen
USA und Japan	Zur Masse überbrückt	Zur 12-V-Quelle überbrückt
Ohne Kat (M150)	Zur Masse überbrückt	Zur Masse überbrückt
Schaltgetriebe		
Mit Kat, nicht für USA und Japan	Offen	Offen
USA und Japan	Offen	Zur 12 V-Quelle überbrückt
Ohne Kat (M150)	Offen	Zur Masse überbrückt

Hinweis:

„Offen" bedeutet, dass keine Überbrückung eingebaut ist. Die ggf. erforderlichen Brückenstecker entsprechen jenen, die beim Porsche 928 verwendet werden.

Düse für sequentielle Einspritzung

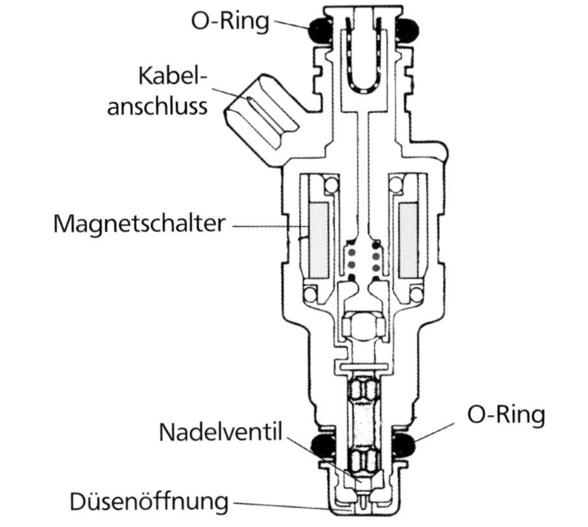

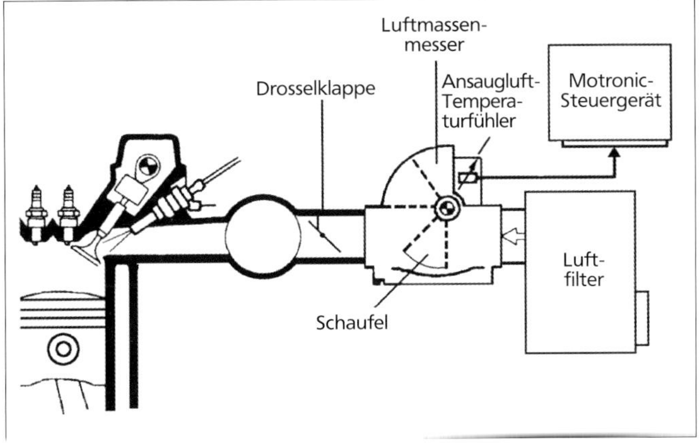

Einspritzdüsen

◀ Die Motronic dosiert den Kraftstoff präzise, indem die Öffnungszeit der Einspritzdüsen geregelt wird. Die Einspritzdüsen werden über das Motronic-Steuergerät auf dem Masseanschluss gesteuert. Positive Batteriespannung liegt an den Düsen stets an, wenn der Motor läuft.

Die Einspritzdüsen enthalten Messingspulen mit einem Widerstand von ca. 16 Ohm. Die sechs Einspritzdüsen werden in zwei Dreiergruppen über je eine gemeinsame Kraftstoffringleitung versorgt.
Allein durch die Veränderung der Düsenöffnungszeit wird die austretende Kraftstoffmenge bestimmt. Damit das so ist, wird der Kraftstoffdruck durch einen Regler konstant gehalten. Dieser Kraftstoffdruckregler wurde im Abschnitt über die Kraftstoffanlage bereits beschrieben.

Lufteinlass

◀ Die Ansaugluft wird zunächst durch einen, in einem eigenen Gehäuse sitzenden Papier-Luftfilter geleitet. Wie viel Luft dem Motor zugeführt wird, regelt die Drosselklappe. Deren Gehäuse ist über eine flexible Gummihutze mit dem Luftmassenmesser verbunden. Die Menge der auf diese Weise dem Motor zuströmenden Luft wird durch den Luftmassenmesser festgestellt.

Kraftstoff- und Ansaugluftanlagen (Motor des Carrera 4 von 1989)

A Luftfilter
B Luftmassenmesser
C Unterdruckbehälter
D Leerlaufregelventil
E Drosselklappenbauteil
E Magnetschalter der Resonanzklappe
G Belüftungsmembran des Aktivkohlebehälters
H Kraftstoffdruckregler
J Belüftungs-Magnetventil des Aktivkohlebehälters
K Kraftstoffzuleitung
L Kraftstoffrückleitung
M Vom Aktivkohlebehälter
1 Unterdruckleitung
1a Mit Scheinwerferhöhenverstellung
1b Ohne Scheinwerferhöhenverstellung

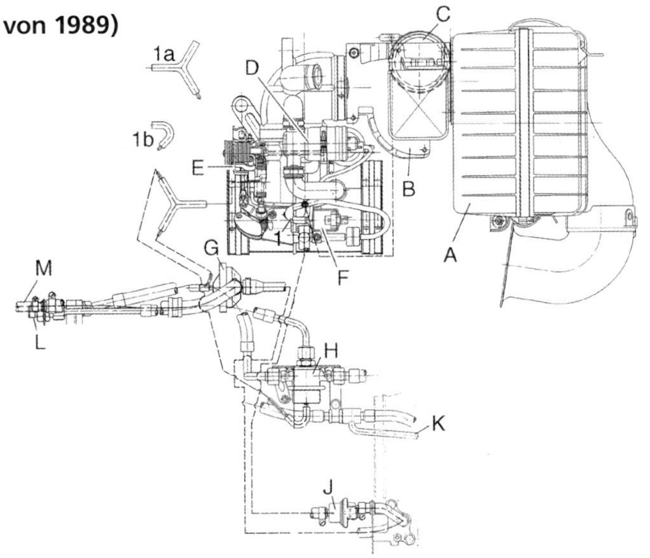

Luftmassenmesser mit abgenommenem Deckel (Foto: Tom Shih)

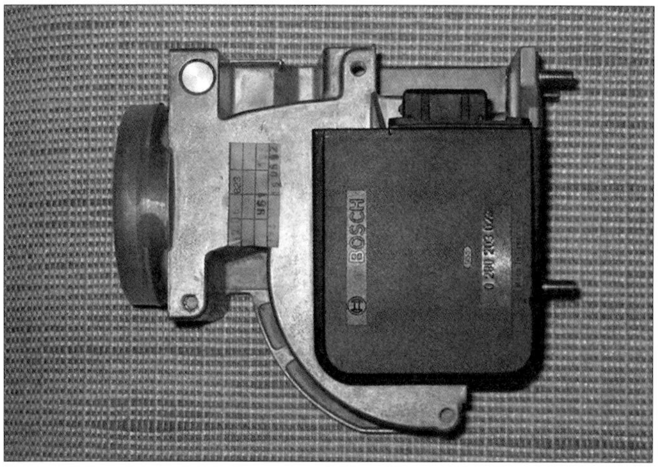

Komplettes Luftmassenmesser- und Ansaugluft-Temperaturfühler-Bauteil von Bosch (Foto: Tom Shih)

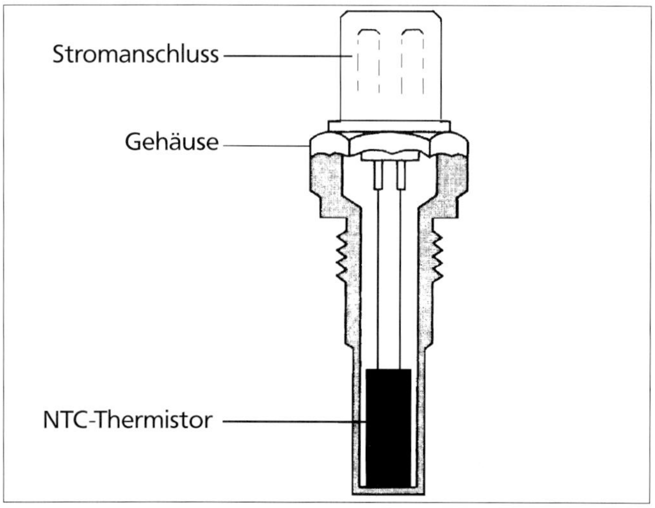

Sensoren für das Motormanagement

Luftmassenmesser- und Ansaugluft-Temperaturfühler-Bauteil

◀ Der Luftmassenmesser bedient sich einer Klappe und eines Potentiometers, um die zuströmende Luftmenge zu messen. Das so entstandene Signal dient dem Motronic-Steuergerät als Größe für die zuströmende Luft und damit die Motorlast. Wenn die Drosselklappe voll geöffnet ist (maximale Luftzufuhr), gibt der Potentiometer ungefähr 4,6 Volt ab. Bei einem Schaden am Luftmassenmesser wird ein Hilfswert aus dem Notlaufprogramm verwendet, damit das Fahrzeug fahrfähig bleibt.

Das Bauteil des Luftmassenmessers umfasst auch einen Luft-Temperaturfühler. Liefert dieser kein brauchbares Signal ab, so stellt wiederum das Notlaufprogramm einen Standardwert von 20 °C zur Verfügung.

Der Fühler ist als Widerstand mit negativem Temperaturkoeffizient ausgelegt. Das bedeutet, dass bei niedriger Temperatur der Widerstand des Fühlers besonders groß ist und mit zunehmender Temperatur abnimmt.

Zylinderkopf-Temperaturfühler

◀ Der Zylinderkopf-Temperaturfühler ist für das Motronic-Steuergerät die wichtigste Temperaturvorgabe. Der Fühler versorgt das Steuergerät ständig mit Temperatursignalen. Er befindet sich links im vordersten Zylinder (Nummer 3). Auch dieser Fühler arbeitet mit negativem Temperaturkoeffizient, so dass sich bei steigender Temperatur der Widerstand des Fühlers verringert.

Motor des Carrera 4 von 1989

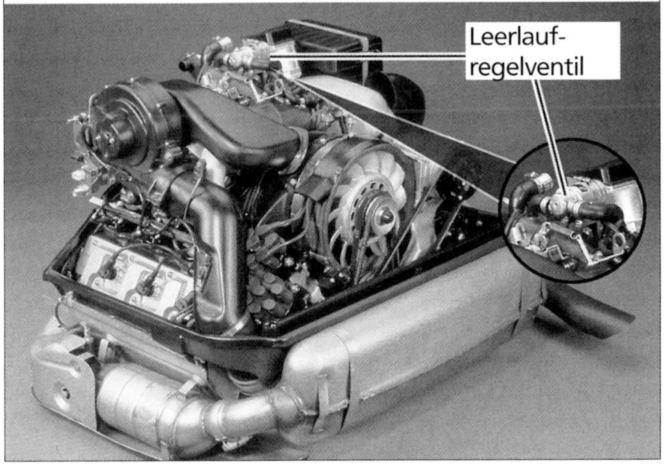

Schwungrad-Drehzahlsensor

◀ Der Schwungrad-Drehzahlsensor befindet sich am Kurbelgehäuse in der Nähe des Schwungrades, misst dessen Umdrehungsgeschwindigkeit und versorgt das Motronic-Steuergerät mit dem entsprechenden Signal.
Das Signal wird durch einen Magneten erzeugt. Der zugehörige Signalring am Schwungrad hat eine aus zwei fehlenden Zähnen bestehende Aussparung, die den Magneten zu einer Signalabgabe veranlasst.

Leerlaufkontrolle

Die Leerlaufdrehzahl beträgt 840 bis 920/min und kann nicht eingestellt werden.

Leerlauf-Mikroschalter (Drosselklappe geschlossen)
Dieser Mikroschalter, der auf dem Drosselklappengehäuse sitzt, teilt dem Steuergerät mit, wann die Drosselklappe geschlossen ist. Damit wird die Leerlaufsteuerung aktiviert.

Volllast-Mikroschalter (Drosselklappe weit geöffnet)
Dieser ebenfalls auf dem Drosselklappengehäuse montierte Mikroschalter teilt dem Steuergerät mit, wann die Drosselklappe voll geöffnet ist. Dies ist der Fall, wenn das Gaspedal bis aufs Bodenblech durchgetreten wird.

Hinweis:
Im Falle des 964 ist das Boden-„Blech" im Bereich hinter dem Gaspedal aus Sperrholz gefertigt. Als Alternative zu den sehr teuren Originalersatzteilen bieten Zubehörfirmen kostengünstigen Ersatz. Gute Pflege in diesem Bereich erhöht die Lebensdauer!

Wenn die Drosselklappe voll geöffnet ist, wird auf eine Betriebsweise umgeschaltet, die das Signal der Lambdasonde ignoriert.

Hinweis:
Bei Fahrzeugen mit Tiptronic sind die beiden Mikroschalter durch einen Drosselklappen-Potentiometer ersetzt.

Bei den 964-Saugmotoren kamen zwei verschiedene Varianten des Leerlaufregelventils zum Einsatz.

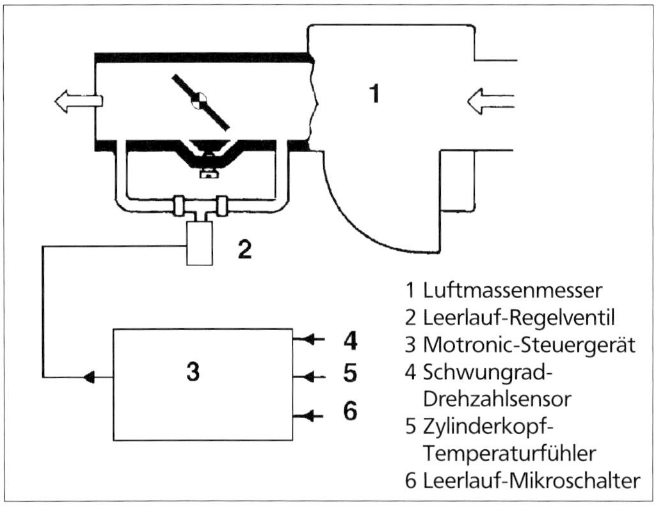

Ansaugkrümmer und Drosselklappengehäuse für Motronic-gesteuerte Motoren (Carrera 4 von 1989 mit Alu-Saugrohren)

◀ Das **Leerlauf-Regelventil** befindet sich im Ansaugtrakt. Es gibt für dieses Ventil zwei unterschiedliche Konfigurationen. Bei der späteren Version ist in die Verrohrung des Regelventils ein kleiner Schalldämpfer eingebaut. Die Konfiguration hat auf die Anordnung und den Verlauf des Gaszugs und der Tempomatik Einfluss.
Das Signal vom Leerlauf-Mikroschalter (Bild Mitte) veranlasst die Motronic, ein Steuersignal an das Leerlaufventil zu senden. Dieses Signal steuert die dem Motor zuströmende Luftmenge und reguliert dadurch die Leerlaufdrehzahl.

Klimaanlagen-Steuergerät

Signale vom Klimaanlagen-Steuergerät erreichen das Motronic-Steuergerät über den 55-poligen Stecker und geben Folgendes an:

- Informationen zur Temperatureinstellung
- 0 Volt: Kälteste Einstellung
- 12 Volt: Wärmste Einstellung
- Information über die Drehzahl des Kondenserventilators
- Signal über den zugeschalteten Klimakompressor
- Daten zur Motorlast über Masseanschluss

Diese Signale werden vom Motronic-Steuergerät für die Einstellung der Leerlaufdrehzahl herangezogen. Außerdem liefern sie einen Hinweis auf zusätzliche Motorlasten. Klimaanlage und Heizung sorgen für zusätzliche mechanische und/oder elektrische Last am Motor, je nach Einstellung der Regulierung. Defekte Klimaanlagen-Steuergeräte sind beim 964 keine ausgesprochene Seltenheit. Wie auch bei defekten DME-Geräten, haben sich Firmen darauf spezialisiert, diese Elektronikeinheiten instand zu setzen.

Resonanzventil

◀ Die Ansaugkümmer sind durch die von der Motronic mittels Unterdruck-Magnetventils gesteuerte Resonanzklappe in einen langen und einen kurzen Kanal geteilt.

- Die Motronic öffnet die Resonanzklappe bei Motordrehzahlen ab 5500/min.
- Die Resonanzklappen werden geschlossen, wenn die Drehzahl wieder unter 5400/min fällt.

Drosselklappengehäuse für Motronic-gesteuerte Motoren

Die Klappe dient zur Optimierung der wirksamen Saugrohrlänge, so dass durch die stoßweise Gasbewegung ein Aufladeeffekt entstehen kann. Dadurch wird der Ansaugluftstrom beschleunigt und der Kraftstoff besser darin verwirbelt. Damit die Resonanzklappe nicht durch Ablagerungen blockiert wird, öffnet sich das Magnetventil nach jedem Einschalten der Zündung kurz. Dadurch entsteht ein hörbares Klicken im Saugtrakt.

Aus dem Katalysator ausgebaute Lambdasonde

Lambdasonde

◀ Die Lambdasonde sorgt für die Gemischanpassung, indem sie ein Signal in Form elektrischer Spannung an die Motronic sendet. Die Lambdasonde misst den Sauerstoffgehalt im Abgas. Mit diesem Signal kann die Einspritzanlage das Mischungsverhältnis von Kraftstoff und Luft anpassen.

Mittels eines Schaltkreises in der Motronic wird die von der Lambdasonde abgegebene Spannung gemessen. Wenn mehr als 1 V angezeigt wird, weil das Gemisch zu fett ist, wird eine entsprechende Fehlermeldung im Fehlerspeicher der Motronic abgelegt. Diese können mit einem LED-Auslesegerät oder dem Bosch-Testgerät ausgelesen werden.

Zirkon-Dioxid-Lambdasonde

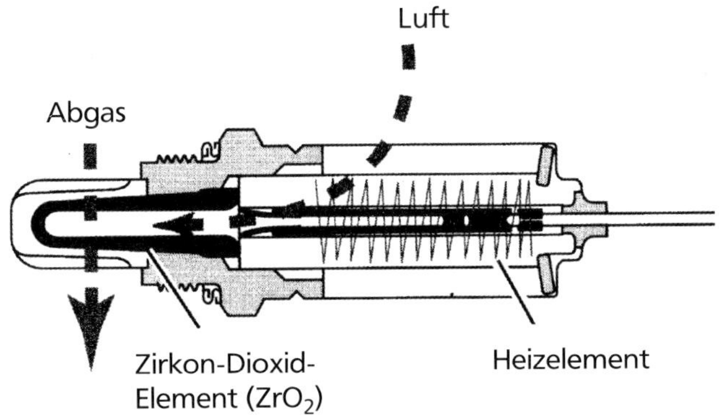

◀ Das beheizte Zirkon-Dioxid-Element erzeugt bei Betriebstemperatur 0,15 bis 0,9 Volt Spannung, je nach Sauerstoffgehalt im Auspuffgas. Das Signal der kalten Lambdasonde ist unbrauchbar. Deshalb bringt ein Heizelement sie rasch auf Betriebstemperatur. Dieses Heizelement wird über Pol 87c des Hauptrelais R41 für Motronic und Kraftstoffpumpe mit Strom versorgt.

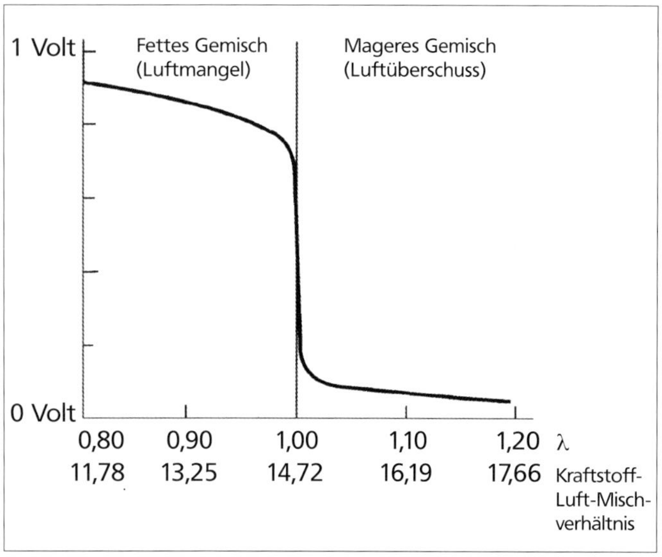

Hinweis:
Eine neuwertige Lambdasonde beeinflusst die Gemischzusammensetzung im Sekundentakt.

◀ Ein hoher Sauerstoffgehalt im Abgas führt zu einer geringen Spannungsabgabe.

Im Umgekehrschluss bewirkt ein niedriger Sauerstoffgehalt, dass die abgegebene Spannung steigt.

Zum Beispiel bewirkt ein Luftüberschuss (verursacht beispielsweise durch eine Undichtigkeit im Ansaugsystem) ein zu mageres Gemisch (Anzeige unter 0,5 V). Umgekehrt bewirkt ein Kraftstoffüberschuss (verursacht beispielsweise durch ein klemmendes Einspritzventil) ein zu fettes Gemisch (Anzeige über 0,5 V).
Das ideale Mischungsverhältnis beträgt 14,72 Gewichtsanteile Luft auf einen Gewichtsanteil Kraftstoff. Mit dem Signal der Lambdasonde steigert und verringert die Einspritzanlage je nach Bedarf die Kraftstoff-Einspritzmenge, jeweils um den Idealwert herum, der als stöchiometrische Zahl den mit dem griechischen Buchstaben Lambda bezeichneten Wert $\lambda=1$ erhält. Diesem Wert entspricht eine Spannung von 0,5 Volt.
Die Motronic lässt das Signal der Lambdasonde unberücksichtigt, solange der Motor seine Betriebstemperatur noch nicht erreicht hat, die durch den Zylinderkopf-Temperaturfühler angezeigt wird. Bereitet ein Motor also im Kaltlauf Probleme, so kann die Lambdasonde als Fehlerursache zunächst ausgeschlossen werden.
Auf die Betriebsbedingungen, unter denen die Motronic das Signal der Lambdasonde ignoriert, wird an späterer Stelle noch genauer eingegangen.

Luftdruck-Höhenkorrektur

Bis in die 1990er Jahre hinein war in vielen Ländern eine flächendeckende Versorgung mit unverbleitem Kraftstoff nicht gewährleistet. Eine Lambdasonde konnte deshalb nicht eingebaut werden, denn das Blei im Kraftstoff hätte die Sonde zerstört.

◀ Trotzdem bedurfte es einer Anpassung der dem Motor zugeführten Kraftstoffmenge beim Fahren im Hochgebirge, wo der Luftdruck deutlich niedriger ist als im Flachland. Dies erfolgte, indem der Einspritzanlage ein Signal gesendet wurde, das den Abfall des Luftdrucks anzeigte.

Kennfelder

Kennfelder dienen der Motronic dazu, für die jeweiligen Betriebsbedingungen die richtige Kraftstoffdosierung zu ermitteln. Diese Kennfelder sind in umfangreichen Testreihen im Labor und auf der Straße entstanden. Sie sind im ROM-Speicher der Motronic gespeichert. Für einige Länder musste, gesetzlichen Vorschriften folgend, das Kennfeld modifiziert werden.
In den ersten etwa 90 Sekunden nach dem morgendlichen Kaltstart hat die Lambdasonde ihre Betriebstemperatur von etwa 315 °C noch nicht erreicht. Daher wird ihr Signal während dieser Zeit ignoriert („**Open-Loop-Modus**"). Ebenso wird bei defekter Lambdasonde verfahren.
Sobald die Lambdasonde ein zuverlässiges Signal sendet, wird dieses von der Motronic zur Kraftstoffdosierung herangezogen („**Closed-Loop-Modus**"). Dies ist insbesondere der Fall, wenn sie durch ihre eigene Heizung und die Abgastemperatur die Betriebstemperatur erreicht hat. Das Signal beeinflusst dann permanent die Kraftstoffmenge, die die Einspritzanlage dem Motor zuführt. Einzige Ausnahme ist die Vollgasstellung der Drosselklappe, in der das Signal der Lambdasonde ebenfalls ignoriert wird.

◀ **Notlaufeigenschaften:** Bei durch bestimmte Sensoren angezeigten Defekten, u. a. solchen der Lambdasonde, schaltet die Motronic in ein Notlaufprogramm, das nur gerade eben die Weiterfahrt gestattet. Motordrehzahl und Leistung sind jetzt erheblich beschränkt, so dass der Wagen nur noch bei geringem Tempo bewegt werden kann.
Wenn man in einem solchen Fall die Zündung kurz abstellt und dann neu startet, kann es manchmal passieren, dass der Motor nun das Lambdasonden-Signal ignoriert, nicht jedoch in den Notlauf schaltet. Jedoch kann dies nur gelingen, wenn der Defekt sich auf die Lambdasonde beschränkt.

Manchmal kann ein Porsche trotz Notlaufeigenschaften sein Ziel nicht mehr aus eigener Kraft erreichen. Generell sollte man den Wagen schnellst möglich abstellen und abschleppen lassen, wenn das Notlaufprogramm aktiviert wurde. Denn schließlich soll dieses Notprogramm den Wagen vor größerem Schaden schützen und lediglich gewährleisten, dass man nicht hilflos auf einer viel befahrenen Straße strandet. Hier ein Carrera 4 von 1989 mit 3,8-Liter-Motor.

(Foto: Andrew Muzyckha)

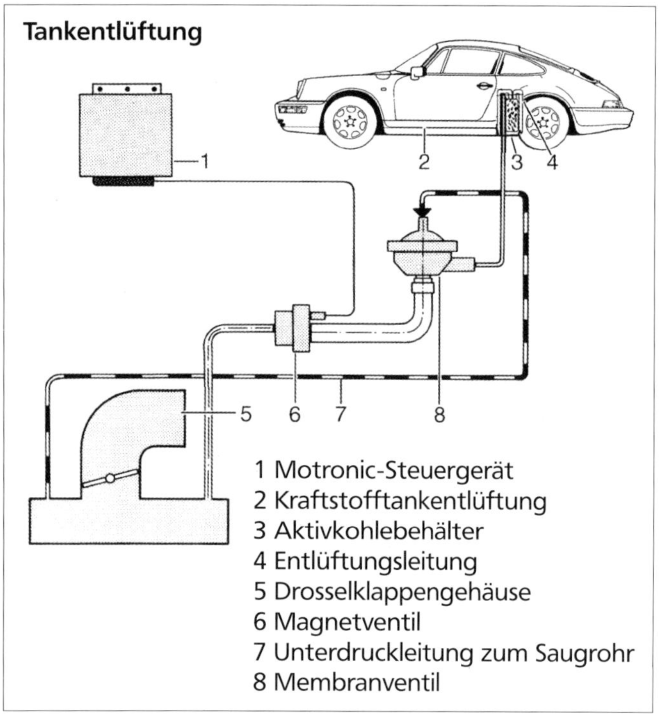

Sammler für Kraftstoffdämpfe

◀ Umweltschutzvorschriften fordern, dass Kraftstoffdämpfe aus dem Tank nicht in die Atmosphäre gelangen können, sondern in einem Aktivkohlebehälter gesammelt werden. Bei bestimmten Betriebsverhältnissen gibt dieser Aktivkohlebehälter den Kraftstoff wieder ab und führt ihn dem Motor zu, wo er verbrannt wird.
Wenn der Motor die Betriebstemperatur nicht erreicht hat, öffnet sich ein Magnetventil (6) am Aktivkohlebehälter zum Saugrohr hin. Die Zeitdauer ist abhängig von der Motorlast. Ein masseseitiger Impuls von der Motronic bestimmt die Öffnungsdauer des Magnetventils.

Motor-Kontrolllampe

Wegen gesetzlicher Vorschriften in Kalifornien wurde in den US-Modellen ab 1991 eine Motor-Kontrolllampe eingebaut.

Drehzahlbegrenzer

Die EPROM-Software in der Motronic stellt sicher, dass der Motor nicht überdreht werden kann. Dieser Schutz wirkt beim Gangwechsel aber nur in bestimmten Grenzen: Das System kann vor einem Überdrehen infolge Verschaltens generell nicht schützen, z. B. wenn vom 4. direkt in den 1. Gang zurückgeschaltet wird.

Turbo von 1991
(Foto: Porsche AG)

Einspritzanlage der Turbo-Modelle (CIS)

Einleitend ein Blick in die Geschichte des Typs 964-770 (911 Turbo), der zum Modelljahr 1991 eingeführt wurde.

964 Turbo (Mj. 1991 – 1992)
Der erste 964 Turbo war ein Hybride. Seine Karosserie stammte vom Carrera 2, wurde hinten verbreitert und an vielen Stellen im Sinne der Fahrzeugsicherheit mit zusätzlichen Versteifungen versehen. Außerdem erhielt er den hydraulischen Bremskraftverstärker des Carrera 4 sowie größere Bremsscheiben und -sättel.
Der Motor des 930/68 wurde modifiziert und nun M30/69 genannt. Für die vielen Länder, die beim Turbo noch nicht an

Turbo 3.6 IMSA von 1993
(Foto: Porsche AG)

Abgaskatalysatoren gewöhnt waren, brachte dieser Motor viele Neuerungen. Beim US-Modell blieb jedoch im Wesentlichen alles beim Alten, weil dort die Abgasreinigungsmaßnahmen bereits seit Jahren gesetzlich vorgeschrieben waren.

Die wichtigste Änderung:

Wegen der Bosch KE-Jetronic musste der Kraftstoffmengenteiler neu konstruiert werden.

Hinweis:
Es gab auch einen Turbo 3.3 mit der KE-Jetronic, jedoch ohne Lambdasonde. Diese Version wurde in Länder exportiert, die noch keine Abgasreinigungsmaßnahmen vorschrieben und wo verbleiter Kraftstoff erhältlich war. Viele solche Fahrzeuge fanden ihren Weg in den Nahen Osten.

Die unterdruckgesteuerte Transistor-Zündanlage erhielt über den Unterdruck im Drosselklappengehäuse ein Lastsignal, das ein Druckfühler im Steuergerät der Zündanlage weiterverarbeitete. Der Zündfunke wurde digital gesteuert. Dazu wurde für Schließwinkel und Zündverstellung eine digitale Kennfeldsteuerung verwendet.

Turbo 3.6 (Mj. 1993 – 1994)
Zum Modelljahr 1993 wurde der Motor des Turbo gründlich überarbeitet, behielt jedoch überraschenderweise die Kennnummer 964-770 bei. Dieser Motor war im Grunde die turbogeladene Ausführung des M64, genannt M64/50. Dafür wurde die KE-Jetronic weiter verfeinert. Sie erhielt
- ein modifiziertes Steuergerät für die Lambdasonde,
- einen Druckregler mit höherem Druckwert bei Volllast,
- ein geändertes Drosselklappengehäuse,
- ein neues Steuergerät für die Zündanlage mit neuem Kennfeld sowie
- einen geänderten Zündverteiler.

Hinweis:
Die Änderungen an der Zündanlage des Turbo 3.6 werden in einem späteren Abschnitt dieses Kapitels erläutert.

Bauteile der KE-Jetronic des Turbo 3.6

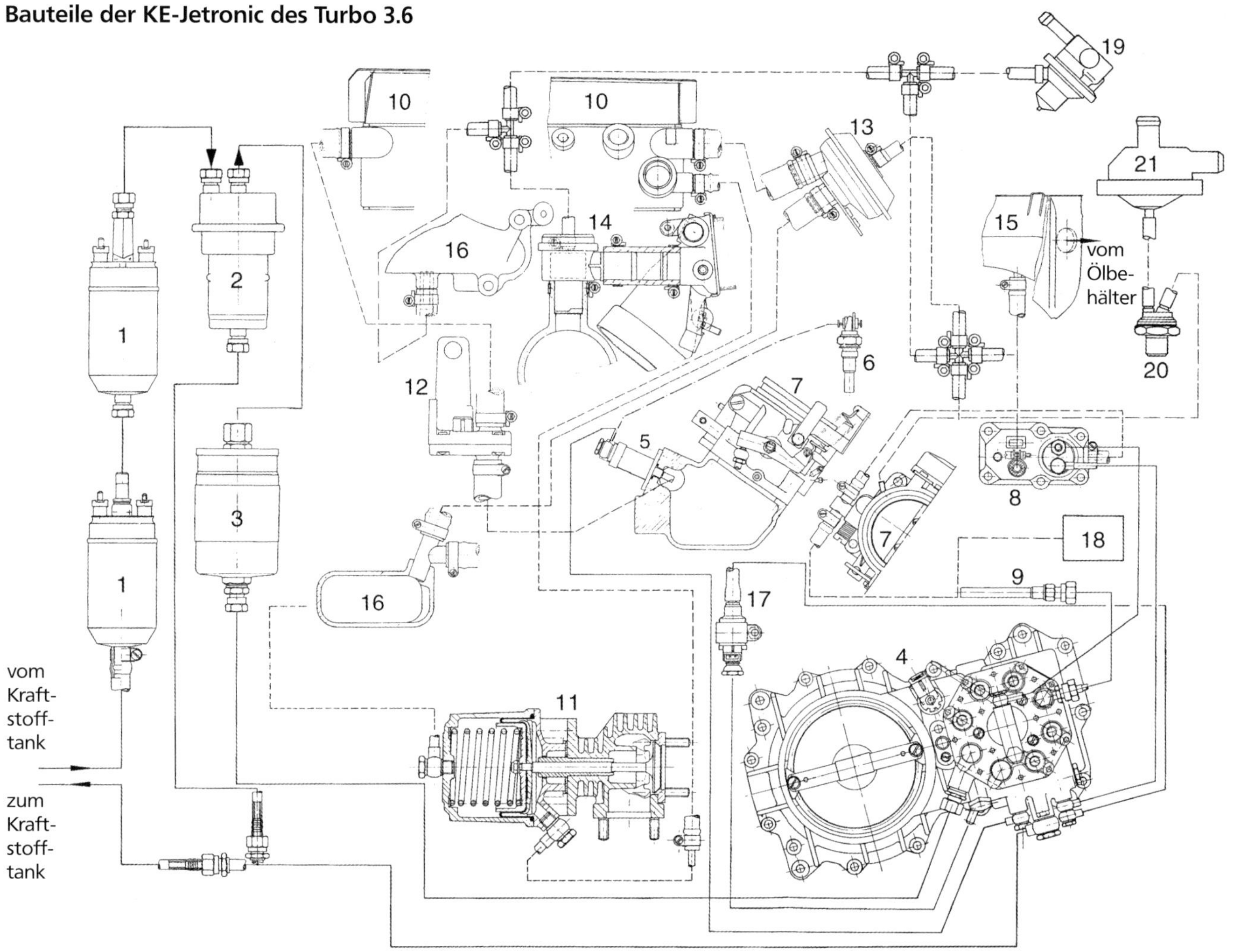

1 Kraftstoffpumpen
2 Kraftstoffspeicher
3 Kraftstofffilter
4 Steuergerät für das Kraftstoffgemisch
5 Kaltstartventil
6 Thermo-Zeitschalter
7 Drosselklappengehäuse
8 Steuerdruckregler
9 Einspritzventil
10 Ladeluftkühler
11 Ladedruckregler (Waste Gate)
12 Zusatz-Luftventil
13 Unterdruckbegrenzer
14 Luft-Rückführungsventil
15 Luftfilter
16 Ansaugsystem
17 Frequenzventil
18 Elektronisches Steuergerät für die Zündanlage
19 Steuerventil
20 Temperatur-Umschaltventil
21 Sperrventil gegen Nachdieseln

Kraftstoffmengenteiler der KE-Jetronic

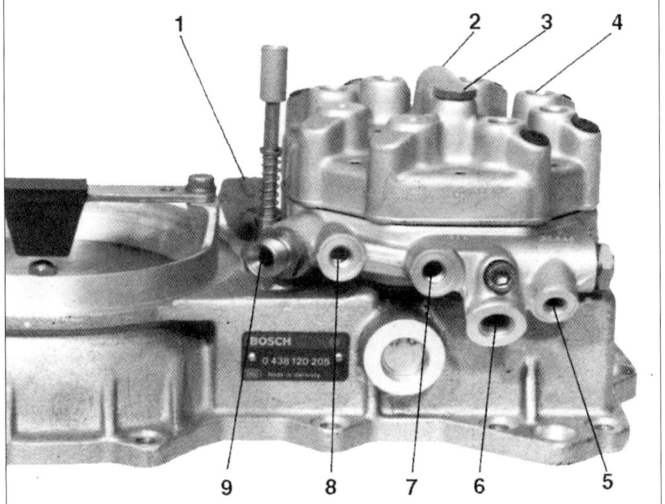

1 Fühlerplattenanschluss (nicht belegt)
2 Anschluss an Steuerdruckregler
3 Entlastungsventil
4 Anschluss an Einspritzdüse
5 Anschluss für Kraftstoffrückleitung von Frequenzventil und Druckregler
6 Anschluss an Rückführungsleitung zum Tank
7 Anschluss an Frequenzventil
8 Anschluss an Kaltstartdüse
9 Anschluss an Kraftstoffversorgung (voller Systemdruck)

Systembeschreibung der KE-Jetronic

Bei laufendem oder durch den Anlasser zum Drehen gebrachtem Motor wird kontinuierlich Kraftstoff eingespritzt.

Hinweis:
Eine vollständige Beschreibung der Funktionsweise der KE-Jetronic findet sich in der Technischen Anleitung Kraftstoff-Einspritzung KE-Jetronic von Bosch und in anderen Publikationen.

Die wichtigsten Komponenten der KE-Jetronic sind

- die **Luftstrom-Messplatte**, die durch den Druck der Ansaugluft ausgelenkt wird und dadurch die durchströmende Luftmenge misst,
- der **Kraftstoffmengenteiler**, der unmittelbar entsprechend der Auslenkung der Luftstrom-Messplatte eine bestimmte Kraftstoffmenge dosiert – die gesamte Kraftstoffdosierung erfolgt über diesen Kraftstoffmengenteiler – sowie
- die **Einspritzdüsen**, die mit einer genau definierten Sprühbreite den Kraftstoff in das Saugrohr hineinsprühen – diese Düsen haben keinerlei Auswirkung auf die eingespritzte Kraftstoffmenge.

Funktionsweise KE-Jetronic

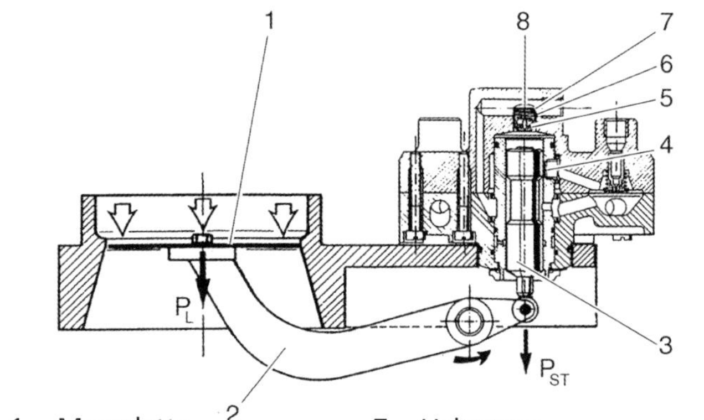

1 Messplatte
2 Messplattenhebel
3 Steuerkolben
4 Dosieranschlüsse
5 Kapselventil
6 Feder
7 Halterung
8 Öffnung
P_L Luftenergie
P_{ST} Energie des Steuerdrucks

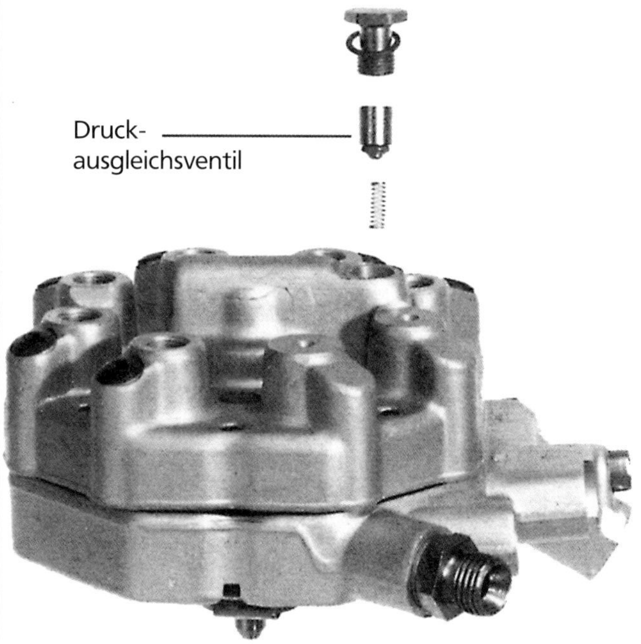

Hinweis:

Die Unterschiede bei den Einspritzanlagen für die Motoren M30/69 (Turbo von 1991/92) und M64/50 (Turbo von 1993/94) sowie die Besonderheiten der jeweiligen US-Ausführung sind in der Funktionsbeschreibung für die jeweiligen Komponenten beschrieben.

Kraftstoffmengenteiler

Der Kraftstoffmengenteiler ist aus Aluminium gefertigt. Verglichen mit der Ausführung für den 930/68 (Turbo bis 1989) wurde er innen verändert und mit neuen Komponenten versehen.

Hinweis:

Beim bis 1989 verwendeten Motor 930/68 wurde die Kraftstoffabriegelung über eine Messplatte im Kraftstoffmengenteiler ausgelöst. Beim 964 Turbo wird der elektrische Anschluss dafür am Kraftstoffmengenteiler nicht mehr genutzt. Die Kraftstoffabriegelung wird nun über einen Motordrehzahlimpuls aus dem Zündungs-Steuergerät aktiviert.

Luftmassenmesser

Wenn sich die Drosselklappe öffnet, drückt die Ansaugluft **(PL)** die Messplatte herunter, wodurch der Steuerkolben (**3**) hochwandert. Der Kraftstoff über diesem Kolben drückt das Kapselventil (**5**) hoch, so dass er nicht mehr durch die Öffnung geleitet wird, sondern um das Ventil herum. Daher wird die Bewegung der Bauteile nicht gebremst und der Dosieranschluss (**4**) kann sich schnell weiter öffnen. Der Druckimpuls in der zum Steuerdruckregler führenden Leitung wird durch den biegsamen Schlauch zwischen Kraftstoffmengenteiler und Steuerdruckregler aufgenommen.

Der Kraftstoffmengenteiler ist außerdem mit einem Druckausgleichsventil versehen. Dieses verhindert, dass sich ein Unterdruck im Bereich des Steuerkolbens aufbaut, wenn der heiße Motor abgestellt wird. Kraftstoff dehnt sich bei Erhitzung aus. Wenn sich am Steuerkolben ein Unterdruck bildet, würde der Motor beim nächsten Anlassen zu fett laufen. Das Druckausgleichsventil trennt den Inhalt über dem Kolben von dem in der Rückleitung. Wenn der Restdruck unter 0,3 bar sinkt, öffnet sich das Druckausgleichsventil, um einer Unterdruckbildung in diesem Bereich entgegenzuwirken.

Kraftstoffmengenteiler mit Lambdasonden-Regelung

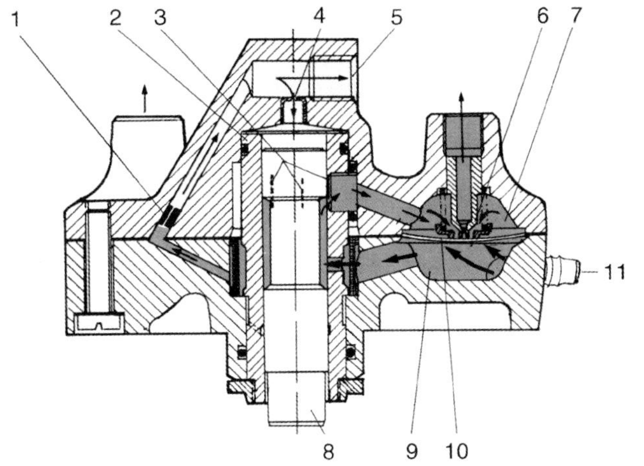

1 Öffnung
2 Messeinheit
3 Messanschlüsse
4 Dämpfungsöffnung
5 Steuerdruckregler
6 Differenzialdruckventil
7 Obere Kammer
8 Steuerkolben
9 Untere Kammer
10 Membran
11 Systemdruckanschluss

Kraftstoffmengenteiler ohne Lambdasonden-Regelung

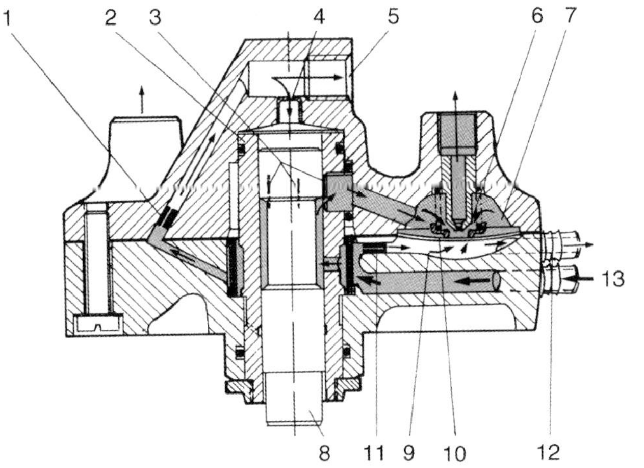

1 Öffnung
2 Messeinheit
3 Messanschlüsse
4 Dämpfungsöffnung
5 Anschluss für Steuerdruckregler
6 Differenzialdruckventil
7 Obere Kammer
8 Steuerkolben
9 Untere Kammer
10 Membran
11 Systemdruckanschluss
11 Öffnung
12 Frequenzventil-Rücklaufanschluss
13 Systemdruckanschluss

KE-Jetronic ohne Lambdasonde

Beim 964 Turbo ohne Lambdasonde halten die Differenzialdruckventile im Kraftstoffmengenteiler den Druckunterschied auf konstantem Niveau, unabhängig vom jeweiligen Systemdruck. Daher kann die Einspritzmenge nur durch die Querverbindung in der Nähe der Messeinheit beeinflusst werden.

Der Druckunterschied zwischen der oberen und der unteren Kammer beträgt 0,1 bar. Die Membran wird nur so weit gedehnt, wie für die gewünschte Einspritzmenge nötig.

KE-Jetronic mit Lambdasonde

Um in die Ansaugluft die richtige Menge Kraftstoff einzuspritzen, wird der Druck in den unteren Kammern des Kraftstoffmengenteilers verändert. Wenn der Druck hier verringert wird, nimmt der Druckunterschied an den Messanschlüssen zu. Dadurch steigt die Einspritzmenge. Um den Druck in der unteren Kammer ändern zu können, muss diese – anders als bei der normalen KE-Jetronic – durch ein festes Hindernis vom Systemdruck getrennt sein.

Ein weiterer Engpass ergibt sich aus der Verbindung der unteren Kammer mit der Kraftstoff-Rückleitung. Dieser Engpass ist variabel: Solange er offen ist, kann der Druck in der unteren Kammer abfallen. Ist er geschlossen, baut sich dort Systemdruck auf. Erfolgt das Öffnen und Schließen in rascher Folge (pulsierend also), kann der Druck entsprechend der Pulsfrequenz beeinflusst werden. Als variabler Engpass wurde ein elektromagnetisches Frequenzventil gewählt. Das elektrische Signal kommt vom Steuergerät der Lambdasonde.

Der Turbo wurde mit einem neuartigen Kraftstoffmengenteiler ausgerüstet. Ein Röhrchen (**11**) trennt die untere Kammer (**9**) vom Systemdruck. Der Druck in der unteren Kammer kann nun über das Frequenzventil (**12**) beeinflusst werden, das den Strom zur Kraftstoff-Rückleitung hin kontrolliert. Der Anschluss am Differenzdruckventil, damit der Differenzdruck (**6**) selbst und die eingespritzte Kraftstoffmenge können den Erfordernissen genau angepasst werden.

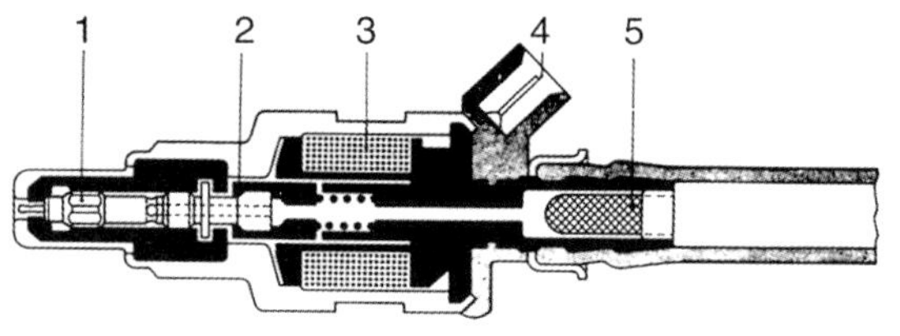

1 Nadelventil
2 Magnetventil-Armatur
3 Spule des Magnetventils (Innenwiderstand ca. 2,5 Ohm)
4 Elektrischer Stromanschluss
5 Filteroberfläche

Frequenzventil

◄ Konstruktion und elektrische Funktion des Frequenzventils entsprechen der L-Jetronic mit sequenzieller Einspritzung. Das Frequenzventil ist an die untere Kammer des Kraftstoffmengenteilers angeschlossen, ebenso an die Kraftstoff-Rückleitung. Das Steuergerät der Lambdasonde sendet an das Frequenzventil Signale gleichbleibender Frequenz von ca. 70 Hz, jedoch mit variabler Pulsbreite. Dieser Puls mit eckigem Verlauf wird als Impuls-Tastverhältnis bezeichnet.

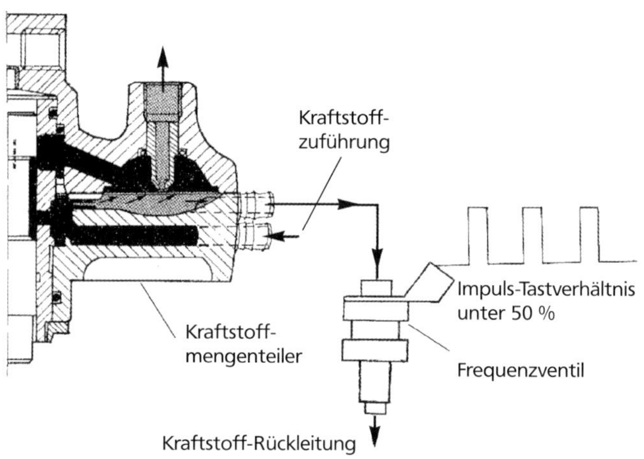

◄ Magerbetrieb bedeutet, dass die Pulsweite oder das Impuls-Tastverhältnis unter ca. 50 Prozent liegen.

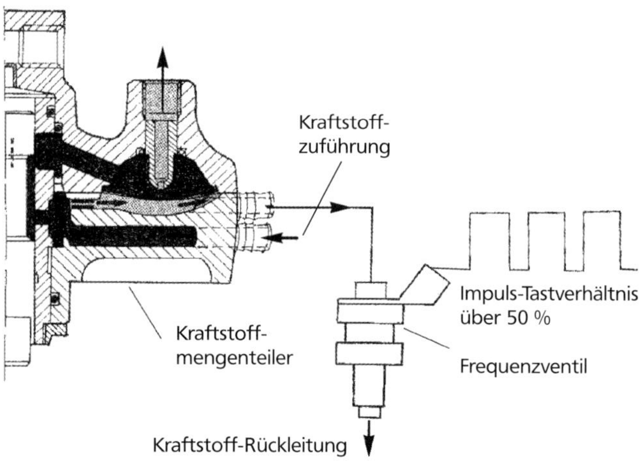

◄ Bei fettem Betrieb liegen die Pulsweite oder das Impuls-Tastverhältnis über ca. 50 Prozent.

Mit konstantem Impuls-Tastverhältnis ist der Betrieb ohne Regulierung gemeint.
Die Funktion des Frequenzventils ist recht einfach. Wenn am Frequenzventil ein Impuls anliegt, öffnet sich das Nadelventil, um eine gewisse Kraftstoffmenge in die Rückleitung hineinzulassen. Dadurch sinkt der Druck in der unteren Kammer des Kraftstoffmengenteilers, bis das Frequenzventil wieder geschlossen wird. Bei hoher Frequenz des Impulses bildet sich in der unteren Kammer ein mittlerer Druckwert.
Die den Einspritzdüsen zugeführte Kraftstoffmenge verhält sich umgekehrt proportional zum Druck in der unteren Kammer. Je höher dort also der Druck ist, umso weniger Kraftstoff wird den Einspritzdüsen zugeführt. Je geringer das Impuls-Tastverhältnis, umso weniger verringert sich der Druck in der unteren Kammer und umso weniger Kraftstoff wird eingespritzt; der Motor läuft also mager. Je weiter das

Frequenzventil geöffnet ist, umso niedriger der Druck in der unteren Kammer und umso mehr Kraftstoff gelangt an die Einspritzdüsen, so dass der Motor fett läuft.

Einspritzdüsen

Einspritzdüse der KE-Jetronic

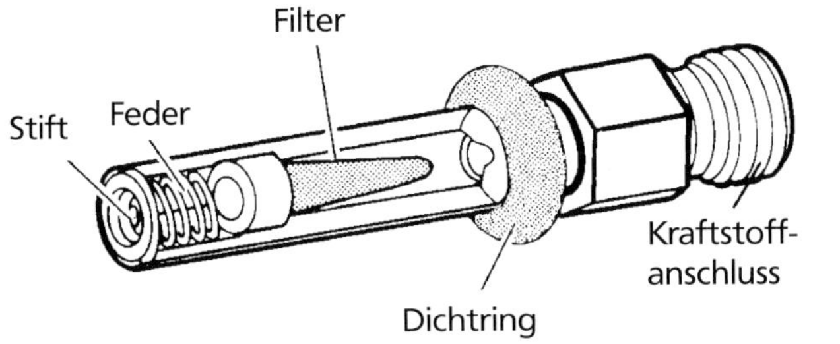

◀ Die Einspritzdüsen der KE-Jetronic sind Präzisions-Bauteile. Wenn über die Kraftstoffanlage normaler Druck ansteht, sind die Einspritzdüsen stets geöffnet und versprühen Kraftstoff in die Saugrohre. Jede Einspritzdüse ist in einen Einsatz eingebaut, der wiederum in das Saugrohr eingeschraubt wird. Sie wird von einem dicken O-Ring fixiert.

Lambdasonde

Lambdasonden-System

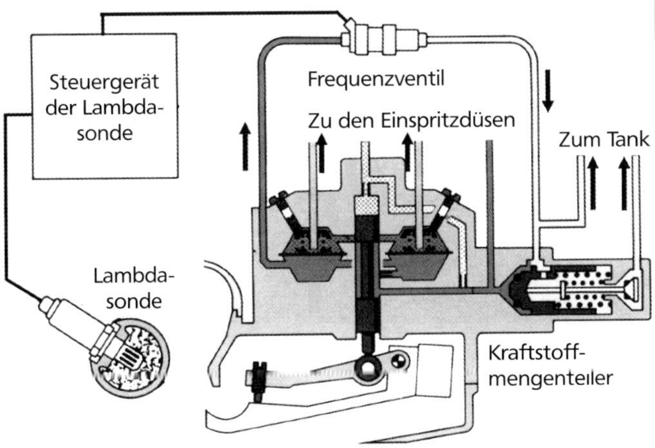

◀ Die Lambdasonde entspricht der Ausführung beim Saugmodell. Ihr Ausgangssignal wird im Steuergerät der Lambdasonde als Kennwert für die Effizienz der Verbrennung ausgewertet. Es dient dazu, über das Frequenzventil ständig das Kraftstoff-Luft-Gemisch neu zu justieren.

Hinweis:

Beim Turbo befindet sich die Lambdasonde nicht im Kat, sondern im Abgaszuführungsrohr des Turboladers.

Lambdasonden-Steuergerät Turbo 3.3

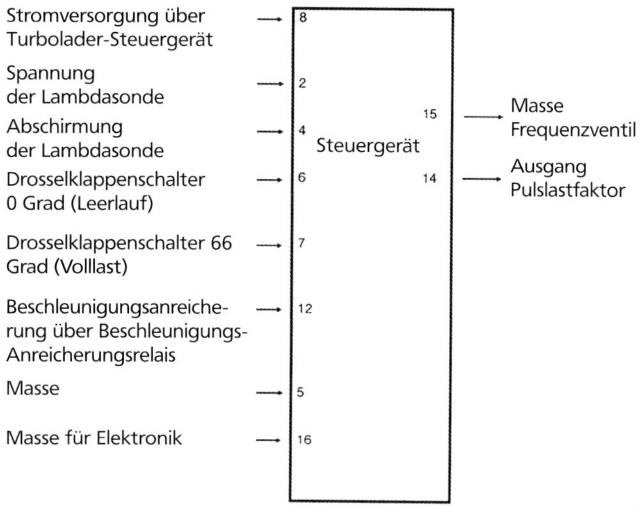

Steuerung durch die Lambdasonde

Das Steuergerät der Lambdasonde befindet sich unter dem linken Sitz.

Ersatzteilnummern für das Lambdasonden-Steuergerät des Turbo 3.3

Normalmodell (RoW): 965 618 103 00

US-Ausführung: 965 618 103 01

Lambdasonden-Steuergerät Turbo 3.6

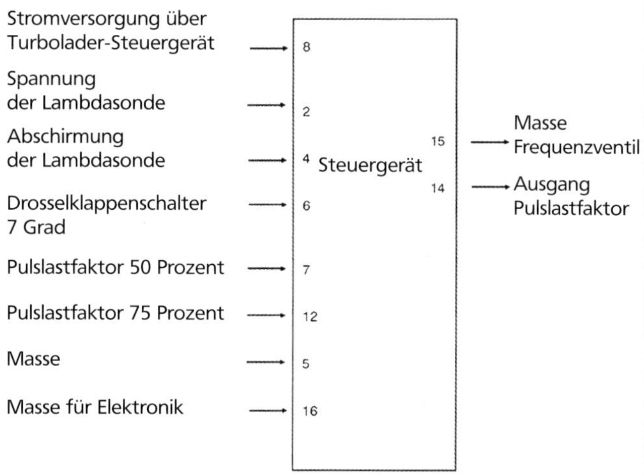

◀ Das Lambdasonden-Steuergerät wurde für den Turbo 3.6 modifiziert. Der Leerlauf-Drosselklappenschalter spricht bereits bei 7 Grad Öffnung an, um das Ansprechverhalten des Motors im unteren Lastbereich zu verbessern.

Die beiden Schemazeichnungen verdeutlichen den Unterschied zwischen den beiden Steuergeräten.

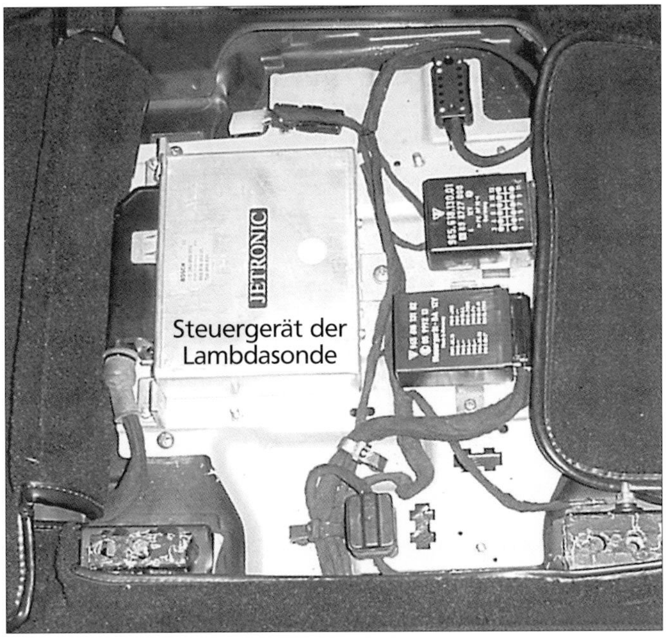

◄ Das Steuergerät der Lambdasonde kennt zwei Betriebsarten:

In den ersten 90 Sekunden nach dem Kaltstart gibt die Lambdasonde noch kein brauchbares Signal ab, weil sie noch nicht ihre Betriebstemperatur erreicht hat („**Open-Loop-Modus**"). Auch kann das Signal von der Lambdasonde im Schadensfall unbrauchbar sein. In diesen Fällen sendet das Steuergerät ein vorprogrammiertes Impuls-Tastverhältnis an das Frequenzventil.

Im Normalbetrieb jedoch, wenn die Lambdasonde durch ihre Beheizung und die Abgashitze ihre Betriebstemperatur von 315 °C erreicht hat, wird ihr Signal herangezogen („**Closed-Loop-Modus**"), um das Frequenzventil so zu beeinflussen, dass die optimale Kraftstoffmenge dosiert wird.

Beschleunigungsanreicherung

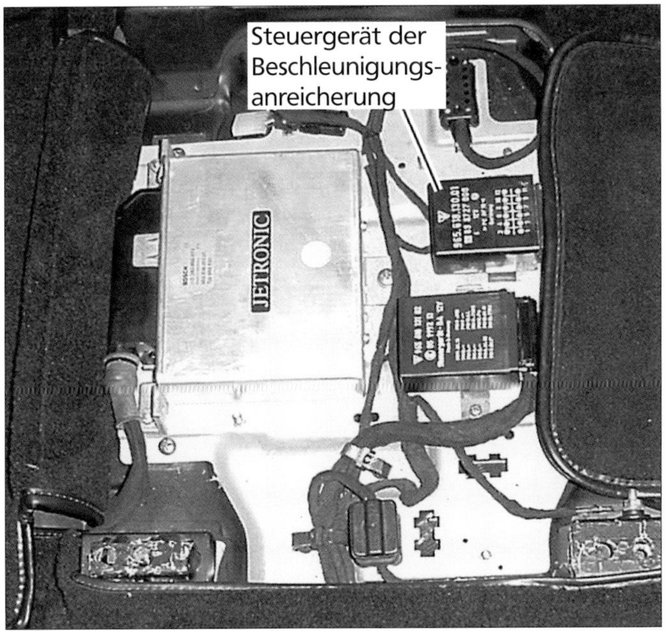

◄ Um auch bei kaltem Motor ein ruckfreies Beschleunigen zu ermöglichen, ist eine Beschleunigungsanreicherung eingebaut, die genauso funktioniert wie das Impuls-Tastverhältnis. Diese Anreicherung setzt voraus, dass das Lambdasonden-Steuergerät ein Signal an das Beschleunigungsanreicherungs-Steuergerät sendet. Beide Steuergeräte befinden sich nebeneinander unter dem linken Sitz. Die Beschleunigungsanreicherung erfolgt nur bei Öltemperaturen unter 35 °C.

Sobald der Lambdasonden-Temperaturschalter von „Kalt" auf „Heiß" umschaltet, findet in einem Zeitfenster von 25 Sekunden eine Beschleunigungsanreicherung über eine halbe Sekunde statt (Impuls-Tastverhältnis 75 Prozent).
Wenn die Öltemperatur über 35 °C steigt, wird die Beschleunigungskontrolle in den ersten zwei Minuten nach Anlassen des Motors kontrolliert. Ein Impuls-Tastverhältnis von 75 Prozent wird ausgesendet, wenn die Leerlauf-Drosselklappenschalter (0 oder 7 Grad Öffnungswinkel) geöffnet sind.

◀ Die Beschleunigungsanreicherung hängt also von mehreren Eingangswerten ab, und zwar:

- vom 35-°C-Temperaturfühler für das Motoröl am Gehäuse der Kurbelgehäuseentlüftung,
- vom 15 -°C-Temperaturfühler für das Motoröl am rechten Steuergehäusedeckel bzw. (beim Turbo 3.6) am Gehäuse der Kurbelgehäuseentlüftung,
- den 0- und 7-Grad-Drosselklappen-Schaltern am Drosselklappengehäuse
- dem 66-Grad-Volllast-Drosselklappen-Schalter am Drosselklappengehäuse

Funktion des Drosselklappenschalters

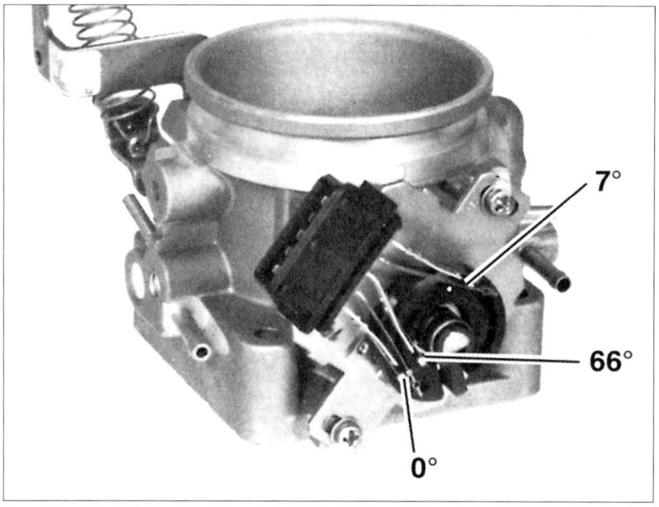

◀ Wenn der 0-Grad-Schalter geöffnet wird, wird das Impuls-Tastverhältnis eine halbe Sekunde lang auf 75 Prozent erhöht. Dadurch wird das Gemisch kurzzeitig angereichert. Wenn der 7-Grad-Schalter geöffnet wird, wird das Gemisch ebenfalls angereichert.

Hinweis:
Beim Turbo 3.6 erfolgt in beiden Fällen ebenfalls eine halbe Sekunde lang eine Gemischanreicherung über ein Impuls-Tastverhältnis von 75 Prozent.

Wenn der Volllastschalter bei der 66-Grad-Stellung geschlossen wird, erfolgt ein Signal an das Lambdasonden-Steuergerät und das Impuls-Tastverhältnis wird auf 50 Prozent fixiert. Die Volllastanreicherung wird ergänzt um eine Absenkung des Steuerdrucks am Steuerdruckregler.

Steuerdruckregler

Mit Einführung des 964 wurde ein geänderter Steuerdruckregler oder Warmlaufregler eingebaut. Dieser hat einen Temperaturschalter und eine Höhenkorrektur.

Hinweis:
Der Turbo 3.6 erhielt einen nochmals geänderten Steuerdruckregler mit anderem Steuerdruck bei Volllast.

Funktion

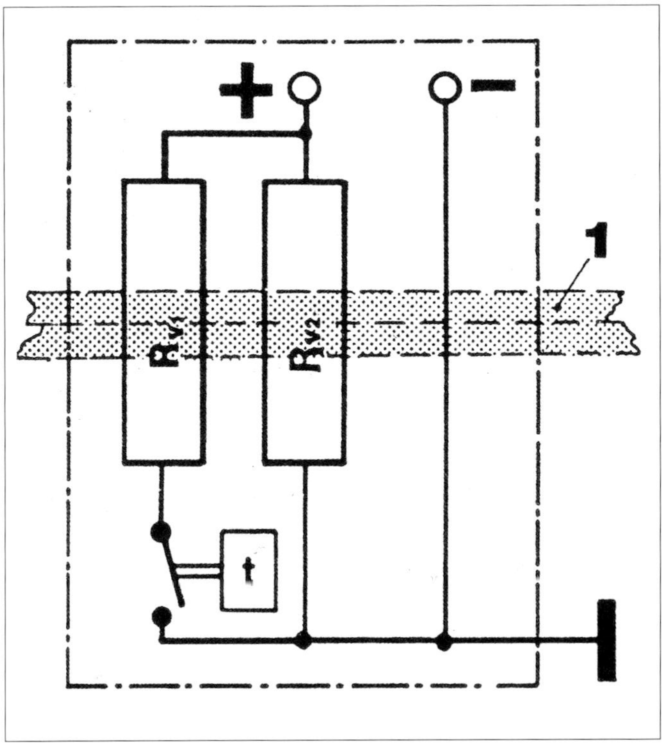

◀ Der Steuerdruckregler ist mit zwei Heizwiderständen **R_V1** und **R_V2** bestückt. Bei laufendem Motor heizen diese eine Bimetallfeder auf. Diese Feder stellt über eine Ventilklappe den Steuerdruck im Kraftstoffmengenteiler ein.
Der eingebaute Temperaturschalter **t** bleibt bei Temperaturen bis 15 °C geöffnet. In dieser Stellung ist der Masseschluss für den Heizwiderstand **R_V1** geschlossen.
Wenn der Motor bei einer Außentemperatur unter 15 °C angelassen wird, wird nur Widerstand **R_V2** mit Strom versorgt; die Bimetallfeder heizt dadurch langsamer auf und der Steuerdruck baut sich entsprechend langsam auf.
Bei Außentemperaturen über 15 °C hat der Temperaturschalter Masseschluss. Die Widerstände **R_V1** und **R_V2** sind dann parallel geschaltet. Dadurch wird die Aufheizintensität gesteigert; die Bimetallfeder erhitzt sich schneller und baut den Steuerdruck rascher auf.

Steuerdruck
Turbo
Anfangs-Steuerdruck bei 20 °C: .... 2,65-2,95 bar
Betriebs-Steuerdruck: .... 4,39-4,61 bar
Ladedruck bei 250 mbar: .... 3,1-3,3 bar

Turbo 3.6
Anfangs-Steuerdruck bei 20 °C: .... 2,85-3,15 bar
Betriebs-Steuerdruck: .... 4,4-4,6 bar
Ladedruck bei 250 mbar: .... 2,8-3,0 bar

Steuerdruckregler

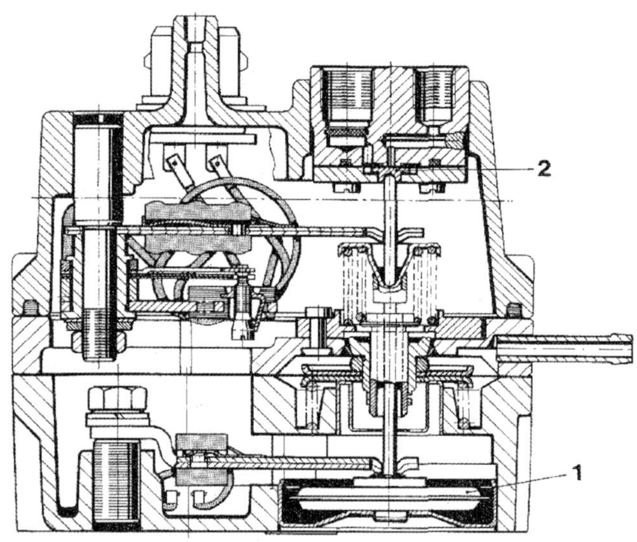

1 Höhenausgleichskapsel 2 Ventilklappe

Höhenausgleich

Der Steuerdruckregler des 964 Turbo enthält eine Höhenkorrektur. Atmosphärischer Druck wirkt auf eine Höhenkorrekturkapsel im Steuerdruckregler. Dazu ist eine Röhre vom Luftfilterkasten zur Entlüftungsleitung des Steuerdruckreglers geführt. Die Höhenkorrekturkapsel wirkt auf die Ventilklappe des Steuerdruckreglers und beeinflusst dadurch den Steuerdruck.

Kaltstartanreicherung

Das Kaltstartventil befindet sich am Saugrohr. Es handelt sich dabei um eine elektrisch betätigte Kraftstoff-Einspritzdüse, die einige Sekunden lang zusätzlich Kraftstoff ins Saugrohr einspritzt, wenn der Motor beim Anlassen noch kalt ist. Die Kaltstartanreicherung ist nur diese wenigen Sekunden geöffnet.

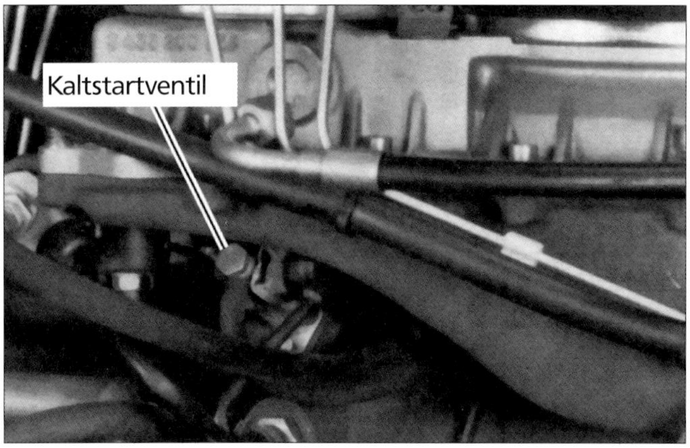

◀ Die Kaltstartanreicherungsdüse befindet sich im Saugrohr.

Der Thermo-Zeitschalter ist als Bimetallfeder ausgeführt und kontrolliert die Kaltstartanreicherung.

Wenn der Motor weniger als 15 °C warm ist, sind die Kontakte im Schalter geschlossen. Beim Anlassen liefern sie dem Magnetventil der Kaltstartanreicherung Masseanschluss. Die Kaltstartanreicherung spritzt nun zusätzlichen Kraftstoff ins Saugrohr.

Ist die Bimetallfeder über 15 °C erwärmt, so unterbricht sie den Masseanschluss für die Kaltstartanreicherung. Dadurch ist die Anreicherung geschlossen, so dass kein zu fettes Gemisch entstehen kann.

◀ Bei den frühen Turbo-Modellen bis Modelljahr 1992 ist der Thermo-Zeitschalter (Pfeil) auf den linken Steuerkettendeckel aufgesetzt.

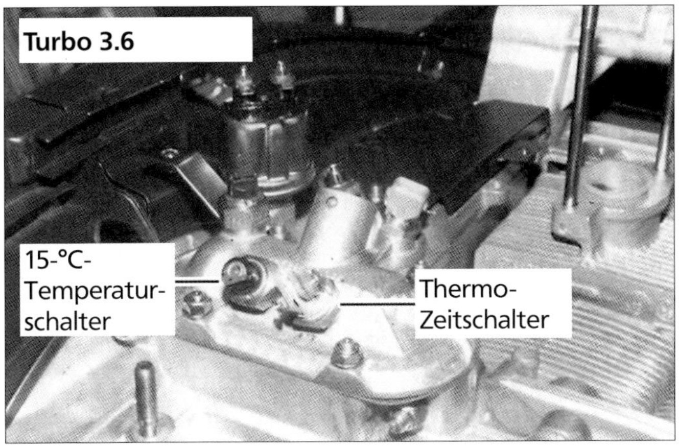

◀ Beim Turbo 3.6 (Mj. 1993 – 1994) ist der Schalter an die Kurbelgehäuse-Entlüftung angebaut.

Zusätzliche Ansaugluftregulierung

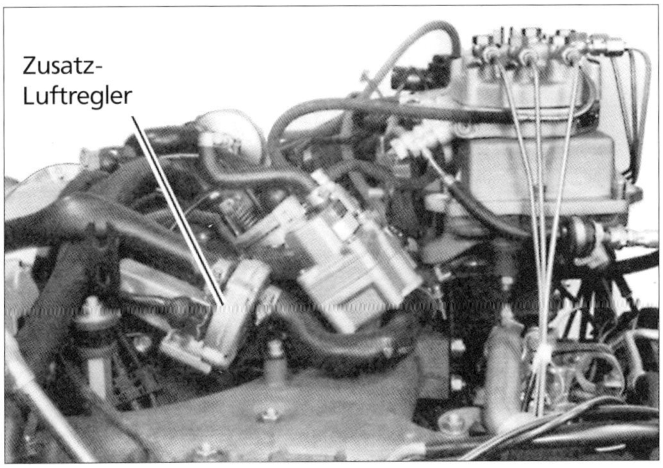

◀ Der Zusatzluftregler führt Ansaugluft an der Drosselklappe vorbei, um die höhere Innenreibung beim kalten Motor auszugleichen.

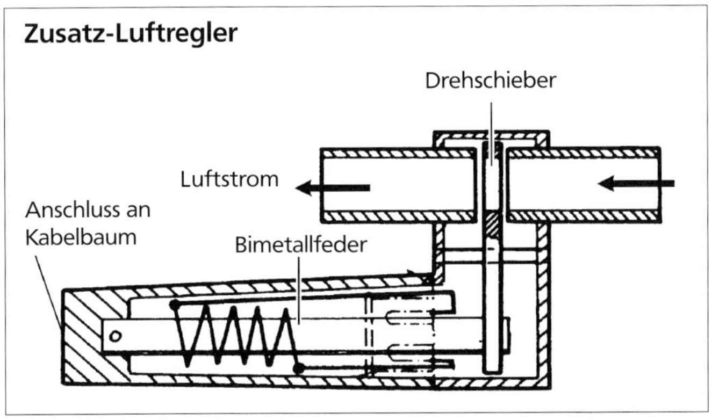

◀ Ein elektrischer Strom wärmt die zusätzliche Ansaugluftregulierung mittels eines Heizelements an. Dadurch verbiegt sich die Bimetallfeder nach und nach, schließt der Drehschieber und schneidet dadurch die Zusatz-Luftzuführung ab.

◀ Das **Unterdruckbegrenzungsventil** verhindert, dass der Motor im Schiebebetrieb – wenn also das rollende Fahrzeug den Motor beschleunigen will – zu stark angereichert wird. Das Unterdruckbegrenzungsventil umgeht als unterdruckgeregelte Ventilmembran die Drosselklappe und führt dem Motor zusätzliche Luft zu, damit die Verbrennung im Motor optimal ablaufen kann.

Ladeluftkühler

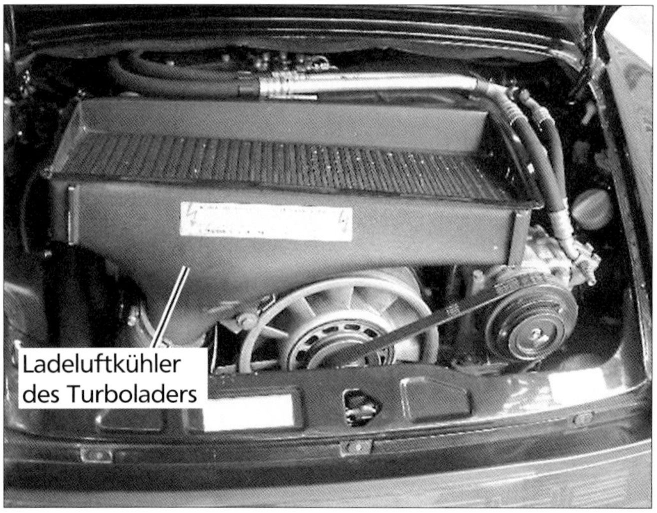

Ladeluftkühler des Turbo 3.6, Motor M64/50
(Foto: Emilios Theodosiou)

◀ Der Ladeluftkühler über dem Drosselklappengehäuse ist gegenüber dem früheren 930 Turbo vergrößert worden. Die größere Oberfläche erleichtert der Ansaugluft den Weg zum Motor hin. Durch die Komprimierung im Turbolader ist die Luft erhitzt. Die im Ladeluftkühler eintretende Abkühlung vergrößert ihre Dichte wieder. Kalte Luft kann mehr Sauerstoff aufnehmen, was schlussendlich mehr Leistung bedeutet.
Im Ladeluftkühler befinden sich eine Reihe Schalter und Sensoren:

- Zum einen sendet ein **Ladedrucksensor** ein Signal an den Bordcomputer, der in seinem Display im Drehzahlmesser unter anderem den Ladedruck anzeigt, und zwar in bar.
- Zum anderen ist ein **Ladedruckschalter** eingebaut, der bei 1,1 bis 1,4 bar Ladedruck dafür sorgt, dass das so genannte Wastegate (Abblasventil) öffnet. Das bei jedem Ein- und Ausschalten entstehende Signal wird an das Steuergerät des Turboladers weitergeleitet. Es veranlasst, dass das Kraftstoffpumpenrelais R61 den Masseanschluss verliert, so dass die Kraftstoffpumpe keinen weiteren Kraftstoff mehr fördern kann.

Sekundär-Lufteinblasung

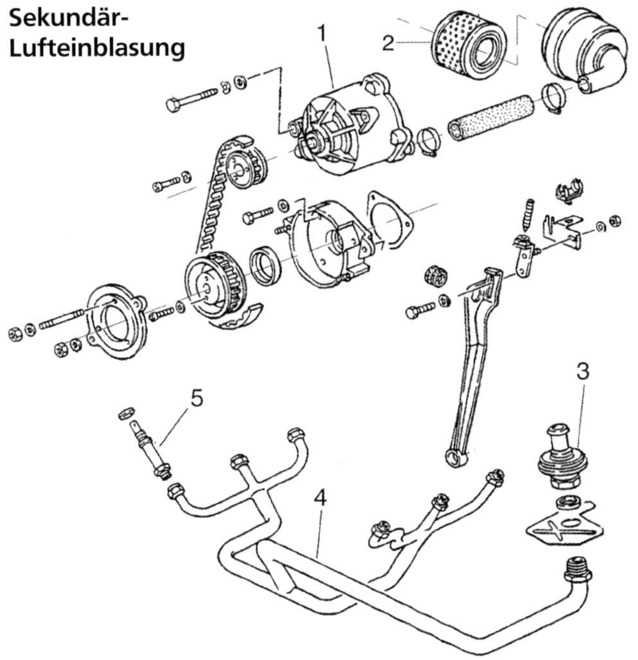

1 Luftpumpe
2 Filterelement
3 Prüfventil
4 Luftleitung
5 Verbindungsstück

Sekundär-Lufteinblasung

Die Sekundär-Lufteinblasung erfolgt mittels einer Luftpumpe. Diese wird von der linken Nockenwelle per Riemen angetrieben. Das Ziel besteht darin, mittels dieser Technik die Abgaswerte zu verbessern und die rasche Aufheizung von Kat und Lambdasonde zu erleichtern, so dass sie früher ihre Betriebstemperatur erreichen.

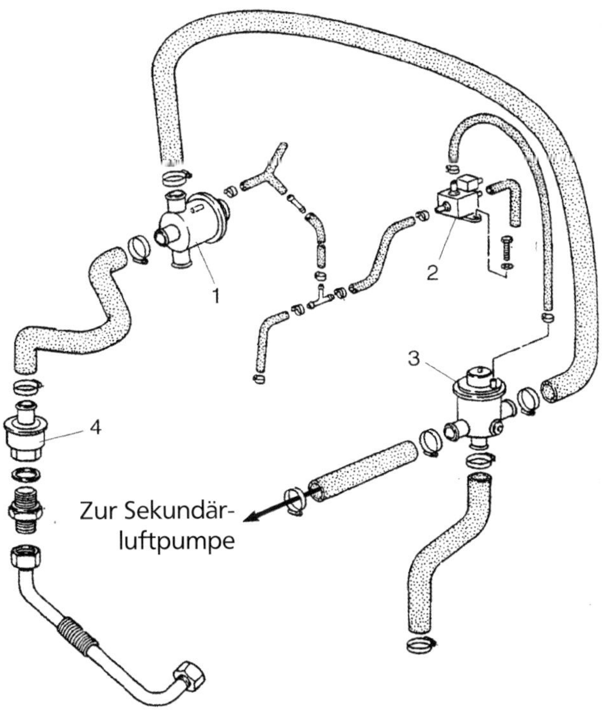

1 Rechtes Verteilventil
2 Umschaltventil
3 Linkes Verteilventil
4 Prüfventil

Frischluft wird von der Luftpumpe angesaugt und den Verteilventilen zugeführt, solange die Temperatur des Motoröls unter 35 °C liegt. Über die Verteilventile gelangt die Luft schließlich in die Abgaskrümmer. Bei kaltem Motor sind die Ventile geöffnet, um die Verbrennung überschüssigen Kraftstoffs für den Kaltstart und die Warmlaufphase zu unterstützen.

Ein Prüfventil im System verhindert, dass Abgas in diese Anlage gelangt. Beim Anlassen mit einer Öltemperatur über 35 °C fördert die Sekundärluftpumpe Frischluft zum Kat, um die Emissionswerte zu verbessern.

◀ Ansicht des Turbo-Motors von der linken Seite, wo man die Sekundär-Luftpumpe, den Luftpumpenfilter und ein Verteilventil erkennt.

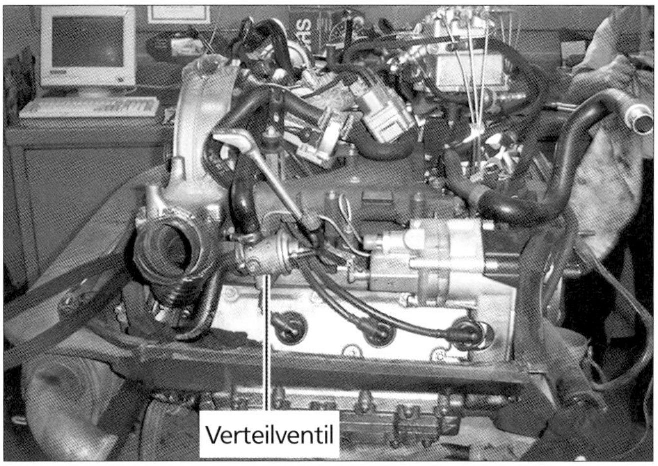

◀ Bei der Ansicht des Turbo-Motors von der rechten Seite fällt das zweite Verteilventil auf.

Turbolader

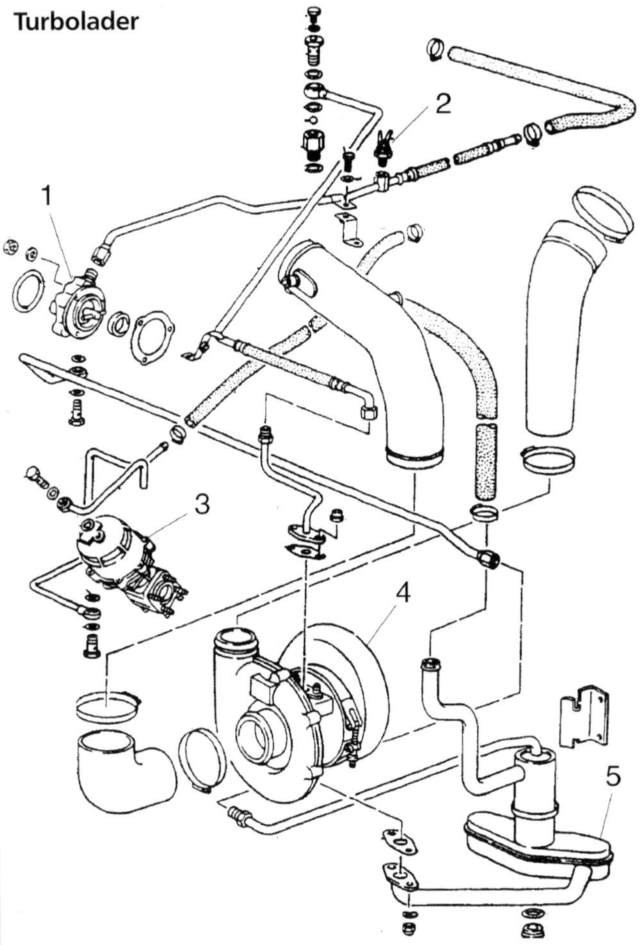

1 Ölpumpe für den Turbolader
2 Thermoventil
3 Ladedruckregler (Wastegate)
4 Turbolader
5 Ölbehälter für den Turbolader

Turbolader

Ein Turbolader wird eingebaut, um die Leistung des Motors zu steigern. Im Grundsatz sorgt er dafür, dass dem Motor mehr Kraftstoff-Luft-Gemisch zugeführt wird als beim Saugbetrieb. Dieses Mehr bedeutet ein Mehr an zu verbrennender Masse im Motor. Was also eigentlich nur mit einer Hubraumvergrößerung möglich wäre, erreicht der Turbolader, ohne die Motordimensionen zu ändern.

Der Turbolader wird vom Abgas angetrieben. Ladedruck wird der Druck genannt, den der Lader erzeugt. Höherer Ladedruck bedeutet höhere Leistung. Bei Porsche wird der Ladedruck in bar angezeigt und kann auf dem Display des Bordcomputers abgelesen werden – serienmäßig bei allen 964 Turbo.

Unter den Sportwagenherstellern war Porsche besonders früh zum Einsatz von Turboladern übergegangen. Als erstes derartiges Modell stellte die Marke 1975 den 930 Turbo vor. Auf der Straße waren diese Turbos unschlagbar, und lange blieben sie die spurtstärksten Sportwagen auf dem Markt. In der Modellreihe des 964 war zum Modelljahr 1991 eine Turbo-Variante erhältlich, die den ursprünglichen 930 Turbo ablöste.

Luft-Rückführungsventil

◀ Das Luft-Rückführungsventil verhindert, dass der Turbolader gegen eine geschlossene Drosselklappe Druck erzeugt. Das unterdruckgesteuerte Luft-Rückführungsventil befindet sich zwischen der Ansaug- und Druckseite des Turboladers hinter dem Ladeluftkühler auf der linken Seite des Motors.

Zerlegter Ladedruckregler

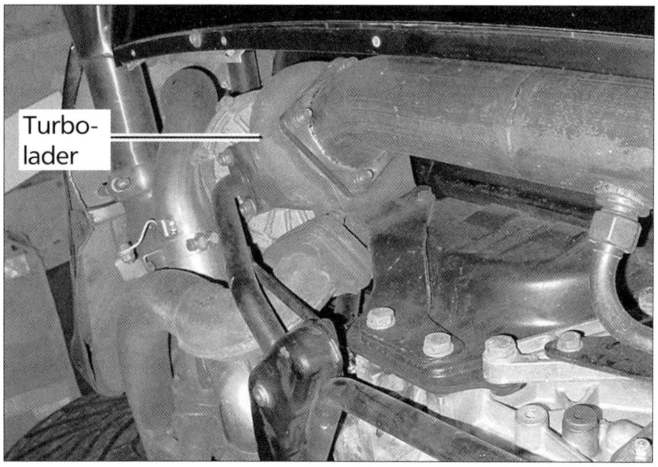

Unterseite des Turboladers am Turbo 3.6

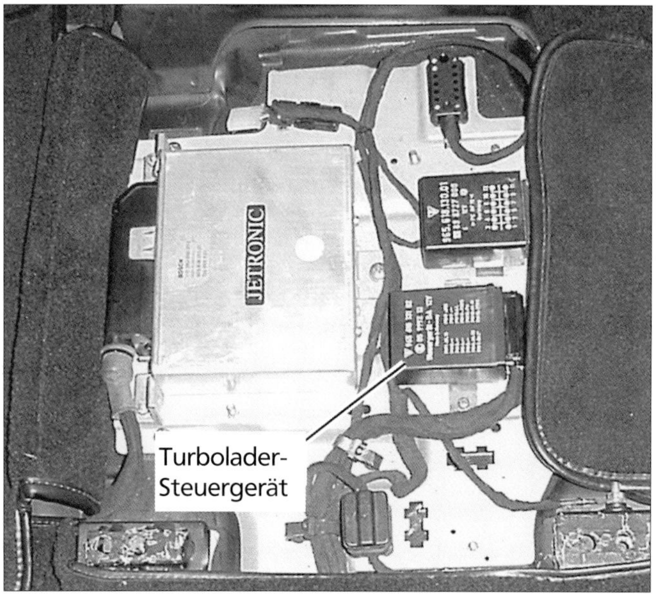

Ladedruckregler (Wastegate)

◀ Der Ladedruckregler, den man auch Wastegate nennt, hat zwei Anschlüsse. Der untere lässt komprimierte Luft unter Membran und Federventil. Solange der Druck nicht ausreicht, das Ventil aufzudrücken, wird die gesamte Ansaugluft dem Ladeluftkühler zugeführt. Ist der Ladedruck zu hoch angestiegen, so drückt er das Federventil auf und ein Teil der Luft gelangt auf diesem Weg über einen kleinen Kat in den Auspuff. Der obere Anschluss dient dem Luftaustausch über dem Ventil, während sich unter diesem Druck aufbaut.

Steuerbauteile der Turbo-Motoren

Die Anordnung von Turbo-Relais und Turbo-Steuergerät sind in der folgenden Tabelle beschrieben:

Anordnung von Turbo-Relais und Turbo-Steuergerät

Bauteil	Anordnung
Kraftstoffpumpenrelais R61	Zentraler Sicherungskasten hinten rechts im Kofferraum
Lambdasonden-Relais	Sicherungs- und Relaiskasten links im Motorraum
Steuergerät für Lambdasonde	Unter dem linken Sitz
Steuergerät für Beschleunigungsanreicherung	Unter dem linken Sitz
Steuergerät für Turbolader	Unter dem linken Sitz

Turbolader-Steuergerät

Das Turbolader-Steuergerät ist zuständig für:

- die Kraftstoffpumpen (der Turbo hat deren zwei)
- die Sicherheitskreise für die Kraftstoffpumpen
- den Sicherheitskreis für den Ladedruck
- das Zündverzögerungsrelais
- die Stromversorgung für
  - das Lambdasonden-Steuergerät
  - das Steuergerät für die Beschleunigungsanreicherung
  - die Zündanlage
  - den Steuerdruckregler
  - den Zusatz-Luftregler
  - das Frequenzventil am Kraftstoffmengenteiler
  - die Beheizung der Lambdasonde

Funktionen des Turbolader-Steuergeräts

Der Mikroprozessor im Turbolader-Steuergerät verfügt über jeweils ein Programm für das Anlassen und für den normalen Betrieb.

- Beim Anlassen, das anhand des Pulsgeneratorsignals von der Motordrehzahl abhängig erkannt wird, ist der Zündzeitpunkt weit vorverlegt auf etwa 15 Grad vor OT.
- Bei Erreichen einer Drehzahl von 630/min wechselt das Steuergerät auf Normalbetrieb und kehrt in den Anlassmodus erst zurück, wenn 330/min bei geschlossener Drosselklappe unterschritten werden.

Im Normalbetrieb regelt das Steuergerät den Zündzeitpunkt nach einem im Prozessor des Zündungs-Steuergeräts gespeicherten Kennfeld. Aus dem Zusammenwirken der beiden Geräte ergibt sich für jeden Betriebszustand und Lastbereich je nach Motorlast, Drehzahl, Motortemperatur, Einlasslufttemperatur, Stellung des Leerlauf-Drosselklappenschalters und des Kraftstoffwahlschalters der optimale Zündzeitpunkt.

Zündabschaltrelais

◀ Um die saubere Verbrennung des eingespritzten Kraftstoffs im Anschluss an das Abstellen des Motors sicherzustellen, bleibt die Zündung etwa fünf Sekunden über das Abstellen hinaus in Betrieb.

Motordrehzahlregler

Um Motorschäden durch Überdrehen zu vermeiden, kappt das Turbolader-Steuergerät bei 6800/min die Masseverbindung der Kraftstoffpumpen, so dass diese keinen Kraftstoff mehr fördern.

Kraftstofftankentlüftung (Turbo-Modelle)

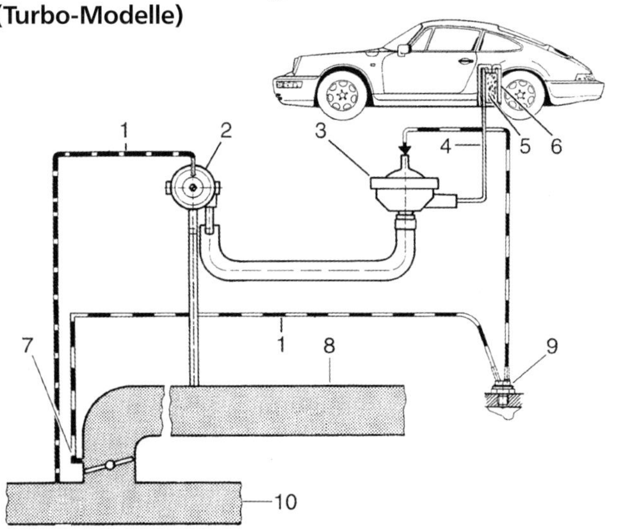

1 Unterdruckleitungen
2 Regelventil
3 Sperrventil gegen Nachdieseln
4 Entlüftungsleitung vom Tank mit Überschlagventil
5 Aktivkohlebehälter
6 Saugleitung, leitet Luft zum hinteren Radhaus
7 Anschluss zum Drosselklappengehäuse (2 Grad Bohrung)
8 Saugseite des Laders, der Gemischregeleinrichtung nachgeschaltet
9 40-Grad-Temperaturschaltventil an Turbolader-Ölrückleitung
10 Saugrohr, der Drosselklappe nachgeschaltet

Tankentlüftung über Aktivkohlebehälter

Zum Schutz der Umwelt und zur Senkung des Kraftstoffverbrauchs wird bei jedem 964 der Tank über einen Aktivkohlebehälter entlüftet. Dieser sammelt die Kraftstoffdämpfe und gibt sie unter geeigneten Betriebsbedingungen an den Motor ab.

Funktion

Kraftstoffdämpfe aus dem Tank werden über den Expansionsbehälter und den Behälter des Überschlag-Sicherheitsventils durch den Ablassschlauch dem Aktivkohlebehälter zugeführt. Eine Entlüftungsleitung führt von dort ins hintere Radhaus.

Die Entlüftungsleitung des Aktivkohlebehälters ist bei den Saugern und dem Turbo 3.3 mit dem Luftfiltergehäuse, beim Turbo 3.6 über drei hintereinander liegende Unterdruckventile mit der Saugseite des Laders verbunden. Bei diesen drei Ventilen handelt es sich um:

das Temperaturventil, das sich bei 40 °C Öltemperatur öffnet und eine Verbindung zwischen dem Drosselklappengehäuse (2-Grad-Bohrung) und dem Abschaltventil herstellt,

das Sperrventil gegen Nachdieseln, das ebenso wie das Temperaturventil bei 40 °C Öltemperatur öffnet, wenn die Drosselklappe um mindestens zwei Grad geöffnet ist und sich der Motor nicht unter Ladedruck befindet, sowie schließlich

das Regelventil, das mittels separater Unterdruckleitung direkt unter dem Drosselklappengehäuse mit dem Saugrohr verbunden ist.

Alle drei Ventile sind hintereinander geschaltet. Kraftstoffdämpfe aus dem Aktivkohlebehälter können demnach nur an den Motor abgegeben werden, wenn:

- das Motoröl auf mehr als 40 °C erwärmt ist,
- die Drosselklappe mindestens 2 Grad weit geöffnet ist und
- der Motor sich nicht unter Ladedruck befindet.

Auspuffanlage für die Sauger

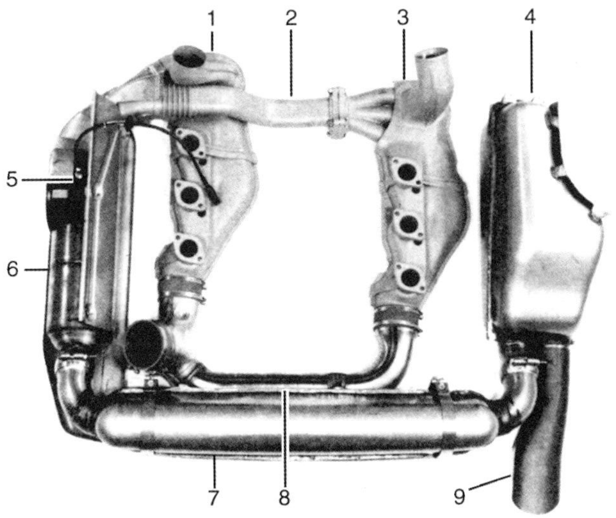

1 Linker Wärmetauscher
2 Querrohr
3 Rechter Wärmetauscher
4 Sekundär-Schalldämpfer
5 Lambdasonde
6 Katalysator
7 Primär-Schalldämpfer
8 Luftverteilrohr (vom hinteren Gebläse)
9 Endrohr

Wärmetauscher beim RS 3.8

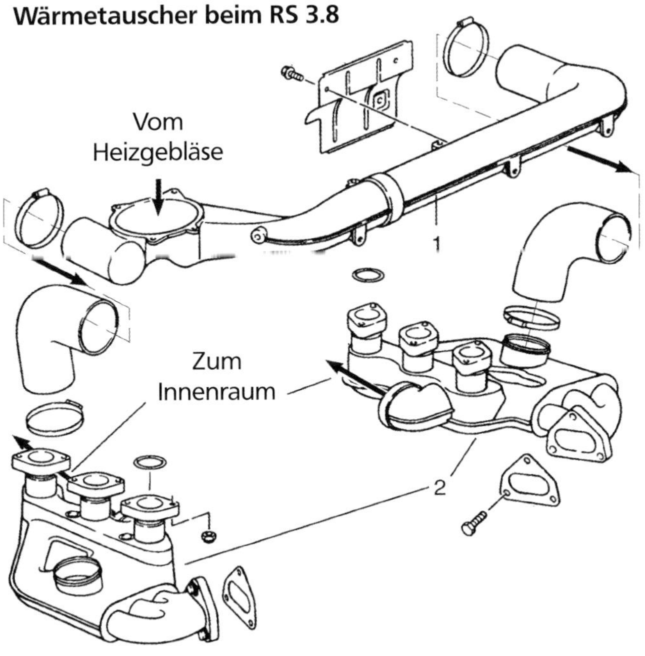

1 Querrohr
2 Wärmetauscher

Auspuffanlage

Anlage für Saugmotoren

◄ Die Auspuffanlage ist bei allen 964ern mit Saugmotor die gleiche; ausgenommen sind lediglich die Fahrzeuge ohne Kat (Sonderausstattung M150) und Sondermodelle wie RS 3.8 oder RSR.

Bei der Sonderausführung M150 ist der Kat durch einen weiteren Schalldämpfer ersetzt. Für die Schweiz und Australien wurden leicht abgewandelte Primär-Schalldämpfer verwendet. Der für die Schweiz ist an der leicht veränderten, tieferen und etwas grollenden Auspuffnote erkennbar.

Hinweis:

Für die Schalldämpfer gibt es unterschiedliche Bezeichnungen. So wird der Zwischenschalldämpfer auch Primär-Schalldämpfer genannt und der Endschalldämpfer auch Sekundär-Schalldämpfer.

◄ Der RS 3.8 hat eine komplett geänderte Auspuffanlage mit eigenen Wärmetauschern.

Linker Auspuffstrang beim Turbo 3.6

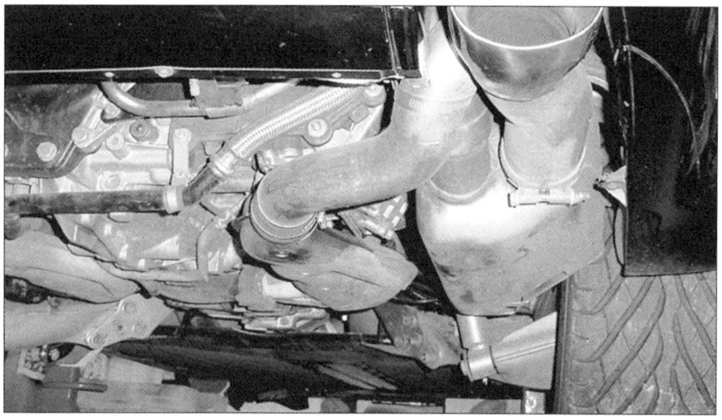

Rechter Auspuffstrang beim Turbo 3.6

ANDIAL steht als Kürzel für die Firmengründer Arnold Wagner (AN); Dieter Inzenhofer (DI) und dem früheren Präsidenten von Porsche Motorsport North America Alwin Springer (AL). Die Tuningfirma aus Fountain Valley, Kalifornien, die viele Fahrzeuge für IMSA und Pikes Peak vorbreitet hat, wurde im Februar 2013 von PMNA gekauft.

Anlage für Turbo-Modelle

Die Auspuffanlage der Turbomotoren M30/69 und M64/50 dient zwei Funktionen, und zwar der kontrollierten Ableitung der Abgase ins Freie sowie dem Antrieb des Turboladers. Für die Turbo-Modelle wurde ein Kat mit Metallgitter darin gewählt. Er befindet sich dort, wo der Primärschalldämpfer der normalen Modelle untergebracht ist.

Funktion der Auspuffanlage

Das Abgas wird wie bei den Saugern vom Abgaskrümmer in die Wärmetauscher geleitet. Von dort geht es weiter auf die Turbinenschaufel des Turboladers und nach getaner Arbeit weiter zum Kat und zu den beiden Schalldämpfern, bevor es über das Endrohr auf der rechten Seite schließlich ins Freie gelangt. Das linke Abgasrohr ist an den Ladedruckregler angeschlossen, der überschüssigen Druck dorthinein abbaut. Zwischen diesem Wastegate und dem linken Endrohr befindet sich ein kleiner Kat. Dieser ist notwendig, weil es eine Verbindung von der Auspuffanlage zum Ladedruckregler gibt.

Hinweis:
Wegen der sehr strengen Emissions- und Lärmvorschriften in der Schweiz weist die Variante für dieses Land Abweichungen in Details der Auspuffanlage auf.

Anders als bei den Saugern befindet sich die Lambdasonde nicht am Kat, sondern im Zuleitungsrohr/Krümmerrohr zum Turbolader, wo der Anschluss zur Verbindung des Ladedruckreglers zur Auspuffanlage und der Abgasentnahme-Anschluss eingebaut sind. Diese Konstruktion wurde zum Modelljahr 1991 in die 964-Reihe übernommen. Der Turbolader ist der gleiche wie schon zuvor beim Motor 930/68 und hat die Ersatzteilnummer 930 123 003 02. Selbst die zwanzig Turbo S2, die zum Umbau in die USA geliefert wurden, waren damit ausgerüstet, wo ANDIAL sie aber durch eine größere Ausführung ersetzte. Lediglich Turbo S und Turbo 3.6 S erhielten bereits ab Werk größere Turbolader.

Aufbau des Dreiwege-Katalysators

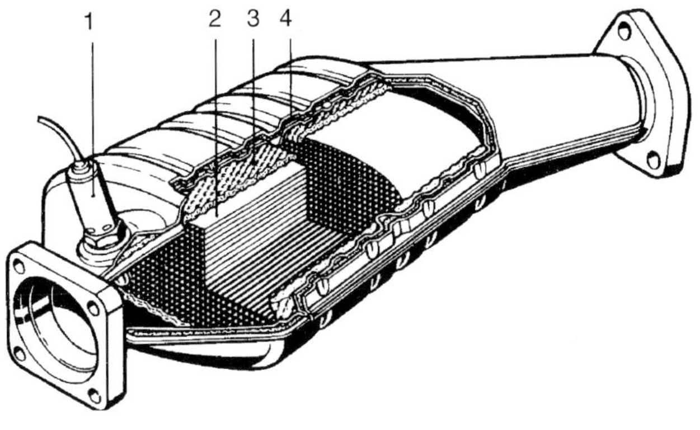

1 Lambdasonde
2 Keramikkern
3 Drahtgitter
4 Hitzebeständiges Gehäuse

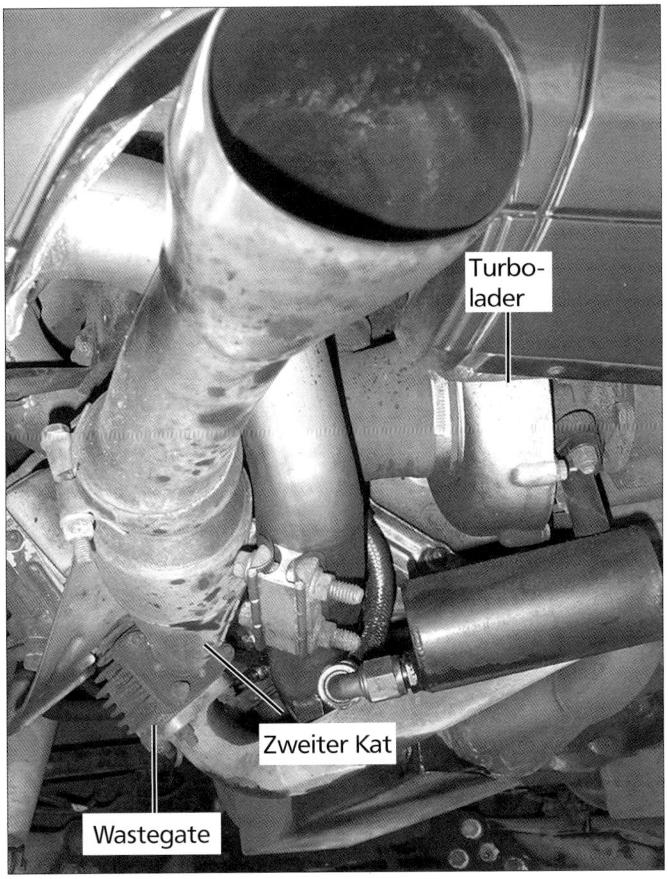

Katalysator

◀ Der Katalysator spielt bei der Abgasreinigung die entscheidende Rolle. In ihm wandeln sich Kohlenmonoxid (CO) und unverbrannte Kohlenwasserstoffe (HC) zu Kohlendioxid (CO_2) und Wasserdampf. Der Wirkungsgrad eines Kats erreicht 60 bis 90 Prozent, je nach Alterung. Die unerwünschten Abgasbestandteile werden also um diesen Prozentsatz verringert. Ein Katalysator hat eine begrenzte Lebensdauer, die jedoch von Einsatzbedingungen und äußeren Umwelteinflüssen abhängt.

Hinweis:
Für Japan erhielt der 964 einen speziellen Katalysator. Bei Sonderausstattung M150 fehlt der Kat ganz.

◀ Beim turboaufgeladenen 964 befindet sich der Kat auf der linken Seite des Motors.

Vorsicht:
Beim Anschieben oder Anschleppen kann der Kat Schaden nehmen, bei Fehlzündungen, wenn bei rollendem Fahrzeug die Zündung abgestellt wird und ebenso bei anderen ungewöhnlichen Betriebszuständen. Unverbrannter Kraftstoff darf den Kat nicht erreichen, weil dieser bei schlagartiger Verbrennung im Kat durch Überhitzung beschädigt werden könnte. Im schlimmsten Fall kann so ein Fahrzeugbrand ausgelöst werden.

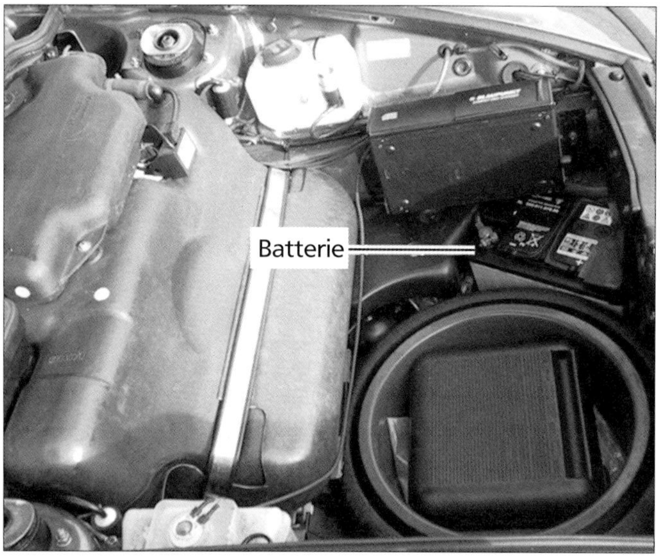

Batterie, Anlasser und Lichtmaschine

Alle 964-Ausführungen verfügen über eine elektrische 12-Volt-Anlage mit Minus an Masse.

◀ Die **12-Volt-Batterie** befindet sich links vorn im Kofferraum, hinter dem linken Scheinwerfer. Sie wird durch den unteren Kofferraumteppich abgedeckt.
Der **Anlasser** ist oben rechts an die Kupplungsglocke angeschraubt.
Die **Lichtmaschine** mit integriertem Spannungsregler ist mit dem Motor-Kühlgebläse verbunden und wird über einen Keilriemen von der Kurbelwellen-Riemenscheibe her angetrieben.

Batterie

In der Batterie ist elektrische Energie gespeichert. Dazu findet ein Elektronenaustausch statt zwischen den Bleiplatten in ihr und der Batterieflüssigkeit, einem Elektrolyt, das aus Schwefelsäure und Wasser besteht.

Folgende Größen werden empfohlen:
Alle 964-Modelle einschließlich Turbo: .... 72 Ah
964 Cabrio: .... 88 Ah

Für das Cabrio wird eine größere Batterie empfohlen, weil der Verdeckmechanismus erheblich elektrische Energie verbraucht.

Vorsicht:
Fahren Sie niemals mit abgeklemmter Batterie.

Einige Sondermodelle wie der Carrera RS (die Touring-Version wiederum ausgenommen), der RS und der Turbo S sind aus Gewichtsgründen mit einer 36-Ah-Batterie ausgerüstet.

Anlasser

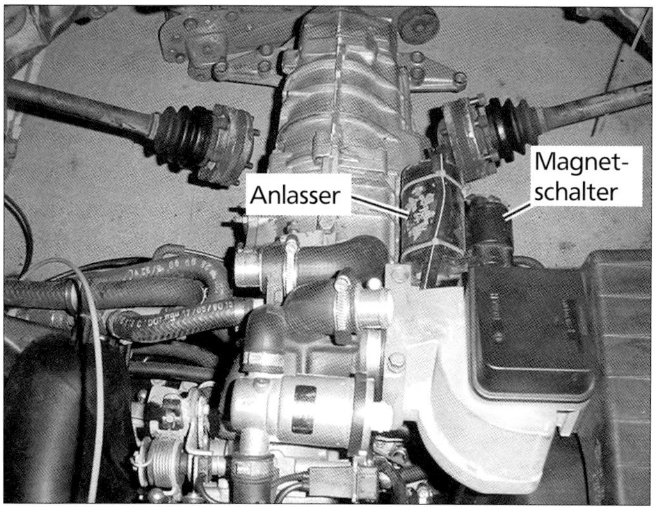

◀ Der Anlasser mit zugehörigem Magnetschalter befindet sich hinten rechts am Motor, oberhalb der Kupplungsglocke.

Man kann ihn ohne Absenken der Motor-Getriebe-Einheit ausbauen. Er ist von unten her zugänglich.

Der Anlasser im 964 funktioniert wie bei anderen Autos auch:
Man drehe den Zündschlüssel auf START. Dadurch gelangt 12 Volt Batteriestrom an den Magnetschalter. Dieser Schalter bewirkt das Eingreifen des Anlassers in den Zahnradkranz um das Schwungrad des Motors. Wird nach dem Anlassen der Zündschlüssel losgelassen, erhält der Magnetschalter keine Spannung mehr und der Anlasser rückt automatisch aus.

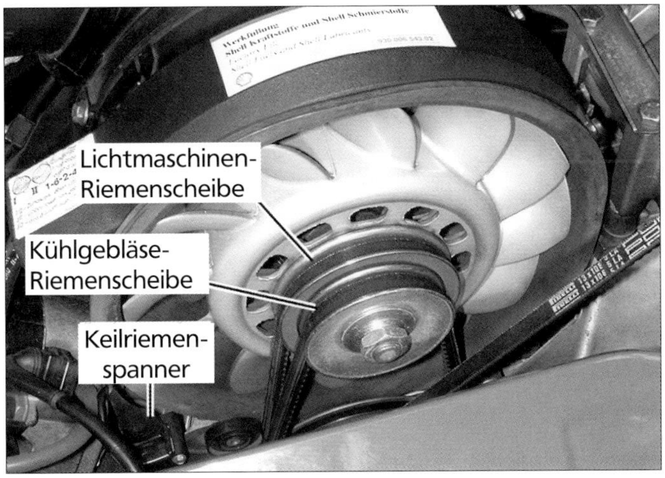

Lichtmaschine (Generator)

Hauptzweck des Generators ist es, die Batterie aufgeladen zu halten. Dazu erzeugt er bei laufendem Motor elektrische Energie und führt diese der elektrischen Anlage des Fahrzeugs zu. Die Lichtmaschine befindet sich unmittelbar hinter dem Motor-Kühlgebläse; sie ist mit einer Kunststoffummantelung versehen, durch die das Gebläse sowie ein weiteres Kühlgebläse Luft zur Kühlung der Lichtmaschine hindurchblasen.

◀ Bei den meisten 964ern mit Saugmotor werden Lichtmaschine und Kühlgebläse durch eigene Keilriemen angetrieben. Dabei sind sie unterschiedlich übersetzt, so dass sie unterschiedlich schnell drehen.

Bei einigen Sondermodellen werden Lichtmaschine und Kühlgebläse jedoch durch einen gemeinsamen Keilriemen angetrieben. Bei den Turbos ist der Lichtmaschinen-Keilriemen zugleich für den Antrieb des Klimakompressors zuständig.

Lichtmaschine

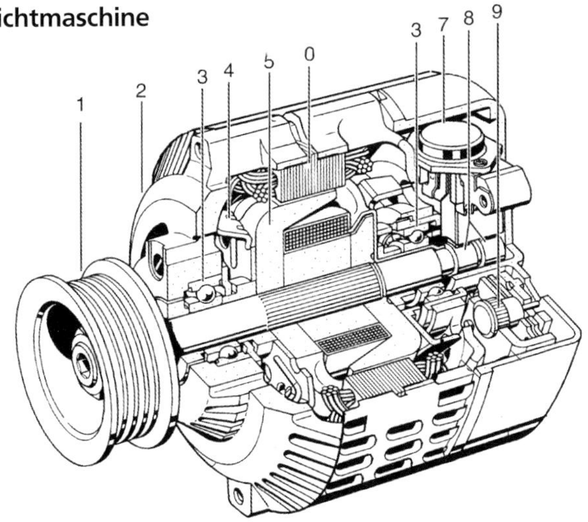

1 Riemenscheibe
2 Gehäuse
3 Lager
4 Kühlgebläse
5 Rotor
6 Stator
7 Regler mit Bürsten
8 Kollektor mit Gleitringen
9 Diode

◀ Die Lichtmaschine besteht aus vier Bauteilen, nämlich dem
- vom Motor her angetriebenen Rotor,
- drei starren Statorwicklungen,
- dem Diodenbauteil, das den erzeugten Dreiphasen-Wechselstrom in Gleichstrom umwandelt sowie
- dem Spannungsregler.

Schaltung der Lichtmaschine

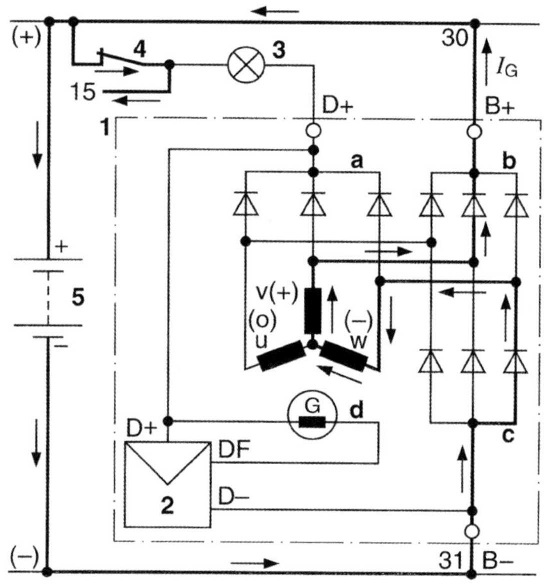

1 Lichtmaschine
1a Erregerdioden
1b Plus-Plattendioden
1c Minus-Plattendioden
1d Erregerwicklung
2 Spannungsregler
3 Ladekontrolllampe
4 Zündungsschalter
5 Batterie

Funktionsmodell

◀ Von der Batterie erhält der Lichtmaschinenrotor mit Feldwicklung Spannung. Wenn der Rotor über den Lichtmaschinen-Keilriemen in Drehung versetzt wird, entsteht ein drehender Elektromagnet mit starrer Polarität.
Wenn der Rotor an einem unbeweglichen Stator vorbeigleitet, durchneidet das Magnetfeld die Statorwicklungen und induziert jeweils einen Wechselstrom.
Die drei Statorwicklungen erzeugen drei Wechselströme, jeweils um 120 Grad versetzt. Das Diodenpaket richtet diese gleich und vereinigt die Ströme, so dass ein recht konstant fließender Gleichstrom entsteht.

Wenn von der Batterie viel Strom abgezapft wird, also viele Stromverbraucher zugeschaltet sind, erhöht der Spannungsregler die Perioden, in denen dem Lichtmaschinenrotor Spannung zugeführt wird. Durch die erhöhte Spannung wird sein Magnetfeld verstärkt und ein stärkerer Strom in den Wicklungen des Stators erzeugt. So kann die Batterie mit mehr elektrischer Energie geladen werden.

Hinweis:

Die Menge erzeugten Stroms ist durch die Bauart des Generators begrenzt. Wenn sie den Höchstwert von ungefähr 22 Volt erreicht – der Spannungsregler versorgt den Rotor nun ununterbrochen mit Strom – verursacht dies eine erhöhte Last für den Motor, so dass er sich im Leerlauf abwürgen kann. Für 25 A erzeugter Stromstärke wird dem Motor etwa 1 PS an Leistung abverlangt.

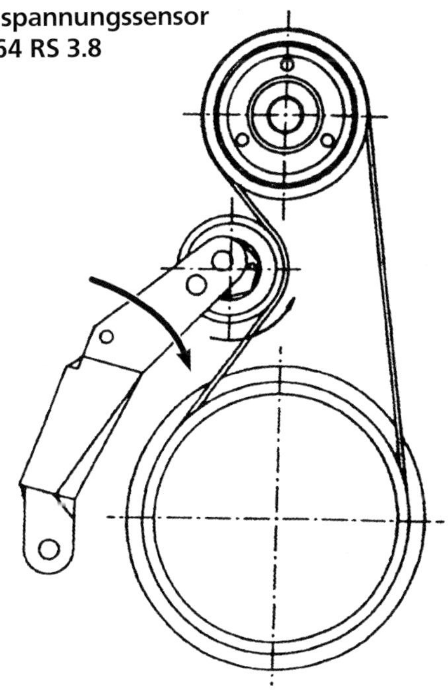
Riemenspannungssensor beim 964 RS 3.8

Riemenspannungssensor

◀ Die Spannung des Keilriemens, der das Motor-Kühlgebläse antreibt, wird mit einem Kunststoffrad mit federgelagerter Halterung gemessen. Dieses Rad läuft permanent am Keilriemen ab. Die Halterung betätigt einen Mikroschalter, der bei intaktem Keilriemen geschlossen und bei gebrochenem geöffnet ist. In letzterem Fall leuchtet eine Warnlampe in der Zeituhr.

Linke Motorraumseite beim 964 mit Saugmotor.

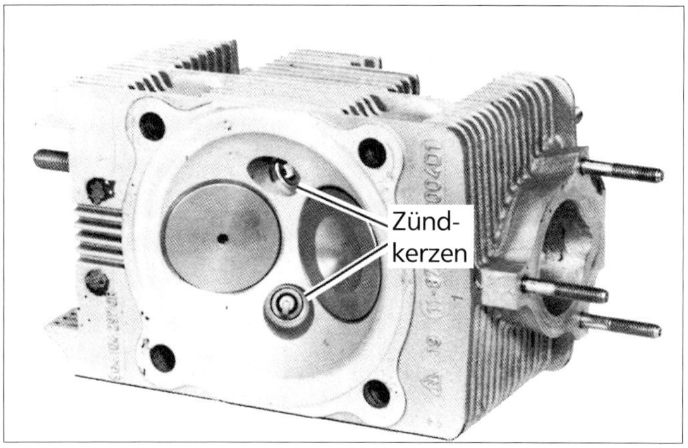

Zylinderkopf-Unterseite des 3,6 Liter Saugmotors.

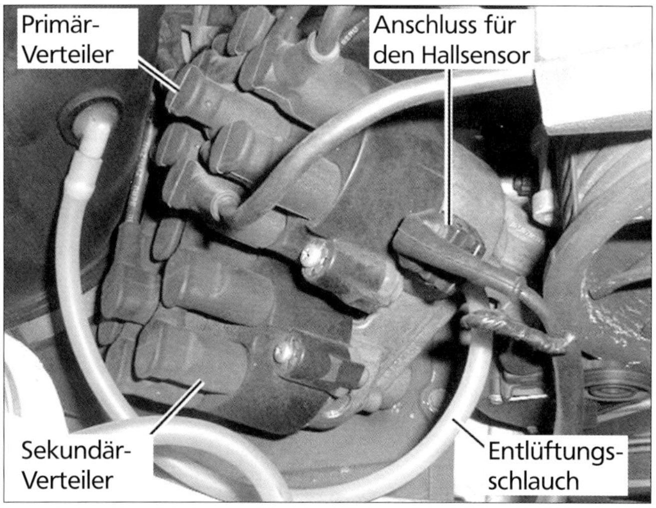

Zündanlage

Zündanlagen beim Porsche 964
Saugmotoren: .... Bosch Motronic
Turbo-Modelle: .... Bosch EZ69

Saugmotoren

Die Doppelzündung der Saugmotoren wird durch die Bosch Motronic gesteuert.
Das Zündsystem besteht aus:

- zwei Zündspulen,
- zwei Zündschaltern, die von der Motronic angesteuert werden,
- zwei Zündverteilern,
- 12 Zündkabeln und zwei Spulenkabeln,
- 12 Zündkerzen (zwei für jeden Zylinder) sowie
- dem Schwungrad-Drehzahlsensor

Die Motronic ist in der Lage, die zu den Zündspulen geleitete Stromspannung zu variieren. Die beiden Zündkerzen eines Zylinders werden jeweils genau zum gleichen Zeitpunkt gezündet. Die Doppelzündung hat dabei folgende Vorteile:

- Die Zündung und damit die Verbrennung insgesamt werden stärker, was Leistung und Emissionswerte gleichermaßen verbessert.
- Die Spannung verteilt sich auf die Primärwindungen zweier Zündspulen, was deren Erhitzung vermindert und die Lebensdauer erhöht.

Hinweis:
Die Wartung wird dadurch freilich aufwändiger; man muss vom doppelten Aufwand für die Zündanlage ausgehen.

◀ Der erste Zündverteiler wird vom Motor angetrieben und treibt seinerseits mittels eines Zahnriemens aus synthetischem Gummi den zweiten Verteiler an. Leistungssteigerungen am Motor sowie der Rennbetrieb verkürzen die Lebensdauer des Riemens beträchtlich. Im schlimmsten Fall kann der Riss des Riemens einen Motorschaden nach sich ziehen. Um die Lebensdauer dieses Riemens zu verbessern, empfiehlt sich ein Nachrüstsatz (Verteiler-Entlüftung).

Vorsicht:
Stellen Sie sicher, dass dieser Nachrüstsatz in Ihrem Wagen eingebaut ist. Schauen Sie dazu unter den Wartungshinweisen am Ende dieses Kapitels nach.

Für die Steuerung der Einspritz- und Zündzeitpunkte erhält die Motronic ein Motordrehzahlsignal vom Schwungrad-Drehzahlsensor.

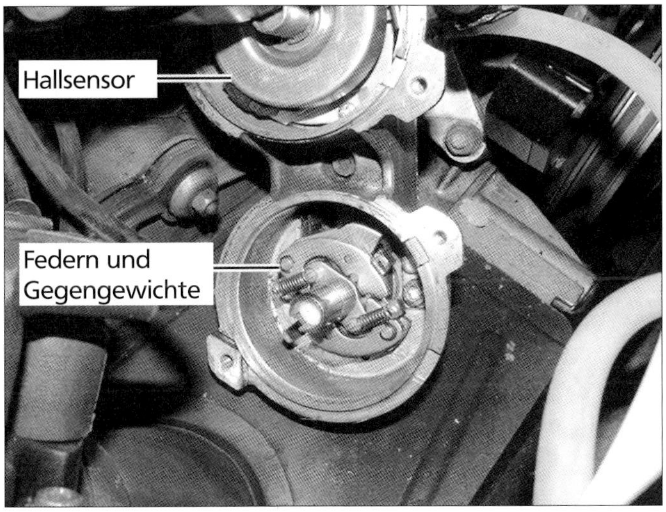

◀ Der zweite Zündverteiler enthält ein Fliehkraftsystem mit Federn und Gegengewichten. Dadurch wandert der Rotor bei hoher Drehzahl etwas vor und gleicht die drehzahlunabhängige Trägheit des Systems wieder aus.

Hinweis:
Der zweite Zündverteiler dient beim 964-Saugmotor lediglich dem Zweck, die zweite Zündkerze mit Hochspannungsstrom zu versorgen. Damit dies genau zum selben Zeitpunkt erfolgt wie bei der ersten Zündkerze, bedarf es dieses Vorstellmechanismus.

Die eine Zündspule versorgt sechs Zündkerzen, die andere die weiteren sechs. Beide Kerzen in einem Zylinder zünden stets genau gleichzeitig, also ohne Zeitversatz. Anordnung und Positionierung der Zündverteiler sind bei der Konstruktion festgelegt worden und lassen sich nicht verändern. Der Zündzeitpunkt ist elektronisch durch die Motronic geregelt. Es fehlt daher an Einstellmöglichkeiten in den Verteilern.

Hinweis:
Bei der Wartung der Zündanlage sind die Vorgaben gemäß Kapitel 2 zu beachten.

Beispiel für ein Zündkennfeld

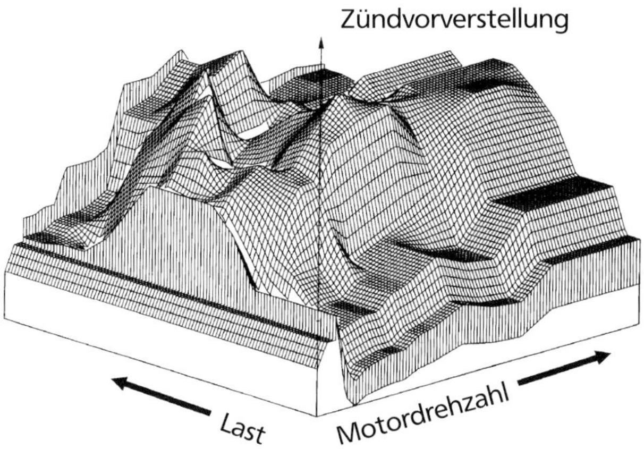

Zündcharakteristik

◀ Die Motronic berücksichtigt Motorlast, Drehzahl und Ansauglufttemperatur als Parameter zur Festlegung des Zündzeitpunkts. Das dazu gespeicherte Kennfeld gibt zu den jeweiligen Betriebsbedingungen den günstigsten Zündzeitpunkt an. Dieses Kennfeld ähnelt dem hier gezeigten und ist elektronisch in der Motronic gespeichert.

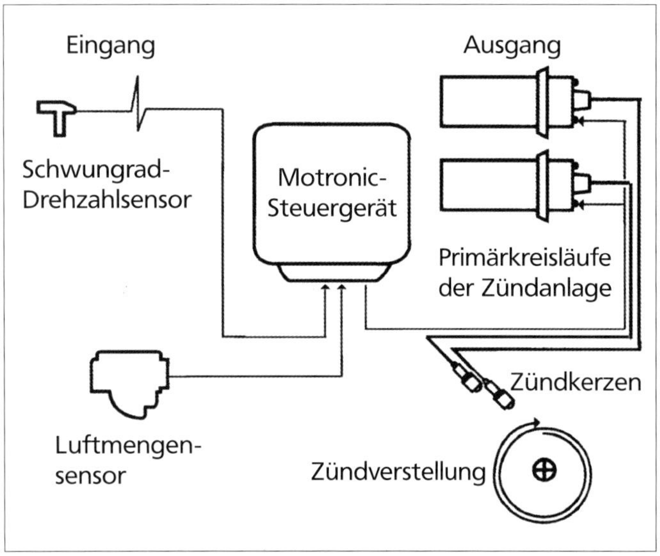

◀ Der anfängliche Zündzeitpunkt wird über den Schwungrad-Drehzahlsensor beim Anlassen festgelegt. Wenn der Motor einmal läuft, erfolgt eine permanente Anpassung an die Betriebsbedingungen.

Vorsicht:
Die Zündanlage arbeitet mit lebensgefährlicher Hochspannung. Daher ist die Berührung mit Kontakten und anderen stromführenden Teilen zu vermeiden. Seien Sie besonders vorsichtig, wenn Sie bei eingeschalteter Zündung oder laufendem Motor am Fahrzeug arbeiten.

Hinweis:
Beim 964-Saugmotor entsteht ein Zündfunken erst ab einer Motordrehzahl von 30/min.

Schließwinkel

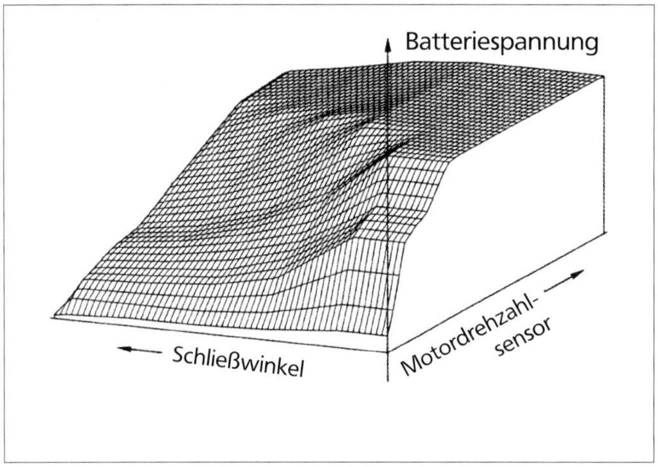

◀ Mit dem Schließwinkel wird die Zeit definiert, die zum Aufladen der Primärwicklung in der Zündspule benötigt wird. An deren Ende wird die Stromversorgung gekappt, wodurch die zusammenbrechende Spannung ein Magnetfeld erzeugt. Dadurch wird in der Sekundärwicklung ein sehr hochgespannter Strom induziert, der über die Verteiler zu den Zündkerzen abfließt.
Der Schließwinkel wird von der Motronic anhand von Drehzahl und Batteriespannung errechnet. Bei schwacher Batteriespannung vergrößert sich der Schließwinkel. Die Motronic nutzt das Motordrehzahlsignal, um die einmal erreichte Spannung in der Primärwicklung aufrecht zu erhalten, bis der Zündzeitpunkt erreicht ist.

Klopfsensoren

Klopfen oder Klingeln zeigt die vorzeitige Selbstentzündung des Gemischs im Motor an. Meist ist ein Kraftstoff mit zu geringer Oktanzahl die Ursache. Motortemperatur, Last und Alter sind weitere Umstände, die das Klopfen begünstigen können.
Klopfsensoren sind Mikrophone, die darauf ausgelegt sind, die Geräusche vorzeitiger Zündung wahrzunehmen. Mit der Klopfregelung wird den nachteiligen Folgen des Klopfens für die Motorlebensdauer entgegengewirkt. Die Motronic

nutzt das Klopfsignal dazu, die Zündung spät zu stellen, um dem Klopfen entgegenzuwirken.

Hinweis:
Im Abschnitt Kraftstoffempfehlungen ist ausgeführt, welche Oktanwerte der Kraftstoff haben sollte, und welche niedrigeren Werte kurzzeitig erlaubt sind.

Systembestandteile

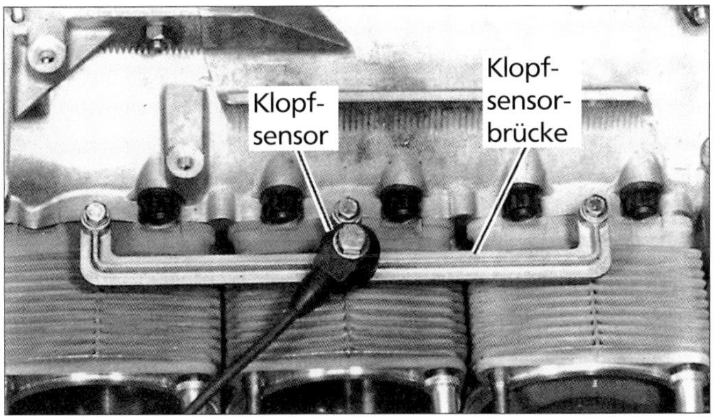

◀ Der 964-Saugmotor hat zwei Klopfsensorbrücken, und zwar eine auf jeder Motorseite. Die eine verbindet also die Zylinder 1 bis 3 miteinander, die andere die Zylinder 4 bis 6. Die Klopfregelung erfolgt im Motronic-Steuergerät.

Vorsicht:
Die Klopfsensoren müssen richtig montiert und mit dem richtigen Drehmoment angezogen sein. Sie sprechen auf Vibrationen und harmonische Frequenzen von 5 bis 10 kHz an. Bei fehlerhafter Montage können sie ihre Aufgabe nicht mehr richtig wahrnehmen.

Funktion der Klopfregelung
Das Motronic-Steuergerät gibt einen Zündimpuls an jede Zündschaltereinheit, damit jede Primärwicklung in den Zündspulen mit der vorbestimmten Spannung aufgeladen wird. Die dafür benötigte Zeit wurde im Zusammenhang mit dem Schließwinkel bereits angesprochen. Zu einem genau vorbestimmten Zeitpunkt wird diese Spannung abgebrochen. Dadurch wird in der Sekundärwicklung ein Strom mit viel höherer Spannung induziert. Dieser Strom wird über die Zündverteilerfinger und die in ihren Deckeln untergebrachten Kontakte der jeweils richtigen Zündkerze zugeführt. Dadurch wird also der genaue Zündzeitpunkt festgelegt.
Das Zündkennfeld im Motronic-Steuergerät stellt zunächst die Zündung früher als für den verwendeten Kraftstoff vorgegeben ist. Stellen die Klopfsensoren ein Klopfgeräusch fest, wird die Zündung später gestellt. Die Klopfsensoren können keine Frühverstellung der Zündung bewirken.
Wird ein Klopfsignal wahrgenommen, wird der Zündzeitpunkt für den betroffenen Zylinder um 3 Grad später gestellt. Klopft der Motor weiter, wird die Zündung nochmals in zwei weiteren Schritten um jeweils 3 Grad später gestellt,

insgesamt also um 9 Grad. Wenn das Klopfsignal erlischt, wird die Zündung in kleinen Schritten wieder früher gestellt.

Hinweis:
Wenn das Motronic-Steuergerät einen Defekt am Klopfsensor oder seinem Stromkreis ermittelt, wird die Zündung um 6 Grad später gestellt. Dabei bleibt es, bis der Defekt behoben ist.

Vorsicht:
Die Spätverstellung durch die Klopfsensoren verhindert keine Motorschänden durch einen schadhaften Zündverteiler-Riemen.

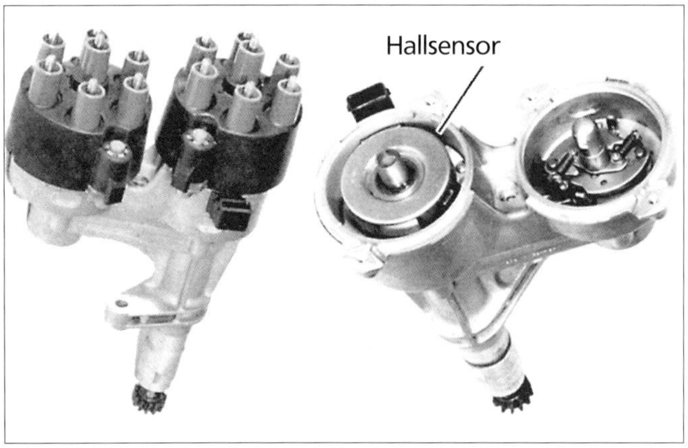

Die beiden Zündverteiler sind in einem Bauteil zusammengefasst.

◂ Ein Hallsensor im ersten Zündverteiler signalisiert den oberen Totpunkt des ersten Zylinders. Dadurch kann das Motronic-Steuergerät ein Klopfgeräusch einem bestimmten Zylinder zuordnen. Der Hallsensor markiert die Stellung des Verteilerfingers im ersten Zündverteiler. Sein Signal ist von der Motordrehzahl unbeeinflusst. Bei defektem Hallsensor springt der Motor nicht an. Das gesamte Zündverteiler-Bauteil muss dann ersetzt werden.

Zündanlage der Turbo-Modelle

Zündsteuergerät Bosch EZ69 auf der linken Seite des Turbo-Motors

◂ Die elektronische Zündung EZ69 von Bosch findet in beiden Turbo-Varianten des 964 (Motoren M30/69 und M64/50) Verwendung. Die Bauteile der Turbo-Zündanlage sind dem Sauger ähnlich, aber nicht immer zwischen beiden Motoren austauschbar:

- Motorgetriebener Zündverteiler (kein zweiter Verteiler)
- Einzelne Zündspule mit integriertem Zündschalter, rechts über dem Verteiler auf dem Gebläsegehäuse
- Sechs Zündkerzen
- Sechs Zündkabel und -stecker
- Steuergerät EZ69 von Bosch links im Motorraum (rechts neben dem Motorsicherungskasten) mit Saugrohrdruckmessung für die Bestimmung des Zündzeitpunkts
- Relais Nr. 1 für das Steuergerät der Zündanlage im Motorsicherungskasten

Die Bauteile haben folgende Porsche-Ersatzteilnummern:

Steuergerät für 3,3-Liter-Motor M30/69:	965 602 706 01
Steuergerät für 3,6-Liter-Motor M64/50:	965 602 706 02
Zündverteiler:	965 602 024 00
Zündkerze:	Bosch FR6 LDC

Hinweis:

Die neuen Zündkerzen wurden mit dem Modelljahr 1994 eingeführt, können aber für alle früheren Modelle nachgerüstet werden. Sie sind besonders wirksam und langlebig. Normalerweise ist ein Austausch erst nach 40.000 Kilometern erforderlich.

Die Zündanlage für den 1991/92 verwendeten Motor M30/69 basiert auf der des früheren 930/68 von 1989. Die Ersatzteilnummern beginnen daher mit 930, ausgenommen die für Zündspule und Steuergerät.

Mit dem 964 Turbo führte Porsche eine mikroprozessorgesteuerte Regelung des Zündzeitpunkts ein. Es sind also im Steuergerät Kennfelder für Schließwinkel und Zündzeitpunkt gespeichert. Diese Technik wird digitale Zündungssteuerung genannt.

Für den Motor M64/50 von 1993/94 blieb die Anlage grundsätzlich unverändert, jedoch wurden

- die im Steuergerät gespeicherten Kennfelder verändert und
- die Leitung zur Messung des Drucks im Saugrohr auf die Drosselklappen-Ausgangsseite verlegt, wodurch die Auswirkungen des Volllast-Pulsierens auf den Drucksensor verringert wurden.

Turbo von 1991 im Renneinsatz mit korrekt arbeitender Zündanlage (Foto: Steve Shanks)

Funktionsmodell Turbo

Die Zündanlage Bosch EZ69 wird vom Zündrelais aus mit Strom versorgt. Dieses befindet sich links im Motorraum im Stromverteilerkasten. Das Steuergerät der Zündanlage erhält Signale vom

- Schwungrad-Drehzahlsensor,
- vom Ansaugluft-Temperaturfühler und vom
- 0-Grad-Drosselklappenschalter.

Das Steuergerät verfügt über einen Ansaugluftdrucksensor, der über einen Schlauch mit dem Drosselklappengehäuse verbunden ist. Dieser soll dem Steuergerät Daten über die Motorlast liefern (Menge und Druck der dem Motor zugeführten Ansaugluft).

Eingangsdaten für das Zündungs-Steuergerät

Aus den von den noch zu beschreibenden Sensoren gelieferten Daten errechnet das Steuergerät anhand vorprogrammierter Kennfelder den richtigen Schließwinkel und den richtigen Zündzeitpunkt für jede einzelne Zündkerze.

Elektronische Leerlaufregelung

Wenn die Drehzahl unter einen bestimmten Wert fällt, wird die Zündung durch einen Regler in Richtung „Früh" verstellt.

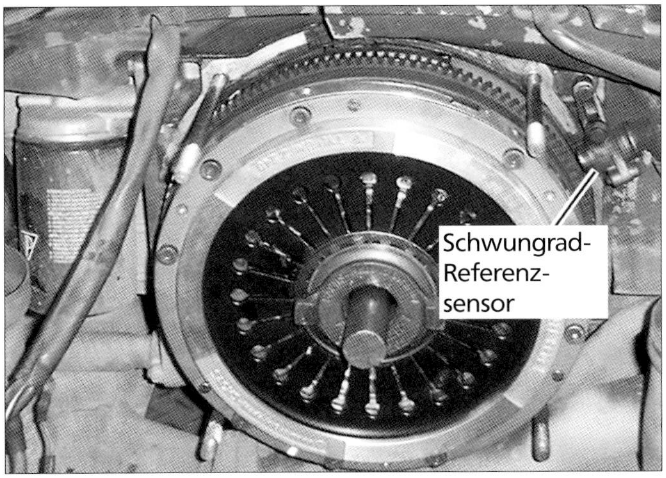

Schwungrad-Referenzsensor

◀ Dieser Fühler gleicht dem Schwungrad-Drehzahlsensor bei den Saugmotoren, misst die Schwungrad-Drehzahl und liefert das Signal an das Zündungs-Steuergerät.

Motoröl-Temperaturfühler

◀ Ein Negativ-Temperaturkoeffizient-Fühler im Kurbelgehäuse misst die Motoröltemperatur. Dieses Signal wird im Zündungs-Steuergerät verwendet, um den Zündzeitpunkt zu optimieren. Der Zustand dieses Fühlers wird überwacht. Bei offenem Stromkreis wird das Temperatursignal ignoriert und durch einen vorprogrammierten Mittelwert ersetzt.

Leerlaufschalter

Der 0-Grad-Drosselklappenschalter informiert das Zündungs-Steuergerät, wenn die Drosselklappe geschlossen ist (Leerlauf und Schiebebetrieb).

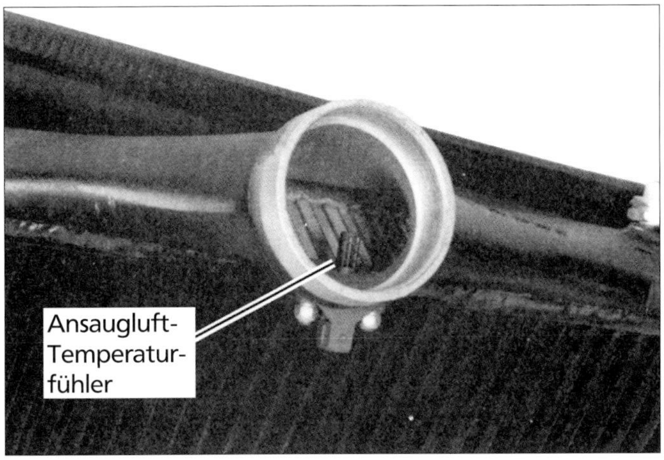

Ansaugluft-Temperaturfühler

◀ Das Signal für die Ansauglufttemperatur wird im Zündungs-Steuergerät verarbeitet. Dieser Positiv-Temperaturkoeffizient-Fühler ist in die Öffnung des Ladeluftkühlers eingebaut. Mit zunehmender Temperatur nimmt auch der Widerstand des Fühlers zu. Gibt der Fühler ein unbrauchbares Signal ab, so wird die Zündung um 2,8 Grad später gestellt, wenn der Drucksensor mehr als 1,25 bar meldet.

Das Zündungs-Steuergerät gibt folgende Signale ab:

- Zündsignal an die Zündspule
- Drehzahlsignal an das Ladedruck-Steuergerät und den Drehzahlmesser

Änderungen am Zündverteiler für Turbo 3.6

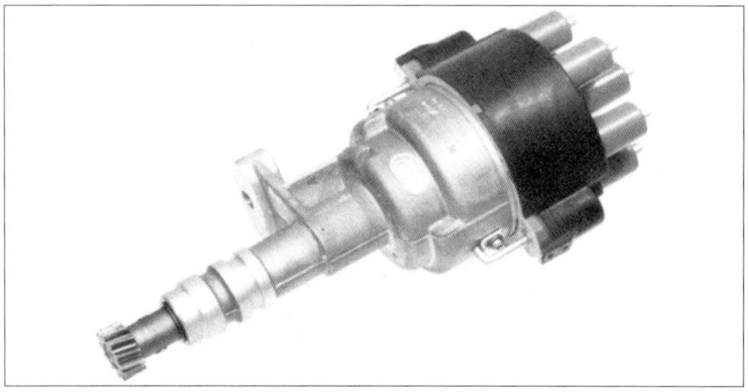

◀ Als Porsche die Motorenbaureihe M64 auf Turbobetrieb umstellte, blieb man der bei den bisherigen Turbos verwendeten Bosch KE-Jetronic treu. Diese verfügt nur über einen Zündverteiler. Wegen einer Änderung am Gehäuse des Kühlgebläses war ein neues Zündverteilerbauteil mit längerer Antriebswelle nötig.

Die Fliehkraftgewichte – wie bei der Doppelzündung der Saugmodelle – wurden eingebaut, um bei hoher Verteilerdrehzahl die Zündung nochmals früher zu stellen, was die systemimmanente zeitliche Verzögerung wieder ausgleicht.

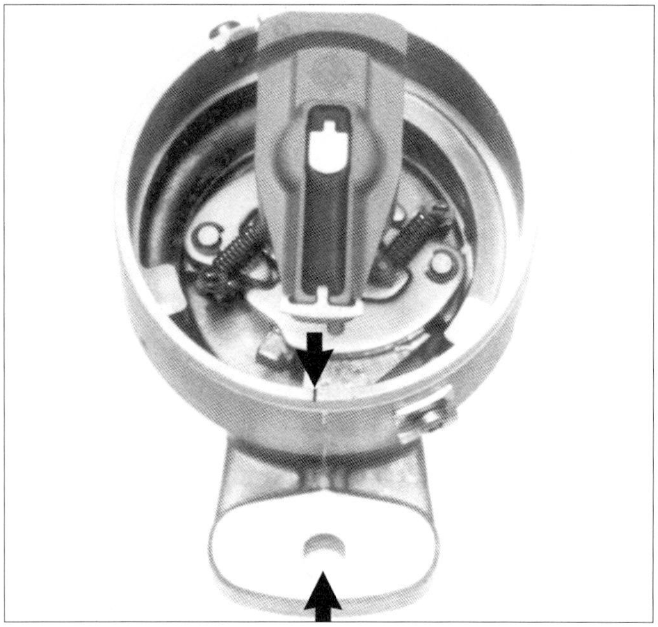

◀ Die Markierung für den oberen Totpunkt von Zylinder 1 fluchtet nun zur Befestigungsschraube hin. Daher mussten die übrigen Verteilerkontakte angepasst werden.

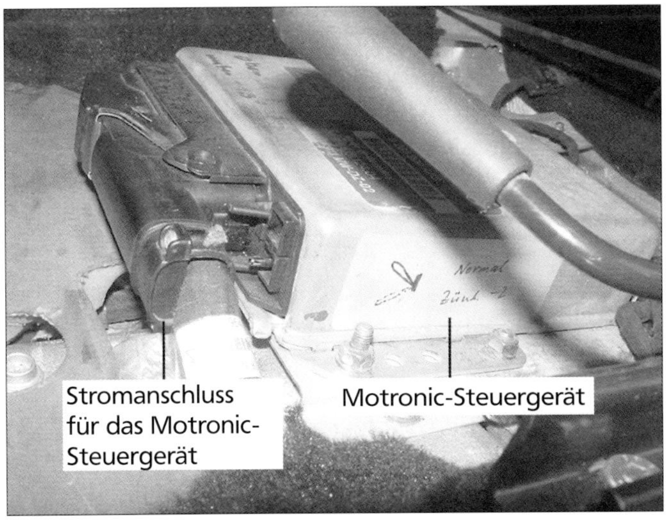

Das Motronic-Steuergerät und seine Anschlüsse unter dem linken Sitz muss man trocken halten. Der Stromanschluss vorn am Gerät darf nicht korrodiert sein.

Wartungshinweise

Wartung der Motronic

Für das Motronic-Steuergerät sind keinerlei Wartungsarbeiten vorgeschrieben. Am ehesten bereitet dieses Steuergerät Probleme, wenn die Anschlüsse korrodiert sind. Es empfiehlt sich daher, diese Kontakte und die zugehörigen Stecker einmal im Jahr auf Korrosion hin zu überprüfen. Wenn die Kontakte beschädigt sind, ist ihr Austausch so gut wie unmöglich und ein neues Steuergerät ist sehr teuer. In feuchten Klimazonen empfiehlt es sich sogar, den Korrosionscheck zweimal im Jahr durchzuführen.

Wird der Stecker vom Motronic-Steuergerät abgezogen, stellt sich dessen adaptives Memory zurück und die Neuprogrammierung erfordert eine fünfzehnminütige, sportliche Fahrt.

Probleme mit dem Drosselklappengehäuse

Am Drosselklappengehäuse oder in seiner Nähe befinden sich einige wichtige Geber für das Motronic-Steuergerät. Arbeiten, die damit eigentlich nichts zu tun haben, können aber Auswirkungen auf dieses Gehäuse haben und so die Arbeit der Motronic beeinträchtigen. Wenn beispielsweise der Motor mit zu viel Öl befüllt wird, kann einiges davon über die Kurbelgehäuseentlüftung in den Luftfilter oder ins Drosselklappengehäuse gelangen. Der Luftmassenmesser kann dadurch verunreinigt werden und zu unrundem Leerlauf („Sägen") führen.

Batteriewartung

Prüfen Sie den Flüssigkeitsstand regelmäßig und füllen Sie gegebenenfalls nach. Diese Mühe ersparen nur die wartungsfreien Batterien.

Saugmotor

Riemen am Motor

Die folgende Übersicht führt die Keilriemen für Lichtmaschine, Kühlgebläse und Klimakompressor mit ihren Größen für die 964-Baureihe auf:

Motor	Licht-maschinen-riemen	Kühl-gebläse-riemen	Klima-kompressor-riemen
M64/01	9.5x776	9.5x776	12.5x1080
M64/02	9.5x760	9.5x776	12.5x1080
M30/69	Keilrippen 1554K6	9.5x776	entfällt
M64/50	Keilrippen 1554K6	9.5x776	entfällt

Turbomotor: Keilrippenriemen für Lichtmaschine und Klimakompressor

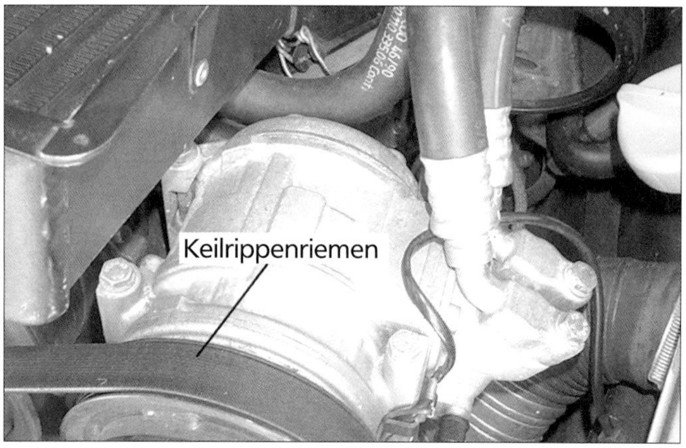

Turbomotor: Blick von oben auf den Keilrippenriemen

Schadhafter Verteilerkeilriemen

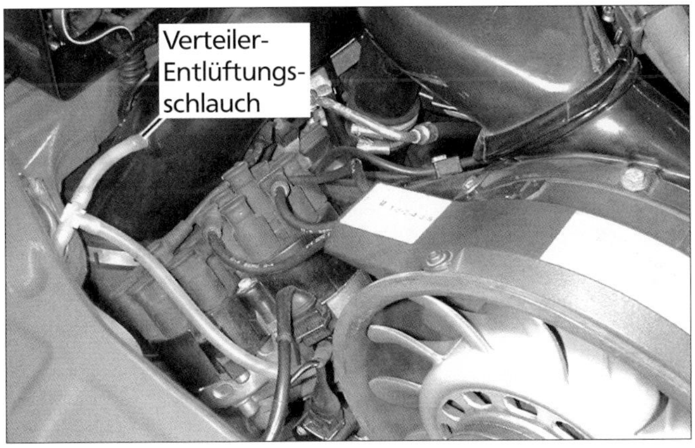

Riemen für den zweiten Zündverteiler

◀ Als Porsche bei den 964-Saugmotoren der Reihe M64 auf Doppelzündung überging, erwies sich der Antriebsriemen für den zweiten Zündverteiler als Schwachpunkt. Aus Gummi gefertigt, erlitt er schon früh Schäden infolge Ozoneinwirkung. Beim Überspringen der Spannung vom Verteiler auf den Kontakt entsteht jedes Mal Ozon im Verteilergehäuse. Vermeiden ließen sich solche Schäden nur durch eine Belüftung dieses Gehäuses, eine von Porsche eingeführte und bei vorhandener Doppelzündung grundsätzlich sehr empfehlenswerte Modifikation. Dazu wird über einen Schlauch Luft von der hinteren Gebläseausgangsleitung zugeführt. Der Schlauch ist über ein Verbindungsstück an das Verteilergehäuse angeschlossen. Auch wenn sich diese Veränderung tatsächlich bewährt hat, darf man trotzdem nicht vergessen, dass der fragliche Riemen aus Gummi gefertigt ist und irgendwann seinen Geist aufgeben wird. Das empfohlene Intervall für den Austausch dieses Riemens finden Sie in **Kapitel 2**.

◀ Das Entlüftungsbauteil wurde erst gegen Ende der 964-Bauzeit eingeführt. Dementsprechend wurde auch die Ersatzteilnummer für das Verteilerbauteil geändert. Für ältere 964 war ein Umrüstsatz erhältlich, der unbedingt in jeden 964 mit Doppelzündung eingebaut sein sollte.

◀ Probleme mit dem Riemen kann man erkennen, wenn man sich die sichtbaren Teile an der Unterseite des zweiten Verteilers anschaut.
Eine Schutzvorkehrung gegen Schäden am Motor infolge eines Ausfalls des zweiten Zündkreises fehlt. Es gibt jedoch eine Konstellation, in der der Ausfall dieses zweiten Zündkreises den Motor nachhaltig beschädigen kann: Wenn der Rotor genau auf einem Kontakt stehen bleibt, wird die über diesen Kontakt versorgte Zündkerze ständig zünden. Das kann dazu führen, dass ein Loch in den Kolbenboden gebrannt werden könnte. Dies ist zwar recht unwahrscheinlich, trotzdem sollte der Fahrer jeden Leistungsverlust und jedes andere ungewöhnliche Verhalten des Motors zum Anlass nehmen, den Riemen zu überprüfen. Es hat sich herausgestellt, dass viele 964-Fahrer den Ausfall des zweiten Zündkreises überhaupt nicht bemerkt haben. Die regelmäßige Inspektion des Riemens sei daher empfohlen.

Kapitel 5: Antrieb

Der 911 Anniversary ist im Grunde ein Carrera 4 mit Allradantrieb und Turbo-Look.

(Foto: Streather)

Tabellen

Einführung

Carrera 4 von 1990 mit Allradantrieb

(Foto: Thierry de Wispelaere)

◄ Mit dem Carrera 4 von 1989 wurde auch ein neues Fünfganggetriebe in Verbindung mit Allradantrieb und Traktionskontrolle (PDAS) vorgestellt. Die Funktionselemente der Traktionskontrolle sind in das Getriebe eingebaut.

Hinweis:

Der Allradantrieb funktioniert auch, wenn die Traktionskontrolle defekt ist.

Motor M64/02 mit Tiptronic-Automatikgetriebe

(Foto: Porsche AG)

◄ Zum Modelljahr 1990 wurde mit dem Carrera 2 die Viergang-Automatik „Tiptronic" eingeführt, jedoch nicht bei den Turbo-Modellen. Bei Porsche war dies die erste Automatik seit den Tagen der Sportomatic, die es im 911 SC noch bis 1983 gegeben hatte.

In diesem Kapitel werden Allradantrieb und Tiptronic beschrieben, aber auch

- Schwungrad und Kupplung,
- das normale Fünfganggetriebe für Carrera 2 und Turbo,
- die normalen und die Sperrdifferenziale sowie
- die Traktionskontrolle PDAS.

Antriebsstrang Carrera 4

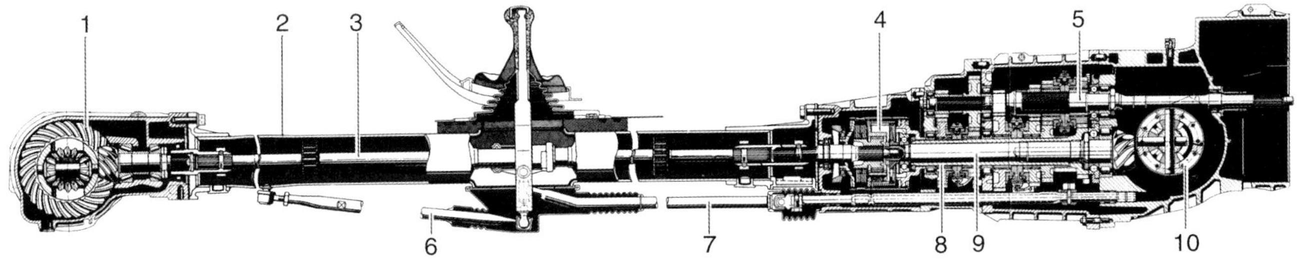

1 Vorderes Differenzial
2 Zentrale Kardanwellenummantelung
3 Zentrale Kardanwelle
4 Zentraldifferenzial
5 Getriebeeingangswelle
6 Schalthebelaufhängung
7 Schaltgestänge
8 Getriebeausgangswelle
9 Hintere Kardanwelle

Einmassen-Schwungrad des Carrera 4 von 1989

Schwungrad

Beim 964 gab es drei Varianten des Schwungrads:

- Einmassen-Schwungrad im Carrera 4 von 1989
- Zweimassen-Schwungrad für alle Versionen von 1990 bis 1994 außer Carrera RS, RS 3.8 und RSR
- Leichtes Einmassen-Schwungrad für Carrera RS, RS 3.8 und RSR, zu dem ein darauf abgestimmtes Motronic-Steuergerät gehört

Gewichte der Schwungradtypen

Carrera 4 von 1989:	8,6 kg
Zweimassen-Schwungrad:	13,6 kg
Carrera RS, RS 3.8 und RSR:	5,45 kg

Hinweis:
Die Gewichte wurden jeweils ohne den Zahnkranz für den Anlasser ermittelt.

Zweimassen-Schwungrad

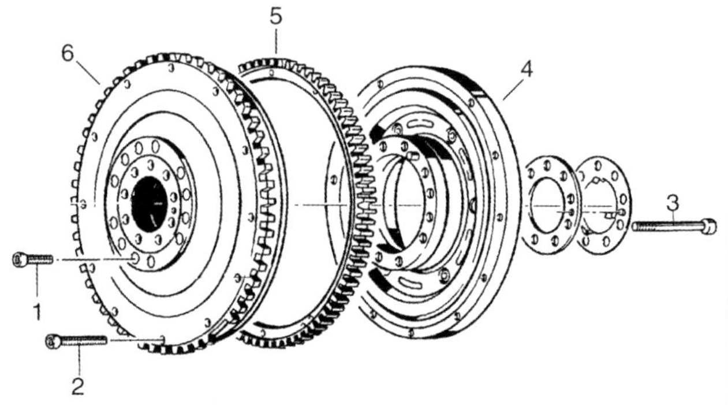

1 M8-Bolzen für das Sekundär-Schwungrad
2 M7-Bolzen für das Primär-Schwungrad
3 M10-Bolzen an Schwungrad und Kurbelwelle
4 Sekundär-Schwungrad
5 Zahnkranz für den Anlasser
6 Primär-Schwungrad

◀ Das Schwungrad hat jeweils zwei Zahnkränze: Einer ist für das Eingreifen des Anlasserritzels bestimmt, der andere für den Schwungrad-Drehzahlsensor, der auf die Bestimmung des Zündzeitpunkts (Motronic und Zündungs-Steuergerät) und der Einspritzmenge (nur Motronic) Einfluss hat. Letzterer Zahnkranz ist in das Schwungrad integriert. Der Anlasser-Zahnkranz kann bei den Saugmotoren vom Freudenberg-Zweimassen-Schwungrad der M64/01-Motoren leicht abgenommen werden. Bei den Turbomotoren M30/69 und M64/50 geht das nicht, weil hier der Anlasser-Zahnkreis an das Freudenberg-Zweimassen-Schwungrad angeschweißt ist.

Zweimassen-Schwungrad

Vom Zweimassen-Schwungrad gab es vier Varianten:

- Ursprüngliche Ausführung von Freudenberg (Carrera 2 und 4 von 1990)
- Modifizierte Ausführung von Freudenberg (Ende 1991 bis Ende 1992 im Carrera 2, bis Ende 1994 im Carrera 4, bei dem ein modifiziertes Zweimassen-Bauteil eingesetzt wurde, um die Schwungradschäden des Modelljahres 1990 zu vermeiden)
- Turbo-Version des Freudenberg-Schwungrades (1991 bis 1994)
- LuK-Zweimassen-Schwungrad für den Carrera 2 ab Ende 1992, das beim Carrera 4 nie eingebaut wurde, in diesem aber nachgerüstet werden kann

Aufbau des Zweimassen-Schwungrades (Turbo von 1991)

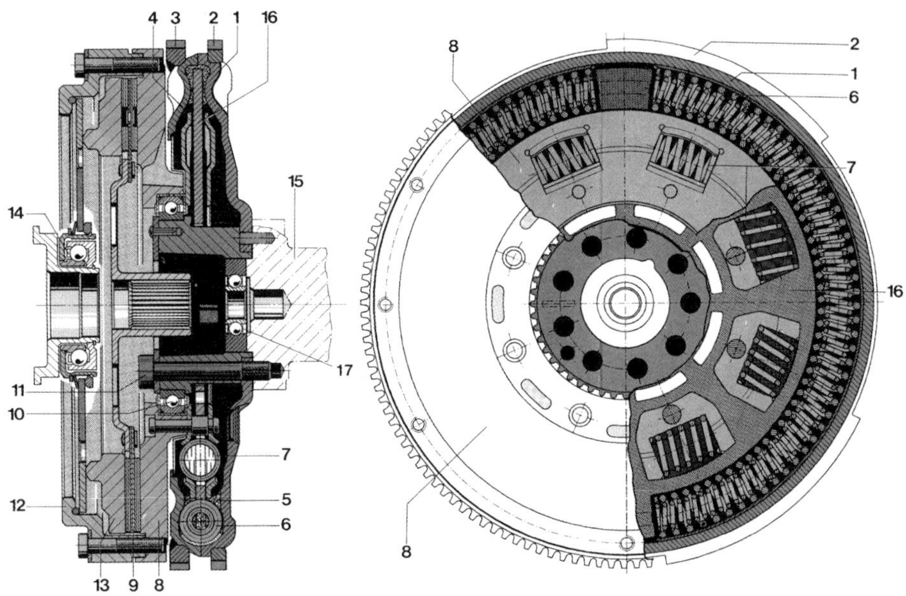

1 Primar-Schwungrad
2 Geber-Zahnkranz für Zündung und Einspritzanlage
3 Zahnkranz für Anlasserritzel
4 Abdeckung
5 Fettpackung (Dämpfer)
6 Äußere Dämpferfeder
7 Innere Dämpferfeder
8 Sekundär-Schwungrad
9 Kupplungsscheibe
10 Lager
11 Bolzen (85 Nm Anzugsdrehmoment)
12 Gehäuse der Druckplatte
13 Kontaktscheibe
14 Ausrücklager
15 Kurbelwelle
16 Kuplungsplatte
17 Getriebe-Pilotlager

Kupplung

Funktionsweise

Der Porsche 964 hat eine hydraulische Kupplungsbetätigung.

◄ Der Geberzylinder dieser Hydraulik ist mittels Hebelarms mit dem Kupplungspedal verbunden. Durch die Hydraulikleitung wird der auf den Geberzylinder ausgeübte Druck zum am Getriebe montierten Nehmerzylinder übertragen.

◄ Der Nehmerzylinder wirkt auf den Kupplungsausrückhebel.

Wenn Bauteile ersetzt wurden, muss die Hydraulik dieses Systems entlüftet werden. Es wird mit Bremsflüssigkeit befüllt und ist an den Hauptbremszylinder angeschlossen. Wie diese Anlage entlüftet wird, verrät **Kapitel 6**.

Kupplungsbauteile

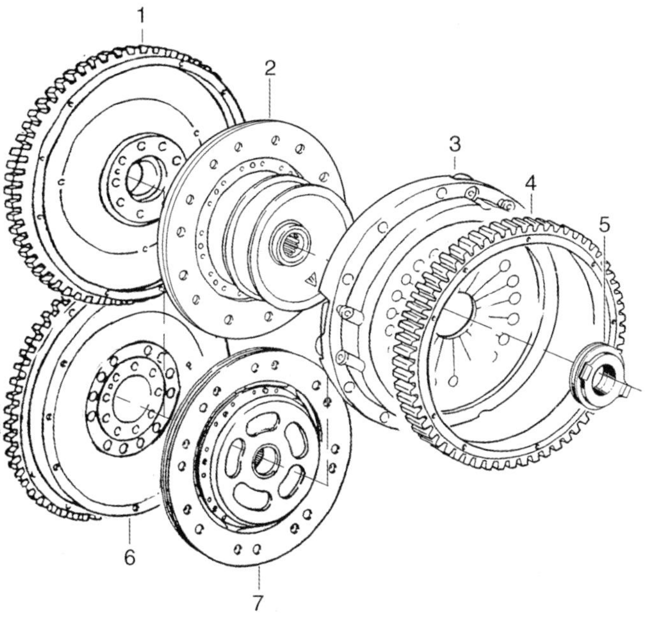

1 Einmassen-Schwungrad
2 Gummizentrierte Kupplungsscheibe (nur Modelljahr 1989)
3 Druckplatte
4 Anlasser-Zahnkranz
5 Ausrücklager
6 Zweimassen-Schwungrad
7 Starr zentrierte Kupplungsscheibe (ab Modelljahr 1990)

Gummizentrierte Kupplungsscheibe aus einem Carrera 4 von 1989

Mechanik

◀ Die Kupplungsscheibe des Carrera 4 von 1989 ist gummizentriert. Diese Kupplungsbauart ist nicht sehr zuverlässig und reagiert empfindlich auf Fehlbehandlung. Viele Besitzer dieser Fahrzeuge haben auf eine feder-zentrierte Ausführung umgerüstet.

Ab Modelljahr 1990 wurden Carrera 2 und 4 mit Zweimassen-Schwungrad und starr zentrierter Kupplungsscheibe ausgerüstet. Das Wegfiltern von mechanischem Spiel aus dem Antriebsstrang erfolgte nun im Schwungrad, nicht mehr in der Kupplungsscheibe.

Hinweis:

Wechseln Sie beim Kupplungswechsel stets auch die Druckscheibe. Verwenden Sie die für die jeweilige Kupplungsbauart richtige Variante der Druckscheibe.

Getriebe G64 des Carrera 4

Getriebe G50 für Carrera 2 und Turbo

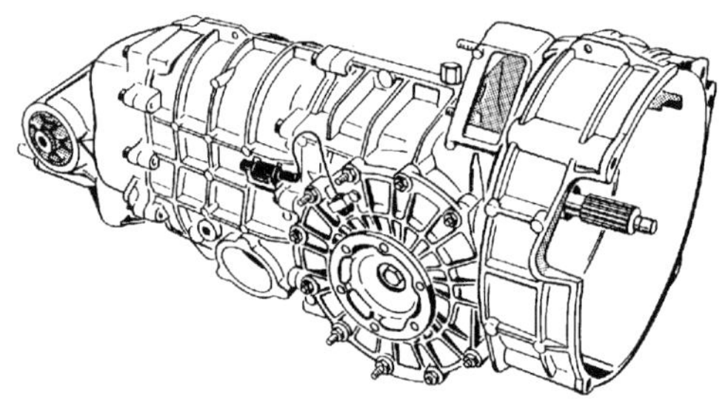

Automatik „Tiptronic", Typ A50

Getriebe

Die nachfolgende Übersicht zeigt, welche Getriebe in welchen 964-Modellen verwendet wurden.

Modelle mit Fünfgang-Schaltgetriebe

Modell	Getriebe	Land	Anmerkung
Carrera 4	G64/00	alle	außer Schweiz und Taiwan
Carrera 4	G64/01	Schweiz	
Carrera 4	G64/02	Taiwan	bis 1992 in USA
Carrera 2	G50/03	alle	außer Schweiz
Carrera 2	G50/04	Schweiz	
Carrera 2/RS America	G50/05	USA, (RoW)	ab 1992
Carrera RS/ RS 3.8	G50/10	Nicht für USA	
Turbo 3.3	G50/52	alle	Sperrdifferenzial
Turbo S2	G50/52	USA, (RoW)	Sperrdifferenzial
Turbo S	G50/52	Nicht für USA	Sperrdifferenzial
Turbo 3.6	G50/52	alle	Sperrdifferenzial
Turbo 3.6 S	G50/52	alle	Sonderausstattungen X83 bis 85 und 88

Modelle mit Viergang-Automatik „Tiptronic"

Modell	Getriebe	Land	Anmerkung
Carrera 2	A50/01	alle	bis 1992
Carrera 2	A50/02	Nicht für USA	ab 1993
Carrera 2	A50/03	USA	ab 1993
Carrera 2	A50/03	Taiwan	ab 1993

Getriebe und Hinterradaufhängung

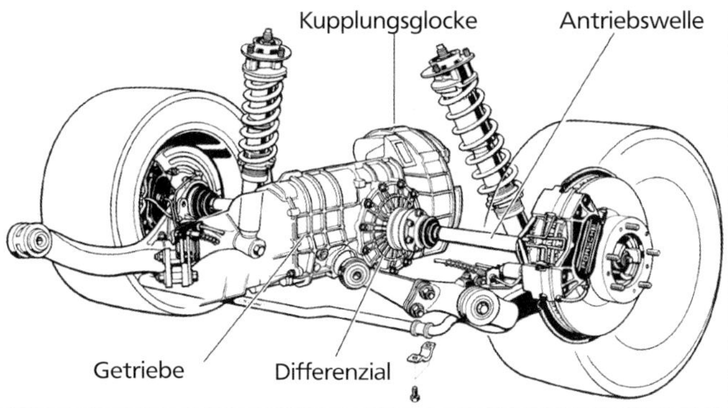

Schaltgetriebe

◀ Bei beiden Schaltgetrieben, also den Typen G64 und G50, ist das Differenzial mit dem Getriebe zu einem Bauteil zusammengefasst. Im Getriebe G64 für die Allradler ist zudem am vorderen Ende das Zentraldifferenzial untergebracht, das für die Kraftverteilung auf Vorder- und Hinterachse zuständig ist.

Die untenstehende Tabelle zeigt die in diesen Getrieben verwendeten Untersetzungen.

Untersetzungen im Schaltgetriebe

Getriebe	G64/00	G64/01	G64/02	G50/03	G50/04	G50/05	G50/10	G50/52
1. Gang	3,500	3.154	3,500	3,500	3,154	3,500	3,154	3.15
2. Gang	2,118	1,895	2,118	2,059	1,895	2,059	1,895	1,79
3. Gang	1,444	1.333	1,444	1,407	1,333	1,407	1,407	1,27
4. Gang	1,086	1,029	1,086	1,086	1,029	1,086	1,086	0,97
5. Gang	0,868	0,868	0,868	0,868	0,868	0,868	0,868	0,76
Rückwärts	2,857	2,857	2,857	2,857	2,857	2,857	2,857	2,86
Differenzial hinten	3,444	3,444	3,444	3,444	3,444	3,444	3,444	3,44
Differenzial vorn	3,444	3,444	3,444					

Automatikgetriebe „Tiptronic" von unten her betrachtet

Automatik „Tiptronic"

Zur Vorstellung des Carrera 2 wurde 1990 mit der „Tiptronic" erstmals ein Automatikgetriebe für die 964-Baureihe angeboten. Diese stellt gegenüber der zuletzt bis 1983 beim 911 SC verwendeten „Sportomatic" einen beträchtlichen Fortschritt dar. Die neue Automatik folgt auch manuellen Schaltbefehlen, solange im gewählten Gang die Drehzahl innerhalb eines definierten Drehzahlrahmens liegt; beispielsweise wird das Zurückschalten vom 4. in den 1. Gang bei 5000/min unterbunden.
Gleichwohl hat auch die Tiptronic leicht nachteilige Auswirkungen auf die Fahrleistungen.

Differenzial für Automatikgetriebe im America GS

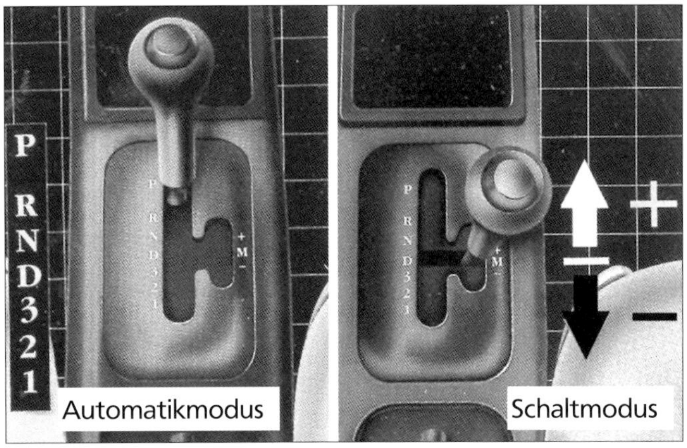

In der 964-Baureihe wurde die Tiptronic für Carrera 2 Coupé, Targa und Cabrio (auch mit breitem Heck) sowie den American Roadster und die Speedster mit normalem und breitem Heck angeboten.

Die Übersetzungen im Automatikgetriebe sind folgende:

Untersetzungen in der Automatik „Tiptronic"

Getriebe	**A50/01**	**A50/02**	**A50/03**
Übersetzung am Getriebeeingang	1,100		
1. Gang	2,479		
2. Gang	1,479		
3. Gang	1,000		
4. Gang	0,728		
Rückwärts	2,086		
Differenzial	3,667		3,555

Steuerung der Tiptronic

◄ Ist der Wählhebel in Position **D**, schaltet das Getriebe automatisch hoch, wenn die zulässige Motordrehzahl erreicht ist. Das Zurückschalten erfolgt, wenn die Drehzahl auf einen zu geringen Wert absinkt. Angefahren wird normalerweise im 2. Gang. Manuell kann der Fahrer dafür jedoch den 1. Gang wählen.
Befindet sich der Wählhebel in der rechten Gasse, so wird der Gangwechsel manuell gesteuert, indem der Hebel nach vorn (Hochschalten) oder nach hinten (Zurückschalten) bewegt wird.

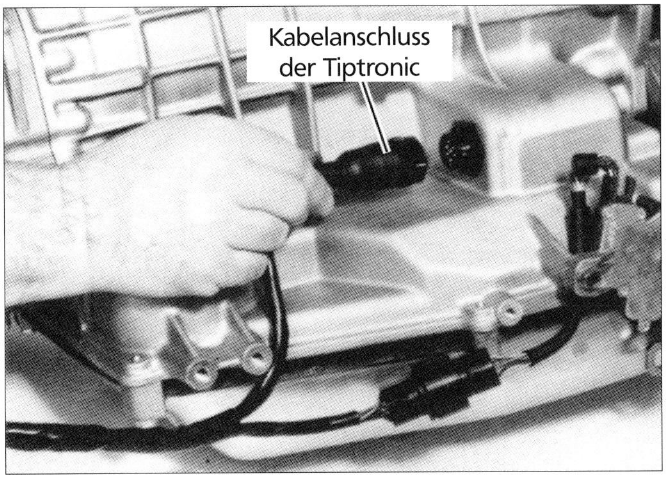

Der Kabelbaum für das Tiptronic-Steuergerät verläuft durch das ganze Fahrzeug und schafft eine direkte Verbindung zwischen Steuergerät und Getriebe.

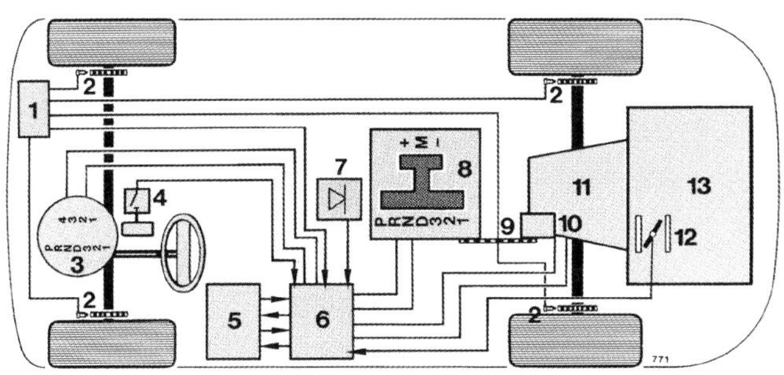

1 ABS-Steuergerät
2 ABS-Raddrehsensoren
3 Tachometer
4 Kickdown-Schalter
5 Motronic-Steuergerät
6 Tiptronic-Steuergerät
7 Querbeschleunigungssensor
8 Wählhebel
9 Schaltseilzug
10 Schaltungspositionsschalter
11 Automatikgetriebe
12 Drosselklappen-Potentiometer
13 Motor M64/02

Das Tiptronic-Steuergerät befindet sich unter dem linken Sitz neben dem Motronic-Steuergerät. Es ist das kleinere der beiden Steuergeräte.
Das Tiptronic-Steuergerät ist die elektronische Informations- und Kommandozentrale für das Automatikgetriebe. Die eingehenden Gebersignale werden mit vorprogrammierten Fahr- und Schaltkennfeldern im Mikroprozessor verglichen. Das Ergebnis dieses Abgleichs führt dazu, einen Schaltbefehl abzusenden oder dies zu unterlassen. Dies gilt für den automatischen Fahrbetrieb genauso wie für manuell vom Fahrer erteilte Schaltbefehle.

Hinweis:
Das für das Modelljahr 1992 überarbeitete Tiptronic-Steuergerät ist für Getriebe, die vor dieser Änderung gebaut wurden, nicht einsetzbar.

◀ Diese Schemazeichnung zeigt den Informationsfluss im Zusammenhang mit der Tiptronic-Steuerung.

Datenverarbeitung im Tiptronic-Steuergerät

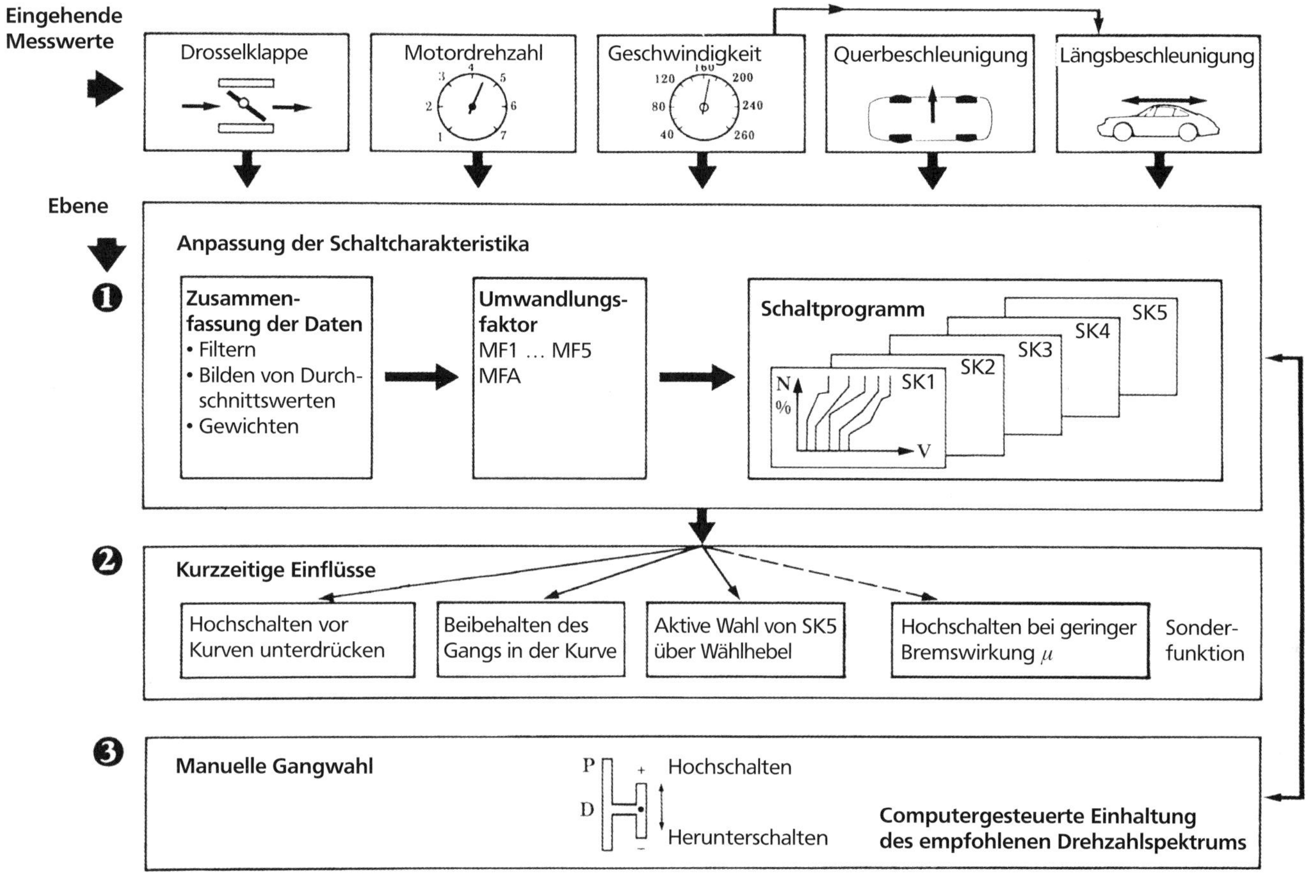

Folgende Messwerte werden dem Tiptronic-Steuergerät kontinuierlich mitgeteilt. Die Werte werden mehrmals pro Sekunde im Steuergerät bestimmt und verarbeitet.

Messwert	Art der Messung
Gaspedalstellung	Widerstand im Drosselklappen-Potentiometer
Geschwindigkeit der Gaspedalbewegung	Änderungsgeschwindigkeit dieses Widerstands
Motordrehzahl	Frequenzmessung der Schwungraddrehzahl (über Motronic-Steuergerät)
Fahrzeuggeschwindigkeit	Pulsdrehzahlgeber an der Getriebewelle
Längsbeschleunigung/-verzögerung	Änderungsgeschwindigkeit dieser Drehzahl
Querbeschleunigung	Signal des Querbeschleunigungssensors

Schaltcharakteristik der Tiptronic

Im Tiptronic-Steuergerät sind fünf unterschiedliche Schaltprogramme hinterlegt, aus denen jeweils eines ausgewählt wird. Die folgenden Übersichten verdeutlichen, wann nach diesen Schaltprogrammen in Abhängigkeit von der Gaspedalstellung geschaltet wird.

Schaltpunkte zum Hochschalten (km/h)

Schaltprogramm	1. → 2.			2. → 3.			3. → 4.		
	A	B	C Kick-down	A	B	C Kick-down	A	B	C Kick-down
1	25	48	63	35	103	122	48	158	183
2	25	48	63	45	103	122	60	158	183
3	27	63	63	52	103	122	74	158	183
4	32	63	63	93	122	122	140	183	183
5	40	63	63	105	122	122	160	183	183

Schaltpunkte zum Herunterschalten (km/h)

Schaltprogramm	4. → 3.			3. → 2.			2. → 1.		
	A	B	C Kick-down	A	B	C Kick-down	A	B	C Kick-down
1	40	138	173	22	48	112	19	29	53
2	48	138	173	22	48	112	19	29	53
3	59	138	173	40	90	112	19	50	53
4	105	167	173	66	112	112	23	51	53
5	112	173	173	75	112	112	29	52	53

A Fahrzeug rollt, Gaspedal nicht durchgetreten
B Gaspedal durchgetreten
C Kick-Down (Gaspedal über den Druckpunkt hinaus durchgetreten)

Elektrohydraulisches Tiptronic-Steuergerät mit Magnetventilen und Kabelanschlüssen

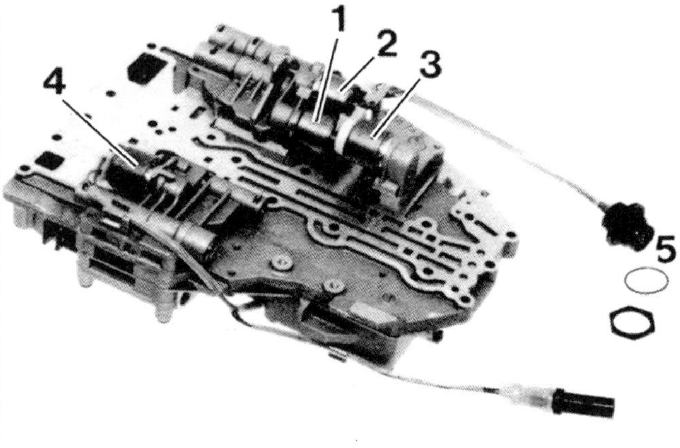

1 Magnetventil 1 für Gangwechsel
2 Magnetventil 2 für Gangwechsel und Rückwärtssperre
3 Magnetventil 3 für Wandlerüberbrückung
4 Druckregler für Steuerdruck
5 Kabelstecker mit Schraube und O-Ring
6 Puls-Fahrgeschwindigkeitssensor

Tiptronic-Sensoren und elektrische Bauteile

◀ Die folgende Übersicht enthält die Sensoren und elektrischen Bauteile im Automatikgetriebe oder dem elektrohydraulischen Tiptronic-Steuergerät.

Bauteil	Funktion
Puls-Fahrgeschwindigkeitssensor	Fahrgeschwindigkeit
Magnetventil 2	Steuerung des Schaltzeitpunkts
Magnetventil 1	Steuerung des Schaltzeitpunkts
Magnetventil	Kupplung für Wandlerüberbrückung
Magnetventil	Steuerdruck
Sender (PTC)	Getriebeöltemperatur

Hinweis:
PTC bedeutet „Positiver Temperatur-Coeffizient“ oder steigender Widerstand im Fühler bei steigender Temperatur.

Weitere Details zu Wartung und Fehlersuche enthält Band 3 des Porsche Werkstatthandbuchs für den 964 Carrera.

Das Tiptronic-Steuergerät kann die Fehlercodes über bis zu 50 Anlassvorgänge speichern. Die Auslesung erfolgt über den 19-poligen Diagnosestecker rechts im Fußraum mit einem Bosch-Testgerät 9288 oder LED-Auslesegerät. Wartungshinweise für die Tiptronic können Sie in **Kapitel 2** nachlesen, Hinweise zur Fehlersuche in **Kapitel 9**.

Hinweis:
Das Tiptronic-Steuergerät verfügt über eine direkte Stromversorgung, damit die Fehlercodes auch bei abgestellter Zündung gespeichert bleiben. Der Speicher wird jedoch gelöscht, wenn die Batterie abgeklemmt oder das Steuergerät ausgebaut wird.

Für den Fall, dass ein Fehler in Hard- oder Software auftritt, ist ein Notprogramm vorgesehen. Sollte sich dieses einschalten, so bedarf die Fehlerbehebung eines Tiptronic-Fachmanns.

Differenzial bei Hinterradantrieb

Beim 964 wurden je nach Modell unterschiedliche Differenziale eingebaut, wie die nachfolgende Übersicht verdeutlicht:

Differenzialtypen

Modell	Bauart	Getriebe	Anmerkung
Normales Differenzial			
Carrera 2, Carrera 2 Turbo-Look, American Roadster, RS America, Speedster	ohne Sperre	Fünfgang-Schaltgetriebe G50/03, 50/04, 50/05	Serienmäßig
Carrera 2, Carrera 2 Turbo-Look, American Roadster, Speedster	ohne Sperre, versetzter Eingang	Viergang-Automatik A50/01, 50/02, 50/03	Serienmäßig
Sperrdifferenzial			
Carrera 2	40 % Sperrwirkung	Fünfgang-Schaltgetriebe G50/03, 50/04	Sonderausstattung M220, nur 1990/91
Carrera 2, Carrera 2 Turbo-Look, American Roadster, RS America, Speedster, Carrera Cup	20-100 % Sperrwirkung	Fünfgang-Schaltgetriebe G50/03, 50/04, 5005	Sonderausstattung M220 ab Modelljahr 1992
Carrera RS, RS 3.8, Turbo, Turbo 3.6	20-100 % Sperrwirkung	Fünfgang-Schaltgetriebe G50/10, 50/52	Sonderausstattung M220 nur für Turbo von 1991
Sperrdifferenzial mit Traktionskontrolle (PSD)			
Carrera 4, Carrera 4 Turbo-Look, 911 Anniversary	mit Traktionskontrolle	Fünfgang-Schaltgetriebe G64/00, 64/01, 64/02	Traktionskontrolle

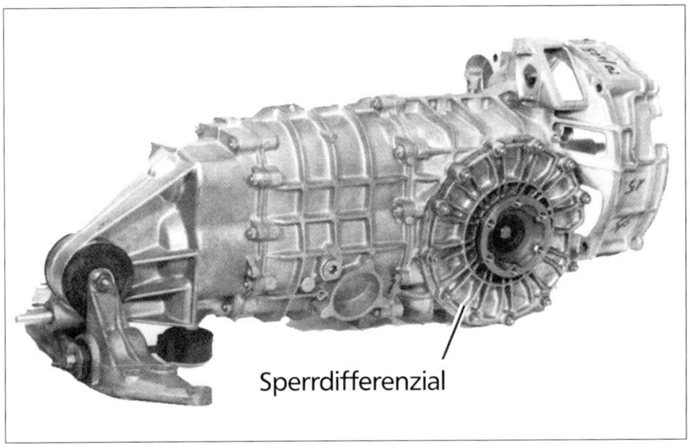

Getriebe G50/52 mit Sperrdifferenzial

Hinweis:
*Unter Sonderausstattung M220 wird das Sperrdifferenzial gelistet. Mehr dazu in **Anhang B**.*

Carrera RS von 1992: Die Unterbodenverkleidung unter dem Motorraum muss entfernt werden, um Zugang zum Sperrdifferenzial zu erhalten.

(Foto: Andy Parrot)

Sperrdifferenzial

Vor Einführung des 964 verwendete Porsche Sperrdifferenziale mit 40 Prozent Sperrwirkung, beim Beschleunigen ebenso wie beim Bremsen. Für den 964 Turbo wurde von ZF ein neues Sperrdifferenzial entwickelt, das bald auch in die RS-Serie wanderte und als Sonderausstattung für die übrigen Hecktriebler erhältlich wurde, so dass dort zwischen 40 Prozent und 20-100 Prozent Sperrwirkung gewählt werden konnte.

Die Sperrwirkung beträgt bei der Neuentwicklung
- im Beschleunigungsfall 20 Prozent und
- im Verzögerungsfall 100 Prozent.

Hinweis:
Die Prozentzahlen werden nachfolgend erläutert.

Durch die Absenkung des Sperrwerts beim Beschleunigen auf 20 Prozent wird die Traktion bei Kurvenfahrt erheblich verbessert. Grund dafür ist die bei diesem neueren ZF-Sperrdifferenzial geänderte Antriebskraftverteilung mit 70 Prozent auf der Hinterachse und 30 Prozent auf der Vorderachse.
Das Anheben des Sperrwerts beim Verzögern von 40 auf 100 Prozent verringert die Übersteuerneigung beim Gaswegnehmen in Kurven und stabilisiert so den Wagen.

Hinweis:
Nach Angaben der Service-Information Technik von Porsche wurde jeder Turbo mit Sperrdifferenzial ausgerüstet. Die Technischen Spezifikationen weisen jedoch dieses Bauteil beim Turbo für das Modelljahr 1991 als Sonderausstattung aus.
Das ältere, mechanische Sperrdifferenzial von ZF mit 40 Prozent Sperrwirkung war in den Modelljahren 1990/91 bei den Saugmodellen mit Hinterradantrieb als Sonderausstattung erhältlich, nicht jedoch beim Turbo; vgl. Tabelle auf Seite 200.

Das Prinzip der Sperrwirkung

In normalen Kegelrad-Differenzialen ohne Sperre wird das Drehmoment gleichmäßig auf beide Räder verteilt. Bei Kurvenfahrt unter Teillast ist der Geschwindigkeitsausgleich zwischen den kurveninneren und -äußeren Rädern kein

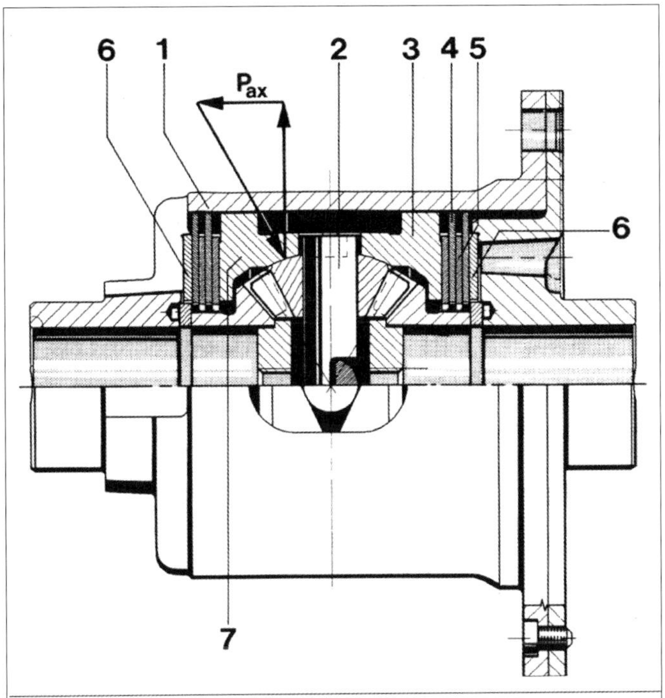

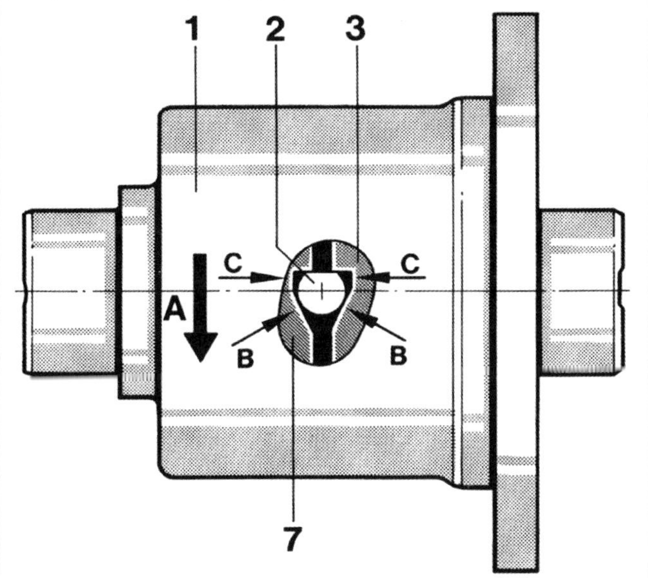

Bauteile des Sperrdifferenzials
1 Differenzialkäfig
2 Differenzialwelle
3 Rechtes Druckelement
4 Äußere Stahlscheibe
5 Innere Scheibe aus Stahl mit Reibschicht aus einer Molybdänlegierung
6 Tellerfeder
7 Linkes Druckelement

Winkel und Kräfte
A Drehrichtung bei Vorwärtsfahrt
B Winkel im Schiebebetrieb
C Winkel bei Beschleunigung
P_{ax} Längskraft, die sich beim Verzögern aufbaut

Problem. Unter extremen Bedingungen in der Kurve und erheblich unterschiedlichen Reibwerten der Fahrbahnoberfläche kommt dieses System jedoch rasch an seine Grenzen.

Das Sperrdifferenzial sorgt dafür, dass die Antriebskraft nicht auf das durchdrehende Rad übertragen wird, sondern zumindest teilweise auch auf das andere. Dadurch verlangsamt sich das durchdrehende Rad, so dass es wieder greifen kann. Dieser Effekt sorgt für eine verbesserte Traktion an der Hinterachse und die Gefahr des Übersteuerns (ausbrechendes Fahrzeugheck) wird verringert. Wie hart die Sperre eingreift, hängt von ihrem Sperrwert ab.

Die folgende Tabelle zeigt mögliche Drehmomentverteilungen an der Hinterachse für die verschiedenen für den 964 erhältlichen Differenziale:

Differenzialtyp	Sperrwert	Mögliche Kraftverteilung
Serie	0 %	0:100
Sperrdifferenzial	20 %	10:90
Sperrdifferenzial	40 %	30:70
Sperrdifferenzial	80 %	40:60
Sperrdifferenzial	100 %	50:50

Hinweis:
Änderungen der Drehmomentverteilung im Differenzial wirken in beide Richtungen.

Funktion des Sperrdifferenzials

◄ Der Differenzialkäfig (**1**) wird vom Getriebeausgang her angetrieben. Die Druckelemente (**3**) und (**7**) werden im Käfig festgehalten, können aber längs bewegt werden. Erhalten sie von der Differenzialwelle (**2**) Last, werden sie auf die linke und die rechte Reibscheibe zubewegt. Die daraus resultierende Spreizkraft P_{ax} hängt vom jeweiligen Drehmoment ab und den Winkeln an den Druckelementen (**3**) und (**7**).
Je größer die in beide Richtungen auf die Reibscheiben wirkende Spreizkraft ist, umso höher wird die Sperrwirkung des Differenzials.
Die durch die Tellerfedern (**6**) erzeugte Vorspannung auf beide Reibscheiben hält das Differenzial auch für den Fall betriebsfähig, dass kein Drehmoment eingeleitet wird. In Fahrt

Differenzial des Carrera 2

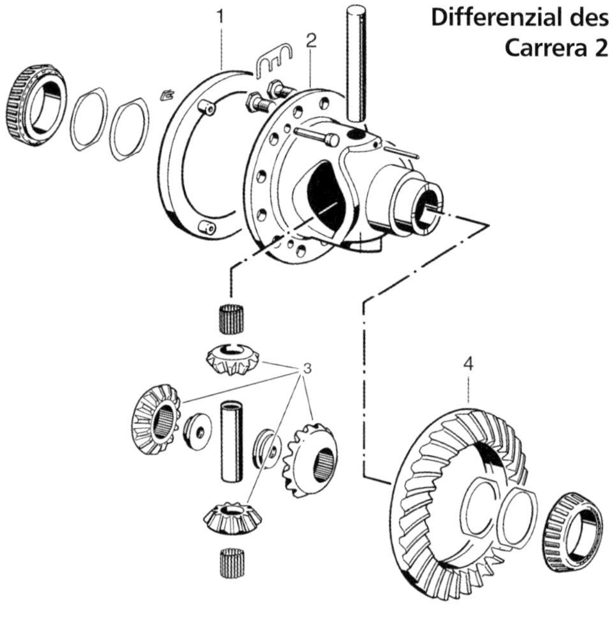

1 Magnetisches Trägerelement
2 Gehäuse
3 Kegelräder
4 Tellerrad

Normales offenes Differenzial aus Carrera 2, RS America und Speedster.

Sperrdifferenzial mit 40 Prozent Sperrwirkung

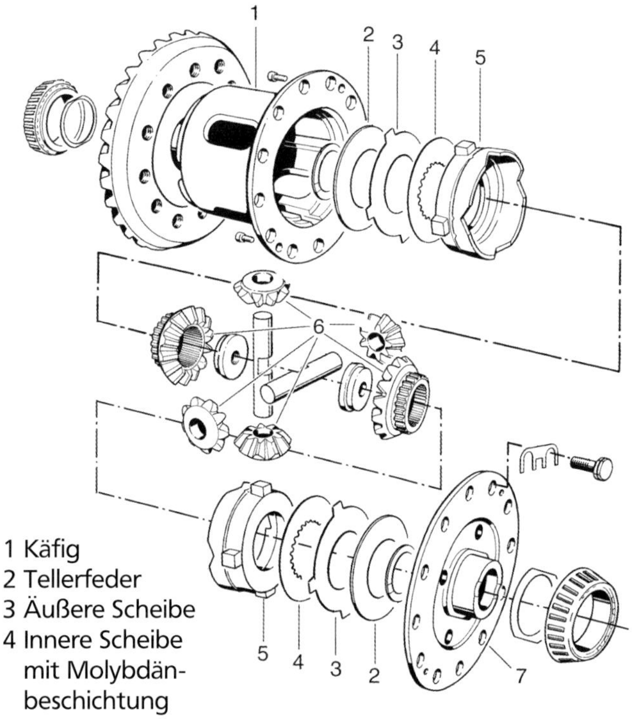

1 Käfig
2 Tellerfeder
3 Äußere Scheibe
4 Innere Scheibe mit Molybdänbeschichtung
5 Druckring
6 Kegelräder
7 Abdeckung

wird die statische Reibung, die durch diese Vorspannung auf die Reibscheiben wirkt, durch die ebenfalls auf die Scheiben wirkende Spreizkraft erheblich verstärkt.

Der für Verzögerungen wirksame Winkel des Druckelements **(B)** ist im serienmäßig oder als Extra gelieferten Sperrdifferenzial so gestaltet, dass die Sperrwirkung bis 100 Prozent ansteigen kann (Spreizkraft plus Vorspannung durch die Tellerfeder). Der unter Last wirkende Winkel wurde bewusst auf null Grad gesetzt, damit sich keine zusätzlichen Spreizkräfte aufbauen. Es bleibt also allein bei der Vorspannung durch die Tellerfeder, die ungefähr 20 Prozent Sperrwirkung erzeugt.
Beim Turbo hört man oft mahlende Geräusche aus dem Sperrdifferenzial. Das tritt besonders bei Rückwärtsfahrt oder scharfer Kurvenfahrt auf. Um dies zu vermeiden stellte der Lieferant Valeo die Beschichtung der inneren Scheiben von Molybdän auf Karbon um. Außerdem erhielten die Zahnradwellen eine feste Nickelbeschichtung anstelle des Molybdän-Sprayüberzugs.

◄ Sperrdifferenzial aus dem Carrera RS und den Turbo-Modellen

Geregeltes Sperrdifferenzial aus dem Carrera 4

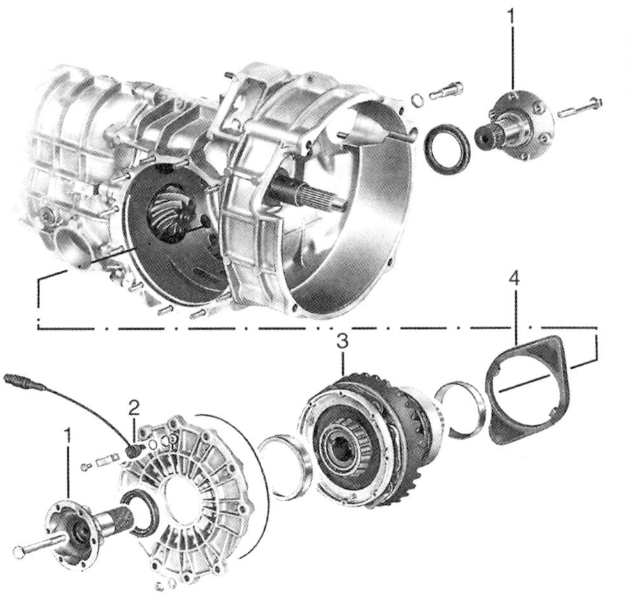

1 Antriebswellenflansch
2 Reedkontakt
3 Zahnradsatz mit hinterer Sperre
4 Seitliche Differenzial-Nehmerzylindergabel

Das serienmäßige, mechanische Sperrdifferenzial für Carrera RS und Turbo gab es in zwei mechanisch wirkenden Ausführungen, nämlich:

- im Modelljahr 1990 mit 40 Prozent Sperrwirkung (Teilenummer 950 332 053 00 für Getriebe G50/03 und /04) und
- ab Modelljahr 1991 mit 20 bis 100 % Sperrwirkung in Verbindung mit dem Getriebe G50/10 (in den RS-Modellen) bzw. 50/52 (in den Turbomodellen) oder als Sonderausstattung in Verbindung mit den Getrieben G50/03 und /05.

Die beiden Sperrdifferenziale lassen sich problemlos durch das jeweils andere ersetzen und passen an jedes G50-Getriebe – je nach Wunsch des Fahrers.

◀ Elektronisch geregeltes Sperrdifferenzial (PSD) am Getriebe G64 des Carrera 4.

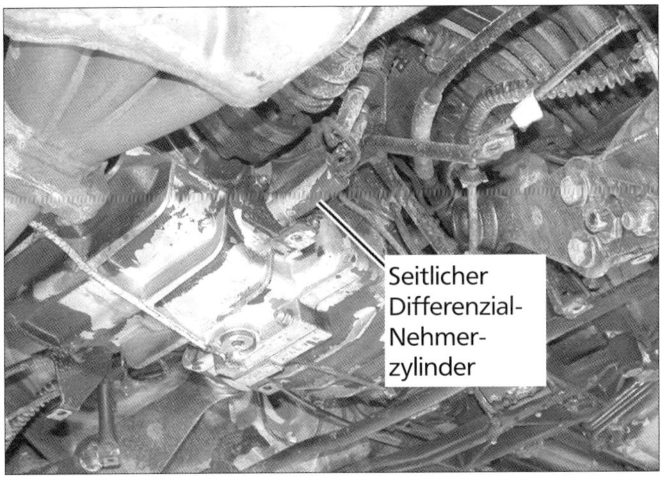

◀ In Kombination mit der elektronisch gesteuerten und hydraulisch-mechanisch betätigten Traktionskontrolle PDAS (**P**orsche **D**ynamische **A**llrad-**S**teuerung) verfügt das Differenzial über einen seitlichen Nehmerzylinder. Wenn die Traktionskontrolle beim Carrera 4 ausgefallen sein sollte, ist so sichergestellt, dass das Differenzial in etwa so funktioniert wie das normale offene Differenzial des Carrera 2.

Differenzial ohne Sperre für Tiptronic

Differenzial bei der Tiptronic

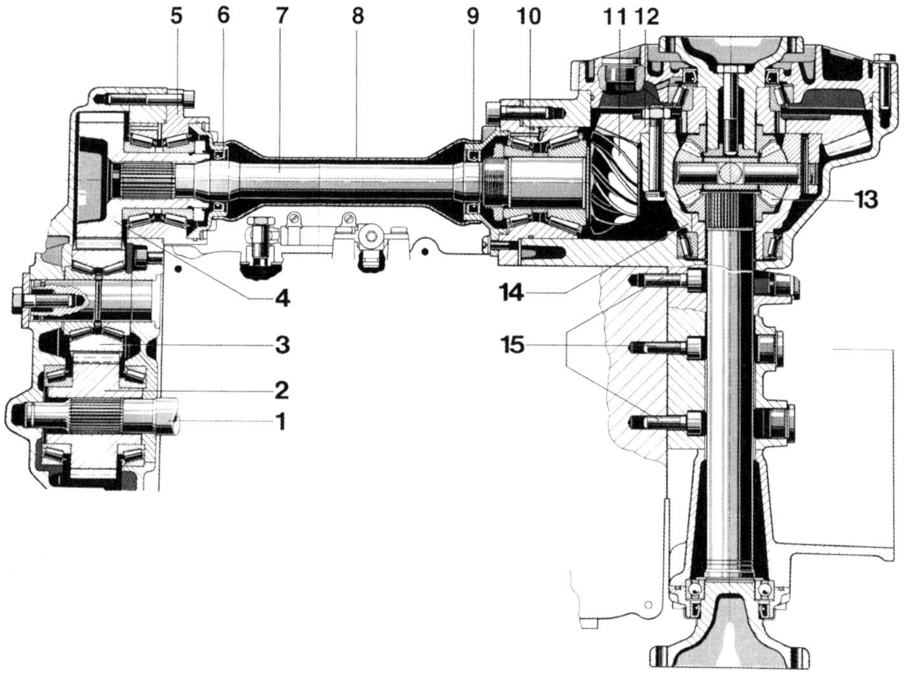

1 Planetensatz an der Getriebeausgangswelle
2 Eingangsritzel (30 Zähne)
3 Mittleres Zahnrad (29 Zähne)
4 Zahnrad am Ausgang (33 Zähne)
5 Kegelrollenlager
6 ATF-Dichtring
7 Querwelle
8 Schutzrohr für Querwelle
9 Öldichtung am Achsgetriebe
10 Kegelrollenlager
11 Antriebsritzel (9 Zähne)
12 Tellerrad (33 Zähne)
13 Kegelradsatz des Differenzials
14 Differenzialkäfig
15 Bolzen an Drehmomentwandler und Getriebegehäuse

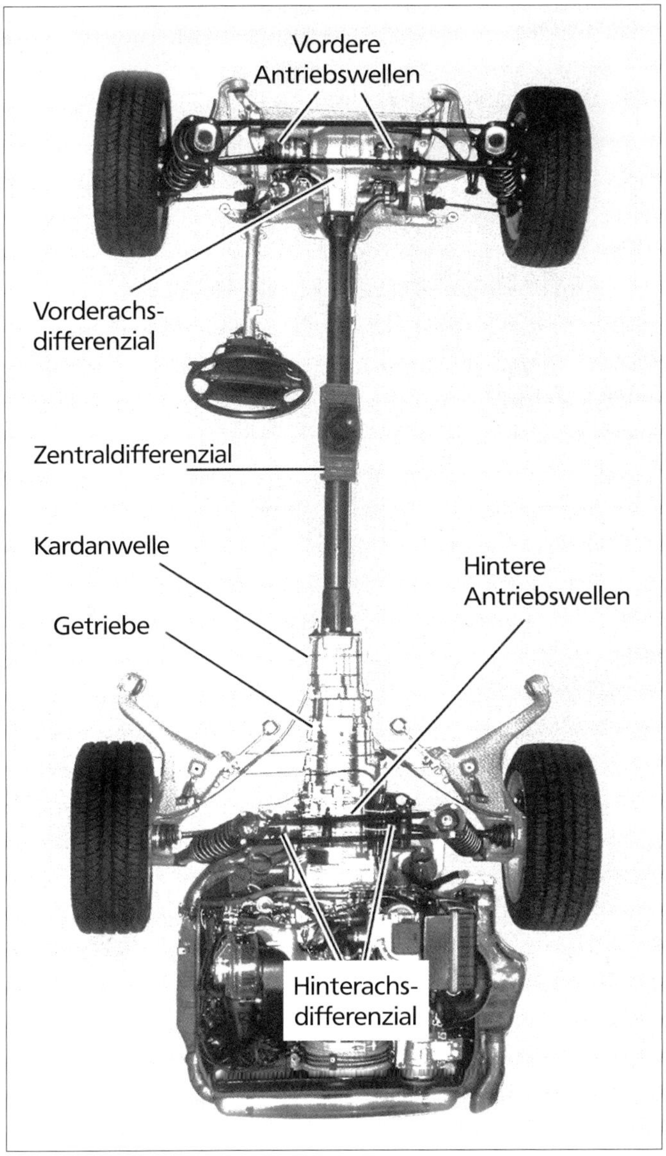

Allradantrieb

◀ Der Allradantrieb blieb dem Carrera 4 vorbehalten. Bei normalen Fahrbedingungen auf trockener Fahrbahn werden 31 Prozent der Motorleistung nach vorn übertragen, der Rest des Kraftantriebs wird auf die Hinterachse geleitet. Durch diese Auslegung wollten die Porsche-Ingenieure den heckdominierten Charakter des 911 erhalten und natürlich eine hohe Lenkfähigkeit in den Kurven gewährleisten.
Nach Auswertung der von den ABS-Sensoren gelieferten Werten, greifen hydraulisch gesteuerte Sperren ab einem Drehzahlunterschied von 0,8 km/h ein und bremsen die durchdrehenden Räder ab.

Hinweis:
Die Funktion der Sperren signalisiert die gelbe Kontrollleuchte am Traktionsschalter.

Manuelles Schaltgetriebe G64

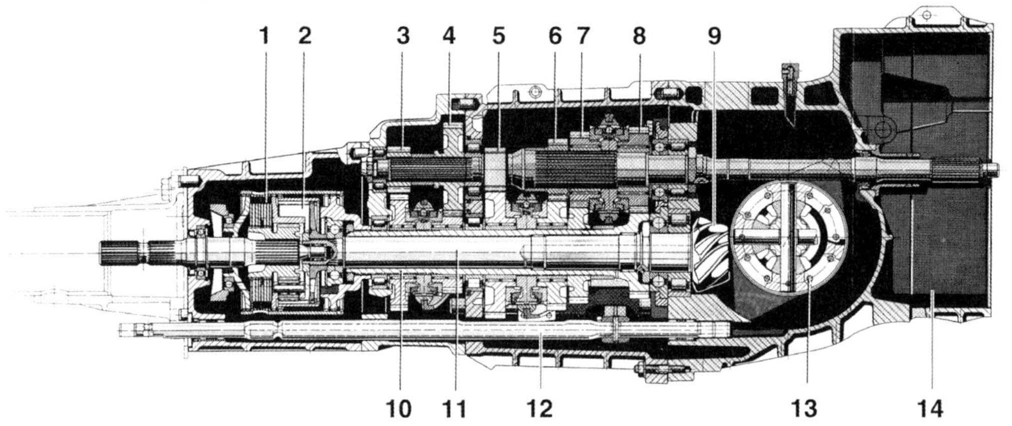

1 Mehrscheibenkupplung
2 Zentraldifferenzial
3 Rückwärtsgang
4 5. Gang
5 1. Gang
6 2. Gang
7 3. Gang
8 4. Gang
9 Hinteres Differenzialkegelrad
10 Hohlwelle
11 Zahnwelle
12 Schaltgestänge
13 Hinteres Differenzial
14 Getriebeglocke

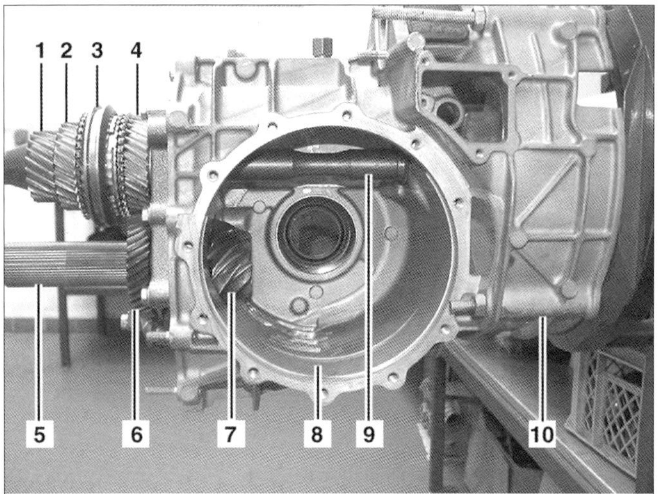

Aufbau des Differenzials zum Getriebe G64

1 Festrad 2. Gang
2 Losrad 3. Gang
3 Führungsmuffe für Gänge 3 und 4
4 Losrad 4. Gang
5 Hohlwelle
6 Festrad 4. Gang
7 Hinteres Zahnrad
8 Hinterachsdifferenzialgehäuse
9 Getriebeeingangswelle
10 Kupplungsglocke

Funktionsprinzip

Das manuelle Getriebe G64 der Allradler funktioniert im Prinzip genauso wie das in den Hecktriebler-Versionen verbauten Baumuster G50. Über Ein- (Modelljahr 1989) bzw. Zweimassen-Schwungrad (ab Modelljahr 1990) und Kupplung gelangt die Motorkraft an das Getriebe.

Die Kraftabgabe des Getriebes ist beim Allradler naturgemäß jedoch ganz anders ausgeführt als bei den Hecktrieblern. Für den 1. und 2. Gang dient dazu ein verschiebbar auf einer Hohlwelle befestigtes Zahnrad, beim 3. und 4. Gang ein verschiebbar auf der Getriebeeingangswelle montiertes Zahnrad, das in ein starr auf der Hohlwelle montiertes Rad greifen kann. Für den 5. Gang dient ein eigener Radsatz aus beweglichem und starrem Zahnrad. Die Hohlwelle dreht bereits mit durch die Getriebeübersetzung veränderter Drehzahl und überträgt das Drehmoment vollständig auf das Zentraldifferenzial.

In der Hohlwelle verläuft die Zahnwelle, die die Kraft vom Zentraldifferenzial zur Hinterachse überträgt. Jene 69 Prozent der Motorleistung, die diesen Weg gehen, wandern also über das Tellerrad durch das Hinterachsdifferenzial auf die hinteren Antriebswellen. Um den Längenausgleich beim Ein- und Ausfedern zu gewährleisten, befindet sich an jedem Ende der Antriebswellen ein Gleichlaufgelenk.

◀ Die Hohlwelle überträgt die Kraft vom Getriebe zum Zentraldifferenzial, die Zahnwelle weiter auf das hintere Zahnrad.

Zentraldifferenzial

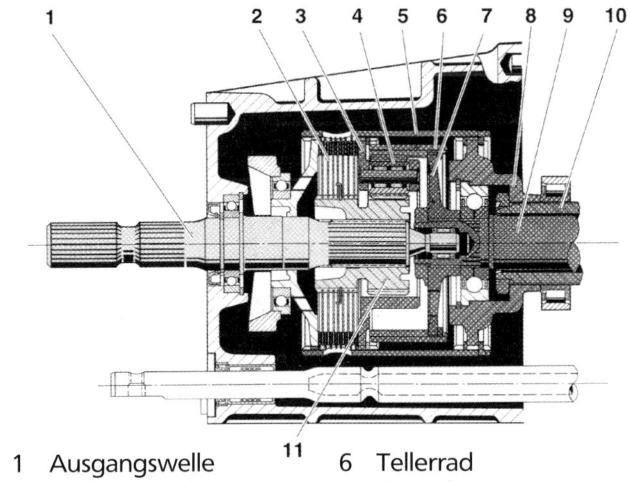

1 Ausgangswelle zur Vorderachse
2 Mehrscheiben-kupplung
3 Planetenträger
4 Planetenräder
5 Kupplungsmanschette
6 Tellerrad
7 Antriebsträger
8 Lagerträger
9 Zahnwelle
10 Hohlwelle
11 Sonnenrad

◀ Innerhalb des Zentraldifferenzials vor dem Getriebe wird die ankommende Motorleistung auf die Vorder- und Hinterachse verteilt, normalerweise im Verhältnis 31:69. Der weitere Weg der Motorleistung auf die Hinterräder wurde bereits beschrieben. Vom Zentraldifferenzial aus nach vorne stellt eine torsionselastische Kardanwelle in starrem Rohr die Verbindung zum Vorderachsdifferenzial her.

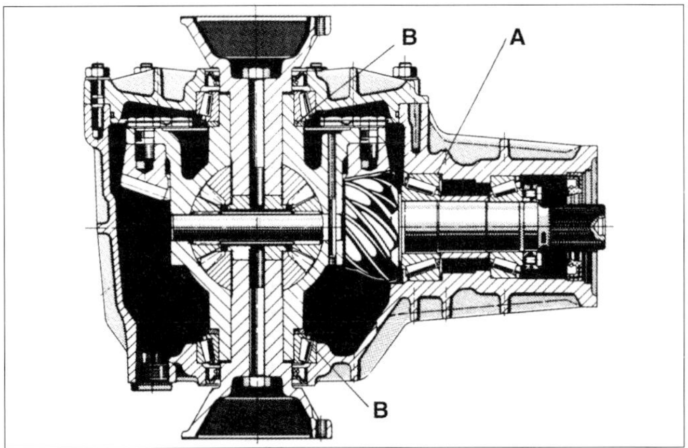

◀ Im Vorderachsdifferenzial befindet sich ein hypoidverzahntes Kegelrad mit einem Untersetzungsverhältnis von 9:31, demselben wie an der Hinterachse. Der Aufbau mit vier Kegelrädern im Käfig entspricht dem normalen Standard; vorn ist keine Form von Sperre vorgesehen. Die Feineinstellung des hypoidverzahnten Kegelrades erfolgt mit Distanzscheiben A und B außen am großen Kegelrollenlager und innen an den seitlichen Lagern im Differenzialgehäuse.

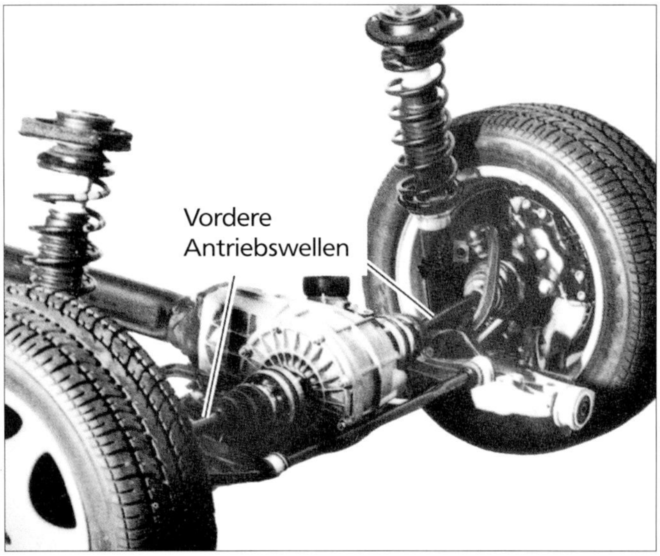

◀ Die Kraft wird vom Vorderachsdifferenzial über zwei Antriebswellen auf die Vorderräder übertragen. Auch hier sorgen – wie an der Hinterachse – Gleichlaufgelenke für die Beweglichkeit beim Aus- und Einfedern.
Die regelmäßig erforderlichen Wartungsarbeiten am Allrad-Antriebsstrang sind in **Kapitel 2** aufgeführt.

Vorsicht:
Der Allradantrieb ist immer im Einsatz und kann nicht abgeschaltet werden. Deswegen benötigt der Carrera 4 einen Rollenprüfstand – Stichwort Leistungstest im Rahmen des Tunings –, der für Allradfahrzeuge geeignet ist.

Vorsicht:
Beim Abschleppen eines Carrera 4 muss beachtet werden, dass ein solches Fahrzeug nicht mit nur einer angehobenen Achse gezogen werden darf, sondern mit einem geeigneten Fahrzeugtransporter oder einem entsprechenden Anhänger transportiert werden sollte.

Der Ruf RCT Evo AWD basiert auf dem Carrera 4, hat aber einen 3,6 Liter Turbomotor mit 425 PS. *(Foto: Ruf Automobile GmbH)*

Porsche 953

(Foto: Darren Fink)

Carrera 4 von 1990 auf der Straße …

(Foto: John Miles)

… und ein Carrera von 1993 auf der Rennstrecke.

(Foto: Alexander Drobik)

Porsche Dynamische Allradsteuerung (PDAS)

Wie die Bezeichnung schon vermuten lässt, wurde PDAS nur im allradgetriebenen 964 verbaut, und zwar sowohl bei Carrera-4-Ausführungen mit schmalem als auch mit Turbo-Look-Heck.

Bei diesem System handelt es sich um eine elektro-hydraulisch funktionierende Einrichtung, die die Traktion unter ungünstigen Bedingungen weiter verbessert. Abgeleitet wurde es vom mechanisch arbeitenden Sperrdifferenzial mit variabler Sperrwirkung aus den Porsche-Typen 953 und 959 Paris-Dakar.

Als Traktionsprogramm kann man PDAS auch über den Schalter auf der Mittelkonsole manuell zuschalten, wenn man mit dieser „Anfahrhilfe" beispielsweise ein festgefahrenes Fahrzeug aus tiefem Schnee befreien muss (siehe Seite 215). Es schaltet sich aber bei bestimmten Signalen von Raddrehsensoren und Querbeschleunigungssensor auch selbsttätig zu. PDAS ist zwar in den Allrad-Antriebsstrang, die Hydraulik des Bremskraftverstärkers und die Bordelektrik integriert, dennoch wird bei Ausfall von PDAS weder das normale Fahren noch die Funktion des Allradantriebs beeinträchtigt.

Hinweis:

Ein ähnliches System entwickelte Porsche für den Typ 928 unter der Bezeichnung PSD (Porsche-Sperr-Differential). Mit einem von Null bis 100 Prozent reichenden Sperrgrad verbesserte diese Einrichtung die Traktion und die Fahrstabilität des Frontmotor-Porsche. Die Steuergeräte dieser beiden Systeme sind untereinander nicht kompatibel.

Die ohnehin schon erstklassige Traktion des Allradantriebs wird durch zwei zusätzliche Differenzialsperren noch weiter verbessert:

Längssperre: Eine Sperre im Zentraldifferenzial sorgt dafür, dass unter bestimmten Umständen bei der Kraftverteilung auf Vorder- und Hinterachse eine Sperrwirkung eintritt. So soll zum Beispiel verhindert werden, dass der Wagen beim kräftigen Beschleunigen aus der Kurve heraus nicht ausbricht.

911 Anniversary von 1993 am Strand, in dessen Sand das manuell zuschaltbare PDAS schon einmal sehr hilfreich sein kann

(Foto: Tony Hall)

Carrera 4 von 1989 im Winter 2003: Unter solchen Bedingungen kann PDAS brillieren.

(Foto: Adrian Streather)

Beispiel: Wenn der Carrera 4 mit einer Achse auf Eis und der anderen auf trockenem Boden steht, würden die auf dem Eis stehenden Räder beim Anfahren durchdrehen. Um dies zu unterbinden, greift die Sperre im Zentraldifferenzial in Sekundenbruchteilen ein und leitet mehr Kraft auf die nicht durchdrehenden Räder. Die Sperre bleibt aktiviert, bis sich beide Radpaare etwa gleich schnell drehen. Erst dann kann sich die Kraftverteilung wieder so verändern, dass eine Achse bis zu 100 Prozent davon bekommt.

Quersperre: Eine weitere Sperre im hinteren Differenzial limitiert die Kraftverteilung auf die beiden Hinterräder. Diese Fahrhilfe dient dazu, das Übersteuern im Grenzbereich, also den Seitwärtsdrift mit nach vorn drängendem Heck, zu verhindern. Diese Anforderung wird auch erstklassig erfüllt, auch wenn man beachten sollte, dass man damit die Physik nicht überlisten kann und nicht jeder Fahrfehler ausgebügelt wird.

Vorsicht:
Wenn eine oder beide Sperren eingreifen, schiebt der Wagen in Kurven kräftig über die Vorderräder (Untersteuern). In dieser Situation, in der die Sperre unerwünschte Wirkung zeigt, kann man sie einfach durch kurzes Antippen der Bremse abschalten. Das erfordert freilich etwas Übung und sollte zunächst in sicherer Umgebung trainiert werden.

Hinweis:
In der Bedienungsanleitung wird darauf hingewiesen, dass beim Ansprechen des ABS die Differenzialsperrung generell aufgehoben wird.

Funktionsprinzip

PDAS ist auf Hydraulikflüssigkeit vom Bremskraftverstärker angewiesen. Die Pumpe wird in **Kapitel 7** näher beschrieben. Unter Druck stehende Flüssigkeit wird dem Druckbehälter entnommen und über eine stabile Hochdruckleitung zum Magnetventil für die Zentralsperre geleitet. Die Flüssigkeit wird vom Magnetventil verteilt und den Nehmerzylindern der Differenzialsperren zugeleitet. Dort führt die Traktionskontrolle zwei unterschiedliche Maßnahmen durch.

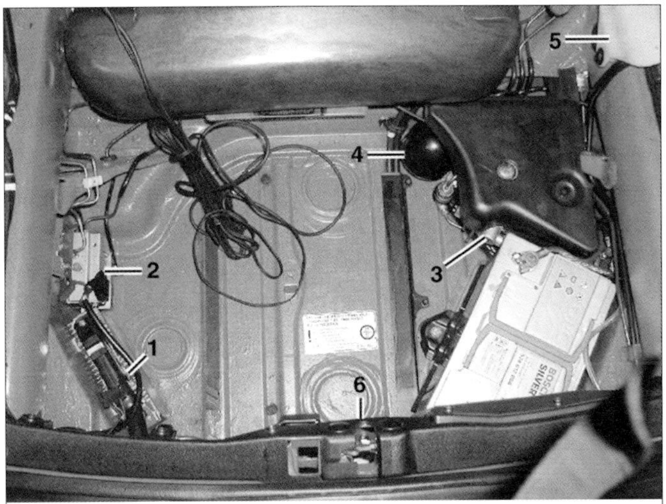

PDAS- und ABS-Komponenten im Kofferraum

1 Steuergerät
2 Doppeltes Differenzialsperr-Magnetventil
3 ABS-Ventilblock
4 Druckbehälter des Bremskraftverstärkers, der auch PDAS mit Druck versorgt
5 Flüssigkeitsbehälter
6 Hydraulikpumpe (auf dem Bild nicht zu sehen)

(Foto: Yasutoshi Kikuchi)

Das aktivierte PDAS reguliert bei Kurvenfahrt erforderlichenfalls den Anteil der Motorleistung, der auf die Vorderachse geleitet wird.

Normale Traktionskontrolle

Wenn das Steuergerät eine Raddrehzahldifferenz feststellt, die das Eingreifen ratsam erscheinen lässt, werden beide Nehmerzylinder zunächst kurz mit einem vorbereitenden Druckstoß beaufschlagt. Dadurch wird die Reaktionszeit verkürzt, wenn die Sperren wirklich aktiviert werden sollen. Wenn die Drehgeschwindigkeit der beiden Achsen oder der beiden Hinterräder um mindestens 0,8 km/h differiert, wird der (oder die) Nehmerzylinder mit mehr Druck versorgt, so dass die Sperrung im Differenzial aktiviert wird. Dies erfolgt durch zwei Kupplungs-Reibscheiben. Wenn diese aufeinander gedrückt werden, zwingt dies das Differenzial, überschüssige Kraft von den durchdrehenden Rädern auf die anderen umzuleiten.

Baut sich die Drehzahldifferenz der Räder nicht ab, so wird der Druck auf die Nehmerzylinder schrittweise erhöht, um die Sperrwirkung zu steigern, bis die Geschwindigkeitsdifferenz wieder unter 0,8 km/h sinkt. Erst dann wird der Druck stufenweise wieder abgebaut.

Schutz gegen durchdrehende Räder

Wenn bei Kurvenfahrt ein Übersteuern einsetzt, wird dies vom Querbeschleunigungssensor registriert, der dann ein Signal an das Steuergerät sendet. Sofort wird höchster Druck auf die Hinterachs-Sperre geleitet, mit der Folge, dass beide Hinterräder genau gleich schnell drehen. Das dadurch bewirkte Untersteuern wirkt dem festgestellten Übersteuern entgegen.

Die Hinterachs-Sperre ist so ausgelegt, dass – wie Porsche es ausdrückt – „das gewohnt heckdominante Verhalten des Fahrzeugs aufrecht erhalten bleibt" und gleichzeitig eine hohe Beherrschbarkeit gewährleistet ist. Wenn sich das Übersteuern abgebaut hat, wird die Sperre stufenweise wieder gelöst.

Hinweis:

*Die Begriffe Über- und Untersteuern werden in **Kapitel 7** definiert.*

Carrera 4 von 1989 in Neuseeland. Die serienmäßigen Reifen sind hier ausnahmsweise auf 928er 16-Zoll-Felgen aufgezogen worden, die wahlweise erhältlich waren.

(Foto: Evan Begg)

Systemkorrekturen und Toleranzen

Das Steuergerät muss bestimmte Korrekturfaktoren berücksichtigen, um die Unterschiede der Raddrehzahlen in Kurven oder aufgrund unterschiedlicher Raddurchmesser auszugleichen.

Korrekturfaktor für Kurvenfahrt
Das Steuergerät bewertet die unterschiedlichen Raddrehzahlen beim Durchfahren enger Kurven, um das vorzeitige Eingreifen der Zentralsperre zu vermeiden, jedoch nur bei Fahrgeschwindigkeiten bis 30 km/h.

Korrektur zum Ausgleich unterschiedlicher Reifenumfänge
Um die Fahrgeschwindigkeit zu ermitteln, muss das Steuergerät den Reifenumfang zugrunde legen. Es errechnet dann aus der Zahl der Radumdrehungen pro Zeiteinheit die gefahrene Geschwindigkeit. Das Steuergerät vergleicht das Resultat mit den 531 Radumdrehungen pro Minute, die genau 60 km/h ergeben müssten. Dieser Wert geht von den serienmäßigen Bridgestone RE71-Reifen auf 16-Zoll-Felgen Design 90 aus. Hinzu kommt ein Korrekturfaktor, der eine Abweichung bis 6 Prozent des tatsächlichen Reifenumfangs vom unterstellten zulässt.

Hinweis:
Dieser vorprogrammierte Wert wurde 1991 wegen der Einführung der 17-Zoll-Felgen geringfügig geändert. Die Änderung war so minimal, dass sie für die Ausführungen an dieser Stelle vernachlässigbar ist.

Diese Korrekturberechnung kann nur bei Geradeausfahrt durchgeführt werden. Ob das Fahrzeug sich geradeaus bewegt, signalisieren die Beschleunigungssensoren.
Wenn das Reifenpaar einer Achse außerhalb dieser Toleranz liegt, informiert PDAS den Fahrer durch eine Warnlampe darüber, dass die Traktionskontrolle nicht zur Verfügung steht. Solche Probleme werden meist dadurch verursacht, dass vorn 17-Zoll-Winterräder mit zu hohem Reifenquerschnitt montiert werden.
Wenn alle Reifen außerhalb der Toleranz liegen, kann PDAS dies nicht entdecken und das System setzt seine Berechnungen aufgrund vorprogrammierter Werte fort.

Immer mehr frühe Carrera 2 (vorn) und Carrera 4 erhalten heutzutage 17-Zoll-Felgen. Mit den richtigen Reifen ergibt sich derselbe Reifenumfang wie mit den serienmäßigen 16-Zoll-Felgen.

(Foto: Streather)

Diese Berechnungen können jedoch zu fehlerhaften Ergebnissen führen, die das Traktions- und Bremsverhalten des Wagens erheblich verschlechtern können. Die größeren Räder benötigen weniger Umdrehungen, um ein bestimmtes Tempo zu fahren. PDAS geht aber von der errechneten, nun also zu niedrig angesetzten Geschwindigkeit aus. Das bedeutet, dass die Traktionskontrolle später und das ABS früher eingreift als optimal wäre.
Warnungen bezüglich dieser 6-Prozent-Toleranzgrenze finden sich in den Betriebsanleitungen von Carrera 2, Carrera 4 und Turbo gleichermaßen.

Manuelles Aktivieren von PDAS

PDAS wird manuell zugeschaltet, wenn der PDAS-Schalter weniger als 10 Sekunden lang nach rechts gedreht wird. Das Einschalten ist im Stillstand und bis zu einer Geschwindigkeiten von 30 km/h möglich.
Durch das manuelle Zuschalten werden beide Differenzialsperren (Längs- und Quersperre) maximal aktiviert, es wird also stets der volle Druck auf sie geleitet. Bei etwa 40 km/h schaltet sich die Traktionskontrolle selbsttätig ab und schaltet sich bei Bedarf automatisch wieder zu. Der Fahrer kann PDAS bereits vorher wieder manuell abstellen, wenn er den PDAS-Schalter nach links dreht.

Hinweis:
Das Zuschalten des Traktionsprogramms darf nicht bei durchdrehenden Rädern erfolgen.

Kontrolllampe für aktives PDAS
Eine gelbe LED leuchtet, wenn
- PDAS automatisch das hintere Sperrdifferenzial aktiviert hat oder
- wenn das Traktions-Kontrollprogramm manuell aktiviert wurde. Dann blinkt die LED, bis die Traktionskontrolle wieder abgeschaltet ist.

Hinweis:
Einige Carrera-4-Besitzer haben den PDAS-Schalter auf eine grüne Kontrolllampe umgerüstet.

PDAS-Komponenten und Funktion

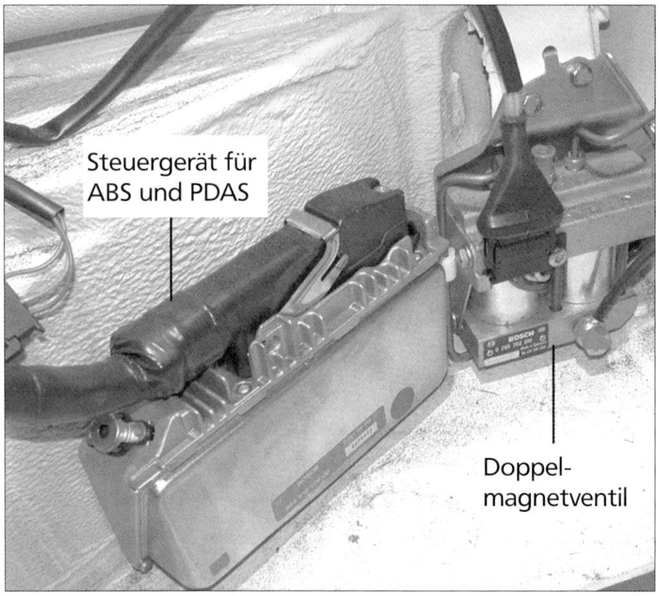

◀ Das elektronische Steuergerät, das auch für das ABS zuständig ist, befindet sich rechts vorn im Kofferraum.

Hinweis:

Bis Modelljahr 1990 lautete die Ersatzteilnummer für dieses Steuergerät 964 618 126 00, dann 964 618 126 01. Die neuere Version kann als Ersatz für das ältere Gerät verwendet werden.

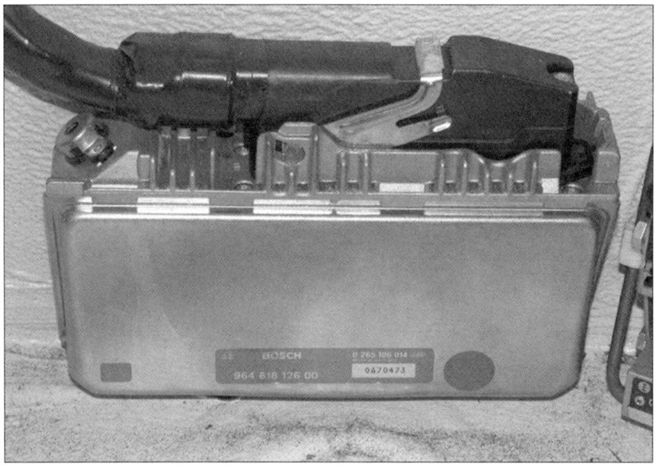

◀ Das Steuergerät ist ein kleiner Mehrkanal-Rechner. Signale von den Raddrehzahlsensoren dienen zur Ermittlung der Fahrgeschwindigkeit, Beschleunigung der Räder und der Geschwindigkeiten einer Achse (Mittelwert aus den beiden Raddrehzahlen) sowie zur Errechnung der Geschwindigkeitsdifferenz zwischen den Achsen.

Steuerungsdiagramm für PDAS

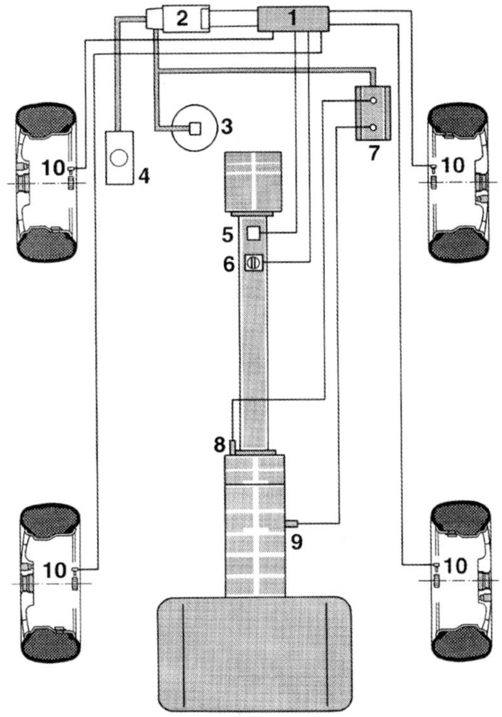

1 Steuergerät
2 Druckpumpe und Druckschalter
3 Druckbehälter
4 Flüssigkeitsbehälter
5 Querbeschleunigungssensor
6 PDAS-Schalter
7 Doppel-Magnetventil
8 Zentraldifferenzial-Nehmerzylinder
9 Hinterachsdifferenzial-Nehmerzylinder
10 Raddrehzahlsensor

Das Steuergerät besteht aus

- dem Teil, in dem die eingehenden Signale der Drehzahlsensoren in Informationen über Beschleunigung, Verzögerung und Rutschen der Räder umgewandelt werden,
- jenem Teil, der die Zeitdauer und den auf die Nehmerzylinder zu übertragenden Druck errechnet sowie
- einem dritten Teil, der fehlerhafte Signale aussondert und in der Lage ist, Defekte bei Verkabelung und Anschlüssen aufzuspüren. Hier wird auch die Batteriespannung überwacht. Sinkt diese unter einen bestimmten Wert, schaltet sich PDAS ab, bis wieder genügend Batteriespannung gemeldet wird. Ein weiteres Element in diesem Überwachungsteil ist die Selbstdiagnose BITE (Built-in Test Equipment). Dieses Diagnoseprogramm überprüft beim Einschalten der Zündung das Steuergerät und das Doppel-Magnetventil. Außerdem werden, wenn 7 km/h Fahrgeschwindigkeit erreicht sind, die Signale der Raddrehzahlsensoren auf Plausibilität überprüft.

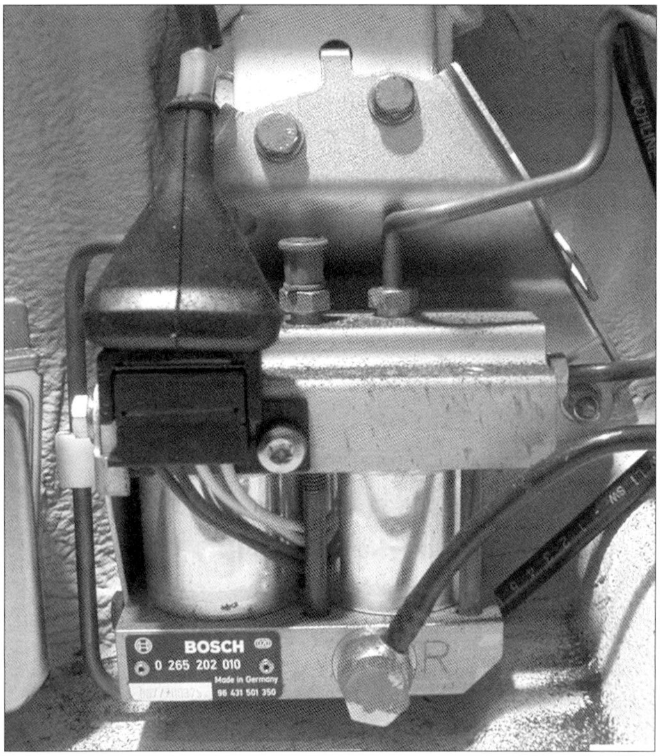

◀ Das **Doppel-Magnetventil** befindet sich hinter dem Steuergerät.

Dieses Bauteil enthält zwei separate Magnetventile, jeweils eines für die Verbindung zum Zentraldifferenzial und eines für die Verbindung zum Hinterachsdifferenzial. Das Steuergerät öffnet und schließt diese Ventile je nach Bedarf, um die Sperren in den Differenzialen zu aktivieren.

◀ Die **Hydraulikpumpe**, die auch für den Bremskraftverstärker zuständig ist, befindet sich vor der Batterie. Einzelheiten dazu finden Sie in **Kapitel 6**.

◀ Die **Raddrehzahlsensoren**, deren Signale auch das ABS verwendet, befinden sich an jedem Rad (auf dem Bild am rechten Vorderrad).

Die Drehbewegung erzeugt in den Induktoren ein elektrisches Signal, das an das Steuergerät übertragen wird. Diese Induktoren bestehen aus einem Magnetkern und einer Spule. Der Kern ist von einem Magnetfeld umgeben. Wenn sich das Rad bewegt, wandern die Zähne des Signalrings durch dieses Magnetfeld. Dadurch ändert sich die magnetische Strömung und induziert in der Spule einen Wechselstrom. Je nach Drehgeschwindigkeit des Rades ändert sich die Frequenz dieses Wechselstroms.

Hinweis:
Die Funktion dieser Induktoren wird auch in Kapitel 6 zum ABS beschrieben.

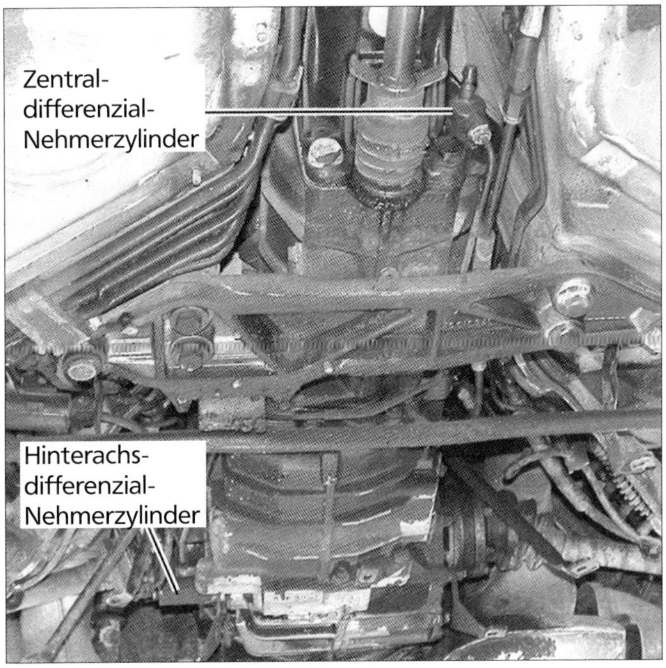

◀ Die **Nehmerzylinder**, die den von den Magnetventilen freigegebenen hydraulischen Druck aufnehmen, befinden sich zum einen im Zentraldifferenzial am G64-Getriebe und zum anderen am Hinterachsdifferenzial. Dieser Druck wirkt dann auf die Mehrscheibenkupplungen der Sperren.

Ein **mechanischer Betätigungshebel** befindet sich jeweils im Zentraldifferenzial und im Hinterachsdifferenzial.

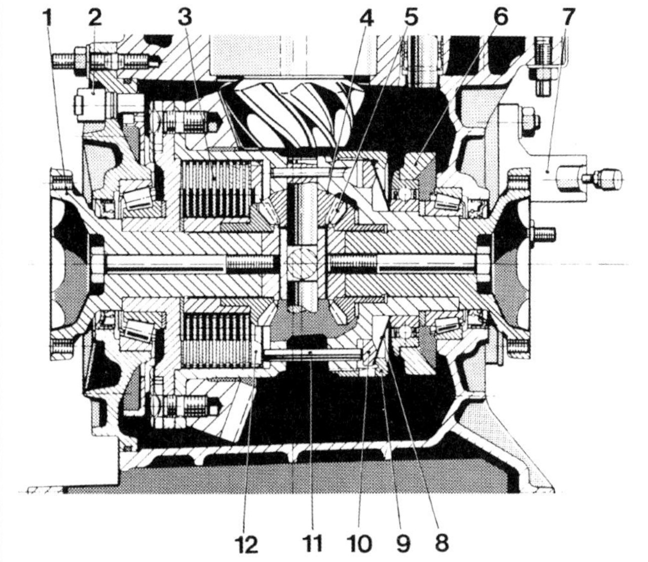

◀ In das Hinterachsdifferenzial ist eine Sperre integriert.

Für die Betätigung der Mehrscheibenkupplung der Hinterachsdifferenzialsperre wird hydraulischer Druck aus dem Bremskraftverstärkungs-Kreislauf (vgl. hierzu **Kapitel 6**) herangezogen.

Der Nehmerzylinder (**7**) bewegt sich gegen den Betätigungshebel (**6**) und drückt ihn gegen die Hebelfeder (**8**).

Die Feder drückt auf die Ringmutter (**9**) und leitet den hydraulischen Druck mit hoher Wirkung auf den Druckring (**10**).

Dieser drückt nun auf acht Stifte (**11**), die die Kupplungsscheiben (**3**) mit der Hilfe eines zweiten Druckrings aufeinander drücken.

Komponenten der Zentraldifferenzialsperre

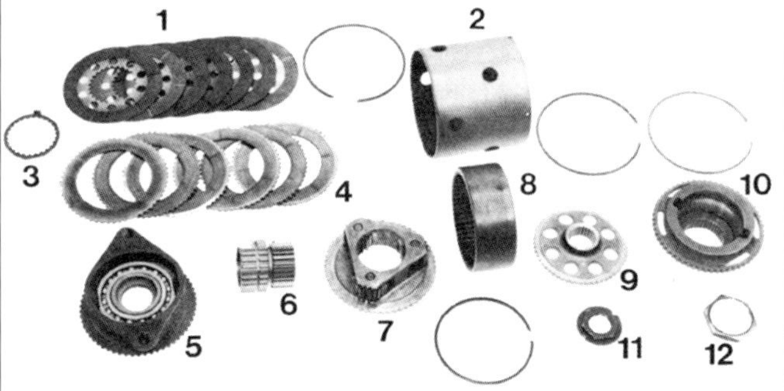

1 Innere Kupplungsscheiben
2 Kupplungsmanschette
3 Sperrscheibe für die Axialverschiebung des Sonnenrades
4 Äußere Kupplungsscheiben
5 Druckscheiben mit Betätigungsmechanismus
6 Träger von Sonnenrad und innerer Scheibe
7 Träger der Planetenräder
8 Innenverzahntes Hohlrad
9 Antriebsträger
10 Lagerträger
11 Kragenmutter M24x1.25, Anzugsdrehmoment 240 Nm
12 Mutter M24x1.25, Anzugsdrehmoment 300 Nm

◀ Auch in das Zentraldifferenzial ist eine Sperre integriert. Die Funktion entspricht im Wesentlichen den soeben beschriebenen Vorgängen am Hinterachsdifferenzial.

Hinweis:

Der Anpressdruck der Differenzialsperre kann 1000 Nm erreichen.

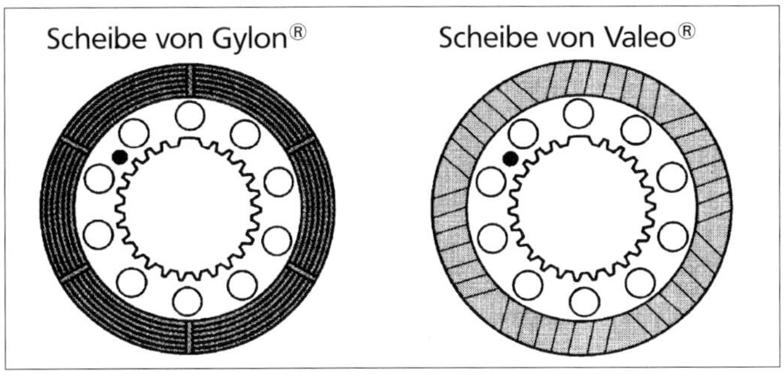

◀ In beiden Differenzialen finden sich die gleichen inneren Kupplungsscheiben. Auf diese sind beidseitig Beläge von Gylon aufgetragen, die später durch solche von Valeo ersetzt wurden (Technische Wartungsmitteilung 39306 aus dem Hause Porsche vom September 1993).

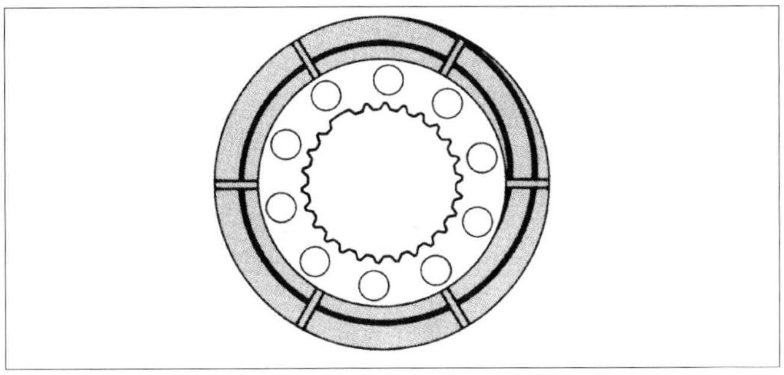

◀ Die ebenfalls mit Belägen versehenen äußeren Kupplungsscheiben sind mit spiralförmigen Rillen zur Ölführung versehen und müssen richtig montiert sein, was wegen der umgekehrten Drehrichtung in den beiden Sperren leicht zu Montagefehlern führt.

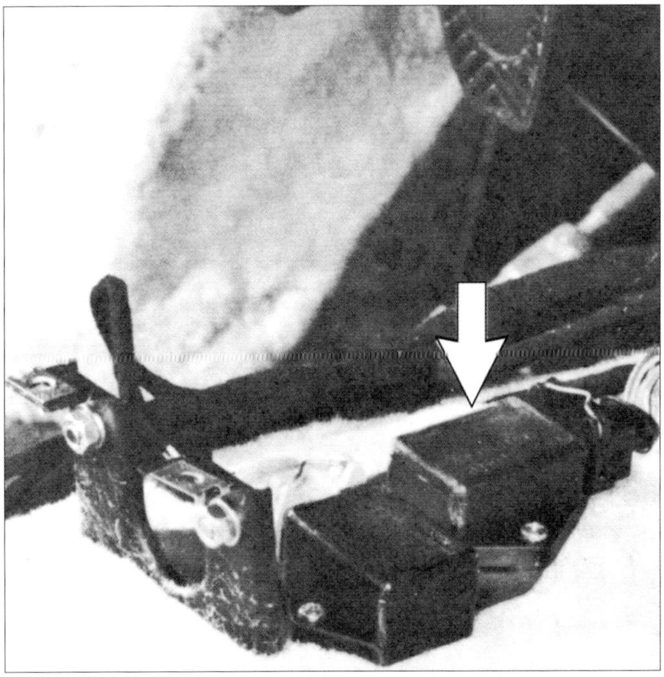

◀ Der **Querbeschleunigungssensor** (Pfeil) befindet sich im Mitteltunnel vor dem Getriebe. Der **Längsbeschleunigungsmesser** ist hinter dem Querbeschleunigungssensor montiert und dem Carrera 4 vorbehalten.

Der Querbeschleunigungssensor ist quer zur Fahrtrichtung montiert.

Der Längsbeschleunigungsmesser ist entlang der Fahrzeugachse des Carrera 4 orientiert und versorgt den ABS-Teil des Steuergeräts mit Daten über Beschleunigung und Verzögerung.

Die Sensoren erkennen Veränderungen bei der Quer- und Längsgeschwindigkeit des Fahrzeugs und senden entsprechende Signale von 0 bis 5 Volt Gleichstrom an das Steuergerät.

Hinweis:
Die Beschleunigungssensoren sind durch eine kleine Abdeckung rechts an der Mittelkonsole zugänglich. Diese ist mit zwei Blechschrauben fixiert.

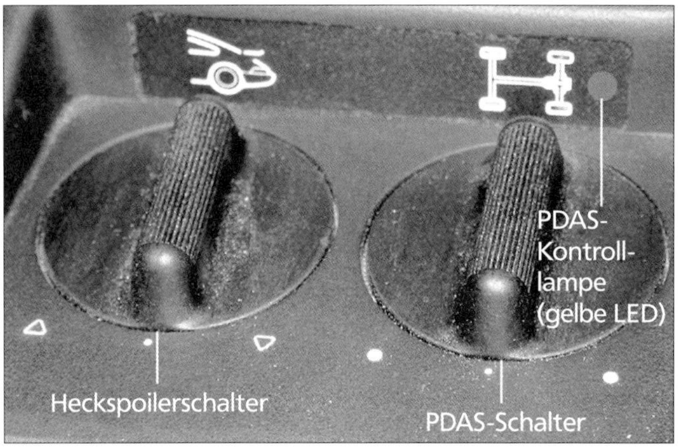

◄ Der PDAS-Betätigungsschalter befindet sich an der Mittelkonsole.

Hinweis:
Beim Carrera 4 des Modelljahrs 1989 ist der Schalter dort allein untergebracht. Ab Modelljahr 1990 ist hier zusätzlich der Schalter für den Heckspoiler angeordnet.

Eine gelb leuchtende LED über dem Betätigungsschalter in der Mittelkonsole (neben dem Allradsymbol) signalisiert die Aktivität des PDAS.

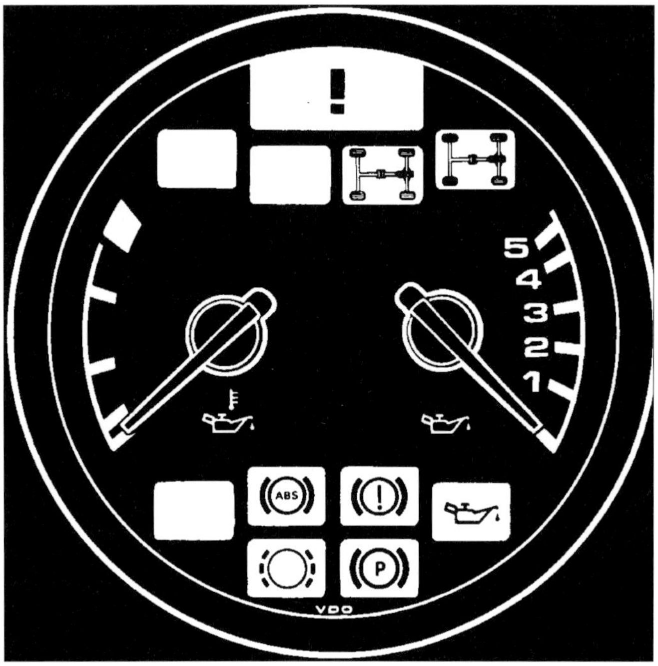

Die PDAS-Kontrolllampe ist oben rechts im Kombi-Instrument untergebracht. Wichtig bei gebrauchten Importmodellen: Im Kombiinstrument für in die USA gelieferte Fahrzeuge findet man eine Kontrolllampe mit „Anti-Lock"- statt „ABS"-Aufdruck.

◄ Die PDAS-Warnlampen befinden sich im Kombiinstrument. Ein Ausfall wird dem Fahrer je nach Defekt durch Leuchten einer dieser Lampen angezeigt. Dank der drei unterschiedlichen Anzeigen kann er gezielt das Erforderliche veranlassen.

Hinweis:
*Mehr Information zur Fehlersuche finden Sie in **Kapitel 9**.*

Ist der hydraulische Druck am Druckschalter zu niedrig, leuchtet die Bremsdruck-Warnlampe auf.

◀ Wenn sich nicht genügend Bremsdruck aufbaut, wird dies durch die PDAS-Warnlampe, die Bremsdruck-Warnlampe und die Haupt-Warnlampe angezeigt. Außerdem erklingt ein Warnton. Diese Signale weisen den Fahrer darauf hin, dass der Druck im Bremskraftverstärkerkreislauf unter 102 bar abgesunken ist. Weitere Einzelheiten werden in **Kapitel 6** verraten.

Ein niedriger Bremsflüssigkeitsstand wird angezeigt durch die PDAS-Warnlampe, die Bremsdruck-Warnlampe und die Haupt-Warnlampe. Die Traktionskontrolle bleibt abgeschaltet, solange der Bremsflüssigkeitspegel zu niedrig bleibt. Auch hierzu finden Sie weitere Ausführungen in **Kapitel 6**.

Ausfall von ABS oder PDAS wird durch die zugehörigen Warnlampen und die Haupt-Warnlampe sowie einen Warnton angezeigt. Diese Signale verraten dem Fahrer, dass ein Defekt in ABS- oder PDAS-System festgestellt wurde und dass beide Systeme deshalb nicht verfügbar sind.

Es gibt nur eine Situation, in der allein die PDAS-Warnlampe leuchtet. Dies ist der Fall, wenn der Bremsdruck nicht mehr als 115 bar erreicht. Für PDAS reicht dieser Druck nicht aus, weshalb die Warnlampe leuchtet. Die ABS-Warnlampe leuchtet dann erst, wenn das Bremspedal betätigt wird. Wenn das Bremspedal fest genug getreten wird, können auch die Brems-Warnlampe, die Haupt-Warnlampe und der Warnton aktiviert werden, wozu freilich der Druck im Bremssystem unter 102 bar absinken müsste.

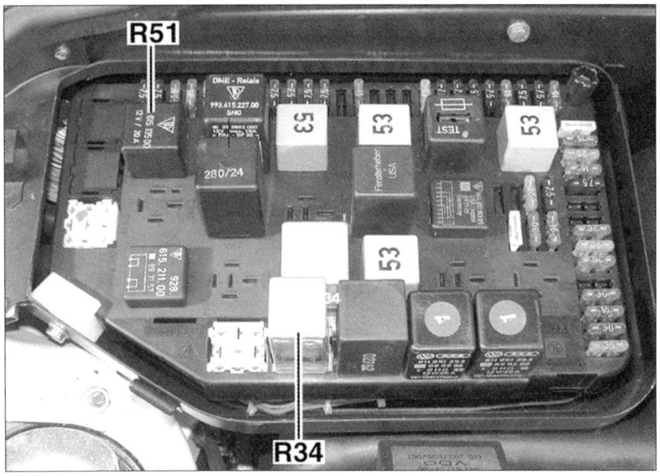

◄ Schutz vor Unter- und Überspannung

- Bei PDAS und ABS übernimmt Relais **R34** den Schutz vor Überspannung.
- Relais **R51** versorgt die Hydraulikpumpe des Bremskraftverstärkers mit Strom.

Unterspannung (Spannungsversorgung weniger als 9,9 Volt) aktiviert den Sicherheits-Schaltkreis im Steuergerät. Gleichzeitig leuchten vor dem Fahrer die Warnlampen für PDAS, ABS und Traktionskontrolle (gelbe LED in der Mittelkonsole) auf. Der Warnton erklingt jedoch nicht. Dieser Fall tritt häufig ein, wenn der Carrera 4 länger nicht bewegt wurde.

Überspannung (Spannungsversorgung mehr als 22 Volt) wird durch Relais R34 vom Steuergerät ferngehalten. Es leuchten nun eine ganze Reihe Kontrolllampen einschließlich derer für PDAS und ABS auf; es entsteht also eine „Weihnachtsbaum"-Optik.

Ein **Sperrschalter** sorgt bei Ausfall von ABS oder PDAS dafür, dass das Steuergerät keinen Strom mehr erhält, so dass beide Systeme ausfallen, bis der Fehler behoben ist.

Hinweis:
PDAS und ABS arbeiten bis auf diesen Sperrschalter völlig eigenständig. Allerdings können nicht beide Systeme zugleich arbeiten. Aus Sicherheitsgründen schien es Porsche vernünftig, bei Ausfall eines Systems trotzdem auch das andere außer Funktion zu setzen.

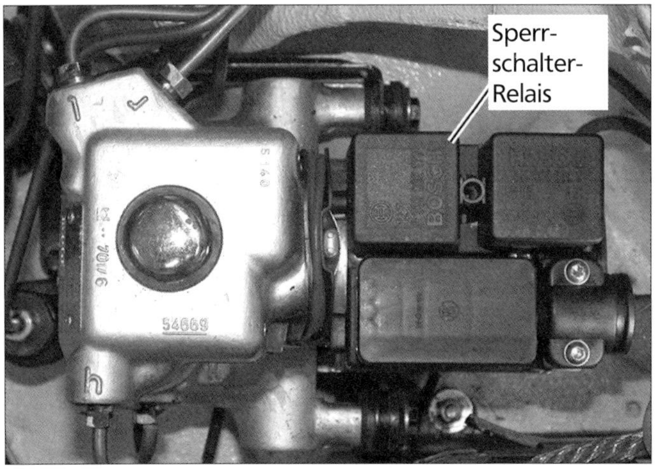

◄ Sperrschalter für ABS und PDAS

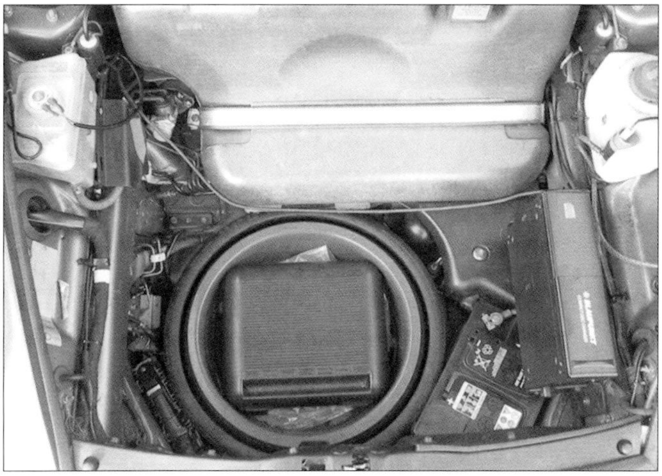

Bauteile von ABS und PDAS werden nach Entfernen des Teppichs aus dem Kofferraum des Carrera 4 von 1990 sichtbar. Alles ist platzsparend auf kleinstem Raum untergebracht.

(Foto: Alan Baldwin)

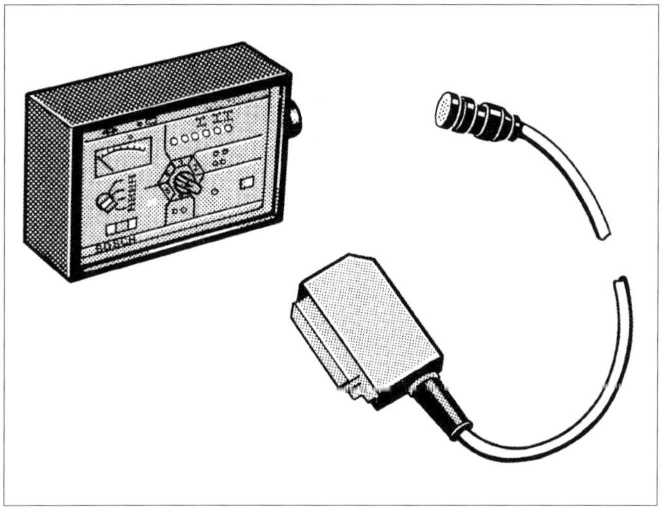

Das Bosch ABS-LED-Testgerät wird man in kaum einer Werkstatt finden, obwohl es bei der Fehlersuche an PDAS und ABS von unschätzbarem Wert sein kann.

Leitungssystem: Stahl-Hochdruckleitungen wurden für den gesamten Hydraulikkreislauf verwendet.

Verkabelung: Das Steuergerät von ABS und PDAS ist mit einem 55-poligen Stecker an den Kabelbaum angeschlossen.

Für das PDAS sind mit Ausnahme des zweijährigen Bremsflüssigkeitswechsels keine regelmäßigen Wartungsarbeiten vorgesehen.

Das Wechseln der Bremsflüssigkeit ist in **Kapitel 2**, das Entlüften der Differenzialhydraulik in **Kapitel 6** und die Fehlersuche in **Kapitel 9** beschrieben.
Wie der Differenzial-Nehmerzylinder eingestellt wird, verrät die Reparaturanleitung des Carrera 4.

Kapitel 6: Fahrwerk

911 Turbo von 1991

(Foto: Steve Shanks)

Tabellen

Carrera 3.2

(Foto: John Dunkle)

Einführung

Gegenüber dem Vorgänger, der von 1984 bis 1989 gebauten Carrera-Reihe, wurde der 964 zu 85 Prozent neu konstruiert. Das wird besonders an Radaufhängungen, Bremsen und Lenkung deutlich. Mit der Einführung des 964 hielten in die 911-Baureihe Einzug:

- Schraubenfederung (Federbeine) vorn und hinten
- Vierkolben-Bremssättel vorn und (bis auf den Carrera 2 bis 1991 mit Zweikolbenanlage) hinten
- Servolenkung
- Antiblockiersystem (erstmals im 911, aber bereits erprobt in den Schwestermodellen 944 und 928)
- Neues Raddesign, bei dem die Reifen eine immer größere Rolle spielten.

Carrera 2 von 1990

(Foto: Adrian Streather)

In diesem Kapitel werden all diese Veränderungen im Detail beschrieben und erklärt. Zudem werden Tipps zur Wartung verraten.

Hintere (oben) und vordere Stoßdämpfer für den Carrera 4

Radaufhängungen

Der Allradantrieb erforderte eine grundsätzlich neue Fahrwerksauslegung, von der alle 964-Modelle profitierten. Die Drehstabfedern früherer Modelle wichen Schraubenfedern, die mit den Stoßdämpfern zu Federbeinen kombiniert wurden.

In einigen Details weicht die Radaufhängung des Allradlers von der des Hecktrieblers ab. So verfügt er über vordere Antriebswellen, die beim Hecktriebler naturgemäß fehlen. Je nach Modell und Modelljahr gibt es zahlreiche weitere Unterschiede.

Vorsicht:
Beim Austausch von Fahrwerkskomponenten müssen alle Teile zu der jeweiligen Ausführung passen. So müssen bei der Umrüstung auf Carrera RS-Fahrwerk alle Komponenten auf dessen Spezifikation umgebaut werden, einschließlich der vorderen Querlenker.

Federn und Stoßdämpfer

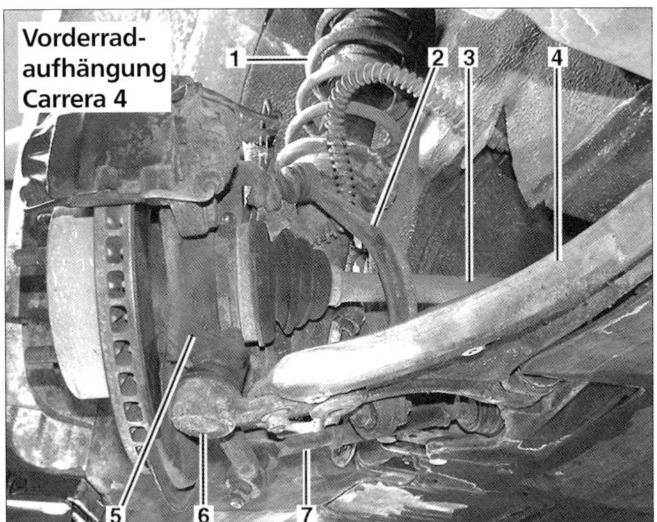

1 Federbein
2 Stabilisatorgehänge
3 Antriebswelle
4 Querlenker
5 Achsschenkel
6 Achsschenkel-Kugelgelenk
7 Lenkstange

◀ An der Vorderachse wurden McPherson-Federbeine mit Schraubenfedern um die Stoßdämpfer herum verwendet, die unten am Achsschenkel anmontiert sind.

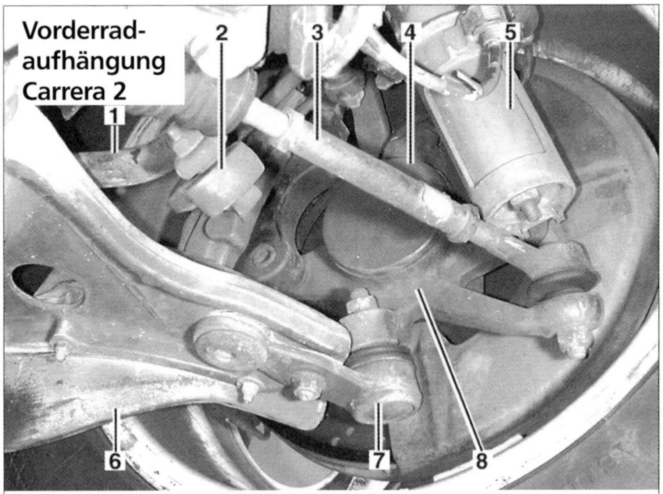

1 Stabilisator
2 Stabilisatoraufhängung
3 Lenkstange
4 Abdeckung der Öffnung, die beim Carrera 4 für die Antriebswellen benötigt wird
5 Federbein
6 Vorderer Querlenker
7 Unteres Kugelgelenk
8 Achsschenkel

◀ Die Vorderradaufhängung von Carrera 2 und 4 ist sehr ähnlich. Einziger Unterschied ist die dem zusätzlichen Gewicht des Allradlers angepasste Federrate.

1 Federbein
2 Lenkstange
3 Stabilisatoraufhängung
4 Stabilisator
5 Vorderer Querlenker

◀ Carrera RS und Carrera Cup haben demgegenüber eine andere Radaufhängung. Man beachte die abweichende Form der Stabilisatoraufhängung im Vergleich zur Abbildung oben. Der obere Befestigungspunkt des Federbeins an der Karosserie ist mit einer Kugel anstelle des üblichen Gummis ausgeführt. Die Federbeine von RS und Cup sind steifer und kürzer als bei den anderen Modellen.
Die Federbeine sind beim Turbo um 180 Grad verdreht eingebaut. Deswegen sind hier die Halterungen anders als bei den übrigen Modellen. Die Federung ist hier straffer als bei Carrera 2 und 4.

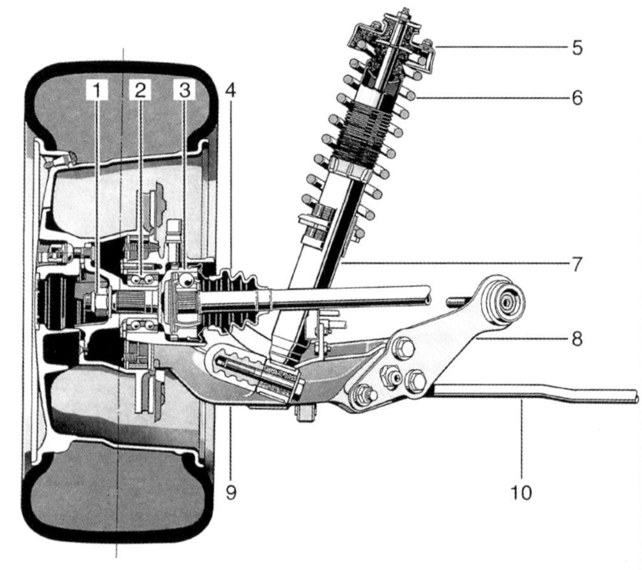

1 Schraube am Kragen der Antriebswelle
2 Radlager
3 Äußeres Gleichlaufgelenk
4 Balg um das äußere Kreuzgelenk
5 Obere Federbeinaufhängung
6 Schraubenfeder
7 Stoßdämpfer
8 Drehstabhalterung
9 Hinterer Schräglenker
10 Stabilisator

◄ Auch hinten sind Federbeine vorgesehen, die unten an den Schräglenker und oben an der Karosserie montiert sind. Auch bei Carrera RS und Cup sind diese Federbeine mit Kugeln aufgehängt, wozu die Aufhängung angepasst werden musste.

Die Federbeine von RS und Cup sind kürzer als bei den Normalmodellen ab 1. November 1990. Sie wurden speziell von Bilstein konstruiert. Aufgrund der Kugelaufhängung kann man sie nicht ohne Änderung der Aufhängung in „normale" Carreras einbauen. Die Kugelaufhängung stellt eine Verbindung zum Federdom in der Karosserie her.
Stellen Sie immer zunächst das genaue Produktionsdatum des Fahrzeugs fest, bevor Sie hintere Stoßdämpfer kaufen, denn es gibt zwei Ausführungen,

- die erste Version für Fahrzeuge vor dem 1. November 1990,
- während die zweite nach diesem Datum zum Einsatz kam.

Die hintere Radaufhängung musste geändert werden, damit sich das Verdeck beim Cabrio kompakter zusammenfalten lässt. Dazu wurden die Aufhängungen geändert und ab 1. November 1990 um 37,2 Millimeter längere Stoßdämpfer verbaut. Auch die Federn sind entsprechend länger und erhalten eine höhere Vorspannung.

Sportfahrwerk M030

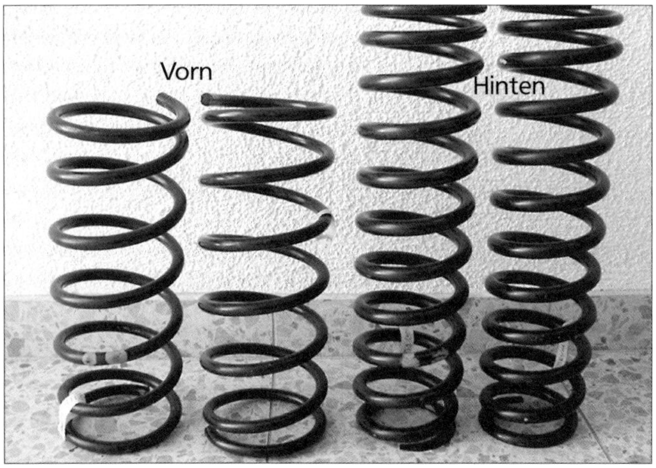

Federn für das Sportfahrwerk M030

Ab dem 31. Oktober 1990 (also Modelljahr 1991) war das Sportfahrwerk M030 erhältlich für Carrera 2 und 4 mit normalem Heck. Die Änderungen betreffen:

- 22 statt nur 20 Millimeter starker vorderer Stabilisator
- geringfügig straffere Boge-Stoßdämpfer vorn
- neue Federn vorn und hinten, wobei die vorderen genauso straff sind wie im Normalmodell, die hinteren jedoch 40 Prozent härter und progressiv ausgelegt.

Der Carrera 4 kann mit den Federn aus dem Sportfahrwerk M030 ausgerüstet werden. Sie sind kürzer als die serienmäßige Ausführung.

Hinweis:

- *Die Vorderachsfedern des Sportfahrwerks M030 sind beim Carrera 4 etwas straffer als beim Carrera 2, um das Mehrgewicht auszugleichen.*
- *Die hinteren sind für Carrera 2 und 4 identisch.*
- *Der hintere Stabilisator des Sportfahrwerks entspricht der Serienausführung.*

Das Sportfahrwerk M030 für die USA weist einige Besonderheiten auf. Der Einbau des Hinterachs-Pakets in vor dem 1. November 1990 gebaute Carrera 2 und 4 erfordert einige Anpassungsarbeiten.

Der RS America erhielt das Sportfahrwerk serienmäßig. Viele Teile des Sportfahrwerks finden sich auch an den Turbos der Jahre 1991/92, jedoch weichen hier die Ersatzteilnummern für die Federn ab.

Während das normale Sportfahrwerk in jeden Carrera 2 oder 4 passt (bis auf die erwähnte zeitliche Einschränkung), fügt sich die US-Ausführung des Sportfahrwerks auch nur in US-Modelle von Carrera 2 und 4. Das hängt mit der größeren Bodenfreiheit von US-Modellen zusammen.

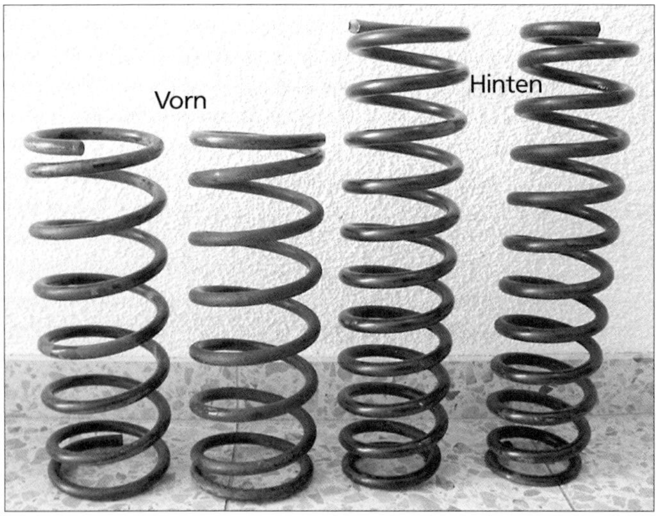

Federn für den Carrera 4

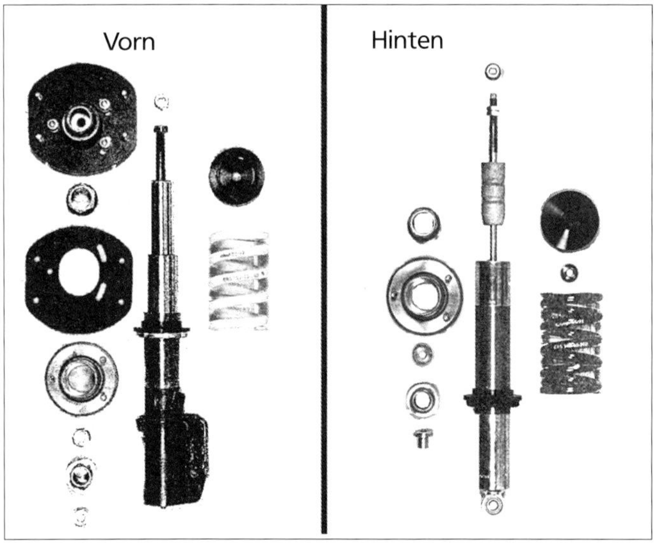

Bei den Federbeinen für den RS 3.8 beachte man die im Vergleich zum Carrera 4 deutlich kürzeren Federn.

Schraubenfedern

Die Federraten sind je nach Modell recht unterschiedlich. Farbpunkte helfen, die vielen Varianten zu unterscheiden. So sind zum Beispiel die Federn mit blauem Punkt für den Carrera 4 straffer als die orange markierten für den Carrera 2.

Einzelheiten entnehmen Sie bitte der folgenden Tabelle:

Vorderachsfedern

Modell und Jahrgang	Farbmarkierung	Ersatzteilnummer
Carrera 4 bis 1991 Carrera 4 ab 1992	orange	964 343 531 06
Carrera 4 Turbo-Look ab 1993	orange	964 343 531 12
Carrera 2, 1990 bis 1994 Turbo 3.3 von 1991	blau	964 343 531 05
Turbo 3.3 von 1992 RS America von 1993/94 Carrera 2 Cabrio Turbo-Look von 1992 American Roadster von 1992 Sportfahrwerk M030	grün	964 343 531 11
Carrera RS von 1992	gelb	964 343 531 80
RS 3.8 von 1993		964 343 533 81
Turbo 3.6 von 1993/94	orange/grün	965 343 531 01
Speedster von 1994	grün/weiß	964 343 531 09

Hinterachsfedern

Modell und Jahrgang	Farbmarkierung	Ersatzteilnummer
Carrera 4 bis 1990		nicht verfügbar
Carrera 2 bis 1990	Blau	964 333 531 02
Carrera 4 ab 1992 Carrera 4 Turbo-Look ab 1993 Carrera 2 von 1991	Orange	964 333 531 04
Turbo 3.3 bis 1992 RS America von 1993/94 Sportfahrwerk M030	Grün	965 333 531 03
Carrera 2 Cabrio Turbo-Look von 1992 American Roadster von 1992 Speedster von 1994	Violett	964 333 531 07
Turbo 3.6 von 1993/94	blau	965 333 531 04
Carrera RS von 1992	gelb	964 333 531 80
RS 3.8 von 1993		964 333 533 80

Stabilisatoren

Je nach Modell wurden beim 964 unterschiedlich starke Querstabilisatoren eingebaut.

Hinweis:
Die Befestigungselemente sind nach Baujahr und Ersatzteilnummer auf den jeweiligen Stabilisator abgestimmt. Beim Austausch ist darauf zu achten, dass die richtigen Teile zur Befestigung verwendet werden. Jeder Stabilisator benötigt zwei Befestigungsteile.

Vorderer Stabilisator

Modell und Jahrgang	Durchmesser	Ersatzteilnummer
Carrera 4 von 1989	20 mm	964 343 707 26
Carrera 4 von 1990 bis 1994	20 mm	964 343 707 33
M030 von 1991 bis 1994 RS America von 1991 bis 1994	22 mm	964 343 707 35
Carrera 2 und 4 Turbo-Look ab 1992	21 mm	965 343 707 29
Turbo 3.3 von 1991/92		
Turbo 3.6 von 1993/94		
Carrera RS von 1992	24 mm	964 343 707 70

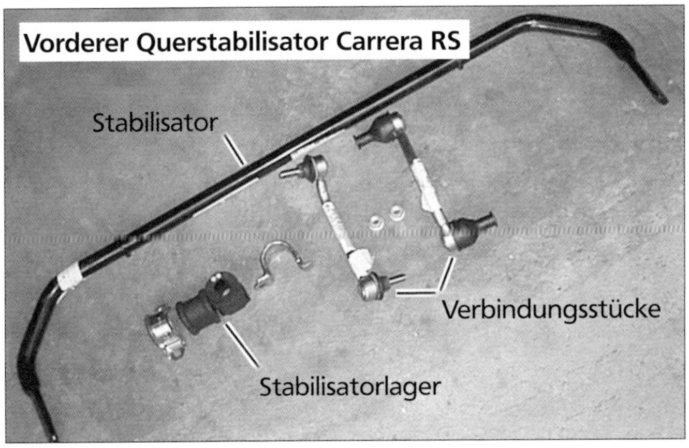
Vorderer Querstabilisator Carrera RS

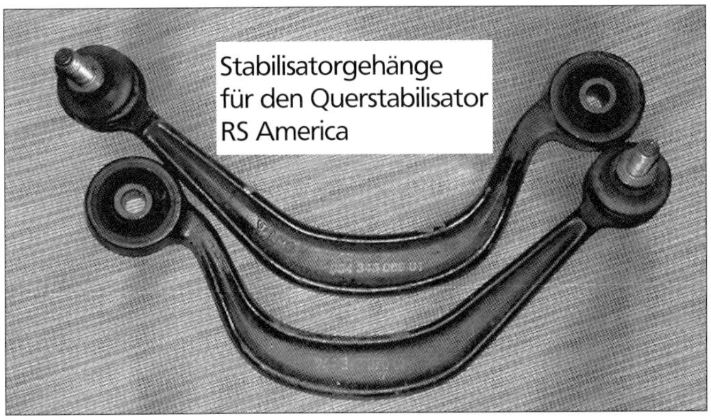
Stabilisatorgehänge für den Querstabilisator RS America

◄ Die Konstruktion der Befestigungselemente für den Querstabilisator ist nicht bei allen Modellen gleich, wie die Abbildungen zeigen.

Befestigungselemente für vordere Querstabilisatoren

Modell	Ersatzteilnummer
Carrera 2 und 4, Speedster und RS America	964 343 069 01 (links)
	964 343 070 01 (rechts)
Carrera 4 Turbo-Look Carrera 2 Turbo-Look American Roadster Turbo 3.3 und 3.6	964 343 071 00 (links)
	964 343 072 00 (rechts)
Carrera RS	964 343 071 80 (links)
	964 343 072 80 (rechts)

Hinterer Querstabilisator

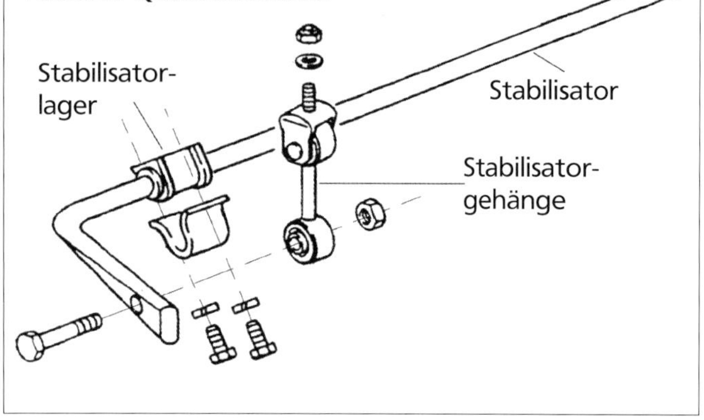

Hinterer Stabilisator

Modell und Jahrgang	Durch-messer	Ersatzteil-nummer
Carrera 4 von 1989/90	18 mm	964 333 701 19
Carrera 2 mit Schaltgetriebe von 1990	21 mm	964 333 701 07
Carrera 2 und 4 mit Schaltgetriebe ab 1991	20 mm	964 333 701 06
Carrera 2 und 4 Tiptronic ab 1990	19 mm	964 333 701 12
Carrera 2 und 4 Turbo-Look ab 1992	22 mm	965 333 701 04
Turbo 3.3 von 1991/92		
Turbo 3.6 von 1993/94		
Carrera 2 Turbo-Look Tiptronic von 1992	21 mm	965 333 701 10
Carrera RS von 1992	18 mm	964 333 701 70

Obere Federbeinaufhängung vorn

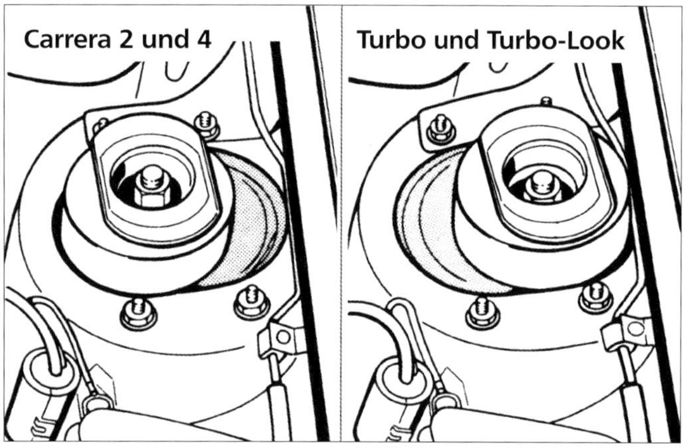

◄ Bei Carrera 2 und 4 ohne Turbo-Look sind die vorderen Federbeine oben auf der nach innen zeigenden Seite des Federdoms montiert.

Bei den Turbos und den Fahrzeugen mit Turbo-Look sind die Federbeine vorn jedoch auf der nach außen zeigenden Seite der Federdome montiert.

Beim Carrera RS sind diese Aufhängungen durch kugelförmige ersetzt.

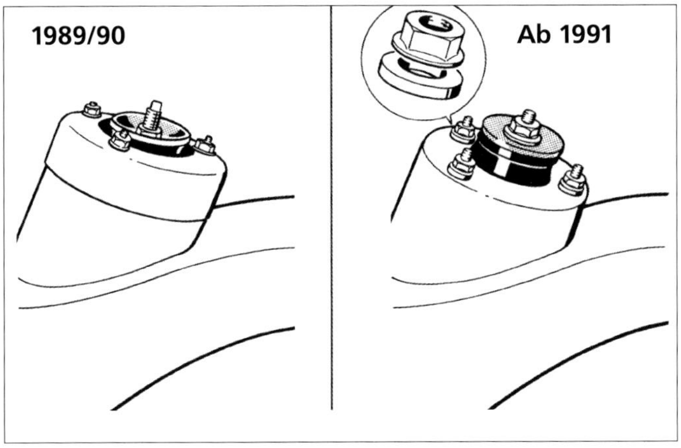

Obere Federbeinaufhängung hinten

◀ Ab dem 1. November 1990 wurde die obere Aufhängung der hinteren Federbeine geändert. Diese Veränderung erforderte Anpassungen an folgenden weiteren Bauteilen:

- Äußeres Rohr der Stoßdämpfer, um 38 mm verlängert
- Hinterradfedern und Gummibälge für die Stoßdämpfer, verlängert
- Gummipuffer für Stoßdämpfer verändert
- Muttern und Unterlegscheiben zur Befestigung der Federbeine an der Karosserie verändert (siehe Abbildung links und Tabelle unten)
- Anzugsdrehmoment Federbeine oben geändert

Befestigungselemente für die Federbeine oben ab Modelljahr 1991

Kragenmutter M8 .... Ersatzteilnr. 900 380 006 02
Unterlegscheibe 3,1 mm .... Ersatzteilnr. 999 025 125 02

Anzugsdrehmomente

Federbein an Karosserie
Bis Modelljahr 1990 (M8) .... 20 Nm
Ab Modelljahr 1991 (M8) .... 37 Nm

Beim Carrera RS wurden stattdessen Monoball-Aufhängungen verwendet.

Turbo 3.6 – Fahrwerkstechnische Besonderheiten der US-Version

Laut Ersatzteilkatalog von Porsche wurden für die Turbo 3.6, die in die USA geliefert wurden, dieselben Federbeine verwendet wie bei den RoW-Modellen. Trotz identischer Ersatzteilnummer können jedoch die Zuliefer-Teilenummer und das Ersatzteil selbst unterschiedlich sein. Gründliche Recherche durch den Autor, unter Mithilfe des Turbo-3.6-Besitzers Michael Behrman (der den schwierigeren Part übernahm) konnten folgende Unterschiede festgestellt werden:

Federbeine Turbo 3.6

Bauteil	US-Version	Normalversion
Vordere Federn	965 343 531 01 504*	965 343 531 01 504*
Länge unbelastet	305 mm	321 mm
Außendurchmesser	114 mm	114 mm
Durchmesser des Federrohrs	11,5 mm	11,6 mm (obere 1,5 Windungen 8 mm)
Federwindungen	7 gleichmäßig	9, davon 1,5 progressiv
Farbmarkierung	1 grüner Punkt	2 grüne und 1 oranger Punkt
Herstellerstempel	6HH1 93 (Teilenr.) 964 441	KHW0041 (Teilenr.) 965 401
	** Diese Teilenummern entsprechen sowohl den Angaben im Ersatzteilkatalog als auch an den Ersatzteilen selbst.*	
Hintere Federn	965 333 531 03 504	965 333 531 04 504
Vordere Stoßdämpfer	beide: links 965 343 041 02, rechts 965 343 042 02	
Hintere Stoßdämpfer	965 333 057 00	965 333 057 01

Zusammengefasst ergibt sich damit folgendes Bild:

Besonderheiten bei den Radaufhängungen der US-Ausführung des Turbo 3.6

Vordere Federn: .... unterschiedlich
Vordere Stoßdämpfer: .... gleich
Hintere Federn: .... unterschiedlich
Hintere Stoßdämpfer: .... unterschiedlich

Beim Kauf von Fahrwerksteilen sollte man deshalb angeben, wenn es sich um ein US-Fahrzeug handelt. Generell sind Teile der US-Ausführung und der Normalmodelle wegen der unterschiedlichen Bodenfreiheit nicht kompatibel.

Bei diesem Carrera RS fällt der stark negative Sturz der Hinterräder auf.

(Foto: Adrian Streather)

Bodenfreiheit, Radeinstellung

Die richtige Radeinstellung ist für das Fahrverhalten von ausschlaggebender Wichtigkeit und hilft, die Betriebskosten niedrig zu halten, weil ansonsten einseitiger Reifenverschleiß schnell ins Geld gehen kann. Rennfahrwerke sind wirklich nur auf der Rennstrecke brauchbar, genau wie das Normalfahrwerk auf der Rennstrecke fehl am Platz wäre. Einen Mittelweg gibt es wegen der tiefgreifenden Unterschiede nicht. Der für den Rennbetrieb hilfreiche stark negative Radsturz würde bei Straßenreifen zu dem angesprochenen Verschleiß führen, außerdem müsste mit Vibrationen und anderen komfortbeeinträchtigenden Störungen gerechnet werden.

Jeder 964 reagiert sensibel auf Fehler bei der Radeinstellung, ungleichmäßig abgefahrene Reifen und unterschiedliche Reifen vorn und hinten (unterschiedliche Marken, Profile, Kennzeichnungen). In allen Fällen wird sich das Fahrverhalten verschlechtern.

Bodenfreiheit

Carrera 4 (links) im Vergleich zum 40 Millimeter tieferliegenden Carrera Cup (rechts)

(Foto: John Miles)

◀ Die normalen Carrera 2 und 4 stehen höher in den Federn als Carrera RS und Cup. Bei den verschiedenen Turbo-Modellen sind die Einstellwerte unterschiedlich. Auch für die US-Modelle wurde eine andere Bodenfreiheit vorgesehen. Der Nachlauf wurde 1992 durchgehend geändert und für ältere Exemplare ebenfalls empfohlen. Die Daten zu Bodenfreiheit und Radeinstellung sind weiter hinten in diesem Kapitel zusammengefasst.

Innenbelüftete, nicht gelochte Bremsscheibe

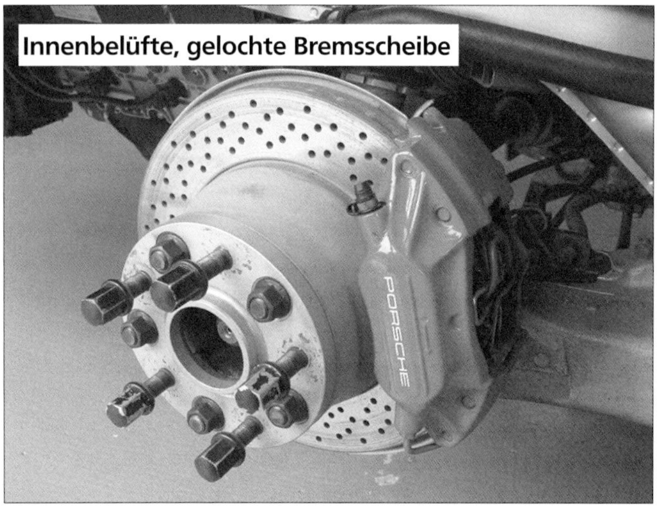

Innenbelüfte, gelochte Bremsscheibe

Bremsen

Bremsscheiben

Beim Porsche 964 findet man stets innenbelüftete Bremsscheiben, die zudem bei einigen Modellen gelocht sind.

Die folgende Tabelle schafft hierzu einen Überblick:

Verwendete Bremsscheibenarten:

Bremsscheiben, nicht gelocht	Carrera 4, auch mit Turbo-Look, Carrera 2 ohne Turbo-Look und Speedster
Bremsscheiben, nur vorn gelocht	Carrera 2 Turbo-Look und American Roadster
Bremsscheiben, rundum gelocht	Alle Turbos, RS, RSR und America GS

Hauptbremszylinder

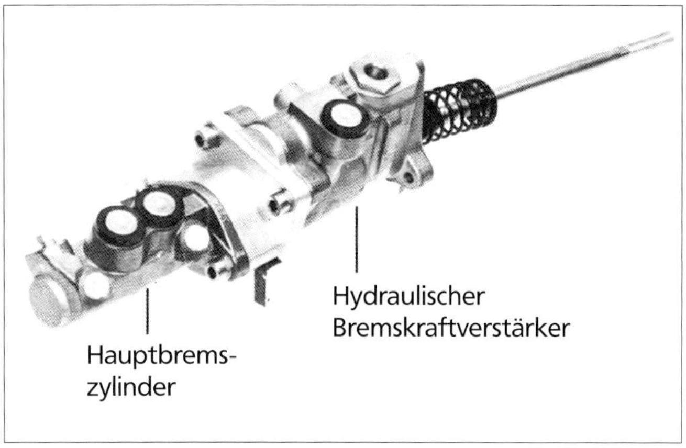

◄ Der Tandem-Hauptbremszylinder ist sowohl bei den unterdruckbetätigten als auch den hydraulischen Bremskraftverstärkern vor diesen untergebracht.

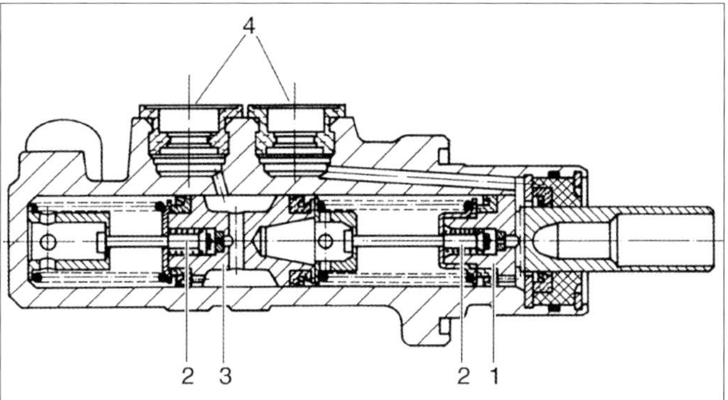

1 Hauptbremszylinderkolben für den vorderen Bremskreis
2 Zentralventil
3 Hauptbremszylinderkolben für den hinteren Bremskreis
4 Anschlüsse für den Bremsflüssigkeitsbehälter

◀ Die Betätigungsstange im Hauptbremszylinder ist mit dem Bremspedal verbunden. Sie wirkt auf zwei Kolben, von denen einer auf den vorderen und der andere auf den hinteren Bremskreis wirkt. Durch die Zentralventile im Hauptbremszylinder wird Bremsflüssigkeit aus dem Behälter auf diese beiden Bremskreise aufgeteilt.

Die beiden Kolben im Hauptbremszylinder geben Druck auf die beiden Bremskreise weiter, die den Druck auf die Bremskolben in den Bremssätteln übertragen. Dabei ist der Druck im vorderen Bremskreis direkt proportional dem Bremspedaldruck.

Der auf den hinteren Bremskreis wirkende Bremsdruck kann jedoch unter bestimmten Verhältnissen durch den Bremskraftregler beeinflusst werden, der weiter unten beschrieben wird.

Beim 964 kommen drei unterschiedliche Durchmesser der Hauptbremszylinder zum Einsatz, und zwar in folgenden Fahrzeuggruppen:

- Carrera 2
- Carrera 4 und Turbo
- Carrera RS und America GS

Die Maße sind jeweils bei den technischen Daten zur Bremsanlage angegeben.

Bremskraftregler für die Hinterachse

◀ Der Bremskraftregler für den hinteren Bremskreis befindet sich unmittelbar hinter dem ABS-Hydraulikblock und hilft, ein Blockieren der Hinterräder zu vermeiden, das ein Schleudern hervorrufen könnte.

Der Regler befindet sich auf der Halterung für die Hydraulik und ist mittels eines kurzen Rohres an den Hinterradbremsanschluss des ABS-Hydraulikblocks angeschlossen.

Der Druck, bei dem sich der Regler öffnet, ist nicht variabel. Bis dieser Punkt erreicht ist, bleibt der Druck an seinem Eingang gleich dem an seinem Ausgang. Wird er jedoch überschritten, so öffnet sich das Regelventil und es wird teilweise Druck abgebaut. Dieser Punkt ist bei den verschiedenen 964-Modellen unterschiedlich eingestellt. Der jeweilige Wert ist bei den technischen Daten zur Bremsanlage angegeben.

Bremskraftverstärker

Beim 964 finden zwei Varianten des Bremskraftverstärkers Verwendung, und zwar

- eine mit hydraulischem Überdruck arbeitende in Carrera 4, RS, Cup, Turbo-Look und Turbo sowie
- eine mit Unterdruck arbeitende in Carrera 2, Speedster und RS America.

Hochdruck-Bremskraftverstärker

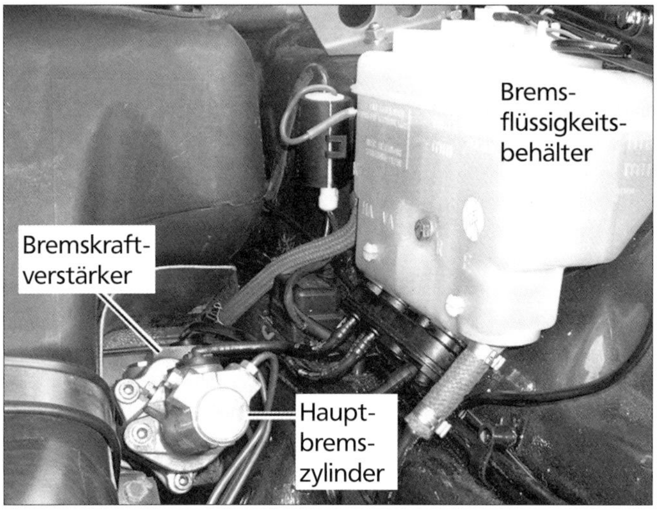

◀ Bei Fahrzeugen mit hydraulischer Bremskraftverstärkeranlage befindet sich der Bremskraftverstärker zwischen Hauptbremszylinder und dem Gestänge des Bremspedals. Wenn das Bremspedal getreten wird, unterstützt hydraulischer Druck den Fuß des Fahrers in erheblicher Form. Daher wundert es nicht, wenn man bei Ausfall dieser Hydraulik kaum in der Lage ist, eine spürbare Bremswirkung herbeizuführen. Ohne den hilfreichen Druck aus dem Bremskraftverstärker kann der normaltrainierte Fahrer das Bremspedal kaum bewegen. Die Betriebsanleitung weist warnend darauf hin, wenn die hydraulische Anlage eingebaut ist.

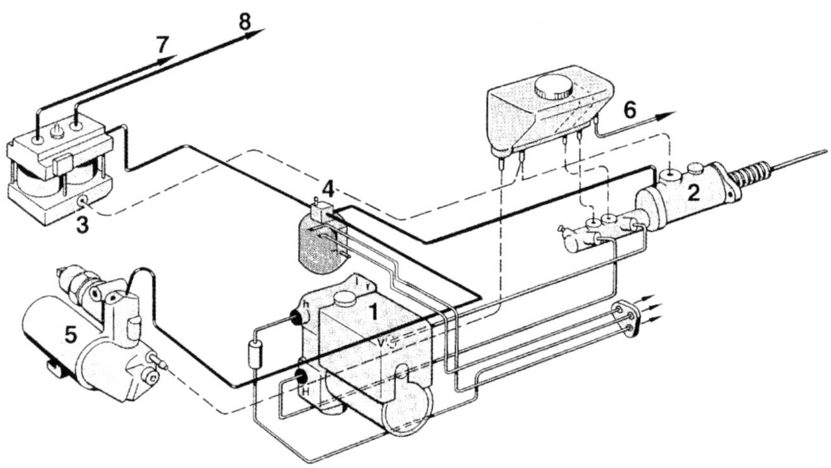

Hydraulikanlage im Carrera 4
1 ABS-Hydraulikblock
2 Bremskraftverstärker und Hauptbremszylinder
3 Gehäuse des Magnetventils für Zentral- und Heckdifferenzialsperre
4 Druckbehälter
5 Hydraulikpumpe
6 Anschluss für Hauptbremszylinder
7 Zum Sperrdifferenzial
8 Zum Sperrdifferenzial

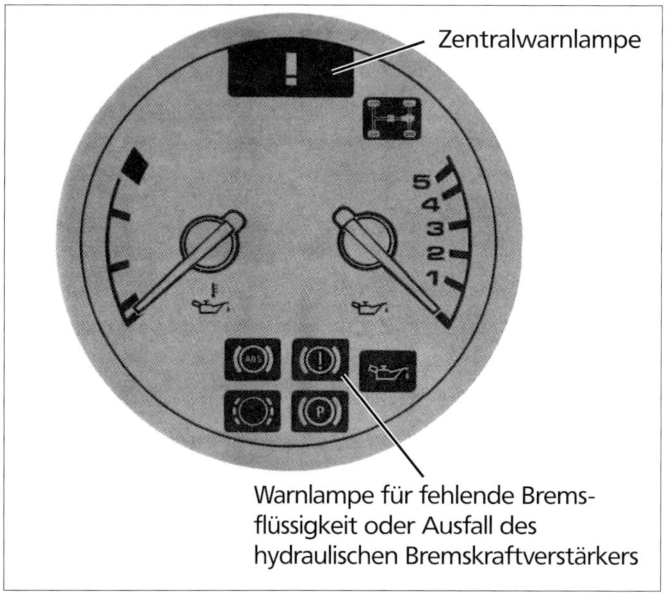

Vorsicht:

Wenn die Brems- und die Zentralkontrolllampe (Ausrufezeichen) aufleuchten und ein Warnton erklingt, ist der Druck aus dem Bremskraftverstärker zu niedrig. Halten Sie sofort an.

- *964er mit hydraulischem Bremskraftverstärker, besonders der Carrera 4, reagieren sehr empfindlich auf einen niedrigen Bremsflüssigkeitspegel. In* ***Kapitel 2*** *lesen Sie, wie dieser überprüft wird. Leuchten die Warnlampen, ohne dass der Warnton zu hören ist, fehlt Bremsflüssigkeit. Halten Sie an und stellen Sie vor der Weiterfahrt sicher, dass ausreichend Bremsflüssigkeit aufgefüllt ist.*
- *Ein sehr schwergängiges Bremspedal weist auf mangelnden Bremskraftverstärkerdruck hin. Bei Fahrzeugen mit Unterdruck-Bremskraftverstärker kann man noch mit dem Bremspedal ausreichend Bremskraft erzeugen. Bei Fahrzeugen mit hydraulischem Bremskraftverstärker gelingt das nicht.*

Die Hochdruckpumpe ist unter einer Abdeckung vorn im Kofferraum versteckt.

◀ Bei rechts- und linksgelenkten Fahrzeugen befindet sich die Hydraulikpumpe unter einer Abdeckung gleich vor der Batterie, aber etwas höher untergebracht, im Kofferraum.

Vorsicht:

Die hydraulische Pumpe ist für die Bremsanlage lebenswichtig. Fällt sie oder ihre Stromversorgung aus, wird es praktisch unmöglich, den Wagen mit der Fußbremse anzuhalten.

Hinweis:

Bei der Anlage mit hydraulischem Bremskraftverstärker spricht die Kontrolllampe an, wenn der Druck unter den Sollwert 105 (+2/-5) bar absinkt.

Die Hochdruckpumpe versorgt übrigens auch die Traktionskontrolle PDAS mit hydraulischem Druck. Einzelheiten dazu lesen Sie in **Kapitel 5**.

◀ Der Hydraulikdruck-Schalter befindet sich an der Hydraulikpumpe.

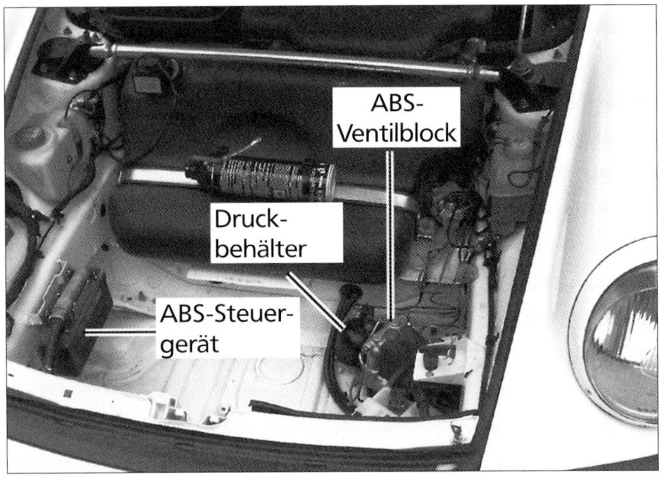

◀ Ein hydraulischer Druckbehälter befindet sich neben dem ABS-Ventilblock im Kofferraum. Die Abbildung zeigt die Anordnung in Carrera Cup, RS und Turbo, die gleich ist. Beim Carrera 4 finden sich weitere Bauteile und Leitungen.

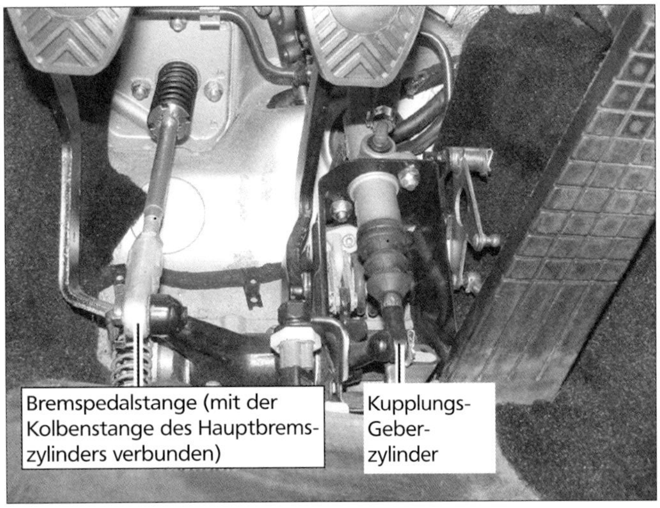

Unterdruck-Bremskraftverstärker

◀ Bei den Fahrzeugen mit Unterdruck-Bremskraftverstärker sind Bremskraftverstärker und Hauptbremszylinder unter dem Wagen neben der Zahnstange der Lenkung untergebracht.

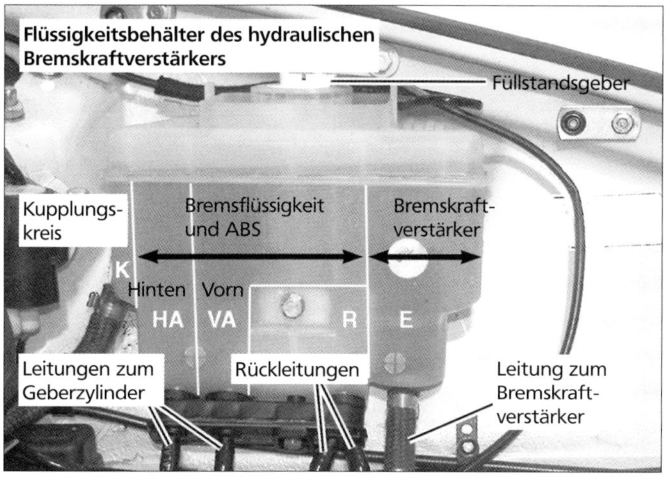

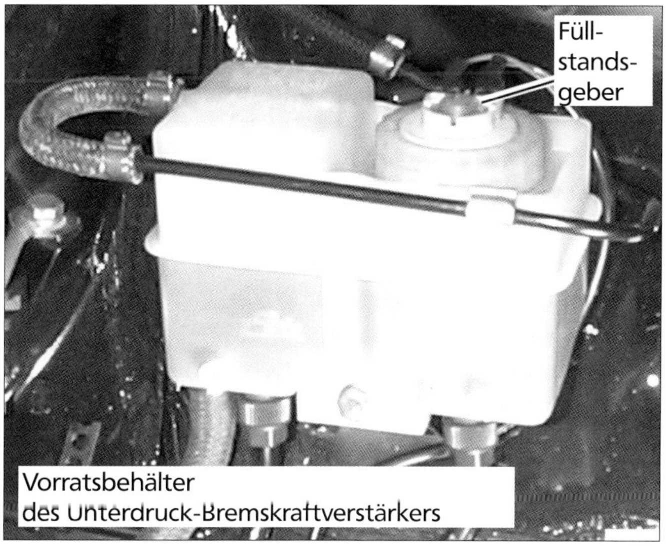

Bremsflüssigkeitsbehälter von Carrera 2 und RS America

Bremsflüssigkeitsbehälter

Bei den Linkslenkern befindet sich der Bremsflüssigkeitsbehälter links, bei den Rechtslenkern rechts im Kofferraum.

Hinweis:

Die Richtungsangaben beziehen sich immer auf „Fahrtrichtung vorn", also auf die Blickrichtung des Fahrers bei Geradeausfahrt.

Der Bremsflüssigkeitsbehälter hat für Kupplung, Bremse und Bremskraftverstärker jeweils eine eigene Kammer. Je nach Bremskraftverstärkersystem ist der Bremsflüssigkeitsbehälter unterschiedlich groß.

Volumen des Bremsflüssigkeitsbehälters

Bei hydraulischem Bremskraftverstärker: .... 0,75 l

Bei Unterdruck-Bremskraftverstärker: .... 0,35 l

Der hydraulische Druckbehälter für den hydraulischen Bremskraftverstärker fasst 0,35 l Bremsflüssigkeit.

Der Füllstandsgeber befindet sich jeweils oben am Bremsflüssigkeitsbehälter.

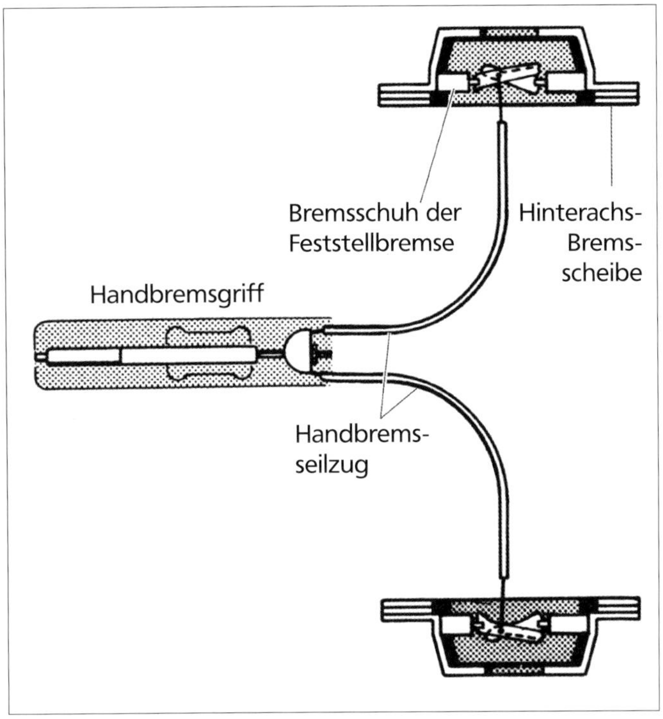

Handbremse

◀ Die Handbremse ist als Duplex-Trommelbremse an den Hinterrädern ausgeführt und in das jeweilige Bremsscheibenbauteil integriert. In jeder dieser Bremstrommeln befinden sich zwei auflaufende Bremsschuhe. Jede Bremstrommelmechanik wird über einen eigenen Seilzug angesteuert, die aber gemeinsam aktiviert werden.

Technische Daten der Bremsanlage

Zusammenfassend kann also zum 964 gesagt werden:

- Alle Varianten verfügen über ein Antiblockiersystem.
- Der Bremskraftverstärker arbeitet entweder mit hydraulischem Druck oder mit Unterdruck.
- Die Bremsanlage ist mit zwei Bremskreisen ausgestattet, je einer für Vorder- und Hinterachse.
- Bis auf die Carrera 2 bis 1991 (und einige 1992er Exemplare mit Tiptronic für Großbritannien) haben alle Varianten Vierkolben-Bremssättel.
- Sämtliche Bremsscheiben sind innenbelüftet.
- Die seilzugbetätigte Handbremse ist jeweils als Trommelbremse ausgeführt.

Weitere Einzelheiten enthält die nachfolgende Tabelle.

Technische Daten der Bremsanlage

Bauteil	**Carrera 4 1989-1993**	**Carrera 4 Turbo-Look 1993/94**	**Carrera 2 ohne Turbo-Look 1990/91**
Bremskraftverstärker			
Bauart	Hydraulisch	Hydraulisch	Unterdruck (0,27 bar)
Faktor	4,8	4,8	3
Arbeitsdruck			
Druck in bar	55	33	45
Reduzierfaktor	0,46	0,46	0,46
Bohrung Hauptbremszylinder in mm			
Vorn und hinten je	23,81	23,81	20,64
Durchmesser Bremskolben in mm			
Vorn	36 und 40	36 und 40	36 und 40
Hinten	30 und 28	30 und 34	44
Bremsscheibendurchmesser in mm			
Vorn	298	298	298
Hinten	299	299	299
Wirksamer Scheibendurchmesser in mm			
Vorn	248	248	248
Hinten	246	249	252
Bremsscheibenstärke in mm			
Vorn	28	28	28
Hinten	24	28	24
Bestrichene Fläche in cm^2			
Vorn	172	172	172
Hinten	172	172	112
Zusammen	344	344	284
Bremsklotzdicke in mm			
Vorn	12	12	12
Hinten	12	12	12
Mechanisch betätigte Feststellbremse, auf die Hinterräder wirkend			
Bremstrommeldurchmesser in mm	180	180	180
Breite der Bremsschuhe in mm	25	25	25
Dicke der Bremsschuhe in mm	4,5	4,5	4,5

Technische Daten der Bremsanlage

Bauteil	Carrera 2 ab 1992, RS America, Speedster	Carrera 2 Turbo-Look Turbo 3.3, Carrera RS	Turbo 3.6 und 3.6 S ab 1993
Bremskraftverstärker			
Bauart	Unterdruck (0,27 bar)	Hydraulisch	Hydraulisch
Faktor	3	4,8 (RS: 3,6)	4,8
Arbeitsdruck			
Druck in bar	55	60 (RS: 55)	60
Reduzierfaktor	0,46	0,46	0,46
Bohrung Hauptbremszylinder in mm			
Vorn und hinten je	20,64	23,81 (RS: 25,4)	23,81
Durchmesser Bremskolben in mm			
Vorn	36 und 40	36 und 44	36 und 44
Hinten	30 und 28	30 und 34	30 und 34
Bremsscheibendurchmesser in mm			
Vorn	298	322	322
Hinten	299	299	299
Wirksamer Scheibendurchmesser in mm			
Vorn	248	268 (Turbo und RS: 259,6)	259,6
Hinten	246	249 (RS: 246)	249
Bremsscheibenstärke in mm			
Vorn	28	32	32
Hinten	24	28	28
Bestrichene Fläche in cm^2			
Vorn	172	250	302
Hinten	172	172	172
Zusammen	344	422	474
Bremsklotzdicke in mm			
Vorn	12	12 (Turbo: 14,5)	12
Hinten	10	12 (Turbo: 12,5)	12
Mechanisch betätigte Feststellbremse, auf die Hinterräder wirkend			
Bremstrommeldurchmesser in mm	180	180	180
Breite der Bremsschuhe in mm	25	25	25
Dicke der Bremsschuhe in mm	4,5	4,5	4,5

Bauteile des Antiblockiersystems

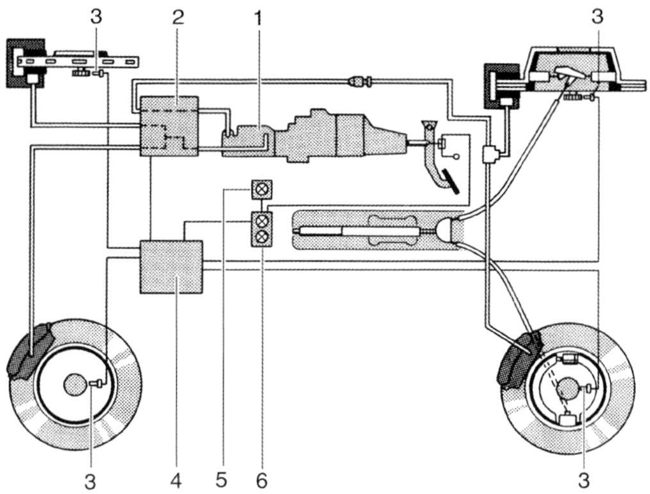

1 Hauptbremszylinder und Bremskraftverstärker
2 ABS-Hydraulikblock
3 Raddrehsensor
4 ABS-/PDAS-Steuergerät
5 ABS-Warnlampe
6 Bremsleuchten

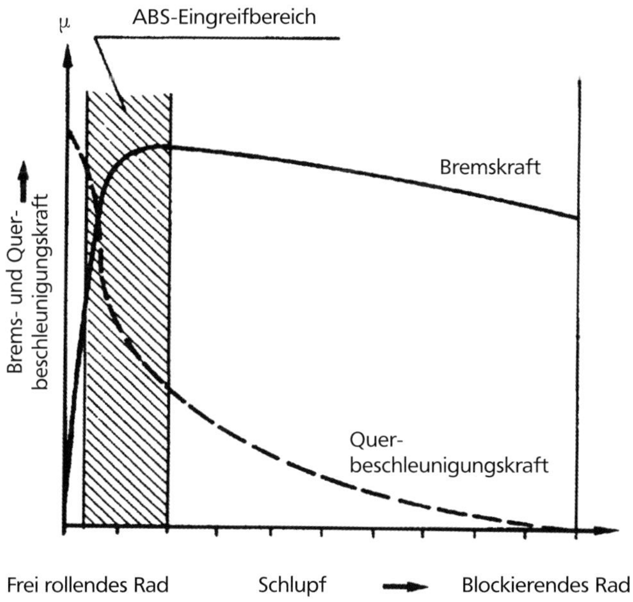

Antiblockiersystem (ABS)

Das Bosch-Antiblockiersystem des 964 dosiert die Bremskraft für jedes Vorderrad sowie die Hinterachse getrennt, bedient sich also dreier Kanäle. Dafür registriert es die Drehzahl aller vier Räder einzeln. Der Hydraulik-Ventilblock befindet sich im Kofferraum und ist in die Verbindung zwischen Hauptbremszylindern und Bremssätteln eingebaut.

Die elektronische Steuerung dieses Ventilblocks hält den Bremsdruck bei scharfem Bremsen knapp unterhalb der Grenze des Blockierens. Bei Ausfall des ABS funktioniert die Bremse trotzdem normal. Das ABS arbeitet unabhängig vom Bremsverstärkersystem, egal ob hydraulisch oder per Unterdruck.

Funktionsprinzip

Das ABS verhindert beim scharfen Bremsen das Blockieren der Räder, so dass das Fahrzeug spurtreu und vor allem steuerbar bleibt. Zudem wird der Bremsweg entsprechend der Griffigkeit der Fahrbahnoberfläche optimiert. Ein Nebeneffekt liegt darin, dass dem Fahrer Reifenplatten durch allzu scharfes Bremsen erspart bleiben.

◀ ABS greift ein, wenn die Reifen an ihre Haftungsgrenze gelangen, wie das nebenstehende Diagramm zeigt, also bei Geradeausfahrt zwischen 4 und 20 Prozent von dieser Grenze entfernt sind.

Das Eingreifen des ABS bemerkt der Fahrer an einem pulsierenden Gefühl im Bremspedal. Sehr heftiges Bremsen bewirkt eine erhebliche Verringerung der Seitenführungskraft und damit der Spurtreue und Lenkbarkeit. Bei blockierten Rädern ist deshalb das Lenken wirkungslos. Das ABS ist so ausgelegt, das stets genügend Seitenführung erhalten bleibt, trotzdem aber die maximale Bremsleistung ausgenutzt wird.

Hinweis:

Einige Diagramme in diesem Abschnitt sind der Beschreibung für den Porsche 928 entnommen.

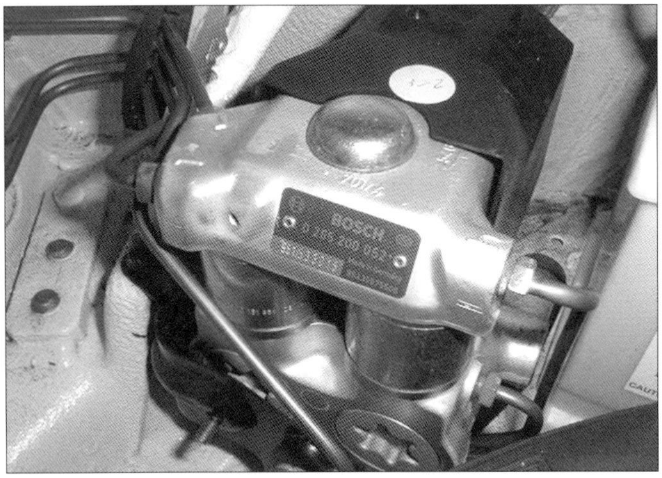

Bauteile

◄ Der ABS-Ventilblock befindet sich hinten links im Kofferraum.

Ersatzteilnummern für den ABS-Ventilblock	
Turbo, Turbo-Look, RS-Modelle	928 355 955 00
Carrera 2 und 4, RS America	964 355 955 00

Dieser Block enthält drei schnell reagierende Magnetventile und eine Rücklaufpumpe. Jeweils eines der Ventile ist für eine Vorderradbremse, das dritte für die Hinterradbremsen zuständig.

Der ABS-Ventilblock kann dadurch erforderlichenfalls den Bremsdruck dort reduzieren, wo es notwendig ist, um das Blockieren eines oder mehrerer Räder durch den vom Hauptbremszylinder aufgebauten Bremsdruck zu verhindern.
Die drei Magnetventile gestatten es, die vorderen und hinteren Bremskreise so zu überwachen, dass das Blockieren bestmöglich verhindert wird.

◄ Das **elektronische ABS-Steuergerät** befindet sich rechts vorn im Kofferraum.

Hinweis:

- *Der Carrera 4 hat ein kombiniertes Steuergerät für ABS und PDAS-Traktionskontrolle. Dieses Gerät ist mit einem 55-poligen Stecker ausgestattet; alle anderen 964er haben einen 35-poligen Stecker am ABS-Steuergerät. Beide Steuergeräte arbeiten im ABS-Bereich praktisch gleich.*
- *Der ABS-Steuerkreis erhält im Carrera 4 zusätzlich Beschleunigungs- und Verzögerungsmessungen von den entsprechenden, nur im C4 eingebauten Sensoren. Diese dienen dazu, vom ABS-Modus auf Traktionskontrollfunktion umzuschalten. Beide können nicht gleichzeitig tätig sein.*

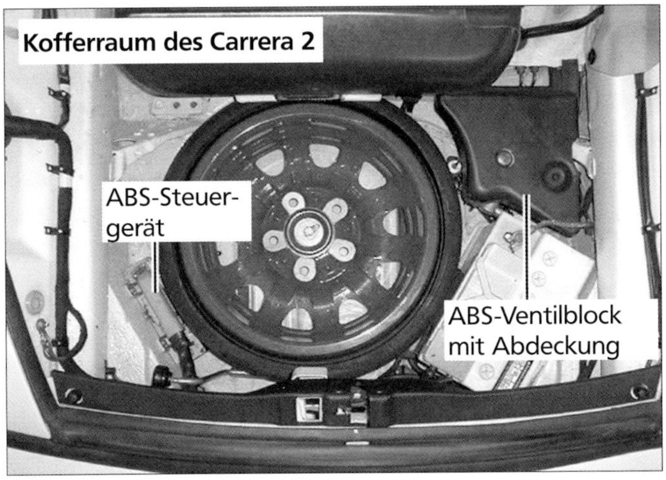

◄ Das elektronische Steuergerät ist ein kleiner Mehrkanal-Computer. Aus den Signalen von den Raddrehzahlsensoren errechnet er die Radgeschwindigkeiten, deren Beschleunigung, die durchschnittliche Achsgeschwindigkeit (Mittelwert der beiden Räder) und den Geschwindigkeitsunterschied zwischen den beiden Achsen.

Das Steuergerät enthält folgende Bauteile:

- Die **Signalverarbeitung** ermittelt aus den Signalen der Raddrehzahlsensoren Beschleunigung, Verzögerung, Radlast und das Risiko des Blockierens. Das Ergebnis leitet sie an die Logikeinheit weiter.
- Die **Logikeinheit** rechnet aus, welche Zeit und welcher Druck einzusetzen sind, um die Magnetventile im Ventilblock zu betätigen.
- Der **Sicherheitskreis** ermittelt, ob Daten fehlerhaft sind und ob Schäden und Unterbrechungen in der Verkabelung vorliegen. Auch beobachtet er die Batteriespannung. Unterschreitet diese einen bestimmten Mindestwert, wird das ABS abgeschaltet, bis die nötige Spannung wieder anliegt. Neben diesen registrierenden Funktionen übernimmt der Sicherheitskreis auch den Testzyklus, mit dem die Funktion der Anlage überprüft wird (genannt BITE nach „Built-In Test Equipment"). Dieser integrierte Testlauf überprüft die Funktion sowohl des Steuergeräts als auch des ABS-Ventilblocks, wenn die Zündung eingeschaltet wird. In **Kapitel 8** wird verraten, wie lange die währenddessen leuchtende ABS-Warnlampe nach dem Anlassen brennen darf. Sobald erstmals 7 km/h erreicht sind, wird zudem das Signal von den Raddrehzahlsensoren überprüft.

Hinweis:

Die Überprüfung bei 7 km/h kann der Fahrer spüren, weil die Rückführungspumpe im ABS-Ventilblock kurzzeitig dafür anläuft.

Der Toleranzwert von 6 Prozent für die Raddrehzahlen der einzelnen Räder, von dem bei der Traktionskontrolle PDAS bereits die Rede war, gilt natürlich ebenso für die ABS-Funktion. Bei größerer Abweichung kann das ABS nicht mehr vollständig richtig reagieren, wie in ***Kapitel 5*** *näher erläutert wurde.*

An jedem Rad befindet sich ein **Raddrehzahlsensor**.

◄ Die Drehbewegung wird von Induktionssensoren erkannt und als elektrisches Signal an das Steuergerät geleitet.

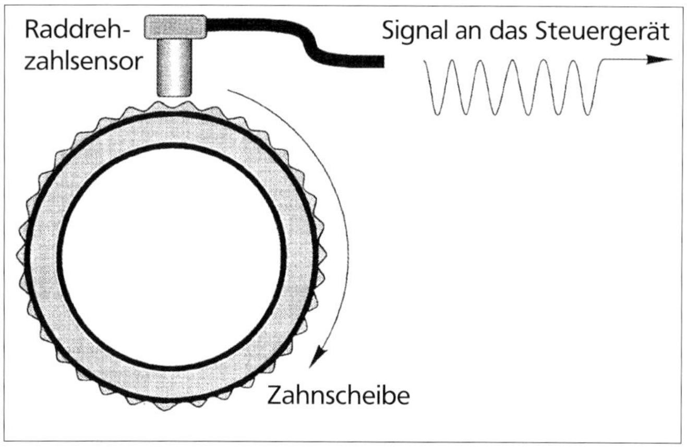

◄ Ein **Raddrehzahlsensor** besteht aus einem magnetischen Kern und einer Spule. Der Pol ist von einem Magnetfeld umgeben. Während sich das Rad dreht, wandern die Zähne auf dem Signalring durch dieses Magnetfeld und induzieren in der Spule einen Wechselstrom. Dieser Wechselstrom ändert sich je nach gefahrener Geschwindigkeit.

Hinweis:
Die Raddrehzahlsignale werden über das ABS auch an anderen Stellen des Fahrzeugs ausgewertet.

Der **Längsbeschleunigungssensor** (nur Carrera 4) leitet Informationen über Beschleunigung und Verzögerung des Fahrzeugs an das ABS-Steuergerät. Eine Abbildung, die seinen Anbringungsort zeigt, findet sich in **Kapitel 5**.

Hinweis:
Wenn der Längsbeschleunigungssensor aussteigt, wird bei etwa 100 km/h die ABS-Warnlampe angehen, die PDAS-Warnlampe zusätzlich jedoch nur, wenn PDAS eingeschaltet ist. Es stehen also im Bedarfsfall weder das ABS noch die Traktionshilfe zur Verfügung. Beim Einschalten überprüft PDAS das Signal des Beschleunigungssensors und stellt gegebenenfalls einen Fehler fest. Außerdem schaltet es die Warnlampe ein und sich selbst aus. Durch eine Sicherheitsschaltung wird gewährleistet, dass sich weder ABS noch PDAS bis zum nächsten Abstellen der Zündung wieder einschalten.

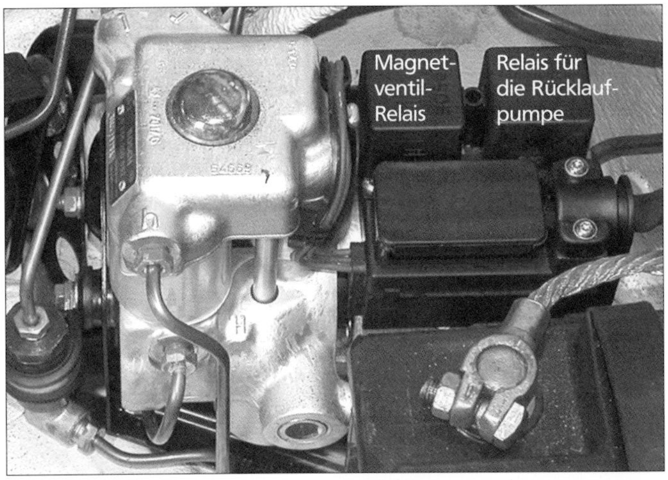

◄ Zwei Relais, die auf dem ABS-Ventilblock montiert sind, versorgen das elektronische Steuergerät, die Rücklaufpumpe und die steuernden Magnetventile mit elektrischer Energie. Das Relais für die Ventile ist links, das für die Pumpe rechts angeordnet.

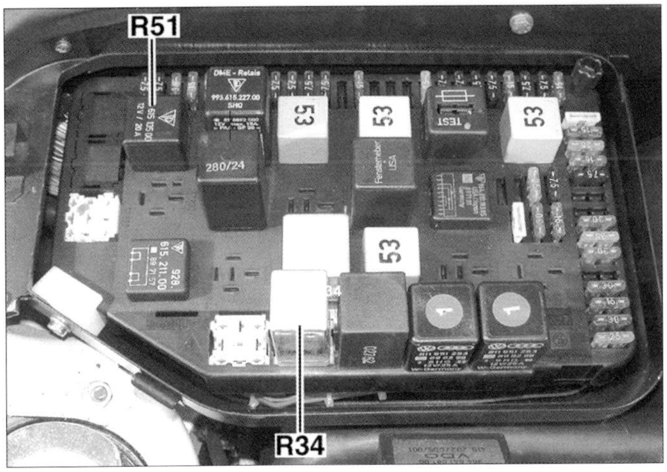

◄ Ein weiteres Relais mit der Nummer **R34** befindet sich im zentralen Sicherungskasten im Kofferraum und dient dazu, das ABS mit Strom zu versorgen und vor Überspannung zu schützen.

Relais **R51** versorgt die Bremskraftverstärkerpumpe mit Strom.

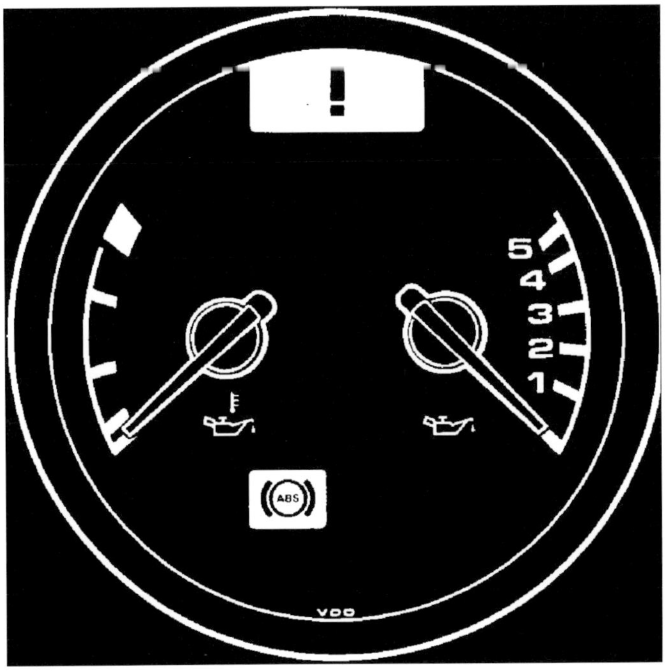

◄ Der Ausfall der ABS-Anlage wird dem Fahrer durch Leuchten der ABS-Warnlampe im Kombiinstrument angezeigt, außerdem erklingt ein Warnton.

Wird ein Defekt erkannt, so wird das ABS umgehend abgeschaltet und aus dem normalen Bremskreislauf herausgenommen. Dadurch wird sichergestellt, dass die Bremsen uneingeschränkt funktionstüchtig bleiben.

Hinweis:

Bei Ausfall des ABS wird im Carrera 4 außerdem die Traktionskontrolle PDAS abgeschaltet. Das ABS schaltet sich aber auch bei einem zu niedrigen Bremsflüssigkeitsstand und bei einem Ausfall der Traktionskontrolle ab.

Der Spannungsschutz aktiviert die ABS-Warnlampe, wenn

- die Spannung unter 9,9 Volt Gleichstrom absinkt oder
- über 22 Volt Gleichstrom ansteigt (Ursache meist Defekt des Lichtmaschinenreglers).

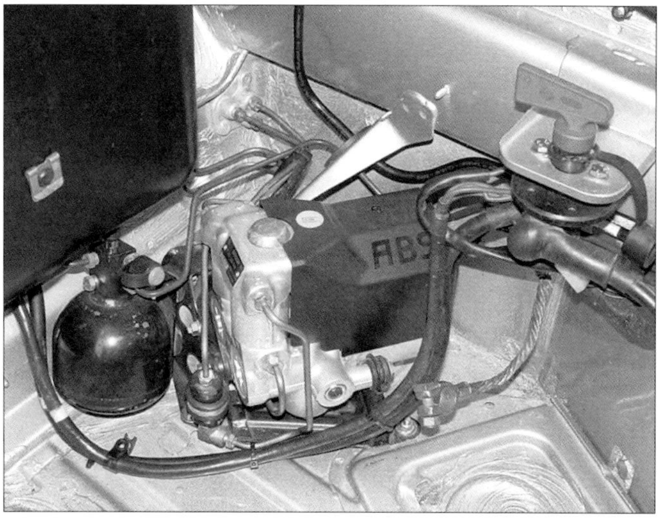

Teil der im Kofferraum verlegten Bremsleitungen des Carrera RS

◀ Verkabelung und hydraulische Leitungen

Funktion

Das ABS kann nur eingreifen, wenn das Bremspedal stark genug getreten wird und die Raddrehgeschwindigkeit (nicht zu verwechseln mit der Fahrgeschwindigkeit des Fahrzeugs) einen gewissen Grenzwert erreicht.
Immer wenn die Zündung eingeschaltet wird, überprüft sich das ABS; seine Radsensoren werden dann beim erstmaligen Erreichen von 7 km/h überprüft, auch wenn das ABS nicht aktiv tätig wird. Die Stromversorgung und die Über- und Unterspannungsüberwachung sind permanent im Einsatz, ebenso das Elektronengehirn des ABS, das freilich nur dann Signale zu den Magnetventilen sendet, wenn es die nahende Gefahr blockierender Räder erkennt.
Unter normalen Bedingungen, also auch bei einer durchschnittlichen Bremsung, bleibt das System in der Druckaufbauphase (vgl. **Diagramm 1** auf Seite 254). Die drei elektrischen Magnetventile erhalten also keinen Strom. So kann der Druck, der vom Hauptbremszylinder kommt, in vollem Umfang auf die Bremskolben an den Rädern wirken. In dieser Position verbleibt die Anlage bei allen normalen Bremsungen, die keinen regelnden Eingriff verlangen. Außerdem wird diese Stellung gewählt, wenn ein Defekt erkannt wurde. Dadurch wird gewährleistet, dass das Fahrzeug sich noch uneingeschränkt normal bremsen lässt.
Wenn das Fahrzeug abgebremst wird und das Steuergerät erkennt, dass ein Vorderrad oder die Hinterräder zu blockieren drohen, schaltet das Druckventil für dessen Bremskreis in die Bereitschaftsphase um (**Diagramm 2** auf Seite 254).

Erreicht das Rad aufgrund der Bremsung die Haftgrenze, so wird kein zusätzlicher Druck vom Hauptbremszylinder mehr auf das Rad gelassen. Das Magnetventil erhält nun ungefähr 2 Ampere Strom. Der Magnetventilkolben ist aktiviert, aber Ein- und Ausgang sind verschlossen. Der Druck zwischen ABS-Ventilblock und Rad bleibt also konstant, egal wie fest der Fahrer das Bremspedal tritt.

Vorsicht:
Wenn und solange das ABS eingreift, sollte der Fahrer nicht versuchen, es durch Pumpen mit dem Bremspedal zu un-

terstützen. Einmal aktiviert, sollte er das ABS seine Arbeit verrichten lassen.

Wenn während der Bereitschaftsphase das Rad zu rutschen oder zu blockieren beginnt, wird die Druckabbauphase eingeleitet (**Diagramm 3** auf Seite 254). Das Magnetventil erhält jetzt mehr als 5 Ampere, so dass sich der Kolben noch weiter bewegt. Der Ausgang des Magnetventils ist nun geöffnet und Hydraulikflüssigkeit kann zurück zum Behälter und zur Rücklaufpumpe fließen. Diese Pumpe sorgt dafür, dass die Bremsflüssigkeit gegen den herrschenden Druck in den Hauptbremszylinder zurückgeführt wird. In jedem Bremskreis befindet sich ein Dämpfer, der hörbare Druckschläge unterdrücken soll. Während der gesamten Regelphase arbeitet die Rücklaufpumpe, selbst wenn sie nichts zu fördern hat.
Das Hin- und Herschalten zwischen der Bereitschafts- und der Druckabbauphase erzeugt das Pulsieren im Bremspedal, das der Fahrer spüren kann.
Wenn das Rutschen oder Blockieren verhindert ist, wird das Magnetventil mit weniger Strom versorgt und kehrt in die Druckaufbauphase zurück. Nun erreicht wieder der vollständige vom Hauptbremszylinder ausgehende Hydraulikdruck die Radbremskolben.

Wartung

19-poliger Anschluss für Bosch-Testgerät 9288

Das ABS bedarf normalerweise keiner Wartung. Bei Austausch des ABS-Ventilblocks muss dieser vor dem Einbau mit Bremsflüssigkeit aufgefüllt werden; erst dann können die Bremsleitungen angeschlossen werden.
Es wird auch empfohlen, das Bosch-Testgerät 9288 mit der richtigen Testsoftware oder das Bosch-LED-Testgerät zu nutzen, um die Magnetventile zu betätigen, damit Bremsflüssigkeit in alle Teile des Blocks gelangen kann, bevor die Bremsanlage entlüftet wird (vgl. die **Wartungshinweise** in diesem Kapitel). Dadurch wird im Ventilblock befindliche Luft in die Bremskreise gedrückt und kann aus diesen mittels Entlüften entfernt werden. Zur Fehlersuche am ABS lesen Sie bitte **Kapitel 9**.

Diagramm 1: Druckaufbauphase

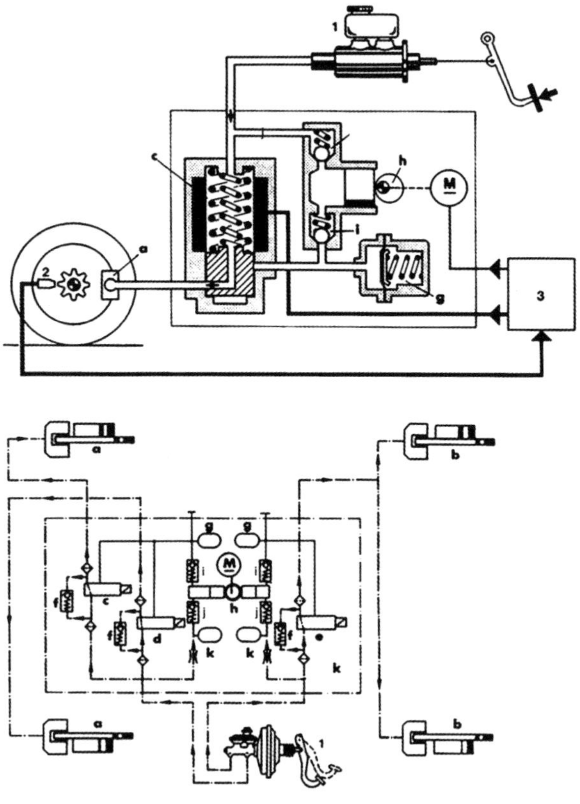

Diagramm 2: Bereitschaftsphase

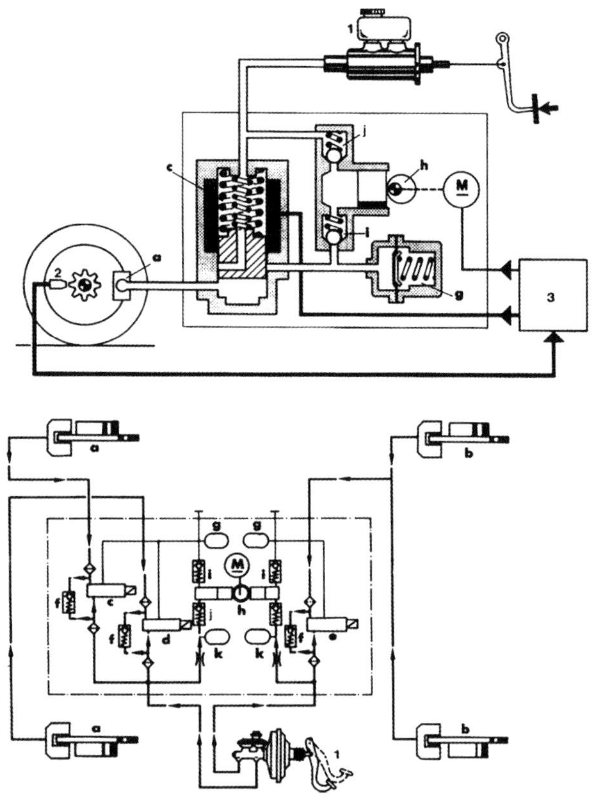

Diagramm 3: Druckabbauphase

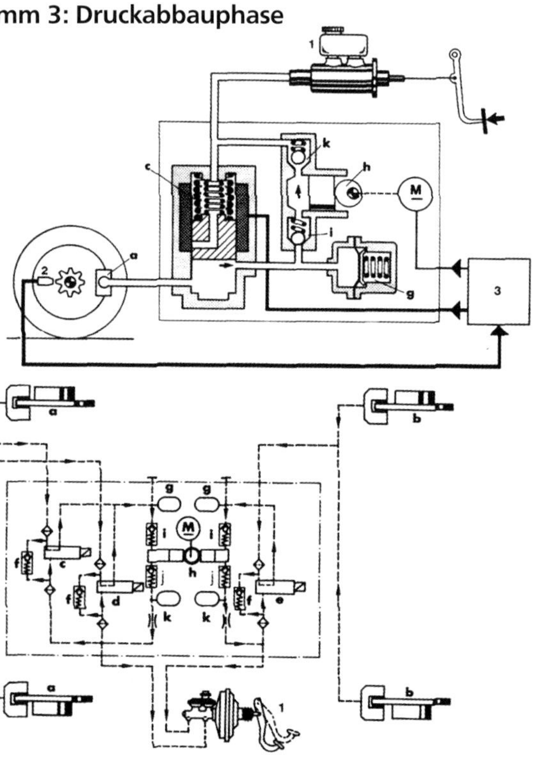

Funktionsdiagramme der ABS-Anlage:

1 Hauptbremszylinder und Bremskraftverstärker
2 Raddrehzahlsensor
3 Elektronisches Steuergerät
a Bremssattel Vorderrad
b Bremssattel Hinterrad
c ABS-Magnetventil für rechtes Vorderrad
d ABS-Magnetventil für linkes Vorderrad
e ABS-Magnetventil für Hinterräder
f Prüfventil
g Pumpenbehälter
h Rücklaufpumpe
i Eingangsventil der Pumpe
j Ausgangsventil der Pumpe
k Geräuschdämpfer

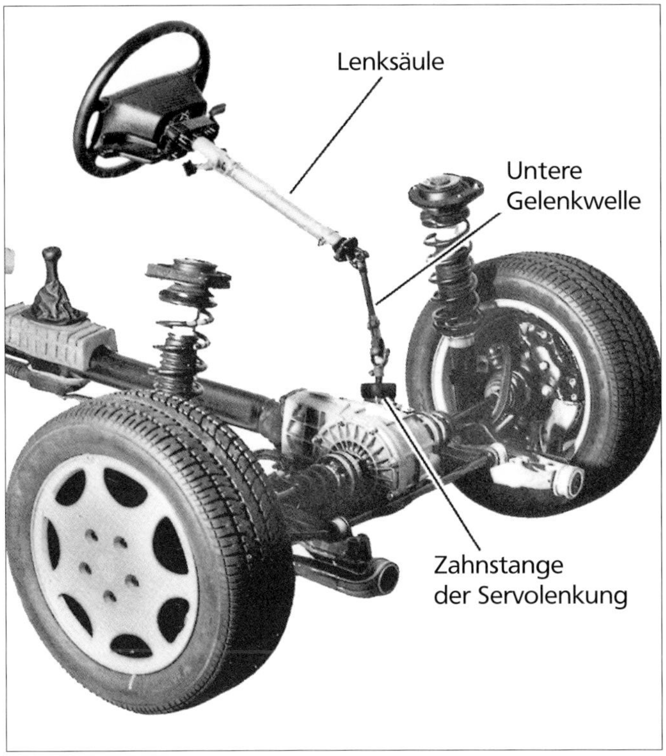

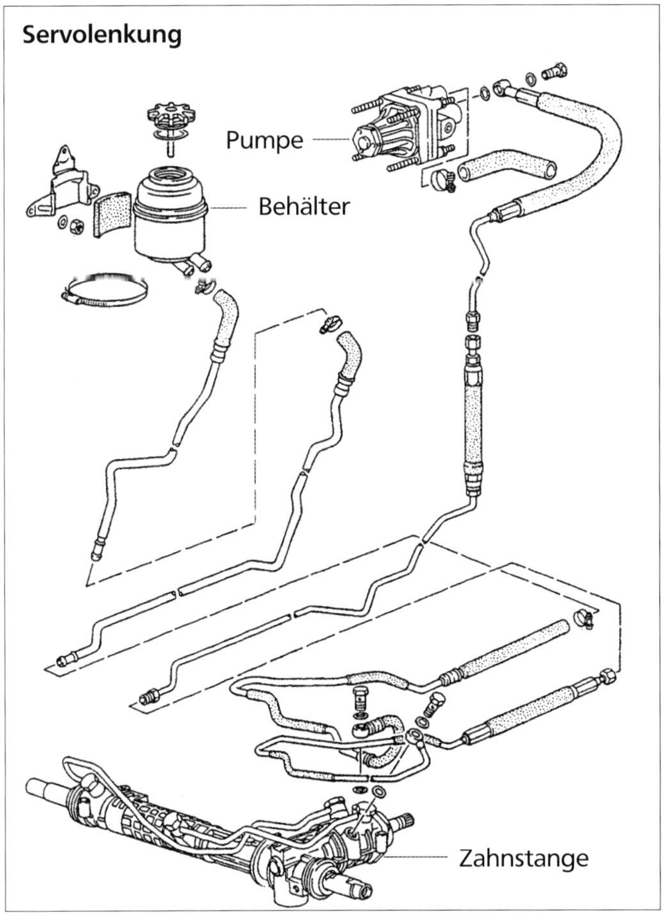

Lenkung

Der Carrera 4 von 1989 war der erste 911 mit Servolenkung. Das Gewicht der Allradantriebseinheit auf der Vorderachse reichte als Grund aus, diesen Luxus einzuführen. Schließlich erhielten aber alle 964 mit Ausnahme des RS in Grundausführung und als N-GT (nur Linkslenker), RS 3.8, Turbo S und RS America eine Servolenkung.

Der 964 bleibt fahrbar, wenn die Servounterstützung aus der Lenkung ausgebaut wird, erfordert jedoch höhere Muskelkräfte. Dennoch ziehen manche 964-Fahrer dies vor, weil die Lenkung dann ein weit genaueres Fahrgefühl vermittelt, so dass sich der Wagen noch präziser dirigieren lässt.

Funktion

Die Wirkungsweise entspricht den Lenkhilfen vieler anderer Autos. Das Drehen am Lenkrad bewirkt, dass zusätzlich hydraulischer Druck auf die Zahnstange ausgeübt wird, um deren Bewegung zu unterstützen und das Einschlagen der Räder zu erleichtern. Wenn der Fahrer über das Lenkrad keinen Druck mehr ausübt, stellen sich die Vorderräder durch die Wirkung des Nachlaufs selbsttätig wieder gerade.

Die servounterstützte Zahnstangenlenkung hatte Porsche ursprünglich für den 959 entwickelt.

Die Servolenkung besteht aus

- einer vom Motor über Riemen angetriebenen Hydraulikpumpe,
- einem Flüssigkeitsbehälter,
- den Hydraulikleitungen und
- der Zahnstange.

Die ursprünglich bis 1991 verwendete Zahnstange arbeitet mit Kolben-, die spätere Ausführung mit Rotationsventilen. Die neuere Ausführung kann ersatzweise als komplettes Bauteil in ältere Fahrzeuge eingebaut werden.

◀ Der Druck in den Hydraulikleitungen wird aufgebaut durch eine auf dem Motor montierte Pumpe. Diese wird über einen Zahnriemen angetrieben, der der Wartung und des regelmäßigen Austauschs bedarf. Die Vorgehensweise dabei ist in **Kapitel 10** beschrieben.

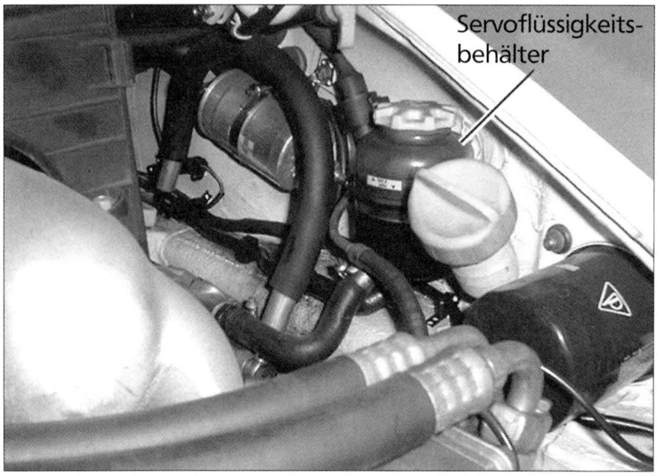

◀ Bei der regelmäßigen Inspektion ist der Flüssigkeitsstand im Servolenkungsbehälter zu prüfen, vgl. **Kapitel 2**.

Hinweis:
Die in der Servolenkung verwendete Hydraulikflüssigkeit ist eine andere als die im Bremssystem. Auch Motoröl wäre hier fehl am Platze.

Empfehlung für das Servolenkungs-Hydrauliköl
Porsche 964 mit Servolenkung: .... Dexron II oder Dexron III

Vorsicht:
Verwenden Sie in der Servolenkung keine synthetischen Hydraulikflüssigkeiten. Die Dichtungen vertragen solche nicht. Wenn versehentlich synthetisches Automatiköl (ATF) eingefüllt wird, sind die Dichtungen nach wenigen Minuten bereits beschädigt und die Hydraulikflüssigkeit ergießt sich auf den Garagenboden. Die richtigen Spezifikationen für die Flüssigkeit finden Sie in der Betriebsanleitung.

Vorderradnabe Carrera 4

1 Radnabe
2 Dichtring
3 Lagerhalteplatte (ab 1990), Anzugsdrehmoment 37 Nm
4 Lagerhalte-Federring (1989)
5 Radlager
6 Achsschenkel

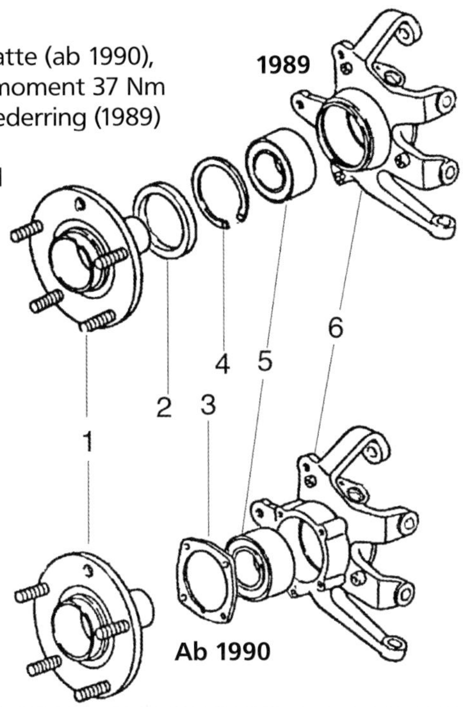

Vorderradnabe der Hecktriebler

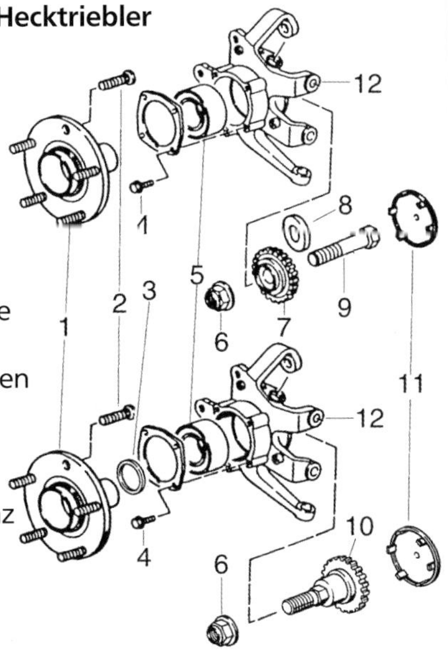

1 Radnabe
2 Radnabenschraube
3 Distanzring
4 Radlagerhaltebolzen
5 Radlager
6 Kragenmutter
7 Spannerscheibe mit ABS-Zahnkranz (Impulsrad)
8 Unterlegscheibe
9 Bolzen
10 Steckachse (beim 964 RS mit ABS-Zahnkranz)
11 Staubkappe
12 Achsschenkel

Wartungshinweise

Im Folgenden erhalten Sie einige wertvolle Hinweise zur Modellpflege bei Porsche, zur Bremsanlage, zu einzelnen Unterschieden zwischen den Modellvarianten, zu den Radeinstelldaten und zu Arbeiten an den Hydraulikanlagen wie z. B. das Entlüften der Bremse.

Modifikation der Vorderradnaben

◀ Während des Modelljahres 1990 wurden die Vorderradnaben modifiziert. Die Änderung betrifft die Fixierung des Radlagers in der Nabe.
Ursprünglich war dazu beim Carrera 4 ein Radlager mit innerem Spannring vorgesehen, bei der neuen Ausführung wurde stattdessen eine verschraubte Halteplatte verwendet. Die Umrüstung älterer Fahrzeuge auf das neue Radlager ist möglich. Auch das nur einseitige Umrüsten auf die neue Ausführung bereitet keine Probleme im Betrieb.
Vor der Umrüstung auf die neue Platte muss man den Dichtring aus der Nabe ausbauen. Ersatzteile für die ursprüngliche Nabenkonstruktion sind nicht mehr erhältlich.

Vorsicht:
Das Radlager wird beim Abziehen der Nabe immer beschädigt und muss ersetzt werden, ebenso die Zylinderschrauben, Muttern und Unterlegscheiben.

Turbo 3.6-Hinterachse: Besonderheiten der US-Version

Normalversion (RoW)

Die Hinterachse wurde bei Einführung des 3,6-Liter-Turbomotors durch die des Carrera RS ersetzt. Die Achsgeometrie wurde so gewählt, dass eine gegenüber der US-Version um 20 Millimeter verringerte Bodenfreiheit möglich wurde.
Die Hinterachse besteht aus Leichtmetall-Schräglenkern, Federbeinen und Federstreben. Die in einem anderen Winkel eingepressten Buchsen in den Schräglenkern sind aus härterem Gummi (wie beim Carrera RS). Um die höhere Motorleistung zu verkraften, wurden die Antriebswellen verstärkt und aus höherwertigem Material gefertigt.

Der Turbo 3.6 von 1994 hat im Prinzip die gleiche Hinterachskonstruktion wie der Turbo von 1991. Die hier gezeigte US-Ausführung weicht beträchtlich von der Normalausführung ab. (Foto: Michael Behrman)

US-Version

Die US-Version erhielt andere Stoßdämpfer und verstärkte Antriebswellen, während es bei den Schraubenfedern und Schräglenkern des Turbo 3.3 blieb.

Einstellen der Vorspur an der Hinterachse

◀ In Kurven und bei schneller Fahrt verstärkt sich die Vorspur an der Hinterachse selbsttätig, so dass erhöhter Reifenverschleiß und schlechteres Fahrverhalten die Folge sein können. Der Grund für dieses sich bei Tieferlegung verschärfende Problem sind die weichen Gummibuchsen (**4**), die eventuell sogar etwas wandern.
Beim Carrera RS mit maximaler Tieferlegung hat Porsche sich eine Lösung einfallen lassen: Die Buchsen bestehen hier jeweils aus drei Teilen, nämlich zwei äußeren Teilen und einer Unterlegscheibe (**1**). Bei RS und RS 3.8 wurde diese Scheibe auf 10 Millimeter verbreitert. Weil die Buchsen durch diese stärkere Scheibe geführt werden, verringert sich deren Verbiegung.

Buchsen an den Schräglenkern der Hinterachse

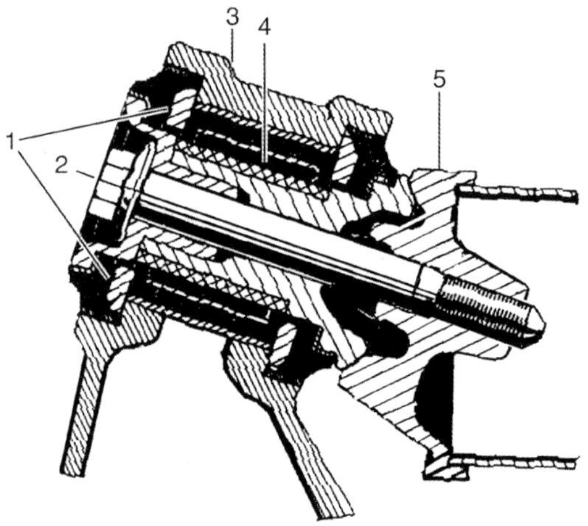

1 Unterlegscheibe
2 Sechskantschraube
3 Schräglenker
4 Buchse
5 Hinterer Hilfsrahmen

Diese Modifikation empfiehlt sich für jeden 964 Turbo mit der Bodenfreiheit der Normalversion oder weiterer Tieferlegung. Die Schräglenker können so ausgedreht werden, dass die geänderten Buchsen montiert werden können, allerdings braucht es dafür einen Fachmann. Das vorhandene äußere Buchsenteil kann weiterhin zusammen mit der 10-Millimeter-Scheibe verwendet werden, wenn sie nicht verschlissen oder beschädigt ist.

Spezialwerkzeuge zur Einstellung des Radsturzes

Radeinstellung

Die folgenden Einstellarbeiten erfolgen bei Belastung des Fahrzeugs nach DIN 70020. Das bedeutet, dass der Kraftstofftank maximal gefüllt ist. Auch müssen Ersatzreifen und Werkzeug an Bord sein, wenn die Messungen und Einstellarbeiten erfolgen.
Die Angaben zur Bodenfreiheit basieren bei jedem Modell auf der Norm-Belastung. Je nach tatsächlicher späterer Beladung kann sich die Bodenfreiheit des 964 verändern.
Die Vorspur kann beim 964 nur verändert werden, indem die Lenkstangen durch die Ausführung des Carrera RS ersetzt werden.
Die Einstelldaten in den folgenden Tabellen entsprechen den letzten Informationen aus dem Jahr 1994.
Die Einstellwerte des Nachlaufs wurden für 1992 geändert; die neuen Werte können für die älteren Modelle übernommen werden.

Vorsicht:
Die Radeinstellung muss sehr exakt erfolgen. Daher überlässt man diese Arbeiten am besten dem Fachmann mit dem richtigen Werkzeug und einer passenden Ausrüstung. Falsch eingestellte Räder beeinträchtigen das Fahrverhalten und können zur Überlastung von Bauteilen führen, so dass es zu Unfällen kommen kann. Ihre Sicherheit hängt also davon ab. Außerdem kann eine falsche Fahrwerkseinstellung die Lebensdauer der Reifen deutlich verkürzen.

Einstelldaten Vorderachse (Saugmodelle)

Einstellung	Carrera 2 und 4	Turbo-Look	Carrera RS	RS America	Speedster
Bodenfreiheit vorn					
Normalausführung (RoW)	165	165	125	n.a.	165
US-Modell	175	175	n.a.	175	175
Einstellung +-	10	10	10	10	10
Toleranz links/rechts	10	10	10	10	10
Vor-/Nachspur					
Unbelastet	+20′ bis +30′	+20′ bis +30′	+20′ bis +30′	+20′ bis +30′	+20′ bis +30′
Abw. bei 20° Einschlag	-70′ bis -10′	-110′ bis -50′	-140′ bis -80′	-70′ bis -10′	-70′ bis -10′
Sturz					
Geradeausstellung	-10′ bis +10′	-10′ bis +10′	-11′ bis +9′	-25′ bis -5′	-25′ bis -5
Toleranz links/rechts	10′	10′	10′	10′	10′
Nachlauf	3°55′ bis 4°40′	3°55′ bis 4°40′	4°25′ bis 4°40′	3°55′ bis 4°40′	3°55′ bis 4°40′
Toleranz links/rechts	15′	15′	15′	15′	15′

Einstelldaten Hinterachse (Saugmodelle)

Einstellung	Carrera 2 und 4	Turbo-Look	Carrera RS	RS America	Speedster
Bodenfreiheit am Schräglenker					
Normalausführung (RoW)	258	258	218	n.a.	258
US-Modell	268	268	n.a.	268	268
Einstellung +/–	5	5	5	5	5
Bodenfreiheit am Schräglenker außen					
Normalausführung (RoW)	270	270	230		270
US-Modell	280	280	n.a.	280	280
Einstellung +/–	5	5	5	5	5
Toleranz links/rechts	10	10	10	10	10
Vor-/Nachspur	+5′ bis +15′	+5′ bis +15′	+10′ bis +20′	+5′ bis +15′	+5′ bis +15′
Toleranz links/rechts	10′	10′	10′	10′	10′
Sturz	-50′ bis -30′	-55′ bis -35′	-85′ bis -65′	-55′ bis -35′	-55′ bis -35′
Toleranz links/rechts	20′	20′	20′	20′	20′

Einstelldaten Vorderachse (Turbo-Modelle)

Einstellung	Turbo 3.3	Turbo S2	Turbo S	Turbo 3.6
Bodenfreiheit vorn				
Normalausführung (RoW)	165	n.a.	125	155
US-Modell	175	175	n.a.	175
Einstellung +/–	10	5	5	5 (US-Modell 10)
Toleranz links/rechts	10	10	5	5 (US-Modell 10)
Vor-/Nachspur				
Unbelastet	+20 bis +30	+20 bis +30	+-0 bis +10	+10 bis +20 (US-Modell +20 bis +30)
Abw. bei 20° Einschlag	-110′ bis -50′	-110′ bis -50′	-145′	-70′ bis -10′
Sturz				
Geradeausstellung	-10′ bis +10′	-10′ bis +10′	-16′ bis -1′	-25′ bis -5′ (US-Modell -10′ bis +10′)
Toleranz links/rechts	10′	10′	10′	10′
Nachlauf	4°10′ bis 4°40′	4°10″ bis 4°40′	3°55′ bis 4°40′	3°55′ bis 4°40′ (US-Modell 4°10′ bis 4°40′)
Toleranz links/rechts	15′	15′	15′	15′

Einstelldaten Hinterachse (Turbo-Modelle)

Einstellung	Turbo 3.3	Turbo S2	Turbo S	Turbo 3.6
Bodenfreiheit am Schräglenker				
Normalausführung (RoW)	270	n.a.	218	260
US-Modell	280	280	n.a.	280
Einstellung +/–	5	5	5	5
Bodenfreiheit am Schräglenker außen				
Normalausführung (RoW)	280	n.a.	230	270
US-Modell	290	290	n.a.	290
Einstellung +/–	10	10	10	10
Toleranz links/rechts	10	10	10	10
Vor-/Nachspur	+10′ bis +20′	+10′ bis +20′	+10′ bis +20′	+10′ bis +20′
Toleranz links/rechts	10′	10′	5′	5′ (US-Modell 10′)
Nachlauf	-55′ bis -35′	-55′ bis -35′	-80 bis -70	-65 bis -55 (US-Modell -55′ bis -35′)
Toleranz links/rechts	10′ (US 20′)	20′	10′	10′ (US-Modell 20′)

Wartung der Hydraulik

In diesem Abschnitt geht es um die hydraulischen Anlagen im 964, und zwar vor dem Hintergrund der Frage, welche Wartung und Pflege diese benötigen.
Die nachfolgende Tabelle verrät, welche Anlagen in welchen Modellvarianten des 964 vorhanden sind.

Modell	Servolenkung	Unterdruck-Bremskraftverstärker	Hydraulischer Bremskraftverstärker	Hydraulische Bremskreise vorn und hinten	ABS	Hydraulische Kupplung	Traktionskontrolle
Carrera 4 (alle)	ja	nein	ja	ja	ja	ja	ja
Carrera 2	ja	ja	nein	ja	ja	ja	nein
Carrera 2 Cabrio Turbo-Look	ja	nein	ja	ja	ja	ja	nein
Speedster	ja	ja	nein	ja	ja	ja	nein
RS-Modelle	nein	nein	ja	ja	ja	ja	nein
RSR-Modelle	nein	nein	ja	ja	nein	ja	nein
RS America	nein	ja	nein	ja	ja	ja	nein
Carrera Cup (für USA)	nein	nein	ja	ja	ja	ja	nein
Turbo	ja	nein	ja	ja	ja	ja	nein
Turbo 3.6	ja	nein	ja	ja	ja	ja	nein
Turbo S	nein	nein	ja	ja	nein	ja	nein
Turbo 3.6 IMSA	nein	nein	ja	ja	nein	ja	nein

Die Wartungsintervalle für die jeweiligen Anlagen sind in **Kapitel 2** genannt.

Unterdruck-Bremskraftverstärker

Hierfür sind keine besonderen Wartungshinweise zu beachten. Wenn der Hauptbremszylinder vom Bremskraftverstärker getrennt und die Bremsleitungen abgenommen wurden, muss nach traditionellem oder konventionellem Verfahren (Erklärung folgt auf Seite 263) die Bremse entlüftet werden.

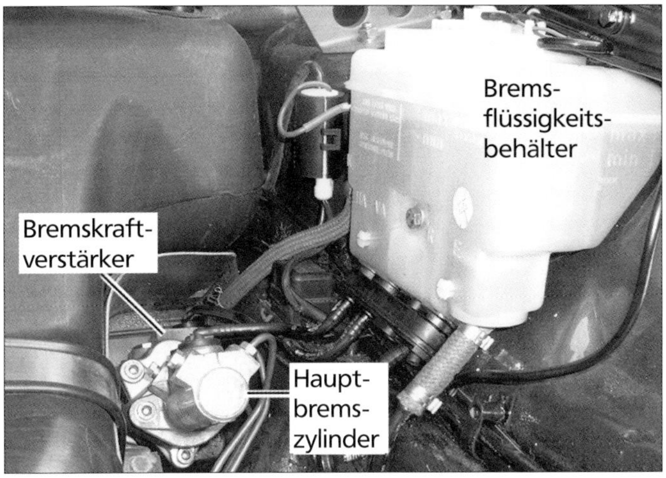

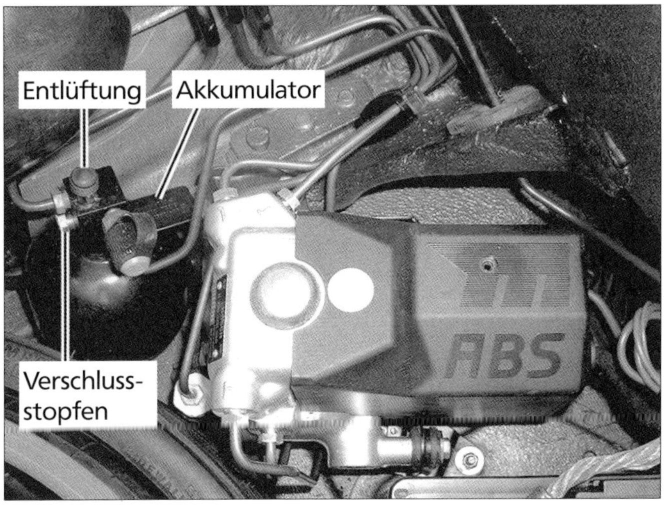

Der Verschlussstopfen findet sich an allen 964-Modellen, die zwar einen hydraulischen Bremskraftverstärker haben, nicht jedoch eine PDAS-Traktionskontrolle.

Hydraulischer Bremskraftverstärker

Das Entlüften ist notwendig, wenn

- ein Hydraulikanschluss aus welchem Grund auch immer (z. B. zum Ersetzen eines Bauteils) getrennt wurde,
- alle zwei Jahre beim Erneuern der Bremsflüssigkeit und
- wenn der Verdacht besteht, dass Luft in das System gelangt ist. Ein sicheres Indiz dafür sind oft merkwürdige Geräusche von der Hydraulikpumpe, die dann leer läuft oder versucht, Luft zu verdichten.

Entlüften des hydraulischen Bremskraftverstärkers

Vorsicht:

Der Vorratsbehälter darf beim Entlüften niemals leerlaufen.

Im Folgenden ist bei abgestellter Zündung

- das Entlüften durch Treten des Pedals als traditionell und
- das mittels Entlüftungsapparats als konventionell bezeichnet.

Bei allen 964ern mit hydraulischem Bremskraftverstärker werden zwei Arbeitsschritte benötigt, nur beim Carrera 4 kommt ein dritter und das Entlüften eines weiteren Bauteils hinzu.

1. Schritt

- Sicherstellen, dass die Bremsflüssigkeit nicht mehr unter Druck steht.
- Kontrollieren, ob der Bremsflüssigkeitsbehälter ausreichend gefüllt ist.
- Stellen Sie die Zündung aus.
- Trennen Sie den Stromanschluss für die Hydraulikpumpe (also den unteren Stecker an der Pumpe; der obere ist für den Druckschalter).
- Schließen Sie den Entlüftungsapparat an den Bremsflüssigkeitsbehälter an.
- Klemmen Sie den Überlaufschlauch am Bremsflüssigkeitsbehälter mit einer Schlauchklemme ab.
- Betätigen Sie den Entlüftungsapparat und bauen Sie bis ca. 1,5 bar Druck auf.

Vorsicht:

Das Bremspedal darf nicht bewegt werden, solange der Entlüftungsapparat angeschlossen ist.

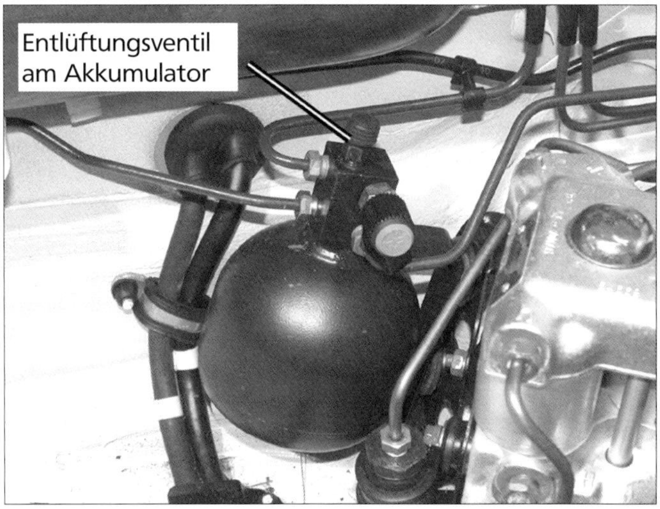

2. Schritt

◀ Schließen Sie die Sammel- oder Überlaufflasche und den durchsichtigen Schlauch an das Druckbehälterentlüftungsventil an und öffnen Sie das Ventil.

- Schalten Sie die Zündung ein.
- Schließen Sie die Hydraulikpumpe wieder an den Strom an. Sobald keine Bläschen mehr im durchsichtigen Schlauch erkennbar sind, trennen Sie den Stromanschluss wieder und schließen das Entlüftungsventil am Akkumulator.
- Schließen Sie die Pumpe wieder an und lassen Sie sie den normalen Systemdruck wieder aufbauen. Die Pumpe stellt sich dann selbsttätig ab.
- Wenn die Pumpe sich abgestellt hat, schalten Sie die Zündung aus.
- Trennen Sie den Stromanschluss wieder von der Pumpe.
- Während Sie den Entlüftungsschlauch fest an das Entlüftungsventil drücken, öffnen Sie das Ventil und lassen den Akkumulator den Druck abbauen. Danach ziehen Sie das Entlüftungsventil wieder fest.
- Dieses Prozedere wiederholen Sie, bis die in den Sammelbehälter fließende Bremsflüssigkeit vollständig frei von Luftbläschen ist.
- Zum Schluss stellen Sie sicher, dass das Akkumulator-Entlüftungsventil richtig festgezogen ist und schließen die Hydraulikpumpe wieder an den Strom an.

3. Schritt (nur Carrera 4)

Ein Teil der Traktionskontrolle ist unmittelbar an den Druckakkumulator angeschlossen. Wenn dieser entlüftet ist, muss auch der Block mit den beiden Magnetventilen entlüftet werden. Das funktioniert wie zuvor beschrieben, jedoch muss jetzt das Entlüftungsventil im Ventilbauteil geöffnet werden. Beim Carrera 4 ist es erforderlich, dass Akkumulator und Ventilblock gleichzeitig entlüftet werden, weil sie stets unmittelbar miteinander verbunden sind.

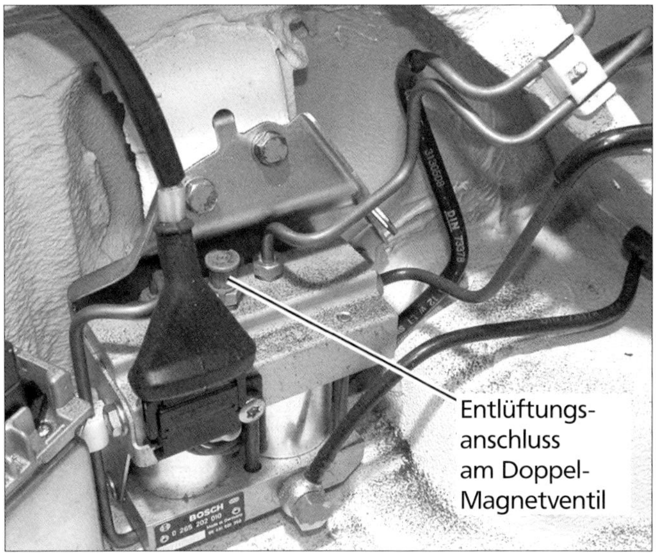

Belüftete, nicht gelochte Bremsscheibe

Vorderer und hinterer Bremskreis

Die Entlüftung des vorderen bzw. hinteren Bremskreises ist geboten, wenn eine Hydraulikleitung abgetrennt wurde, aus welchem Grund auch immer,

- die Bremsflüssigkeit erneuert wurde und
- wenn der Verdacht besteht, dass Luft in den Hydraulikkreislauf gelangt sein könnte.

Die Bremskreise müssen beim Hochdruck-Bremskraftverstärker anders entlüftet werden als beim Unterdruck-Bremskraftverstärker. Die folgenden Warnhinweise betreffen jedoch beide Varianten.

Vorsicht:

- *Die Zündung muss abgestellt sein und bleiben, bis das Entlüften komplett abgeschlossen ist.*
- *Das Bremspedal darf nicht betätigt werden, solange der Entlüftungsapparat angeschlossen ist.*
- *Der Bremsflüssigkeitsbehälter darf während des Entlüftens nicht leerlaufen. Sollte dies doch mal passieren, darf unter keinen Umständen die Zündung angestellt werden, bis der Bremsflüssigkeitsbehälter aufgefüllt und die Bremse entlüftet ist.*

Hinweise:

- *Ein Entlüftungsapparat liefert einen Druck von 0,7 bis 1,4 bar.*
- *Das vollständige Verfahren zum Bremsenentlüften ist im Werkstatthandbuch zum 964 beschrieben.*

Entlüften der Bremsen mit Unterdruck-Bremskraftverstärker
Das traditionelle Entlüftungsverfahren mit Pumpen am Pedal bei am jeweiligen Bremssattel geöffnetem Entlüftungsventil ist zulässig. Dennoch wird empfohlen, sich eines Druck aufbauenden Entlüftungsgeräts zu bedienen.

Es wird außerdem empfohlen, beim am weitesten vom Hauptbremszylinder entfernten Ventil zu beginnen, also zuerst die Hinterradbremsen entlüften, dann die Vorderradbremsen.

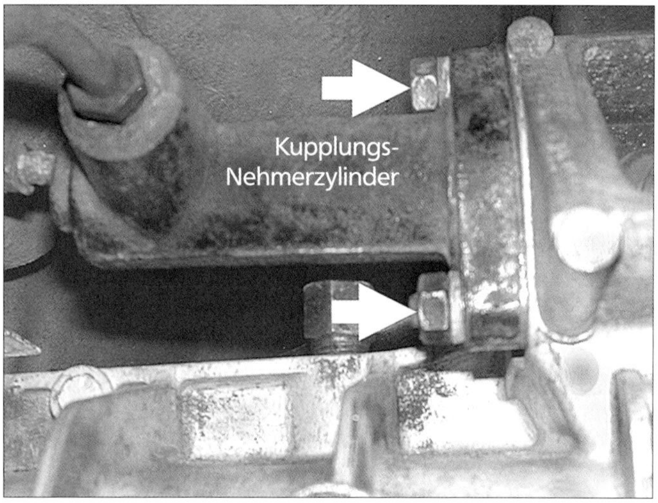

Entlüften der Bremsen mit hydraulischem Bremskraftverstärker
Das traditionelle Verfahren führt hier nicht zum Erfolg. Wenn man bei abgestellter Zündung mit dem Bremspedal pumpt, wird Druck nicht auf- sondern abgebaut. Wenn man ungefähr 25 Mal das Pedal getreten hat, ist der Druckabbau weitestgehend abgeschlossen – das Pedal lässt sich dann nicht mehr bewegen.
Das Entlüften jedes einzelnen Bremssattels funktioniert also nur auf konventionelle Art mit einem Entlüftungsgerät.
Auch hier sieht die Vorgehensweise so aus, dass zuerst die Hinterradbremsen und dann die Vorderradbremsen entlüftet werden.

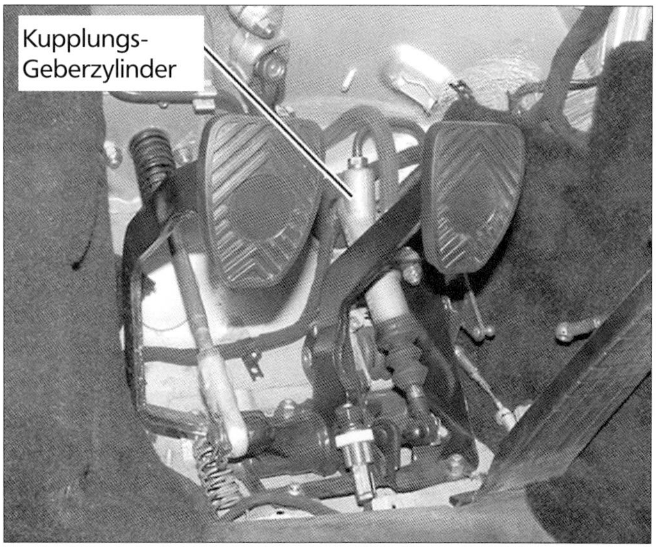

Entlüften der hydraulischen Kupplung
◀ Die Kupplungshydraulik muss entlüftet werden, wenn die Bremsanlage entlüftet wird und auch, wenn eine Leitung der Kupplungshydraulik abgetrennt wurde. Das Entlüftungsventil befindet sich am Nehmerzylinder außen am Getriebegehäuse. Ein Druckentlüfter ist dabei unverzichtbar. Das Pumpen mit dem Pedal reicht nicht aus.

Entlüften der Traktionskontroll-Hydraulik (nur Carrera 4)

Die Nehmerzylinder an den Differenzialen müssen entlüftet werden, wenn

- einer der Nehmerzylinder an den Differenzialen vom Hydrauliksystem abgetrennt oder ersetzt wurde,
- die Hydraulikanlage hinter den beiden Magnetventilen geöffnet wurde,
- der Eindruck entstanden ist, dass die Anlage nicht vollständig entlüftet ist und deshalb nicht richtig funktioniert und
- wenn die Hydraulikflüssigkeit in der Anlage erneuert wurde.

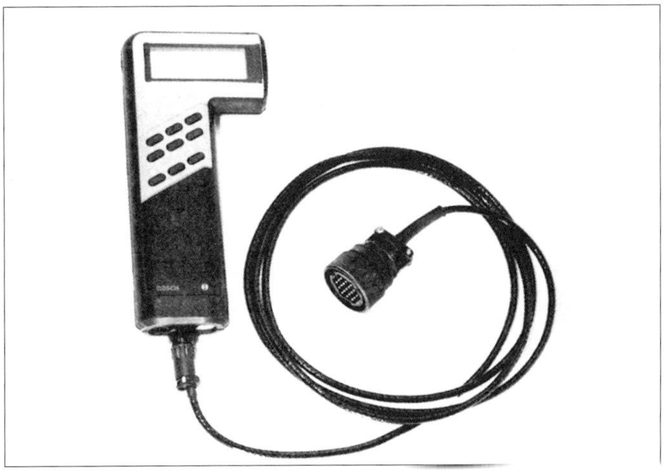

◀ Für das Entlüften wird das Bosch-Testgerät 9288 benötigt.

- Entfernen Sie die Unterbodenverkleidung, so dass die Kraftübertragungselemente komplett frei liegen.
- Füllen Sie den Bremsflüssigkeitsbehälter randvoll mit frischer Bremsflüssigkeit auf.
- Schließen Sie das Bosch-Testgerät 9288 an den 19-poligen Stecker im rechten Fußraum an.
- Schalten Sie die Zündung ein.
- Schalten Sie das Testgerät an, wählen Sie den Fahrzeugtyp, dann das PDAS-System und schließlich das Menü für die Antriebsverknüpfung.
- In diesem Menü wählen Sie „Entlüften".
- Öffnen Sie das Entlüftungsventil auf dem Nehmerzylinder am Hinterachsdifferenzial und lassen Sie Bremsflüssigkeit herauslaufen, nachdem Sie auf dem Tester START gedrückt haben.
- Lassen Sie maximal 0,3 Liter auslaufen, bis die Bremsflüssigkeit blasenfrei austritt. Drücken Sie dann den STOP-Schalter am Testgerät.
- Stellen Sie das Testgerät auf die Position „Druckreduzierung".
- Füllen Sie den Bremsflüssigkeitsbehälter erneut mit neuer Bremsflüssigkeit auf.
- Wiederholen Sie die Prozedur am Zentraldifferenzial.

Nach vollständigem Entlüften trennen Sie das Testgerät vom Fahrzeug und füllen fehlende Bremsflüssigkeit im Behälter auf.

Vorsicht:
Dabei darf der Füllstand nicht über der MAX-Markierung liegen.
Versuchen Sie beim Carrera 4 nicht die Anlage zu entlüften, solange eine Warnlampe leuchtet oder bevor ein sonst bekannter Fehler repariert wurde.

Bremsbelag-Verschleißanzeige

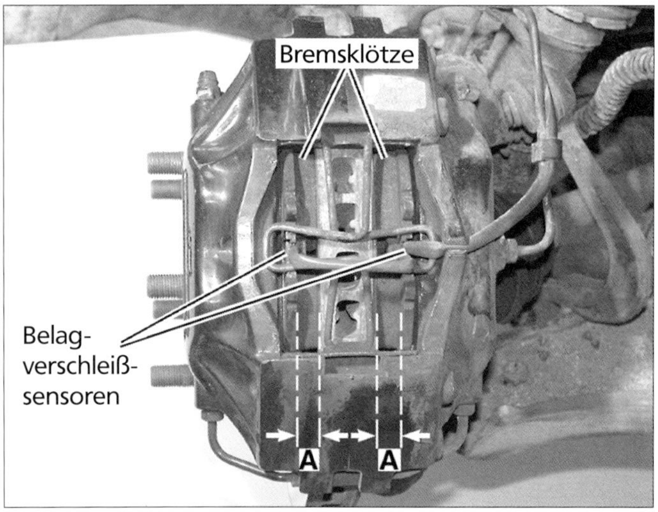

◀ An den Bremsklötzen befinden sich Sensoren, die eine Warnlampe im Kombiinstrument aktivieren, wenn ein Bremsklotz unter 2 Millimeter Reststärke aufweist. Der Sensor schließt dann einen Stromkreis.

Wenn ein Bremsbelagverschleißsensor einmal angesprochen hat, muss nicht nur der Belag, sondern auch der Sensor ersetzt werden. Um diese unnötigen Zusatzkosten zu vermeiden, empfiehlt es sich, bereits bei einer Reststärke (**A**) von 2,5 Millimetern die Bremsklötze zu tauschen. Das verursacht zwar einen erhöhten Wartungsaufwand, macht sich aber durch ersparte Kosten wieder bezahlt.

Hinweis:
Die Anzahl solcher Sensoren ist von Modell zu Modell unterschiedlich. Manche 964er sind mit je einem Verschleißsensor an jedem Bremssattel ausgestattet, manche Ausführungen haben hinten insgesamt nur einen Sensor. Noch wieder andere weisen in jedem Bremssattel bereits zwei Sensoren (auf jeder Seite einen) auf. Kontrollieren Sie, wie es sich bei Ihrem Fahrzeug verhält.

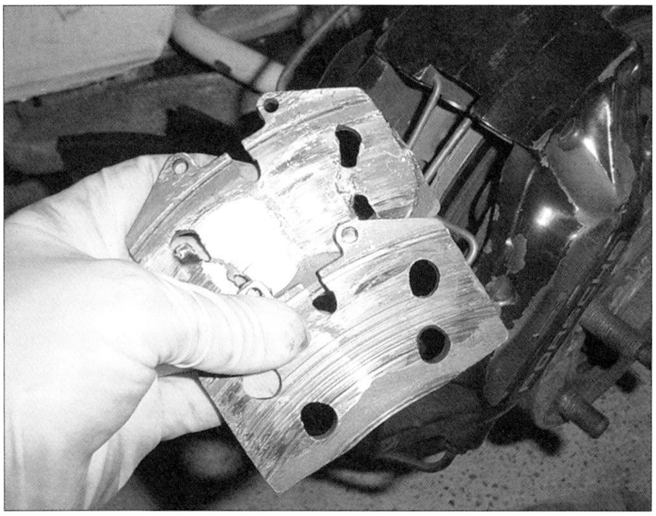

Diese Bremsbeläge wurden weit über die Verschleißgrenze hinaus genutzt.

Erneuerung der vorderen Bremsklötze

Quelle: Informationen der Porsche AG

Bilder: Jeff Curtis, USA.

Teile

Ersatzteil	Teilenummer
• Originale vordere Bremsklötze für Carrera 4	911 351 950 06
• Originale Bremsklötze für Carrera 2	964 351 939 02
• Austausch-Bremsklötze für Carrera 4	965 352 939 03
• Verschleißsensorkontakt	993 612 965 01
• Dichtmittel Silastic ® 732RTV (90 ml)	999 915 451 40

Montierter Hinterrad-Bremssattel

Hinweis:

Die originalen vorderen Bremsklötze für Zweikolben-Bremssättel (Teilenummer 911 351 950 02) wurden durch die eingangs genannten mit der Endziffer 06 ersetzt, die einen anderen Ausschnitt für die Verschleißanzeige haben. Für Carrera 2 und Carrera 4 wurden diese schließlich durch jene Ausführungen mit den Endziffern 02 und 03 ersetzt.

Nachdem die Bremsklötze eingesetzt sind, tragen Sie etwas von dem mitgelieferten Dichtmittel auf den Verschleißsensor auf und befestigen diesen am Belag.

Vorsicht:

Die Verschleißsensorkontakte können beschädigt werden, wenn man sie falsch in den Belag einsetzt. Die Anzeige kann dann fehlerhaft sein.

Setzen Sie den runden Kontakt für den Verschleißsensor so ein, dass die Kabel parallel zur Bremsklotzplatte stehen. Falls nötig, entfernen Sie dazu überschüssiges Dichtmittel. Das Dichtmittel darf nicht auf die wirksame Bremsklotz- oder Bremsscheibenoberfläche kommen.

Bremsquietschen

Die häufigste Ursache für Bremsquietschen liegt darin, dass die den Bremsklotz tragende Platte nicht eben im Bremssattel steckt. Der Grund dafür sind meist Schmutzablagerungen oder Korrosion im Bremssattel. Diese Rückstände müssen entfernt und die Platte genau eingepasst werden. Zur Wahl der richtigen Bremsklötze: Die besten Bremsklötze für den Alltagseinsatz liefert Porsche selbst. Die Original-Bremsklotz-Ersatzteilnummern sind der folgenden Tabelle zu entnehmen.

Übersicht Bremsbeläge

Jahr	Modell	Ersatzteilnummer
1989-94	Carrera 4	965 352 939 03
1990/91	Carrera 2 hinten	911 352 949 01
1990-94	Carrera 2 (ab Modelljahr 1992 auch hinten)	964 351 939 02 oder 965 352 939 03
1991	Turbo 3.3	965 351 939 02
1992	Carrera 2 Turbo-Look	965 351 939 03
1992	American Roadster (= Carrera 2 Turbo-Look)	965 351 939 03
1992	Carrera RS	965 352 939 03
1992	Turbo 3.3 und Turbo S	965 352 939 03
1994	Speedster	965 352 939 03
1993/94	Turbo 3.6 und Turbo 3.6 S	928 351 949 02

- Vor Ausbau eines Teils der Bremse markieren Sie die Einbauposition und bauen es später wieder genauso ein.
- Reinigen Sie vor dem Wiedereinbau gründlich die Bremssättel und zugehörige Teile mit einer geeigneten Drahtbürste und Bremsenreiniger.

Vorsicht:
Zerlegen Sie die Bremssättel nicht. Die Überholung kann nur im Fachbetrieb vorgenommen werden.

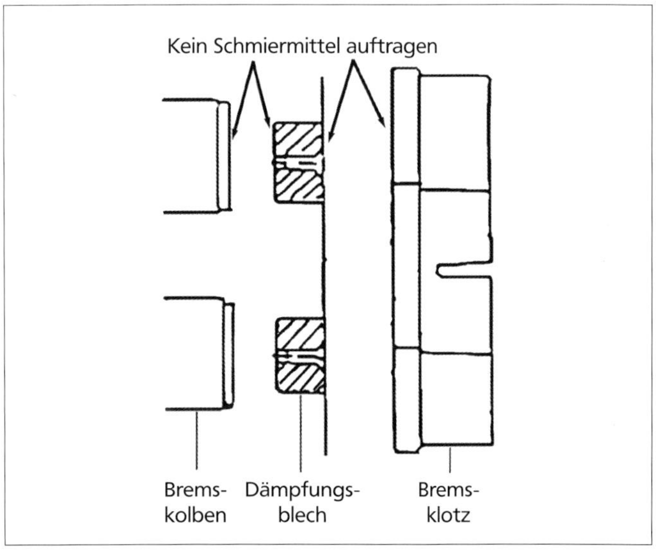

◄ Bauen Sie die Dämpfungsbleche ein.

- Setzen Sie die Bremsklötze wieder in die Bremssättel ein.
- Wenn eine Hydraulikleitung geöffnet, eine Dichtung im Bremssattel erneuert oder sonst an der Hydraulikanlage gearbeitet wurde, muss die Bremsanlage entlüftet werden.
- Fahren Sie die Bremsbeläge ein:
  - Fahren Sie ca. 80 km/h und betätigen Sie die Bremse mit moderatem Pedaldruck, bis 50 km/h erreicht sind.
  - Wiederholen Sie dies etwa 8 bis 10 Mal in Abständen von ca. 400 Metern.

Vorsicht:
Abgesehen davon, dass eine geeignet lange Straße vorhanden sein sollte, dürfen Sie diese Maßnahmen nur dann durchführen, wenn die Verkehrslage dies ohne Gefährdung für sich oder andere erlaubt.

Räder

Reifen und Räder sind ein fast unerschöpfliches Thema. Es gibt zahlreiche Größen und Varianten mit unterschiedlicher Auswirkung auf das Fahrverhalten des Fahrzeugs. Reifen und Räder sind wichtig für Ihre Sicherheit. Der Reifenwechsel oder das Mischen von Reifen unterschiedlicher Hersteller oder Profilsorten kann das Fahrverhalten nachhaltig beeinträchtigen: So kann die Bremsanlage nicht mehr richtig arbeiten oder Funktionsstörungen treten auf; falsch dimensionierte Reifen können an der Karosserie scheuern.

Scheuerspuren an einem Carrera 4 von 1989: Räder mit der Dimension 205/50 ZR 17 können an der Vorderachse nur nach diversen Modifikationen montiert werden. *(Foto: Adrian Streather)*

Beim 964 ist es besonders wichtig, dass neue Reifen nicht mehr als 6 Prozent vom Umfang der serienmäßigen Reifen abweichen. Einzelheiten dazu wurden bereits in **Kapitel 5** aufgeführt.

Beim Thema Reifen spielen die Kosten eine wichtige Rolle. Einen preiswerten Königsweg gibt es allerdings nicht. Der 964 ist ein reinrassiger Sportwagen und deshalb auf die geeigneten Reifen angewiesen. Dieses Zusammenspiel kann allein schon dadurch gestört werden, wenn man Billigreifen aufziehen lässt oder wenn nur an einer Achse auf die Reifen eines anderen Fabrikats gewechselt wird.

Der Autor empfiehlt dringend, sich über das Angebot ausführlich zu informieren – Testberichte in einschlägigen Magazinen wie *auto motor und sport* oder *ADAC Motorwelt* sowie Informationen auf den Internetseiten namhafter Reifenhersteller –, bevor man sich für einen Reifentyp entscheidet. Im Zweifelsfall kann das örtliche Porsche Zentrum aber auch entsprechende Empfehlungen geben.

Bei der passenden Reifenwahl für den 964 sollte man nicht am Geld sparen: Billige Reifen auf einem leistungsstarken Sportwagen ist ein Widerspruch in sich. *(Foto: Adrian Streather)*

Als Grundregel sollte man beachten, dass man ausschließlich für Porsche-Fahrzeuge geeignete Reifen montiert. Alle Reifen sollten das identische Modell eines Herstellers sein. Verwenden Sie Reifen, die jünger als vier Jahre alt sind.

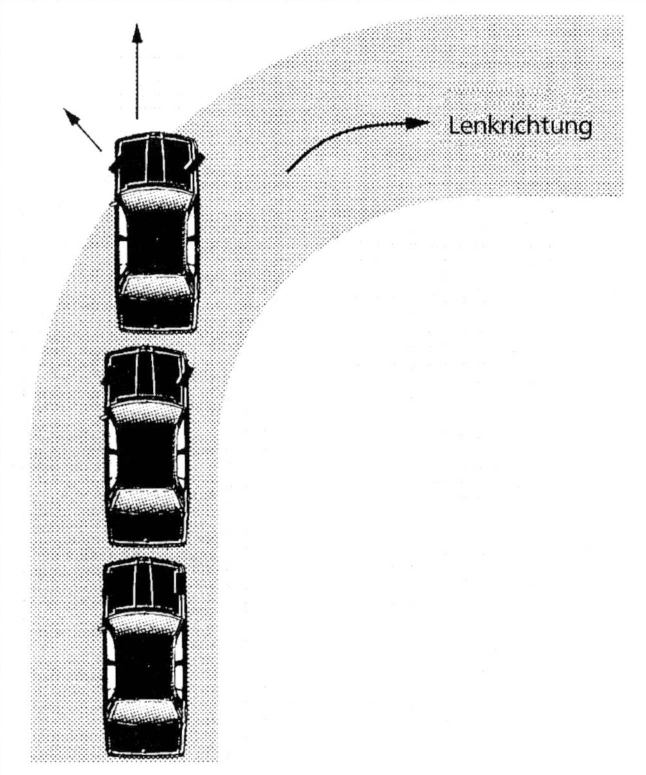

Untersteuern

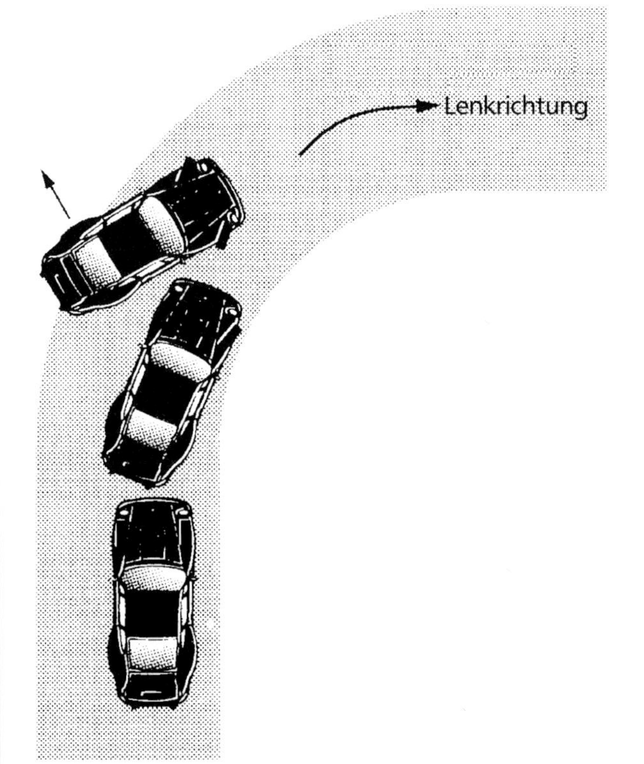

Übersteuern

Unter- und Übersteuern

Die alte Fahrerregel lautet: Beim Untersteuern landest Du mit dem Bug voraus in der Leitplanke, beim Übersteuern mit dem Heck zuerst.
Untersteuern bedeutet, dass sich das Fahrzeug nicht zur Änderung der Fahrtrichtung zwingen lassen will, also über die Vorderräder geradeaus schiebt. Beim Übersteuern verhält es sich genau umgekehrt: Das ausschwenkende Heck verstärkt den Einschlag der Vorderräder. Meist resultiert dies in einem – ab einem gewissen Bereich nicht mehr zu kontrollierenden – Schleudervorgang: Das Heck will quasi den Fahrzeugbug überholen.
Jeder Porsche ist werksseitig mit einer Neigung zum Übersteuern ausgelegt. Nicht ganz zu Unrecht spricht Porsche im Handbuch zum 964 von dem „heckdominanten Verhalten".

Vorsicht:
Besitzer und Käufer des Carrera 4 sollten wissen, dass die aktivierte Traktionskontrolle die Untersteuerneigung massiv verstärkt.

Die Übersicht zu **Unter- und Übersteuern** wurde von Stef Scheepers aufgestellt, dem damaligen Leiter der deutschen Sektion des Porsche Club of America. Hier finden sich Hinweise, wie man dem Über- und Untersteuern entgegenwirkt.
Generell gilt, dass viele der hier aufgeführten Arbeiten in der Regel nur durch Fachleute ausgeführt werden sollten. Letztendlich dient diese Übersicht dazu, dem Fahrzeug ein neutrales Fahrverhalten anzugewöhnen, um die Fahrsicherheit bei hohem Tempo zu verbessern. Eine leichte Untersteuerneigung führt zu weit besserer Beherrschbarkeit des Fahrzeugs als eine ebenso leichte Übersteuerneigung.

Unter- und Übersteuern

Betroffenes Bauteil	Untersteuern verringern *(Carrera 4)*	Übersteuern verringern *(alle anderen 964)*
Vorderreifen	höherer Reifenluftdruck	geringerer Reifenluftdruck
Vorderreifen	größere Reifenaufstandsfläche	geringere Reifenaufstandsfläche
Vorderer Reifensturz	negativer einstellen	positiver einstellen
Vorderachsfedern	weicher	straffer
Vorderer Querstabilisator	dünner (weicher)	dicker (härter)
Frontspoiler	größer	kleiner
Hinterreifen	geringerer Reifenluftdruck	höherer Reifenluftdruck
Hinterreifen	geringere Reifenaufstandsfläche	größere Reifenaufstandsfläche
Hinterer Radsturz	positiver einstellen	negativer einstellen
Hinterachsfedern	straffer	weicher
Hinterer Querstabilisator	dicker (härter)	dünner (weicher)
Heckspoiler	kleiner	größer
Gewichtsverteilung	nach hinten	nach vorn

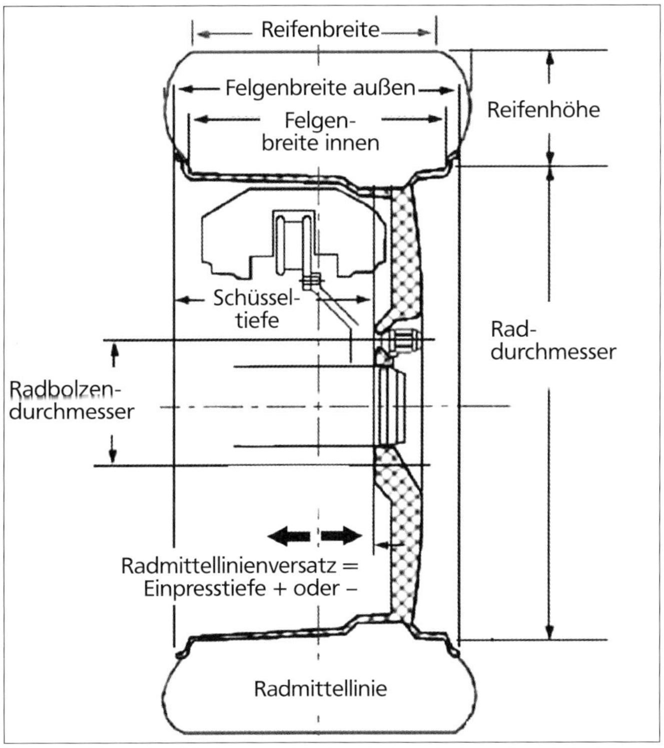

Spurverbreiterung

Einpresstiefe der Felgen

Die Einpresstiefe misst man von der Auflagefläche der Felge auf der Nabe bis zur Radmittellinie. Eine Einpresstiefe von minus 50 Millimetern bedeutet, dass die Reifenmitte gegenüber der Felgenauflagefläche um diese 50 Millimeter zur Fahrzeugmitte hin verschoben ist. Bei 70 Millimetern ist das Rad noch weiter zur Fahrzeugmitte gerückt.

Vorsicht:

Beim Kauf des 964 sollten Sie genau prüfen, wie tief das Rad im Radhaus steht. Die Einpresstiefe ist oft in der Nähe des Ventils ablesbar. Verwenden Sie Felgen mit der richtigen Einpresstiefe, um Scheuern des Rades am Radhaus oder am Radausschnitt zu vermeiden.

Hinweis:

Wenn die Einpresstiefe so groß gewählt ist, dass das Rad mit mehr als der Hälfte hinter der Felgenauflagefläche steht, spricht man von einer Spurverengung. Die Felgen für den 964 bewirken allesamt eine solche Spurverengung.

◀ Die Angabe zur Einpresstiefe der Felge ist bei allen originalen 964- und 993-Felgen neben dem Ventil am Felgenhorn ablesbar.

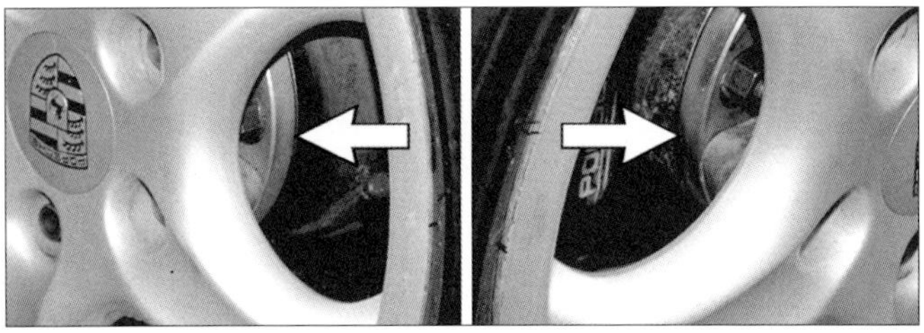

15 Millimeter dicke Distanzscheiben (Pfeile) sind bei diesem Carrera 4 von 1989 mit einer Felgeneinpresstiefe von 70 Millimetern kombiniert.

(Foto: Adrian Streather)

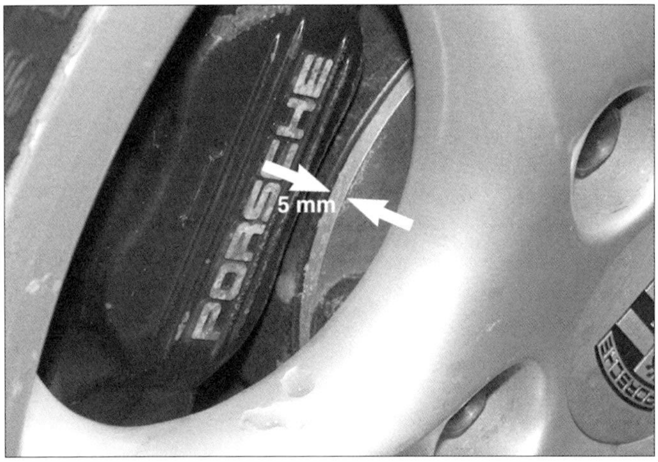

Die 5 Millimeter dicke Distanzscheibe (für 225er Reifen) an diesem Carrera 4 von 1989 kann verwendet werden, ohne dass längere Radbolzen benötigt würden. (Foto: Adrian Streather)

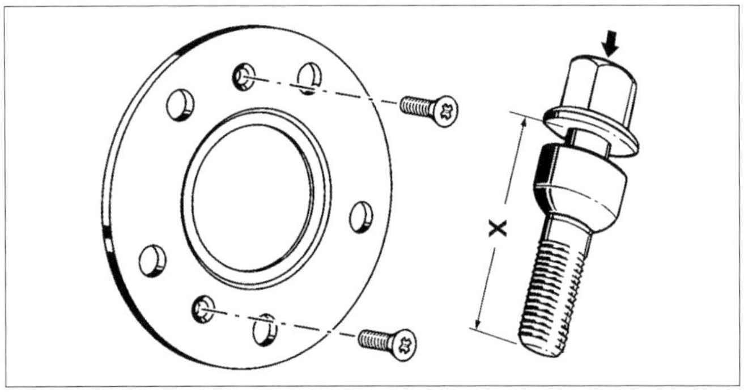

Bereits ab 5 mm dicken Distanzscheiben sollten längere Radbolzen verwendet werden.

Distanzscheiben

Distanzscheiben sind erforderlich, wenn ein Rad mit größerer negativer Einpresstiefe verbaut werden soll als vom Fahrzeughersteller vorgesehen, damit das Rad auch bei dynamischer Verformung durch die Fahrkräfte nicht am Radhaus scheuert.

Hinweis:
Distanzscheiben aus dem Zubehör benötigen mindestens ein Teilegutachten, mit dem bei Prüfstellen eine Abnahme nach § 19.3 StVZO (Ausfüllen der Anbaubestätigung, die den Fahrzeugpapieren beigefügt und mitgeführt werden muss) bzw. nach § 21 StVZO (Eintragung in die Fahrzeugpapiere, also Brief und Schein) durchgeführt werden kann.

Hinsichtlich der Begrifflichkeit von Spurverbreiterungen fährt Deutschland zweigleisig und nennt diese auch Distanzscheiben. Von diesen gibt es drei Unterarten.
Distanzscheiben bis 6 Millimeter Stärke erfordern keine längeren Radbolzen.

Vorsicht:
Fachleute empfehlen, bereits bei mehr als 5 Millimeter dicken Distanzscheiben längere Bolzen zu verwenden. Im Renneinsatz sollten auch bei noch dünneren Distanzscheiben entsprechend verlängerte Bolzen verwendet werden.

Eine Distanzscheibe von 7 bis 40 Millimetern erfordert auf jeden Fall längere Radbolzen.
Bei 10 bis 40 Millimetern Stärke enthält die Distanzscheibe eigene Radbolzen. Diese Bauart wird oft im engeren Sinne als Spurverbreiterung angesprochen. Diese Distanzscheiben werden mit den normalen Radbolzen an der Radnabe befestigt, während das Rad über die an der Distanzscheibe vorhandenen Radbolzen befestigt wird. Bei dieser Bauart muss man insbesondere darauf achten, dass auch die Radbolzen, die die Distanzscheibe halten, mit dem richtigen Drehmoment festgezogen sind!
Porsche gestattet die Verwendung von 17-Millimeter-Distanzscheiben an einigen 964-Varianten, damit das Rad den Kotflügel richtig ausfüllt. Man findet dies in der Technischen Mitteilung 9602, die Porsche am 28. März 1996 herausgegeben hat.

Ungefederte Massen

Als ungefederte Massen bezeichnet man die Gesamtheit der Räder, Reifen, Bremsen, Radaufhängungen und Raddrehsensoren, soweit sie nicht wegen der Federung durch Unebenheiten der Fahrbahn bedingte Auf- und Abbewegungen nur eingeschränkt mitmachen. Je geringer die ungefederten Massen, umso besser für den Fahrkomfort und für das Fahrverhalten. Schwerere Räder haben zur Folge, dass die Bremse aufgrund des höheren Gesamtgewichts mehr leisten muss als bei Verwendung leichterer Räder. Letztere sind als im Interesse einer bestmöglichen Straßenlage zu bevorzugen.
Die Distanzscheiben zur Spurverbreiterung erhöhen die ungefederten Massen. Die Auswirkungen sind von Konstruktion und Gewicht dieser Distanzscheiben abhängig.

Reifenspezifikationen

◀ Die Reifen aller Hersteller weisen an der Flanke verschiedene Daten auf. An dieser Stelle soll die folgende Reifenbezeichnung aus dem Hause Toyo zur Aufschlüsselung der Reifenspezifikation dienen. Von der Bezeichnung **Toyo Proxes T1-S 265/40 ZR 17 96Y2** kann man ableiten:

- die nominelle Breite des Reifens in Millimetern **(265)**
- das Höhe Breite Verhältnis des Reifens in Prozent **(40)** Fehlt diese Zahl so beträgt das Verhältnis 82 Prozent.
- die Reifenkonstruktion und Geschwindigkeitsklasse (**ZR** für Radialreifen)
- den Durchmesser des Reifens innen (Felgendurchmesser) in Zoll (**17**)
- die Tragfähigkeit des Reifens bei richtigem Reifenluftdruck (**96** = 710 kg bei 3 bar)
- das Geschwindigkeits-Indexsymbol **Y** zeigt die maximal zulässige Geschwindigkeit bei der gegebenen Belastbarkeit an
- „Steel belted Radial" bedeutet Stahlgürtelreifen; dies ist die seit vielen Jahren für Autos bevorzugte Bauweise
- **DOT**: Typzulassung durch die US-Behörde DOT; die letzten vier Ziffern geben Produktionswoche- und -jahr an.
- interner Produktionscode (CXKA6HY47887)
- **ECE**-Typzulassung und Nummer (E40213760)
- das Herkunftsland (Japan)

Geschwindigkeitsklasse

Übersicht Reifengeschwindigkeits-Index:

Symbol	Maximal zulässige Geschwindigkeit (km/h)
Sommerreifen	
M	130
N	140
P	150
Q	160
R	170
S	180
T	190
U	200
H	210
V	240
W	270
Y	300
VR*	über 210
ZR*	über 240
Winterreifen	
Q	160
R	170

* Alte Bezeichnungen

Carrera 2 von 1990 mit Design 90-Felgen

(Foto: Drew Spencer)

Turbo von 1992 mit Design 92-Felgen

(Foto: Michael Benet)

Felgen für den 964

◀ Mit der Einführung der Baureihe 964 im Jahre 1989 hatten die bekannten Fuchs-Leichtmetallfelgen ausgedient, die seit vielen Jahren Serienausstattung des Porsche 911 gewesen waren, zuletzt beim Carrera 3.2. Die Nachfolgegeneration bekam neu gestaltete Felgen, die unter dem Namen Design 90 bekannt wurden.
Als Alternative dazu konnte der Käufer bis 1991 die 16-Zoll-Felgen des 928 wählen, allerdings war diese Option ab Modelljahr 1992 nicht mehr verfügbar.

◀ Der im Modelljahr 1991 vorgestellte 911 Turbo erhielt neue Design 92-Felgen, die zunächst exklusiv ihm vorbehalten blieben. Erst zum Modelljahr 1992 wichen die bisherigen Felgen der anderen Modelle diesem neuen Fünfspeichen-Design. In den Listen standen sie mit 16 und 17 Zoll Durchmesser bei einer Breite von 7 bis 9 Zoll. Spezielle Cup-Felgen aus einer

18-Zoll-Felgen „Speedline for Porsche" an einem Carrera RS 3.8

(Foto: Jörg Thierer)

Carrera 4 von 1989 in Neuseeland mit den wahlweise erhältlichen 16-Zoll-Felgen des 928.

(Foto: Evan Begg)

Dieser Carrera 2 Tiptronic Targa von 1990 weist die Serienräder auf.

(Foto: Porsche)

Magnesium-Legierung in den Größen 7,5Jx17 und 9Jx17 wurden für den Carrera RS und den Carrera Cup vorgesehen. Eigentlich für den Nachfolger 993 bestimmt, findet man die im Jahr 1993 eingeführte Felge des Typs Design 93 an vielen 964ern des Modelljahrs 1994 als Erstausstattungsmerkmal.

◀ Turbo S und Turbo 3.6 S erhielten 18-Zoll-Felgen „Speedline for Porsche". Mit diesem Felgentyp wurde auch der 968 Turbo RS ausgeliefert, wobei festzustellen ist, dass diese Räder nur für sehr wenige Modellvarianten zugelassen wurden.

Serienmäßige Reifen und Felgen für den 964

Die 964er mit normalem Heck erhielten serienmäßig 16 Zoll breite Felgen. Bis einschließlich Modelljahr 1991 wurden 17-Zoll-Felgen nicht einmal als Sonderausstattung angeboten. Im Modelljahr 1991 hatte allerdings der Turbo bereits 17-Zoll-Felgen serienmäßig. Ab Modelljahr 1992 wurden neue Lenkanschläge in die 964-Modellreihe montiert. Durch diese Maßnahme wurde die Montage der 17-Zoll-Felgen ermöglicht, ohne dass die Räder an der Karosserie scheuerten. Durch die Montage der neuen Lenkanschläge ist auch die nachträgliche Umrüstung älterer Fahrzeuge möglich.
Einige Sondermodelle aus der 964-Reihe erhielten serienmäßig die 17-Zoll-Felgen, so beispielsweise der RS America und der 911 Anniversary.
18-Zoll-Felgen gab es nur für Turbo S, Turbo 3.6, Turbo 3.6S und RS/RSR 3.8. Für keine andere Variante der 964-Baureihe waren diese Räder zugelassen oder auf Sonderwunsch lieferbar.
Normalerweise waren die 16-Zoll-Felgen vorn 6 und hinten 8 Zoll breit. Serienmäßig bereift waren sie mit den Größen 205/55 ZR 16 vorn und 225/50 ZR 16 hinten. Je nach Fertigungszeitraum wurden am Produktionsband wohl offensichtlich die Reifen verschiedener Hersteller montiert. Der Sonderausstattungscode M231 (Wechsel der Reifenmarke während eines Produktionszeitraums; Bridgestone/Continental/Michelin/Pirelli) ermöglichte Porsche diese Vorgehensweise. Der Kunde hatte dabei auf diese Wahl keinerlei Einfluss, sie hing allein von der Teileverfügbarkeit im Werk ab.

Die Tabellen auf den folgenden Seiten zeigen die serienmäßigen Reifen und Felgen.

Für die Baureihe 964 von 1989 bis 1994 zugelassene Felgen

Bezeichnung	Ersatzteilnummer	Größe	Einpresstiefe	Anmerkung
Design 90 Aluguss	964 362 112 01	6Jx16	55 mm	
	964 362 114 01	7Jx16	52,3 mm	
	964 362 116 01	8Jx16	52,3 mm	
	928 362 118 02	9Jx16	52,3 mm	
Alu-Schmiedefelgen	944 362 112 00	6Jx16	52 mm	
	944 362 113 00	6Jx16	52,3 mm	
	944 362 113 01	6Jx16	52,3 mm	
	944 362 116 00	8Jx16	52 mm	
	928 362 117 00	8Jx16	52,3 mm	
	928 362 117 01	8Jx16	52,3 mm	
Cup Design 92	965 362 124 00	7Jx17	55 mm	
	965 362 124 01	7Jx17	55 mm	
	965 362 124 15	7,5Jx17	55 mm	erfordert Distanzscheiben
	965 362 124 05	7,5Jx17	65 mm	erfordert Distanzscheiben
	965 362 126 00	8Jx17	52 mm	
	965 362 126 01	8Jx17	52 mm	
	965 362 128 00	9Jx17	55 mm	
	965 362 128 10	9Jx17	55 mm	
Cup Design 93	993 362 124 00	7Jx17	55 mm	
	993 362 124 05	7,5Jx17	65 mm	erfordert Distanzscheiben
	993 362 126 00	8Jx17	52 mm	
	993 362 128 00	9Jx17	55 mm	
	Sonderbestellung	8Jx17	52 mm	nur RS 3.8
	Sonderbestellung	9Jx17	64 mm	nur RS 3.8
	Sonderbestellung	11Jx17	55 mm	nur RS 3.8 mit Distanzscheiben 43 mm
	Sonderbestellung	8Jx18	52 mm	nur Turbo S, Turbo 3.6 und RS 3.8
Speedline Porsche Cup	Sonderbestellung	9Jx18	48 mm	nur RS 3.8 vorn
	Sonderbestellung	10Jx18	61 mm	nur Turbo S, Turbo 3.6 und RS 3.8
	Sonderbestellung	11Jx18	5 mm	Nur RS 3.8 hinten

Reifen, Felgen, Radeinstellung

	vorne	hinten
Sommerreifen	205/55 ZR 16, Felgen 6 J × 16 H 2, ET 52,3 mm	225/50 ZR 16, Felgen 8 J × 16 H 2, ET 52,3 mm
Winterreifen	205/55 R 16 88 Q M+S, Felgen 6 J × 16 H 2, ET 52,3 mm	205/55 R 16 88 Q M+S oder 225/50 R 16 92 Q M+S auf Felgen 7 J × 16 H 2, ET 55 mm oder 205/55 R 16 88 Q M+S oder 225/50 R 16 92 Q M+S auf Felgen 8 J × 16 H 2, ET 52,3 mm
	Die Tragfähigkeitszahl (z. B. 88) und der Kennbuchstabe (z. B. Q) für zulässige Höchstgeschwindigkeit sind Mindestanforderungen. **Bei Neu- oder Umbereifung immer Hinweise im Kapitel Reifen und Reifenbehandlung beachten.**	
Schneeketten	Montage nur auf den Hinterrädern möglich; Höchstgeschwindigkeit 50 km/h. Verwenden Sie nur von Porsche freigegebene Schneeketten. Schneekettenfreigang ist nur auf der Reifen-Felgen-Kombination 205/55 R 16 88 Q M+S auf Felge 7 J × 16 H 2, ET 55 mm, gewährleistet.	
Reifendruck (bei kalten Reifen)	**vorne 2,5 bar** Überdruck (36 psi), **hinten 3,0 bar** Überdruck (44 psi). Diese Reifendrücke gelten auch für Winterreifen.	
Reserverad	Faltreifen 165-15 8 PR 89 P auf Felge 5½ J × 15. Reifendruck bei Verwendung als Vorder- oder Hinterrad immer 2,5 bar Überdruck (36 psi). **Höchstgeschwindigkeit 80 km/h.**	
Radsturz*	vorne 0° ± 10' (max. Differenz links zu rechts 10'); hinten −20' ± 10'	
Vorspur*	vorne +15' ± 5'; hinten +10' ± 5' je Rad	
Differenzwinkel*	bei 20° Einschlag: −40' ± 30'	
Nachlauf*	4° 10' ± 15' (max. Differenz links zu rechts 15')	

* Bei Leergewicht nach DIN (Fahrzeug unbeladen, jedoch vollgetankt)

Angaben zu Reifen und Felgen in der Betriebsanleitung für Porsche Carrera 2 und 4 bis 1990

Reifen, Felgen

		Reifen	Felge	Einpreßtiefe	Reifendruck
		Carrera 2, Carrera 4			
Sommerreifen	vorne	205/55 ZR 16	6 J x 16 H2	52 mm	2,5 bar (36 psi)
	hinten	*225/50 ZR 16	8 J x 16 H2	52 mm	3,0 bar (44psi)
wahlweise	vorne	205/50 ZR 17	7 J x 17 AH	55 mm	2,5 bar (36 psi)
	hinten	255/40 ZR 17	8 J x 17 AH	52 mm	2,5 bar (36 psi)
		Turbo, Turbo-Look			
	vorne	205/50 ZR 17	7 J x 17 AH	55 mm	2,5 bar (36 psi)
	hinten	255/40 ZR 17	9 J x 17 AH	55 mm	2,5 bar (36 psi)
		Carrera 2, Carrera 4			
Winterreifen	vorne	205/55 R 16 89 Q M+S	6 J x 16 H2	52 mm	2,5 bar (36 psi)
	hinten	*225/50 R 16 92 Q M+S	8 J x 16 H2	52 mm	3,0 bar (44 psi)
wahlweise	vorne	205/55 R 16 89 Q M+S	6 J x 16 H2	52 mm	2,5 bar (36 psi)
	hinten	*205/55 R 16 89 Q M+S	8 J x 16 H2	52 mm	3,0 bar (44 psi)
	vorne	205/50 R 17 89 Q M+S	7 J x 17 AH	55 mm	2,5 bar (36 psi)
	hinten	*225/45 R 17 90 Q M+S	8 J x 17 AH	52 mm	2,5 bar (36 psi)
		Turbo, Turbo-Look			
	vorne	205/50 R 17 89 Q M+S	7 J x 17 AH	55 mm	2,5 bar (36 psi)
	hinten	*225/45 R 17 90 Q M+S	8 J x 17 AH	52 mm	3,0 bar (44 psi) Turbo-Look 2,5 bar (36 psi)

Die Tragfähigkeitszahl (z.B. 90) und der Kennbuchstabe (z.B. Q) für zulässige Höchstgeschwindigkeit sind Mindestanforderungen.
Bei Neu- oder Umbereifung immer Hinweise im Kapitel Reifen und Reifenbehandlung beachten.

Schneeketten	Montage nur auf den Hinterrädern möglich; Höchstgeschwindigkeit 50 km/h. Verwenden Sie nur von Porsche freigegebene feingliedrige Spurkreuz- oder Kantenspurketten. Schneekettenfreigang ist nur auf den mit* gekennzeichneten Reifen-Felgen-Kombinationen gewährleistet.
Reseverad	Faltreifen 165/70 –16 92 P auf Felge 5 1/2 J x 16. Reifendruck bei Verwendung als Vorder- oder Hinterrad immer 2,5 bar Überdruck (36 psi). **Höchstgeschwindigkeit 80 km/h.**

Angaben zu Reifen und Felgen in der Betriebsanleitung für Porsche Carrera 2 und 4, Turbo-Look und Turbo 3.6 ab 1992

Zugelassene Sommerreifen 1989 bis 2001

Hersteller, Ausführung, N-Kennzeichnung	Anmerkungen
16 Zoll	
Dunlop SP Sport D40 ZR N0	Nur 1989
Goodyear Eagle VR oder ZR N0	Nur 1989
BF Goodrich Comp T/A N0	
Bridgestone RE71 N1	
Yokohama A008P N0	
Bridgestone Expedia S-01 N0	
Michelin MXXX3 N0	
Pirelli P700-Z N0	
Yokohama A-008P N0	
Bridgestone S02 N3	Allrounder
Continental Sport Contact N1	Komfort
Continental Sport Contact 2 N1	Komfort
Michelin MXX3 Pilot SX N2	Sport
Pirelli PZero Direzionale N3	Sport, nur vorn
Pirelli PZero Asimmetrico N3	Sport, nur hinten
Yokohama AVS S-1Z N1	Sport
Dunlop SP Sport 8000 N0	Sport
17 Zoll	
Bridgestone Expedia S-01 N0	
Michelin MXXX3 N0	
Pirelli P700-Z N0	
Yokohama A008P N0	
Bridgestone S02 N3	Allrounder
Bridgestone S02A N4	
Continental Sport Contact 2 N1	Komfort
Michelin MXX3 Pilot SX N1	Sport
Pirelli PZero Direzionale N2	Sport, nur vorn
Pirelli PZero Asimmetrico N2	Sport, nur hinten
Yokohama AVS Sport N0	Sport
Yokohama A008P N0	Sport
Yokohama A008P N1	Sport
Dunlop SP Sport 8000 N0	Sport
18 Zoll	
Dunlop 8000SP N0 235/40ZR18	RS 3.8 vorn
Dunlop 8000 SP N0 285/35ZR18	RS 3.8 hinten
Bridgestone S02 N2	Allrounder
Continental Sport Contact N1	Komfort
Continental Sport Contact 2 N1	Komfort

Zugelassene Sommerreifen 1989 bis 2001

Hersteller, Ausführung, N-Kennzeichnung	Anmerkungen
18 Zoll (Fortsetzung)	
Continental Sport Contact N2	Sport
Michelin Pilot Sport SX N0	Sport
Pirelli PZero Asimmetrico N2	Sport
Pirelli PZero Asimmetrico N3	Sport
Dunlop SP Sport 9090 N0	Sport
Yokohama AVS Sport	Allrounder

Hinweis:

Alle diese Reifen wurden nach Porsche-Spezifikation gebaut, aber nicht alle wurden auf dem 964 werksseitig getestet. Eine ähnliche Aufstellung ist für andere Porsche-Modelle von 1989 bis 2002 erhältlich. Die hier gezeigte Liste soll nur damals eingesetzte Reifen dokumentieren, aktuell sind diese Typen nicht mehr erhältlich, allerdings gibt es dafür entsprechenden Ersatz.

Winterreifen von Toyo

Zugelassene Winterreifen 1989 bis 2002

Hersteller, Ausführung, N-Kennzeichnung	Anmerkungen
16 Zoll	
Pirelli Winter 190	nur 1989
Dunlop SP Winter Sport	nur 1989
Bridgestone WT 04	Winter-Allrounder
Continental TS 750	Winter-Allrounder
Goodyear Eagle GW	Hochgeschwindigkeit
Michelin X M+S 330	Winter-Allrounder
Semperit Direction Grip	Tiefschnee
Dunlop SP Winter Sport M2	Winter-Allrounder
Michelin Pilot Alpin	Tiefschnee
Goodyear Eagle Ultra Grip	Hochgeschwindigkeit
Pirelli Winter 210 Asimmetrico	Hochgeschwindigkeit
Continental Winter Contact TS 790V	Winter-Allrounder
Pirelli Winter W240 SnowSport N0	Hochgeschwindigkeit
17 Zoll	
Bridgestone WT 05	Hochgeschwindigkeit
Continental TS 750	Winter-Allrounder
Dunlop Winter Sport M2	Winter-Allrounder
Semperit Direction Grip	Tiefschnee
Toyo 920	Winter-Allrounder
Dunlop Winter Sport M2	Winter-Allrounder

Winterreifen Michelin Pilot Alpin

(Foto: Adrian Streather)

Zugelassene Winterreifen 1989 bis 2002

Hersteller, Ausführung, N-Kennzeichnung	Anmerkungen
17 Zoll (Fortsetzung)	
Continental Winter Contact TS 790V	Winter-Allrounder
Pirelli Winter W240 SnowSport N0	Hochgeschwindigkeit
18 Zoll	
Pirelli Winter 210 Asimmetrico	Winter-Allrounder
Pirelli Winter 240 SnowSport	Winter-Allrounder
Pirelli Winter W240 SnowSport N1	Hochgeschwindigkeit
Continental Winter Contact TS 790V	Winter-Allrounder

Hinweis:

Diese Winterreifen wurden von Porsche getestet und freigegeben. Die Tabelle bezieht sich auf alle Porsche-Modelle von 1989 bis 2002.

Warum Winterreifen?

Soll der 964 auch im Winter bewegt werden, sind Winterreifen – schon alleine aufgrund der in Deutschland herrschenden Winterreifenpflicht – natürlich dringend notwendig. Sobald die Außentemperatur absehbar auf unter +7 °C sinkt, sind Winterreifen dringend zu empfehlen. Die dafür gängige Faustregel besagt: Die Sommerzeit für Reifen geht von Ostern bis Oktober. Bei niedrigen Temperaturen verhärtet sich nämlich die bekanntermaßen recht harte Gummimischung der Sommerreifen zusätzlich. Das hat zur Folge, dass die Griffigkeit dieser Reifen abnimmt. Ein ähnlicher Effekt entsteht bei abgefahrenen Reifen im Regen. Generell ist es allerdings überlegenswert, den hinterradgetriebenen 964 auf Schnee und Eis überhaupt nicht zu fahren.

Carrera 4 von 1989 in den Schweizer Alpen

(Fotos: Adrian Streather)

N-Spezifikation

Über die Bedeutung der N-Spezifikation von Reifen ist schon viel gerätselt worden. Die Firma Porsche hat den Autor darüber wie folgt aufgeklärt:
Die N-Spezifikation verrät, dass der Reifen in Zusammenarbeit mit Porsche entwickelt wurde. Die Reifenspezifikation ist bei Porsche hinterlegt.

Dem Buchstaben N folgt stets eine laufende Nummer (0 bis 4). Sie bezieht sich auf eine bestimmte Reifengröße und ändert sich bei jeder Veränderung der Reifenkonstruktion durch den Hersteller.

Beispiel:
Die erste Version eines Reifens 255/40 ZR 17 bekäme die
- Kennzeichnung N0,
- die zweite die Kennzeichnung N1.

Die Zahlenfolge bleibt stets auf eine Reifengröße begrenzt. Wenn der Hersteller bei einem Reifen der Größe 255/40ZR17 bei der Kennzeichnung N4 angekommen ist und er nun zusammen mit Porsche einen ähnlichen Reifen der Größe 265/35 ZR 17 entwickelt, so bekommt dieser neue Reifen wieder die Kennzeichnung N0. Die N-Klassifizierung verrät nichts über besondere Sport- oder Komforteigenschaften des Reifens.

RS America von 1993 mit Fiske-Felgen

(Foto: Anthony Curreri)

Änderungen bei Reifen und Rädern

Mit der Behauptung „Ich habe diese Reifen montiert und damit keine Probleme gehabt!" sollten Sie sich in keinem Fall zufrieden geben.

Vorsicht:
Nicht alle Reifen sind genau gleich breit. Die Breite kann bei gleichen Grundabmessungen um bis zu 12,5 Millimeter abweichen. Es kann also sein, dass ein Reifen scheuert und der andere nicht. Diese Unterscheide haben offensichtlich damit zu tun, dass jeder Hersteller seine eigenen Methoden hat, die Reifenbreite für die offiziellen Angaben zu ermitteln.

Lenkanschlag und Stoßstangenhalterung wurden angepasst, bevor dieser Carrera 4 von 1989 mit den 17-Zoll-Felgen ausgerüstet wurde.

Wer einen 964 aus den Modelljahren 1989/90 besitzt, muss vor Einbau von 17-Zoll-Felgen anstelle der serienmäßigen 16-Zöller zunächst zwei Änderungen vornehmen:
Die Lenkanschläge sind durch Ersatzteil Nummer 964 347 325 02 zu ersetzen, die 10 statt serienmäßig 6 Millimeter breit sind. Alternativ kann man aber auch 5-Millimeter-Distanzscheiben auf die Radnaben setzen.
Die Metallhalterung der Frontschürze ragt in den Übergangsbereich zum Kotflügel hinein. Hier muss ein Stück von der vorstehenden Kante abgeschliffen werden.

Genaue Angaben hierzu enthält die Technische Bekanntmachung T 9103 „Zugelassene 17-Zoll-Räder und Reifen", die Porsche am 30. Juli 1991 herausgegeben hat.
Wer einen Carrera 2 aus dem Modelljahr 1990 hat, beachte auch die Technische Bekanntmachung zum Vorderachsschenkel (T9207) vom 3. November 1992. Es gab Probleme mit lockeren oder fehlenden Schrauben innen an den Achsschenkeln. Wenn 18-Zoll-Felgen montiert werden sollen, müssten die hier genannten Änderungen auf jeden Fall durchgeführt werden. 225er Reifen für die Vorderachse passen ohne zu scheuern an den Carrera 2 oder 4 ohne Turbo-Look und mit normaler Bodenfreiheit, wenn die Änderungen an Karosserie und Lenkanschlägen nachträglich oder bereits am Fließband ausgeführt wurden. Als weitere Vorsichtsmaßnahme sollte man vorn 3- oder 5-Millimeter-Distanzscheiben einbauen. Bei tiefergelegter Karosserie kann es trotzdem noch zum Scheuern der Reifen kommen. Nicht alle Reifen gleicher Bezeichnung haben exakt dieselbe Breite. Wie gesagt, kann diese um bis zu 12,5 Millimeter differieren.

Dem Reifenventil gegenüber ist ein farbiger, abschließbarer Radbolzen montiert.

Korrekt montiertes 17-Zoll-Rad Design 92

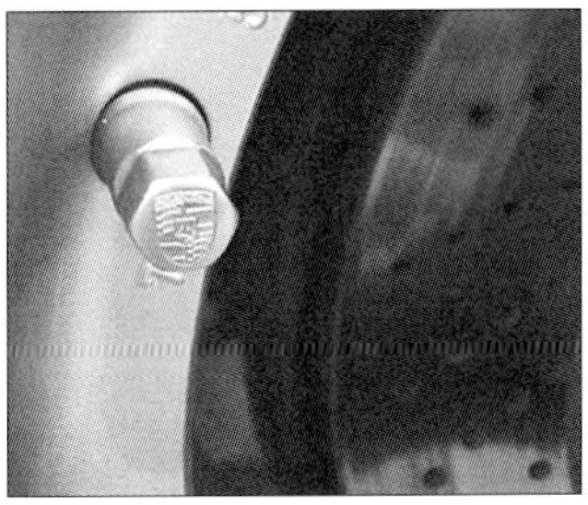

Detailtuning: Reifenventilkappe mit Porsche-Logo

Anbau der 17-Zoll-Felge 92 Cup Design

Mit den Design 92 Cup-Felgen können Luftventil und Felgenschloss nicht an derselben Stelle montiert werden. Korrekt montiert muss das Ventil dem eingefärbten Radbolzen mit dem Schloss gegenüberstehen. Alternativ kann man mit einem Lineal o.ä. nachmessen, welcher Radbolzen am weitesten vom Luftventil entfernt ist. Dieser sollte das Felgenschloss beinhalten.

Technische Bekanntmachungen zu Reifen und Rädern des 964		
Nummer	**Datum**	**Thema**
9602	März 1996	Einbau von Distanzscheiben an der Hinterachse
9505	Dezember 1995	Übersicht zu Winterreifen und -felgen
9501	Januar 1995	Übersicht zu Sommerreifen und -felgen
9402	Januar 1994	Geräusche von der Servolenkung
9314	Dezember 1993	Kontakte zu Reifenherstellern
9312	November 1993	Übersicht zu Reifen und Rädern
9312	November 1993	Übersicht zu Sommerreifen und -rädern
9311	September 1993	Radeinstelldaten für US-Ausführung
9207	November 1992	Vorderachsschenkel
9103	Juli 1991	Zugelassene 17-Zoll-Räder
8903	Mai 1989	Übersicht zu Sommer- und Winterreifen und -rädern

Eine bewährte Kombination: RS America von 1994 mit Design-93-Felgen.
(Foto: Michael Wildt)

Die von Ruf beim RCT Evo auf Basis eines Carrera 2 von 1990 verwendeten Speedline-Felgen mit 18 Zoll Durchmesser sind nach Porsche-Verlautbarung nur nach besonderen Vorarbeiten zulässig, das gleiche gilt für die 18-Zoll-Felgen „Speedline for Porsche".

(Foto: Adrian Streather)

Testfahrt durch die anspruchsvollen Schweizer Berge, diesmal mit 993-Felgen und Bridgestone S02-Reifen mit Kennzeichnung N2

(Foto: Adrian Streather)

18-Zoll-Räder

18-Zoll-Räder sind am 964 nur zulässig, wenn sie werksseitig bereits montiert wurden oder wenn die Radaufhängungen auf Turbo-Standard umgerüstet sind. Doch selbst für diese Modifikationen gibt Porsche keine Freigabe.
Zum Thema „Einbau von 18-Zoll-Felgen" hat Porsche sich am 15. April 1993 mit Bezug auf alle Modelle deutlich geäußert und bekannt gegeben, dass das Nachrüsten von 18-Zoll-Felgen an Porsche-Fahrzeugen, die nicht bereits werksseitig mit so großen Felgen ausgerüstet wurden, nicht zulässig ist.

Dazu hat Porsche North America folgende allgemeine Erläuterung gegeben:

Dauererprobungen hätten gezeigt, dass sich bei nachträglich auf 18-Zoll-Felgen umgerüsteten Fahrzeugen die Radbolzen oder die Verbindungen zu den Achsschenkeln lösen können. Dadurch kann es in den betroffenen Bauteilen zu Rissen kommen. Diese können auch an den Dreiecks-Querlenkern und an der Karosserie im Bereich der Hinterachsaufnahmen vorkommen. Solche Schäden könnten sehr plötzlich eintreten und die Beherrschbarkeit des Fahrzeugs schlagartig sehr erschweren.

Persönliche Empfehlung:

Bei seinem Carrera 4 hatte der Autor vorn 225/45 ZR 17 montiert um zu sehen, ob sich die Untersteuerungstendenzen in scharf gefahrenen Kurven verringern würden. Dies gelang tatsächlich mit diesen Reifen.
Für diese Reifen mussten beim Carrera 4 jedoch vorn 5-Millimeter-Distanzscheiben montiert werden. Nur dann haben die Reifen genug Platz im Radhaus und scheuern auch bei vollem Lenkeinschlag nicht.

Kapitel 7: Karosserie

Äußeres und Innenraum näher betrachtet.

Carrera 2 von 1990

(Foto: Porsche)

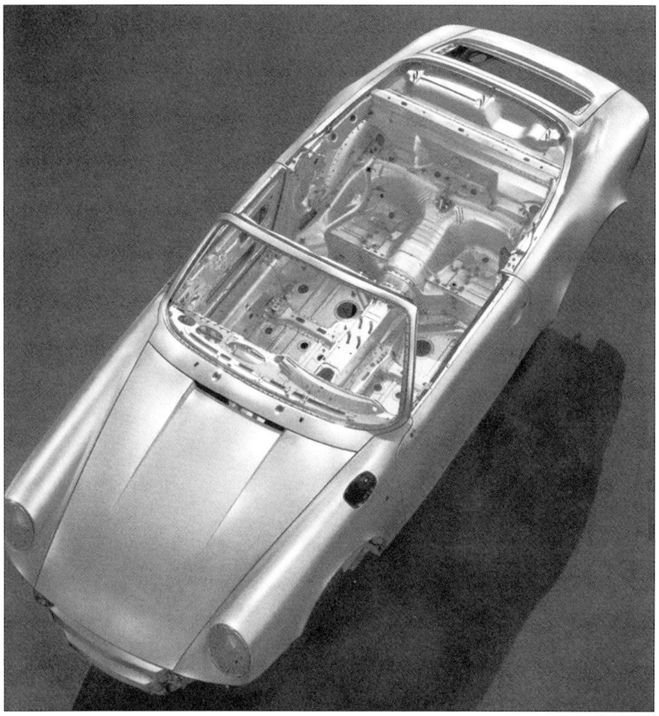

Rohkarosserie des 964 Cabrio

(Foto: Porsche AG)

Einführung

Aufgrund von Veränderungen an der Struktur und am Design war der 964 gegenüber seinem Vorgänger zu 85 Prozent neu, lediglich 15 Prozent der Teile des alten Carrera 3.2 (1983 bis 1989) fanden eine Weiterverwendung in der Neukonstruktion. Diese tiefgreifenden Änderungen rechtfertigen die Vergabe einer neuen werksinternen Typnummer, nämlich der berühmten 964. Die verschiedenen Varianten der Modellreihe 964 sind in **Kapitel 2** aufgeführt.

In diesem Kapitel geht es um die zahlreichen Fragen rund um die tragende Struktur des 964:

- eine Beschreibung dieser Struktur,
- Stabilität und Dauerhaltbarkeit,
- Verglasung,
- äußeres Zubehör wie Spoiler, Cabrio- und Speedster-Verdeck sowie das Schiebedach,
- Veränderungen im Innenraum, Varianten, Vorder- und Rücksitze, mechanische und elektrische Sitzverstellung, die Gasdruckfedern an Kofferraum- und Motorhaube
- sichere Beförderung von Kindern

Außerdem werden in diesem Kapitel angesprochen:

- Veränderungen an den Sitzschienen für große Fahrer
- Basisinformationen zur Unfallreparatur sowie einige Bildinformationen zur nahtgeschweißten Karosserie des Carrera RS.

Karosserie-Design

Carrera 4 von 1989

(Foto: Adrian Streather)

◀ Beim Design des 964 legte Porsche großen Wert darauf, die Familienähnlichkeit zu den bisherigen 911-Modellen zu erhalten, zugleich aber den Luftwiderstand erheblich zu senken. So bekam der 964 die weichsten Linien, die man bis dahin an einem 911 gesehen hatte.

Bei der Baureihe 964 setzte Porsche erstmalig ein neues computergestütztes Verfahren zur Korrosionsschutzbehandlung ein.

Die Karosserie wurde komplett verzinkt. Dazu wurde sie in ein heißes Zinkbad zum Galvanisieren eingetaucht. Alle für die Karosserie benötigten Teile wurden so behandelt. Die Karosserie wurde dazu viermal komplett in das Zinkbad eingetaucht.

Nachdem die Rohkarosserie verzinkt wurde, erhielt sie noch vor der Lackierung folgende Behandlungen:

- Tauchbad-Vorbehandlung
- Kataphorese-Grundierung
- Hohlraumversiegelung mit heißem Wachs
- PVC-Unterbodenbeschichtung

Nach diesen Vorbereitungen gelangte die Karosserie in die Lackieranlage, wo sie die Außenlackierung nach dem Farbwunsch des Kunden erhielt.

◀ Nach dem Lackiervorgang wurde die Karosserie über die berühmte Brücke in die Montagehalle des Porsche-Werks befördert. Das Datum, an dem dies geschah, wurde mit Tinte rechts hinten auf dem Karosserieblech vermerkt.

Hinweis:
Das auf dem Herstellerschild angegebene Herstellungsdatum meint freilich das Verlassen des Fließbandes.

In puncto Aerodynamik war es den Porsche-Entwicklern wichtig, den fahrtwindbedingten Auftrieb bei hohem Tempo möglichst auf null zu reduzieren. Die Unterbodenverkleidung trug dazu erheblich bei. Ein mittels Elektromotor elektronisch gesteuerter, ausfahrbarer Heckspoiler wurde zudem in die Motorhaube integriert. Dieser fährt automatisch bei 80 km/h aus und ebenso selbsttätig wieder ein, wenn der Wagen drei Sekunden lang nicht schneller als 15 km/h fährt.

Die verzinkten und lackierten Karosserien wurden über diese Brücke dem Montageband in Zuffenhausen zugeführt.

(Foto: Porsche AG)

Vordere Stoßstangenaufnahme der US-Version

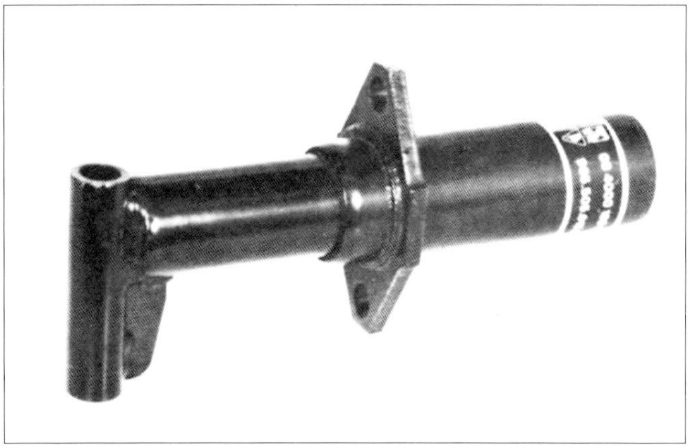

Hintere Stoßstangenaufnahme der US-Version

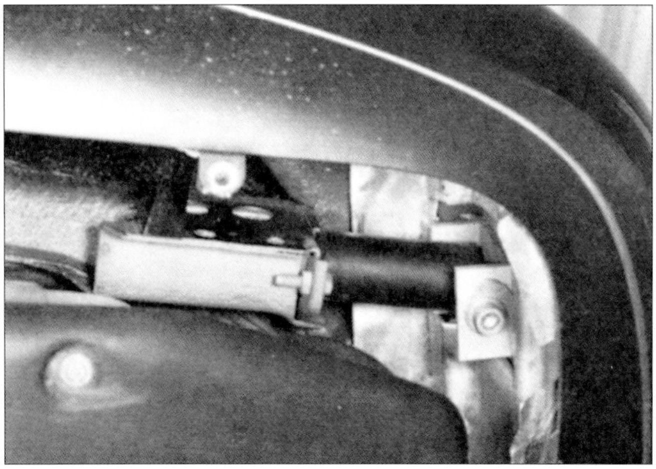

Hintere Stoßstangenhalterung eines Carrera 4 von 1989 (US-Version)

Die äußerlich für den 964 vorgenommenen Änderungen betreffen auch den Verzicht auf die früheren Stoßstangen, die durch einteilige, verformbare Kunststoffschürzen aus thermoplastischem Bexloy APV 573 ersetzt wurden.

Normalerweise wurden diese Schürzen starr montiert. Diese Befestigung läuft unter der Bezeichnung Prallrohr. Die Prallrohre (je zwei pro Stoßfänger) gewährleisten ein eimaliges Verformen bei leichten „Parkremplern".

◀ Bei der US-Version jedoch mussten die Fahrzeuge einen 8-km/h-Aufprall weitgehend schadlos verkraften können. Deshalb wurden sie hier mit einer Art Stoßdämpfer – dem so genannten Pralldämpfer (M058) – montiert, wodurch diese Fahrzeuge etwa 25 Millimeter länger und 25 Kilo schwerer waren als die entsprechenden Normalmodelle (RoW).

Basis der Karosserie-Silhouette des 964 war der Carrera 3.2, hier ein Modell von 1987. *(Foto: John Dunkle)*

Dieser Carrera 4 ohne Heckverbreiterung zeigt den Umfang der Veränderungen sehr deutlich. *(Foto: John Miles)*

Die Form wurde dann weiterentwickelt zum Turbo-Look wie an diesem Carrera 4 von 1994 für die USA.

(Foto: Mark Lintott)

Die schwarzen Gummileisten der früheren 911er wurden aufgegeben; stattdessen fand man nun zweiteilige Schürzen, die mit der Karosserie verschraubt waren.

Die Rückleuchten waren nun insgesamt rot eingefärbt, ihre Streuscheibe leicht nach vorn kippend eingebaut.

Der Windabweiser vorn am Schiebedach wurde vergrößert, damit er bei hohem Tempo noch besser vor Windzug schützt.

Weitere aerodynamische und funktionelle Veränderungen an der Karosserie betreffen:

- den nun schmaleren Spalt zwischen Dach und Heckscheibe,
- die Verlegung der Entlüftungsöffnungen unter die Kotflügel,
- die Verkleinerung der Dachversteifungsprofile im Windschutzscheibenbereich
- die Verlegung des Ölkühlers vor das rechte Vorderrad,
- die Verlegung des Klimakühlers vor das linke Vorderrad,
- den Schutz von Klima- und Ölkühler durch abnehmbare Abdeckungen (beide Kühler sind längs eingebaut mit dem Ventilator jeweils zur Außenseite hin),
- die nun verklebte Windschutzscheibe, so dass die Gummi-Einfassung kaum noch hervorzutreten hatte,
- die übrigen etwas nach außen gewanderten Scheiben, die nun bündig in die Karosserie eingepasst waren.

Mit all diesen Änderungen ergab sich ein deutlich windschnittigeres Fahrzeug. Der Luftwiderstandsbeiwert des 964 war jahrzehntelang der niedrigste aller 911-Baureihen überhaupt.

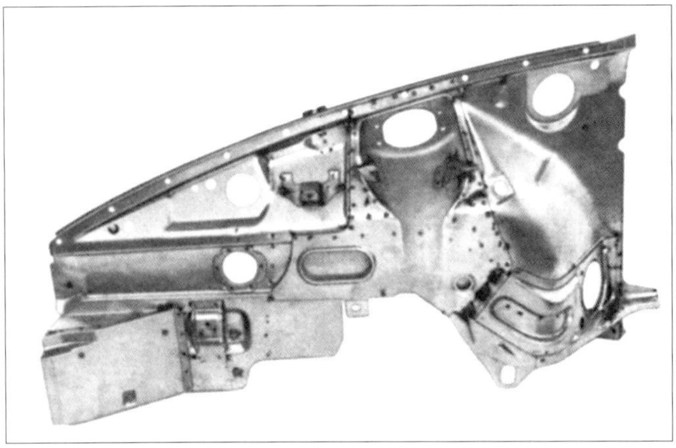

Vorderer Innenkotflügel

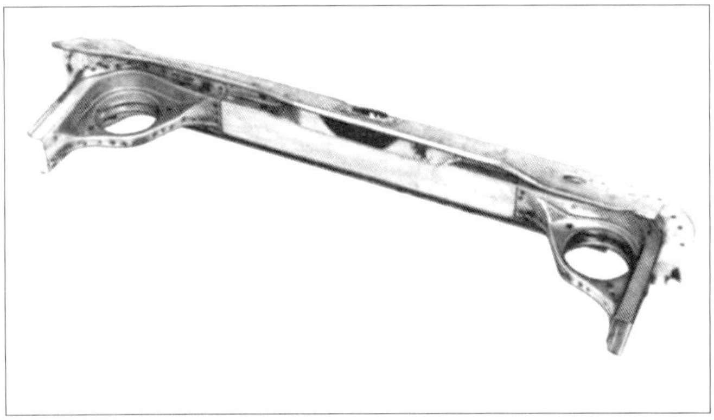

Hinterer Achsträger

Fahrer und Beifahrer konnten unverletzt aus diesem Turbo-Unfallwagen geborgen werden.

(Foto: Denis Zuba)

Karosserieteile aus hochfestem Stahl

◀ Aus hochfestem Stahlblech wurden gefertigt:
- die vorderen Innenkotflügel
- die inneren Längsträger
- der Träger des vorderen Wagenbodenteils
- der Sitzunterbau
- der hintere Achsträger
- der Querträger mit der Motorhalterung

Hochfester Stahl wurde für diese Bauteile gewählt, um den Fahrgastraum zusätzlich zu schützen. Bei einem Unfall nehmen diese Teile besonders viel Aufprallenergie auf und deformieren sich nach exakter Berechnung, jedoch ohne in den Passagierraum einzudringen.
Der Stahl behält seine hochfesten Eigenschaften ein ganzes Autoleben lang, so dass auch ältere Fahrzeuge den vollen Aufprall- und Rostschutz bieten können. Ermüdungserscheinungen durch Alterung treten insoweit nicht auf.
Wenn ein solches Teil jedoch beschädigt wurde, muss es ersetzt werden: Beim Richten neigt hochfestes Stahlblech nämlich zu Rissen. Doch selbst wenn solche Risse durch vorsichtiges Arbeiten vermieden werden können, verliert das Metall seine strukturelle Festigkeit.
Diese hochfesten Karosseriebestandteile werden mit der übrigen Karosserie mittels üblicher Montagetechniken – also in der Regel Schweißen – mit der Rohkarosserie verbunden.

◀ Bei Unfallauswertungen hat sich gezeigt, dass die Karosserieteile aus hochfestem Stahl in der Tat in ungewöhnlichem Umfang Belastungen absorbieren können.

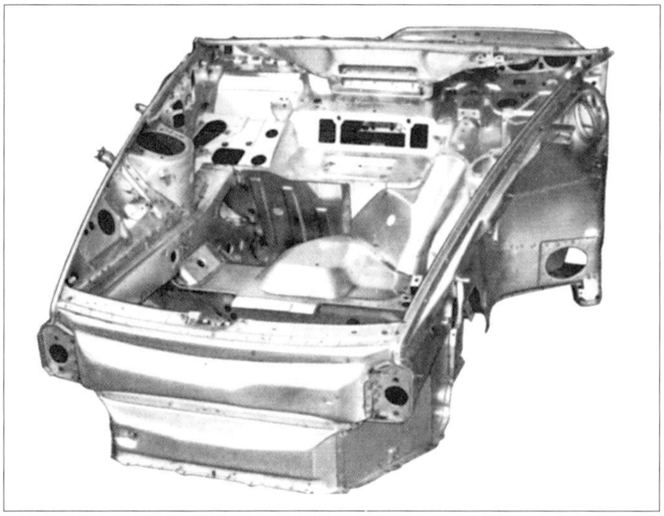

Vorderteil der Rohkarosserie eines Carrera 4 von 1989

Neue Bodengruppe

Ebenso wie der übrige Aufbau ist auch die Bodengruppe aus verzinktem Stahl gefertigt, um einen lange andauernden Rostschutz zu gewähren. Dieses Verfahren wurde beim 911 bereits 1976 eingeführt.

Die Bodengruppe musste für den Allradantrieb des Carrera 4 erheblich umgestaltet werden. Im Bug musste unter dem Kofferraumboden Platz für das Vorderachsdifferenzial geschaffen werden, darüber für das ABS-Steuergerät, den ABS-Ventilblock und die Pumpe für die Bremshydraulik.

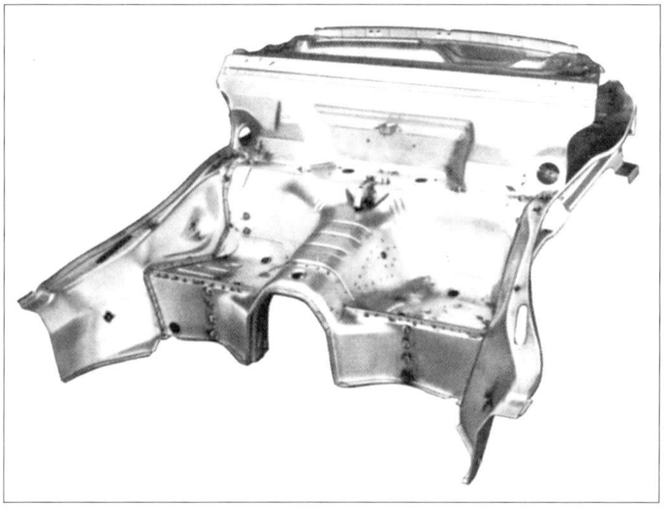

Heckteil der Rohkarosserie eines 964

◀ Auch der hintere Teil der 964-Karosserie wurde umgestaltet. Von diesem gab es zwei Ausführungen, nämlich

- eine bis zum 31. Oktober 1990 gebaute und
- eine ab dem 1. November 1990 verwendete.

Auf den Grund und Umfang dieser Änderungen wird an verschiedenen Stellen dieses Buchs ausführlich eingegangen.

77-Liter-Kraftstofftank

Der hinten im Kofferraum untergebrachte Kraftstofftank ist aus Kunststoff und fasst 77 Liter, von denen etwa 10 (beim Turbo etwa 15) Liter als Reserve dienen. Die Ersatzteilnummer für den Kraftstofftank wurde In den Modelljahren 1991, 1992 und 1993 geändert.

Hinweis:

- *Wegen des zusätzlichen Mitteltunnels und weiterer Halterungen und Stützen ist die Karosserie des Carrera 4 noch etwas stabiler als die der heckangetriebenen Variante.*
- *Auf Wunsch, beim Carrera RS serienmäßig, war ein 92-Liter-Tank erhältlich. Die Tankreserve ergibt sich aus der Einstellung des Warninstruments, nicht aus der Bauweise des Tanks.*
- *Der 77-Liter-Tank ist für Fernreisen bei hohem Tempo knapp bemessen, so dass bei einem Reisetempo von 200 km/h auf deutschen Autobahnen häufige Tankpausen einkalkuliert werden müssen.*
- *Die Tanks für Links- und Rechtslenker sind unterschiedlich, weil der Hauptbremszylinder jeweils auf der Fahrerseite Platz beansprucht. Dies spielt beim Umbau von Rechts- auf Linkslenkung eine Rolle. Der Tank für die Rechtslenker wurde in den Modelljahren 1991, 1992 und 1993 jeweils geringfügig geändert.*

Wichtigster Unterschied zwischen dem Wagenboden der Heck- und Allradler ist für letztere der zusätzliche Kardantunnel vor dem Schalthebel.

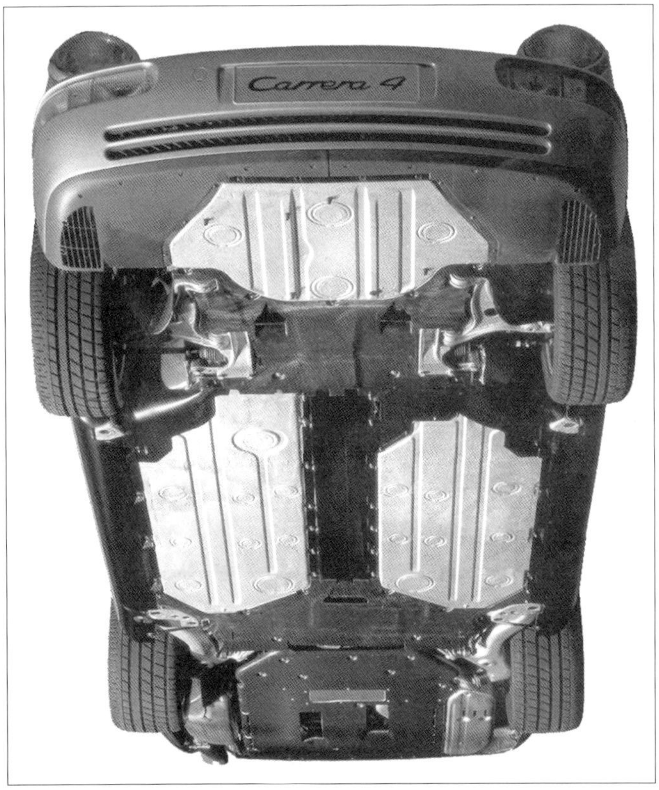

Unterseite des Carrera 4 von 1989

(Foto: Porsche AG)

Die Unterseite jedes 964 wurde mit Verkleidungen versehen und abgedichtet. Diese Verkleidungen erstrecken sich von der Front- bis zur Heckschürze.
Bei der Motor-Unterbodenverkleidung ging es nicht nur um Schalldämmung, sondern auch darum, den Luftwiderstand bei hohem Tempo zu verringern, indem Verwirbelungen der Luft unter dem Fahrzeug soweit wie möglich reduziert werden konnten. Außerdem konnte so die Führung der Kühlluft im Motorraum vom Lufteinlass vorn zum Auslass hinten optimiert werden. Dass diese Verkleidung dem Motor in irgendeiner Weise schadet, dafür bestehen keine Anhaltspunkte. Abgesehen vom Betrieb des Fahrzeugs in sehr trockenen und heißen Regionen, nutzt die Verkleidung mehr als dass sie schadet und sollte deshalb nicht abgebaut werden.

Unterboden des Carrera RS von 1992

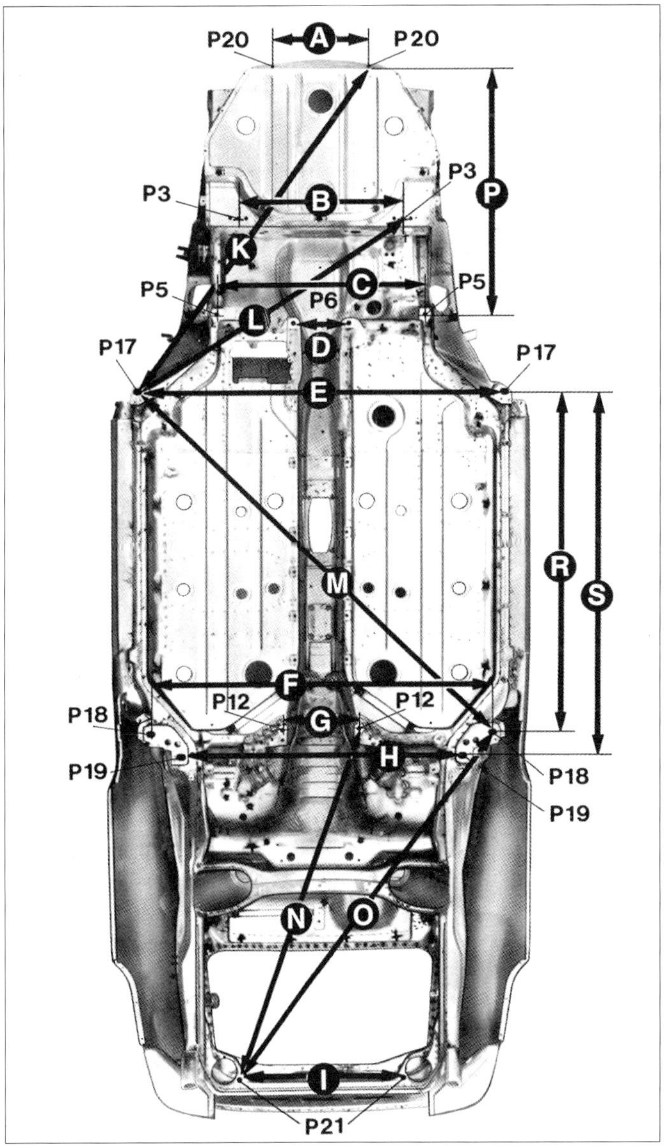

Messpunkte am Wagenboden

Der Carrera RS wurde auch mit den Unterbodenverkleidungen geliefert, jedoch wurden diese nicht zusätzlich abgedichtet. Deshalb wurde die Rostschutzgarantie bei diesen Fahrzeugen auf drei Jahre verkürzt. Auch daran zeigt sich: Der Carrera RS war ein Rennwagen mit Straßenzulassung. Wenn die Unterbodenverkleidung nachteilige Auswirkungen gehabt hätte, so wäre dies bis 1992 sicher aufgefallen und man hätte sie hier weggelassen.

Am Wagenboden befinden sich mehrere so genannte Wasserablauftüllen. Sie sorgen dafür, dass Wasser, das sich über den Verkleidungen sammelt, wieder ablaufen kann.

Hinweis:

Diese vom Kofferraum bis zum Motorraum verbauten Schlauchventile zerbröseln mit der Zeit. Ersatz für defekte Wasserablauftüllen ist unter der Nummer 911 631 259 02 erhältlich.

Targa-Heckscheibe

Scheiben

Die Verglasung beschaffte Porsche bei der Firma Sekuriflex, ausgenommen davon sind nur die leichten Scheiben des RS für Europa. Von dieser Firma sind die Original-Windschutzscheiben nicht mehr erhältlich, doch die jetzt erhältliche Scheibe von Sigla ist ein vollwertiger Ersatz. Der Autor hat sie bei seinem Carrera 4 von 1989 nachrüsten lassen. Alle anderen Scheiben sind als Sekuriflex-Produkte nach wie vor aus dem Porsche-Ersatzteilregal erhältlich.

Windschutzscheibe mit Grünkeil an einem Carrera 4 von 1989

◀ In die Windschutzscheibe jedes 964 ist die Radioantenne integriert. Diese Art Antenne erfordert eine Signalverstärkung. Der serienmäßige Verstärker ist hinter der Armaturentafel in der Nähe des Anschlusses für die Scheibenantenne eingebaut. Man kann diesen Anschluss rechts außen an der Oberkante der Armaturentafel sehen. Hier muss die Antenne an den Verstärkerkreis angeschlossen sein, der in jedem 964 mit Radio eingebaut ist.

An Windschutzscheiben gibt es

- eine komplett getönte,
- eine klare mit Grünkeil und
- eine komplett klare Variante.

Hinweis:
Bei Coupé, Targa und Cabrio sind Windschutzscheibe und Scheibendichtung gleich, der Speedster verfügt jedoch über eine andere Ausführung.

Erkennungsmerkmal einer Ersatz-Windschutzscheibe von Sigla

◀ Die 2001 gelieferten Sigla-Windschutzscheiben haben die Teilenummer 43R-001047 für USA und 43R001171 für die Normalversion. Die Porsche-Ersatzteilnummer ist 964 541 011 04, früher lautete sie 911 541 011 04.

Hinweis:
Die hinteren Seitenfenster des 964 sind genau die gleichen wie beim ursprünglichen 901/911 und tragen deshalb weiterhin eine mit 901 beginnende Ersatzteilnummer. Die Aerodynamik erforderte hier also offensichtlich keine Neuerung.

Exterieur

Heckspoiler (Carrera 2, 4 und RS)

Der 964 war der erste Porsche 911 mit ausfahrbarem Heckspoiler.

Hinweis:
Der Spoiler und sein Mechanismus sind zehn Kilo leichter als der starre Heckspoiler des Turbo.

Das Spoiler-Bauteil besteht aus einem Träger, der auch der Motorraumentlüftung dient und einem Verkleidungsteil, das in Wagenfarbe lackiert und fest mit dem Träger verbunden ist. Eine faltbare Verkleidung unter dem Spoiler verdeckt die sich infolge Ausfahrens des Spoilers ergebende Öffnung.

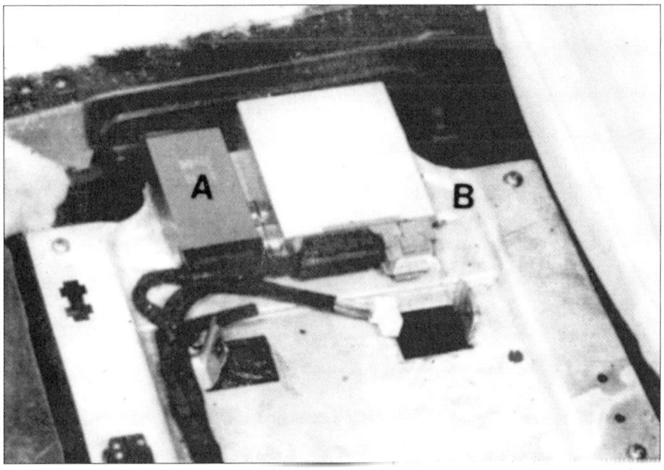

Variaten des Heckspoilers

◄ Der **Carrera 4 des Modelljahrs 1989** hat ein Heckspoiler-Steuergerät und ein zusätzliches Steuergerät unter dem rechten Sitz.
Der Carrera 4 des ersten Modelljahrs hat einen kleinen Schalter am Heckspoilermechanismus unter der Motorhaube. Mit diesem Schalter kann der Heckspoiler bei geöffneter Motorhaube aus- und eingefahren werden, z. B. für Wartungs- und Reinigungszwecke.

Der Pfeil zeigt auf den Geschwindigkeits-Pulsgeber am Getriebe der Modelljahre 1989 und 1990.

◄ Der Geschwindigkeits-Pulsgeber am Getriebe liefert die Daten für das Aus- und Einfahren des Heckspoilers sowie das Warnsystem. Das Signal wird über den Tacho an das Spoiler-Steuergerät übermittelt. Das Geschwindigkeitssignal vom ABS-Raddrehsensor hinten rechts wird an das zusätzliche Spoiler-Steuergerät übertragen. Dieser zweite Rechner wird nur hilfsweise herangezogen, wenn das Geschwindigkeitssignal für das Haupt-Steuergerät nicht zur Verfügung steht.
Bei den Carrera 2 und 4 des Modelljahres 1990 wurde dieses Prinzip unverändert beibehalten, lediglich der Schalter unter der Motorhaube wurde durch einen Schalter gleicher Funktion an der Mittelkonsole gleich neben dem Schalter für die Traktionskontrolle ersetzt.

Der Heckspoiler des Carrera 4 des Modelljahrs 1989 kann mithilfe eines Schalters bei offener Motorhaube ausgefahren werden.

(Foto: Adrian Streather)

Bei allen Versionen **ab Modelljahr 1991** entfiel das zusätzliche Steuergerät, weil auch das Pulsgebersignal vom Getriebe nicht mehr abgegriffen wurde.

Hinweis:
Für die USA wurden alle Anschlussmöglichkeiten für diesen Pulsgeber vom Getriebe G50/05 entfernt. Ob und ab wann dies bei Getrieben für die anderen Länder auch so gehandhabt wurde, ist nicht bekannt.

Das verbleibende Steuergerät für den Heckspoiler tauschte seinen Platz mit dem Steuergerät der Zentralverriegelung, wanderte also unter die Armaturentafel, während das Zentralverriegelungs-Steuergerät sich nun unter dem rechten Sitz wiederfand. Das Ausfahren und Einfahren des Heckspoilers sowie das Ansprechen des Warnsystems regeln sich bei diesen Fahrzeugen ausschließlich aufgrund des Signals vom Raddrehzahlsensor. Eine zweite Geschwindigkeitsinformation als Ersatz wird nicht mehr gesammelt oder verwertet. Das Signal wird über das Frequenzumwandlungsrelais R24 (Allradler) bzw. R52 (Hecktriebler) sowie den Tacho an das Heckspoiler-Steuergerät übertragen.

Hinweis:
Ausbau oder Ausfall des Tachos führt dazu, dass der Spoiler nicht mehr automatisch aus- und einfahren kann und dass das Warnsystem nicht mehr anspricht. Das Spoiler-Steuergerät ist auf das vom Tacho verarbeitete Geschwindigkeitssignal angewiesen.

Mechanische Funktion

◄ Mittels Elektromotor wird der Heckspoiler ausgefahren. Dazu wird die Drehbewegung vom Motor über einen Seilzug auf den Ausfahrmechanismus am Spoiler-Bauteil übertragen.

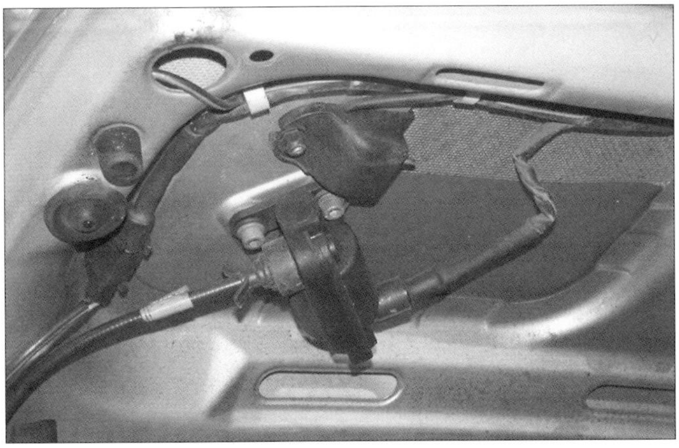

Spoiler-Ausfahrmechanismus eines Carrera 4 des Modelljahrs 1989 mit Betätigungsschalter

Carrera RS von 1992 mit ausgefahrenem Spoiler

(Foto: Jim Moder)

Funktion

Bei ca. 80 km/h fährt der Spoiler aus und bleibt ausgefahren, bis der Wagen nur noch weniger als 15 km/h schnell ist. Auf der Motorhaube ist ein Mikroschalterbauteil nebst Verkabelung eingebaut. Die beiden Mikroschalter darin funktionieren mittels Nocken, die auf die Bewegung des Ausfahrmechanismus reagieren. Sie dienen zwei unterschiedlichen Zwecken:

1. Sie begrenzen die Dauer der Stromversorgung, um den Spoilermotor zu schonen. Wenn der Spoiler seine Endstellung erreicht hat, sorgt der Schalter dafür, dass der Motor keinen Strom mehr erhält. Der andere Schalter bewirkt das gleiche, sobald der Spoiler voll eingefahren ist.

Hinweis:

Das Heckspoiler-Steuergerät registriert, wie lange das Aus- und Einfahren dauert. Werden dafür jeweils mehr als etwa 15 Sekunden benötigt, wird der Antriebsmotor stromlos geschaltet. Damit soll dieser vor einem Schaden durch Überlast infolge klemmenden Spoilers oder defekten Mikroschalters bewahrt werden.

2. Die Schalter dienen als Signalgeber für das Warnsystem.

Hinweis:

Einen einzelnen Mikroschalter kann man nicht erwerben. Im Schadensfall muss vielmehr das gesamte Bauteil (964 613 107 01) mit seiner Verkabelung ausgetauscht werden.

◄ Mit dem ab Modelljahr 1990 eingebauten Spoilerschalter (Pfeil) kann man den Spoiler schon bei weniger als 80 km/h aus- und einfahren. Solange der Wagen mit mindestens 80 km/h unterwegs ist, kann der Spoiler über den Schalter nicht eingefahren werden. Wird der 964 mit ausgefahrenem Spoiler abgestellt, so bleibt er beim nächsten Start ausgefahren und fährt automatisch erst wieder ein, nachdem einmal die 80 km/h erreicht sind und das Tempo dann wieder auf etwa 15 km/h absinkt.

Wenn das Steuergerät das Signal vom Pulsgeber am Getriebe nicht erhält, errechnet es die gefahrene Geschwindigkeit aus dem Signal des Raddrehzahlsensors und fährt den Spoiler erst bei etwa 115 km/h aus (Modelljahre 1989 und 1990).

Spoilerwarnsystem

Der Heckspoiler ist mit einem Warnsystem ausgestattet, das dem Fahrer signalisiert, wenn er nicht ausgefahren werden konnte. Man sollte ohne ausgefahrenen Spoiler nicht schneller als 120 km/h fahren, weil darüber das Fahrzeug keine ausreichende aerodynamische Stabilität mehr aufweisen würde. Bei den Modelljahren 1989 und 1990 war dieses Warnsystem noch ein separates Bauteil, danach wurde es in das Heckspoiler-Steuergerät integriert.

Nach jedem Anlassen des Motors leuchtet die Spoiler-Warnlampe in der Zeituhr. Sie geht erst aus, wenn eine Geschwindigkeit von 7 km/h erreicht ist und der Spoiler normal funktioniert. Das Warnsystem überprüft, ob sich der Heckspoiler in der richtigen Stellung befindet. Dabei wird das Geschwindigkeitssignal ausgewertet, das das Steuergerät vom Pulsgeber am Getriebe bzw. dem ABS-Raddrehzahlsensor erreicht.

Das Geschwindigkeitssignal wird verglichen mit den Signalen von den Mikroschaltern links am Spoiler, die auf dessen Endstellungen reagieren. Dauert das Aus- oder Einfahren des Spoilers länger als 15 Sekunden, so leuchtet die Warnlampe so lange, wie die gefahrene Geschwindigkeit über 15 km/h beträgt.

In gemäßigten und kühlen Klimazonen wird empfohlen, die Gelenke des Spoilermechanismus im Halbjahresrhythmus mit Graphitöl zu schmieren. Wo es keinen Schnee und kein Eis gibt, genügt der jährliche Schmierdienst.

Unterteil der Spoilerverkleidung, deren oberer Teil zur Seite gezogen wurde, nachdem die Gummiaufhängung schadhaft geworden war.

(Foto: Adrian Streather)

Heckspoilerblende

Die Heckspoilerblende setzt sich aus zwei geriffelten Kunststoffplatten zusammen, die durch eine biegsame Gummileiste miteinander verbunden sind, die zugleich als Scharnier dient. Beim Ausfahren des Spoilers wird diese an dessen Unterseite befestigte Blende mit hochgezogen, so dass die beiden gegeneinander angewinkelten Teile den Blick unter den Spoiler verwehren. Dadurch entsteht der Eindruck, der Spoiler sei ein massives Bauteil und nicht nur ein in der Luft hängender Flügel. Die Blende dient folgenden Zwecken:

- Sie verleiht dem ausgefahrenen Spoiler zusätzliche Stabilität. Bei hohem Tempo flattert die Blende ein wenig im Fahrtwind, was im Rückspiegel sichtbar ist; bei alterungsbedingter Schädigung der Gummileiste verstärkt sich dieses Flattern deutlich.

• Außerdem sorgt die Blende dafür, dass der Luftstrom um den Motor bei ausgefahrenem Spoiler nicht gestört wird.

Detailaufnahme der unteren Befestigung der Heckspoilerblende

(Foto: Andy Parrot)

Die biegsame Gummileiste, die die beiden Teile der Blende als Scharnier miteinander verbindet, altert und zerfällt dann in einzelne Teile. In diesem Fall sollte die gesamte Blende erneuert werden. Andernfalls könnte der obere Kunststoffstreifen davonfliegen, weil er oben nur mit Kunststoffklammern fixiert ist. Das Resultat: Der Fahrer wird bemerken, dass ein Stück Kunststoff davongeflogen ist. Da das Teil bei eingefahrenem Spoiler verdeckt wäre, fällt sein Fehlen nicht auf und eine längere Suche nach dem fehlenden Teil wird folgen.

Fehlt die Blende, so ist dies für das Fahrverhalten des Fahrzeugs weitgehend ohne Belang. Es wird allerdings dringend empfohlen, hohe Geschwindigkeiten (z. B. auf Autobahn oder Rennstrecke) nur mit intakter Blende zu fahren, weil dem Spoiler mit der Blende ein Stück seiner Stabilität verloren gegangen ist.

Hinweis:

Im Winterbetrieb sollte die Blende auf jeden Fall funktionieren. Sie trägt dazu bei, dass sich der Motorraum rascher erwärmt und der Motor die Betriebstemperatur schneller erreicht. Zusätzliche Kühlluft von außen ist im Winter nicht unbedingt erwünscht!

Neu eingebaute Heckspoilerblende

(Foto: Andy Parrot)

Carrera 4 Cabrio von 1990 bei einem Winterausflug

(Foto: Doug Leavitt)

Detailaufnahme des aufgeklappten, aber nicht unter einer Hülle verborgenen Verdecks eines Carrera 4 Cabrio von 1991

(Foto: Doug Leavitt)

Cabrio-Verdeck

Das Verdeck des 964 Cabrio besteht aus einem mit Verdeckstoff bezogenen Gestänge sowie einer Kunststoff-Heckscheibe. Der elektromechanische Mechanismus wird elektronisch gesteuert.

Hinweis:
- *Auf Wunsch konnte auf den elektrischen Antrieb des Verdecks verzichtet werden.*
- *Zum Modelljahr 1991 wurde die Hinterradaufhängung modifiziert, damit das Verdeck flacher zusammengelegt werden kann.*

Bauteile
- Verdeck-Steuergerät
- Verdeckschalter
- Obere Motorkontrolle links
- Obere Motorkontrolle rechts
- Endstellungs-Mikroschalter (geschlossen)
- Endstellungs-Mikroschalter (geöffnet)
- Verdeckriegel-Motor links
- Verdeckriegel-Motor rechts
- Verdeckriegel-Mikroschalter links
- Verdeckriegel-Mikroschalter rechts
- Verdeckseilzug mit Getriebe links
- Verdeckseilzug mit Getriebe rechts
- Verdeckgestänge und -stoff

Mechanische Funktion

Die beiden Getriebe für den Verdeckantrieb befinden sich neben den vorderen Sicherheitsgurtrollen an der Karosserie. Jedes dieser beiden Getriebebauteile wird durch Elektromotor und Seilzug angetrieben.

Hinweis:
Bei diesem System wirken auf die Antriebs- und Aufhängungskomponenten hohe Kräfte ein. Aufgrund des Gewichts der Verdeckkonstruktion gilt das besonders beim Schließen des Verdecks.

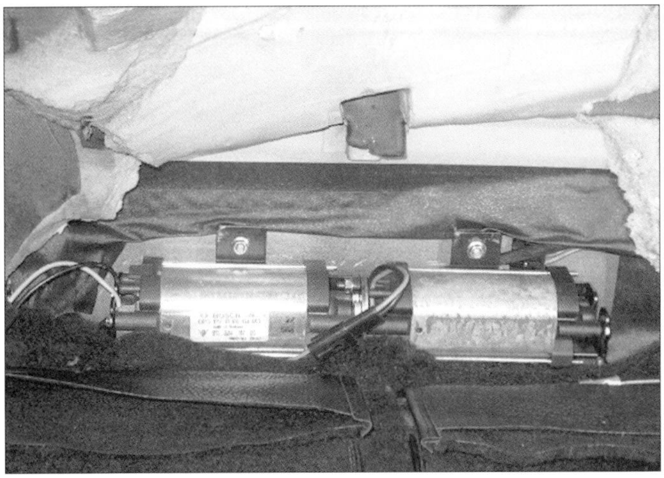

Motoren zum Antrieb des Verdecks

Linker Verdeckantrieb mit Getriebe

Detailaufnahme des Getriebes

Funktion des Verdecks

Das Steuergerät vereint eine Reihe Funktionen. Es versorgt die Motoren mit elektrischer Energie zum Öffnen und Schließen des Verdecks sowie zum Lösen und Verriegeln der Verdeckriegel. Außerdem regelt es die Geschwindigkeit des Öffnungs- und Schließvorgangs. Das Steuergerät befindet sich unter der Armaturentafel; der Betätigungsschalter ist an der Vorderseite des Steuergeräts eingebaut. Das Verdeck kann nur betätigt werden, wenn sich der Zündschlüssel bei abgestelltem Motor in Stellung 2 befindet.

Wenn das Steuergerät den Befehl zum Öffnen des Verdecks erhält, werden zunächst mit Hilfe der dafür vorgesehenen Motoren die Verdeckriegel gelöst. Wenn dem Steuergerät über Mikroschalter signalisiert wird, dass die Riegel gelöst sind, klappen die Elektromotoren das Verdeck zurück. Wenn die Mikroschalter an den Verdeckantrieben über ihre Nocken das Erreichen der Endstellung signalisieren, schaltet das Steuergerät den Strom für die Motoren wieder ab. Während des gesamten Öffnungs- und Verschließvorgangs leuchtet die Warnlampe und erlischt erst, wenn alle Mikroschalter das Erreichen der Endstellung signalisieren.

Das Schließen des Verdecks erfolgt in umgekehrter Reihenfolge. Die Warnlampe bleibt an, bis die Mikroschalter der Verdeckriegel signalisieren, dass diese geschlossen wurden.

Wartungsarbeiten am Verdeck sind werksseitig nicht vorgesehen. Gelegentliches Schmieren der Scharniere mit schwarzem Graphitöl kann aber nicht schaden.

Für das einwandfreie Funktionieren ist das richtige Justieren und Funktionieren der Mikroschalter entscheidend. Wenn nur einer nicht richtig funktioniert, wird die Warnlampe leuchten.

Schäden am Verdeckgestänge können zu Schäden am Verdeckstoff führen. Sind schleifende Geräusche oder andere Fehlfunktionen feststellbar, ist die sofortige Reparatur geboten, um größere Folgeschäden zu vermeiden.

Das Getriebe für den Verdeckantrieb wurde ausgebaut.

Das Erneuern des Verdeckstoffs kostet meist viel Zeit und Nerven. Sofern Sie nicht auf diesem Gebiet erfahren und kundig sind, sollten Sie diese Arbeit deshalb dem Fachmann überlassen, auch wenn einige Hobby-Schrauber diese Reparatur in Eigenleistung ganz ordentlich durchgeführt haben. Es gibt aber auch andere 964-Besitzer, bei denen die Do-it-Yourself-Reparatur weniger gut gelaufen ist und nach reichlich verschnittenem Verdeckstoff dann schlussendlich doch der Fachmann konsultiert werden musste. Allein an Arbeitskosten können dabei schnell 2000 Euro fällig werden; dazu kommen noch die Materialkosten. Die Auswahl des richtigen Verdeckstoffs ist übrigens besonders wichtig. Es gibt dafür viele Anbieter. Schauen Sie sich also um und informieren Sie sich gründlich.

Hinweis:

Für den 964 hat Porsche als Sonderausstattung kein Hardtop angeboten. Es war jedoch ein solches auf Einzelbestellung erhältlich, allerdings zu einem sehr hohen Preis. Man weiß nur von einem einzigen existierenden Exemplar. Eine kleine Reihe Unternehmen bot über den Zubehörhandel solche Hardtops ebenfalls an.

Speedster-Verdeck

◀ Der Speedster hatte entweder ein manuell betätigtes Stoffverdeck oder ein Hardtop.

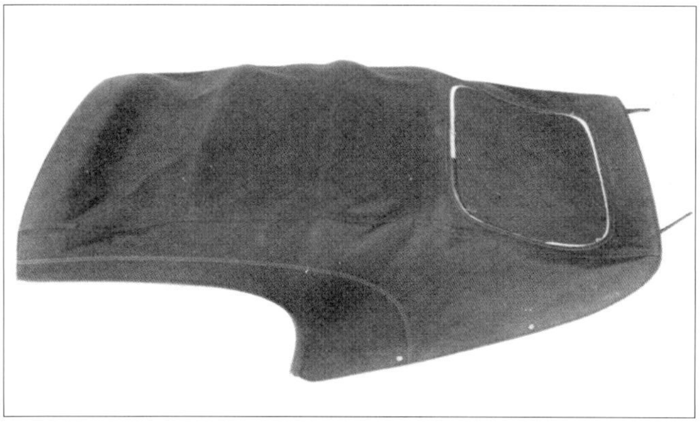

Verdeck des Speedsters

Offenes Schiebedach mit ausgefahrenem Windabweiser

Schiebedach

Das Schiebedach war als Sonderausstattung (M650, ca. 2500.- DM) nur für die Coupé-Variante erhältlich. Nicht zuletzt wegen der dafür erforderlichen Versteifung des Dachs macht es den Wagen rund 20 Kilo schwerer. Als einzig bekannte Ausnahme erhielt ein America GS als Unikat ein Verdeck mit Schiebedach.

Das Schiebedach besteht aus dem beweglichen Dachausschnitt und einem selbstaufstellenden Windabweiser vor der Öffnung. Der Antrieb erfolgt durch einen einzelnen Motor über zwei Seilzüge zu den Seiten des Schiebedachs hin. Dieser Antrieb ist hinter dem Dachhimmel verborgen. Als Zugang sind in den Dachhimmel an den richtigen Stellen Reißverschlüsse eingelassen.

Das Schiebedach lässt sich nach dem Abstellen der Zündung noch so lange betätigen wie das Fensterheber-Relais noch Strom hat, also bis eine der beiden Türen geöffnet wird, ohne dass ein Scheibenheber betätigt wird. Wird das Schiebedach in diesem Augenblick gerade bewegt, so wird diese Bewegung vollendet, bis der Schiebedachschalter losgelassen wird.

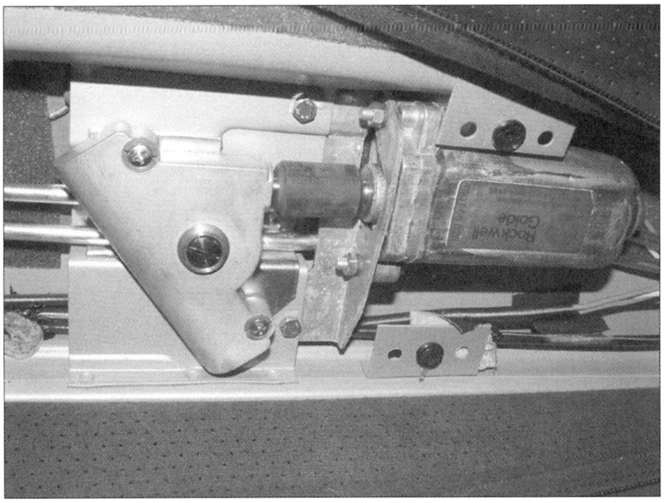

Schiebedach-Mechanismus

Carrera von 1987 aus der Fahrerperspektive

(Foto: John Dunkle)

Rechtsgelenkter Turbo 3.6 von 1993 aus der Fahrerperspektive

(Foto: Emilios Theodosiou)

Interieur

Der neu gestaltete Innenraum war dem Vorgänger Carrera 3.2 recht ähnlich. Instrumente, Heizungs- und Klimabetätigung sind jedoch unterschiedlich. Die Instrumente enthalten bis zu 13 Warnlampen, wobei die genaue Anzahl vom jeweiligen Land und der gewählten Sonderausstattung abhängt. Sie befinden sich im zentralen Kombiinstument, in dem auch die beiden getrennten Ölwarnlampen enthalten sind. Die Warnlampen für Airbag (fehlt im Carrera 4 des Modelljahres 1989), Heckspoiler, Bremsbelagverschleiß u. ä. sind in der Zeituhr untergebracht.
Erstmals wurden die neuen Instrumente von der Rückseite her beleuchtet.
Keines der Instrumente im 964 erhält direkten Input von einem Geber, sondern deren Signale werden zunächst in ein elektrisches umgewandelt.

Die Auswahl an Materialien und Farben für den Innenraum war so üppig wie zuvor.

Als Bezugsmaterial konnte man wählen:
- Vollleder (in Europa am beliebtesten)
- Teil-Leder und Stoff
- Teil-Leder und Kunstleder
- Kunstleder
- Kunstleder und Stoff

Hinweis:
Details und Sonderausstattungscodes vgl. ***Anhang B****.*

Carrera RS, RS America und Speedster boten nur eine eingeschränkte Auswahl. Die RS-Modelle hatten einen nur spartanisch eingerichteten Innenraum, weil sie vorwiegend für den Renneinsatz gedacht waren. Beim Speedster stand die Gewichtssenkung im Vordergrund. Vom RS Touring entstanden nur sehr wenige Exemplare; sie hatten einen komfortabler ausgestatteten Innenraum.

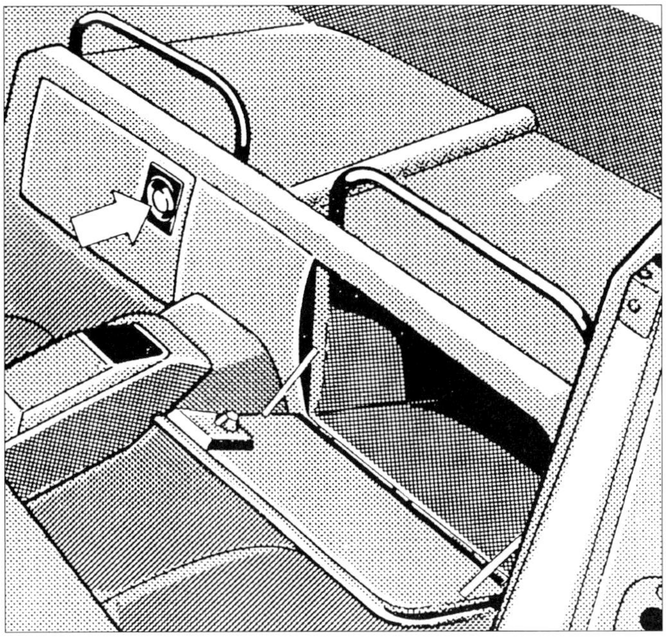

◄ Für bestimmte Cabrio-Modelle und für den RS America des Modelljahrs 1993 konnte man als Sonderausstattung anstelle der Rücksitze zusätzliche Gepäckfächer wählen – wobei diese freilich nicht viel mehr als vergrößerte Handschuhfächer.

Vordersitze

Bei den Vordersitzen gab es drei Grundversionen mit unterschiedlichen Verstellmöglichkeiten und Sitzheizung. Die nachfolgende Tabelle verrät, welche Kombinationen möglich waren:

Sitztyp	Erhältliche Sonderausstattungen			
	Manuell verstellbar	Teilweise elektrisch verstellbar	Komplett elektrisch verstellbar	Sitzheizung links und rechts
Normale Komfortsitze	x	x	x	x
Sportsitze	x	x	x	x
Rennsitze	x			

Komfortsitze

◄ Die normale Ausstattung des 964 erfolgte mit so genannten Komfortsitzen.

Sportsitze in einem Speedster von 1994

(Foto: Frank Thierer)

Schalensitze in einem Carrera RS von 1992

(Foto: Jim Moder)

Sportsitze

◀ Die Sportsitze (Sonderausstattung M383 links bzw. M387 rechts, je ca. 510.- DM) waren ab Modelljahr 1989 erhältlich. Sie sind dem 944 Turbo (Typ 951) entnommen und haben deshalb eine mit 944 beginnende Ersatzteilnummer. Die Seitenwülste an den Lehnen sind ausgeprägter, was Sitzkomfort und Seitenführung gleichermaßen verbessert.

Schalensitze

◀ Schon seit den frühen Tagen des 964 waren die Schalensitze erhältlich. Der Carrera RS hatte sie serienmäßig, ebenso alle Speedster. Optional konnten sie beim Speedster mit Leder bezogen werden.

Antriebsmotoren und Verkabelung für die Sitze finden sich an deren Unterseite.

Bedienelemente für die teilelektrische Sitzverstellung mit Sitzheizung

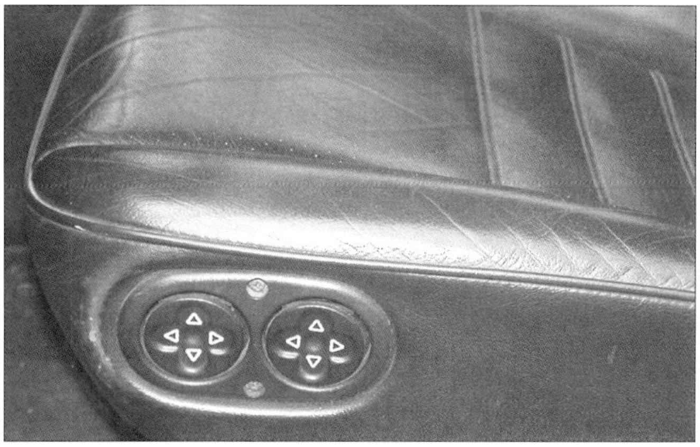

Bedienelemente für die vollelektrische Sitzverstellung ohne Sitzheizung

Sitzverstellung

◀ Die nur teilweise elektrifizierte Sitzverstellung der Grundausführung bedient sich eines Paares scherenförmig hochfahrender Gestänge für jeden Sitz, jeweils mit eigenem Antriebsmotor, der unter dem Sitz montiert ist. Die Kraft des Motors wird mittels flexibler Wellen auf das Gestänge übertragen und bewirkt die Sitzverstellung, soweit nach gewählter Ausstattung elektrifiziert. Funktionskontrollen befinden sich in den Sitzschaltern, alle Verbindungen unter den Sitzen.

Vorsicht:
Beim Carrera 4 wird 12-Volt-Spannung von der linken Sitzheizung für das Steuergerät der PDAS-Traktionskontrolle abgezweigt. Kommt es hier zum Kurzschluss, ist auch dieses Steuergerät lahmgelegt. Seien Sie deshalb bei Aus- und Einbau des linken Sitzes besonders vorsichtig, damit keine Kabel in der Sitzschiene eingeklemmt werden.

Hinweis:
Prüfen Sie die zum Fahrzeug gehörende Betriebsanleitung und vergleichen Sie die dort beschriebene Ausstattung mit den tatsächlich vorhandenen Sitzverstellschaltern. So finden Sie heraus, mit welchen der vielen Ausstattungsversionen Ihr Fahrzeug ausgeliefert wurde.

Sitzheizung

Die optional erhältliche Sitzheizung (M340, ca. 410.- DM je Seite) wurde über den Temperaturwahlknopf an der Heizungs- und Klimaregelung eingestellt.

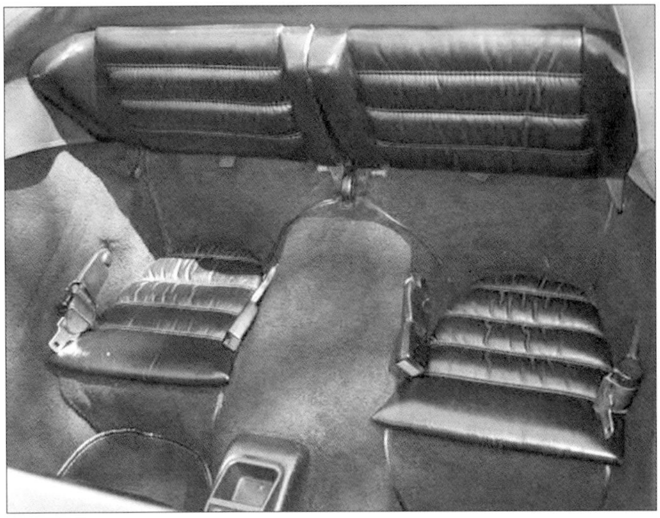

Rücksitzausführung von 1989/90

Rücksitzausführung ab 1991 (911 Anniversary von 1993, Foto: Tony Hall)

Rücksitze

Beim 964 kann man zwei Varianten der Rücksitze finden.

◄ Bei der ersten Version handelt es sich um die bis zum Modelljahr 1990 verwendete Ausführung. Der Knopf zum Entriegeln der Sitze befindet sich hier zur Mitte hin an der unteren Lehnenunterlage.

Bei der Ausführung ab Modelljahr 1991 befindet sich der Entriegelungshebel jedoch oben am Lehnenpolster, zur Fahrzeugmitte hin (Bild unten). Er ist dadurch viel leichter erreichbar.

Oft wird gefragt, ob der 964 ursprünglich serienmäßig mit Rücksitzen ausgeliefert wurde oder nicht. Die Antwort hängt von der jeweiligen Version ab:

- Carrera 4 Coupés und Targas ohne Heckverbreiterung der Modelljahre bis 1993 hatten Rücksitze.
- Beim Carrera 4 Cabrio konnte der Kunde stattdessen ein Gepäckfach wählen.
- Bei Carrera 2 Coupé, Targa (ohne Heckverbreiterung bis 1993 und mit Turbo-Look ab 1992) und Cabrio gilt das gleiche wie für die entsprechende Karosserievariante des Carrera 4.
- Der 911 Anniversary von 1993 (auch als Celebration oder Jubilee bekannt) hatte Rücksitze.
- Der Carrera 4 Turbo-Look von 1994 für die USA bekam ebenfalls Rücksitze.
- Der RS America hatte im Modelljahr 1993 eine Gepäckablage, im Modelljahr 1994 Rücksitze.
- Der Speedster von 1994 wurde mit einer Gepäckablage ausgerüstet.
- Beim RS (egal ob mit 3,6 oder 3,8 Litern Hubraum) befand sich hinten nur eine dünne Teppichauflage. Lediglich beim RS Touring konnte der Kunde zwischen Rücksitzen und Gepäckablage wählen.
- Der Turbo, egal ob mit 3,3 oder 3,6 Litern Hubraum, hatte stets Rücksitze.
- Der Turbo S begnügte sich jedoch ähnlich wie der Carrera RS hinten mit dünnem Teppich. Dennoch kann man Turbo 3.6 mit eingebauten Rücksitzen oder Gepäckfach sehen.

Kindersitze

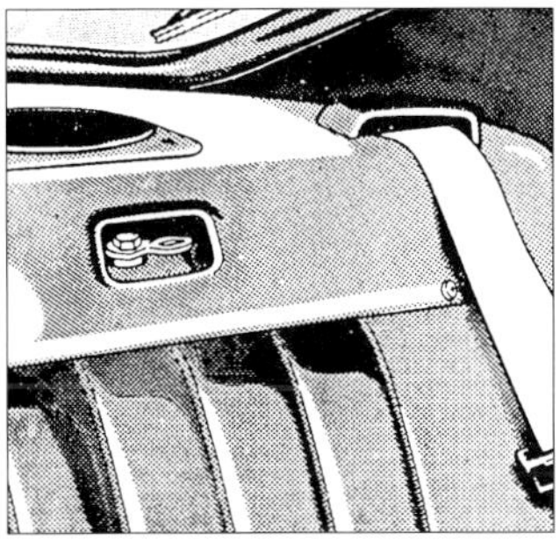

Die Kindersitz-Befestigungspunkte waren den Coupés und Targas vorbehalten, die nach Kanada oder Australien gingen.

◄ Bei den Coupés und Targas für Australien und Kanada sind an der Hutablage Aufhängungspunkte für einen Kindersitz vorgesehen. Diese sind durch Kappen abgedeckt. Die Befestigungselemente, die daran festzumachen sind, gehörten dort ebenfalls zum serienmäßigen Lieferumfang.

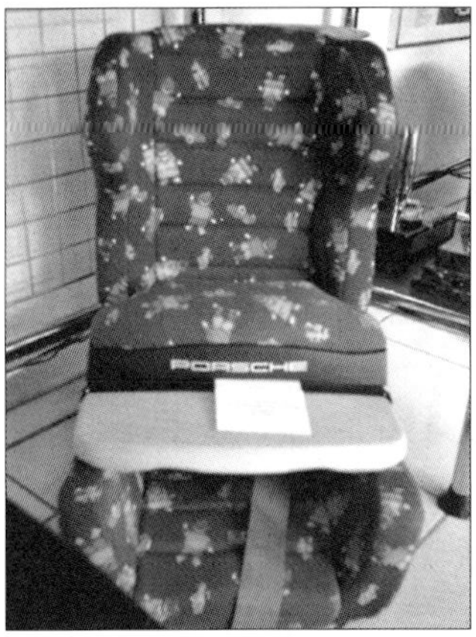

Porsche-Kindersitz für den Beifahrersitz, der den Beifahrer-Airbag außer Funktion setzt.

◄ Für die Kindersitze gab es in den USA und Kanada besondere Sicherheitsvorschriften. Kindersitze, die in einem Porsche 964 die erforderlichen Kriterien erfüllen, gibt es nicht.

Nach Angaben von Porsche sind rückwärts gerichtete Kindersitze nur auf dem Beifahrersitz gestattet, wenn dieser bis zum Anschlag zurückgefahren ist. Der Einbau mit Blickrichtung nach vorn ist dort bei ganz nach hinten gestelltem Sitz ebenfalls möglich, außerdem ist dieser Einbau auch auf den Rücksitzen gestattet.

Vorsicht:
Bei Kindersitzen auf dem Beifahrersitz (Sitz bis zum Anschlag zurückgefahren) mit Blickrichtung nach hinten muss der Airbag nicht abgeschaltet werden, bei Blickrichtung nach vorn muss er auf jeden Fall abgeschaltet sein.

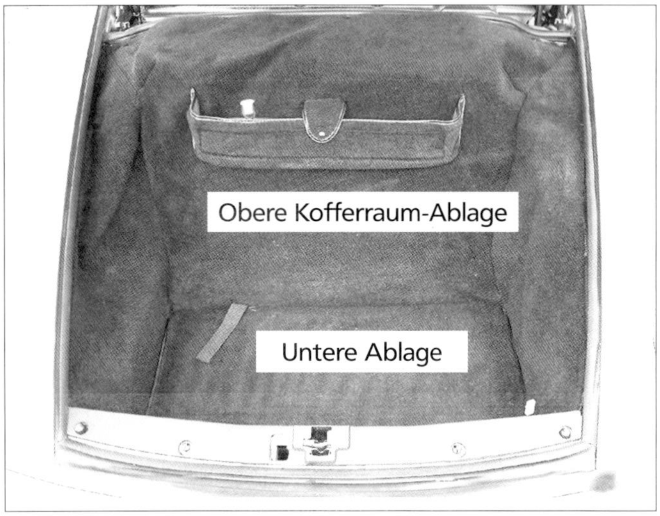

Kofferraum des Carrera 4 von 1992

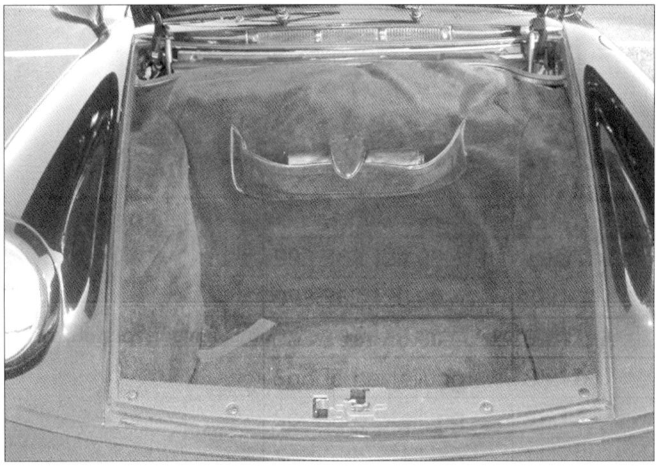

Kofferraum des Carrera 2 von 1993

Koffer- und Motorraum

Kofferraumvolumen

Verglichen mit dem Carrera 4 ist der Kofferraum der Hecktriebler 11 bis 15 Prozent größer. Der Carrera 4 von 1989 hat von allen Allradlern noch den größten Kofferraum. Dennoch ist er in einen oberen und einen unteren Abschnitt geteilt.

Nutzbares Kofferraumvolumen

Modell	Untere Ablage	Obere Ablage
Carrera 4 Modelljahr 1989	99 Liter	144 Liter
Alle anderen Allradler	107,5 Liter	144 Liter
Alle Hecktriebler	99 Liter	184 Liter

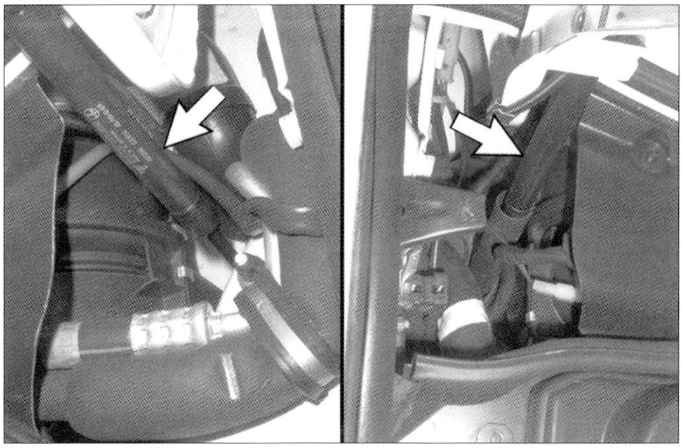

Gasdruckheber für die Kofferraumhaube

◂ Die Gasdruckheber (Pfeil) im Kofferraum dienen dem Aufhalten der zum Beladen oder für Wartungszwecke geöffneten Kofferraumhaube.

Die Heber sind stehend montiert und oben mit dem von Porsche so geliebten geriffelten Stift und dazugehöriger Öse befestigt – dieser Stift neigt dazu, schlagartig herauszuspringen und sich an einer Stelle zu verstecken, wo man ihn nie wiederfindet.
Unten ist der Heber kugelgelagert, wobei das kugelförmige Element an der Karosserie und die Pfanne dazu am Heber befestigt ist. Die Kugel soll sich mit leichtem Druck aus dieser Pfanne herausheben und wieder einfügen lassen, doch manchmal funktioniert das nur allzu schwer. Dabei ist es besonders misslich, dass der Bereich dieser Aufhängung auf der linken Seite kaum einsehbar ist.

Gasdruckheber für die Motorhaube

◂ Auch dieser Gasdruckheber dient dem Aufhalten der Haube, wann immer das nötig ist.

Gasdruckheber für die Motorhaube (Pfeil)

So ist der Gasdruckheber an der linken Seite der Motorhaube aufgehängt.

Sicheres Arbeiten: Funktionstüchtige Gasdruckheber an der Motorhaube – hier eines Carrera 4 Turbo-Look von 1994 – sind erforderlich, wenn ein solches Foto geschossen werden soll.

(Foto: Chris Deel)

◄ Im Motorraum sind diese Gasdruckheber liegend montiert. Das eine Ende ist an der Motorhaube befestigt, wieder mit dem geriffelten Stift und der Öse. Das andere Ende stützt sich auf eine Halterung an der Innenraumrückwand ab und ist dort ebenfalls mit Stift und Öse befestigt, die recht gut einsehbar und zugänglich sind. Dennoch sind lange Arme beim Aus- und Einbau hilfreich.

Vorsicht:
Versuchen Sie nicht, einen dieser Heber bei heißem Motor auszubauen – Sie werden sich verbrennen!

Vorsicht:
Wenn Sie die Halterungen entfernen empfiehlt es sich, den Bereich darunter großräumig mit einem Tuch o.ä. abzudecken, damit herunterfallende Teile nicht in den Tiefen des Motorraums verschwinden.

Hinweis:
Für die Heber sind aus gutem Grund keine Ersatzteilnummern angegeben. Oft sind diese nicht mehr erhältlich und Sie würden ersatzweise solche des Nachfolgetyps 993 erhalten. Es empfiehlt sich aber, sich im Zubehörhandel umzuschauen. Dort sind stabile Ersatz-Heber immer wieder im Angebot.

964er bunt gemischt in England, vorn ein Links- und gleich dahinter ein Rechtslenker

(Foto: John Miles)

Rechtsgelenkter Turbo von 1991 in Australien

(Foto: Kevin Ross)

Links- und Rechtslenker

Die Rohkarosserie, obwohl nicht vollkommen symmetrisch aufgebaut, trägt in beiden Fällen dieselbe Ersatzteilnummer, ist also identisch. Die für Rechtslenker spezifischen Teile sind im Ersatzteilkatalog als solche ausdrücklich ausgewiesen.

Bei genauer Betrachtung des rechtsgelenkten 964 ergibt sich Folgendes:

- Der Tankverschluss befindet sich auf derselben Seite wie beim Linkslenker.
- Der Seilzug für die Entriegelung der Fronthabe liegt weiterhin links.
- Der Zug zum Entriegeln der Tankklappe befindet sich weiterhin links unter der Armaturentafel.
- Die Hebel an der nach rechts versetzten Lenksäule sind in ihrer Anordnung unverändert.
- Der Heckscheibenwischer ist weiterhin links unterhalb der Heckscheibe montiert und wischt nach rechts über die Scheibe.
- Das Gewindeloch für den Abschlepphaken befindet sich weiterhin auf der rechten Seite neben dem Nummernschild.

Die Bilder auf den folgenden Seiten zeigen Gemeinsamkeiten und Unterschiede zwischen Links- und Rechtslenkern.

Unterschiede und Gemeinsamkeiten zwischen Rechts- und Linkslenkern

Linkslenker

Front

Kofferraumbereich

Rechtslenker

Front

Kofferraumbereich

Unterschiede und Gemeinsamkeiten zwischen Rechts- und Linkslenkern

Linkslenker

Heck

Innenraum

Rechtslenker

Heck

Innenraum

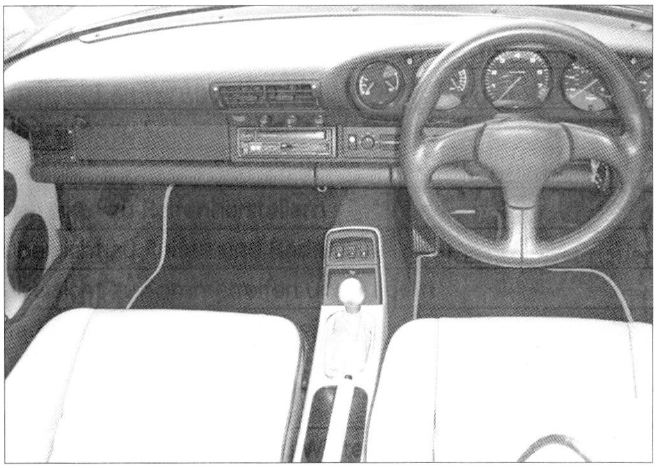

Unterschiede und Gemeinsamkeiten zwischen Rechts- und Linkslenkern

Linkslenker

Pedalbereich

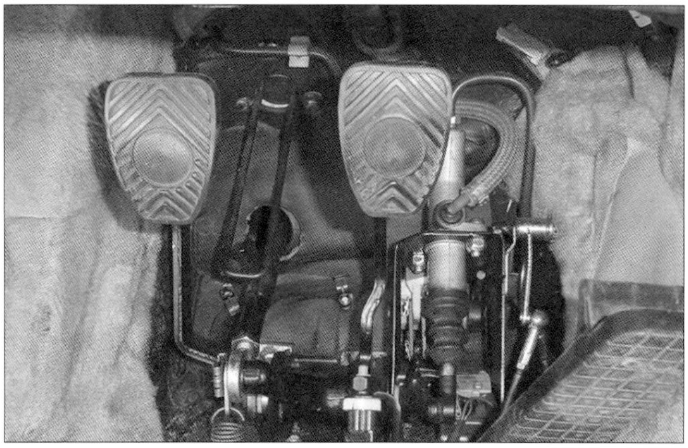

Motorraum

Rechtslenker

Pedalbereich

Hinweis:
Für die rechtsgelenkten Turbos wurde ab 1991 ein geändertes Pedalbauteil verwendet. Dadurch ergab sich ein größerer Abstand zwischen den Pedalen sowie eine Ablage für den Kupplungsfuß. Dieses neue Bauteil lässt sich bei den älteren rechtsgelenkten Carrera 2 und 4 nachrüsten. Dafür wird freilich ein besonderer Einbausatz benötigt, der bei Porsche erhältlich ist.

Motorraum

Unfallreparaturen

Turbo von 1991 nach einem Rennunfall in Schweden

(Foto: Patrik Selestam)

Parkrempler an einem Carrera 4 von 1990, von einem SUV verursacht

(Foto: Tito Solari)

Der 964 ist nicht immun gegen Unfallschäden und Parkplatzrempler. In Band 5 des Werkstatthandbuchs (Karosserie) sind zahlreiche Reparaturmaßnahmen beschrieben. Insbesondere sind dort alle wichtigen Angaben für das Richten von Karosserien aufgeführt.

Dort sind folgende Reparaturmaßnahmen beschrieben:

- Teilersatz des Frontabschnitts
- Kompletter Ersatz des Frontabschnitts
- Teilersatz von Radhaus und Seitenteil
- Teilersatz des Kotflügel-Anschlussblechs
- Teilersatz von Türschwelle, Seitenteil und Bodenblech
- Teilersatz von Türschwelle und Seitenteil
- Kompletter Ersatz der Türschwelle
- Kompletter Ersatz des Dachs
- Teilersatz des Dachs
- Beseitigen von Knackgeräuschen aus dem Dachbereich
- Entfernen des Querrohrs für die Hinterachse
- Erneuern des Seitenblechs mit Innenseite und seitlichem Träger
- Erneuern des Querträgers der Hinterachse
- Teilerneuerung des Heckabschnitts
- Erneuern der Motoraufhängung
- Teilerneuerung des Seitenblechs

Nur das vorderste Fahrzeug in dieser Reihe ist kein Carrera RS.

(Foto: Adrian Streather)

Carrera RS von 1992

(Foto: Porsche AG)

Der straßenzulassungsfähige Carrera Cup USA Edition ist genauso nahtverschweißt wie der Carrera RS.

(Foto: Jerry Greene)

Sonderwerkzeug für Reparaturen an der tragenden Karosseriestruktur

Werkzeug-teil-Nummer	Funktion
P290	Aus- und Einbau der Stifte der Türscharniere
P852	Lehre für die Windschutzscheibe
P853	Lehre für die Heckscheibe
P854	Lehren für rechtes und linkes Seitenfenster
P856	Lehre für die hintere Öffnung beim Targa

Hinweis:

Diese Werkzeuge und Lehren dienen im Wesentlichen dem Aus- und Einbau der Scheiben. Dabei wird davon ausgegangen, dass die Scheibe beim Ausbau zerstört wird.

Nahtgeschweißte Carrera RS

In diesem Abschnitt wird verraten, an welchen Stellen bestimmte Fahrzeuge ab Werk nicht punkt- sondern nahtverschweißt wurden. Wer sich für ein solches Fahrzeug interessiert, kann diese Angaben nutzen, um bei der Inspektion des Fahrzeugs vor dem Kauf zu prüfen, ob es sich wirklich um ein ab Werk nahtverschweißtes Exemplar handelt.
Dieser Abschnitt beschäftigt sich zunächst mit dem vorderen, dann mit dem mittleren und schließlich mit dem hinteren Karosseriebereich. Jede der Zeichnungen hierzu zeigt die Bereiche, die beim Carrera RS von 1992 (egal ob Basismodell, Touring oder Carrera Cup USA Edition) nahtverschweißt wurden. Die Variante Gruppe N GT weicht hinsichtlich der Nahtverschweißung von diesem Schema geringfügig ab, weil sie auf Ausrüstungsteile wie z. B. das ABS verzichtet.

Vorsicht:

Das nachträgliche Anbringen entsprechender Nahtverschweißungen muss unter genauer Befolgung der Anweisungen im Anhang für den Carrera 2 zu Teil 5 des Werkstatthandbuchs erfolgen. Aus Sicherheitsgründen sollte dies nur durch einen erfahrenen Schweißfachmann erfolgen!

Nahtverschweißte Bereiche am vorderen Karosserieteil

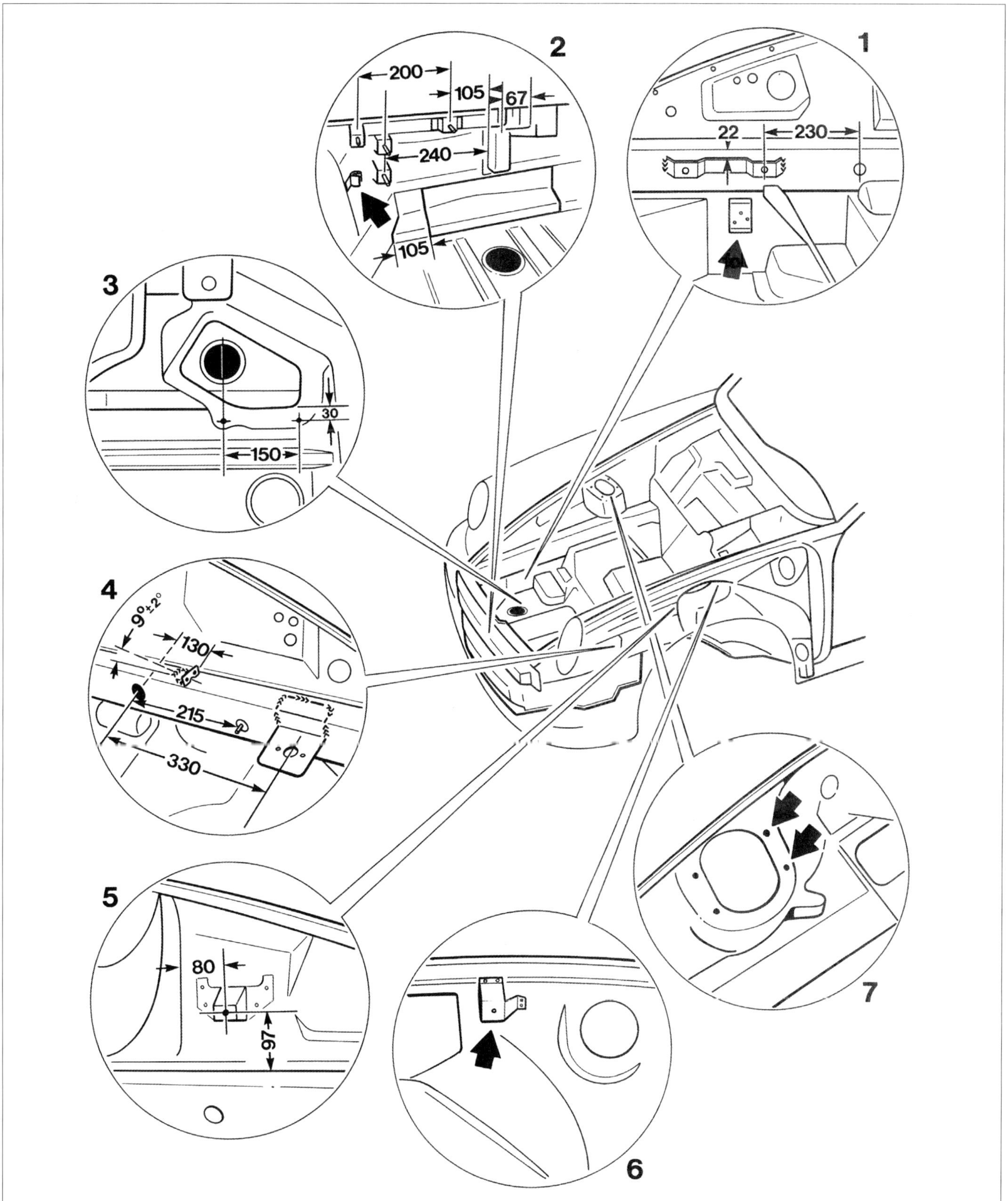

Nahtverschweißte Bereiche am mittleren Karosserieteil

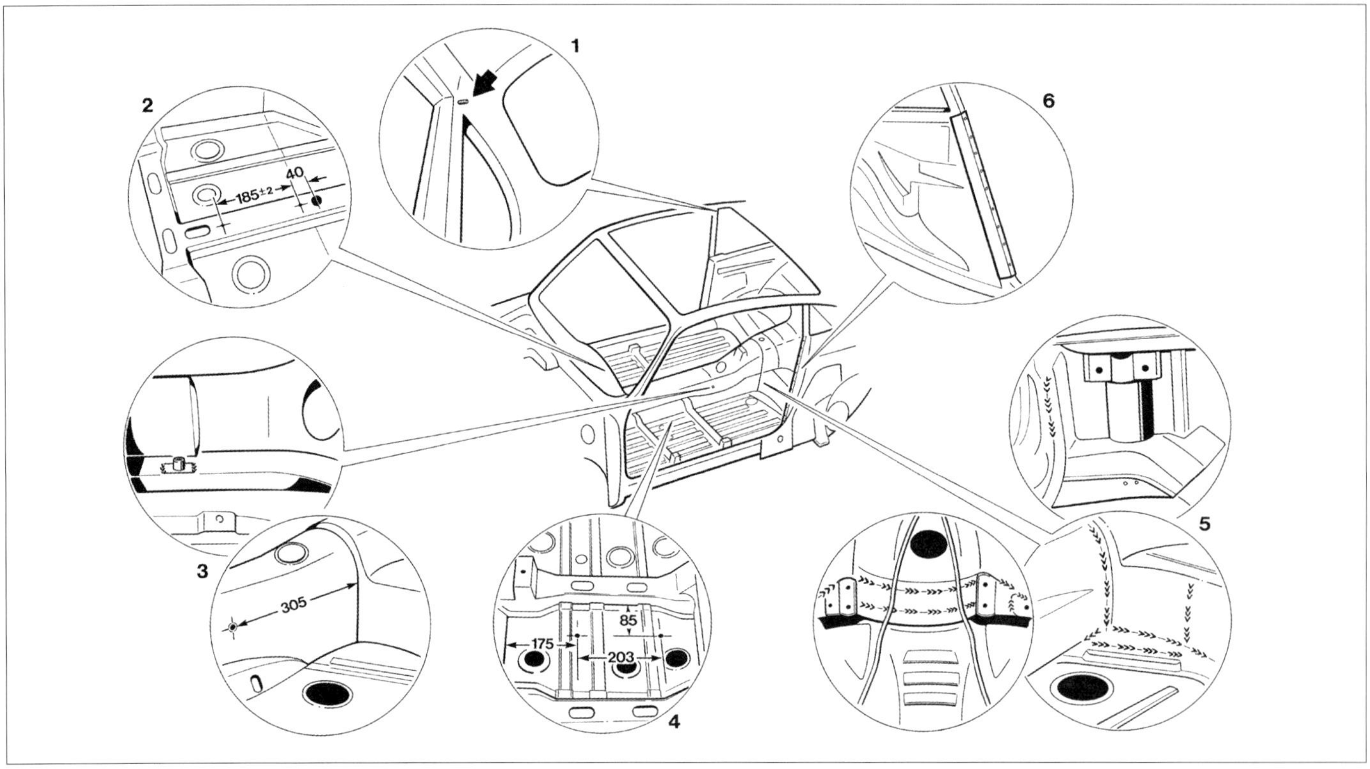

Nahtverschweißte Bereiche am hinteren Karosserieteil

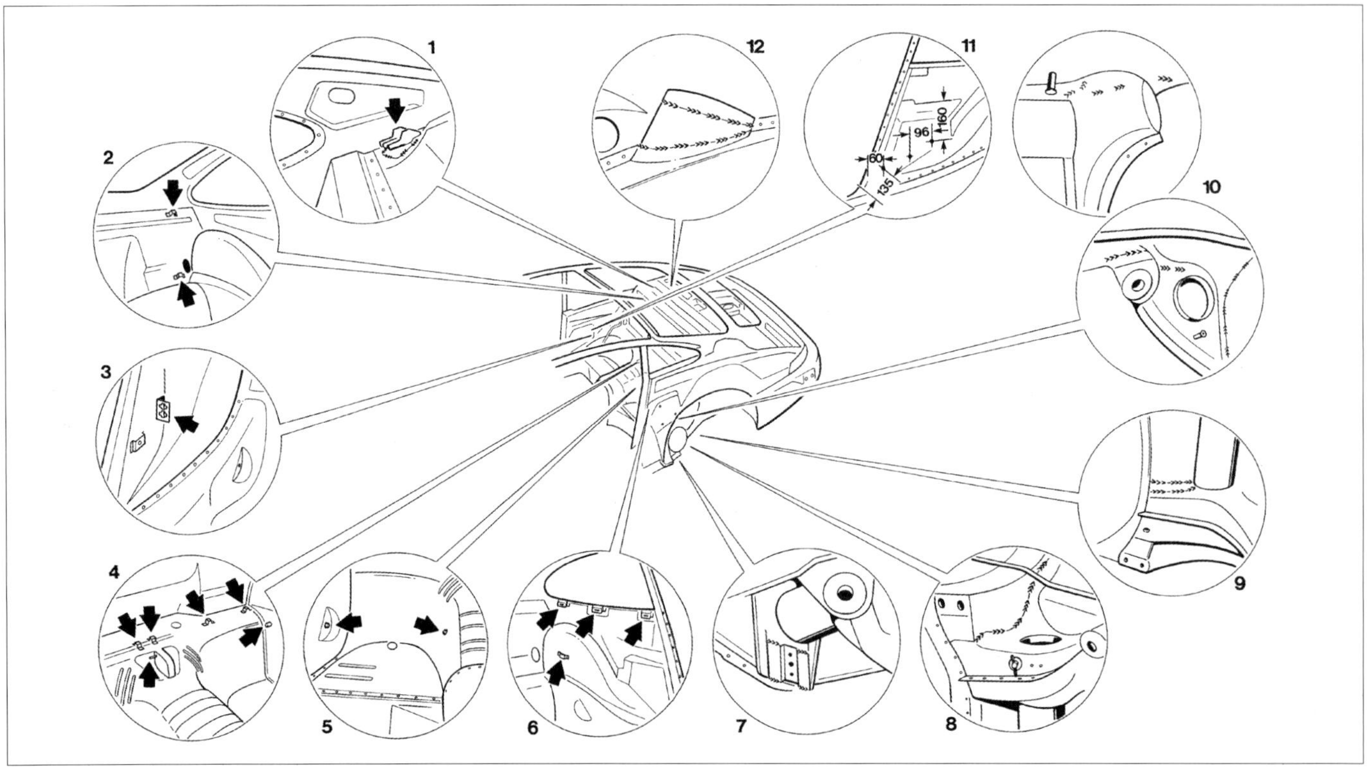

Der Sitz wird ausgebaut.

Wartungshinweise

Verschiebung der Sitzschienen für große Fahrer

Der Umbau der Sitzschienen, um die Beinfreiheit für den Fahrer zu optimieren, betrifft die Modelle Carrera 2 und 4 sowie den Turbo von 1991.

Bei den genannten Fahrzeugen kann die Sitzschiene um 22,5 Millimeter nach hinten versetzt werden, so dass auch Menschen mit langen Beine das Fahren mit einem 964 genießen können.

Zunächst wird der Sitz in die hinterste Position verschoben. Die beiden Inbus-Schrauben, die vorn die Sitzschiene halten, müssen gelöst werden.

Anschließend wird der Sitz in die vorderste Position verschoben, um die vier Inbus-Schrauben, die die Sitzschiene hinten halten, zu lösen.

Sofern eine elektrische Sitzverstellung eingebaut ist, müssen die Kabelverbindung dafür getrennt werden.

Nun kann der Sitz aus dem Fahrzeug herausgehoben werden.

Am hinteren Befestigungspunkt ist innen auf dem hinteren Gewindeloch eine 3 Millimeter starke Unterlegscheibe anzubringen (Teilenummer 999 025 125 09); eventuell muss der Teppich eingeschnitten werden, um an dieses Loch heranzukommen.

◀ Am hinteren Befestigungspunkt außen ist die Gewindeplatte zum hinteren Gewindeloch hin zu verschieben, dann ist der Sitz wieder einzubauen und zu sichern.

Vorsicht:
Aus Sicherheitsgründen sind weitere Veränderungen an der Sitzaufhängung, z. B. das Bohren weiterer Löcher zur Befestigung, verboten.

911 Carrera 2 und 4 sowie Turbo

← Fahrtrichtung

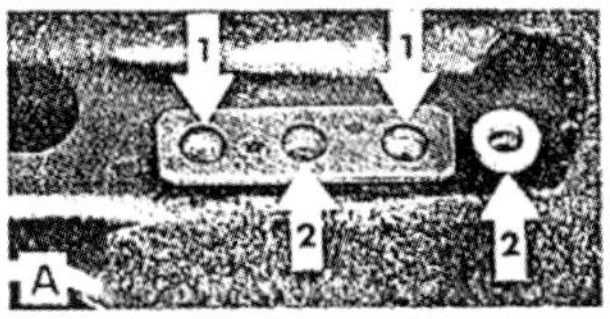

Abbildung 1

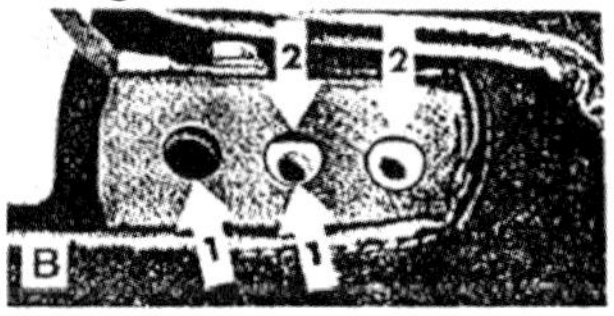

Abbildung 2

Pfeil 1: Werksseitige Montage
Pfeil 2: Modifizierte Montage

An der Unterkante verfügt auch die Tür dieses Carrera 4 Coupé über Ablauflöcher.

(Foto: Deryk Grantham)

Wassereinbruch

Kein 964-Exemplar ist gefeit gegen Wassereinbrüche, besonders wenn es in die Jahre kommt. Die Dichtungen altern und schrumpfen, so dass sie die Feuchtigkeit nicht mehr fernhalten können. Meist findet das Wasser an den Türdichtungen seinen Weg ins Fahrzeuginnere. Bei geschlossenen Türen drücken die Ablauflöcher fest gegen die Dichtung. Die Folge: Von der Seitenscheibe in die Tür hineingelaufenes Wasser kann nicht mehr ablaufen. Dagegen hilft es, wenn man die Tür nach dem Regenguss oder dem Waschen einfach ein paar Augenblicke offen stehen lässt. Bei Cabrio und Targa müssen natürlich die Dichtungen an Verdeck und Dachteil in gutem Zustand gehalten werden.

Einen Wassereinbruch stellt man fest, indem man unter den Teppichen die Schalldämmung überprüft. Dieses Material funktioniert wie ein Schwamm und kann große Mengen Wasser aufsaugen. Der Autor hat aus seinem Carrera 4 von 1989 einmal 31 Kilo wassergetränktes Dämmmaterial ausgebaut.

Hinweis:

Wer in einer feuchten Klimazone lebt, sollte seinen 964 regelmäßig zum Durchtrocknen lüften. Stellen Sie den 964 dazu an einen warmen, überdachten Ort, nehmen Sie alle Teppiche (auch aus dem Kofferraum) heraus und lassen Sie Türen und Kofferraum ein paar Stunden offen stehen. Bei kaltem Wetter kann zusätzlich ein Heizgerät eingesetzt werden.

Kapitel 8: Klimaanlage, Heizung, Elektrik

Carrera RS America

(Foto: Porsche AG)

Eine funktionierende Klimaanlage ist mehr als nur eine kühlende Annehmlichkeit, egal ob unter der gleißenden Sonne Australiens …

(Carrera 4 von 1990; Foto: Jonathan O'Donnell-Young)

… oder an eher unangenehmen Wintertagen in unseren Breitengraden. Funktionsweise, Bauteile und Wartung beschreibt das folgende Kapitel. *(Foto: Adrian Streather)*

Einführung

Dieser Abschnitt erklärt Heizung und Klimaanlage des 964, ebenso andere elektronische und elektrische Helfer, die nicht an anderer Stelle dieses Buchs besprochen werden konnten. Bei diesen gibt es je nach Modelljahr, Ausführung, Zielmarkt und Umfang eingebauter Extras erhebliche Unterschiede.

Insbesondere muss man die Normalversion (RoW = Rest of World) und jene ausschließlich für Nordamerika vorgesehenen Ausführungen (US-Modelle) gesondert betrachten, die auf die dortigen Vorschriften Rücksicht zu nehmen hatten.

Hier wird auch erläutert, wie das Werk verfuhr, wenn Ersatz-Steuergeräte für bestimmte Bauteile nicht mehr erhältlich waren.

Klimaanlage

Theoretische Funktionsweise

Die Klimaanlage im 964 bedient sich eines Kältemittels, das einen besonders niedrigen Siedepunkt aufweist.

◄ Ursprünglich wurde das Kältemittel R12 verwendet, das Porsche jedoch 1993 durch das Mittel R134a ersetzte. Auf das frühere Kältemittel musste verzichtet werden, weil diese Substanz als umweltschädlich eingestuft wurde und nachweislich die schützende Ozonschicht der Erdatmosphäre beeinträchtigte.

Weitere Informationen zum Kältemittel enthält **Kapitel 2**.

Hauptzweck der Klimaanlage ist es, die Innenraumluft zu kühlen und ihr Feuchtigkeit zu entziehen. Unter bestimmten Bedingungen unterstützt sie die Defroster-Funktion und leitet getrocknete Luft an die Windschutzscheibe.

Für diese Zwecke nutzt die Klimaanlage vier physikalische Grundsätze:

- Beim Verdunsten nimmt das Kühlmittel Wärme auf.
- Beim Kondensieren gibt das Kühlmittel Wärme ab.
- Der Siedepunkt des Kühlmittels ist abhängig von dem Druck, unter dem es steht.
- Wärmeenergie wird ausschließlich von wärmeren zu kälteren Körpern übertragen; das gilt auch für Wärmestrahlung.

Heizungs- und Gebläsebauteil

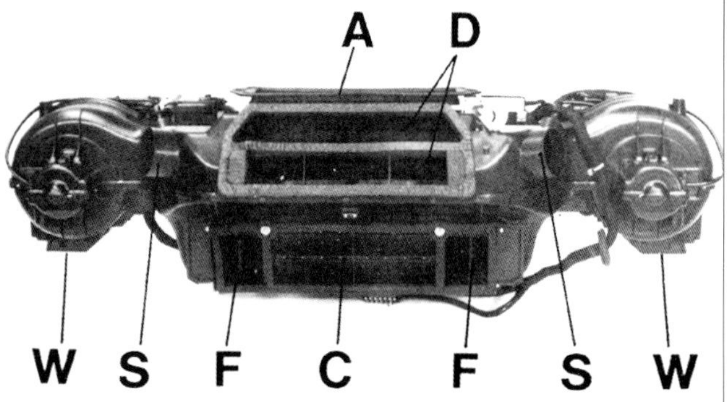

A Frischlufteinlass
C Innenraumlufteinlass
D Defroster-Luftaustritt
F Luftaustritt zum Fußraum hin
S Luftaustritt zur Seite hin
W Einlass für erwärmte Luft

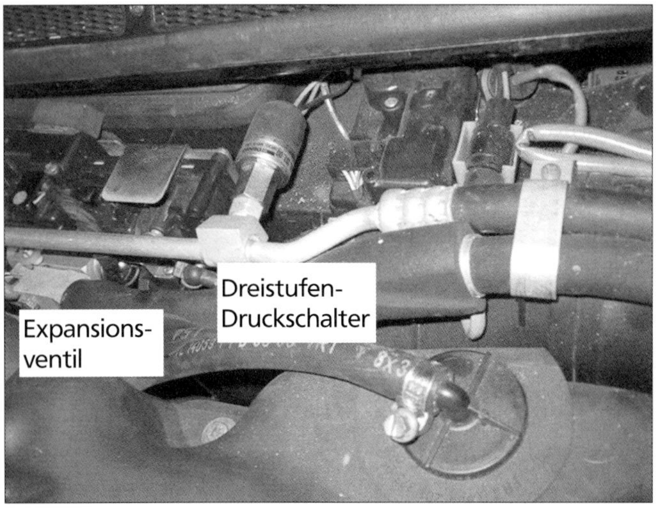

Klimaanlagenbauteile

Der keilriemengetriebene Klimakompressor befindet sich rechts über dem Motor.

Hinweis:
Bei den Saugmotoren hat der Klimakompressor einen separaten Keilriemen, bei den Turbos wird er von dem Keilrippenriemen angetrieben, der auch den Antrieb der Lichtmaschine übernimmt.

Kompressorrelais und -sicherung befinden sich im Sicherungskasten links im Motorraum.

Der **Trockner** ist unter dem linken Vorderkotflügel hinter dem Rad untergebracht.

◄ Das mehrstufige **Gebläse**, das auch der Heizung und Belüftung dient, findet man an der Rückwand des Gepäckraums über den Einlässen für erwärmte Luft.

Die Endstufe **für das Gebläse** ist hinten im Kofferraum eingebaut.

Das **Expansionsventil** befindet sich im Heizungs- und Klimabauteil hinten im Gepäckraum.

Der **Verdampfer** ist Teil des Heizungs- und Klimabauteils hinter dem Kraftstofftank.

Der **Vereisungssensor** ist am Verdampfer montiert.

◄ Der **Dreistufen-Druckschalter** befindet sich im Heizungs- und Lüftungsbauteil hintem im Kofferraum.

Der **Klimakühler (Kondensator) mit Gebläse** befindet sich unter dem linken Vorderkotflügel vor dem Rad.

Das elektronische **Steuergerät** mit den Bedienhebeln ist in die Armaturentafel integriert.

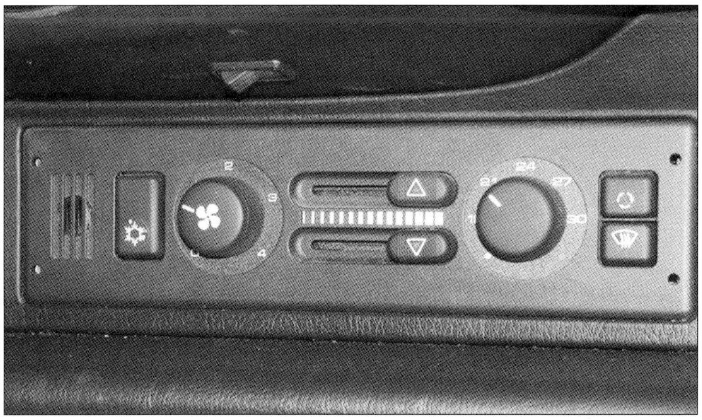

Steuergerät für Heizung und Klimaanlage

Das in die Armaturentafel eingebaute Steuergerät für Heizung und Klimaanlage steuert alle mit der Innenraumluftregelung verbundenen Funktionen sowie das Ölkühlergebläse. Bei 964-Exemplaren ohne Klimaanlage fehlt selbstverständlich der Klimaanlagen-Bedienknopf.
Das Klimasteuergerät ist mit der Motronic vernetzt und beide Geräte tauschen untereinander Daten aus, weil die Motronic auf die zusätzliche Belastung durch den Klimakompressor reagieren muss. Einzelheiten dazu sind in **Kapitel 4** zur DME beschrieben. Beim Turbo ist ein solcher Datenaustausch nicht vorgesehen.

Bedienung der Anlage

Bedienhebel für Heizung und Klimaanlage

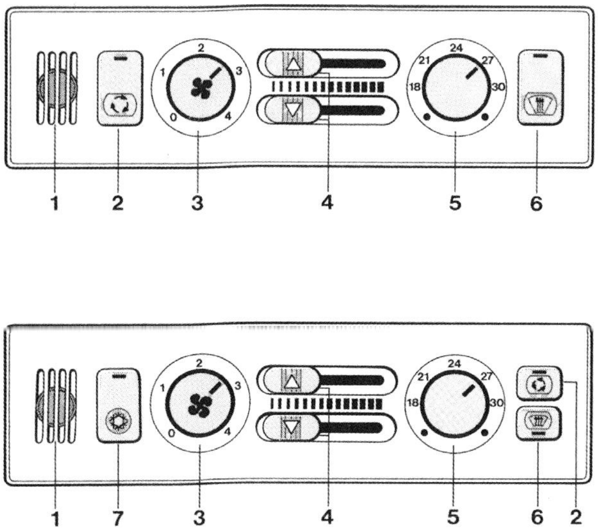

1 Innenraumluft-temperatur-Fühler
2 Umluftschalter bzw. bei Fahrzeugen mit Klimaanlage Ein- und Ausschalter für diese
3 Schalter für die Gebläsedrehzahl
4 Schieberegler für die Luftverteilung
5 Temperaturregler
6 Defroster-Schalter (bei Fahrzeugen ohne Klimaanlage doppelt so groß)
7 Umluftschalter (nur bei Fahrzeugen mit Klimaanlage)

◄ Der **Klimaanlagenschalter** lässt die Klimakompressorkupplung eingreifen.

Der **Gebläseschalter** steuert die Stufen 0 bis 4 der links und rechts außen montierten Gebläse für Heizung, Lüftung und Kühlung. Auf Stufe 0 laufen die Gebläse mit voreingestellter, sehr niedriger Drehzahl.

Hinweis:
Das Gebläse arbeitet mit 2 (Stufe 0) bis 13 Volt (Stufe 4). Die untere Gebläsestufe regelt die Drehzahl nach der Temperatur der Gebläse-Endstufe.

Mit dem **Temperaturschalter** wird die gewünschte Innenraumtemperatur von ganz kalt (blauer Punkt) bis ganz warm (roter Punkt) nach Stufen in Grad Celsius eingestellt.

Mit den Schiebereglern wird die Luftmenge reguliert, die von der Oberseite der Armaturentafel auf die Windschutzscheibe geblasen wird (Defroster-Stellung der selbsttätig verstellbaren Belüftungsklappen) sowie durch die Fußraumausströmer austritt (dort ebenfalls servogesteuerte Lüftungsklappen).

Der **Umluftschalter** schließt die Luftzuführung von außen, so dass die Heizungsanlage nur Innenraumluft über die Entlüftung im Fond anziehen kann.

Der **Defroster-Schalter** betätigt die seitlichen Gebläse, so dass warme, trockene Luft an die Windschutzscheibe geleitet wird und diese beschlagfrei hält.

Innentemperaturfühler und Gebläse

(Foto: Mark Johnston)

◀ Auf der Rückseite des Klimasteuergeräts sind der Innenraum-Temperaturfühler und das zugehörige Gebläse montiert. Nachdem die Zündung abgestellt ist, kann dieses noch bis zu 15 (ab Modelljahr 1991: 20) Minuten weiterlaufen.

Hinweis:
Der Temperaturfühler kann repariert werden. Dazu gibt es für die späte Ausführung des Steuergeräts einen Reparatursatz (Teilenummer 964 618 943 00). Der Temperaturfühler am Gebläse hat die Nummer 964 659 148 00.

Das Klimasteuergerät verfügt über einen Fehlerspeicher, der mit dem Bosch-Testgerät 9288 ausgelesen werden kann. Es werden 18 Parameter ausgewertet, jeder hat seinen eigenen Fehlercode.

Hinweis:
Der Klimaanlagenschalter neigt zu Defekten. Unter folgenden Teilenummern ist Ersatz dafür erhältlich; es muss also nicht das ganze Steuergerät ausgetauscht werden:

Teil	**Nummer**
• Großer Defroster-Schalter ohne Klimaanlagenschalter	964 653 921 00
• Kleiner Defroster-Schalter mit Klimaanlagenschalter	944 653 922 00

Verschiedene Klimasteuergeräte für den 993:
Oben für Rechtslenker ohne Sonderausstattung M573,
darunter mit dieser,
unten für Linkslenker mit Sonderausstattung M573
(Automatische Klimaanlage, ca. 3700,- DM).

(Foto: Alan Baldwin)

Auswechseln des Steuergeräts

Erforderlichenfalls muss das Steuergerät durch eines aus dem 993 ersetzt werden, denn das Originalteil für den 964 wird nicht mehr hergestellt.
Die Übersicht (unten) enthält die bekannten Teilenummern für dieses Steuergerät und das passende Äquivalent aus dem 993. Die Angaben gelten für alle 964-Versionen, einschließlich Turbo.

Die nachfolgende Anleitung betrifft den Einbau des Steuergeräts aus einem 993 in einen Carrera 2 oder 4 bis Modelljahr 1990. Bei den späteren Ausführungen kann das Steuergerät ohne jede Änderung an der Verkabelung angeschlossen werden.

Modelljahr	Originale Teilenummer	M573*	Teilenummer für Ersatz	Änderung am Kabelbaum nötig?	Linkslenker	Rechtslenker
1989/90	964 659 045 00	nein	993 659 045 00	ja	x	
1989/90	964 659 046 00	nein	993 659 046 00	ja		x
1989/90	964 659 047 00	ja	993 659 047 00	ja	x	
1989/90	964 659 048 00	ja	993 659 048 00	ja		x
1991-1994	964 659 045 01	nein	993 659 045 00	nein	x	
1991-1994	964 659 046 01	nein	993 659 046 00	nein		x
1991-1994	964 659 047 01	ja	993 659 047 00	nein	x	
1991-1994	964 659 048 01	ja	993 659 048 00	nein		x

* Sonderausstattung M573: Automatische Klimaanlage

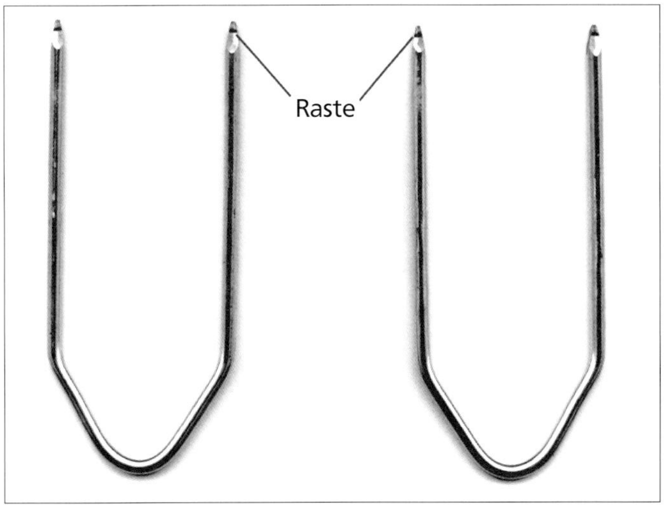

◀ Bauen Sie das Steuergerät mit Hilfe der Blaupunkt-Montagebügel (Radioklammern) o. ä. aus. Aus entsprechend dickem Draht kann man einen solchen Montagebügel auch selbst fertigen. Der Trick besteht darin, dass an den Enden eine Raste angefeilt werden muss. Nur dann werden die Sicherungshaken weggedrückt, rasten in die Klammern ein und erlauben so das beschädigungsfreie Herausziehen des Steuergeräts.

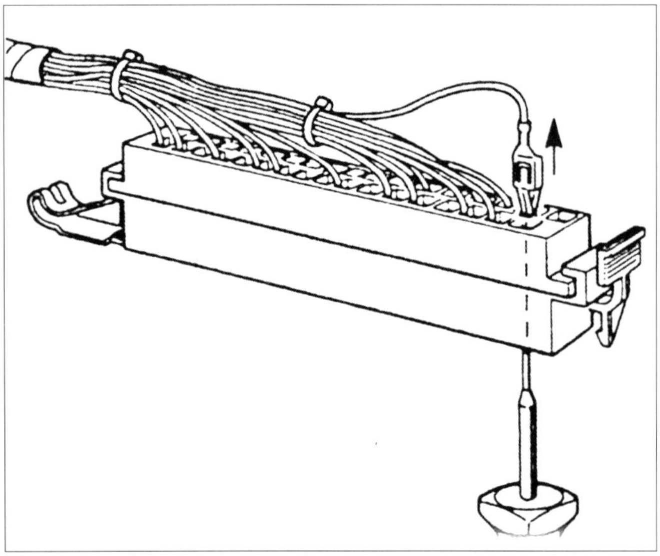

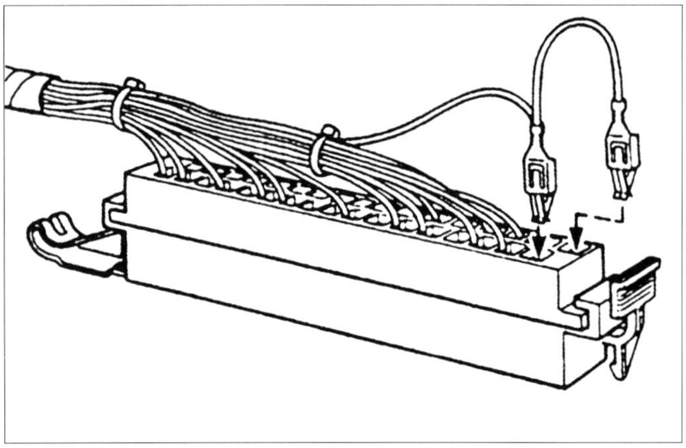

- Entfernen Sie die beiden Anschlüsse von der Rückseite des Steuergeräts; der eine hat 25, der andere 35 Pole. Die im Folgenden beschriebene Änderung betrifft den 35-poligen Anschluss.

◀ Öffnen Sie den Stecker und ziehen Sie Pin 19 heraus. Stellen Sie sicher, dass Pin 1 frei ist. Wenn das nicht der Fall ist, beachten Sie den Hinweis am Ende. Falls „ja", trennen Sie das Stromkabel von Pin 19 ab.

- Quetschen Sie einen neuen Anschluss an Pin 19 und fügen Sie bei diesem Schritt ein Überbrückungskabel hinzu, so dass nun zwei Kabel an Pin 19 hängen.
- Bringen Sie an dem freien Ende dieses Überbrückungskabels einen neuen Anschluss an und stecken Sie diesen in den Schacht von Pin 1.
- Bauen Sie den Stecker wieder zusammen.
- Schließen Sie die Stecker wieder an die Rückseite des Steuergeräts an.

Die Funktionsprüfung vollzieht sich folgendermaßen:

- Lassen Sie den Motor an und prüfen Sie, ob sich der Klimakompressor zuschalten lässt.
- Prüfen Sie, ob das linke Gebläse in allen vier Schalterstufen unterschiedlich schnell läuft.
- Prüfen Sie, ob das rechte Gebläse läuft, indem Sie den Defrosterschalter drücken.

Ohne diese Änderung an der Verkabelung wird es bei den frühen Modelljahren Schwierigkeiten mit der Regulierung der Gebläsedrehzahl links und der Heizungsanlage insgesamt geben.

Hinweis:

Bei rechtsgelenkten 964-Exemplaren der Modelljahre 1989 und 1990 (für Großbritannien, Australien und Neuseeland) kann es sein, dass Pol 1 bereits belegt ist. Für dieses Problem ist derzeit keine Lösung – auch keine Neuverkabelung – bekannt.

Klimakühlergebläse

◀ Das Kondensatorgebläse befindet sich an der Außenseite des Klimakühlers unter dem Kotflügel vor dem linken Vorderrad. Es ist von der Innenseite des Radausschnitts her zugänglich.

Dieses zweistufige Gebläse wird über Doppelrelais R14 gesteuert. Sobald die Klimaanlage eingeschaltet ist, läuft es auf niedriger Stufe.

Dies wird erreicht durch 12 Volt Gleichstrom, der über den Klimakühler-Gebläsewiderstand fließt. Dieser Widerstand reguliert die ankommende Spannung und damit die Drehzahl. Wenn Stufe 2 gefordert ist, erhält das dafür zuständige Relais Strom, während das andere keinen mehr erhält. Das Gebläse selbst erhält dann die vollen 12 Volt.

In den Klimakühler ist ein Temperaturfühler eingebaut, der das Steuergerät mit Messwerten versorgt, die dort in Druck umgerechnet werden. Bei ca. 19 bar wird auf Gebläsestufe 2 umgeschaltet.

Hinweis:

Die Entlüftungsleitung der Batterie verläuft unmittelbar über dem Ballastwiderstand für das Kondensatorgebläse. Dieser kann beschädigt werden durch von dieser Leitung ausgehende Säuredämpfe und austretende Batterieflüssigkeit.

Ölkühlergebläse (bei Fahrzeugen mit Schaltgetriebe)

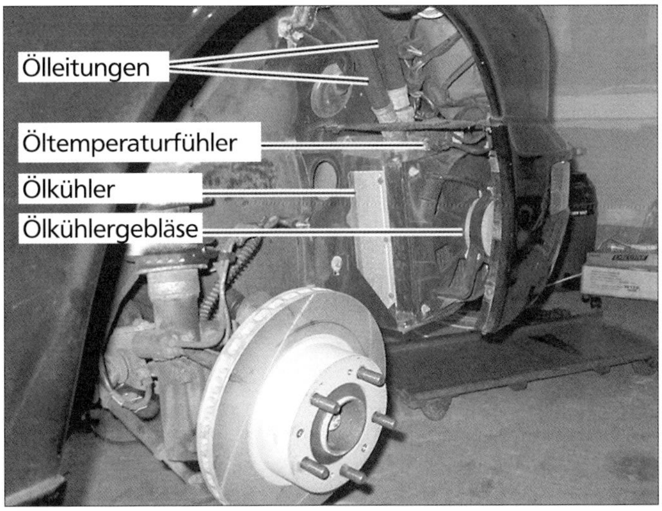

◀ Das Ölkühlergebläse befindet sich an der Außenweite des Ölkühlers unter dem Kotflügel vor dem rechten Vorderrad und ist über die Innenseite des Radhauses zugänglich.

Auch dieses Gebläse ist zweistufig und wird vom Klimasteuergerät geregelt, und zwar via Doppelrelais R04.

Die Drehzahlsteuerung funktioniert ebenso wie beim Klimakühler: Zur Drehzahlregelung übermittelt ein Temperaturfühler Messwerte an das Klimasteuergerät.

- Bei ca. 110 °C wird die erste Gebläsestufe eingeschaltet.
- Bei ca. 115 °C wird auf die zweite Gebläsestufe umgeschaltet.
- Sinkt die Temperatur unter 105 °C, wird das Gebläse wieder ausgeschaltet.

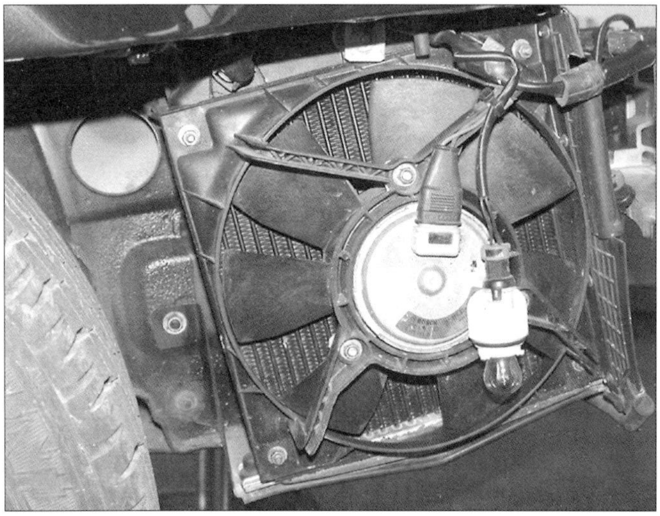

ATF-Kühler

◀ Um das Automatikgetriebeöl (ATF) zu kühlen, ist in den Ölkühler vor dem rechten Vorderrad ein Getriebeölkühler integriert. Er befindet sich unmittelbar hinter dem Motorölkühler und profitiert von dessen Gebläse. Die Öltemperatur im Getriebe darf nicht zu hoch ansteigen, da sonst insbesondere die Wandlerüberbrückungskupplung nicht mehr richtig funktioniert.

Bei den Tiptronic-Modellen wird das Gebläse anders gesteuert. Die Regelung wird zwar weiterhin im Klimasteuergerät bewirkt, jedoch unter Hinzuziehung eines zweiten Temperatursignals. Die zweite Stufe wird erst bei höherer Öltemperatur zugeschaltet als bei Fahrzeugen mit Schaltgetriebe.

Folgende Temperaturwerte sind entscheidend:

- Bei ca. 110 °C Motoröltemperatur wird die erste Gebläsestufe eingeschaltet.
- Bei ca. 118 °C Motoröltemperatur oder 90 °C Getriebeöltemperatur wird auf die zweite Gebläsestufe umgeschaltet.

Hinweis:

Der Fühler für die Motoröltemperatur sitzt im Ölkühler, der für das Getriebeöl im Getriebe. Letzterer Fühler gibt sein Signal an die Motronic, von der es zum Klimasteuergerät weitergeleitet wird.

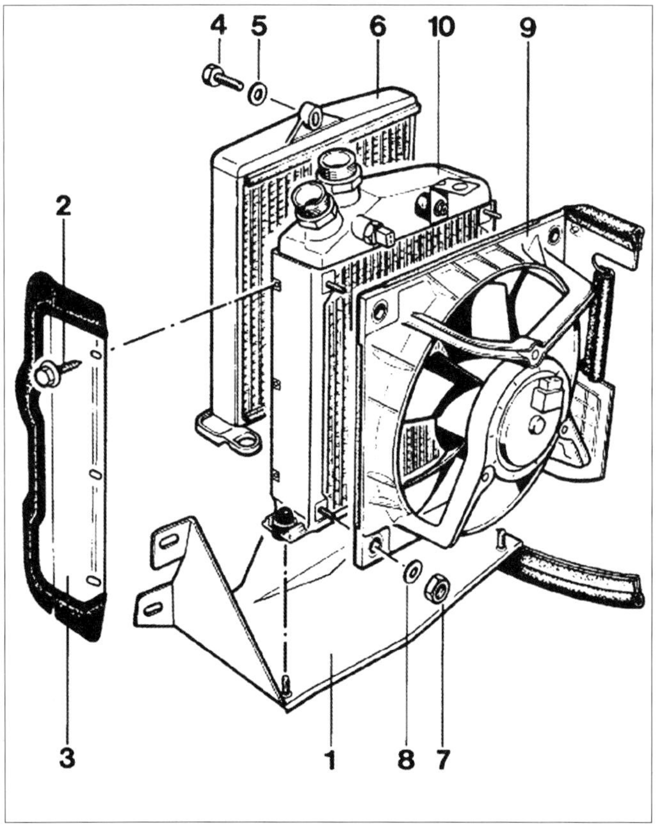

Das Bauteil 6 ist der Automatikgetriebe-Ölkühler

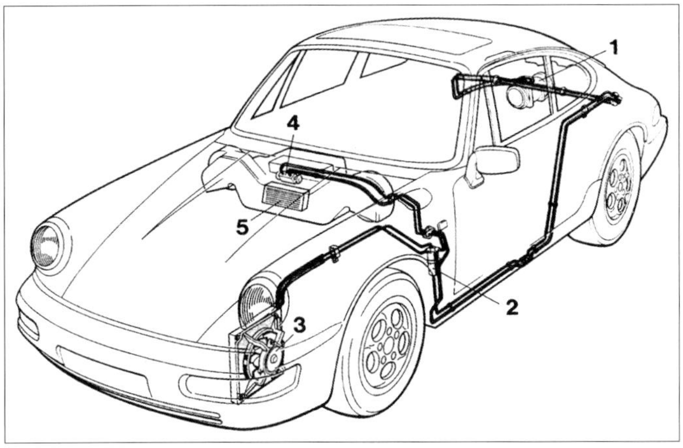

Übersicht über die Bauteile für Heizung und Lüftung sowie deren Anordnung für Saug- und Turbo-Modelle

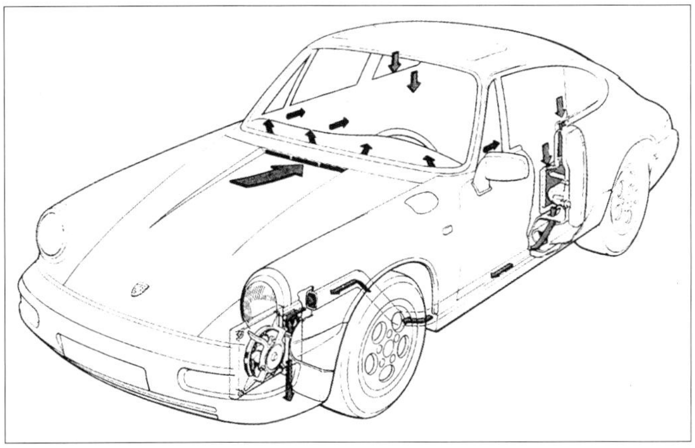

Luftzirkulation

Übersicht über die Luftzirkulation im Innenraum

Die Klimaanlage kennt drei Betriebszustände:

Normalbetrieb: Frische Außenluft wird dem Klima- und Heizungsbauteil zugeführt, und zwar durch den Grill gleich hinter der Kofferraumhaube. Zur Verstärkung des Luftstroms dorthinein ist die Kofferraumhaube vor dem Grill abgesenkt. Dieser Grill sollte immer frei sein.

Frische Außenluft wird von den seitlichen Gebläsen angesaugt, die jederzeit laufen. Sie wird durch den Klimakasten geführt, wo sie getrocknet und gekühlt wird. Immer noch von den Gebläsen bewegt, gelangt die Luft durch die Luftmischkammer, wo sie ggf. mit erwärmter Luft vermengt wird, und über die Luftkanäle in den Fahrzeuginnenraum.

Die Menge Luft, die in den Innenraum gelangt, hängt unmittelbar von der Gebläsedrehzahl ab. Gebläsestufe 4 wird bei laufender Klimaanlage empfohlen. Die gekühlte Luft drückt dann die verbrauchte heiße Luft über die Entlüftung hinten aus dem Innenraum heraus.

Hinweis:

Die beiden Klappen in der Entlüftung hört man gelegentlich klappern, wenn die Tür des 964 zugeschlagen wird.

Meldet der die beiden Gebläse antreibende Endstufen-Verstärker steigende Temperatur, wird die Gebläsedrehzahl stufenweise erhöht, um dem entgegenzuwirken. Steigt sie jedoch über einen bestimmten Grenzwert hinaus an, so wird das Gebläse zu seinem eigenen Schutz abgeschaltet.

Beim Einschalten der Klimaanlage empfiehlt es sich, zunächst eine Weile ein Fenster zu öffnen, damit die heiße Luft leichter aus dem Innenraum entweichen kann.

Umluftbetrieb: Dringen von außen unangenehme Gerüche herein (z. B. Dieselqualm des vorausfahrenden LKW), können sich die Fahrzeuginsassen davor schützen, indem sie auf Umluftbetrieb umschalten. Es wird dann keine Luft mehr von außen angesaugt. Vielmehr erhalten die Gebläse der Heizungs- und Klimaanlage ihre Luftzufuhr über die beiden hinteren Entlüftungskanäle aus dem Innenraum. Die Luft wird durch die Heizungsanlage hindurch geleitet und gelangt entfeuchtet und gekühlt zurück in den Innenraum.

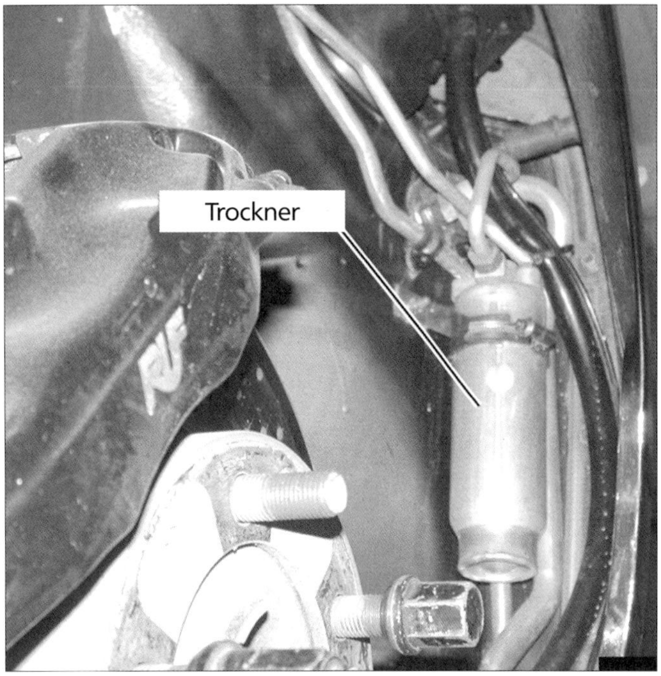

Entwässerung des Heizungs-/Klimakastens

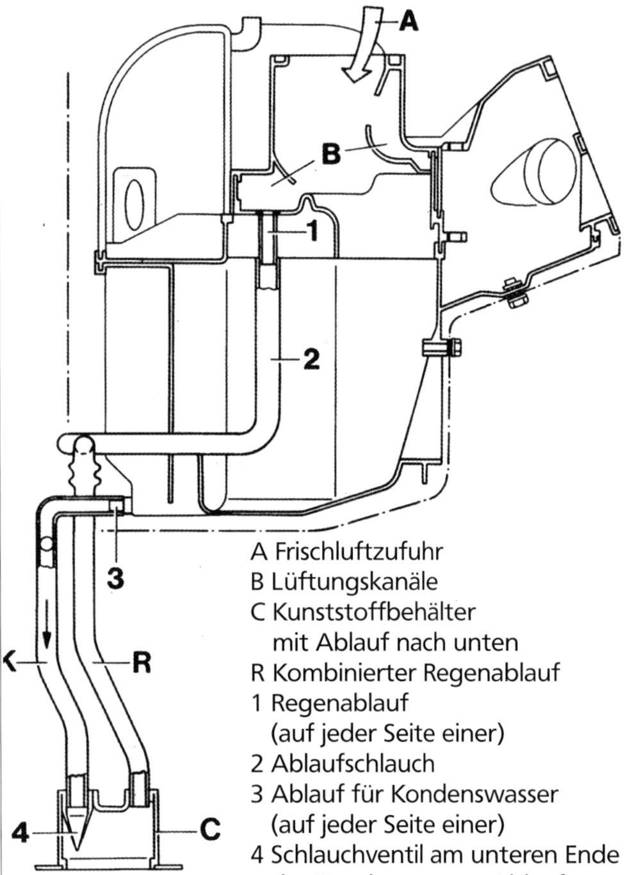

A Frischluftzufuhr
B Lüftungskanäle
C Kunststoffbehälter mit Ablauf nach unten
R Kombinierter Regenablauf
1 Regenablauf (auf jeder Seite einer)
2 Ablaufschlauch
3 Ablauf für Kondenswasser (auf jeder Seite einer)
4 Schlauchventil am unteren Ende des Kondenswasser-Ablaufs

Defrosterbetrieb: Unter bestimmten Temperaturbedingungen schaltet die Klimaanlage automatisch auf Defrosterbetrieb um. Es wird dann eine Mischung aus erwärmter und gekühlter, getrockneter Luft auf die Windschutzscheibe gelenkt, damit diese nicht beschlägt. Zugleich wird die Innenraumluft entfeuchtet, was ebenfalls der Beschlagbildung entgegenwirkt.

Wenn der mit einer Schneeflocke markierte Klimaschalter betätigt ist, wird ein Massestrom von diesem Schalter durch den Dreistufen-Druckschalter auf das Klimakompressor-Relais im Sicherungskasten im Motorraum geleitet.

Über dieses Relais erhält die elektrische Kupplung vorn am Klimakompressor 12 Volt Strom und greift. Sobald dies der Fall ist, wird der Klimakompressor über Keilriemen vom Motor angetrieben.

Nun saugt der Klimakompressor auf der Zugseite das Kältemittel aus dem Trockner durch das Expansionsventil, das es mittels definierten Strahls in den Verdampferkern sprüht.

Dort nimmt es Wärme auf und verdampft dadurch. Außerdem kann aus der den Verdampfer durchströmenden Luft Wasser kondensieren.

Hinweis:

Das kondensierte Wasser tropft nach unten. Deswegen sieht man oft eine kleine Wasserpfütze unter dem Fahrzeug, wenn die Klimaanlage eingeschaltet ist oder war. Wenn dabei sehr viel Flüssigkeit entsteht, kann der Verdampfer komplett vereisen, so dass der Luftstrom vollständig blockiert wird. Der Frostsensor wird dies registrieren und die Klimaanlage abstellen, weil sie unter diesen Extrembedingungen nicht funktionieren kann.

Das Kältemittel verlässt den Verdampfer als Dampf. Dieser warme, unter geringem Druck stehende Dampf wird vom Klimakompressor angesaugt. Dadurch unter starken Druck geraten, erhitzt es sich weiter und wird in den Klimakühler gedrückt. Dort passiert das Gegenteil: Das Gebläse zieht Luft durch den Klimakühler, die das Kältemittel wieder abkühlt. Es verlässt den Kühler so kalt, dass es wieder zu einer unter geringem Druck stehenden Flüssigkeit geworden ist. Es wird nun in den Trockner gezogen und der Kreislauf beginnt von neuem.

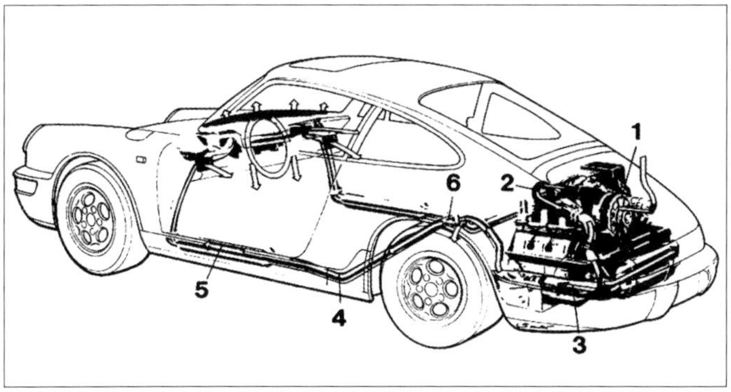

Heizungsleitungen bei den Saugmodellen

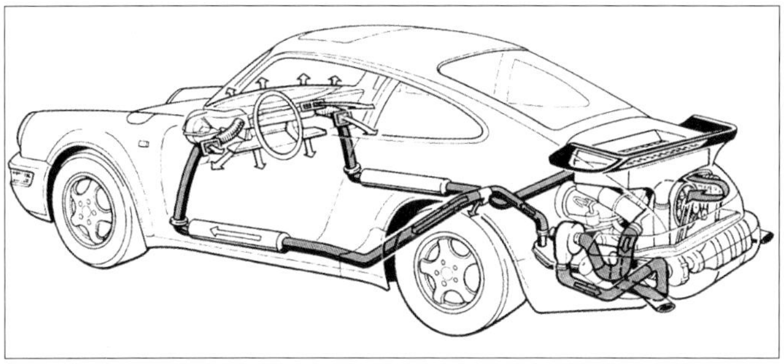

Heizungsleitungen bei den Turbo-Modellen

Differenzdruck-Mischklappe

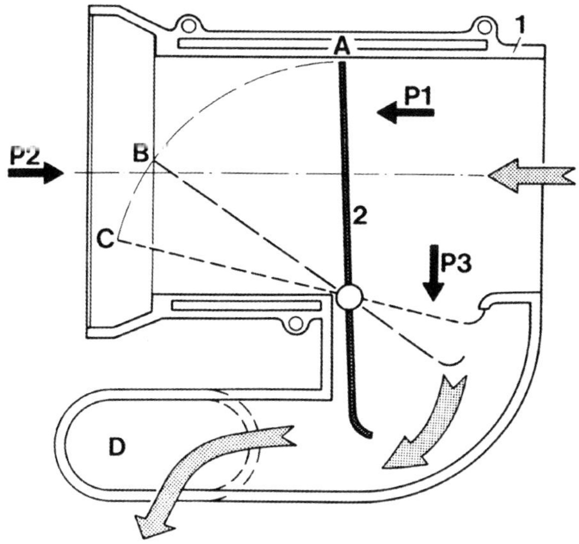

P1 Druck vom hinteren Gebläse
P2 Druck der kühlen Luft
P3 Druck der abgeleiteten erhitzten Luft
A Maximale Kühlleistung (P2 ist größer als P1)
B Mittelstellung (P1 größer als P2)
C Maximale Heizleistung (P1 ist größer als P2)
D Ableitung in die Umgebungsluft (P2-P1 ist größer als 0 bzw. P3)

Heizung

Mechanische Bauteile

Zwei Wärmetauscher als Bestandteil der Auspuffkrümmer sind unter dem Motor an den Zylinderköpfen montiert.

Warmluftkanäle verlaufen bei den Saugmotoren

- zwischen dem Gehäuse des motorgetriebenen Gebläses und dem hinteren Gebläse,
- zwischen dem hinteren Gebläse und dem Eingang des Wärmetauscherbauteils sowie
- zwischen dessen Ausgang und den linken und rechten Eingängen des Heizungs- und Lüftungsbauteils hinter dem Kofferraum.

Warmluftkanäle verlaufen bei den Turbomotoren

- zwischen dem Gehäuse des motorgetriebenen Gebläses und dem linken und rechten hinteren Gebläsegehäuse,
- zwischen den hinteren Gebläsegehäusen und dem Eingang des beim Turbo zweiteiligen Wärmetauscherbauteils sowie
- zwischen deren Ausgängen und den linken und rechten Eingängen des Heizungs- und Lüftungsbauteils hinter dem Kofferraum.

◄ Zwei Differenzdruck-Mischklappen sind zur zusätzlichen Kühlung des Motors des hinteren Gebläses in die Ausgangskanäle der hinteren Gebläse eingebaut.

Hinweis:
Die Ableitungskanäle der hinteren Gebläse enthalten bei den Saugmodellen den Entlüftungsanschluss für das Heckleuchtenbauteil und die nachgerüstete Belüftung des Zündverteilers, die dringend empfohlen wird. Durch diese Verbindung werden Rückleuchten und Zündverteiler mit Luft durchströmt.

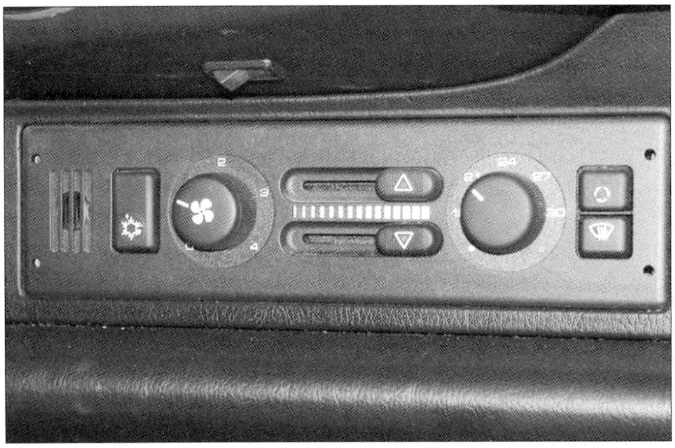

Elektrische und elektronische Bauteile

Innentemperaturfühler: Gemeinsam mit dem Gebläse an der Rückseite des Steuergeräts montiert.

◀ Das Steuergerät für Heizung und Lüftung findet man in der Armaturentafel.

Die **mehrstufigen Gebläse** sind links und rechts hinten im Kofferraum eingebaut und dienen auch der Heizung und Belüftung.

Die **Gebläse-Endstufe** für die Gebläse ist hinten im Kofferraum untergebracht.

Die **Temperaturfühler** für die Mischkammer befinden sich als Teil der Gebläsehalterung links und rechts hinter dem Kofferraum. Die Mischkammern sind Teil des kompakten Gebläse-Bauteils.

Die **Stellmotoren** der Mischkammer sind links und rechts hinter dem Kofferraum eingebaut.

Das **Defroster-Stellmotor** befindet sich hinter dem Kofferraum.

Den Stellmotor **für die Frischluft** findet man dort ebenfalls.

Auch der Stellmotor **für die Fußraumbelüftung** ist dort untergebracht.

Das **zweistufige hintere Gebläse** ist an der linken Oberseite des Motorraums montiert.

Die Turbo-Modelle verfügen über zwei dieser zweistufigen hinteren Gebläse, die sich jeweils vorn im hinteren Radhaus befinden.

Das **Relais für das hintere Gebläse** findet man im Sicherungskasten im Motorraum. Bei Turbo-Modellen handelt es sich um zwei solche Relais.

Gebläse- und Heizungsanlage in einem Carrera RS von 1992

(Foto: Jim Moder)

Funktion

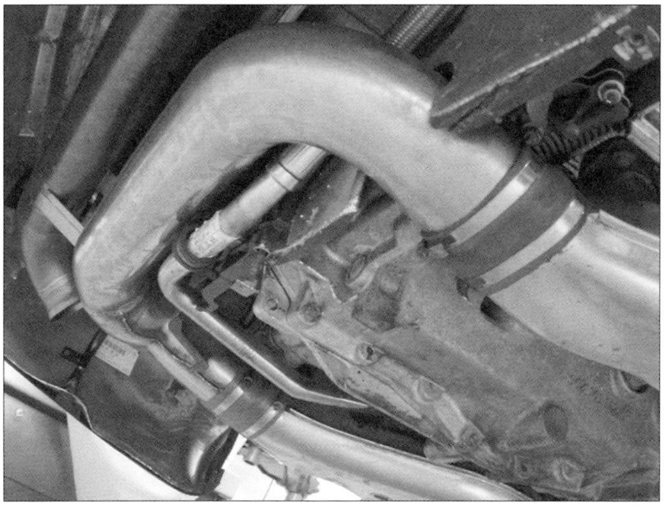

Verbindungsrohr zwischen dem linken und dem rechten Wärmetauscher (Foto: Andy Parrot)

Die Heizwirkung wird über den Temperaturschalter am Steuergerät reguliert und ist bei der auf den blauen Punkt weisenden Stellung ganz ausgeschaltet. Die Klimaanlage kann währenddessen eingeschaltet bleiben, was aber nicht empfohlen wird. Die Heizung tritt jeweils nur in Aktion, wenn die eingestellte Temperatur über der im Innenraum gemessenen liegt.

Sobald die Heizung tätig wird, wird das bzw. werden die hinteren Gebläse automatisch mit niedriger Drehzahl zugeschaltet und ziehen kühle Luft aus dem Gehäuse des motorgetriebenen Gebläses. Diese gelangt durch das bzw. die Gebläse und die Kanäle zum hinteren Wärmetauscher.

Die Wärmetauscher sind durch das hindurchströmende Auspuffgas erwärmt und heizen die vom Gebläse kommende Luft auf. Das hintere Gebläse drückt diese nun erhitzte Luft aus dem Wärmetauscher heraus und die vorderen Gebläse saugen sie an. Dort wandert die Luft von links und rechts kommend in das Heizungs- und Belüftungsbauteil hinter dem Kofferraum.

Die erhitzte Luft wird dann in der Mischkammer mit klimagekühlter oder frischer Außenluft gemischt, damit sie die gewünschte Temperatur erreicht.

◄ Dieser Mischvorgang wird über zwei Stellmotoren links und rechts an der Mischkammer und die Temperaturfühler darin gesteuert.

Die Luft gelangt so in die Luftkanäle zum Innenraum hin.

Stellmotor und Betätigungshebel an der Mischkammer

Zusätzliche Motorkühlung

Die zusätzliche Motorkühlung umfasst
- das oder die hinteren Gebläse,
- den NTC-Temperaturfühler im Ausgangsrohr des hinteren Gebläses,
- das Steuergerät für Heizung und Klimaanlage sowie
- das Differenzdruck-Mischklappensystem.

Wird bei laufendem Motor ein unerwünscht hoher Temperaturwert am Ausgang eines oder beider hinterer Gebläse feststellt, werden die betroffenen Gebläse auf die höhere Stufe geschaltet.
Beim Umschalten auf die höhere Stufe werden Luftstrom und -druck in den Kanälen so angehoben, dass sich die Differenzdruck-Mischklappe öffnet. Diese befindet sich an der Verbindung zwischen den Wärmetauscherausgängen und den Rohren, die aus der linken und der rechten Mischkammer herausführen. Sofern betätigt, leitet dieses Bauteil die vom Wärmetauscher kommende Warmluft direkt in das Radhaus ab.

Sinkt die Temperatur am Ausgang des hinteren Gebläses unter den geforderten Wert, werden die hinteren Gebläse auf die untere Stufe zurückgeschaltet. Der zurückgehende Luftstrom lässt die Differenzdruck-Mischklappe schließen, so dass die warme Luft wieder vom Wärmetauscher zum Heizungsbauteil gelangt.
Die zusätzliche Motorkühlung bleibt bis zu 15 (ab Modelljahr 1991: 20) Minuten nach Abschalten der Zündung in Betrieb. Stellt der NTC-Temperaturfühler einen Wert unter 40 °C fest, wird die zusätzliche Motorkühlung nicht aktiviert. Zwischen 40 und 75 °C wird das hintere Gebläse auf niedriger Stufe zugeschaltet, bis die Temperatur wieder unter 40 °C sinkt. Über 75 °C läuft das Gebläse auf der höheren Stufe, bis wieder unter 70 °C erreicht sind. Es läuft dann auf der niedrigen Stufe, bis die Temperatur unter 40 °C sinkt.

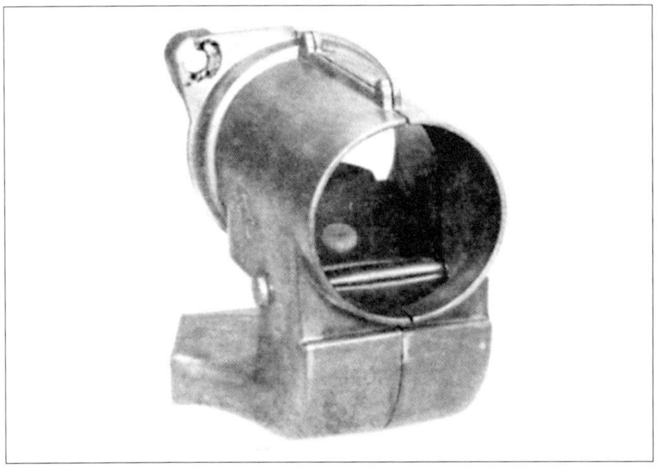

Differenzdruckventil

Hinweis:

- *Das hintere Gebläse wird auf niedriger Stufe mit ca. 9 Volt Gleichstrom betrieben, auf hoher Stufe mit 12,4 bzw. bei laufendem Motor 13,8 Volt.*

- *Im Verkehrsstau bei heißem Wetter stelle man die Klimaanlage aus und die Heizung voll an (roter Punkt). Dadurch wird heiße Luft vom Motor wegtransportiert, so dass die zusätzliche Motorkühlung nicht in Aktion treten muss.*

Heckscheiben- und Außenspiegelheizung

Unabhängig von der Heizungs- und Klimaanlage wirkend, aber doch als irgendwie dazugehörig betrachtet werden

- Heckscheibenheizung und
- Außenspiegelheizung.

In manchen Ländern müssen Fahrzeuge ab einem bestimmten Baujahr mit einer Außenspiegelheizung ausgerüstet sein, während die Heckscheibenheizung meist nicht vorgeschrieben ist. Mit Ausnahme des Cabrios hat trotzdem jeder 964 auch eine heizbare Heckscheibe. Beide werden zusammen ein- und ausgeschaltet, wenn der entsprechende Schalter an der Armaturentafel betätigt wird.
964-Cabrios haben auch einen Zugschalter mit gleichem Symbol, allerdings aktiviert dieser dann nur die Außenspiegelheizung.

Sicherung und Relais für die Heckscheibenheizung findet man neben den entsprechenden Teilen für den Klimakompressor im Sicherungskasten im Motorraum.
Die Stromversorgung der Außenspiegelheizung erfolgt über den Fensterheber-Stromkreis.

Belüftung

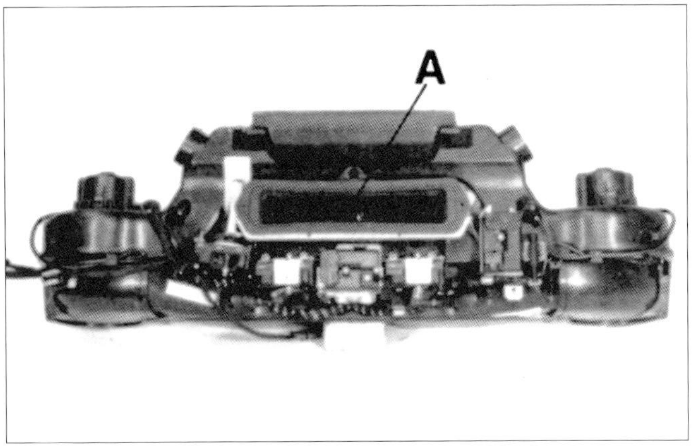

A Frischluftklappe im Frischlufteinlass

Dass dem Innenraum des Fahrzeugs Frischluft zugeführt wird, ist oft gewünscht, allerdings sollen sich nicht Schadstoffe in der Innenraumluft anreichern. Um diesem Bedürfnis Rechnung zu tragen, verfügt der 964 über eine Frischluftanlage, die weitgehend unabhängig von Heizung und Klimaanlage arbeitet.

Diese Frischluftanlage besteht aus drei Bauteilen, und zwar
- dem Steuergerät für Heizung und Klimaanlage,
- der Frischluftklappe und
- dem Frischluftservo.

Das Steuergerät erhält ein Geschwindigkeitssignal vom Tacho und ein weiteres vom gewählten Gebläsekreislauf im Gerät selbst. Sind beide Null, so schwingt die Frischluftklappe vollständig auf, so dass besonders viel Frischluft in den Innenraum gelangt. Mit zunehmender Fahr- oder Gebläsegeschwindigkeit schließt sich die Klappe nach und nach, ist jedoch nicht einmal bei Umluftschaltung vollständig geschlossen.

Frischlufteinlass

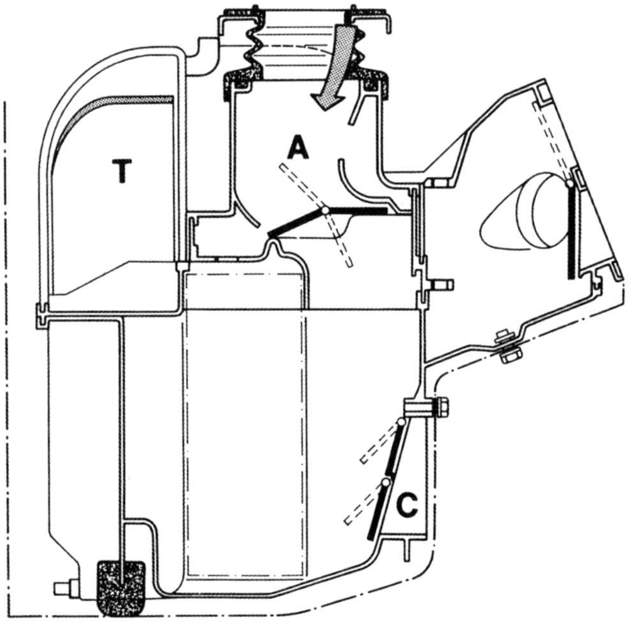

A Frischluftklappe
T Mischkammer links/rechts
C Drehbare Luftklappen, durch Druckunterschied betätigt

Der Innenraum eines Turbo von 1991

(Foto: Steve Shanks)

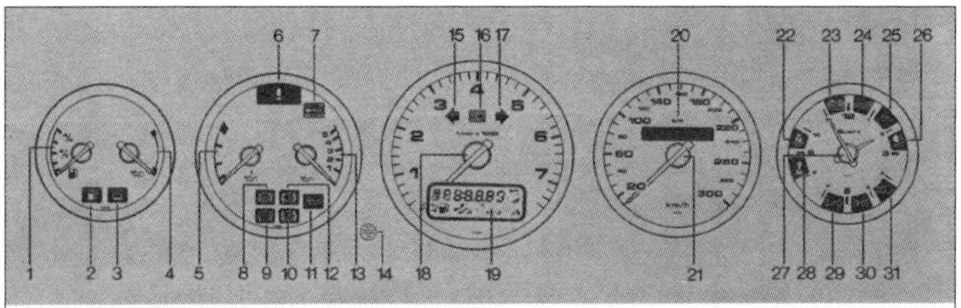

1 Kraftstoffvorrat	11 Öldruck-Warnung	21 Tachometer
2 Tankwarnung	12 Bremsdruck/Bremsflüssigkeit	22 Sicherheitsgurt
3 Waschwasservorrat	13 Öldruck	23 Ladekontrolle
4 Motorölvorrat	14 Warnsummer	24 Heckspoiler
5 Motoröltemperatur	15 Blinker links	25 Cabrioletverdeck
6 Zentralwarnlampe	16 Fernlicht	26 Airbag
7 Sperren-Warnung	17 Blinker rechts	27 Zeituhr
8 ABS-Warnung	18 Drehzahlmesser	28 Tiptronic
9 Bremsbelagverschleiß	19 Bordcomputer	29 Blinker für Anhänger
10 Handbremse	20 Kilometerzähler	30 Begrenzungslicht
		31 Riemenkontrolle-Motorgebläse

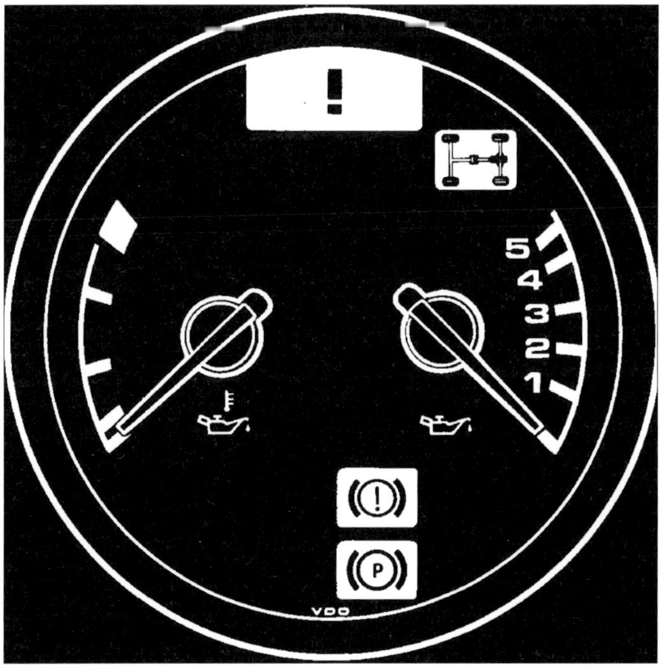

Warnsysteme

Einschalten der Zündung

◀ Wenn die Zündung eingeschaltet wird, sollten alle eingebauten Warnlampen leuchten. Dieser Selbsttest dient der Prüfung, ob alle Lampen korrekt funktionieren. Die Lampen bleiben an, bis der Motor angelassen wird.

Hinweis:
Schauen Sie in der Betriebsanleitung nach, welche Warnlampen in Ihr Fahrzeug eingebaut sind und beim Einschalten der Zündung aufleuchten sollten.

Leuchtet eine Warnlampe nicht, wird das Glühmittel defekt oder der Warnkreis gestört sein.

Beim Anlassen des Motors bleiben nur einige wenige Warnlampen eine bestimmte Zeit lang an.

Carrera 4 und Carrera 4 Turbo-Look

Die **Airbag-Warnlampe** bleibt ca. 5 (ab 11. Juni 1992: 2,5) Sekunden an.
Die **Sicherheitsgurt-Warnlampe** leuchtet, bis der Fahrer den Sicherheitsgurt angelegt hat.
Die **ABS-Warnlampe** bleibt ca. 1 bis 3 Sekunden an.

Hinweis:
In den USA ist diese Warnlampe orange und mit „anti-lock" beschriftet, sonst ist sie rot und mit „ABS" beschriftet.

◀ Die Warnlampe für **PDAS** leuchtet 20 bis 60 Sekunden lang, je nachdem, wie rasch sich der Wagen in Bewegung setzt. Außerdem bleibt sie zu Warnzwecken so lange an, bis die Bremsdruck-Warnlampe erlischt.

Die Bremsdruck-Warnlampe leuchtet, bis die Pumpe im Druckbehälter den vorgeschriebenen Druck aufgebaut hat (Details siehe **Kapitel 7**).

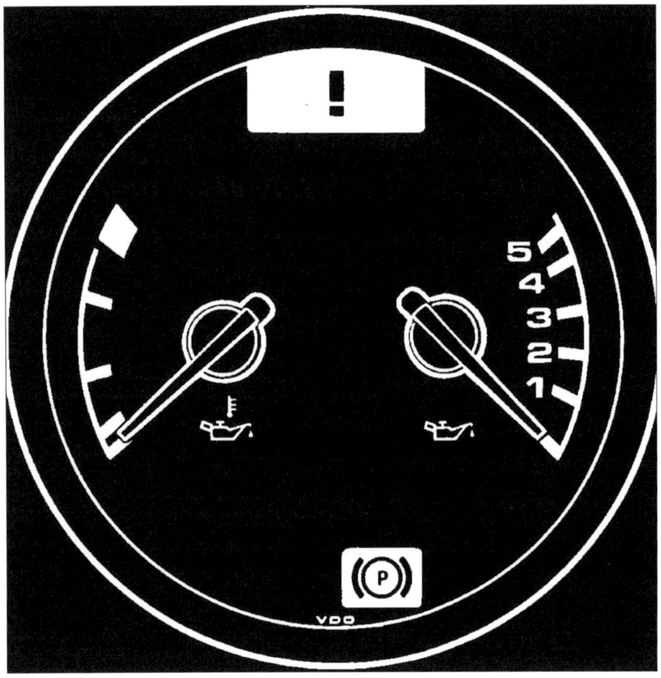

Hinweis:

Wenn PDAS- und Bremsdruck-Warnlampen länger als 60 Sekunden leuchten, funktioniert die Bremsanlage nicht richtig. Bleiben sie länger als 120 Sekunden an, so stellen Sie die Zündung ab, weil die Hydraulik-Pumpe sonst überhitzen könnte.

◀ Die **Zentral-Warnlampe** mit Ausrufezeichen bleibt an, bis PDAS- und Bremsdruck-Warnlampe erloschen sind und die Handbremse gelöst ist.

Auf der Mittelkonsole befinden sich die drei Schalter des so genannten Zentralinformators, die allesamt entsprechend mit Zusatzfunktionen belegt sind (siehe Betriebsanleitung). Der rechte Schalter ist die **Quittiertaste** zum Löschen der Warnanzeigen; er leuchtet so lange wie die Zentral-Warnlampe.

Die **Heckspoiler-Warnlampe** leuchtet, bis das Fahrzeug 7 km/h erreicht hat und der Spoiler eingefahren ist. Ist diese Geschwindigkeit erreicht, sollte keine einzige Warnlampe mehr leuchten.

Carrera 2, RS America und Speedster

Bei den **Warnlampen für Airbag, Sicherheitsgurt und ABS** gilt das zum Carrera 4 Gesagte.

Die **Zentral-Warnlampe** geht erst aus, wenn die anderen Warnlampen erloschen sind und die Handbremse gelöst wurde.

Die **Quittiertaste** zum Löschen der Warnlampen reagiert wie beim Carrera 4, ebenso die **Warnlampe für den Heckspoiler**.

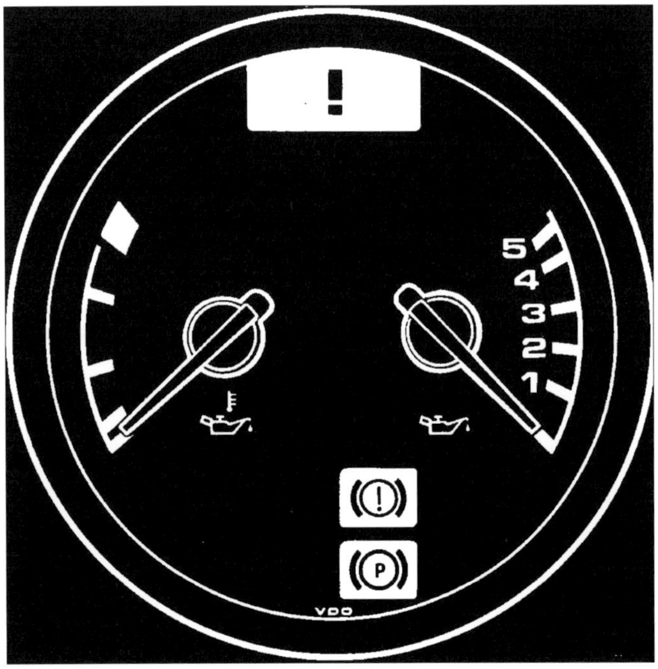

Turbo-Modelle, Carrera 2 Turbo-Look Cabrio, American Roadster und Carrera RS

Bei den Warnlampen für **Airbag, Sicherheitsgurt und ABS** gilt das zum Carrera 4 Gesagte.

Die **Bremsdruck-Warnlampe** bleibt weniger als 20 Sekunden an.

◀ Die **Zentral-Warnlampe** geht erst aus, wenn die anderen Warnlampen erloschen sind und die Handbremse gelöst wurde.

Die **Quittiertaste** zum Löschen der Warnlampen reagiert wie beim Carrera 4, ebenso die **Warnlampe für den Heckspoiler**.

Prioritäten bei den Warnanzeigen

Carrera 4 von 1990

Für die verschiedenen Warnlampen gibt es drei Prioritätsgruppen.

Störungen der **Priorität I** werden durch die Warnlampe, die Zentral-Warnlampe mit dem Ausrufezeichen und den Warnsummer angezeigt. Das betrifft Störungen, die die Fahrsicherheit beeinflussen:

- Bremshydraulikdruck
- ABS
- Traktionshilfe PDAS

Bei Störungen der **Priorität II** leuchtet zusammen mit der Zentral-Warnlampe die Warnlampe für

- Bremsflüssigkeit (gleiche Warnlampe wie Bremsdruck)
- Handbremse
- Gebläseriemen
- Öldruck
- niedrigen Kraftstoffstand
- Fehlfunktion des verstellbaren Heckspoilers (soweit vorhanden)
- Verdeck der offenen Ausführungen
- Airbag

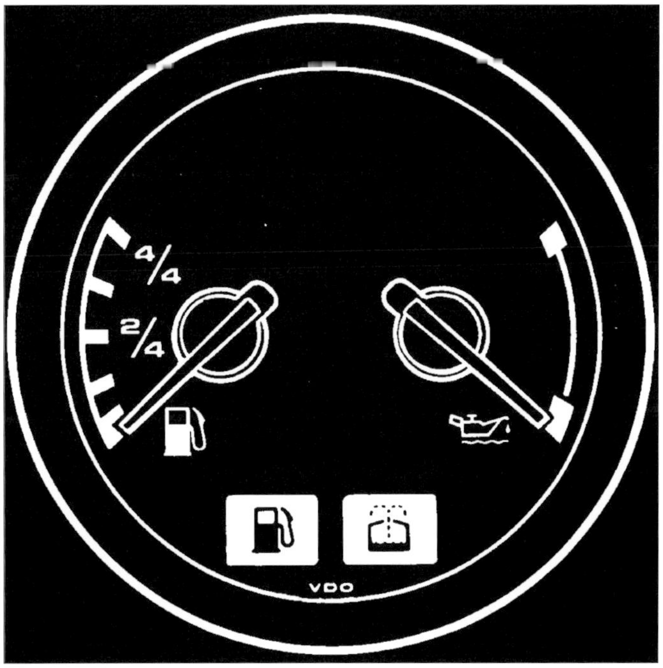

Stellt das System Unregelmäßigkeiten der **Prioritäts-Gruppe III** fest, so leuchtet nur die jeweilige Warnlampe. Dies sind:

- Bremsbelagverschleiß
- niedriger Scheibenwaschwasserstand.

Hinweis:

Die einzelnen Prioritäts-Gruppen sind nicht übersteuerbar. Treten mehrere Probleme gleichzeitig auf, so leuchten alle dadurch aktivierten Lampen gemeinsam, keine wird verdeckt oder versteckt.

Carrera 2 ohne Turbo-Look und RS America verzichten auf ein Bremsdruckwarnsystem, weil ihr Bremskraftverstärker nicht mit hydraulischem Druck, sondern mit Unterdruck arbeitet.

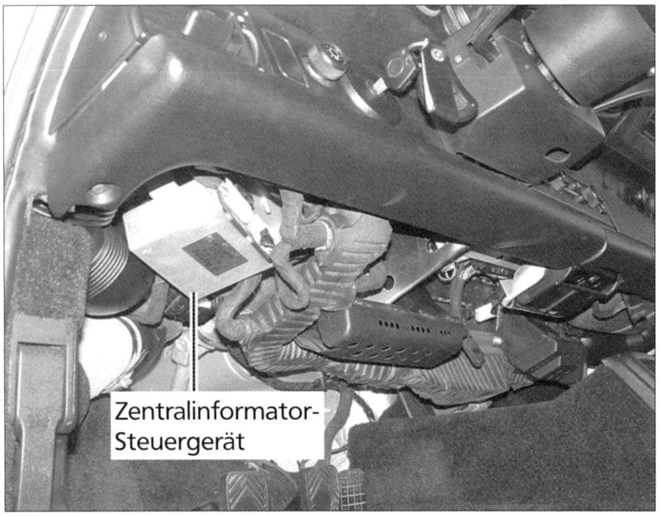

Das Steuergerät des Zentralinformators sitzt beim 964 ganz links unter dem Armaturenbrett.

Anschlüsse am Zentralinformator-Steuergerät

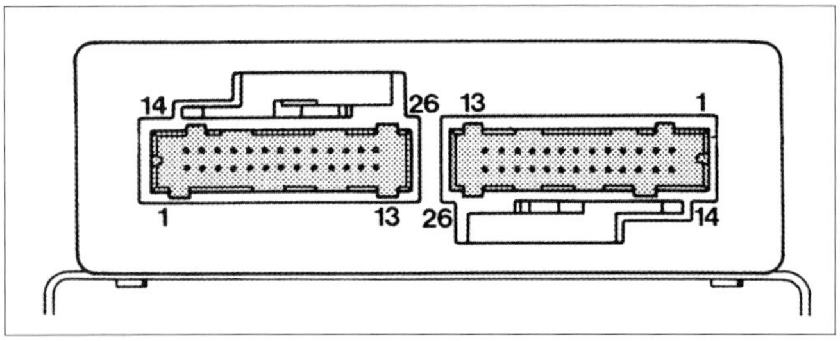

Anschlussschema des Zentralinformator-Steuergeräts

Zentralinformator-Steuergerät

◄ Der so genannte Zentralinformator steuert die Warnsignale für den Fahrer. Die Elektronikeinheit befindet sich links an der Lenksäule. Aus dem gesamten Fahrzeug laufen hier die erforderlichen Informationen zusammen und werden verarbeitet.

Diese Einheit verfügt über eine eigene Kontrollfunktion für die zentrale, rote Warnlampe mit dem Ausrufezeichen und den Warnsummer, oft auch als „Gong" bezeichnet. Welche Warnungen wann angezeigt werden, ist weiter oben beschrieben (Priorität I-III) und wird auch in der Betriebsanleitung genau erklärt.

964-Exemplare, die für den Nahen Osten und Asien bestimmt waren, haben zudem eine Warnung für das Erreichen der nationalen Geschwindigkeitsbegrenzung von 120 km/h. An diesem Detail kann man beispielsweise ein ursprünglich nach England geliefertes und von dort aus dann nach Hongkong weiterexportiertes Fahrzeug von einem unterscheiden, das direkt ab Werk dorthin kam.

Zentralelektrik

Hinweis:
*Zur Stromerzeugung finden Sie Ausführungen in **Kapitel 4**, Abschnitt Batterie, Anlasser und Lichtmaschine.*

◀ Oben rechts ist hinten im Kofferraum über und hinter dem Tank die Zentralelektrik untergebracht. Dort befinden sich die meisten Relais und Sicherungen des 964. Sie sind alle auf eigenen Steckplätzen montiert
Das Trägersystem der Zentralelektrik beherbergt die beiden integrierten Stromkreise für die Steuerung der Stromverteilung.
Dieses Bauteil ist bei allen 964-Varianten gleich, jedoch ist die Bestückung mit den verschiedenen Sicherungen und Relais abhängig vom Umfang der Fahrzeugausstattung und somit u. a. auch vom Zielmarkt.

Links hinten befindet sich in der Triebwerksabteilung ein kleinerer Sicherungskasten für die Zentralelektrik Motorraum, dessen Bestückung ebenfalls von der Fahrzeugausstattung abhängt. Die wichtigsten von dort versorgten Aggregate sind:

- das hintere Gebläse (eine Sicherung und ein Relais zur Drehzahlsteuerung, bei den Turbos jeweils zwei)
- Klimakupplung (Sicherung und Relais)
- Heckscheibenheizung (Sicherung und Relais)

Hinweis:
Von dem Trägersystem, auf dem die Sicherungen und Relais aufgesteckt sind, gibt es verschiedene Ausführungen, und zwar eine für die Fahrzeuge mit Saugmotor und eine für die mit Turbolader.

Entstörung der Elektrik

◀ Die abgeschirmten Kabel des Kabelbaums sind mit Steckern versehen, die Störungen des Radioempfangs unterdrücken. Solche Stecker findet man überall im Fahrzeug. Die abgeschirmten Kabel sind an den Steckern und am Steuergerät mit Masseanschluss versehen. Der Masseanschluss führt letztlich zum Fahrzeugboden.

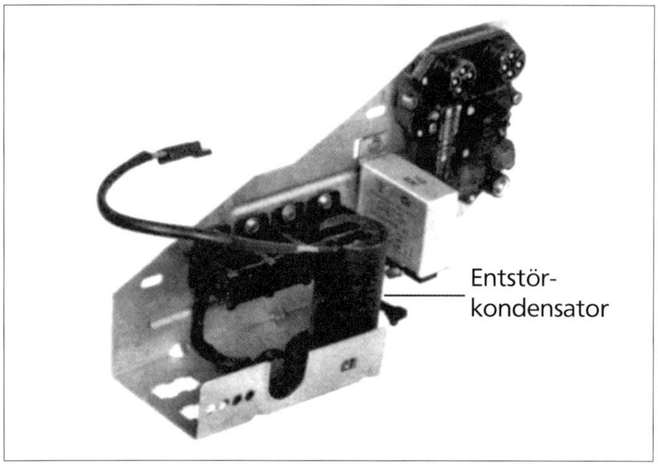

◀ Ab Modelljahr 1991 wurde ein zusätzlicher Entstörkondensator in der Zentralelektrik Motorraum eingebaut, und zwar zwischen den beiden dicken Steckern, die den Sicherungskasten mit der Motorverkabelung verbinden. Sie soll den Radioempfang störende Frequenzen unterdrücken, die eventuell von der Lichtmaschine ausgehen. Normalerweise treten solche Frequenzen nur bei defekten Gleichrichterdioden auf.

Im Sicherungskasten der Zentralelektrik Motorraum des Carrera 4 von 1990 fehlt die Spannungs-Unterdrückung.

Elektrische Fensterheber und verstellbare Außenspiegel

Elektrische Fensterheber

Die Türscheiben werden mittels Elektromotors bewegt.

Einziges regelndes Bauteil hierfür ist das dafür vorgesehene Relais, das sowohl die Bewegungsgeschwindigkeit bestimmt als auch den Motor bei Überlast abschaltet. Wird eine Tür geöffnet, so ergibt sich ein Masseschluss, durch den das Relais abgeschaltet wird. Wird jedoch gerade eine Scheibe bewegt, so wird diese Bewegung zu Ende geführt. Sobald aber der Wippschalter für die Fensterheberbetätigung losgelassen wird, kann die Scheibe nicht mehr bewegt werden. Ein Zeitverzögerungsschalter fehlt in diesem Stromkreis.

Elektrisch verstellbare Außenspiegel

Die Außenspiegel werden durch zwei Elektromotoren verstellt, einen für die vertikale und einen für die Seitwärtsbewegung. Dazu dient in erster Linie der auf der Fahrertüre angebrachte Steuerschalter. Mit einem zweiten Schalter links unten an der Armaturentafel, über dem Zündschloss, wird bestimmt, ob der Spiegel auf der Fahrer- oder Beifahrerseite eingestellt werden soll.

Hinweis:
Zur Spiegelbeheizung lesen Sie bitte den Abschnitt Heckscheiben- und Außenspiegelheizung.

Scheibenwischer und -waschanlage

Die **vorderen Scheibenwischer** werden mit dem üblichen Lenkstockhebel betätigt. Sie verfügen über drei Stufen sowie ein variables Intervall.

Der auf Wunsch eingebaute **Heckwischer** (M425, ca. 580,- DM) wird mit einem Schalter an der Armaturentafel eingeschaltet; die Abschaltung erfolgt automatisch nach zwei- bis dreimaligem Wischen. Diese Steuerung erfolgt über ein Zeitschaltrelais.

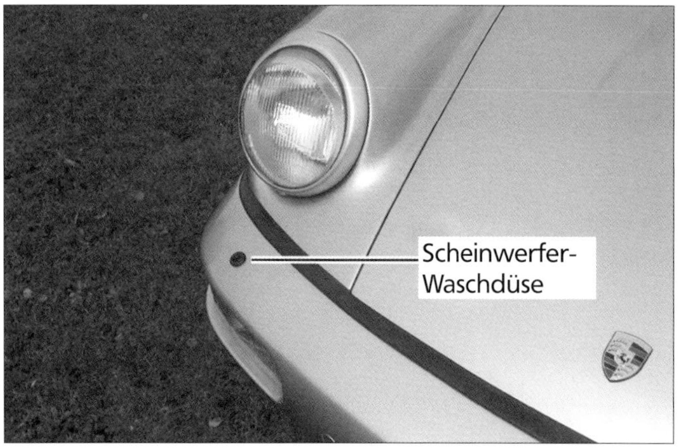

◄ Die auf Wunsch eingebaute Scheinwerfer-Waschanlage (M288) wird über den Lenkstockhebel betätigt, worauf auch der Scheibenwischer dreimal über die Scheibe wischt. Die Scheinwerfer-Waschanlage funktioniert nur bei eingeschalteten Scheinwerfern. Die Waschdüsen dafür auf der Vorderstoßstange sind nicht beheizt. Die Scheinwerfer-Waschpumpe ist über dem Wasserbehälter montiert, und zwar neben ihrem Pendant für die Scheibenwaschanlage. Beim Carrera RS fehlt die Scheinwerfer-Waschanlage.

◄ Die Intensiv-Waschanlage wurde auf Wunsch eingebaut. Sie verfügt über einen Wippschalter an der Armaturentafel. Dieser betätigt einen Elektromotor über dem kleinen, separaten Vorratsbehälter für diese Anlage vorn im Kofferraum. Dieser Behälter wird normalerweise mit einer speziellen und nicht gerade billigen Reinigungsflüssigkeit gefüllt, die nur über Porsche bezogen werden kann. Damit werden auch hartnäckige Verschmutzungen von der Windschutzscheibe gelöst. Diese Flüssigkeit kann allerdings auch verklumpen und verstopft dann den gesamten Wasserbehälter und die entsprechenden Leitungen. Im Carrera RS ersetzt diese Anlage die normale Scheibenwaschanlage und wird dafür aber auch nur mit normalem Wasser befüllt.

Beleuchtung

Scheinwerfer

◄ Für den 964 gab es zwei grundsätzlich unterschiedliche Scheinwerfersysteme:

- Normale, feststehende Scheinwerfer und
- Klappscheinwerfer aus dem 968, diese nur für den Turbo 3.6 S Flachschnauzer.

Turbo 3.6 Flachschnauzer, der einzige 964 mit Klappscheinwerfern

(Foto: Porsche AG)

Alle 964 bedienen sich Halogen-Leuchtmitteln H4 oder H5. Meist wurden H4-Leuchtmittel eingebaut. Bei diesen kann im Bedarfsfall das Leuchtmittel allein erneuert werden, ohne dass gleich der ganze Scheinwerfer ausgetauscht werden muss. Dieses System von Bosch erzeugt ein helleres Licht als Sealed-Beam-Scheinwerfer.

Hinweis:
Die Streuscheiben sind bei Links- und Rechtslenkern naturgemäß unterschiedlich, so dass der Abblendkeil das Licht auf die richtige Straßenseite lenkt.

◄ Für die US-Ausführung wurden Sealed-Beam-Scheinwerfer H5 von Bosch verwendet. Bei Ausfall muss jeweils der gesamte betroffene Scheinwerfer ausgetauscht werden.
Die Sealed-Beam-Scheinwerfereinheit wird mit einer einzigen Schraube an der Halterung darunter befestigt. In den Scheinwerferring sind zwei Kunststoffstopfen eingefügt. Zwecks Höheneinstellung der Scheinwerfer müssen diese Stopfen entfernt werden, denn die Einstellschrauben befinden sich dahinter.

Im Ring um die Scheinwerfer dieses Carrera 4 von 1990 in Normalausführung fehlen die für die US-Ausführung verwendeten Gummistopfen.

◄ Bei der Normalversion mit H4-Licht fehlen diese Stopfen. Der Ring ist hier unten wie bei einer Klammer geteilt und wird mit einer Schraube zusammengehalten. Auch bei den H4-Scheinwerfern ist lediglich eine Befestigungsschraube vorgesehen. Hinter dem Scheinwerferring verstecken sich drei Schrauben, zwei zum Einstellen und die dritte als Befestigung.

Vorsicht:
Bei US-Ausführungen des 964 mit Bosch H5-Scheinwerfern ist zu klären, ob diese Beleuchtung im neuen Heimatland überhaupt zulässig ist. Auf jeden Fall müssen wieder Bosch-Scheinwerfer montiert werden.

Der zweistufige Lichtschalter links von der Lenksäule hat jeweils eine Position für Stand- und Fahrlicht; die Wahl zwischen Abblend- und Fernlicht erfolgt über den linken Lenkstockhebel. Die Scheinwerfer des 964 sind nicht relaisgesteuert, sondern direkt verkabelt. Die Verkabelung ist bei der Normal- und der US-Version gleich, was die Umrüstung auf H4 erleichtert.

Leuchtweiten-Regulierung der Scheinwerfer

Bevor die Leuchtweiten-Regulierung (Scheinwerfer-Höhenverstellung) vom Fahrersitz in Deutschland bei Neufahrzeugen ab dem 1. Januar 1990 verbindlich vorgeschrieben wurde, bot Porsche für den 964 mit der Sonderausstattung M605 eine pneumatische Einrichtung für diese Funktion an (ca. 250.- DM). Das System dient der Höhenverstellung der Scheinwerfer, um bei starker Beladung der Blendung des Gegenverkehrs entgegenzuwirken.
Die Verstellung erfolgt mittels Unterdruck aus dem Saugrohr über die Unterdrucksteuerung in der Armaturentafel. Der Unterdruck wirkt dann über ein vom Rändelrad angesteuertes Ventil auf die Verstellmechanismen an den Scheinwerfern.
Ein Leck in diesem Unterdrucksystem beeinträchtigt auch das Laufverhalten des Motors.

Je nach Länderspezifikation kann der 964 auch über eine Taglichtfunktion verfügen, so auch dieser rechtsgelenkte Turbo 3.6 in Neuseeland. *(Foto: John McMillan)*

Tagfahrlicht

◄ In einigen Ländern wie Kanada und Norwegen ist Tagfahrlicht vorgeschrieben. Beim 964 fungieren die Nebelscheinwerfer als Tagfahrlichter, geschaltet werden sie über den zweistufigen Nebelscheinwerfer-Schalter.

Vordere Blinker

Bei den vorderen Blinkern waren serienmäßig weiße Gläser montiert. Orangefarbene Blinkergläser werden ausschließlich im Zubehörhandel (z. B. TECHART) angeboten. Die Qualität dieser Nachrüstteile ist je nach Anbieter allerdings recht unterschiedlich.

Zusatzblinker an einem nicht für die USA bestimmten Carrera 4 von 1989.

(Foto: Adrian Streather)

Seitliche Blinker

◀ Seitliche Zusatzblinker fehlten nur bei der US-Ausführung.

Blenden an den Beleuchtungseinheiten

In die Leuchteinheiten vorn ist eine weiße oder orangefarbene Glasblende eingebaut.

◀ Die US-Version hatte stattdessen eine schwarze Kunststoffblende, die ähnlich einem kleinen Stoßstangenhorn leicht vorsteht. Diese Blende hilft, den in den USA vorgeschriebenen 8-km/h-Aufpralltest zu bestehen.

RS America von 1993 mit Kunststoffblenden in den Leuchteinheiten.

(Foto: Michael Wilot)

Einseitiges Standlicht (Parklicht)

Wenn die Zündung abgestellt ist und der Blinkerhebel betätigt wurde, leuchten auf der entsprechenden Seite das Stand- bzw. Tagfahrlicht und das Rücklicht auf.

Parklicht darf in Deutschland an innerorts abgestellten Fahrzeugen anstelle des Standlichts eingeschaltet werden, wenn der Parkplatz keine ausreichende Fremdbeleuchtung bietet, so beispielsweise in einer Straße, in der die Straßenbeleuchtung nicht während der gesamten Nacht eingeschaltet bleibt. Darauf weist eine rote Markierung am Laternenmast hin. Das Parklicht leuchtet nur die der Straße zugewandte Seite aus.

Heckblende des 964

Heckblende

◀ Zwischen den beiden Rückleuchten ist eine Blende aus rotem Kunststoff mit dem Porsche-Schriftzug eingebaut. Diese Blende beherbergt auch die Rückfahrscheinwerfer und die beiden Nebelschlussleuchten. Hinter der Kunststoffblende verbirgt sich oft Feuchtigkeit, außerdem sind Verfärbung, Versprödung und Risse keine Seltenheit.

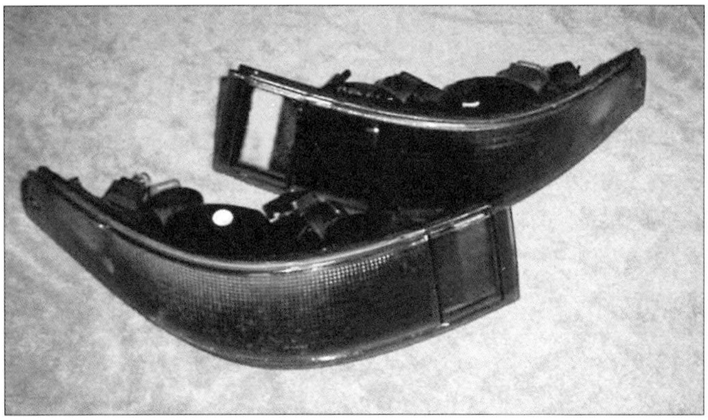

Rückleuchten des 964

Schlussleuchten

◀ Die Rückleuchten sind aus Kunststoff gefertigt und enthalten Rück-, Brems- und Blinklicht. In ihnen sammelt sich gern Feuchtigkeit an, sie verfärben sich rosa, werden spröde und bekommen mit der Zeit Risse. Dagegen kann man nichts unternehmen außer neue Rückleuchten zu kaufen.

Eine Reihe 964er mit Nebelscheinwerfern; darunter kein einziges US-Modell.

Nebellampen

◀ Die meisten 964er haben zwei Nebelscheinwerfer in der Bugschürze. Bei einigen Sondermodellen wurden sie weggelassen, um stattdessen Lufteinlässe für die Bremsenkühlung montieren zu können.

Sämtliche für Europa bestimmten 964 haben zwei Nebelrückleuchten in der Heckblende. Bei der US-Version fehlen diese. Bei Lieferungen in den Rest der Welt kam es nach Recherchen des Autors wohl auf die gesetzlichen Vorschriften oder den Wunsch des Kunden an.

Die Nebelscheinwerfer (12V/21W) werden über Relais 03, die Nebelrückleuchten (zusammen mit dem Rückfahrlicht) über Relais 01 gesteuert. Das Relais führt Dauerplus.
Die vorderen Nebelscheinwerfer können nur bei eingeschalteter Beleuchtung mit dem Zugknopf an der Armaturentafel zugeschaltet werden.

Erst wenn auch die Nebelscheinwerfer brennen, können die Nebelrückleuchten zugeschaltet werden. Sie funktionieren also nur zusammen mit der Beleuchtung und den Nebelscheinwerfern.

Rückfahrleuchten

Die beiden weißen Rückfahrleuchten (12V/21W) sind in die Heckblende integriert. Bei Einlegen des Rückwärtsgangs schalten sie sich automatisch ein. Dafür ist ein Schalter am Getriebe zuständig.

Innenbeleuchtung

Je nach Modell wurde die Innenbeleuchtung unterschiedlich gestaltet. Bei den Coupés befindet sich an den Seiten knapp hinter den Vordersitzen je eine Innenleuchte im Dachhimmel. Bei Cabrio und Targa findet man nur eine Innenlampe, und zwar zwischen den Sonnenblenden.

Die Innenbeleuchtung ist mit einem Schalter verbunden. Durch Kippen des Leuchtenglases können drei Schalterstellungen aktiviert werden.

◄ Innenleuchten Coupé
Durch Kippen des Leuchtenglases um die **Querachse** können folgende Funktionen aktiviert werden:
• Leuchte ist ausgeschaltet
• Leuchte brennt nur bei geöffneter Tür
• Leuchte brennt ständig

Innenleuchten Cabrio und Targa
Durch Kippen des Leuchtenglases um die **Längsachse** können folgende Funktionen aktiviert werden:
• Leuchte brennt ständig
• Leuchte ist ausgeschaltet
• Leuchte brennt nur bei geöffneter Tür

Die Schaltung über die Kontaktschalter in Türen, Motor- und Kofferraumhaube erfolgt jeweils masseseitig.

Bauteile des Instruments

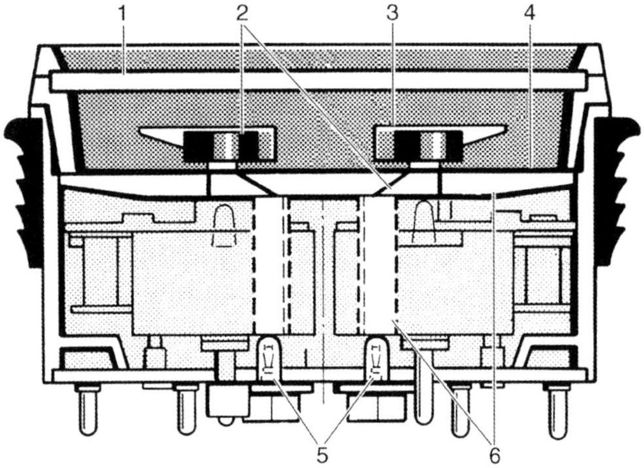

1 Glas
2 Prismen
3 Oberfläche des Strahlers
4 Zifferblatt
5 Leuchtmittel
6 Lichtkanäle

Instrumentenbeleuchtung

◀ Die Instrumente des 964 sind indirekt beleuchtet, das Leuchtmittel befindet sich also hinter dem Zifferblatt. Es wird von hinten in das Instrument eingesetzt und kann dadurch leicht ausgetauscht werden. Das gleiche gilt für die Warnlampen.

Zentralverriegelung

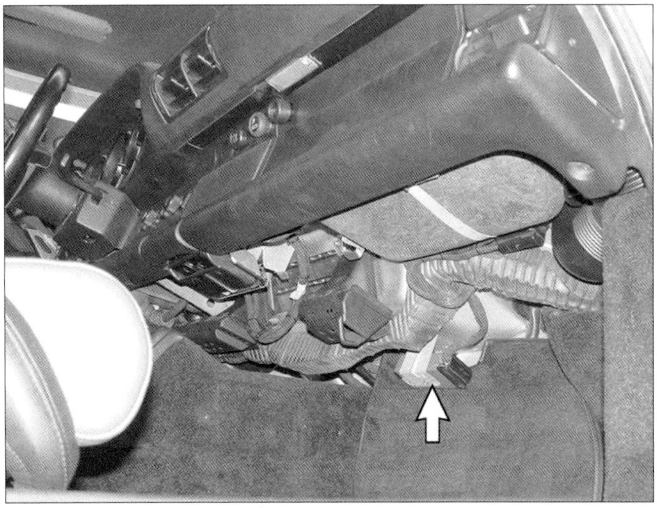

Das Steuergerät für die Zentralverriegelung (Modelljahre 1898/90, Pfeil) machte ab Modelljahr 1990 Platz für das Heckspoiler-Steuergerät.

◀ Das Steuergerät für die Zentralverriegelung befindet sich bis Modelljahr 1990 auf der Beifahrerseite unter der Armaturentafel, ab Modelljahr 1991 unter dem rechten Sitz. Es tauschte seinen Platz mit dem Steuergerät für den Heckspoiler.
Bei dem Steuergerät für die Zentralverriegelung handelt es sich um eine Platine mit zwei Relais in einem Kunststoffgehäuse. Es versorgt die Schlösser an den beiden Türen mit Masseschluss, wenn diese ver- oder entriegelt werden sollen. Betätigt wird die Zentralverriegelung durch Drehen des Schlüssels im Türschloss oder durch Drücken des Zentralverriegelungsschalters auf der Mittelkonsole.
Im Schalter auf der Mittelkonsole befindet sich eine Kontrollleuchte. Diese zeigt an, wenn etwas mit der Türverriegelung nicht stimmt, also z. B. eine ver- und die andere entriegelt ist.

Ohne Stromversorgung funktioniert die Zentralverriegelung nicht. Dennoch lassen sich beide Türen auf herkömmliche Weise mit dem Schlüssel ver- und entriegeln. Ist das Schloss verriegelt, so wird über einen Mikroschalter die Alarmanlage eingeschaltet. Nur auf diese Weise kann die Alarmanlage scharfgestellt werden; es reicht dazu, dass eine Tür verriegelt ist.

Alarmanlage

Neben den vielen Anlagen aus dem Zubehörhandel, auf die hier nicht eingegangen werden kann, gab es zwei Alarmanlagen von Porsche selbst: Die eine Ausführung wurde bis Modelljahr 1990 verwendet, die andere ab 1991.
Beide verfügten über eine Wegfahrsperre und eine Alarmfunktion.

Hinweis:
Porsche bot über Tequipment für die Modelljahre 1989 und 1990 eine umfangreichere Alarmanlage inkl. Fernbedienung zum Nachrüsten an (Teilenummer 000 044 900 01, ab 1991 Nummer 000 043 203 05). Dieses System fand auch Einzug in die Modellreihe 993.

Ausführung bis Modelljahr 1990

Die Steuergeräte dieser Ausführung haben je nach Zielland unterschiedliche Teilenummern:

Modell-jahr	Zielland	Porsche-Teilenummer
1989	Normalausführung	928 637 104 00
1990	Normalausführung	928 637 104 03
1989	Schweiz	928 637 104 01
1990	Schweiz	928 637 104 01
1989	USA	928 637 104 02
1990	USA	928 637 104 05

◄ Das Steuergerät befindet sich in einer Aussparung unter und hinter dem rechten Kofferraumscharnier. Die Sicherung sitzt im Gerät selbst. Sein zehnpoliger Stecker an der Rückseite ist nicht direkt zugänglich. Die Verkabelung ist aber lang genug, um das Steuergerät so weit herauszuziehen, dass man an den Stecker gelangt und ihn herausziehen kann.

Bis Modelljahr 1990 saß die Alarmanlage schwer zugänglich im Kofferraum.

Funktionsweise

Die Alarmanlage ist nur scharf, wenn eine oder beide Türen verriegelt sind. Um dies zu melden, befindet sich an jedem Türschloss ein Mikroschalter, der anspricht, wenn die Tür verriegelt ist.

Zusammen mit dem Scharfstellen der Alarmanlage wird als Wegfahrsperre das Kraftstoffpumpenrelais R61 (bei den Saugern R41, auch für die Motronic zuständig) stromlos gestellt.

Mit eingeschalteter Alarmanlage kann das Fahrzeug also nicht mehr aus eigener Kraft bewegt werden.

Das Steuergerät der Alarmanlage verfügt nur über sehr eingeschränkte Diagnosefähigkeiten. Stellt es einen Fehler fest, so wird dies durch schnelleres Blinken der Leuchtdioden an den Sicherungstürknöpfen (zweimal pro Sekunde) angezeigt. Dies ist beispielsweise der Fall, wenn nicht alle Alarmkontakte geschlossen sind.

Ausführung ab Modelljahr 1991

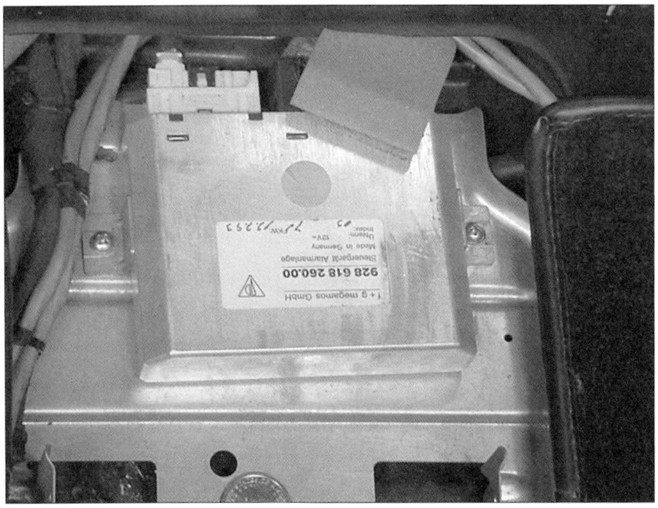

Das Steuergerät für die Alarmanlage wurde ab Modelljahr 1991 unter dem Beifahrersitz untergebracht.

(Foto: Michael Behrman)

◄ Ab Modelljahr 1991 ersetzte Porsche die Vielzahl der Steuergeräte durch ein einziges mit Mikroprozessor, Selbstdiagnose und Code-Eingabe für die drei unterschiedlichen Funktionsvarianten.

Das neue Steuergerät hat die Teilenummer 928 618 260 01. Es hat zwei Anschlüsse mit einer Sicherung dazwischen. Das Steuergerät wanderte vom Kofferraum unter den rechten Sitz.

Die Anlage wird ebenso scharf gestellt wie die frühere. Auch die Wegfahrsperre funktioniert wie bisher, wird jedoch aufgehoben, wenn

- die Alarmanlage ausgeschaltet wird oder
- 10 km/h Fahrgeschwindigkeit erreicht werden.

Varianten

Von jeder dieser beiden Grundausführungen gibt es drei Varianten. Dabei ist jeweils der abgegebene Alarm unterschiedlich, weil nationale Vorschriften beachtet werden mussten.

In der Normalausführung (RoW) ertönt das Alarmsignal 30 Sekunden lang und die Blinker blinken maximal fünf Minuten lang, bei geschlossenen Türen zusammen (jedoch asynchron) mit der Innenbeleuchtung.

In der Schweiz entfällt das Blinken der Blinker und der Innenbeleuchtung und der Alarm erklingt maximal 30 Sekunden lang.

In den USA darf der Alarm vier Minuten lang anhalten, das abwechselnde Blinken von Blinkern und Innbeleuchtung acht Minuten.

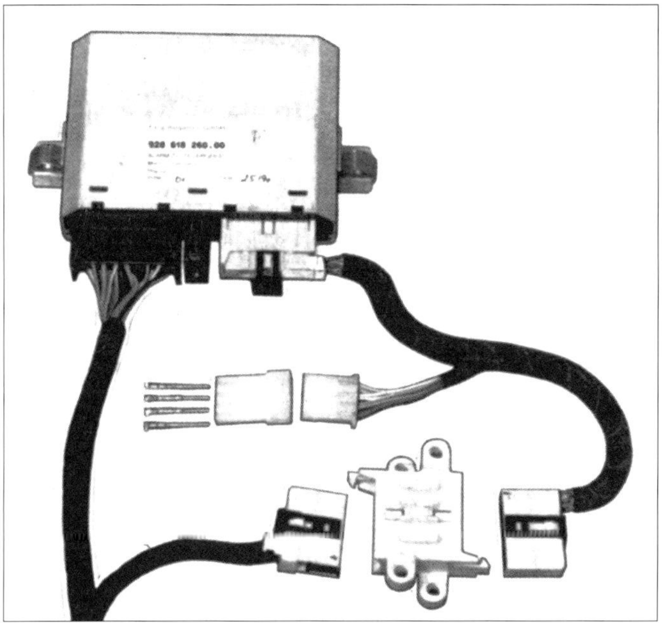

Diese Alarmanlage wurde vor dem Einbau zum Codieren angeschlossen.

◀ Bei der neueren Ausführung muss ein Code in das Steuergerät eingegeben werden, damit der richtige Alarm ertönt.

Codes für die Alarmanlage

Land	Code
Normal-version	C00, 05, 07, 09, 11, 12, 13, 14, 16, 17, 19, 20, 21, 22, 27, 28, 99
Schweiz	C10
USA	C02, 04, 06, 08, 15, 18, 23, 24, 26, 31, 32, 36

Für das Eingeben dieses Codes und für das Testen der Alarmanlage bedarf es eines Spezialwerkzeugs (Teilenummer 9540). Man verwendet es zusammen mit dem Bosch-Testgerät 9288.

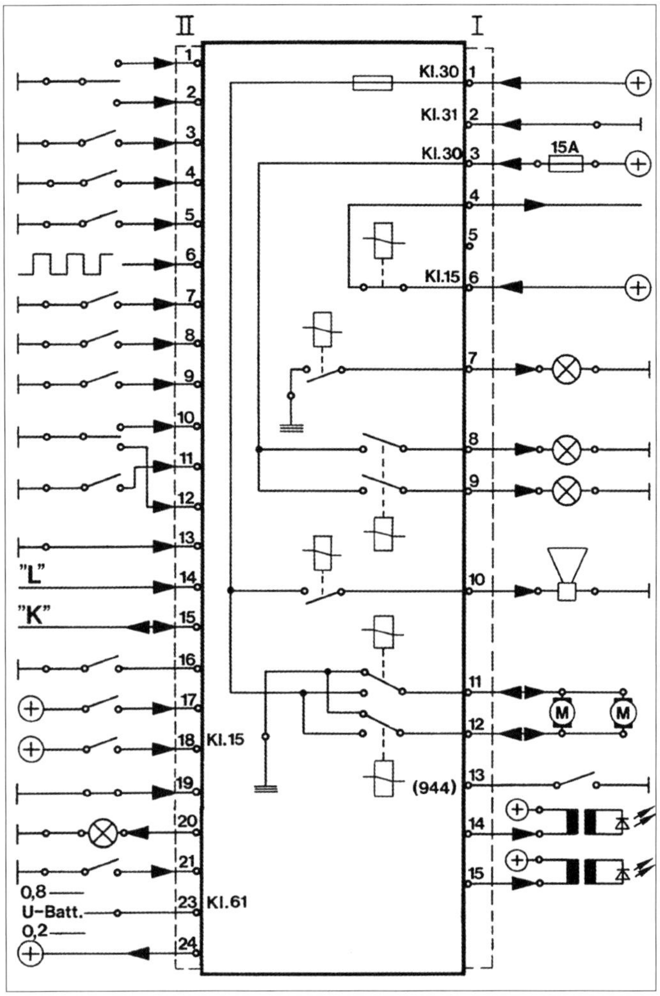

Schaltplan der Alarmanlage von 1991

Die Kontaktschalter sind an allen Stellen dieselben.

Eingangs- und Ausgangssignale (alle Varianten)

Eingang

- 12 Volt
- Kontakt Gepäckraum
- Geschwindigkeitssignal (ab Modelljahr 1991)
- Kontakt Heckablage (Sonderausstattung M419)
- Zusatzeingang 1
- Zusatzeingang 2
- Radioschachtkontakt 2
- Zentralverriegelungs-Kontakt „offen"
- Zentralverriegelungsschalter
- Zentralverriegelungs-Kontakt „geschlossen"
- Radio 1, geschlossener Regelkreis, interner Schalter
- Kontakt Handschuhfachdeckel
- Zusatzeingang 3
- Leuchte im Zentralverriegelungsschalter
- Türkontakte

Ausgang

- Wegfahrsperre (falls eingebaut)
- Innenbeleuchtung (nicht für die Schweiz)
- Blinker links (nicht für die Schweiz)
- Blinker rechts (nicht für die Schweiz)
- Hupe
- LED blinkt in linkem und rechtem Sicherungstürknopf (Türverriegelungsknopf), wenn die Alarmanlage scharf ist. Normalfrequenz: Einmal pro Sekunde.

◂ Bei Cabrio und Targa ist ein zusätzlicher Kontaktschalter unter der hinteren Gepäckablage eingebaut.

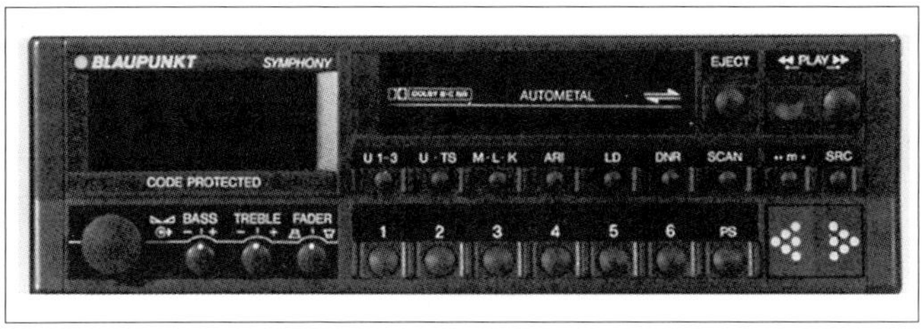

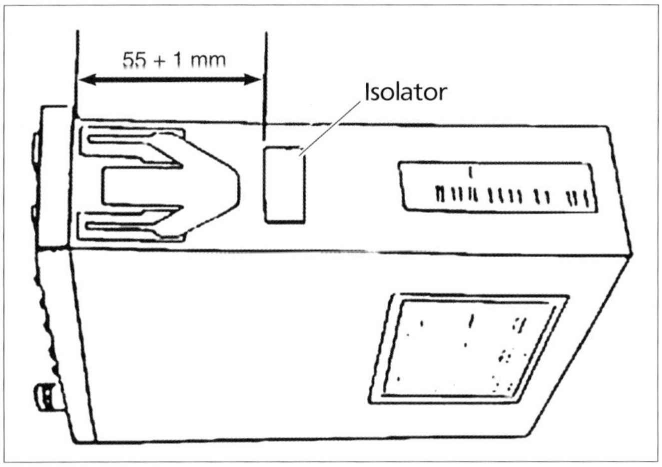

Der Isolator für den Alarmanlagenschalter ist 55 mm von der Vorderkante des Radios entfernt. Er muss vor Beschädigung und Masseschluss geschützt werden. An ihn ist ein grünes Kabel angeschlossen. Das Anschließen muss ordnungsgemäß erfolgen und beim Abtrennen muss es isoliert werden, weil es ständig Strom führt.

Radio

Von den Sonderausstattungen abgesehen, gab es ab Werk für den 964 folgende Radioanlagen:

- Cassettenradio mit vier Lautsprechern, Antennenverstärker und Alarmkontakt am Radiorahmen
- Cassettenradio mit vier Lautsprechern, Antennenverstärker, Alarmkontakt am Radiorahmen und Verstärker für mehr Klangvolumen
- Cassettenradio mit sechs Lautsprechern, Antennenverstärker, Alarmkontakt am Radiorahmen, Verstärker und Frequenzweiche für die Lautsprecher
- CD-Radio mit sechs Lautsprechern, Antennenverstärker, eingebauter Alarmkontakt mit Quecksilbersäule, Verstärker und Frequenzweiche für die Lautsprecher

Die Antenne ist serienmäßig in die Windschutzscheibe integriert. Ihr Signal bedarf der Verstärkung, bevor es im Radio verarbeitet werden kann.
Der Diebstahlschutz erfolgt durch Überwachung der Einbauposition, und zwar entweder mittels eines Schalters an der Seite des Radiobauteils, der bei Ausbau automatisch betätigt wird, oder mittels eines Bewegungsschalters im Gerät selbst.

◀ Aufgrund dieses Diebstahlschutzes muss man beim Aus- und Einbau des Radios besonders vorsichtig sein. Das grüne Kabel, das mit der Diebstahlschutzvorrichtung am oder im Radio verbunden sein muss, darf niemals Masseanschluss erhalten, da sich ansonsten die Alarmanlage nicht scharfstellen lässt. Das Kabel kann beim Einbau leicht beschädigt werden und dann Masseschluss erhalten, besonders wenn man es hinten im Radioschacht einfach herunterbaumeln lässt. Bisweilen sieht man dieses Kabel sogar irrtümlich an den Massekontakt am Radio angeschlossen. In allen diesen Fällen lässt es permanent über die Alarmanlage ca. 0,5 Ampere Strom abfließen. Stellen Sie deshalb bei Aus- und Einbau des Radios stets sicher, dass das grüne Kabel entweder an den Isolator am Radio angeschlossen oder abgeschnitten und ordentlich isoliert ist.

Vorsicht:
Bei einigen 964ern wurde ein an Strom angeschlossenes Koaxialkabel vorgefunden, über das der Antennenverstärker Strom erhält. Diese Ausführung erkennt man an einem weißen Kabel, das aus einem Anschluss in der Nähe des radioseitigen Endes des Koaxialkabels austritt und in einen kleineren Anschluss für eine fliegende Sicherung mündet. Am anderen Ende dieses Anschlusses hängt ein dünnes schwarzes Kabel. Dabei handelt es sich um ein Koaxialkabel zum Antennenverstärker. Vermutlich ist dieses Kabel nicht Bestandteil einer serienmäßigen Ausführung. Sie wurde vorzugsweise im Carrera 4 der Jahre 1989 und 1990 aus der Schweiz und aus England vorgefunden.

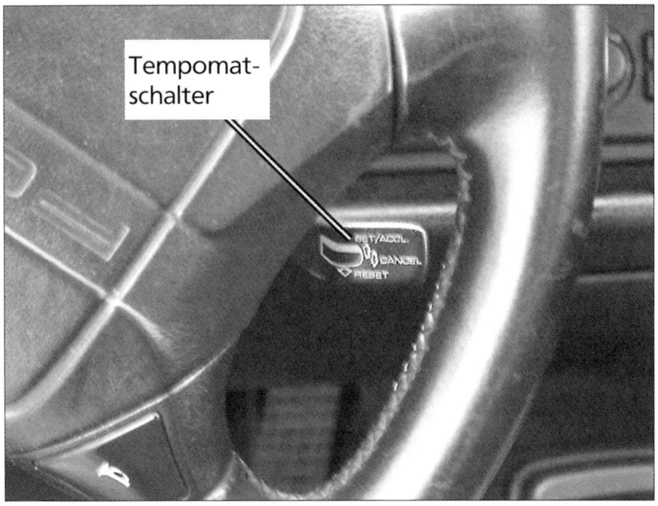

Der Tempomatschalter befindet sich am Lenkstockhebel.

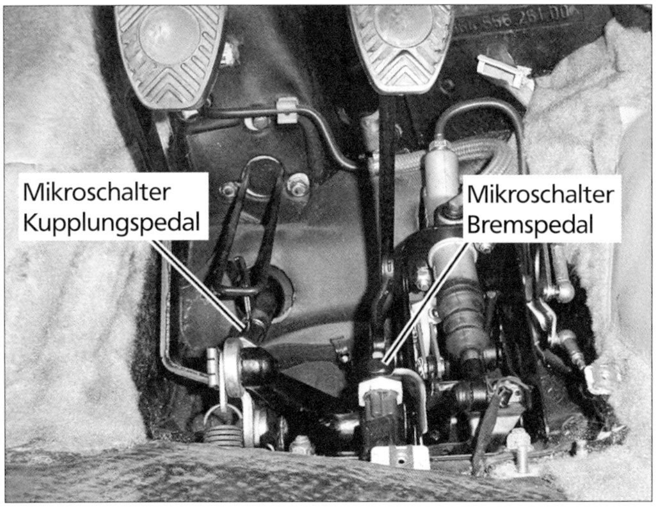

Tempomat

Im Folgenden finden Sie eine Kurzbeschreibung des als Sonderausstattung bei den Saugern und bei den Turbos erhältlich gewesenen Tempomats, der bei Porsche „Tempostat" genannt wird.

◀ Durch Betätigen des Tempomatschalters wird der 964 zur Beibehaltung der aktuell gefahrenen Geschwindigkeit veranlasst, und zwar so lange, bis das Bremspedal getreten wird. Solange das Kupplungspedal getreten wird, stellt sich der Tempomat ab, wird aber durch Loslassen der Kupplung wieder aktiv und lässt das Fahrzeug zur zuvor gefahrenen Geschwindigkeit zurückkehren. Während der Produktionszeit des 964 hat der Tempomat mehrere Überarbeitungen erfahren, deshalb hier nur einige grundlegende Ausführungen.

Der Tempomat besteht aus
- einem Steuergerät unter dem rechten Sitz,
- dem eigentlichen Tempomaten auf dem Motor,
- dem Tempomatschalter,
- dem Mikroschalter am Bremspedal und
- dem Mikroschalter am Kupplungspedal.

Das Geschwindigkeitssignal für das Steuergerät ist je nach Baujahr unterschiedlich: Bis Modelljahr 1990 wurde ein unabhängiger Puls-Sender verwendet, danach das Geschwindigkeitssignal aus ABS bzw. PDAS.

◀ Porsche startete von sich aus eine Rückrufaktion wegen der Betätigungsstange des Tempomats. Diese Stange ist mit einem Seilzug verbunden, der seinerseits mit dem Gaszug verbunden ist. Dadurch wird die Drosselklappe in die für die vorgegebene Geschwindigkeit richtige Stellung gebracht. Die Stange konnte sich verklemmen, so dass das Fahrzeug selbst bei abgestelltem Tempomat die eingestellte Geschwindigkeit beibehielt.

Defekte beim Tempomat lassen sich meist auf die Mikroschalter zurückführen, häufig setzt ein defekter Schalter am Bremspedal die ganze Anlage außer Betrieb.

Airbag

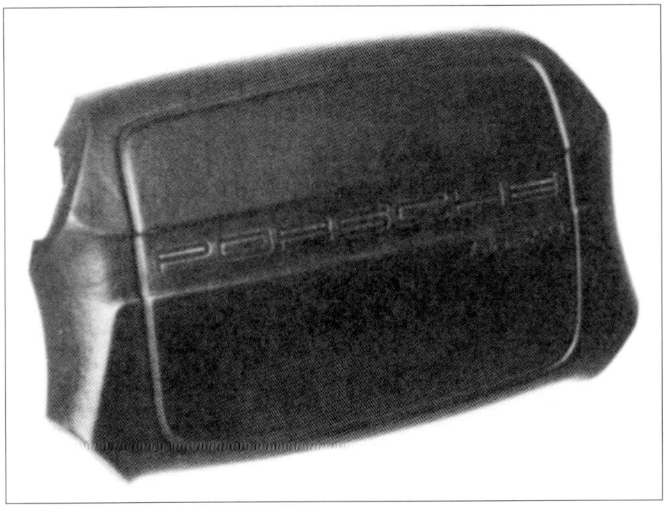

Der Airbag soll sich im Falle eines Unfalls aufblasen und so einen Aufprall des Fahrers auf dem Lenkrad bzw. des Beifahrers auf der Armaturentafel vermeiden.

Der Airbag besteht aus folgenden Bauteilen:

- Je ein Airbag für Fahrer und Beifahrer
- Steuergerät
- Aufprallsensoren
- Verkabelung

Es gibt mindestens drei verschiedene Airbag-Systeme. Eines wurde bis Modelljahr 1990 verwendet, das zweite bis 11. Juni 1992 und das dritte in den Produktionsjahren danach.

Das Airbag-Steuergerät ist an die Querwand hinter der Mittelkonsole angebaut. Es löst die Airbags aus, wenn einer der beiden Aufprallsensoren vorn im Kofferraum neben den Federdomen anspricht.

Die Airbags müssen nach 15 Jahren erneuert werden. Außerdem wird eine zweijährliche Sicht- und Funktionsüberprüfung aller Airbag-Bauteile im Rahmen der Inspektion empfohlen. Dazu wird das Bosch-Testgerät 9288 benötigt. Die Funktionsprüfung – sowie alle andren Arbeiten am Airbag-System – sollte nur ein erfahrener Fachmann ausführen.

Vorsicht:
Beim US-Modell müssen zusätzlich zur Airbag-Warnlampe auch die zentrale Warnlampe und die Warnlampe wegen nicht angelegter Sicherheitsgurte aufleuchten.

Woran erkennt man, ob Airbags vorhanden sind?

Wie man erkennt, ob überhaupt und wie viele Airbags montiert sind, soll die folgende Erklärung verdeutlichen.

◀ Hier fehlt jeglicher Airbag:
- Das Lenkrad hat keinen Airbag.
- Der Aschenbecher befindet sich direkt unter den Heizungsschaltern.

◀ Hier ist ein Airbag montiert:
- Das Lenkrad enthält einen Airbag.
- Der Aschenbecher befindet sich direkt unter den Heizungsschaltern.

◀ Hier sind zwei Airbags montiert:

- Das Lenkrad enthält einen Airbag.
- Der Aschenbecher ist weiter unten montiert.

Bordcomputer

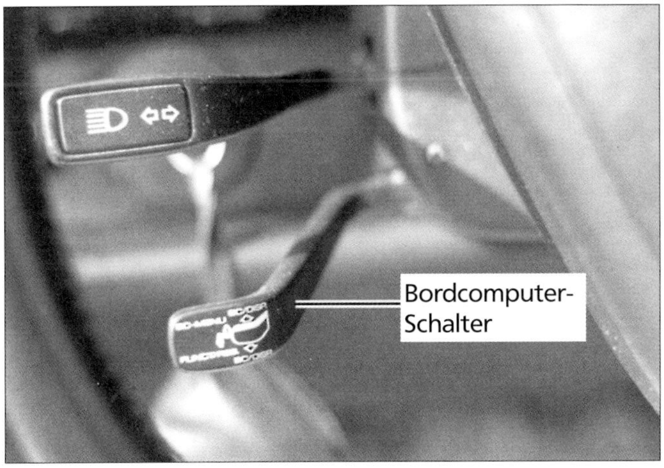

1990 wurde mit dem Carrera 2 als Sonderausstattung M659 der Bordcomputer (ca. 600.- DM) eingeführt. Wann dieser auch im Carrera 4 erhältlich wurde, ist nicht bekannt. Beim ab 1991 erhältlichen Turbo war der Bordcomputer serienmäßig, ansonsten immer Sonderausstattung.

Die Bordcomputer-Anzeige mit stets orangefarbenen Zeichen befindet sich im Drehzahlmesser; der Außentemperaturfühler im Außenspiegel auf der Fahrerseite.

Der Schalter für den Bordcomputer hat vier Funktionen. Alle werden jeweils auf dem Bordcomputer-Display angezeigt. Der Bordcomputer funktioniert nur bei eingeschalteter Zündung. Die fünf bzw. sechs Funktionen können mit dem Lenkstockhebel aufgerufen werden. Wenn die Zündung abgestellt wird, stellt sich die Bordcomputeranzeige automatisch auf Tageskilometer um.

Die Bordcomputer der Saugmodelle unterscheiden sich von denen der Turbos. Die folgende Tabelle zeigt die unterschiedlichen Funktionen:

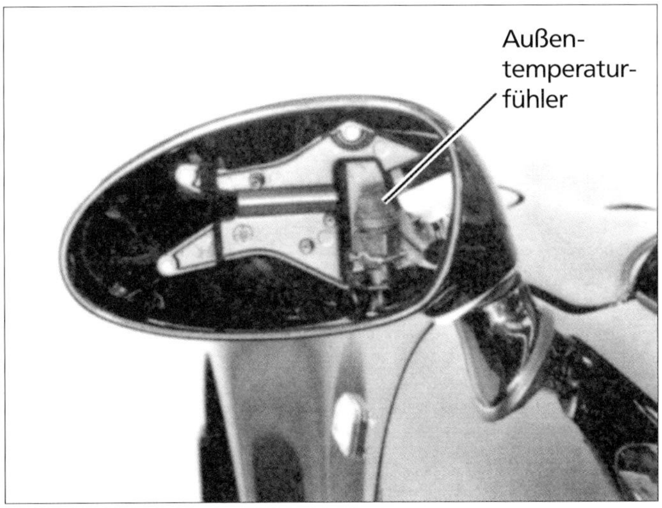

Der Außentemperaturfühler ist im Außenspiegel versteckt.

Funktion	Anmerkung
Tageskilometer	alle Modelle
Digitaltacho	alle Modelle
Mit dem Tankinhalt noch mögliche Fahrstrecke	nicht bei den Turbos
Durchschnittlicher Kraftstoffverbrauch	nicht bei den Turbos
Durchschnittstempo	alle Modelle
Außentemperatur	alle Modelle
Ladedruck in bar	nur Turbos

Hinweis:

Zusätzliche Warnfunktion für den Fahrer: Beim Beschleunigen sollte der Ladedruck bei 4000/min bei 0,6 bis 0,7 bar liegen. Sollte der Ladedruck auf einen höheren Wert ansteigen, so wird die Kraftstoffzufuhr zum Motor automatisch unterbrochen. Der dazu erforderliche Schalter erhält sein Signal vom Bordcomputer. Weitere Einzelheiten dazu finden Sie in ***Kapitel 4****.*

Instrumente

Im Folgenden wird erläutert, von woher die Instrumente ihre Signale erhalten.

Tacho

◀ Der Tageskilometerzähler wird über eine Zahnradübersetzung im Tacho angetrieben. Fahrzeugen mit Bordcomputer (M659) haben keinen Tageskilometerzähler an dieser Stelle sitzen. Der Tacho kann ein länderspezifisches Zifferblatt mit einer Scala für km/h oder mph haben oder der Erstbesitzer kreuzte auf der Bestellliste die Option M020 an: In diesem Fall hatte das Fahrzeug bei seiner Auslieferung einen Geschwindigkeitsmesser mit Doppelskala für beide Einheiten. Je nach Ausführung (km/h, mph, mit oder ohne Bordcomputer) haben die Tachos eine Reihe unterschiedlicher Ersatzteilnummern.

Tacho und Drehzahlmesser gemeinsam bei der Arbeit

Je nach Modelljahr kommt das Geschwindigkeitssignal aus unterschiedlichen Quellen.

◄ Bei den Schaltfahrzeugen bis Modelljahr 1990 liefert der Geschwindigkeits-Pulsgeber am Getriebe die Daten.
Die Schaltwagen des Modelljahrs 1991 bedienen sich des Geschwindigkeitssignals von den Radsensoren über das Frequenzumwandler-Relais R52 (Carrera 2) bzw. R24 (Carrera 4).
Bei Tiptronic-Fahrzeugen stammt das Geschwindigkeitssignal aus dem Getriebe-Steuergerät, das seine Information wie die frühen Schalter von einem Impulsgeber am Getriebe mit Frequenzkontrolle erhält. Der Tacho zeigt hier auch den gewählten Gang oder die Wählhebelstellung an.

Hinweis:
Werden an Modellen ab Modelljahr 1991 Reifen mit geändertem Abrollumfang montiert, wird dadurch auch die Geschwindigkeitsanzeige verfälscht.

Drehzahlmesser

◄ Beim Drehzahlmesser stoßen wir im Fall des 964 auf drei Varianten:
• Modelljahr 1989 ohne Bordcomputer
• Ab Modelljahr 1990 ohne Bordcomputer
• Ab Modelljahr 1990 mit Bordcomputer

Alle Drehzahlmesser erhalten ihr Signal von der Motronic. Elektronik und Anzeige des Bordcomputers sind in den Drehzahlmesser eingebaut.

Anzeige für Öltemperatur und -druck

◂ Die **Öltemperaturanzeige** erhält ihr Signal vom Öltemperaturfühler am Motor, der nicht mit dem Fühler am Ölkühler verwechselt werden sollte, der lediglich das Steuergerät für Heizung und Klimaanlage beschickt.
Das **Öldrucksignal** stammt vom Öldruckgeber im Motor. Dieses Kombiinstrument enthält zudem eine Reihe Warnlampen.

Kraftstoff- und Ölvorratsanzeige

◂ Die **Ölstandsanzeige** orientiert sich am Signal des Pegels am externen Ölbehälter. Die Anzeige kann nur genau sein, wenn der 964 genau eben steht und der betriebswarme Motor im Leerlauf läuft. Beim normalen Fahren bewegt sich die Anzeige oberhalb 2000/min eigentlich immer im roten Bereich – alles Öl zirkuliert dann im Motor. Unterhalb dieser Drehzahl wird die Anzeige schwanken.

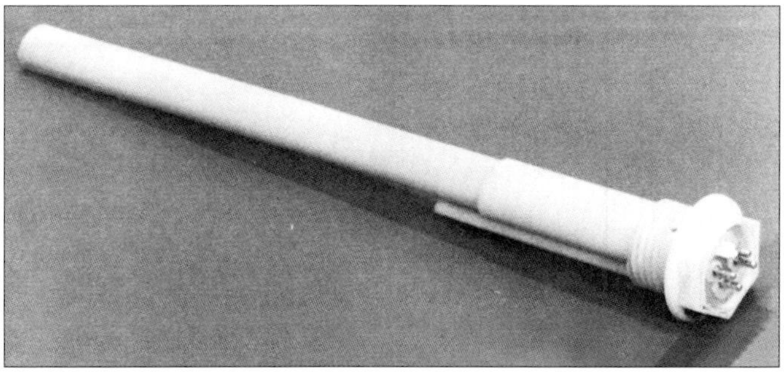

◄ Der Tankgeber oben im Tank gibt ein Signal zum Füllstand des Tanks ab. Je nach Tankgröße beträgt die Reserve etwa 15 Liter. Sie reicht also erfahrungsgemäß bestenfalls für 100 Kilometer.

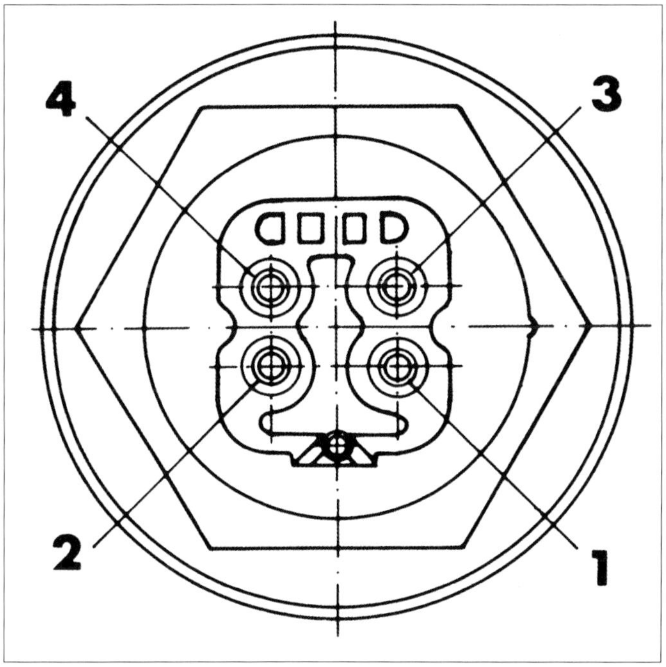

Eine Warnlampe weist darauf hin, dass die Kraftstoffreservemenge genutzt wird, anfangs wird sie dabei unregelmäßig blinken. Dieses Blinken deutet nicht etwa auf einen Defekt hin, sondern wird durch das Hin- und Herschwappen des Kraftstoffs im Tank verursacht. Die Warnlampe befindet sich unterhalb der Tankanzeige. Daneben weist eine weitere Warnlampe auf einen zu niedrigen Flüssigkeitsstand im Waschwasserbehälter hin.

Zeituhr

◄ Die Zeituhr kommt ohne externe Geber aus, enthält jedoch einige sensorgesteuerte Warnlampen. Die für den Airbag erhält ihr Signal direkt vom Airbag-Steuergerät, die für nicht angelegte Sicherheitsgurte vom Relais des für manche Länder vorgeschriebenen Gongs. Beide sind nicht mit dem Kombiinstrument vernetzt.

Kapitel 9: Fehlersuche

Bildunterschrift: Turbo 3.6 von 1994

(Foto: Porsche AG)

Tabellen

Einführung

Dieses Kapitel soll Fahrzeugbesitzern einen Überblick über die wichtigsten technischen Probleme geben, die beim Betrieb des 964 auftreten können. Diese hier gesammelten Informationen sollen den Besitzer in die Lage versetzen, die Ursachen dieser eventuell auftretenden Probleme zu verstehen.

Zugleich will dieses Kapitel Hobby-Schrauber bei der Fehlersuche unterstützen. Die eigenhändige Fehlerermittlung und -beseitigung führt zu einer beträchtlichen Senkung der Betriebskosten.

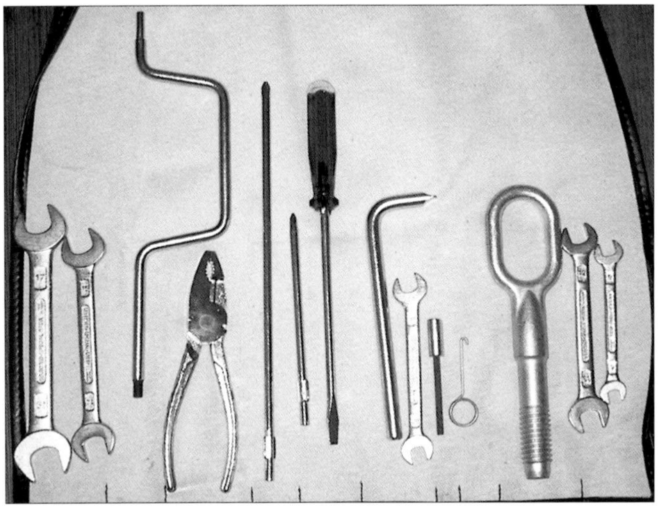

Serienmäßiges Bordwerkzeug: Damit kann sich der 964-Besitzer in vielen Fällen selbst helfen, z. B. bei klemmendem Schiebedach oder Türfenster.

Was bedeutet Fehlersuche?

Fehlerdiagnose kann man lernen. Natürlich kann man die ganze Kunst nicht in einem einzigen Buch erklären, aber es ist möglich, darin grundlegendes Wissen zusammenzufassen, wie man sinnvoll ein aufgetretenes technisches Problem untersucht.

Dieser Abschnitt liefert eine Erläuterung, wie man systematisch vorgehen kann, um einen Fehler zu erkennen und ihn gleichsam einkreist und wie man eine saubere Diagnose liefern und so eventuell viel Geld sparen kann, weil man nicht vorschnell alle möglichen Komponenten austauschen lässt.

Allgemeine Hinweise

Oft wirkt ein Funktionszusammenhang eines Bauteils im Fahrzeug allzu kompliziert. Die Fehlersuche folgt den Gesetzen der Logik. Treffen Sie auf keinen Fall eine unüberlegte Entscheidung. Nehmen Sie sich die Zeit, den Fehler zu begreifen und zu bewerten. Zunächst gilt es, das aufgetretene Problem möglichst treffend zu beschreiben. Rekapitulieren Sie, unter welchen Umständen und Bedingungen das Problem auftritt. Je mehr Informationen der Fachmann erhält, umso eher kann er das Problem eingrenzen. Einfach zu sagen: „Mein ABS funktioniert nicht" reicht nicht. Woher wissen Sie, dass es nicht funktioniert? Dies müssen Sie erst sich selbst und dann Ihrem Mechaniker erklären können.

Warnsystem

Die Warnleuchten im 964 für alle möglichen Bauteile sind eine große Hilfe. Leuchtet eine auf, ignorieren Sie sie nicht. Unterstellen Sie niemals, nur die Warnleuchte selbst sei defekt. Das ist nur selten der Fall. Die Warnleuchte verrät Ihnen, dass etwas nicht in Ordnung ist. Lernen Sie, was es mit diesen Leuchten auf sich hat und was sie verraten.

Es gibt dabei drei Prioritäten. Leuchten mehrere Lampen, so deutet dies auf einen speziellen Problembereich hin. Erklingt zusätzlich der Warnton, muss es sich um einen schwerwiegenden Defekt handeln. Merken Sie sich so gut wie möglich, welche Lampen aufgeleuchtet haben. Die Kamera im Handy kann hierbei gute Dienste leisten. Kaufen Sie übrigens niemals einen 964 ohne Betriebsanleitung, damit Sie im Ernstfall die Bedeutung diverser Anzeigen nachschlagen können. Das kann viel Geld und Zeit sparen.

Systemanalyse

Jedes Bauteil im 964, sei es mechanisch, hydraulisch, elektrisch, elektronisch oder eine Mischung aus mehreren, kann man in folgende Teilfunktionen gliedern:
- Input
- Prozess
- Output

Ein Problem wird immer die Folge eines Fehlers in einer dieser drei Teilfunktionen sein.

Systemanforderungen

Jedes System hat Mindestanforderungen, ohne die es nicht funktioniert.
Elektrische und elektronische Bauteile benötigen
- Stromversorgung (meist 12 Volt)
- Masseverbindung
- Eingangssignale

Hydraulische Systeme benötigen
- Kraftzufuhr (elektrisch, durch Unterdruck oder Motorkraft)
- Hydraulikflüssigkeit
- dichte Leitungen
- einwirkende Kraft

Mechanische Systeme benötigen
- Verbindungen
- gängige bewegliche Teile
- Bewegungsraum
- intakte Verbindungen
- einwirkende Kraft

Ist eine dieser Grundanforderungen nicht erfüllt, liegt ein Fehler vor. Bei Ausfall einer Sicherung kann das dadurch abgesicherte elektrische oder elektronische System nicht mehr funktionieren. Ist Hydrauliköl ausgelaufen, wird irgendwo eine Kraftübertragung nicht mehr funktionieren und ganz ungewöhnliche Geräusche deuten auf ein Problem hin. Dies sind die Dinge, die Sie als Erstes überprüfen sollten. Stets die einfachen Fehlervarianten ausschließen, bevor Sie sich den teuren zuwenden.

Grundregeln zur Fehlersuche

Geraten Sie bei einem Problem nicht gleich in Panik. Halten Sie inne und vergegenwärtigen Sie sich Symptome und Begleitumstände so genau wie möglich – danach können Sie ja immer noch in Panik geraten. Versuchen Sie die Systeme in Ihrem Auto kennenzulernen, bevor ein Problem auftritt. Die Betriebsanleitung gibt einen ersten Überblick und Rat. Sie enthält viele Informationen, die einmal benötigt werden könnten. Wissen ist durch nichts zu ersetzen.
- Prüfen Sie zuerst das Offensichtliche
- Vermeiden Sie Schnellschüsse

Ein solcher Schnellschuss wäre der Austausch einer Komponente auf den bloßen Verdacht hin, sie könnte die Ursache für das Problem sein. Das kann sehr teuer werden, und Murphys Gesetz sagt: „Es ist nie so wie Sie denken."
Fangen Sie stets mit dem Billigen an: Überprüfen Sie Sicherungen, Flüssigkeitsstände, Relais und Anschlüsse, bevor Sie sehr teure Steuergeräte auswechseln.

Vorsicht:
- *Bevor Sie mit Fehlersuche oder Reparatur beginnen, machen Sie sich mit allen Sicherheitswarnungen vertraut. Einige Bauteile am 964 kann nur der Fachmann mit passender Ausrüstung überprüfen. Das sind unter anderem die Airbags, die Hochdruck-Bremsanlage (fehlt bei Carrera 2 ohne Turbo-Look und RS America) und die Klimaanlage.*
- *Nutzen Sie stets ein Multimeter, um im Auto den Strom zu messen.*

Werkzeug

Digitales Multimeter

Motorelektrik

Werkzeug: Digitales Multimeter

Fehler in der elektrischen Stromversorgung (Batterie, Lichtmaschine und Spannungsregler) können in drei Gruppen eingeteilt werden:

- Batterieprobleme
- Fehler an Lichtmaschine oder Regler
- Zu hoher Stromabfluss, der die Batterie rasch entleert

Die folgende Tabelle hilft, den Fehler zu finden.

Fehlersuche im Bereich Lichtmaschine

Symptom	Fehler	Diagnose und Reparatur
Lichtmaschinen-Warnlampe leuchtet permanent.	Keilriemen der Lichtmaschine gerissen	Keilriemen ersetzen
	Ausfall von Lichtmaschine und Regler, Lichtmaschine gibt keinen Strom ab (Batteriespannung ist bei laufendem und stehendem Motor gleich)	Lichtmaschine ersetzen
	Kabelbruch zwischen Batterie und Lichtmaschine (blau oder D+)	Alle Fehler in der Verkabelung beseitigen
Lichtmaschinen-Kontrolllampe geht beim Anlassen nicht an.	Warnlampe oder Sockel defekt	Defektes Bauteil ersetzen
	Verkabelung der Warnlampe defekt	Kabelbaum überprüfen
	Platine in der Zeituhr defekt	Zeituhrbauteil ersetzen, bei Fahrzeugen mit Airbag nach Trennen der Batterie. Bleibt die Warnlampe an, kann die interne Leiterplatte in der Uhr gebrochen sein; meist ist davon aber die Airbag-Warnlampe betroffen, manchmal aber auch die Keilriemen-Warnlampe.
Motor geht plötzlich aus	Spannungsregler erzeugt Spannungsspitzen, was normalerweise zur physischen Blockade der Lichtmaschine führt, die den Motor abwürgt.	Fehlerhaften Spannungsregler ersetzen
Quietschendes Geräusch aus dem Motorraum.	Lichtmaschine oder Keilriemen locker	Keilriemen spannen – die Keilriemen-Warnlampe betrifft nur den Keilriemen für das Motorgebläse.
Batterie entleert sich über Nacht oder nach wenigen Tagen	Schaden an Gebläse- oder Lichtmaschinenlager	Lager erneuern
	Großer Stromverbrauch bei abgestellter Zündung	Prüfen, wo der Strom abfließt

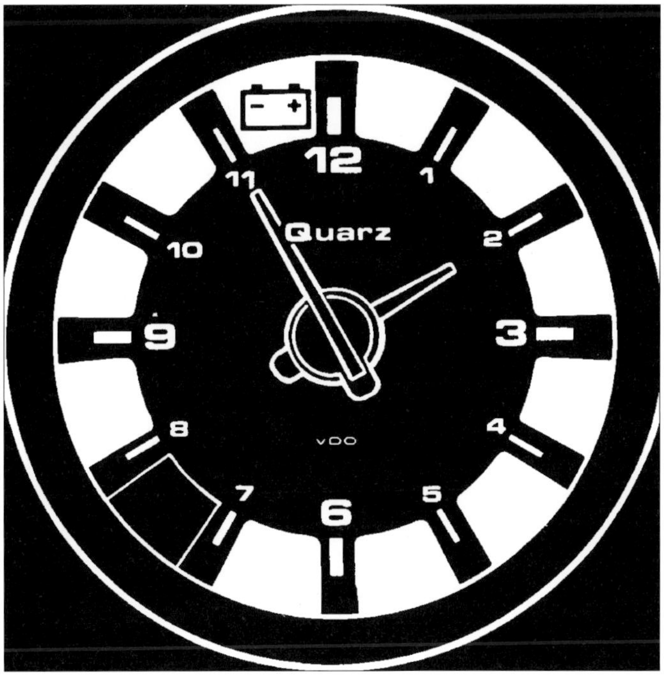

Batterie

Der Ausfall der Batterie ist nicht ungewöhnlich und erfolgt in der Regel ohne vorherige Ankündigung, wobei es allerdings kleinere Anzeichen für eine nicht hundertprozentig leistungsfähige Batterie gibt. So dauert das Anlassen des Motors länger und der Anlasser muss sich dabei hörbar mehr anstrengen. Der 964 ist von elektrischen und elektronischen Bauteilen stark abhängig, so dass die Batterie in gutem Zustand sein muss, um kräftige Beanspruchung auszuhalten. Selbst bei abgestellter Zündung wird der Batterie noch Strom entnommen.

Hinweis:
Im Normalfall braucht eine eingebaute Batterie vier bis fünf Wochen, um sich zu entladen. Diese Frist verkürzt sich durch weiteres Zubehör wie z. B. eine Alarmanlage.

Zentralelektrik

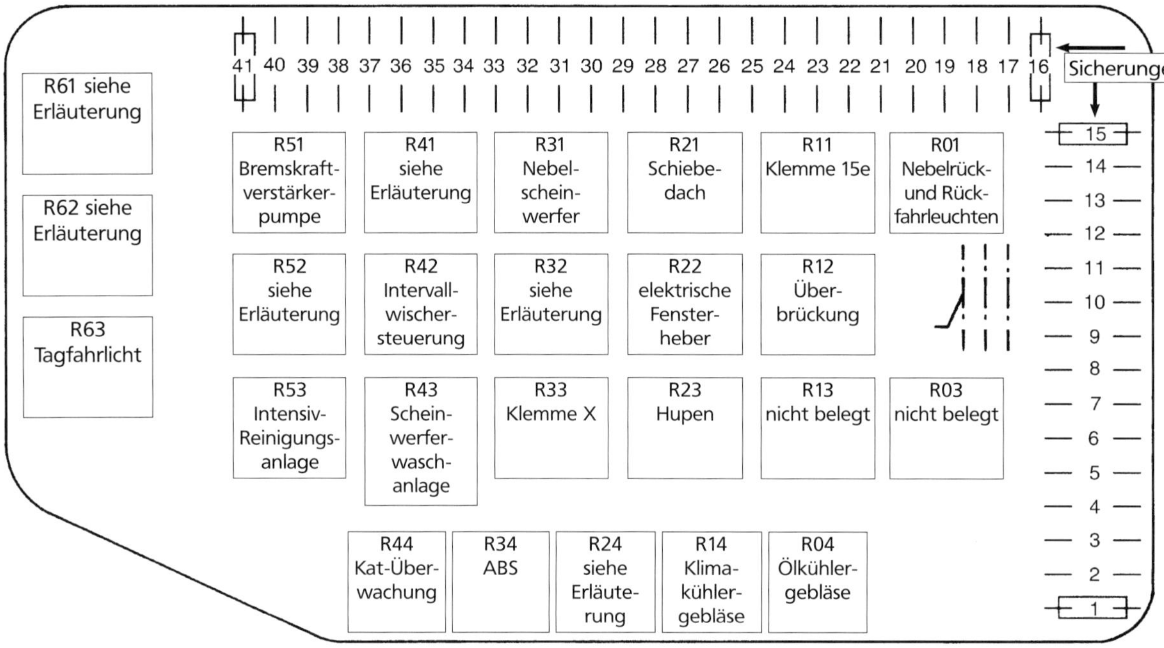

Sicherung	Wert	Funktion
1	25 A	Gebläse links und rechts vorn
2	25 A	Ölkühlergebläse
3	15 A	Doppeltonhorn
4	30 A	Fensterheber, Spiegelheizung
5		Nicht belegt
6	30 A	Sitzverstellung rechts
7	25 A	Zigarrenanzünder (Linkslenker)
8	30 A	Sitzverstellung links
9	15 A	Warnblinker (nur US-Modell bis Modelljahr 1990, sonst nicht belegt)
10		Nicht belegt
11	7,5 A	Innenbeleuchtung, Uhr
12	15 A	Zentralverriegelung, Warnblinker ab Modelljahr 1991, ggf. Bordcomputer, Modelljahr 1993 auch Uhr
13	25 A	Schiebedach, Verdeck
14	15 A	Nebelrück-, Rückfahrlampen
15	40 A	Bremskraftverstärkerpumpe
16	15 A	ABS
17	7,5 A	Heizung, Heckspoiler
18	7,5 A	Instrumente, Zentralwarnlampe
19	15 A	Bremslichter, Tempomat
20	7,5 A	Fernlicht links
21	7,5 A	Fernlicht rechts
22	7,5 A	Abblendlicht links
23	7,5 A	Abblendlicht rechts
24	25 A	Scheibenwischer, -waschanlage, Scheinwerferreinigungsanlage
25	25 A	Sitzheizung und Zigarrenanzünder (Rechtslenker)
26	15 A	beim Turbo vordere Kraftstoffpumpe, sonst nicht belegt
27	15 A	beim Turbo hintere Kraftstoffpumpe, sonst nicht belegt
28	15 A	Steuerung Heckscheibenheizung, Außenspiegelverstellung, Heckwischer
29		Nicht belegt
30	7,5 A	Blinker links hinten und Seite
31	7,5 A	Blinker links vorn
32	7,5 A	Blinker rechts vorn
33	7,5 A	Blinker rechts hinten und Seite
34	15 A	Kraftstoffpumpe, Lambdasondenbeheizung, beim Turbo nicht belegt
35	7,5 A	Motronic, beim Turbo nicht belegt
36	7,5 A	Kennzeichenbeleuchtung
37	15 A	Heckspoiler, bei Turbo und RS America nicht belegt
38	15 A	Radio, Verstärker
39	25 A	Klimakühlergebläse
40	7,5 A	Linke Positionsleuchte
41	7,5 A	Rechte Positionsleuchte

Erläuterungen zu den Relais

R24 Carrera 2 Tiptronic: Steuergerät mit Park- und Leerlaufsperre; Carrera 4 ab 1991: Geschwindigkeitssignal-Umwandler; Turbo: nicht belegt

R32 bis Modelljahr 1990: Warnblinker, danach nicht belegt

R41 Carrera 2 und 4: Kraftstoffpumpenrelais; Turbo: nicht belegt

R44 Katüberwachung (nur für Japan)

R52 Carrera 2: Geschwindigkeitssignal-Umwandler (mit Schaltgetriebe erst ab 1991); Turbo: Lambdasonden-Steuerung

R61 Anlasserrelais; Turbo: Kraftstoffpumpen

R62 Telefonsicherungen, an Klemme 15 5A, an Klemme 30 15 A

R63 Tagfahrlicht (nur für Kanada)

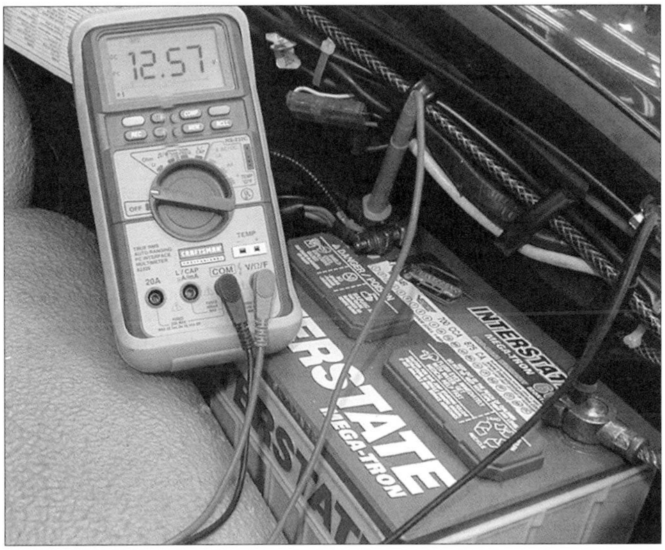

Schnelle Batterieprüfungen:

- Fahren Sie mindestens 15 Minuten. Schalten Sie dabei keine großen Stromverbraucher ein. Nach Rückkehr stellen Sie den Motor ab.
- Öffnen Sie den Kofferraum und entfernen Sie den Teppich über der Batterie.
- Stellen Sie das Multimeter-Messgerät auf Gleichstrom und messen Sie die Spannung zwischen den Batteriepolen. Sie sollte zwischen 12,4 und 12,6 Volt liegen.
- Während das Messgerät weiter angeschlossen ist, lässt ein Helfer den Motor an. Achten Sie darauf, dass beim Anlassen die Spannung nicht unter 9,9 Volt sinkt.
- Besteht die Batterie diesen Tests nicht, muss sie ausgebaut und im Fachbetrieb geprüft werden. Erweist sich die Batterie dabei als OK, liegt der Fehler bei Lichtmaschine und Regler.

Lichtmaschine und Regler

- Wenn die Batterie die vorstehenden Prüfungen besteht, prüfen Sie die Spannung zwischen den Batteriepolen mit dem Motor im Leerlauf. Die Spannung sollte zwischen 13,8 und 14,4 Volt betragen.

- Liegt sie über 14,4 Volt, ist der Regler defekt.

Vorsicht.
Wenn dieser Fehler nicht behoben wird, kann die Batterie überhitzen, ätzende Säure versprühen oder im schlimmsten Fall ganz explodieren.

- Ist die Spannung zu niedrig, so erhöhen Sie die Drehzahl, bis 13,8 Volt erreicht werden. Ist dies erst über 1200/min, so liegt ein Fehler an Lichtmaschine oder Regler vor.

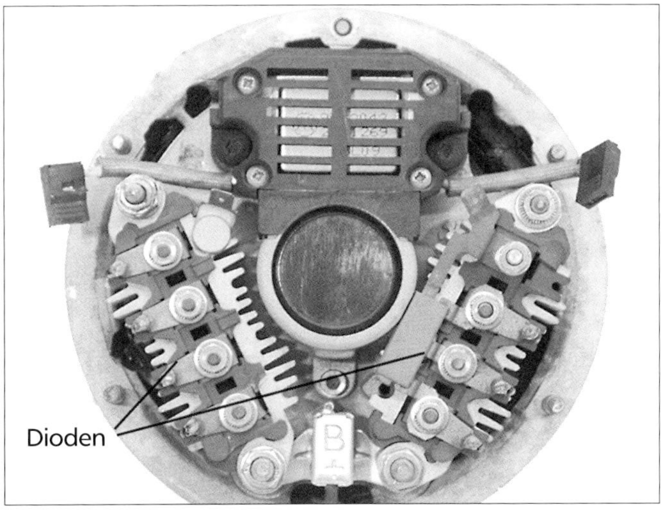

◀ Auch die Lichtmaschinendioden lassen sich rasch prüfen. Sie verraten sich mit einem Wechselstrom in der Gleichstromanlage.

Vorsicht:
Wechselstrom in der elektrischen Anlage des Fahrzeugs kann den Motor unruhig laufen lassen und empfindliche Elektronik beschädigen, insbesondere das Motorsteuergerät.

Um der zu hohen Wechselstromspannung auf die Spur zu kommen, schalten Sie das Multimeter auf Wechselstrom und prüfen die Spannung zwischen den Batteriepolen bei laufendem Motor. Diese sollte nur etwa 300 mV betragen. Ergibt sich ein deutlich höherer Wert, muss die Lichtmaschine ausgewechselt werden.

Permanenter Stromverlust

Von permanentem Stromverlust – auch Kriechstrom genannt – ist die Rede, wenn bei ausgeschalteter Zündung noch Strom aus der Batterie entnommen wird, obwohl kein Verbraucher (z. B. Alarmanlage) aktiv ist.

Hinweis:
Ein 12-Volt-Kurzschluss auf Masse wird eine Sicherung ansprechen lassen, der dadurch unterbrochene Stromkreis lässt keinen Strom mehr fließen.

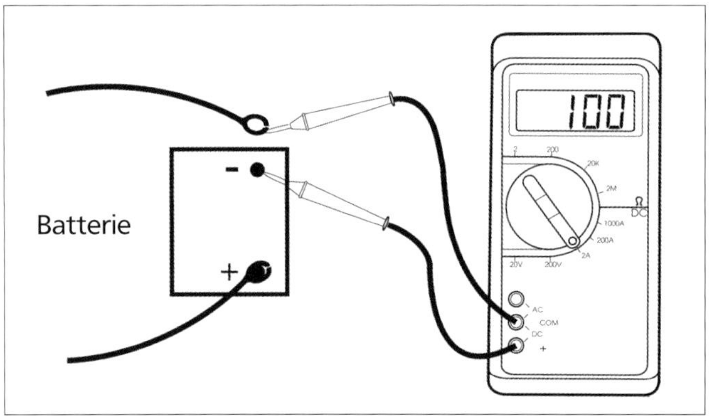

◄ Um einen permanenten Stromverlust zu diagnostizieren, klemmen Sie den Batterie-Minuspol ab. Schließen Sie das Multimeter (Anzeigebereich bis 10 A) in Reihe mit dem Batteriepol und dem entfernten Batteriekabel. Wird ein größerer Strom als 30 mA für Autos mit serienmäßigem Radio und Alarmanlage angezeigt (bei Fahrzeugen mit Zusatzausstattungen wie PSM oder mit Radio, Alarmanlage o. ä. aus dem Zubehörhandel bis 90 mA), besteht Handlungsbedarf.

Häufigste Ursachen übermäßigen Stromverbrauchs sind:
- ein Licht-Stromkreis, der Masseschluss gefunden hat
- die Schalter für Kofferraum-, Motorraum- oder Handschuhfachbeleuchtung, in denen sich z. B. Kabel für Mobiltelefone verheddert haben
- die Innenbeleuchtung

Um diese Stromkreise zu prüfen, bauen Sie die jeweilige Leuchte aus oder ziehen vorsichtig den weißen, zweipoligen Stecker ab, der die Leuchte mit dem Kabelbaum verbindet.

Hinweis:
Um herauszufinden, ob die Kofferraumbeleuchtung wirklich ausgeht, legt man einen Eiswürfel auf das Licht. Schmilzt es rasch, deutet dies darauf hin, dass die Leuchte nicht ausgeht.

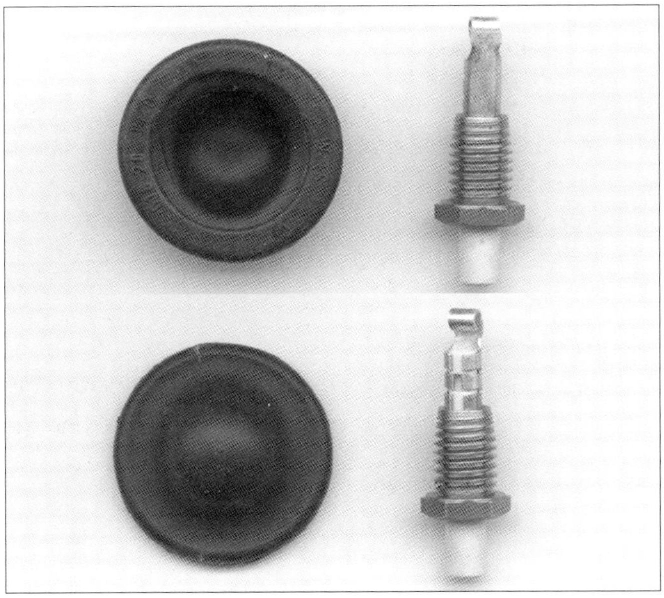

Sinkt der Stromverbrauch auf das Normalmaß, so haben Sie den Verursacher gefunden.

Normalerweise ist ein Draht am Ende eines Schalters gebrochen und berührt Masse.

Oft ist der schlecht isolierte Radioalarmschalter das Problem, wie bereits in **Kapitel 8** unter **Radio** angesprochen. Auch bei Alarmanlagen aus dem Zubehörhandel kann es zu Problemen kommen.
Autotelefone werden oft in den Radioverstärkerkreislauf eingebunden. Ziehen Sie Sicherung 38 heraus. Der Radioverstärker kann auch durch Wasser beschädigt sein; er befindet sich unter dem rechten Sitz. Fliegende Sicherungen an Geräten aus dem Zubehörhandel, die unter der Schalldämmung verlegt sind, können ebenfalls viel Strom abziehen, besonders wenn ihre Umgebung feucht ist.

Um die Ursache des Stromverlusts weiter einzukreisen, entfernen Sie eine Sicherung nach der anderen. Dies ist zwar eine einfache Methode, doch da die Batterie im Koffer- und einige Sicherungen im Fußraum untergebracht sind, ist ein Helfer eigentlich unverzichtbar, um diese ansonsten extrem zeitraubende Prozedur durchzuführen.
Dabei gehen Sie folgendermaßen vor:

◄ Entfernen Sie Sicherung 1
- Fällt die Spannung nicht, setzen Sie Sicherung 1 wieder ein.
- Entfernen Sie Sicherung 2
- Fällt die Spannung nicht, ...
- So verfahren Sie weiter, bis der schadhafte Stromkreis gefunden ist.

Ist der Defekt erst einmal eingegrenzt, beginnt die normale Fehlersuche, um dem Grund für den Stromfluss auf die Spur zu kommen. Ist der betroffene Stromkreis nicht lebenswichtig, so entfernen Sie zunächst die Sicherung und überlegen weitere Schritte. Ist der Stromkreis jedoch unverzichtbar, so muss er alsbald repariert werden.
Kann der Fehler so nicht eingegrenzt werden, gibt es ein paar seltene Fehlerquellen, die man noch überprüfen kann.

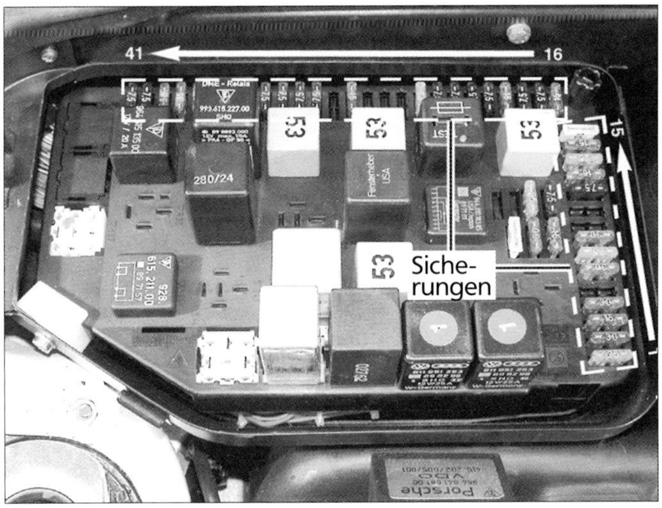

Die Zentralelektrik im Kofferraum enthält alle Sicherungen und Relais, über die konstant Strom abfließen kann. Zwei weitere Sicherungen befinden sich im Motorraum-Sicherungskasten sowie eine im Steuergerät der Alarmanlage.

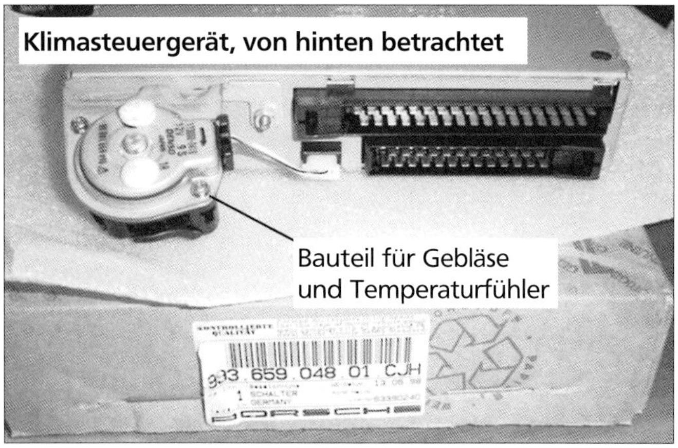

◄ Das Bauteil am Heizungs- und Klimasteuergerät mit dem Temperaturfühler und dem Gebläse kann einen Stromabfluss von ca. 0,5 A verursachen. Man kann dieses Bauteil unabhängig vom übrigen Steuergerät austauschen, wenn aber die Regelkreise für den Antrieb ebenfalls gestört sind, muss das ganze Steuergerät erneuert werden. Dieses Gerät hängt an Sicherung 1; führen Sie zuerst die weiter oben empfohlenen Prüfungen durch.

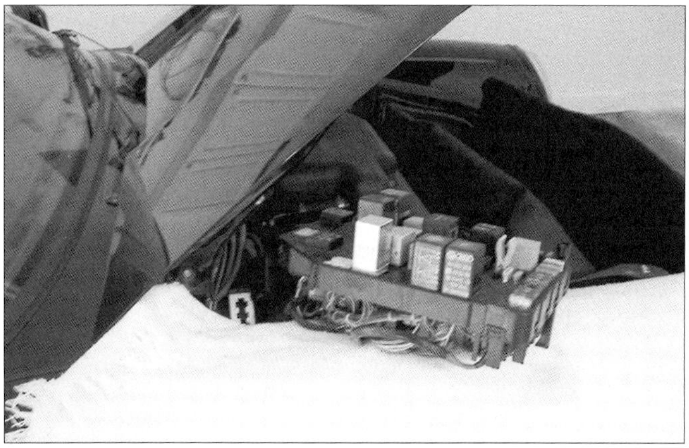

Ausgebaute Zentralelektrik

◄ Korrosion an der Zentralelektrik

Ein seltenes Problem sind Rostschäden und Ausfall der zwei verlöteten Chips im Träger des Hauptsicherungskastens (Zentralelektrik) im Kofferraum.

Um dies zu prüfen, gehen Sie folgendermaßen vor:
Klemmen Sie das Minuskabel von der Batterie ab.

- Entfernen Sie die Schrauben, mit denen der Hauptsicherungskasten befestigt ist, heben den Kasten heraus und schauen seine Unterseite an, ob dort Rostspuren an den Anschlüssen und schwarze Flecke sind, wo eigentlich die beiden Chips sein sollten.
- Entfernen Sie den Rost.
- Sind die elektronischen Bausteine sichtbar verbrannt, muss der Träger des Hauptsicherungskastens erneuert werden.

Motorsteuerung

Troubleshooting Motronic (DME)

Steuergerät und Pumpenrelais R41

Ein Fehler in Relais R41 kann folgende Probleme verursachen:

- Kraftstoffpumpe läuft nicht, wenn der Motor angelassen wird
- Motor verliert um 4000/min an Leistung
- Motor geht aus, plötzlicher Leistungsabfall
- Wiederkehrende Probleme durch mangelnden Durchzug
- Schwankende Leerlaufdrehzahl
- Motor springt trotz normal drehendem Anlasser nicht an
- Kraftstoffgeruch während der Fahrt
- Motormanagement bleibt im Open-Loop-Betrieb (bezieht das Lambdasonden-Signal nicht ein)

Es ist recht einfach festzustellen, ob das in der Zentralelektrik sitzende Relais 41 defekt ist.

Stellen Sie die Zündung ab.

Öffnen Sie den Kofferraum und entfernen Sie den Teppich (von vorn aus betrachtet) links hinter dem Tank, um an die Zentralelektrik zu kommen. Entfernen Sie die mit zwei Haken gesicherte Abdeckung.

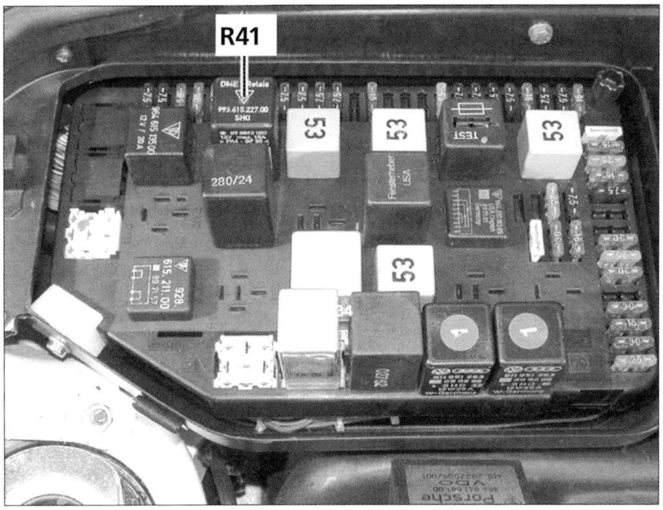

◄ Suchen Sie Relais R41 und ziehen Sie es heraus.

- Überbrücken Sie die Pole 3, 5 und 7 des Relaisanschlusses (entsprechen den Kontakten 30, 87 und 87b am Relais). Dadurch wird Strom direkt auf Motorsteuergerät und Kraftstoffpumpe geleitet.

Vorsicht:

Werden nur die Pole 3 und 7 verbunden, so erhält nur die Kraftstoffpumpe Strom. Der 964 kann dann nicht anspringen, weil die Motronic nicht mit Strom versorgt wird.

- Stellen Sie die Zündung an und starten Sie den Motor. Läuft er jetzt, so bestätigt dies den Ausfall des Relais R41.

Vorsicht:
Diese Brücke soll nur dem Zwecke der Fehlersuche dienen und eine Probefahrt zur Bestätigung der Probleme ermöglichen. Sie ist keine dauerhafte Lösung! Ersetzen Sie also baldmöglichst das – kostengünstige – Relais. Da dieses Teil mit zunehmendem Alter unzuverlässig wird, sollte ein Ersatz vorsichtshalber stets griffbereit verfügbar sein.

Hinweis:
Der einzige Weg, die Kraftstoffpumpe jetzt außer Betrieb zu setzen, ist das Entfernen der Verbindung zu Pol 7.

Hinweis:
Das im 964 ursprünglich verwendete Motorsteuer-Relais entspricht dem des 944. Man sollte dieses durch eines der späteren Bauart für den 993 ersetzen; es hat die Porsche-Ersatzteilnummer 993 615 227 00.

Fehlersuche im Bereich Motronic

Fehler	Lösung
Ungewohntes Fahrverhalten, wenig Leistung, der Motor läuft irgendwie nicht richtig.	Sichtprüfung des zweiten Verteilerriemens erforderlich; ist er mehr als 72.000 km oder fünf Jahre alt, so muss er ausgetauscht werden. Falls es fehlt, Entlüftungskit nachrüsten.
	Richtige Kraftstoffqualität? Bei zu niedriger Oktanzahl sprechen die Klopfsensoren an und verstellen die Zündung Richtung spät.
	Ausfall der Klopfsensoren verzögert die Zündung automatisch um 6 Grad (an der Kurbelwelle).
Motor springt nicht an.	Batterie schwach, Anlasser erreicht keine 30/min.
	Motronic-/Kraftstoffpumpenrelais defekt
	Magnetschalter am Anlasser defekt
Motor springt nicht an (Anlasser dreht normal, also über 30/min), Motorsteuerungs- und Kraftstoffpumpenrelais arbeitet.	Wegfahrsperre aktiviert.
	Kraftstoffmangel
	Fehler in der Zündanlage; meist sind es die Zündspulen.
	Ausfall der Kraftstoffpumpe
	Schwungrad-Drehzahlfühler defekt
	Leerlaufsteuerventil defekt
	Drosselklappe klemmt in geschlossener Stellung.
	Resonanzklappe klemmt in offener Stellung.
	Schaden an der Motronic
Motor springt nicht an (zusätzliche Lösungen für Tiptronic-Modelle).	Wählhebel-Stellungsschalter falsch justiert
	Wählhebel-Stellungsschalter defekt
	Ist der Wählhebel-Stellungsschalter falsch eingestellt oder defekt, so kann man dies über die Rückfahrscheinwerfer erkennen. Wird rückwärts gewählt und gehen die (eigentlich funktionierenden) Rückfahrleuchten nicht an, bestätigt dies ein Problem mit diesem Schalter.

Fehlersuche im Bereich Motronic (Fortsetzung)

Fehler	Lösung
Kaltstartschwierigkeiten (Motronic- und Kraftstoffpumpenrelais OK).	Zylinderkopf-Temperaturfühler. Wird ein Ausfall oder Kurzschluss vermutet, unterstellt die Motorsteuerung eine Standardtemperatur von 120 °C und stellt die Kraftstoffdosierung darauf ein, was beim Kaltstart nicht ausreicht.
Heißstartschwierigkeiten (Motronic- und Kraftstoffpumpenrelais OK).	Zylinderkopf-Temperaturfühler erzeugt zu hohen Widerstand. Der Widerstand verändert sich dann gegenüber dem kalten Zustand nicht. Die Motronic unterstellt ein kaltes Triebwerk und bildet zu fettes Gemisch.
	Kraftstoffverdunstung in der Leitung
	Überhitzte Kraftstoffpumpe
Motor springt an, läuft aber stets zu fett.	Lambdasonde defekt
	Einspritzdüse klemmt in offener Stellung.
Nach Anlassen schwankende Leerlaufdrehzahl (Motronic- und Kraftstoffpumpenrelais OK).	Gaspedal wurde beim Anlassen getreten.
	Motor war beim Anlassen heiß, Luft heiß und feucht.
	Leerlauf-Mikroschalter verstellt oder defekt
	Luftmengenmesser ölverdreckt infolge Überfüllens beim Ölwechsel oder zu viel Öls im K&N-Luftfilter (wenn ein solcher eingebaut wurde)
	Ölpeilstab nicht richtig eingeführt
	Leerlauf-Steuerventil klemmt in offener Stellung.
	Undichtigkeit in Drosselklappen- und Saugrohrbereich
	Resonanzventil klemmt in halboffener Stellung.
	Falsch programmierter Tuning-Chip aus dem Zubehörhandel eingebaut.
Leerlauf zu niedrig, Motor stirbt gleich nach dem Start ab (Motronic- und Kraftstoffpumpenrelais OK).	Eine oder mehrere Einspritzdüsen verstopft oder nur gelegentlich funktionierend.
	Korrosion am Anschluss des Motor-Steuergeräts
	Leerlaufsteuerventil klemmt in geschlossener Stellung.
	Leerlauf-Bypass (Rohrverbindung oder Schalldämpfer) undicht
	Resonanzventil klemmt in geöffneter Stellung.
	Motor zu hoch belastet, z. B. durch Klimakompressor
	Falsch programmierter Tuning-Chip aus dem Zubehörhandel eingebaut
	Katalysator verstopft
	Gegendruck aus der modifizierten Abgasanlage passt nicht.
	Leichteres Schwungrad eingebaut; besonders bei Baujahren bis 1990 problematisch; das leichte Schwungrad eignet sich für den Carrera 4 von 1989 überhaupt nicht.
	Tiptronic-Modelle hatten bis Modelljahr 1990 (L-Programm) keine den Wandler rasch freigebende Software in der Tiptronic-Steuerung. Schauen Sie zuerst nach der Teilenummer in Ihrem Fahrzeug und wählen Sie ggf. ein Steuergerät aus dem M-Programm (Teilenr. 964 618 115 01 oder 964 618 110 00, bei M114 – Tiptronic für Taiwan – 964 618 115 02. Tritt das Problem trotz installierten M-Steuergeräts besonders bei heftigem Bremsen auf, liegt ein Fehler am Wandlerventil oder im Wandler selbst vor.

Prüfen der Motronic-Sensoren

Sensor	**Testverfahren**
Motor-Temperaturfühler	Messen Sie den Widerstand zwischen Pin 45 und 30 des Anschlusses an der Motronic: 0 °C entsprechen 4,4 bis 6,8 Kiloohm 15 bis 30 °C entsprechen 1,4 bis 3,6 Kiloohm 40 °C entsprechen 1 bis 1,3 Kiloohm 80 °C entsprechen 250 bis 390 Ohm 100 °C entsprechen 160 bis 210 Ohm
Luftmassenmesser **Anschluss Luftmassenmesser** 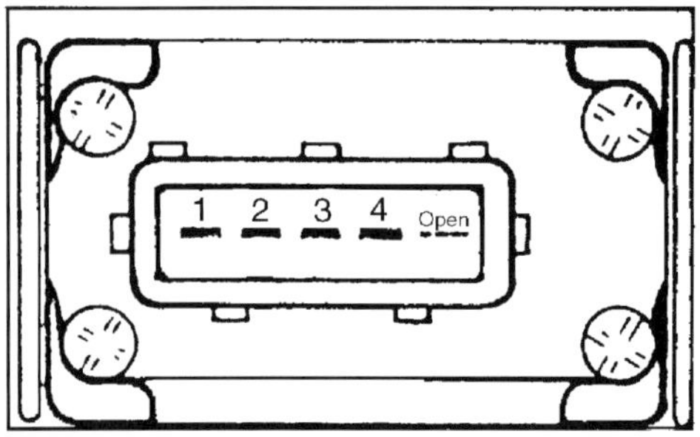	Es ist eine Breakout-Box zwischen Sensoranschluss und Sensor erforderlich. Bei geschlossener Luftmassenmesserklappe ca. 250 bis 260 mV Bei geöffneter Luftmassenmesserklappe 4,6 V Stromversorgung: 5 V Pin 2: Signalausgang Pin 3: Stromversorgung Pin 4: Masseanschluss
Leerlaufschalter **Anschluss für den Drosselklappenschalter** 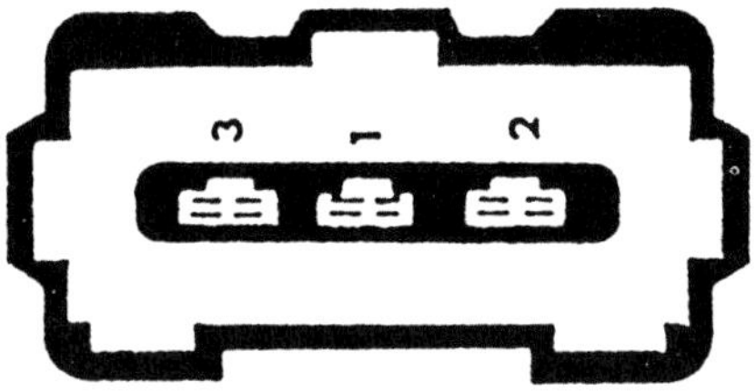 **Motronic-Stecker** 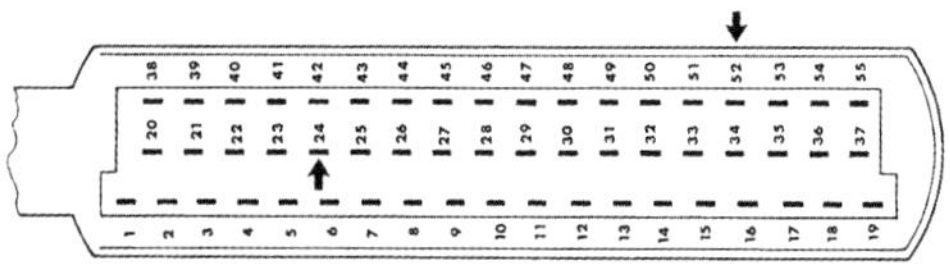	Widerstand zwischen Pin 1 und 2 des Anschlusses des Drosselklappenschalters bei geschlossener Drosselklappe unter 10 Ohm, bei 1 Grad Öffnung Stromkreis unterbrochen Die gleiche Messung kann zwischen Pin 52 und 54 des Motronic-Steckers erfolgen.
Volllastschalter **Anschluss für den Drosselklappenschalter** 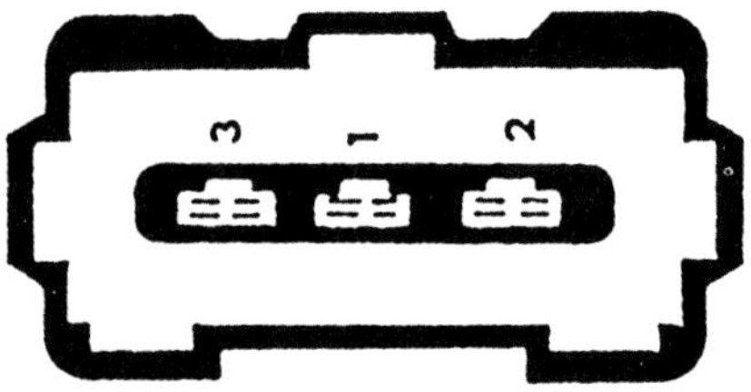 **Motronic-Stecker** 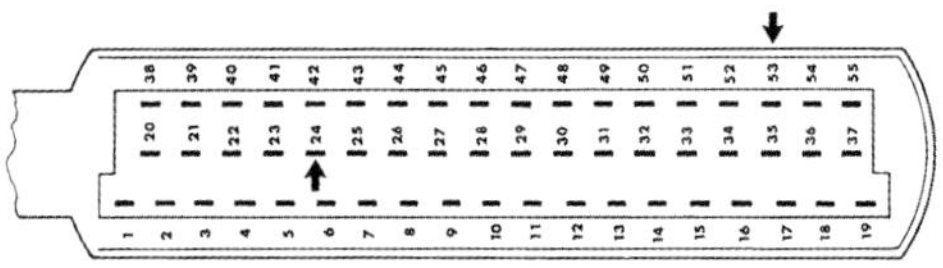	Widerstand zwischen Pin 3 und 2 des Anschlusses des Drosselklappenschalters bei geschlossener Drosselklappe: Stromkreis unterbrochen, wenn etwa zu 2/3 geöffnet unter 10 Ohm Die gleiche Messung kann zwischen Pin 53 und 24 des Motronic-Steckers erfolgen.

Prüfen der Motronic-Sensoren

Sensor	**Testverfahren**
Lambdasonde **Lambdasonden-Anschluss** 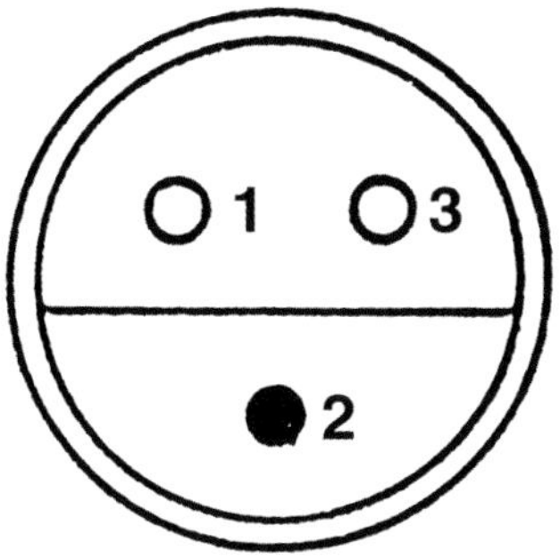	Lassen Sie den Motor länger als 90 Sekunden im Leerlauf laufen, so dass sich die Lambdasonde auf ihre Betriebstemperatur von 315 °C aufheizen kann. Klemmen Sie die Lambdasonde im Motorraum ab. Prüfen Sie mit dem Spannungsmesser zwischen dem nächsten Massepunkt und dem Test-Pol an diesem dreipoligen Stecker, das ist der Pol 2 unten (Schauen Sie genau hin, um die Ziffern auf dem Stecker richtig zu erkennen). Bei Leerlauf sollte an Kontakt 2 schwankende Spannung von 150 bis 900 Millivolt gemessen werden. Betätigen Sie das Gaspedal und lassen Sie die Drehzahl schwanken, sollte die Spannung schneller zwischen diesen Werten hin- und herschwanken. Tritt keine Veränderung ein, ist die Lambdasonde defekt (sie erzeugt ihre Signalspannung selbst). Liegt die gemessene Spannung außerhalb des angegebenen Bereichs oder ändert sie sich zu langsam, so prüfen Sie, ob auf Pol 3 (Stromversorgung für die Lambdasondenbeheizung) des Lambdasonden-Heizelements 12 Volt Spannung anliegen.
Lufteinlasstemperaturfühler **Motronic-Stecker** 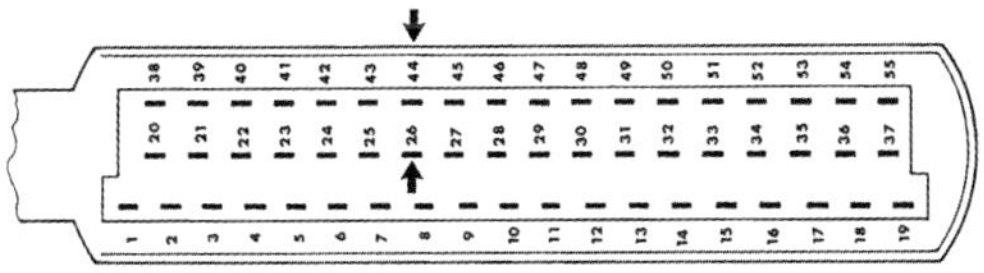	Messen Sie den Widerstand zwischen Pin 44 und 26 des Motorsteuergerät-Anschlusses: 0 °C entsprechen 4,4 bis 6,8 Kiloohm 15 bis 30 °C entsprechen 1,4 bis 3,6 Kiloohm 40 °C entsprechen 1 bis 1,3 Kiloohm
Hallsensor im Zündverteiler	Der Fühler erhält 12 Volt und Masseanschluss von der Motronic. Sein Anschluss hat drei Pole: 1 = Masse von Pin 30 der Motronic; 2 = Signalausgang Hallsensor zu Pin 8 der Motronic; 3 = 12 Volt Spannung von Pin 31 der Motronic.
Tankentlüftungsventil	Pulsiert hörbar bei Drehzahländerungen. Ist das nicht hörbar, prüfen Sie das Ventil mit Bosch-Prüfgerät 9288.
Resonanzventil im Lufteinlass	Liegt bei eingeschalteter Zündung Unterdruck an, hört man das Resonanzventil sich bewegen.
Einspritzdüsen **Stecker für Einspritzdüse** 	Die Einspritzdüsen haben pulsierende Magnetventile, die man mit etwas Anstrengung arbeiten hören kann. Einzige weitere für Hobby-Schrauber geeignete Prüfung ist der 12-Volt-Anschluss an Pol 2 des Einspritzdüsenanschlusses. Ein Oszillograph kann genutzt werden, um die Pulssignale an das Magnetventil zu prüfen. Die Wirkung von Einspritzdüsen-Reinigungszusätzen zum Kraftstoff ist nicht immer spürbar.

Prüfen der Motronic-Sensoren

Sensor	Testverfahren
Motordrehzahlsensor **Drehzahlsensorsignal** 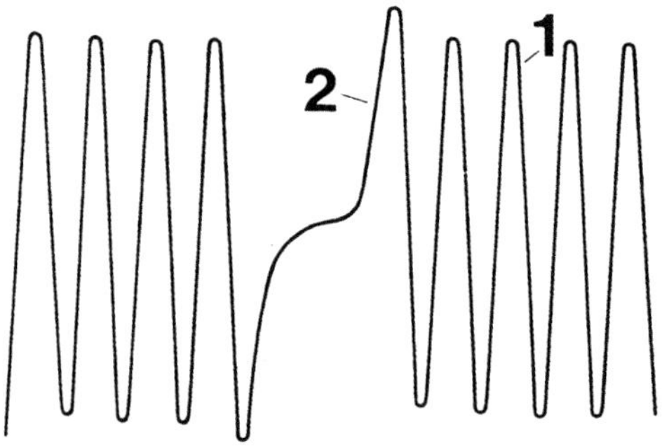 **Motronic-Stecker** 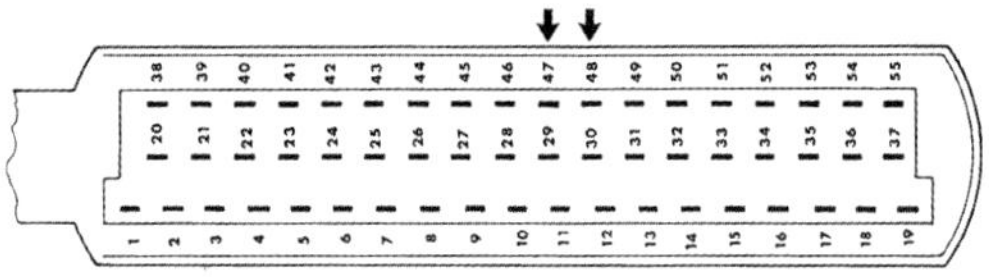	Der Sensor muss mittels Oszillograph und Breakout-Box (zwischen ein Kabel und ein Gerät geschalteter, kleiner Hardware-Zusatz, der dazu dient, Signalübertragungen zwischen Geräten zu prüfen oder umzuleiten) überprüft werden, wenn das Schwungrad oder der Sensor erneuert wurden bzw. wenn sie sonst irgendwie angerührt wurden, z. B. beim Motorausbau, und wenn nach Einbau von Tuning-Chips aus dem Zubehörhandel der Leerlauf nicht mehr zwischen 840 und 920/min liegt. Schließen Sie den Oszillographen zwischen Pin 47 und 48 des Motronic-Steckers an. Wenn die Überbrückung eingebaut und der Oszillograph an die richtigen Pins angeschlossen ist, drehen Sie den Motor mit dem Anlasser. Das Display sollte dabei Sinuskurven von mindestens 3 Volt Wechselstrom anzeigen, dazwischen immer wieder einzelne höhere für die Referenzmarkierung, verursacht durch zwei fehlende Zähne auf dem Zahnkranz um die Schwungscheibe. Wird eine Spannung unter 3 Volt angezeigt, wird der Abstand zwischen Fühler und Zahnkranz (Modelljahr 1989: 0,6-1,0 mm, danach 0,8-1,2 mm) falsch eingestellt sein. Ist das Referenzsignal trotz richtigen Abstands falsch, so ist die falsche Kombination von Schwungrad und Zahnkranz verwendet worden.
Motordrehzahlsensor **Stecker für Motordrehzahlsensor** 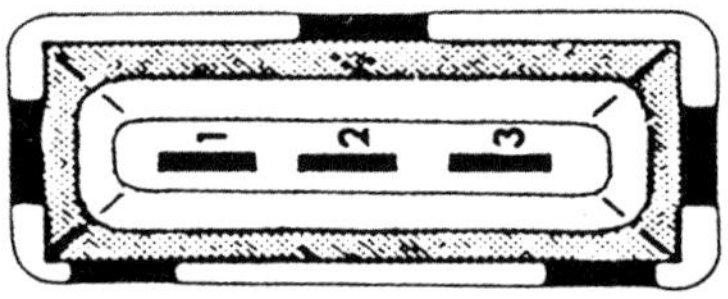 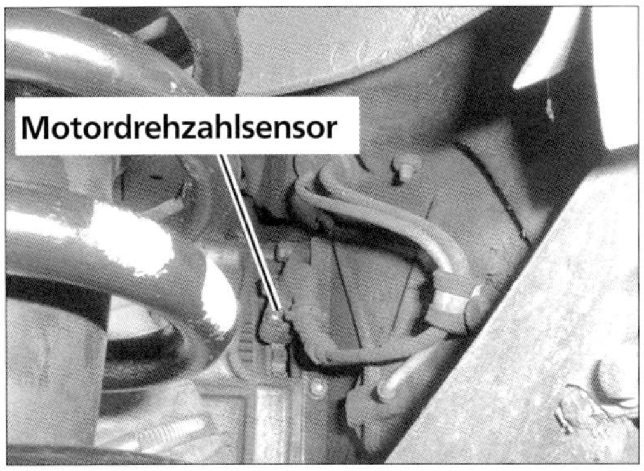	Gegenprüfung: Die Fähigkeit des Sensors, ein Signal zu erzeugen, kann auch am Sensorkontakt überprüft werden. Messen Sie dort zwischen Pin 1 und 2, ob ein Signal abgegeben wird. Schlussprüfung: Lassen Sie den Motor an, klemmen Sie den Fühler bei laufendem Motor ab. Schließen Sie den Oszillographen so an wie beim vorigen Check. Überprüfen Sie, ob Signale angezeigt werden. Schließen Sie den Pin 3 des Fühlers anschließend an Masse, die Anzeige sollte dann unverändert bleiben. Ändert sie sich, sollten Sie den Anschluss des Fühlers und den Abstand zum Zahnkranz überprüfen und auf Verschmutzungen achten.

Anschlüsse an der Bosch Motronic 2.1

Anzahl Pins	Anordnung des Anschlusses
55	am Motronic-Steuergerät unter dem linken Sitz
14	unter dem linken Sitz
12	hinten links im Motorraum
14	hinten links im Motorraum

Anschlüsse an der Bosch Motronic 2.1

Anzahl Pins	Anordnung des Anschlusses
3	Drehzahlsensor links am Motor
3	Lambdasonde links am Motor
2	Magnetventil der Tankentlüftung (Mitte Saugrohr)
4	Luftmengenmesser am Drosselklappengehäuse
2	Motortemperaturfühler links am Motor, an den Kopf von Zylinder 3 geschraubt und von unten her zugänglich
7	Zwei Zündspulenausgänge hinten im Motorraum
3	Hallsensor am Zündverteiler
3	Klopfsensor I links am Motor
3	Klopfsensor II mitten am Drosselklappengehäuse
2	Leerlaufsteuerung am Drosselklappengehäuse
2	Magnetventil der Resonanzklappe in der Mitte des Drosselklappengehäuses
2	an jedem der sechs Einspritzventile

Troubleshooting KE-Jetronic (Turbo)

Technische Daten zur Kraftstoffversorgung der Turbo-Motoren

Höhenausgleich (entsprechend Druckanstieg um 0,1 bar): ..... 965-835 mbar

Kraftstoffversorgung bei Steuerdruck ..... 160-240 ccm

Steuerdruck

bei kalter, laufender Maschine ..... siehe nebenstehendes Diagramm

Bei warmer Maschine ..... 4,3 bis 4,7 bar

Fördermenge

beider Pumpen zusammen ..... bis über 1500 ccm/min

Öffnungsdruck der Einspritzdüsen ..... 2,7 bis 3,8 bar

Volllastanreicherung

Über Ladedruck ..... über 300 mbar

Steuerdruckreduzierung ..... 0,9 bis 1,3 bar

Restdruck

Nach 10 Minuten ..... 1,6 bar

Nach 20 Minuten ..... 1,4 bar

Systemdruck

Prüfwert ..... 6,1 bis 6,8 bar

Einstellwert ..... 6,3 bis 6,5 bar

Steuerdruck im Verhältnis zum Luftdruck (auf Höhe Meeresspiegel umgerechnet)

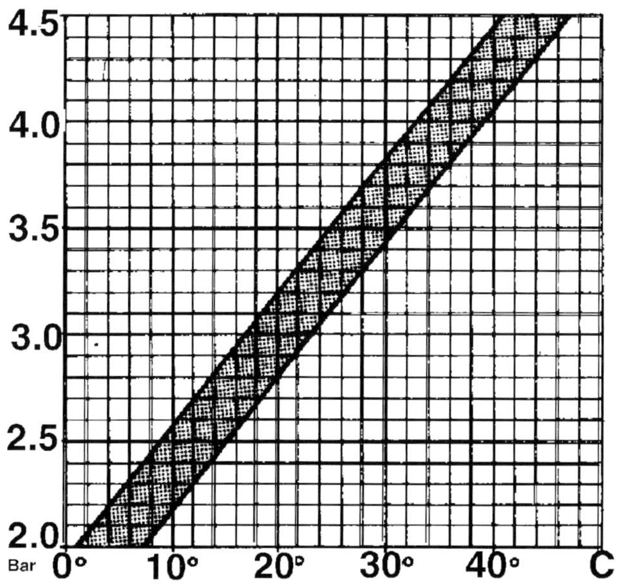

Fehlersuche am Turbo-Motor

Symptom	Mögliche Ursache	Reparaturvorschlag
Springt nicht an	Undichter O-Ring zwischen (meist falsch montiertem) Ladeluftkühler und Drosselklappengehäuse	O-Ring erneuern
	Relais R61 defekt	Relais ersetzen
	Sicherheitsschalter der Kraftstoffpumpe für zu hohen Ladedruck defekt	Schalter ausbauen und bei abgestellter Zündung überprüfen, indem die Pole bei abgestellter Zündung kurzgeschlossen werden und dadurch das Signal des normalerweise geschlossenen Schalters simuliert wird; die Kraftstoffpumpe müsste jetzt bei Anstellen der Zündung laufen.
	Kaltstartventil defekt	Anschlüsse für Strom und Masse am Kaltstartventil prüfen
	Thermoschalter oder Verkabelung defekt, so dass das Kaltstartventil nicht funktioniert	Der Thermoschalter (am linken Steuerkettengehäusedeckel, beim Turbo 3.6 an der Kurbelgehäuseentlüftung) schließt den Masseanschluss für das Kaltstartventil, wenn der Motor unter 15 °C warm ist. Der Thermoschalter ist mit einer Heizung ausgerüstet, die nur bei Betätigen des Anlassers Strom erhält. Prüfen Sie den Schalter deshalb beim Drehen des kalten Motors mit dem Anlasser.
Motor hat Anlassschwierigkeiten, schwankender Leerlauf, Motor neigt zum Klingeln oder Klopfen.	Einspritzdüsen	Prüfen Sie, ob die Düsen die volle Kraftstoffmenge abgeben und dabei einen gleichmäßigen Sprühstrahl erzeugen.
Ladedruck baut sich langsam oder überhaupt nicht auf.	Luftrückführungsventil links hinter dem Ladeluftkühler defekt	Ventil durchblasen oder mit Unterdruck beaufschlagen, es sollte keine Luft hindurch dringen und das Vakuum aufrechterhalten bleiben. Andernfalls klemmt das Ventil in offener Stellung. Prüfung während der Fahrt bei 3000 bis 4000/min im dritten Gang: Wird der Fuß vom Gaspedal genommen, sollte man deutlich ein durch Luftzug erzeugtes Zischen hören. Falls dies nicht der Fall ist, wird das Luftrückführungsventil ersetzt werden müssen.
Ladedruck gering oder fehlend	Defektes Wastegate	Bei offen klemmendem Wastegate wird der Ladedruck komplett über den linken Auspuff abgeleitet. Anlassen ist dann wegen fehlenden Gegendrucks schwierig. Wastegate reparieren oder erneuern.
Leistungsmangel	Warmlauf-Steuerdruckregler defekt	Prüfen Sie auf im rot-weißen Kabel am Druckregler, ob er Strom über Klemme 30 des Kraftstoffpumpenrelais R61 erhält. Prüfen Sie den Masseanschluss über das braune Kabel zum Motor hin. Wichtig ist, dass beide Kabel richtig (Plus und Minus nicht vertauscht) und fest am Regler montiert sind. Falsch herum montierte Anschlüsse führen zum Schaden am Regler. Ist die Verkabelung OK, wird der Regler selbst defekt sein.
	Kraftstoffversorgung	Prüfen Sie die Kraftstoffversorgung nach den dazu gegebenen Anweisungen. Der Kraftstoffdruck wird am Filterausgang gemessen. Prüfen Sie auch, • ob die Kraftstoff-Rückführungsleitung geknickt ist. • ob sich an den Kraftstoffeinspritzdüsen Kohleablagerungen gebildet haben. • ob der Kraftstoff verschmutzt ist. • ob der Kraftstofffilter verstopft ist.

Fehlersuche am Turbo-Motor

Symptom	Mögliche Ursache	Reparaturvorschlag
Triebwerk läuft in großer Höhe schlecht	Höhenkorrektur defekt	Gegenchecken, ob die Leistungsabgabe in geringer Höhe normal ist. Die Höhenkorrektur ist Teil der Steuerdruckreglung (Warmlaufregler).

Bauteile der Einspritzanlage

Bauteil	Prüfung und Anmerkung
Frequenzventil	Den Pulswert des Frequenzventils mit dem Bosch-Testgerät 9288 (Hammer) mit Modul Version-3-Software auslesen. Den Pulswert mit Oszillograph prüfen, dazu ist der Bosch L-Jetronic-Adapterstecker Teilenummer 1 684 463 093 erforderlich. Mit Digital-Multimeter Widerstand der Widerstandswicklung prüfen, er muss am Anschlusspol 2,5 Watt ergeben.
Kraftstoffverteilung	Das Bauteil wurde gegenüber dem Vorgängermodell von 1978-1989 geändert, nur wenige Bauteile passen auf beide Varianten.
Lambdasonde	Gleiche feuchtigkeitsresistente Variante wie bei den 964ern mit Saugmotor. Billigere nicht feuchtigkeitsbeständige Lambdasonden sollten Sie nicht verwenden, weil Wasser in der Sonde zum Motorabsterben oder unrundem Motorlauf führen kann, selbst bei höherer Drehzahl.
Schwungrad-Drehzahlsensor	Das Ausgangssignal wird mit dem Oszillograph getestet, indem er bei nur vom Anlasser gedrehtem Motor zwischen die Klemmen 31d und 7 des Zündungs-Steuergeräts EZ69 geschaltet wird. Bei laufendem Motor muss ein dreipoliges Adapterkabel VW-VAG 1501 direkt an die Ausgangsverkabelung des Sensors angeschlossen werden.
Bestimmung des Drosselklappengehäuses	Der Turbo 3.6 erhielt ein überarbeitetes Drosselklappengehäuse. Zur Unterscheidung muss man genau lesen: Die Gussteilnummer ist dieselbe: 930 110 530 1R, ebenso die Teilenummer 964 110 250 00. Auf dem Typenschild findet sich jedoch der Buchstabe D und das Herstelldatum. Der Turbo 3.6 wurde in den Modelljahren 1993 und 1994 angeboten, die Herstellung begann um den 1. August 1992.

Leerlaufeinstellung

Die Leerlaufeinstellung erfolgt innerhalb von 10 Minuten ab dem Öffnen des Ölkühlerthermostats; das Öl ist 90 °C heiß.

Für die US-Version des Turbo sind etwas abweichende CO-Werte im Leerlauf angegeben.

Leerlaufspezifikation

Leerlaufdrehzahl

Turbo 850-950/min

Turbo 3.6 .... 900-1000/min

CO-Wert im Leerlauf bei abgezogener Lambdasonde

Turbo .... 0,8-1,2 %

Turbo (US-Version) .... 0,6-1,0 %

Turbo 3.6 (alle Versionen) .... 0,8-1,2 %

Antrieb

ABS und PDAS (Carrera 4)

◀ Das Bosch-Testgerät 9288 kann nur zu folgenden Zwecken eingesetzt werden:

- Auslesen des PDAS-Fehlerspeichers
- Rücksetzen des PDAS-Fehlerspeichers
- Entlüftung der Sperrdifferenziale des Carrera 4
- Testen des Zentral- und des Hinterachsdifferenzials beim Carrera 4

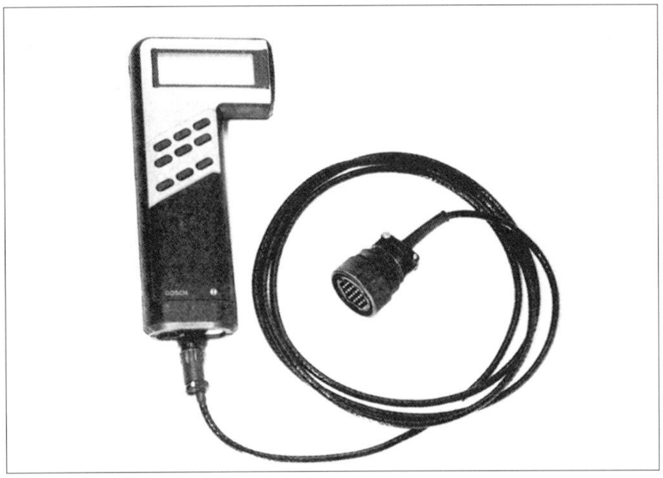

Testgerät Bosch-Hammer 9288

Die Fehlersuche im PDAS- und ABS-System setzt entweder die in diesem Abschnitt gegebenen Informationen voraus oder das Bosch ABS-2-LED-Testgerät mit für den Carrera 4 korrektem 55-poligem Anschlusskabel (Teilenummer KDAS 0003).

Vorsicht:
Probleme mit PDAS oder ABS nach Reifen- oder Felgenwechsel können auf die Größe der neuen Räder zurückzuführen sein. Sie dürfen um nicht mehr als 6 % vom Umfang der serienmäßigen Reifen abweichen. Einzelheiten dazu finden Sie in ***Kapitel 5****.*

Hinweis:
Die Fehlersuchhinweise auf den folgenden Seiten beziehen sich ausschließlich auf die Traktionskontrolle PDAS.

19-poliger Diagnosestecker im Beifahrer-Fußraum jedes 964

Fehlersuche an ABS und PDAS (Carrera 4)

Problem	Diagnose und Reparatur
PDAS-Warnlampe bleibt nach dem Anlassen an, die gelbe Traktionskontroll-Warnlampe leuchtet durchgehend, kein Warnton 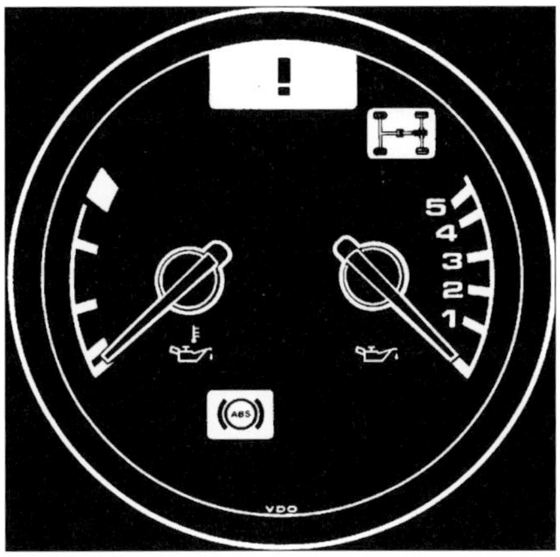	Das PDAS-Steuergerät erhält weniger als 9,9 Volt Spannung. Die Warnlampen sollten bei ca. 2000/min ausgehen, jedoch nur im Fahrbetrieb; im Stand bleiben sie gewöhnlich an.
20 bis 60 Sekunden nach Anlassen des Motors geht die Bremsdruck-Warnlampe aus, die PDAS-Warnlampe ebenfalls, fängt aber sehr schnell wieder zu leuchten an. Die ABS-Warnlampe leuchtet und der Warnton erklingt. 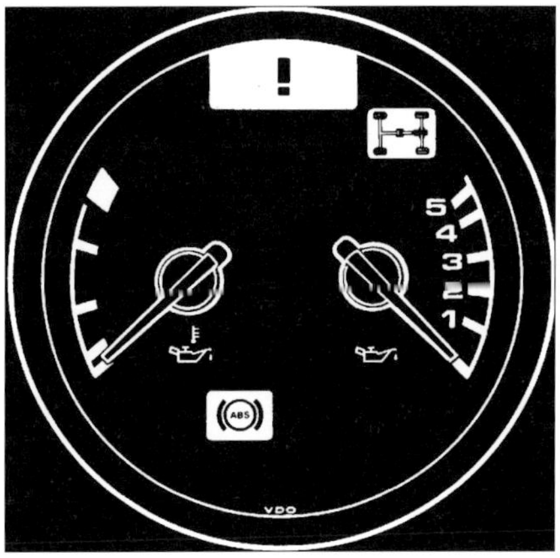	Ausfall eines statischen Bauteils. Prüfen Sie die Verkabelung des PDAS-Steuergeräts und das Doppel-Magnetventil. Erneuern Sie das PDAS Steuergerät rechts vorn im Kofferraum. Häufig wird es durch Wasser beschädigt. Achten Sie nach Abziehen des Steckers auf Wasser und Korrosion. Im Verdachtsfall und bei Feuchtigkeit am Steuergerät bauen Sie das Steuergerät aus und lassen es gründlich trocknen, einschließlich des Steckers am Kabelbaum. Es empfiehlt sich, das Steuergerät vor Wasser zu schützen. Oft sind die durch Wasser verursachten Probleme nach dem Trocknen behoben.

Fehlersuche an ABS und PDAS (Carrera 4)

Problem	Diagnose und Reparatur
20 bis 60 Sekunden nach Anlassen erlischt die Bremsdruck-Warnlampe, die PDAS-Warnlampe bleibt an; sonst geschieht nichts. 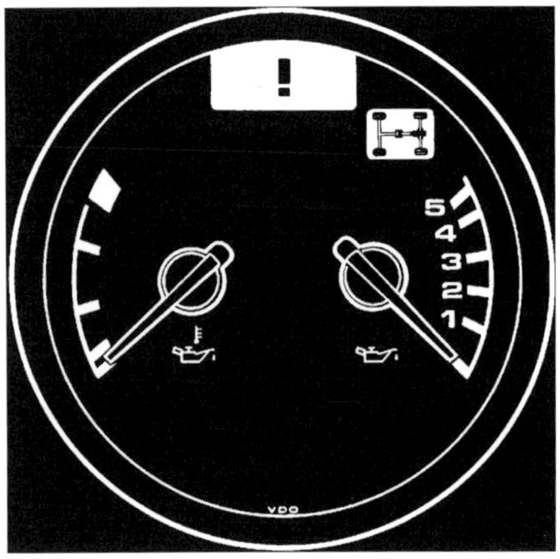	Druckproblem im Hydraulikkreislauf der Differenzialsperren. Der Druck reicht zum Bremsen aus, nicht mehr jedoch für das Betätigen der Differenzialsperren. Entlüften Sie diesen Kreislauf und überprüfen Sie ihn. Oft geht die ABS-Warnlampe nach Treten des Bremspedals an, meist während der Fahrt.
20 bis 60 Sekunden nach Anlassen erlischt die Bremsdruck-Warnlampe, die PDAS-Warnlampe und die Lampen im Kombiinstrument gehen aus. Kurz nach Erreichen von 7 km/h leuchtet jedoch die PDAS-Warnlampe und der Warnton erklingt. 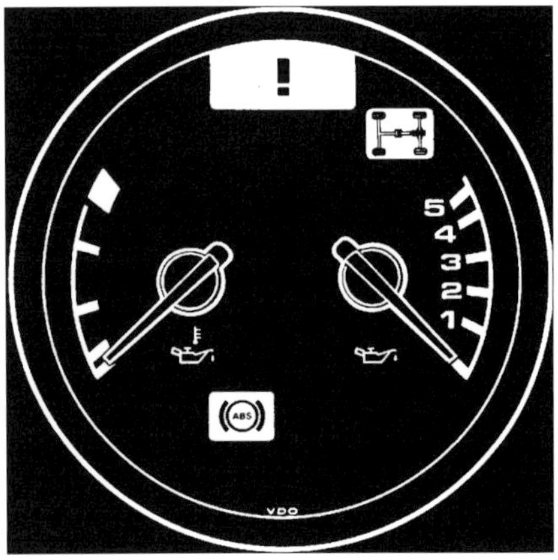	Es liegt ein Problem mit einem dynamischen Bauteil vor. Prüfen Sie die Raddrehzahlsensoren. Prüfen Sie die Differenzialsperren.

Fehlersuche an ABS und PDAS (Carrera 4)

Problem	Diagnose und Reparatur
Bei mehr als 100 km/h leuchtet plötzlich die PDAS-Warnlampe, sonst passiert nichts. Sinkt das Tempo unter 100 km/h, geht die Lampe wieder aus. 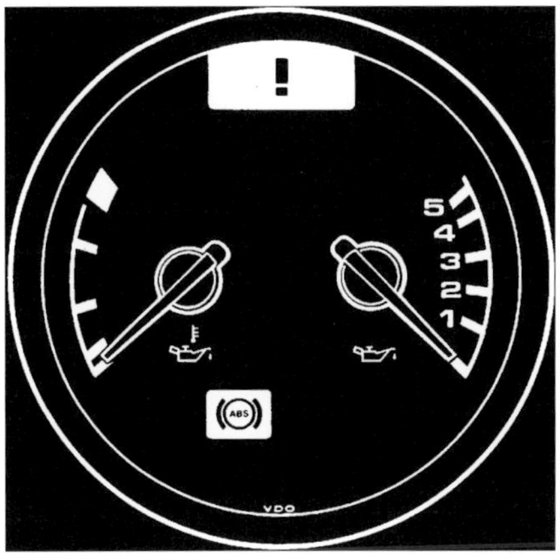	Der Längsbeschleunigungsmesser hat seine Endstellung erreicht und klemmt dort. Prüfen Sie ihn.
Alte, verbrauchte Bremsflüssigkeit	Bremsflüssigkeit alle 2 Jahre wechseln; sie wird durch die Hydraulikpumpe stark beansprucht.
Die Bremse wurde nicht vorschriftsmäßig entlüftet.	Kommt oft vor, achten Sie auf die genaue Einhaltung der Vorschriften zum Entlüften von Bremsdruckbehälter und Traktionskontroll-Sperren.
Schadhaftes Radlager	Führt zu leicht schlingerndem Rad, was den Abstand zwischen Zahnring und Raddrehzahlsensor beeinflusst. Das Steuergerät vermutet einen Defekt des Raddrehzahlsensors und stellt die Traktionskontrolle ab.

Die folgenden Fehlercodes können mit dem Bosch-Testgerät 9288 durch Anschließen an den 19-poligen Diagnosestecker des 964 ausgelesen werden. Die Fehlersuche ohne dieses Gerät ist weiter hinten in diesem Abschnitt beschrieben.

Code	Fehler
1	Ausfall des Ventils für die Hinterachs-Differenzialsperre
2	Querbeschleunigungssensor kurzgeschlossen oder offen
3	Signal des Querbeschleunigungssensors nicht plausibel
4	Toleranzeinstellung in der Hinterachs-Differenzialsperre
5	Ausfall des Steuergeräts
6	Raddrehzahlsensor vorn links
7	Raddrehzahlsensor vorn rechts
8	Raddrehzahlsensor hinten rechts (beeinträchtigt auch die Funktion des Heckspoilers)
9	Raddrehzahlsensor hinten links
10	ABS-Ventil vorn links
11	ABS-Ventil vorn rechts
12	ABS-Ventil Hinterachse
13	Ventilrelais
14	Rückführungspumpe
15	Ventil der Zentraldifferenzialsperre
16	Längsbeschleunigungssensor kurzgeschlossen oder offen
17	Signal des Längsbeschleunigungssensors nicht plausibel
18	Toleranzeinstellung in der Zentraldifferenzialsperre
19	Differenzialsperrschalter auf der Mittelkonsole

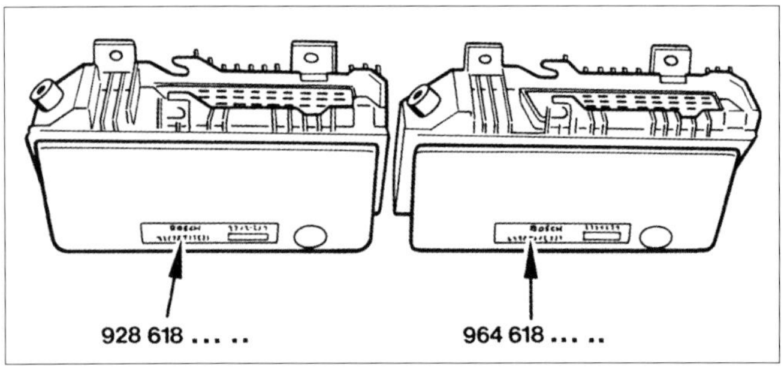

Motronic-Steuergeräte von Porsche 928 und 964

Hinweis:
Fehlercode 6 erscheint auf dem Testgerät 9288 auch, wenn versehentlich ein Steuergerät aus dem 928 eingebaut wurde. Dessen Teilenummer beginnt mit 928 618..., die richtige mit 964 618 ...

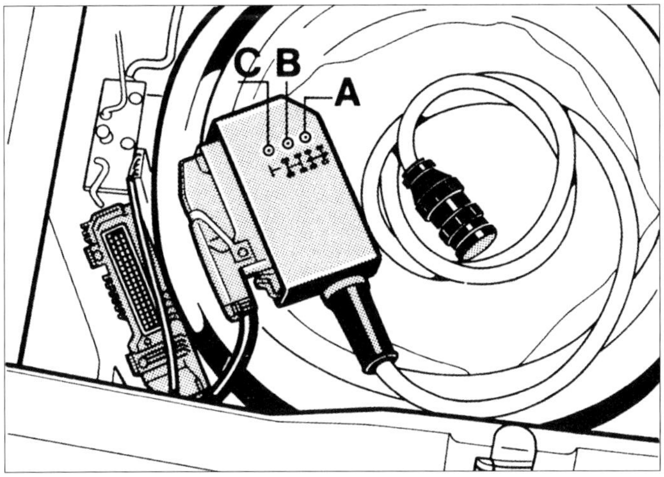

Kabelbaumadapter für LED-Testgerät

Fehlercodes des ABS-2-LED-Testgeräts

Die folgenden Fehlercodes können mit dem Bosch ABS-2-LED-Testgerät nach Anschließen an das PDAS-/ABS-Steuergerät im Carrera 4 ausgelesen werden:

Code	Fehler
11	Ausfall des Ventils für die Hinterachs-Differenzialsperre
12	Hinterachs-Differenzialsperre kurzgeschlossen oder offen
13	Signal des Querbeschleunigungssensors nicht plausibel
14	Toleranzeinstellung in der Hinterachs-Differenzialsperre
15	Ausfall des Steuergeräts
21	Raddrehzahlsensor vorn links
22	Raddrehzahlsensor vorn rechts
23	Raddrehzahlsensor hinten rechts (beeinträchtigt auch die Funktion des Heckspoilers)
24	Raddrehzahlsensor hinten links
31	ABS-Ventil vorn links
32	ABS-Ventil vorn rechts
33	ABS-Ventil Hinterachse
34	Ventilrelais
35	Rückführungspumpe
41	Ventil der Zentraldifferenzialsperre
42	Längsbeschleunigungssensor kurzgeschlossen oder offen
43	Signal des Längsbeschleunigungssensors nicht plausibel
44	Toleranzeinstellung in der Zentral-Differenzialsperre
45	Differenzialsperrschalter auf der Mittelkonsole

Hinweis:

Fehlercode 21 erscheint auch auf dem Testgerät 9288, wenn versehentlich ein Steuergerät aus dem 928 eingebaut wurde. Dessen Teilenummer beginnt mit 928 618..., die richtige mit 964 618...

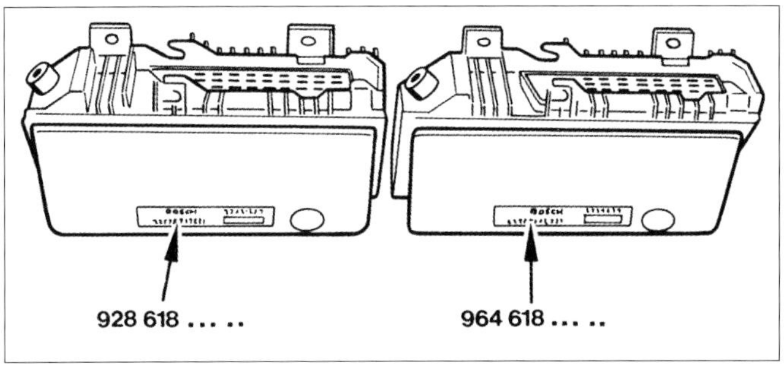

Motronic-Steuergeräte von Porsche 928 und 964

Pin-Belegungen beim ABS-Steuergerät

55-poliger Stecker des ABS/ABD-Steuergeräts

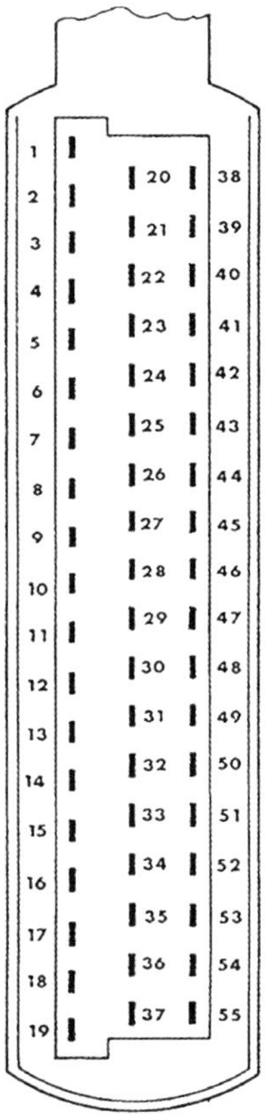

1. Stromversorgung über Klemme 15
2. Magnetventil Hinterachse
3. Masse Magnetventil vorn rechts
4. K-Kabel vom Diagnosestecker
5. Relais Pumpenmotor
6. Nicht belegt
7. Ventilrelais
8. Nicht belegt
9. Masse Beschleunigungs-sensoren
10. Raddrehzahlsensor-Signal rechts hinten für das Heckspoiler-Steuergerät
11. Stromversorgung, Klemme 30
12. Nicht belegt
13. Längsbeschleunigungssensor
14. Nicht belegt
15. Stromversorgung Beschleunigungssensoren
16. Nicht belegt
17. Spannungsüberwachung ABS-Magnetventile
18. Magnetschalter Zentral-Differenzialsperre
19. ABS-Magnetventil vorn links
20. Stromversorgung Hydraulik-pumpen- und Ventilrelais
21. Magnetventil Hinterachs-Differenzialsperre
22. ABS-Magnetventil vorn rechts
23. Spannungsüberwachung Magnetschalter Differenzialsperren
24. ABS-Warnlampe
25. Nicht belegt
26. Nicht belegt
27. D+
28. Schalter für volle Sperre
29. Bremslichtschalter
30. L-Kabel vom Diagnosestecker
31. Überwachung Pumpenmotor
32. Nicht belegt
33. Nicht belegt
34. Signal Querbeschleunigungs-sensor
35. Warnlampe für Sperre
36. Nicht belegt
37. Masse ABS-Magnetschalter vorn links und hinten
38. Nicht belegt
39. Nicht belegt
40. Pilotlicht für Sperrfunktion am Voll-Sperr-Schalter
41. Nicht belegt
42. Abgeschirmter Masse-anschluss, Raddrehzahlsensor hinten rechts
43. Signal Raddrehzahlsensor hinten rechts
44. Abgeschirmter Masse-anschluss, Raddrehzahlsensor hinten links
45. Signal Raddrehzahlsensor hinten links
46. Abgeschirmter Masse-anschluss, Raddrehzahlsensor vorn rechts
47. Signal Raddrehzahlsensor vorn rechts
48. Abgeschirmter Masse-anschluss, Raddrehzahlsensor vorn links
49. Nicht belegt
50. Nicht belegt
51. Signal Raddrehzahlsensor vorn links
52. Masse
53. bis 55. Nicht belegt

Prüfen der PDAS-Bauteile

Problem	Diagnose und Reparatur
Prüfen der Raddrehzahlsensoren 	Prüfen Sie den Widerstand der Sensoren: Stellen Sie das Multimeter auf den Bereich über 200 Ohm. Ziehen Sie den Anschluss an jedem Sensor ab und messen Sie direkt dort oder ziehen Sie den Stecker am Steuergerät ab und messen den Widerstand • vorn links zwischen Pin 51 und 48, • vorn rechts zwischen Pin 47 und 46, • hinten links zwischen Pin 44 und 45 • sowie hinten rechts zwischen Pin 42 und 43. Der Widerstand sollte jeweils zwischen 600 und 1600 Ohm liegen.

Prüfen der PDAS-Bauteile

Problem	**Diagnose und Reparatur**
Beschleunigungsproblem Beschleunigungs-messer 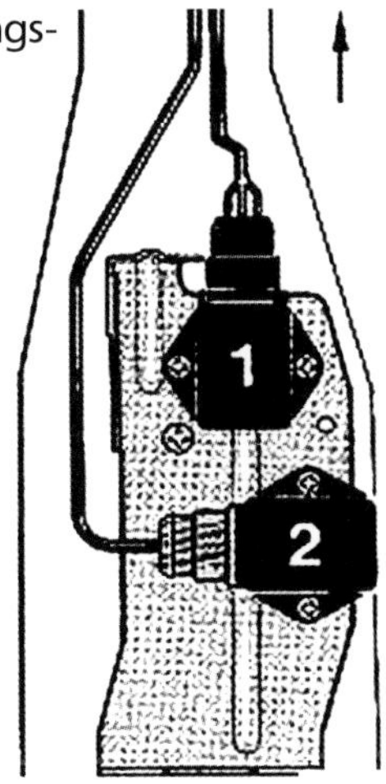 	Nur Carrera 4: Prüfen Sie die Anschlüsse zwischen Beschleunigungssensoren und Kabelbaum auf Korrosion. Prüfen Sie mit dem Multimeter die Spannung, die die Beschleunigungssensoren erreichen. Um an die Beschleunigungssensoren zu gelangen, entfernen Sie die kleine Abdeckung rechts am Mitteltunnel vor den Schaltern auf diesem. Ziehen Sie den Anschluss vom zu prüfenden Beschleunigungssensor ab. Stellen Sie die Zündung an. Auf der Zeichnung ist **(2)** der quer eingebaute Querbeschleunigungssensor mit dem Anschluss auf der linken Seite. Daran finden Sie: Pin 3: Stromversorgung mit 5 Volt Gleichstrom Pin 1: Masse Pin 2: Signal für das Steuergerät Auf der Zeichnung ist **(1)** der längs montierte Längsbeschleunigungssensor mit grau eingefärbtem Anschluss vorn. Daran messen Sie: Pin 3: Stromversorgung mit 5 Volt Gleichstrom Pin 1: Masse Pin 2: Signal für das Steuergerät
Testen der Zentral-Differenzialsperre 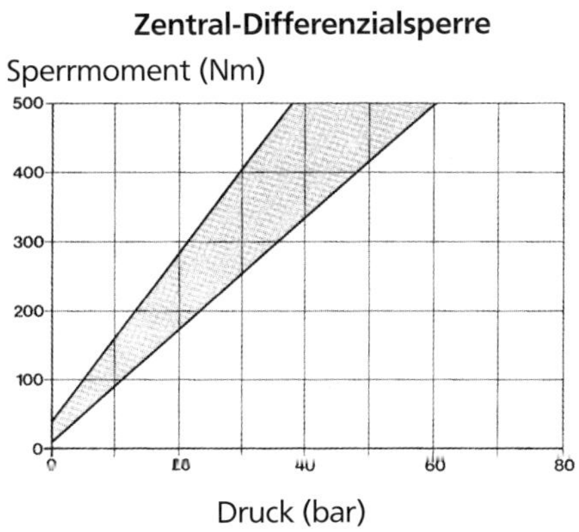 	Carrera 4: Verfahren Sie nach Abschnitt 39/45 in Band 4 (Chassis) des Porsche-Wartungshandbuchs

Prüfen der PDAS-Bauteile

Problem	Diagnose und Reparatur
Testen des Tandem-Magnetventils 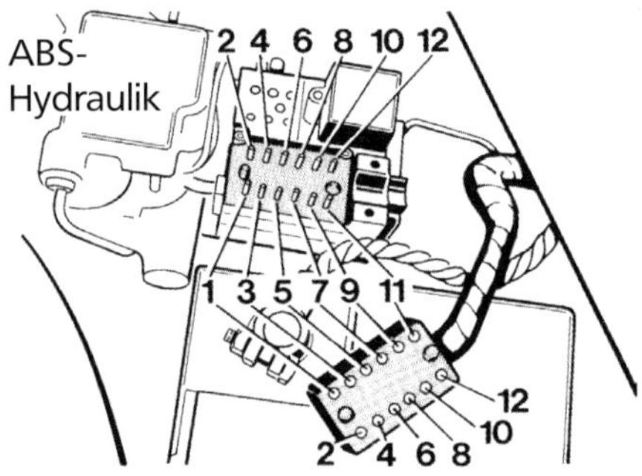 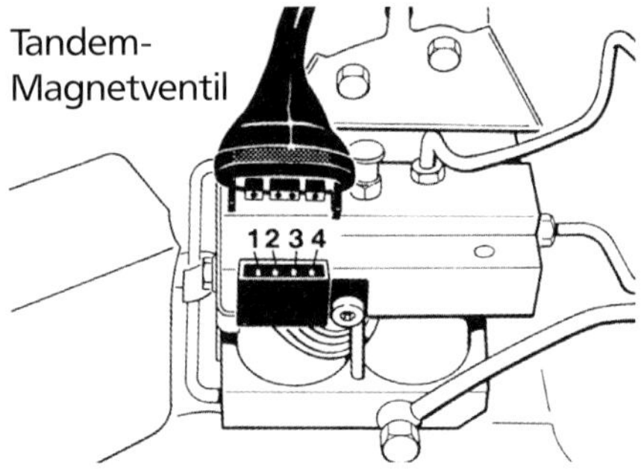	Nur Carrera 4: An jedem Ventil des ABS-Ventilblocks sind Spannung und Widerstand zu messen. Entfernen Sie die Abdeckung des Blocks, unter der sich die Stromanschlüsse verbergen. Zum Magnetventil für das Hinterachsdifferenzial messen Sie zwischen Pin **1** und **3**, zum Zentraldifferenzial zwischen Pin **2** und **4**: • Der Widerstand sollte 2 bis 4 Ohm betragen. • Falls dieser Wert gemessen wird, messen Sie die Spannung direkt am Tandem-Magnetventil hinter dem ABS-Steuergerät im Kofferraum. • Schieben Sie die Steckerabdeckung für den Kabelbaum hoch, um sich mehr Platz zu schaffen. • Stellen Sie die Zündung an. • Zwischen Pin **1** und **2** muss nun 12 Volt Gleichstromspannung anliegen.

Fahrwerk

Bremsflüssigkeitsstand und -druck

Von der Bremsanlage werden mittels Warnlampen überwacht:

- der Druck in der Hydraulikanlage (dies nur bei Hochdruck-Bremskraftvestärker)
- der Bremsflüssigkeitspegel.

Carrera 2 ohne Turbo-Look, Speedster und RS America bedienen sich anstelle des hydraulischen Hochdruck-Bremskraftverstärkers eines unterdruckbetätigten, so dass bei ihnen die Drucküberwachung entfällt.

Fehlersuche an der Bremsanlage des Carrera 4

Problem	Diagnose und Reparatur
Bremsdruck-Warnlampe, Traktionskontroll-Warnlampe und Warnton an 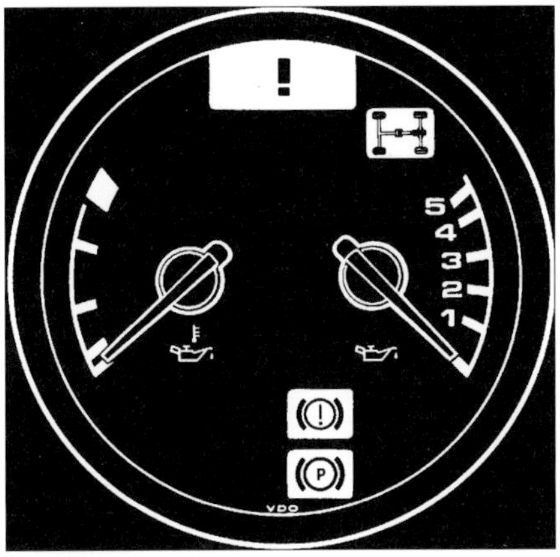  	Bremsdruck fällt unter 102 bar, sofort anhalten! Die häufigsten Gründe für diesen Defekt sind (nach Häufigkeit): Dichtungsschaden zwischen Druckschalter und Hydraulikpumpe; Hydraulikflüssigkeit gelangt in den Kofferraum. Dieser leicht erkennbare Schaden muss sofort beseitigt werden, anschließend Kofferraum säubern. Druckschalter funktioniert nicht: Mit Bremsdruck-Testausrüstung prüfen oder direkt erneuern. Ausfall Hydraulikpumpe. Wenn Bremswarnlicht und Warnton angehen, sollte die Pumpe arbeiten. Falls nicht, prüfen Sie Sicherung 15 und Relais R51. Wenn diese in Ordnung sind, liegt ein Pumpenschaden vor. Meist ist die Pumpe dann überhitzt. Ausfall des Hydraulik-Druckspeichers. Um dies zu prüfen, bedarf es spezieller Testausrüstung. ***Vorsicht:*** *Ein ausgefallener Druckschalter kann länger unentdeckt bleiben. Fällt er bei maximalem Druck aus, wird die Warnlampe nie angehen. Der Defekt ist aber daran erkennbar, dass beim Anlassen die Warnlampe nicht angeht. Geht die Warnlampe nach dem morgendlichen Kaltstart sehr schnell – schon nach ein paar Sekunden – aus, ist dies ebenfalls ein Indiz dafür.* ***Hinweis:*** *Der Carrera 4 reagiert besonders empfindlich auf zu niedrigen Bremsflüssigkeitsstand und im Vorratsbehälter schwappende Flüssigkeit.*
Bremsdruck-Warnlampe und Traktions-Warnlampe leuchten, aber kein Warnton	Niedriger Bremsflüssigkeitsstand oder Ausfall des Pegelsensors. Überprüfen Sie umgehend den Bremsflüssigkeitsstand und den Grund des Flüssigkeitsverlusts. Das Leck kann sich überall befinden, wo Bremsflüssigkeit zum Einsatz kommt. Prüfen Sie deshalb alle Hydraulikkomponenten dieser Aggregate. Bei korrektem Bremsflüssigkeitsstand (vgl. **Kapitel 2**) müssen Sie die Pegelsensor-Anschlüsse am Deckel des Bremsflüssigkeitsvorratsbehälters inspizieren und reinigen.

Fehlersuche an der Bremsanlage der Fahrzeuge mit breitem Heck

Problem	Diagnose und Reparatur
Bremsdruck-Warnlampe und Warnton an 	Bremsdruck fällt unter 102 bar, sofort anhalten! Die häufigsten Gründe für diesen Defekt sind (nach Häufigkeit): Dichtungsschaden zwischen Druckschalter und Hydraulikpumpe; Bremsflüssigkeit gelangt in den Kofferraum. Dieser leicht erkennbare Schaden muss sofort beseitigt werden, anschließend Kofferraum säubern. Druckschalter funktioniert nicht: Mit Bremsdruck-Testausrüstung prüfen oder direkt erneuern. Ausfall Hydraulikpumpe. Wenn Bremswarnlicht und Warnton angehen, sollte die Pumpe arbeiten. Falls nicht, prüfen Sie Sicherung 15 und Relais R51. Wenn diese in Ordnung sind, liegt ein Pumpenschaden vor. Meist ist die Pumpe dann überhitzt. Ausfall des Hydraulik-Druckspeichers. Um dies zu prüfen, bedarf es spezieller Testausrüstung. ***Vorsicht:*** *Ein ausgefallener Druckschalter kann länger unentdeckt bleiben. Fällt er bei maximalem Druck aus, wird die Warnlampe nie angehen. Der Defekt ist aber daran erkennbar, dass beim Anlassen die Warnlampe nicht angeht. Geht die Warnlampe nach dem morgendlichen Kaltstart sehr schnell – schon nach ein paar Sekunden – aus, ist dies ebenfalls ein Indiz dafür.*
Bremsdruck-Warnlampe leuchtet aber kein Warnton	Niedriger Bremsflüssigkeitsstand oder Ausfall des Pegelsensors. Überprüfen Sie umgehend den Bremsflüssigkeitsstand und den Grund des Flüssigkeitsverlusts. Das Leck kann sich überall befinden, wo Bremsflüssigkeit zum Einsatz kommt. Prüfen Sie deshalb alle Hydraulikkomponenten dieser Aggregate. Bei korrektem Bremsflüssigkeitsstand (vgl. **Kapitel 2**) müssen Sie die Pegelsensor-Anschlüsse am Deckel des Bremsflüssigkeitsvorratsbehälters inspizieren und reinigen.

Fehlersuche an der Bremsanlage der Fahrzeuge mit normalem Heck

Problem	Diagnose und Reparatur
Bremsdruck-Warnlampe leuchtet 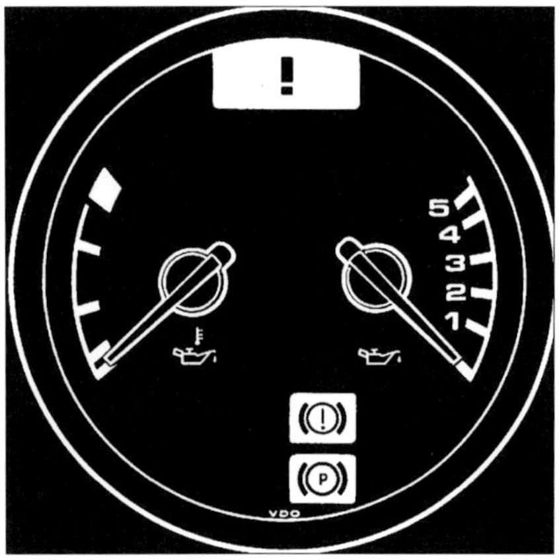	Niedriger Bremsflüssigkeitsstand oder Ausfall des Pegelsensors. Überprüfen Sie umgehend den Bremsflüssigkeitsstand und den Grund des Flüssigkeitsverlusts. Das Leck kann sich überall befinden, wo Bremsflüssigkeit zum Einsatz kommt. Prüfen Sie deshalb alle Hydraulikkomponenten dieser Aggregate. Bei korrektem Bremsflüssigkeitsstand (vgl. **Kapitel 2**) inspizieren und reinigen Sie die Pegelsensor-Anschlüsse am Deckel des Bremsflüssigkeitsbehälters.

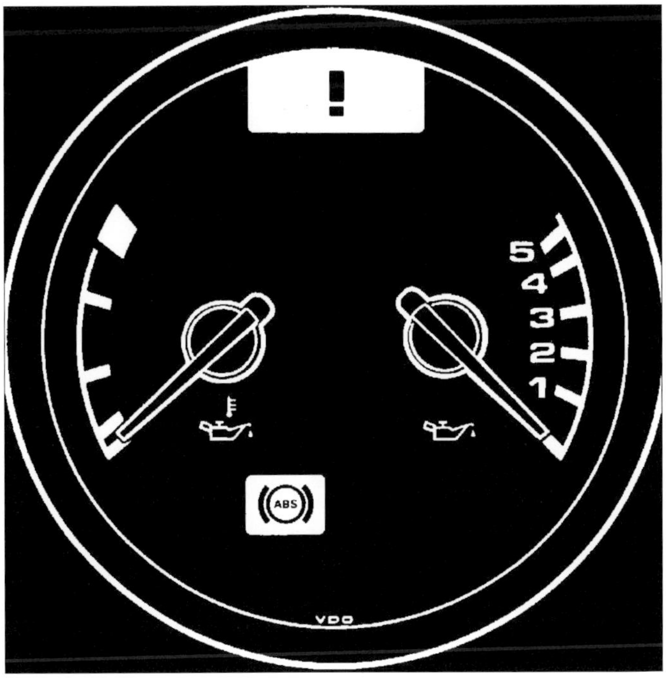

ABS

◀ Bei den 964-Exemplaren mit ABS gibt es dafür lediglich eine Warnlampe, die ABS- oder Anti-Lock-Warnleuchte. Wenn das System einwandfrei arbeitet, ist die Lampe aus.

- Die ABS-Lampe leuchtet nach dem Anlassen des Motors 2,5 bis 5 Sekunden. Geht sie dann aus, aber sofort wieder an, begleitet von einem Warnton, liegt ein Fehler in der ABS-Steuerung vor oder ein Magnetventil im Hydraulikblock ist kurzgeschlossen.
- Geht die Lampe nach dem Motorstart vorschriftsmäßig aus, aber nach ein paar Sekunden später bei einem Tempo über 7 km/h wieder an, so zeigt dies ein Problem mit den Radsensoren oder der ABS-Rückführpumpe im Ventilblock an.

Hinweis:

- *Beim Carrera 4 können diese Probleme auch auftreten. Hier muss man darauf achten, welche Warnlampe zuerst angeht. Geht die ABS-Lampe zuerst an, liegt das Problem im ABS, bei zuerst angehender PDAS-Warnlampe liegt es im PDAS-System. Erforderlichenfalls nutzen Sie die Fehlerübersicht zu den Raddrehzahlsensoren des Carrera 4. Das Überprüfen des ABS-Ventilblocks ist in beiden Fällen gleich.*
- *Wenn ABS-Probleme nach dem Reifenwechsel auftreten, könnte es an den Reifenabmessungen liegen. Der Umfang der Reifen darf nur um bis zu 6 Prozent von der serienmäßigen Ausführung abweichen.*
- *Radlagerschäden können – wie zum Carrera 4 ausgeführt – das ABS-Warnsystem auslösen. Wenn wegen eines solchen Schadens das Rad zum Schlingern neigt, wird der Abstand zwischen dem Impulsgeber und dem Sensor verändert. Das Steuergerät reagiert darauf, vermutet einen defekten Sensor und löst damit die Warnlampe aus.*

Der 19-polige Diagnosestecker sitzt bei allen 964 im Baifahrerfußraum.

ABS-Fehlercodes

Das Bosch-Testgerät 9288 (Hammer) kann nur verwendet werden:

- Für das Auslesen des Fehlerspeichers im Steuergerät
- Für das Zurücksetzen dieses Fehlerspeichers

Die Fehlersuche im ABS erfordert über die in diesem Abschnitt gegebenen Informationen hinaus das Bosch-Testgerät ABS-2-LED mit 35-poligem Adapterkabel (Teilenummer KDAS 0001) für alle 964er mit Ausnahme des Carrera 4.

Folgende Codes können mit dem Bosch-Testgerät 9288 über den 19-poligen Diagnosestecker im Beifahrerfußraum ausgelesen werden:

Code	Fehler
5	Ausfall Steuergerät
6	Raddrehzahlsensor vorn links
7	Raddrehzahlsensor vorn rechts
8	Raddrehzahlsensor hinten rechts (bewirkt auch Ausfall der Spoilerautomatik)
9	Raddrehzahlsensor hinten links
10	ABS-Ventil vorn links
11	ABS-Ventil vorn rechts
12	ABS-Ventil Hinterachse
13	Ventilrelais
14	Rückführungspumpe

Die folgenden Fehlercodes können mit dem Bosch-Testgerät ABS-2-LED direkt am ABS-Steuergerät ausgelesen werden:

Code	Fehler
15	Ausfall Steuergerät
21	Raddrehzahlsensor vorn links
22	Raddrehzahlsensor vorn rechts
23	Raddrehzahlsensor hinten rechts (bewirkt auch Ausfall der Spoilerautomatik)
24	Raddrehzahlsensor hinten links
31	ABS-Ventil vorn links
32	ABS-Ventil vorn rechts
33	ABS-Ventil Hinterachse
34	Ventilrelais
35	Rückführungspumpe

Prüfen der ABS-Bauteile

Problem	**Diagnose und Reparatur**
Prüfen der Raddrehzahlsensoren  	Prüfen Sie den Widerstand der Sensoren: Stellen Sie das Multimeter auf den Bereich über 200 Ohm. Trennen Sie den Anschluss an jedem Sensor ab und messen Sie direkt dort oder ziehen Sie den Stecker am Steuergerät ab und messen den Widerstand vorn links zwischen Pin 4 und 5, vorn rechts zwischen Pin 11 und 21, hinten links zwischen Pin 8 und 9 sowie hinten rechts zwischen Pin 24 und 26. Der Widerstand sollte jeweils zwischen 600 und 1600 Ohm liegen. ***Hinweis:*** *Beim Carrera 4 erfolgt die Messung so wie bei der PDAS-Prüfung beschrieben. Die Pin-Belegung ist hier eine andere.*
Prüfen der ABS-Ventile 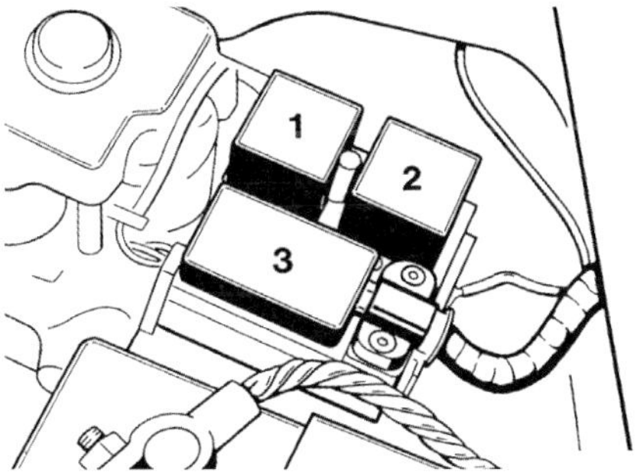 	Prüfen Sie den Widerstand der ABS-Magnetventile und stellen Sie dazu den Messbereich des Multimeters auf über 0,5 Ohm. Entfernen Sie den Deckel des rechteckigen Kastens (**3**) der Zeichnung, der direkt vor den beiden Relais (**1**) und (**2**) im Kofferraum untergebracht ist. Unter dem Deckel befinden sich die Stromanschlüsse für die Ventilsteuerung. Der Widerstand der Magnetventile für • vorn links über Pin 1 und 2, • vorn rechts über Pin 3 und 4 • sowie für die Hinterachse über Pin 4 und 5 soll jeweils zwischen 0,7 und 1,7 Ohm liegen.

Die weitere Überprüfung der ABS-Hydraulik überlasse man einem kundigen, erfahrenen Mechaniker. Diese Aggregate sind sehr zuverlässig und werden oft nur wegen falsch interpretierter Defekte ersetzt.

Pin-Belegungen beim ABS-Steuergerät

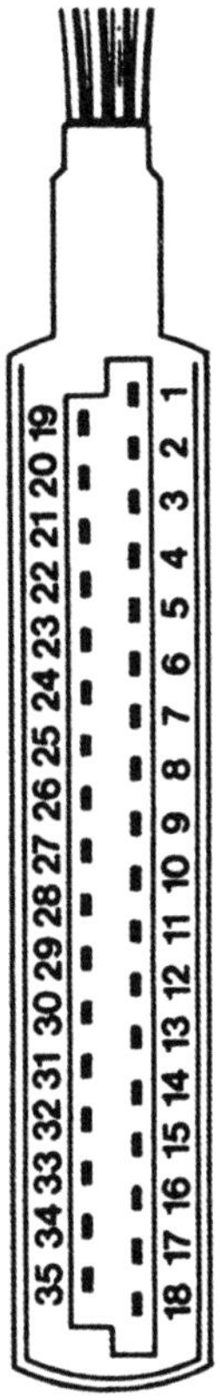

1 Stromversorgung über Klemme 15
2 ABS-Magnetventil vorn links
3 Nicht belegt
4 Abgeschirmter Masseanschluss für Raddrehzahlsensor vorn links
5 Nicht belegt
6 Raddrehzahlsensor vorn links
7 Nicht belegt
8 Raddrehzahlsensor hinten links
9 Abgeschirmter Masseanschluss für Raddrehzahlsensor hinten links
10 Masse
11 Raddrehzahlsensor vorn rechts
12 Nicht belegt
13 Nicht belegt
14 Stromversorgung Rückführungspumpe
15 Klemme 51
16 Nicht belegt
17 Signal des Raddrehzahlsensors vorn links
18 ABS-Magnetventil Hinterachse
19 Nicht belegt
20 Masse für ABS-Magnetventile
21 Abgeschirmter Masseanschluss für Raddrehzahlsensor vorn rechts
22 Nicht belegt
23 Signal des Raddrehzahlsensors vorn rechts
24 Raddrehzahlsensor hinten rechts
25 Signaleingang Bremspedalsensor
26 Abgeschirmter Masseanschluss für Raddrehzahlsensor hinten rechts
27 Relais ABS-Magnetventil
28 Relais Rückführungspumpe
29 ABS-Warnlampe
30 Signal des Raddrehzahlsensors hinten links
31 Signal des Raddrehzahlsensors hinten rechts
32 Stromversorgung für das Magnetventil-Relais
33 Nicht belegt
34 Masse ABS-Magnetventil
35 ABS-Magnetventil vorn rechts

Karosserie

Fehlersuche Heckspoiler

Problem	Diagnose und Reparatur
Heckspoiler-Warnlampe leuchtet oder blinkt, Spoiler fährt nicht automatisch aus und ein, kann mit dem Schalter nicht bewegt werden 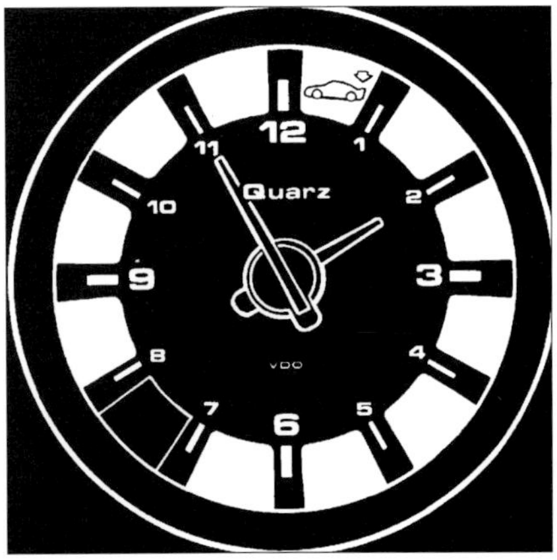	Tacho defekt, vgl. Fehlersuche Instrumente weiter unten Defekt am Heckspoiler-Steuergerät ***Hinweis:*** *Trotz des Defekts kann bei den Modelljahren 1989/90 der Spoiler bei 115 km/h doch plötzlich ausfahren. Das liegt am zusätzlichen Geschwindigkeitssignal, das es ab Modelljahr 1991 nicht mehr gab.*

Fehlersuche Heckspoiler

Problem	Diagnose und Reparatur
Heckspoiler-Warnlampe geht nicht an, Spoiler fährt bei 80 km/h aus, aber nicht wieder ein, auch nicht über den Schalter	Mikroschalter für die Eingefahren-Stellung falsch justiert oder defekt. Defekt im Spoilerantrieb
Heckspoiler-Warnlampe geht nicht an, Spoiler fährt bei 80 km/h teilweise aus, aber nicht wieder ein, auch nicht über den Schalter	Defekt im Spoilerantrieb, meist an den Zahnrädern im Getriebe. Manchmal hilft Schmieren.

Fehlersuche Schiebedach

Problem	Diagnose und Reparatur
Schiebedach bewegt sich überhaupt nicht	Sicherung 13 erneuern Relais R21 erneuern Antriebsmotor erneuern Beide Seilzüge defekt
Schiebedach öffnet und schließt nicht richtig, bewegt sich aber.	Ein Seilzug defekt

Fehlersuche Verdeck

Problem	Diagnose und Reparatur
Verdeck lässt sich nicht öffnen oder schließen, bewegt sich nicht; kein Warnton; die Warnlampe leuchtet nicht.	Sicherung 13 erneuern Antrieb der Verriegelungsmotoren defekt Schalter am Steuergerät defekt Steuergerät defekt
Verdeck lässt sich öffnen, aber nicht schließen; kein Warnton; die Warnlampe leuchtet nicht.	Sicherung 13 erneuern
Das Verdeck lässt sich nicht öffnen, die Warnlampe leuchtet.	Mikroschalter für Geschlossen-Stellung defekt Antrieb der Verriegelungsmotoren defekt
Verdeck öffnet oder schließt sich nur ein Stück weit, Warnlampe geht an.	Antrieb für das Gestänge links und rechts defekt Schaden an den Seilzügen Antriebsmotoren defekt Klemmende mechanische Bauteile
Verdeck öffnet und schließt sich sehr langsam.	Antrieb erfordert Schmierung Seilzüge erfordern Schmierung Antriebsmotoren verschlissen Klemmende mechanische Bauteile erfordern Schmierung oder Reparatur.
Verdeck öffnet sich normal, aber Warnlampe an	Mikroschalter für Offen-Stellung des Verdecks rechts oder links defekt oder falsch justiert
Verdeck schließt sich normal, aber Warnlampe an	Mikroschalter für Geschlossen-Stellung des Verdecks rechts oder links defekt oder falsch justiert

Fehlersuche Sitze

Problem	Diagnose und Reparatur
Elektrische Sitzverstellung funktioniert nicht	Sicherung 6 (rechter Sitz) oder 8 (linker Sitz) erneuern Vierwegeschalter defekt (an jedem Sitz 2 oder 3 Stück) Verkabelung beschädigt (häufigste Ursache für Defekte an den Sitzen, weil sie in den Schienen eingeklemmt werden können. Zum Überprüfen Sitz ausbauen, Anschlüsse und Kabelbaum am Wagenboden prüfen.
Ausfall der Sitzheizung	Sicherung 25 erneuern Schalter am Sitz oder Verkabelung beschädigt oder nicht angeschlossen Sitzheizungselement defekt, kann nur zusammen mit dem ganzen Sitz erneuert werden.

Fehlersuche Airbags

<table>
<tr><th>Problem</th><th>Diagnose und Reparatur</th></tr>
<tr><td>Ausfall Airbag

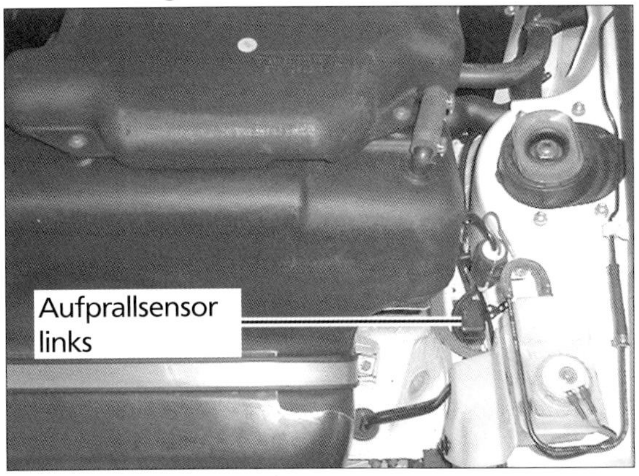

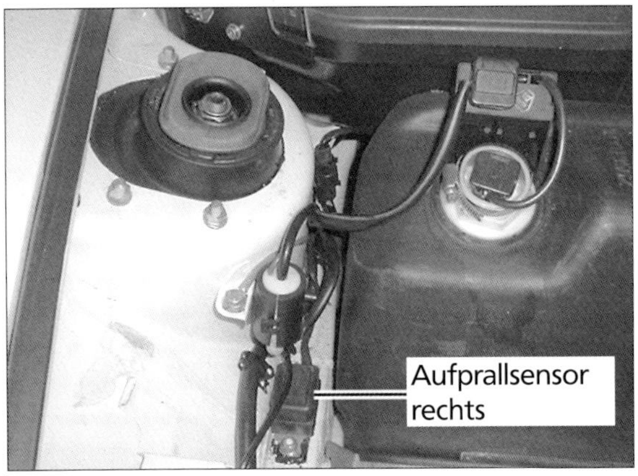

</td><td>Warnlampe mit Bosch-Testgerät 9288 zurücksetzen
(ohne das Gerät ist das nicht möglich)
Der Hobbybastler kann an den Airbags lediglich den vergoldeten Kabelanschluss an den Unfallsensoren vorn prüfen, wenn das Testgerät mit Sonderwerkzeug 9541 einen Sensorschaden meldet.
Alle anderen Arbeiten am Airbag erfordern den geschulten, ausgewiesenen Fachmann!

Hinweis:
Die Prüfung und Fehlersuche am Airbag-System ist nur mit dem Bosch-Testgerät möglich, dazu wird das Sonderwerkzeug Nr. 9541 benötigt.</td></tr>
</table>

Vorsicht:

- *Die Airbags im 964 haben eine auf 15 Jahre begrenzte Lebensdauer und müssen dann erneuert werden.*
- *Vor jeglichen Arbeiten am Airbag-System Batterie abklemmen, die Anschlüsse und Batteriepole abdecken und 20 Minuten warten bis zum Arbeitsbeginn!*
- *Beim Messen ein Multimeter für den niedrigen Ohm-Bereich verwenden. Normale Geräte haben eine interne Batterie mit 9 Volt, die den Airbag auslösen könnte.*
- *Die Zentral-Warnlampe und die Sicherheitsgurt-Warnlampe leuchten zusammen mit der Airbag-Warnlampe, wenn ein Fehler abgespeichert wurde.*

Vorsicht:

- *Ein kleiner Fehler kann zum Auslösen des Airbags führen – eine Reparatur kostet dann mehrere tausend Euro.*
- *Wenn bei einem 964 mit Airbag an der Zeituhr gearbeitet werden soll, zunächst die Batterie abklemmen. Ansonsten könnte eine Fehlermeldung im Airbag-System entstehen, die mit dem Bosch-Testgerät wieder gelöscht werden müsste.*

Fehlersuche an der Klima- und Heizungsanlage

Hinweis:

- *Die Bezeichnungen links und rechts beziehen sich im Folgenden auf die Blickrichtung in Fahrtrichtung. Die Bezeichnungen Fahrer-/Beifahrerseite wären wegen der Links- und Rechtslenker-Versionen missverständlich.*
- *Die Heizung und Klimatisierung der Sauger und Turbos ist fast gleich, jedoch haben die Turbos hinten zwei Gebläse, die Sauger nur eines. Auf diese Unterschiede wird gegebenenfalls in Klammern eingegangen.*

Fehlersuche Klimaanlage

Problem	**Diagnose und Reparatur**
Klimakompressor läuft nicht an.	Sicherung der Kompressorkupplung defekt Relais für die Stromversorgung des Kompressors defekt Kompressorkupplung defekt Verkabelung oder Kabelanschluss in der Kompressorkupplung defekt Dreiebenen-Druckschalter aktiv, weil kein Druck aufgebaut ist. Dreiebenen-Druckschalter defekt
Der Kompressor läuft immer nur kurzzeitig.	Dreiebenen-Druckschalter spricht wegen Druckproblemen an. Meist liegt die Ursache beim Klimakühlergebläse, das auf keiner Stufe läuft. Dreistufiger Druckschalter defekt
Klimakompressor kuppelt ein, keine Kühlwirkung	Hoch- und Niederdrucksystem prüfen Falls nötig, Wartung oder Reparatur durchführen Der Drucktest ist die wichtigste Erstprüfung. Beachten Sie, dass die Klimaanlage weit weniger effizient arbeitet als bei anderen Fahrzeugen, wenn nicht ein stärkerer Kompressor nachgerüstet wurde.
Keine Kühlung rechts, links oder überall Klimakühlergebläse läuft nicht auf niedriger oder hoher Stufe.	Die entsprechende Luftverteilklappe klemmt in Heizstellung. Sicherung erneuern Relais erneuern Gebläseausfall; zur Überprüfung der Funktion auf hoher Stufe Relais R14 entnehmen und Pin 30 und 87 überbrücken, so dass das Gebläse direkt 12 Volt Strom erhält. Läuft das Gebläse jetzt schnell, Fehlersuche nach den folgenden Anweisungen fortführen. Ansonsten ist das Steuergerät defekt.
Klimakühlergebläse läuft nur auf der niedrigen Stufe.	Temperaturfühler ausgefallen bei unterbrochenem Stromkreis. Klimakühlergebläse-Relais erneuern
Klimakühlergebläse läuft nur auf der höheren Stufe.	Ballastwiderstand bei unterbrochenem Stromkreis ausgefallen Klimakühlerrelais erneuern
Klimakühlergebläse läuft immer auf niedriger Stufe.	Klimakühlergebläse-Relais erneuern
Klimakühlergebläse läuft immer auf hoher Stufe.	Temperaturfühler bei geschlossenem Stromkreis ausgefallen Klimakühlergebläse-Relais erneuern
Klimakühlergebläse mal an, mal aus	Ballastwiderstand schadhaft, aber noch nicht ganz ausgefallen. Ursache sind meist Säuredämpfe von der Batterie, deren Entlüftungsschlauch direkt über dem Ballastwiderstand endet.

Fehlersuche Heizungsanlage

Problem	**Diagnose und Reparatur**
Keine Warmluft links, rechts oder überall	Jeweilige Luftklappe klemmt in Kalt-Stellung
Keine Warmluft aus Fußraum-Ausströmen	Servoventil für Fußraum defekt
Heizung funktioniert, aber mit schwankenden Temperaturen	Verschmutzung des Temperaturfühlers am Steuergerät Schaden am Gebläsebauteil für den Temperaturfühler Mischkammerklappen funktionieren nur zeitweise
Hintere/s Gebläse funktionieren entweder nur auf niedriger oder auf hoher Stufe	Gebläsesicherung erneuern Gebläsesteuerungsrelais erneuern Gebläse ausgefallen Steuergerät ausgefallen
Hintere/s Gebläse nur auf niedriger Stufe funktionsfähig	NTC-Temperaturfühler bei unterbrochenem Stromkreis ausgefallen

Fehlersuche Heizungsanlage

Problem	**Diagnose und Reparatur**
Steuerrelais für Gebläse in niedriger Stufe klemmt	Unter diesen Bedingungen kann der Motor auf zusätzliche Kühlung angewiesen sein. Der Defekt ist schwer erkennbar. Zuverlässig ist nur das regelmäßige Auslesen des Fehlerspeichers mit dem Bosch-Testgerät 9288.
Hintere/s Gebläse funktioniert trotz eingeschalteter Heizung nicht oder nur während der Fahrt gelegentlich auf hoher Stufe	Ballastwiderstand für hintere/s Gebläse in geschlossenem Stromkreis ausgefallen ***Hinweis:*** *Prüfen Sie, ob der Ballastwiderstand angeschlossen ist.*
Hintere/s Gebläse läuft stets auf hoher Stufe, auch bei abgestellter Zündung.	NTC-Temperaturfühler bei geschlossenem Stromkreis ausgefallen Motorgetriebener Gebläseriemen gerissen
Vordere Gebläse funktionieren auf keiner Stufe einschließlich 0.	Sicherung 1 für die beiden vorderen Gebläse erneuern Gebläse-Endverstufe ausgefallen oder überhitzt Ausfall des Steuergeräts
Gebläse scheinen sich automatisch ein- und abzustellen bei Temperatureinstellung über 21 °C.	Meist ist ein Kurzschluss im Stromkreis für hintere/s Gebläse die Ursache. Prüfen Sie diesen, beginnend mit der Sicherung im Motorraum-Sicherungskasten. Funktionieren der Widerstand für hintere/s Gebläse und das/die Gebläse selbst (muss/müssen im Heizbetrieb stets auf niedriger Stufe laufen)?
Trotz gewählter Defrosterfunktion wird keine Luft gegen die Windschutzscheibe geblasen.	Defroster-Stellmotor defekt
Die Lüftungsdüsen liefern keine Frischluft.	Frischluft-Stellmotor defekt.

Fehlersuche Ölkühlerventilator

Problem	**Diagnose und Reparatur**
Ölkühlergebläse läuft nicht auf niedriger oder hoher Stufe.	Ölkühlersicherung erneuern Ölkühler-Relais erneuern Ölkühlergebläse defekt. Zur Prüfung Relais R04 entfernen und Pin 30 und 87 überbrücken, so dass das Gebläse direkt 12 Volt erhält. Läuft das Gebläse nun auf hoher Stufe, bei der Fehlersuche weiterlesen. Ansonsten Ausfall des Steuergeräts.
Ölkühlergebläse läuft nicht auf hoher Stufe, wohl aber auf niedriger.	Ölkühler-Temperaturfühler in unterbrochenem Stromkreislauf ausgefallen Ausfall Ölkühlergebläse-Relais
Ölkühlergebläse lauft auf hoher, nicht aber auf niedriger Stufe.	Ballastwiderstand bei unterbrochenem Stromkreis ausgefallen Ausfall Ölkühlergebläse-Relais
Ölkühlergebläse läuft ständig auf niedriger Stufe.	Ausfall Ölkühlergebläse-Relais
Ölkühlergebläse läuft ständig auf hoher Stufe.	Ausfall Ölkühler-Temperaturfühler bei geschlossenem Stromkreis Ausfall Ölkühlergebläse-Relais Bei Tiptronic: Ausfall ATF-Temperaturfühler bei geschlossenem Stromkreis
Ölkühlergebläse geht mal an, mal aus.	Beschädigter, aber noch nicht ganz ausgefallener Ballastwiderstand, verursacht durch Korrosion oder Hitze

Fehlersuche an der Elektrik

Fehlersuche Fensterheber

Problem	Diagnose und Reparatur
Beide Fensterheber ausgefallen	Sicherung 4 erneuern Fensterheber-Relais R22 erneuern
Nur ein Fensterheber ausgefallen	Schalter defekt. Man kann sie leicht aus der Verkleidung ziehen und erneuern. Antriebsmotor defekt Antrieb defekt. Evtl. Klemmen beheben, dazu befindet sich im Werkzeugsatz ein Torx-Bit. Entfernen Sie den kleinen Lautsprecher oben in der betroffenen Tür. Schneiden Sie ein kleines Loch in die Kunststoffverkleidung der Tür und bewegen Sie den Torx-Schraubenkopf, der durch dieses Loch sichtbar wird. Damit das Fenster herauf- oder herunterkurbeln. Funktion der elektrischen Fensterheber anschließend nochmals prüfen.

Fehlersuche Scheibenwischer und -wascher

Problem	Diagnose und Reparatur
Ausfall der Scheibenwischer vorn	Sicherung 4 erneuern Relais R42 erneuern Defekt im Lenksäulen-Bauteil Antriebsmotor defekt
Intervallschaltung defekt	Prüfen Sie die Intervalleinstellung am Lenkstockhebel.
Ausfall Heckwischer	Sicherung 28 erneuern Heckwischerrelais auf dem Heckwischermotor defekt Heckwischermotor defekt
Heckscheibenheizung defekt	Sicherung im Motorraum-Sicherungskasten erneuern Relais im Motorraum-Sicherungskasten erneuern Heizelement beschädigt – Heckscheibe erneuern
Ausfall Scheibenwaschanlage	Sicherung 24 erneuern Waschwasserpumpe defekt Defekt im Lenksäulen-Bauteil
Ausfall Scheinwerferwaschanlage	Sicherung 24 erneuern Waschwasserpumpe defekt Defekt im Lenksäulen-Bauteil
Ausfall- Intensiv-Reinigungsanlage	Sicherung 24 erneuern Waschwasserpumpe defekt Defekter Schalter an Armaturentafel Relais R53 erneuern

Fehlersuche Außenspiegel

Problem	Diagnose und Reparatur
Elektrische Außenspiegel nicht verstellbar **Fahrerseite** 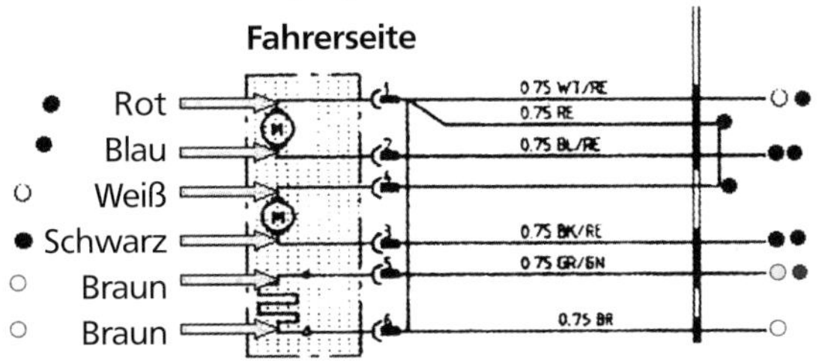 **Beifahrerseite** 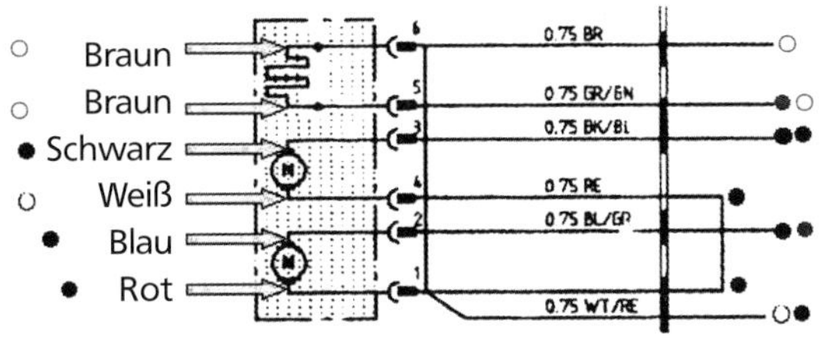 	Sicherung 4 erneuern Antriebsmotor defekt Verkabelung in Tür beschädigt Stromversorgung für Stellmotor bereits ab Schalter gestört. Oft reicht dafür das Entfernen der Innenverkleidung, sollte eine Verbindung nicht ordentlich hergestellt sein und sich lösen.
Außenspiegelheizung defekt	Sicherung 4 erneuern Verkabelung in Tür beschädigt Stromversorgung für Heizwendel bereits ab Schalter gestört. Oft reicht dafür das Entfernen der Innenverkleidung, sollte eine Verbindung nicht ordentlich hergestellt sein und sich lösen.

Fehlersuche Fahrzeugbeleuchtung

Problem	Diagnose und Reparatur
Ausfall beider Scheinwerfer	Beide Leuchtmittel defekt Ausfall Lichtschalter
Abblendlicht geht, Fernlicht nicht.	Schaden im Lenksäulen-Bauteil
Ein Fern- oder Abblendlicht geht nicht.	Fernlicht links: Sicherung 20 erneuern Fernlicht rechts: Sicherung 21 erneuern Abblendlicht links: Sicherung 22 erneuern Abblendlicht rechts: Sicherung 23 erneuern
Ausfall Rückleuchten	Sicherung 19 erneuern
Ausfall eines Rücklichts oder beider, Scheinwerfer funktionieren beide	Ein oder beide Leuchtmittel defekt Korrosion im Rückleuchten-Bauteil Korrosion an den Rückleuchten-Anschlüssen
Beide Bremsleuchten ausgefallen	Sicherung 19 erneuern Bremspedal-Schalter erneuern
Ein Bremslicht und zugehöriges Rück-licht ausgefallen	Leuchtmittel defekt Korrosion im Rückleuchten-Bauteil Korrosion an den Rückleuchten-Anschlüssen
Erhöhte Blinkerfrequenz	Ein Leuchtmittel defekt Blinker hinten links: Sicherung 30 erneuern Blinker vorn links: Sicherung 31 erneuern Blinker vorn rechts: Sicherung 32 erneuern Blinker hinten rechts: Sicherung 33 erneuern Korrosion am Blinker

Fehlersuche Fahrzeugbeleuchtung

Problem	Diagnose und Reparatur
Seitenblinker links oder rechts ausgefallen (soweit vorhanden)	Leuchtmittel defekt Linker Seitenblinker: Sicherung 40 erneuern Rechter Seitenblinker: Sicherung 41 erneuern
Blinker links oder rechts funktioniert insgesamt nicht.	Relais R32 erneuern Defekt im Lenksäulen-Bauteil
Ausfall beider Nebelscheinwerfer	Sicherung 14 erneuern Defekt des Schalters an der Armaturentafel Relais R31 erneuern
Ausfall eines Nebelscheinwerfers	Leuchtmittel defekt Korrosion im Nebellampen-Bauteil Aufhängung beschädigt (Verschmutzung)
Ausfall beider Nebelrückleuchten	Sicherung 14 erneuern Defekt des Schalters an der Armaturentafel Relais R01 erneuern
Ausfall einer Nebelrückleuchte	Leuchtmittel defekt Korrosion am Nebelrückleuchten-Bauteil
Ausfall beider Rückfahrleuchten	Sicherung 14 erneuern Rückwärtsschalter oder dessen Verkabelung defekt Relais R01 erneuern
Ausfall einer Rückfahrleuchte	Leuchtmittel defekt Korrosion am Rückfahrleuchten-Bauteil

Fehlersuche Innenbeleuchtung

Problem	Diagnose und Reparatur
Komplettausfall	Sicherung 11 erneuern
Ausfall einzelner Leuchte	Leuchtmittel defekt Zugehöriger Kontaktschalter defekt Korrosion im Leuchtenbauteil

Fehlersuche Alarmanlage

Problem	Diagnose und Reparatur
Alarmanlage geht vorübergehend an.	Defekt am Kontaktschalter, meist ist es der Handschuhfachschalter.
Blinkfrequenz der Tür-LEDs erhöht	Defekt registriert, prüfen Sie die Kontaktschalter. Die Alarmanlagen ab Modelljahr 1991 können mit dem Bosch-Testgerät 9288 ausgelesen werden.
Alarmanlage stets an	Defekt des Alarmanlagen-Steuergeräts Nach Ausbau des Steuergeräts muss die Wegfahrsperre überbrückt werden, vgl. zu den zu überbrückenden Kontakten den Schaltplan im Werkstatthandbuch.

Fehlersuche Tempomat

Problem	Diagnose und Reparatur
Tempomat funktioniert nicht	Sicherung 19 erneuern Ausfall Mikroschalter am Bremspedal Ausfall Mikroschalter am Kupplungspedal Defekt im Lenkstockhebel Defekt des Steuergeräts Ausfall der Betätigungsmechanik Ausfall des Tachos
Tempomat hält Tempo nicht.	Ausfall der Betätigungsmechanik Schaden am Kabelanschluss des Tempomats

Fehlersuche Zentralverriegelung

<table>
<tr><th>Problem</th><th>Diagnose und Reparatur</th></tr>
<tr><td>Die Zentralverriegelung ver- und entriegelt nicht, insbesondere nicht die gegenüberliegende Tür.

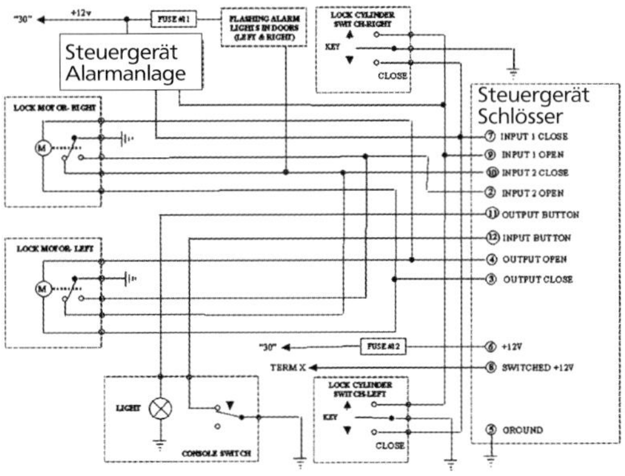

</td><td>Sicherung 12 erneuern
Nach Entfernen des Stopfens hinten am Zentralverriegelungs-Steuergerät 12 Volt an Pin 4 und Masse an Pin 3 anlegen; jetzt müssten sich beide Türen entriegeln. Umgekehrt 12 Volt an Pin 3 und Masse an Pin 4 anlegen, jetzt verriegeln sich die Türen. Falls beides der Fall ist, liegt der Fehler im Steuergerät. Lösen Sie das Steuergerät aus seiner Halterung durch Lösen einer Schraube unter der Armaturentafel (bis Modelljahr 1990) bzw. unter dem Sitz. Entfernen Sie die Kunststoffklammer und schieben Sie den Deckel vorsichtig weg, um die Platine sehen zu können. Erkennen Sie eine gebrochene Platte oder infolge Vibration abgebrochene Anschlüsse? Meist ist an den senkrechten Befestigungspunkten ein aufgelöteter Anschluss abgebrochen. Je nach Schaden kann der Austausch des Steuergeräts erforderlich sein.</td></tr>
<tr><td>Teilausfall der Zentralverriegelung; eine Tür wird nicht ver- oder entriegelt.</td><td>Nach Entfernen des Stopfens hinten am Zentralverriegelungs-Steuergerät prüfen, ob beim Verriegeln mit dem Schlüssel Masse an Pin 7 anliegt und beim Entriegeln an Pin 9. Prüfen Sie dies für beide Türen. Falls der Masseanschluss stimmt, liegt ein Fehler im Betätigungsmechanismus vor.</td></tr>
</table>

Fehlersuche Zentralinformationseinheit

Problem	Diagnose und Reparatur
Bei Einschalten der Zündung gehen keine Warnlampen an.	Sicherung 18 erneuern Ausfall des Warnlampen-Steuergeräts

Fehlersuche an den Instrumenten

Fehlersuche Tacho (bis Modelljahr 1990 mit Schaltgetriebe)

Problem	Diagnose und Reparatur
Tachozeiger funktioniert nicht, Kilometerzähler läuft weiter, Warnlampen gehen nicht an	Mechanischer Defekt im Tacho Bei eingebautem Bordcomputer prüfen, ob dessen Kilometerzähler funktioniert.
Tachozeiger und Kilometerzähler funktionieren nicht, Warnlampen gehen nicht an.	Mechanischer Defekt im Tacho Bei eingebautem Bordcomputer prüfen, ob dessen Kilometerzähler funktioniert.
Tachozeiger und Kilometerzähler funktionieren nicht, nach dem Anfahren bleibt die Spoilerwarnlampe an.	Elektrischer Defekt im Tacho Pulsgeber vom Getriebe oder dessen Verkabelung defekt ***Hinweis:*** *Zur weiteren Eingrenzung des Defekts überprüfen Sie, ob die Frischluftzufuhr während der Fahrt funktioniert, da das Ventil dafür auf ein Tachosignal angewiesen ist. Es sollte sich langsam schließen, je schneller der Wagen fährt.*

Fehlersuche Tacho (Modelljahr 1990 mit Automatik)

Problem	Diagnose und Reparatur
Tachozeiger funktioniert nicht geht nicht, Kilometerzähler läuft weiter, Warnlampen gehen nicht an.	Mechanischer Defekt im Tacho Bei eingebautem Bordcomputer prüfen, ob dessen Kilometerzähler funktioniert.
Tachozeiger und Kilometerzähler funktionieren nicht, Warnlampen gehen nicht an.	Mechanischer Defekt im Tacho Bei eingebautem Bordcomputer prüfen, ob dessen Kilometerzähler funktioniert.
Tachozeiger und Kilometerzähler funktionieren nicht, nach dem Anfahren bleibt die Spoilerwarnlampe an.	Elektrischer Defekt im Tacho Pulsgeber vom Getriebe oder dessen Verkabelung defekt Relais R52 erneuern ***Hinweis:*** *Zur weiteren Eingrenzung des Defekts überprüfen Sie, ob die Frischluftzufuhr während der Fahrt funktioniert, da das Ventil dafür auf ein Tachosignal angewiesen ist. Es sollte sich langsam schließen, je schneller der Wagen fährt.*

Fehlersuche Tacho (ab Modelljahr 1991 mit Schaltgetriebe)

Problem	Diagnose und Reparatur
Tachozeiger funktioniert nicht, Kilometerzähler läuft weiter, Warnlampen gehen nicht an.	Mechanischer Defekt im Tacho Bei eingebautem Bordcomputer prüfen, ob dessen Kilometerzähler funktioniert.
Tachozeiger und Kilometerzähler funktionieren nicht, Warnlampen gehen nicht an.	Mechanischer Defekt im Tacho Bei eingebautem Bordcomputer prüfen, ob dessen Kilometerzähler funktioniert.
Tachozeiger und Kilometerzähler funktionieren nicht, nach dem Anfahren bleibt die Spoilerwarnlampe an.	Elektrischer Defekt im Tacho Relais R52 bzw. beim Carrera 4 R24 erneuern Bei eingebautem Bordcomputer prüfen, ob dessen Kilometerzähler funktioniert.
Tacho und Kilometerzähler funktionieren nicht, nach dem Anfahren bleibt die Spoilerwarnlampe an, bald geht auch die ABS- bzw. bei den Allradlern die PDAS/ABS-Warnlampe an.	Ausfall eines Raddrehzahlsensors Steuergerät von ABS bzw. bei den Allradlern PDAS/ABS ausgefallen

Fehlersuche Tacho (ab Modelljahr 1991 mit Automatik)

Problem	Diagnose und Reparatur
Tachozeiger funktioniert nicht, Kilometerzähler läuft weiter, Warnlampen gehen nicht an.	Mechanischer Defekt im Tacho Bei eingebautem Bordcomputer prüfen, ob dessen Kilometerzähler funktioniert.
Tachozeiger und Kilometerzähler funktionieren nicht, Warnlampen gehen nicht an.	Mechanischer Defekt im Tacho Bei eingebautem Bordcomputer prüfen, ob dessen Kilometerzähler funktioniert.
Tachozeiger und Kilometerzähler funktionieren nicht, nach dem Anfahren bleibt die Spoilerwarnlampe an.	Elektrischer Defekt im Tacho Relais R52 erneuern Bei eingebautem Bordcomputer prüfen, ob dessen Kilometerzähler funktioniert.
Tacho und Kilometerzähler funktionieren nicht, nach dem Anfahren bleibt die Spoilerwarnlampe an, bald geht auch die ABS-Warnlampe an.	Ausfall eines Raddrehzahlsensors ABS-Steuergerät ausgefallen ***Hinweis:*** *Beides beeinträchtigt auch das Funktionieren der Tiptronic.*

Fehlersuche übrige Instrumente

Problem	Diagnose und Reparatur
Drehzahlmesser bewegt sich nicht.	Defekt im Drehzahlmesser Kein Eingangssignal vom Motronic-Steuergerät
Temperaturanzeige im Drehzahlmesser zeigt immer -40 °C an.	Unterbrochener Stromkreis des Außentemperaturfühlers im Fahrer-Außenspiegel. Meist ist ein Kabel beschädigt oder beim Einbau des Spiegels nicht angeschlossen worden.
Öldruckzeiger bewegt sich nicht.	Ausfall des Kombiinstruments Öldrucksensor defekt
Öltemperaturzeiger bewegt sich nicht.	Ausfall des Kombiinstruments Motortemperaturfühler defekt
Ölstandszeiger bewegt sich nicht.	Ausfall des Instruments Ölstandsgeber im Ölbehälter defekt
Kraftstoffzeiger bewegt sich nicht.	Ausfall des Instruments Pegel im Kraftstofftank defekt

Fehlersuche übrige Instrumente

Problem	Diagnose und Reparatur
Kraftstoff-Warnlampe geht trotz fast leeren Tanks nicht an.	Leuchtmittel defekt Schalter im Tank für niedrigen Füllstand defekt
Zeituhr steht	Sicherung 11 erneuern Ausfall der Uhr
Einige Warnlampen in der Uhr leuchten, obwohl kein Defekt vorliegt.	Riss auf der Platine in der Uhr, zwecks Reparatur vgl. **Kapitel 10**
Warnlampen leuchten wie ein Christbaum.	Zündanlage verursacht Störungen im Kabelbaum. Prüfen Sie die Hochspannungsteile der Zündanlage, insbesondere die Kerzenstecker und die Kabel von den Spulen zu den Kerzensteckern.

Kapitel 10: Do-it-yourself

Reparatur-Hilfe für Freunde des gepflegten Schraubens

Carrera 4 von 1993

(Foto: Porsche AG)

Einführung

Viele Reparaturanleitungen in diesem Kapitel wurden freundlicherweise von Porsche zur Verfügung gestellt, andere von 964-Besitzern aus aller Welt. Sie haben ihre Zustimmung zur Veröffentlichung in diesem Buch gegeben. Diese Anleitungen wurden überarbeitet, blieben jedoch im Wesentlichen unverändert.
Bevor Sie mit Reparaturarbeiten beginnen, lesen Sie bitte die Warnhinweise am Anfang dieses Buchs.

Vorsicht:
Weder der Autor, Übersetzer, Verlag noch die Urheber der Reparaturanleitungen übernehmen irgendeine Haftung für Schäden aus der Anwendung dieser Anleitungen. Sie dienen als Übersicht und zu Informationszwecken.
Nutzen Sie zusätzlich stets die Reparaturanleitung für den 964 Carrera 4 einschließlich der Ergänzungen für Carrera 2 und die Turbo-Modelle.
Zusätzliche Hinweise und Anzugsdrehmomente finden Sie in verschiedenen Reparaturanleitungen.
Im Zweifel erkundigen Sie sich beim örtlichen Porsche-Zentrum oder erfahrenen Porsche-Mechanikern.

Reparaturkosten

Ein Porsche ist und war auch noch nie ein wirklich billiges Fahrzeug, ein 911 schon gar nicht. Wer so einen reinrassigen Sportwagen besitzt, sollte sich darüber im Klaren sein, dass man – allein aus Sicherheitsgründen und natürlich wegen der Werterhaltung – an der Qualität der Ersatzteile nicht sparen sollte. Dafür kann man sein Budget schonen, wenn man selbst Hand anlegt und diverse Servicearbeiten wie Ölwechsel und Bremsenwartung in Eigenleistung durchführt.

Im Motorraum des 964 Carrera Cup geht es sehr eng zu.

Motor

Ventile einstellen

Angaben: Adrian Streather, auf Grundlage der von der Porsche AG vorgegebenen Anleitung.
Bilder: Tom Sharpes, USA, Jeff Curtis, USA, John Miles, Großbritannien, Kevin Ross, Australien

Vorsicht:

- *Für die gesamte Ventileinstellarbeit sollte der Hobby-Schrauber über ausreichend Erfahrung verfügen.*
- *Die Arbeiten werden am kalten Motor durchgeführt; am besten hat er über Nacht gestanden.*
- *Während der gesamten Einstellarbeiten darf der Motor nicht angelassen werden.*

Das Ventileinstellen ist beim 964 eine recht einfache, aber zeitraubende Angelegenheit. Es sollte zu den in **Kapitel 2** genannten Intervallen erfolgen, spätestens aber wenn leichtes Klappern der Ventile akustisch anzeigt, dass sie zu viel Spiel haben.

Hinweis:

- *Diese Anleitung betrifft die Saugmodelle. Soweit notwendig, sind die Besonderheiten für die Turbo-Modelle angesprochen.*
- *Weitere hilfreiche Zeichnungen sind an anderen Stellen dieses Buchs zu finden.*

Werkzeug

- Metrische Steckschlüssel,
- Schraubenschlüssel und Schraubendreher
- Einstellwerkzeug: Normale oder spezielle Fühlerlehre
- Wagenheber und Achsböcke

Werkzeuge

P 213b

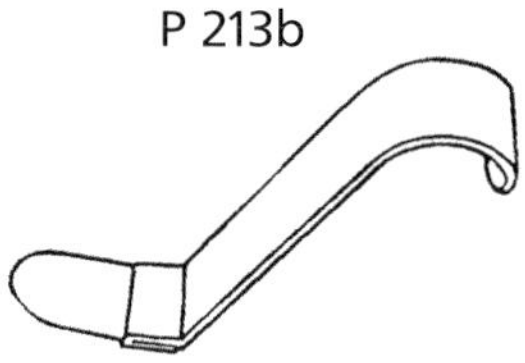

Metrischer Werkzeugsatz

P 213b .... Fühlerlehre

Ersatzteile:
- Ventildeckeldichtungen

Heben Sie die Hinterachse an und stützen Sie sie ordnungsgemäß ab. Der beste Ansatzpunkt für den Wagenheber ist die Kerbe an der Unterseite des Kurbelgehäuses.

Vorsicht:
Sie werden einige Zeit unter dem schweren Heckteil des 964 verbringen. Stellen Sie sicher, dass das Fahrzeug während dieser gesamten Zeit sicher abgestützt ist. Verwenden Sie einen Profi-Wagenheber, Achsböcke oder eine Rampe zum Herauffahren. Ein normaler Wagenheber oder gar der bordeigene im Werkzeugsatz befindliche Heber sind dafür ungeeignet.

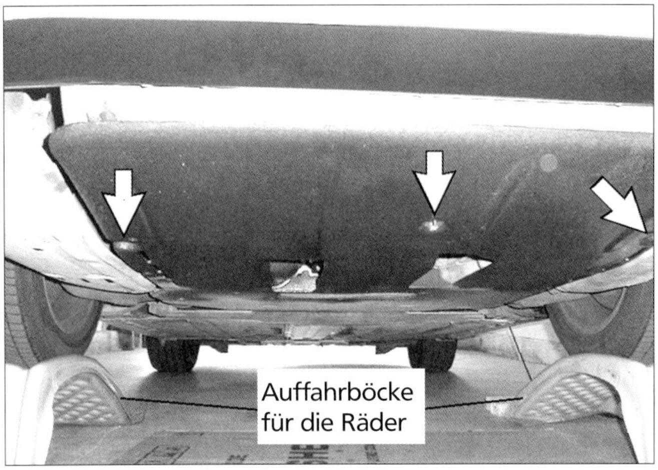

◀ Entfernen Sie die Unterbodenverkleidung unter dem Motor. Die Pfeile zeigen die Schrauben, mit denen diese am Fahrzeug befestigt ist.

Stellen Sie eine ausreichend große Auffangwanne unter Motor und Ölbehälter.

Lassen Sie das gesamte Öl ab.
Entfernen Sie die Ablassschraube unten am Kurbelgehäuse.
Entfernen Sie die Ablassschraube am Ölbehälter vor dem rechten Hinterrad.

Bauen Sie den Ölfilter ab.

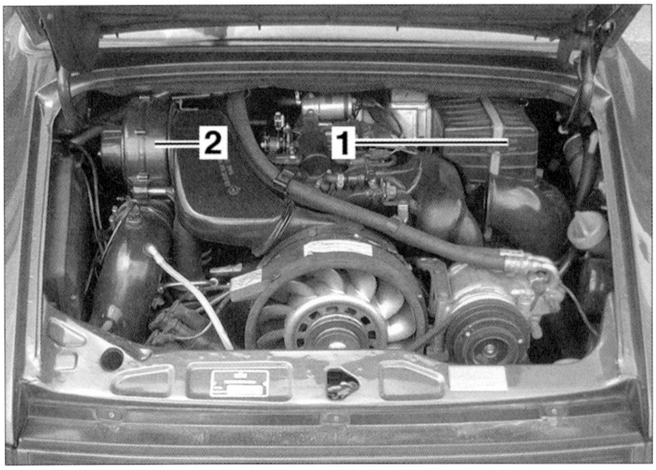

◀ Entfernen Sie den Deckel des Luftfilterkastens **(1)** und den Luftfilter.

Entfernen Sie den Motor **(2)** vom Heizungsgebläse links im Motorraum.
- Ziehen Sie dessen Anschluss an den Kabelbaum ab.
- Lösen Sie die Klammern des Luftkanals, entfernen Sie ihn und alle Anschlüsse für Strom und Luft.
- Entfernen Sie die beiden 10-mm-Haltebolzen links vom Gebläse sowie den Gebläsemotor zusammen mit dem oberen, vom Lichtmaschinengebläse kommenden Luftkanal. Er sollte sich leicht herausnehmen lassen.

Markieren Sie die Anschlüsse der Zündkabel am Verteiler. Auf dem Foto wurden sie im Uhrzeigersinn durchnummeriert, oben am jeweiligen Verteiler beginnend. Aus Gründen der Vereinfachung weist die Nummernfolge aber weder auf die Zündfolge noch auf die Zylindernummern hin.

◄ Entfernen Sie alle Zündkabel von der Verteilerkappe und den Zündkerzen. Bei Fahrzeugen mit Doppelzündung (alle Sauger) markieren Sie, welche Kabel zu welchem Verteiler gehen.

Öffnen Sie den Motorraum-Sicherungskasten und trennen Sie die von rechts hinein kommenden Verbindungen.

Trennen Sie den Anschluss für die Lambdasonde.

Trennen Sie die obere Zündverkabelung.

Entfernen Sie den Nachschalldämpfer.
- Er wird an einem Ende von zwei Schrauben und am anderen von einer runden Klammer hinter dem rechten Hinterrad gehalten.
- Entfernen Sie die Klammer und die Schrauben; der Schalldämpfer ist nun lose.

Vorsicht:
Stützen Sie ihn ab, weil er recht schwer ist.

Bauen Sie den Katalysator aus.
Er wird von einer weiteren runden Klammer an einem Ende und vier Schrauben am anderen gehalten.
Die Lambdasonde sollte bereits vom Katalysator getrennt sein.
Nach Ausbau des Katalysators entfernen Sie auch die verbleibenden Hitzeschilde.

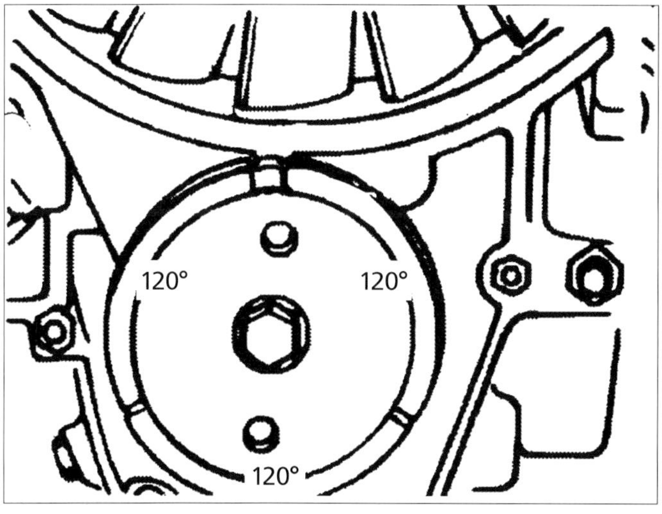

Bauen Sie die Ventildeckel ab.

Hinweis:
Sie werden von 10-mm-Schrauben gehalten.

◄ Zu Beginn der Ventileinstellarbeiten:
- Bewegen Sie mit großem Steckschlüssel die Gebläseriemenscheibe im Uhrzeigersinn, bis der Motor auf dem oberen Totpunkt steht.
- Mit ausgebauten Zündkerzen lässt sich der Motor leicher drehen.
- Beim Drehen der Kurbelwelle beobachten Sie die Kurbelwellen-Riemenscheibe, die Markierungen bei 120, 240 und

360 Grad aufweist. Dies sind die OT (Oberer Totpunkt)-Markierungen für die Zylinder. Eine ist mit „Z1" markiert und betrifft die Zylinder 1 und 4. (Die OT für die sechs Zylinder verteilen sich auf zwei Kurbelwellenumdrehungen).

- Stellen Sie die Riemenscheibe so, dass diese Markierung genau der Markierung am Gebläsegehäuse gegenübersteht.

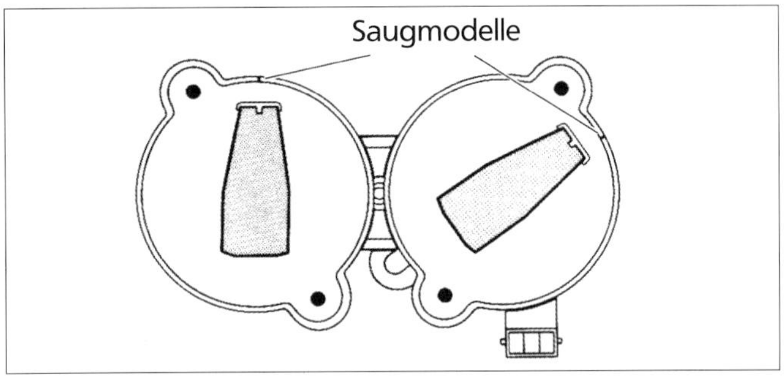

◂ Ob Zylinder 1 im OT steht, erkennen Sie nach Abnehmen der Verteilerkappe: Der Verteilerfinger des Primärverteilers muss auf die Markierung oder den Pfeil für Zylinder 1 an der Kante des Verteilergehäuses zeigen.

Die gleiche Prüfung kann man vornehmen, indem man die Kipphebel an Zylinder 1 mit der Hand vor- und zurückbewegt, um Spiel zu festzustellen.

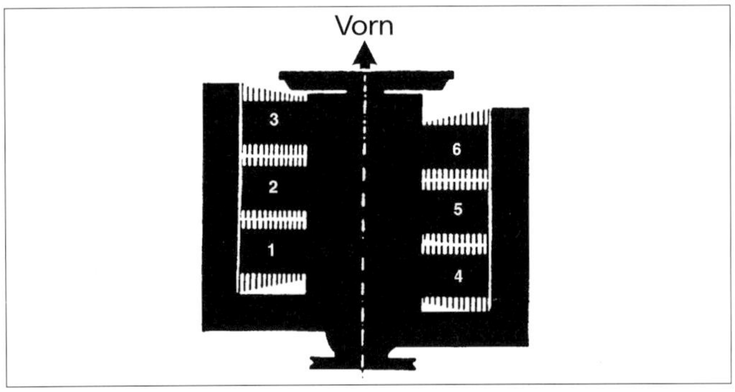

Hinweis:
Zylinder 1 befindet sich hinten links.

Wenn der Kolben im OT steht, sollten Sie an beiden Kipphebeln etwas Spiel spüren, denn keines von beiden Ventilen wird betätigt.
Die gleiche Prüfung bei Zylinder 4 sollte ergeben, dass bei keinem der beiden Kipphebel ein Spiel zu spüren ist, denn beide Ventile werden betätigt.
Verhält es sich genau anders herum, so drehen Sie die Kurbelwelle um 360 Grad und die Markierung Z1 steht wieder an der Gehäusemarkierung. Prüfen Sie nochmals die Kipphebel an beiden Zylindern.

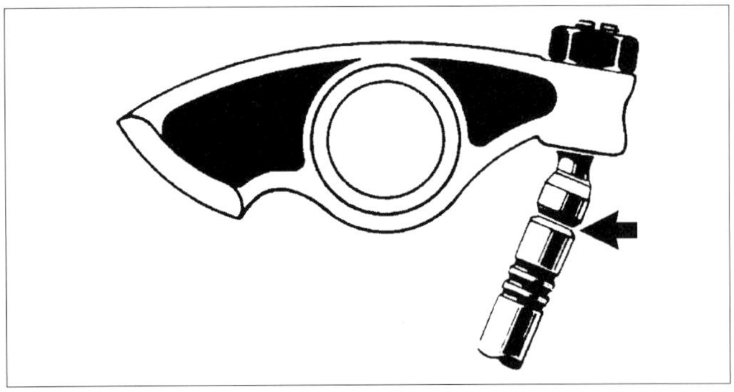

◂ Schieben Sie die Fühlerlehre zwischen Ventilschaft und Ventileinstellschraube.

Hinweis:
Das ist nicht immer ganz einfach. Je weniger Spiel, desto schwerer fällt dies, zudem sind die Platzverhältnisse bei den oberen Ventilreihen (Einlass) sehr beschränkt. Wenn Sie die Ventile erstmals einstellen, beginnen Sie deshalb am besten mit dem Auslassventil.

Schieben Sie die Fühlerlehre in den Zwischenraum. Sie sollte dabei leichten Widerstand leisten, aber sich noch einigermaßen leicht (saugend) hineinschieben lassen. Befindet sich die Lehre zwischen Kipphebel und Ventilschaft, sollte keinerlei Spiel mehr spürbar sein.

◀ Wenn das Einstellen nötig sein sollte:

- Lösen Sie die 13-mm-Sicherungsmutter, um die Einstellschraube beweglich zu machen. Dazu braucht es nur eine kurze Drehung.
- Ziehen Sie die Einstellschraube so fest, dass sich beim Einschieben der Fühlerlehre ein leichter Widerstand ergibt.

Sobald dies gelungen ist, ziehen Sie die Sicherungsmutter wieder fest.

Vorsicht:

- *Die Einstellung muss sorgfältig und genau erfolgen, daher nehmen Sie sich bitte Zeit dafür.*
- *Schräges Einführen der Fühlerlehre verändert das Messergebnis. Wackeln Sie sie daher etwas hin und her um sicher zu sein, dass sie nicht anliegt. Dadurch kann das Messergebnis verfälscht werden, was besonders bei den schwerer zugänglichen Einlassventilen leicht unbemerkt bleibt.*

Vorsicht:

Die Sicherungsmutter kann die Einstellschraube mitdrehen und so das Ventilspiel verstellen.

Prüfen Sie nach Festziehen der Sicherungsmutter das Ventilspiel nochmals. Dazu ziehen Sie die Fühlerlehre heraus und beginnen von vorn.

Sobald die Sicherungsmutter festgezogen und das Ventilspiel für gut befunden ist, fährt man mit den Arbeiten am zweiten Ventil von Zylinder 1 fort.

Wenn auch dieses richtig eingestellt ist, geht es zum nächsten Zylinder. Dazu drehen Sie die Kurbelwelle im Uhrzeigersinn um 120 Grad.

Hinweis:

Eine Markierung „Z1" werden Sie nun nicht finden.

Stellen Sie nun die Ventile an Zylinder 6 ein.

Danach geht es entsprechend weiter zu den Zylindern 2, 4, 3 und 5. Diese Zündfolge (1-6-2-4-3-5) ist übrigens auf einen Aufkleber im Motorraum aufgedruckt. Dazu drehen Sie die Kurbelwelle jeweils um 120 Grad im Uhrzeigersinn und stellen dann die jeweiligen Ventile ein.
Bei Zylinder 4 finden Sie wieder die „Z1"-Markierung.
Sobald alle Ventile eingestellt sind, kontrollieren Sie alle Einstellungen nochmal.
Dazu drehen Sie den Motor zwei Umdrehungen, so dass jedes Ventil sich einmal geöffnet und geschlossen hat.
Messen Sie nochmals das Spiel an jedem Ventil um zu sehen, ob es sich nicht verstellt hat.

Vor dem Zusammenbau:
Reinigen Sie die Ventildeckel und alle Berührungsflächen, damit kein Schmutz die Dichtheit beeinträchtigt.
Legen Sie eine neue Ventildeckeldichtung in jeden Deckel und setzen Sie sie vorsichtig an ihren Platz.
Bringen Sie die Unterlegscheiben und Schrauben in Position und ziehen Sie sie gleichmäßig an; dabei arbeiten Sie sich über den gesamten Ventildeckel vor. Ziehen Sie jede Schraube jeweils nur ein wenig fester, bis alle stramm sitzen.

Anzugsdrehmoment:
Ventildeckel zu Nockenwellengehäuse: .... 10 Nm

Vorsicht:

- *Bei zu hohem Anzugsdrehmoment nimmt das Schraubengewinde rasch Schaden oder es entsteht ein Riss im Ventildeckel.*
- *Jeder Ventildeckel ist nur an seiner Position verwendbar und kann nicht gegen den gegenüberliegenden vertauscht werden. Die Zündkerzenpositionen sind von links nach rechts verschoben.*

Der weitere Zusammenbau erfolgt in umgekehrter Reihenfolge des Ausbaus.

Setzen Sie, falls erforderlich, die Zündkerzen wieder ein.
Verwenden Sie neue Dichtungen und Schrauben für die Befestigung des Katalysators und des Nachschalldämpfers.

Hinweis:
Alle erforderlichen Dichtungen und Bolzen sind dem Ventildeckel-Dichtsatz normalerweise beigefügt.

Bei dieser Gelegenheit werden Luft- und Kraftstofffilter gewechselt, ebenso der Ölfilter, weil auch das Öl gewechselt werden sollte.
Ersetzen Sie bereits mit hohen Laufleistungen belastete Verteilerkappen und -finger.
Bauen Sie den Motorgebläse-Motor wieder ein und schließen Sie alle Luftkanäle und Kabel an.

Hinweis:
Der Haltestift an der Rückseite des Gebläsemotors greift in die Gummitülle an der Halterung. Hier erfolgt die erste Ausrichtung beim Wiedereinbau des Gebläsemotors.

- Überprüfen Sie nochmals alle Verbindungen, Halterungen und Schrauben.
- Füllen Sie frisches Motoröl auf.
- Lassen Sie den Motor an und kontrollieren Sie den Fahrzeugunterboden auf eventuelle Undichtigkeiten.
- Achten Sie besonders auf den Bereich um die Ventildeckeldichtungen.
- Prüfen Sie, ob die Auspuffanlage dicht ist.
- Lassen Sie den Motor so lange laufen, bis sich die Auspuffanlage komplett erwärmt (Wärmeausdehnung aller Teile) hat. Nach dem Abkühlen (und Zusammenziehen der Teile) ziehen Sie alle Auspuffbefestigungen noch einmal nach.

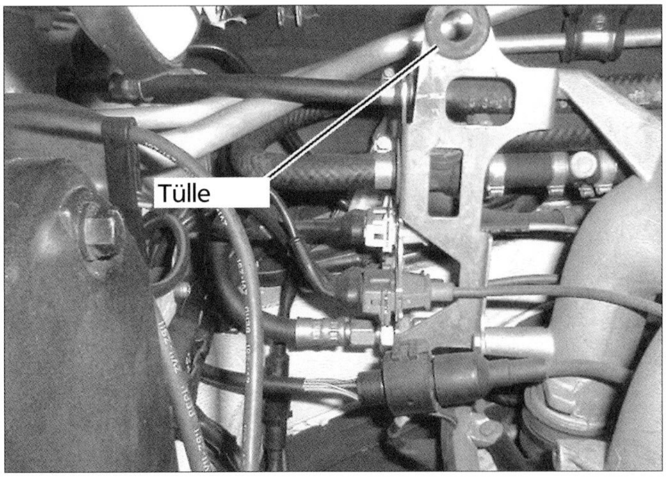

Halterung für den Gebläsemotor

Riemen für zweiten Zündverteiler erneuern (Saugmotoren)

Angaben: Louis Guerra, USA
Bilder: Jeff Curtis, USA, Thom Fitzpatrick, USA

Aufgrund des hohen Stroms tritt zwischen Verteilerfinger und den Kontakten in der Verteilerkappe das so genannte „Kontaktfeuer" auf, wodurch Ozon entsteht. Dieser unerwünschte Nebeneffekt lässt den Riemen schneller altern. Porsche hat deshalb eine Belüftung nachgerüstet, die auf jeden Fall vorhanden sein sollte. Sofern diese fehlt, ist es ratsam, diese Teile einzubauen. Trotzdem sollte man den Zustand des Riemens im Rahmen der Inspektion kontrollieren und ihn ca. alle 80.000 km wechseln.

Vorsicht:
- *Diese Arbeit ist nicht einfach. Wenn Sie sich nicht sicher sind, dass Sie sie bewältigen können, fangen Sie sie am besten garnicht erst an.*
- *Einmal begonnen muss diese Arbeit ordnungsgemäß zu Ende geführt werden. Andernfalls kann man den 964 ohne weiteres nicht wieder anlassen.*

Eine auf Porsche spezialisierte freie Werkstatt wird ca. 250.- Euro für diese Arbeit berechnen.

Werkzeug
- Metrischer Werkzeugsatz
- Dremel
- Bohrer
- Schraubzwinge mit ca. 300 mm Öffnung
- Seegerringzange

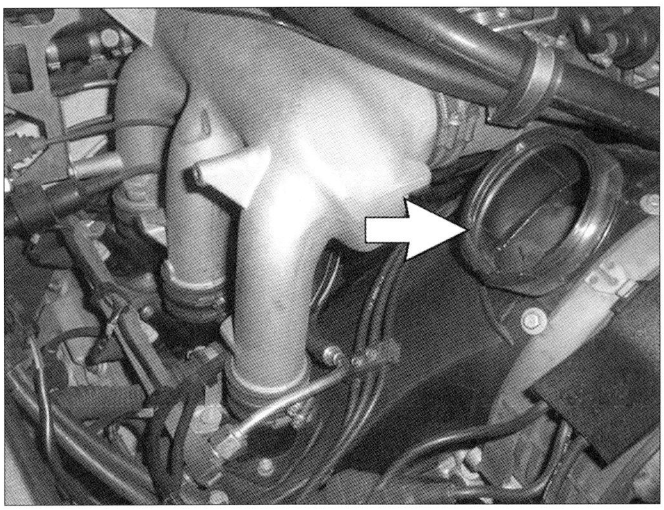

◀ Entfernen Sie den Heizungskanal links.

Vorsicht:
Verschließen Sie die große Öffnung zum Wärmetauscher (Pfeil), so dass nichts hineinfallen kann.

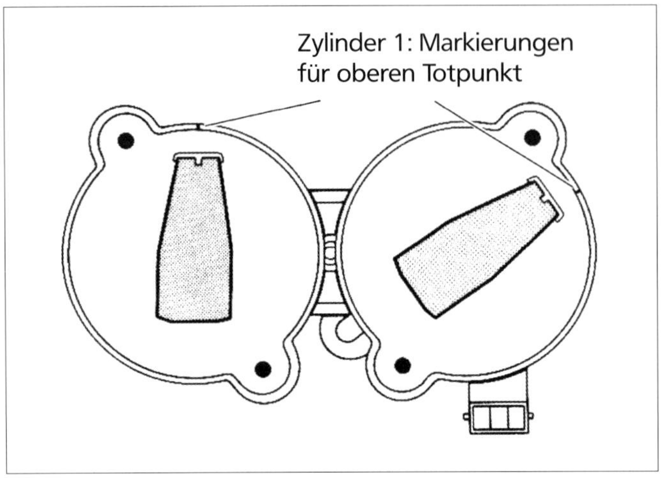

Zerlegter Doppel-Zündverteiler

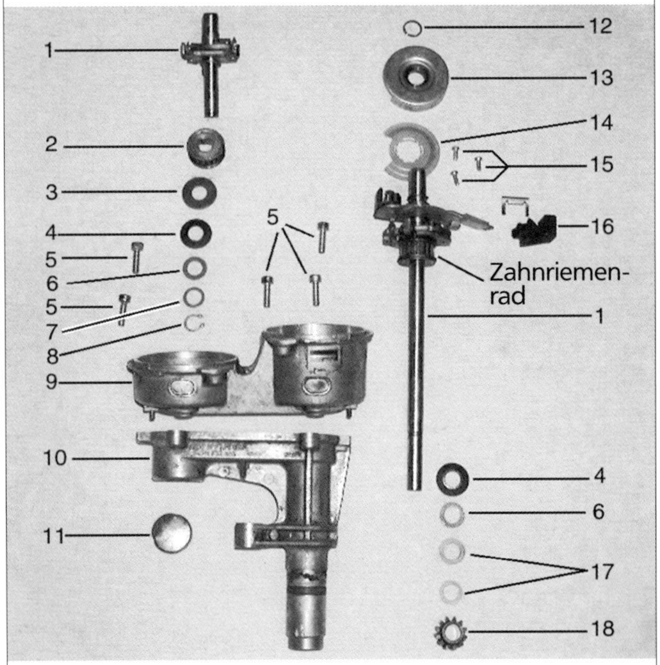

1 Welle
2 Riemengetriebenes Ritzel
3 Distanzscheibe
4 Kunststoff-Unterleg-scheibe
5 Inbusschrauben
6 Distanzstück
7 Distanzstück
8 Seegerring
9 Verteilergehäuse-Oberteil
10 Verteilergehäuse-Unterteil
11 Verschlussdeckel
12 Seegerring
13 Platte
14 Distanzstück
15 Kreuzschlitzschrauben
16 Stromanschluss
17 Distanzstücke
18 Antrieb

Zunächst ziehen Sie alle Zündkabel ab, nachdem Sie jedes seiner Position nach markiert haben.

Anschließend nehmen Sie die Verteilerkappen ab. Vorher sollten Sie deren ursprüngliche Position markiert haben. Ein einfacher Filzstift reicht dafür.

◀ Drehen Sie die Kurbelwelle soweit, bis Zylinder 1 im oberen Totpunkt steht. Markieren Sie die Stellung des Rotors in jedem Verteilerteil. Sicherheitshalber Fotos mit der Digitalkamera machen.

Hinweis:

- *Durch den Verteilerantrieb bestimmt sich die Stellung des Verteilerfingers. Deshalb stimmt beim Wiedereinbau die Markierung entweder ziemlich genau oder überhaupt nicht.*
- *Wichtig ist die Markierung für den oberen Totpunkt von Zylinder 1 am Rand der Verteilergehäuse.*

Entfernen Sie das Zündverteiler-Bauteil.

Vorsicht:

Ab jetzt darf der Motor nicht mehr bewegt oder gedreht werden, bis der Verteiler wieder eingebaut ist.

Hinweis:

- *Die Verteilereinheit wird nur von einer Schraube an seiner Unterseite gehalten. Beim Rausziehen kann es durchaus vorkommen, dass etwas mehr Kraft aufgewendet werden muss.*

Beim Herausziehen dreht sich die Verteilerwelle ein Stück weit.

Vorsicht:

Vermeiden Sie jede unnötige Drehung des Verteilers, so dass Sie die Stellung des Zahnrads an der Unterseite markieren können.

Markieren Sie die Stellung des Zahnrads an Welle und Verteilergehäuse.

Entfernen Sie die Verteilerfinger.

Beim Primär-Verteiler (mit der längeren Welle) entfernen Sie die Klammer für die Steckbuchse des Stromanschlusses (**16**). Entfernen Sie den Anschluss und ziehen Sie die inneren Teile aus dem Anschlussgehäuse heraus.

Entfernen Sie die drei Kreuzschlitzschrauben (**15**) im Verteilergehäuse und drücken Sie den oben genannten Anschluss in den Verteiler, so dass dessen Innereien gedreht werden können.

Verwenden Sie eine Schraubzwinge, um für die folgenden Arbeitsschritte die Teile an der Verteilerwelle zu fixieren. Dabei hilft weiches Holz oben an der Welle, so dass die Klammer daran keine Spuren hinterlässt.

Entfernen Sie den Stift, der das Zahnrad auf der Verteilerwelle hält. Verschwenden Sie aber keine Mühen darauf, diesen Stift unversehrt zu erhalten (kostengünstigen Ersatz gibt es beim Bosch Dienst, Teile-Nr.: 1 233 111 003), sondern bohren Sie ihn einfach heraus. Die Bohrung hat einen Durchmesser von 4,2 mm, also muss ein 3,5-mm-Bohrer verwendet werden. Das Aufbohren lässt sich nicht vermeiden, denn der Kerbstift sitzt sehr fest. Er wird zur Hälfte aufgebohrt und dann mit einem Durchschlag ausgetrieben.

Vorsicht:
Welle und Zahnrad sind durch eine Tellerfeder gegeneinander vorgespannt und können leicht davonspringen, sobald der Stift entfernt ist. Lösen Sie also die Schraubzwinge vorsichtig.

Entfernen Sie nun aus dem Primär-Verteiler die Verteilerwelle und ihren Mechanismus.

Entfernen Sie die fünf Inbusschrauben vom Verteiler (je zwei in jedem Verteilerteil sowie eine als Verbindung dazwischen).

Nun entfernen Sie den Verschlussdeckel (**11**) unter dem zweiten Verteiler. Dazu kann man zunächst ein kleines Loch bohren, um anschließend eine Blechschraube reindrehen zu können, mit deren Hilfe man den Deckel unter Einsatz einer stabilen Zange raushebeln kann. Auch den Verschlussdeckel kann man über den Bosch Dienst beziehen (Teile-Nr.: 1 230 500 249).

Mit der Schraubzwinge halten Sie die Bauteile der zweiten Verteilerwelle zusammen und entfernen den Seegerring (**8**) an der Unterseite.

Vorsicht:
Wieder steht alles unter Federspannung. Um unbeabsichtigtes Wegspringen der Einzelteile – und damit verbundene, zeitraubende Suchaktionen – möglichst zu vermeiden, lösen Sie die Schraubzwinge vorsichtig, um die Welle und ihre Bestandteile voneinander zu trennen.

Falls noch nicht geschehen, können Sie jetzt das Gehäuseoberteil (**9**) um den Antriebsriemen abnehmen.

Säubern Sie die Verteilergehäusehälften (**9** und **10**) gründlich vom Abrieb des alten Antriebsriemens. Dazu ist Bremsenreiniger sehr hilfreich.

Vorsicht:
Achten Sie beim Reinigen auf sehr gute Belüftung des Arbeitsplatzes!

Hinweis:
Prüfen Sie an dieser Stelle des Arbeitsablaufs auch unbedingt den Zustand der Lager im Verteilergehäuse. Dabei handelt es sich um Normteile, die auch von SKF oder INA bezogen werden können. Oftmals sind die Originallager bereits sehr verschlissen und es ist ratsam, sie zu ersetzen. Der beste Riemen nutzt wenig, wenn als nächstes die Lager ausfallen.

Setzen Sie den neuen Antriebsriemen über die Welle im Oberteil des Verteilergehäuses. Verbinden Sie Ober- und Unterteil des Gehäuses mit den Inbusschrauben und ziehen Sie sie jetzt fest, weil Sie später an sie nicht mehr herankommen werden. Bauen Sie den Primär-Verteiler (mit der längeren Welle) zuerst ein, schieben Sie erst dann den Riemen um den Antrieb und drehen Sie den Antrieb auf die vorher am Gehäuse markierte Position (Stellung des Verteilerfingers). Setzen Sie die drei Schrauben ein, die die Welle fixieren.

Legen Sie den Riemen um den Antrieb der zweiten Welle: Beim Einbau muss der Verteilerfinger ebenfalls auf die zuvor markierte Position am Verteilergehäuse zeigen. Erst dann schieben Sie die Welle in das Gehäuse.

Hinweis:
Für diese Phase des Zusammenbaus werden Sie mehrere Versuche benötigen. Hilfreich ist hierfür eine dritte Hand.
Wellen, Lager und der Teil des Gehäuses, mit dem das Verteiler-Duo in den Motor rutscht, sollten gut gefettet sein.

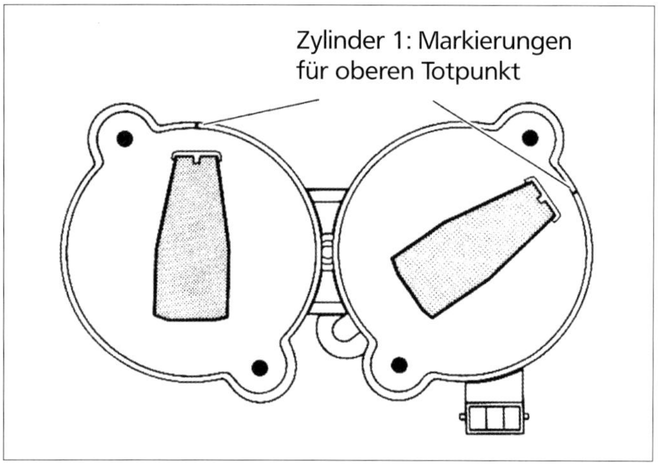

◀ Prüfen Sie nochmals, ob beide Verteilerfinger die zuvor markierte Position einnehmen. Allerdings müssen Sie es mit diesen Markierungen nicht allzu genau nehmen. Die Verzahnung sorgt dafür, dass sie entweder genau richtig sitzen oder gründlich falsch.

Hinweis:
Die beiden Verteilerfinger zeigen nicht in die gleiche Richtung, einer eilt etwas vor.

Befestigen Sie das Zahnrad unten an der langen Welle. Mit der Schraubzwinge oder einem anderem geeigneten Werkzeug drücken Sie die lange Verteilerwelle gegen das Zahnrad, und zwar soweit, bis die Bohrungen in Zahnrad und Welle fluchten. Drücken Sie dann den neuen Stift hinein.

Hinweis:
Sicherheitshalber kann man den Stift mit etwas Loctite fixieren.

Mit der Schraubzwinge drücken Sie nun die kurze Welle in ihr Gehäuse. Weiches Holz unter dem oberen Ende hilft, Beschädigungen durch die Schraubzwinge zu vermeiden.

Bringen Sie den Seegerring unten an der Welle an, sobald sie weit genug in das Gehäuse hineingedrückt wurde.

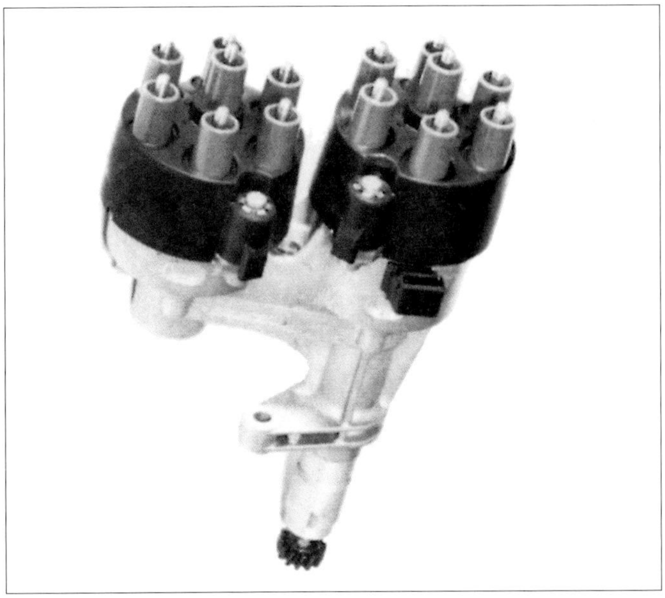

Nach getaner Arbeit sollte das Verteilergehäuse so aussehen.

Setzen Sie die Verschlussdeckel (11) an der Gehäuseunterseite wieder ein.

Hinweis:
Man kann die Kappe auch mit etwas Dichtmasse montieren.

Der übrige Wiedereinbau vollzieht sich in umgekehrter Reihenfolge des Ausbaus.

Hinweis:
Beim Einsetzen in das Kurbelgehäuse bewegen sich die Verteilerfinger. Man muss sie also etwas verstellen, damit sie nach dem Einbau auf die richtige Stelle zeigen, also die vor dem Ausbau markierte.

Öldruckgeber erneuern (Saugmotoren)

Angaben: Gregg Kricorissian, Kanada
Illustrationen: Patrick Forestell, USA, Jeff Curtis, USA

Position des Öldruckgebers am Motor (Motor ausgebaut)

◄ Über das Erneuern des Öldruckgebers gibt es wenige Informationen. Er befindet sich über dem Schwungrad hinten am Motor. Normalerweise ist er von unten zugänglich, wenn auch kaum sichtbar. Gregg Kricorissian hat sich deshalb tapfer einen anderen Weg ausgedacht, so dass man den Geber von oben her erreicht. Das ist die Basis dieses Reparaturvorschlags.

Werkzeug

- 24-mm-Schraubenschlüssel mit sehr schmalen Wangen

Hinweis:
Gregg Kricorissian hat einen umgebauten Krähenfußschlüssel und eine 3/8-Zoll-Verlängerung an einer Knarre verwendet. Damit gelangte er von oben an den Öldruckgeber.

Ersatzteile

Ersatzteil .... Porsche-Teilenummer
• Öldruckgeber 928 606 203 01

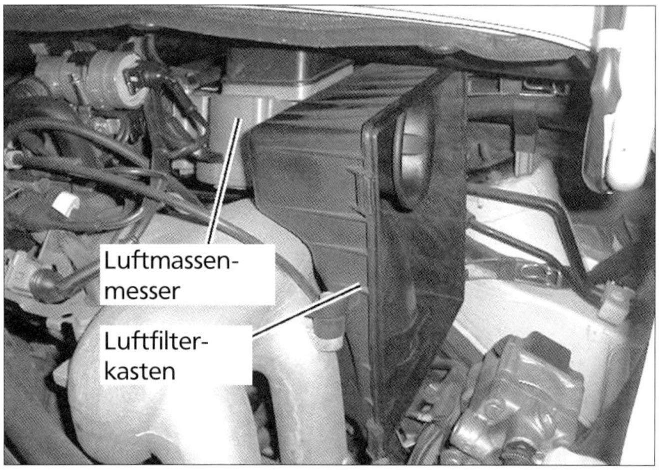

Hinweis:

- *Ab 1990 wurde die oben genannte Ersatzteilnummer geändert, die der neuen Ausführung lautet 928 606 203 02.*
- *Der Unterschied besteht darin, dass ursprünglich die Klemmen stehend, beim neuen Teil liegend angeordnet sind.*
- *Die Anschlüsse am neuen Geber müssen manchmal nachbearbeitet werden, damit sie an den vorhandenen Kabelbaumanschluss passen.*
- *Der Zugang zum Geber ist sehr eng; man hat kaum Platz zum Arbeiten.*

◄ Entfernen Sie die sechs Schrauben vom Luftfilterkasten und nehmen Sie diesen komplett heraus.

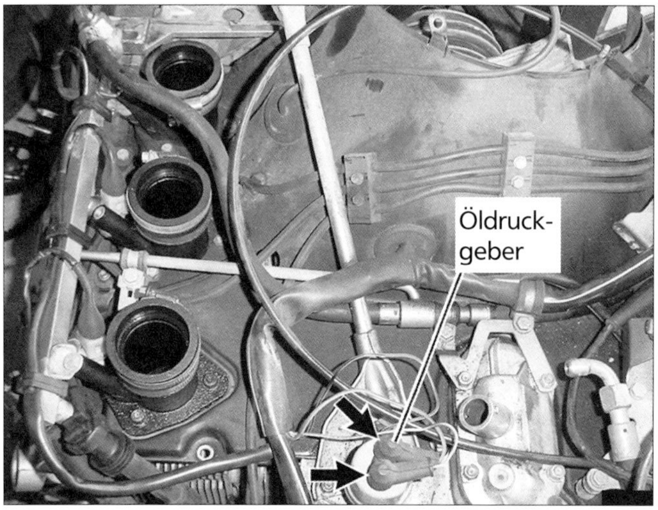

Trennen Sie die Verkabelung des Luftmassenmessers und entfernen Sie das Geberbauteil vom Ansaugrohr, wo es mit einer Bandschelle gehalten wird.

Hinweis:

- *Nach Ausbau des Luftmassenmessers ist der Öldruckgeber sichtbar und von oben her zugänglich.*
- *Auf den Fotos wurde das Saugrohr ausgebaut, um die Lage der Komponenten besser zeigen zu können.*

◄ Entfernen Sie die elektrischen Anschlüsse vom Öldruckgeber.

◄ Schrauben Sie den Geber mit dem modifizierten 24er Schlüssel von der flachen darunterliegenden Halterung (Pfeil).

Hinweis:

Weil man kaum etwas sehen kann, muss man mit viel Fingerspitzengefühl arbeiten. Da jeweils nach einer Viertelumdrehung der Schlüssel neu angesetzt werden muss, ist außerdem Geduld geboten – beim Einbau genauso wie beim Ausbau.

Setzen Sei den neuen Geber ein und schließen Sie die Kabel an. Vergessen Sie nicht, die Gummitüllen über die Kontakte zu schieben, um diese vor Feuchtigkeit und Schmutz zu schützen.

Hinweis:
Die Verkabelung des Gebers reagiert empfindlich auf Verpolung. Es muss also immer Plus an Plus und Masse an Masse angeschlossen werden. Markieren Sie deshalb vor dem Ausbau die Verbindungen auf beiden Seiten, damit Verwechslungen ausgeschlossen sind.

Setzten Sie den Luftmassenmesser wieder ein und schließen Sie ihn an.
Setzen Sie die Gummihalterungen des Luftfilterkastens ein und bauen Sie den Luftfilterkasten wieder ein. Beim Anbringen der unteren hinteren Klammer ist Vorsicht geboten, denn sie fällt leicht ab.
Lassen Sie den Motor an. Schauen Sie, ob die Öldruckanzeige funktioniert. Außerdem sollten Sie auf Ölundichtigkeiten achten.

Der Ölbehälter befindet sich bei allen 964-Modellvarianten, hier ein Speedster mit Turbo-Look von 1994, vor dem rechten Hinterrad.

(Foto: Jens Torner)

Ölstandsgeber erneuern

Angaben: John Miles, Großbritannien
Bilder: John Miles, Großbritannien

Wenn die Ölstandsanzeige unerklärlich schwankt oder in die Höhe schießt, liegt meist ein Defekt des Gebers im Ölbehälter vor.

Ersatzteile

Ersatzteil	Porsche-Teilenummer
• Ölstandsgeber	964 641 051 00
• Ölstandsgeberdichtung	993 207 226 00
• Ein paar Kabelbinder	

Vorsicht:
Riskieren Sie keine Verbrennungen! Stellen Sie sicher, dass der Motor kalt ist, bevor Sie mit der Arbeit beginnen.

Heben Sie das Fahrzeugheck an und stützen Sie es sicher ab.

Vorsicht:
Stellen Sie sicher, dass das Fahrzeug während dieser gesamten Zeit sicher abgestützt ist. Verwenden Sie einen Profi-Wagenheber, Achsböcke oder eine Rampe zum Herauffahren. Ein normaler Wagenheber oder gar der bordeigene im Werkzeugsatz befindliche Heber sind dafür ungeeignet.

Entfernen Sie das rechte Hinterrad, der Ölbehälter befindet sich davor im Radhaus.
Stellen Sie einen ausreichend großen Auffangbehälter unter den Ölbehälter und lassen Sie das Öl vollständig aus dem Behälter ab.

Hinweis:
Vorher empfiehlt sich eine Wäsche des betroffenen Bereichs mit dem Hochdruckreiniger. (Achtung: Motorwäsche darf aus Umweltschutzgründen nur in Fachbetrieben durchgeführt werden, die auch dafür ausgerüstet sind und sich um die fachgerechte Entsorgung des verschmutzen Waschwassers kümmern.) Erst nach einer solchen Reinigung können Sie die Verkabelung des Gebers zum Motorraum hin inspizieren. Beim neuen Geber ist die Verkabelung bereits integriert; man kann sie nicht mehr vom Geber abziehen. Die neue Verkabelung ist deshalb im Motorraum neu anzuschließen. So kann man beispielsweise den Geber von seiner Verkabelung abschneiden und den neuen daran anschließen.

◄Unter dem rechten Radhaus entfernen Sie verbliebenen Schmutz von den beiden Schrauben, die die Abdeckung über dem Geber halten.
Entfernen Sie die Abdeckung und Sie haben den Geber vor sich.

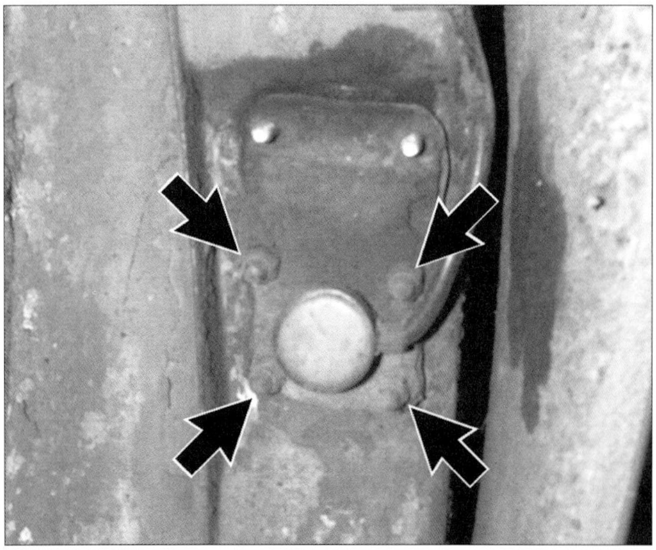

◄***Hinweis:***
Verwenden Sie viel Kriechmittel wie WD-40, um die Muttern gangbar zu machen. Lassen Sie das Öl ein paar Minuten einwirken, bevor Sie die Schrauben herausdrehen.

Vorsicht:
Nach dem Entfernen der Muttern kommt es vor, dass sich die Geberplatte nicht vom Ölbehälter lösen will. Sprühen Sie großzügig WD-40 auf diese Stelle und benutzen Sie einen langen Hebel; die Platte wird sich dann lösen.
Vermeiden Sie dabei die Beschädigung der Gewinde an den Bolzen, die den Geber halten.

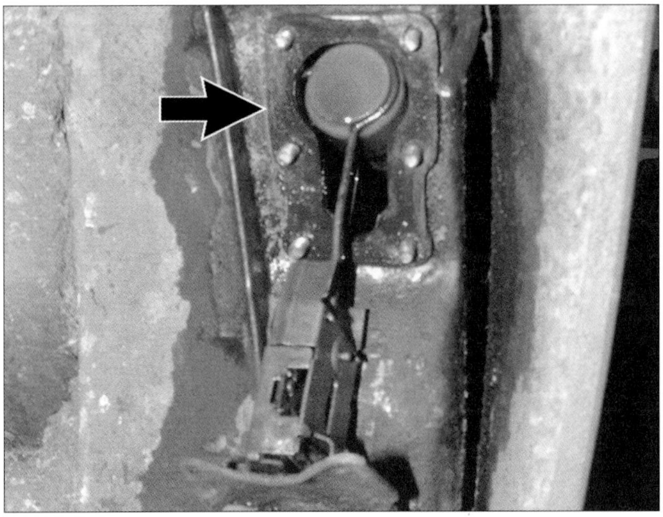

◀ Unter der Abdeckung befindet sich eine Gummidichtung (Pfeil).

- Entfernen Sie Dichtung und Geber und entsorgen Sie sie.
- Reinigen Sie gründlich den Bereich, wo die Dichtung saß.

◀ Setzen Sie eine neue Dichtung und den neuen Geber ein.

◀ Folgen Sie dem alten Kabel bis in den Motorraum, ziehen Sie es dort aus der Verbindung heraus und schließen Sie stattdessen die Kabel am neuen Geber an.

Hinweis:

- *Auf dem Foto ist die Kabelverbindung rechts im Motorraum sichtbar.*
- *Wenn fachmännisch mit den richtigen Werkzeugen und Teilen gearbeitet wird, kann man eine Quetschverbindung nutzen, eine andere Möglichkeit wäre eine mit Schrumpfschlauch isolierte Lötverbindung.*

Nach Einbau der Verkabelung erfolgt der weitere Zusammenbau in umgekehrter Reihenfolge der Demontage. Kontrollieren Sie den Ölstand (ggf. nachfüllen) und prüfen Sie nach der Montage die Funktion des Ölstandsgebers.

Wärmetauscher am Turbo-Motor

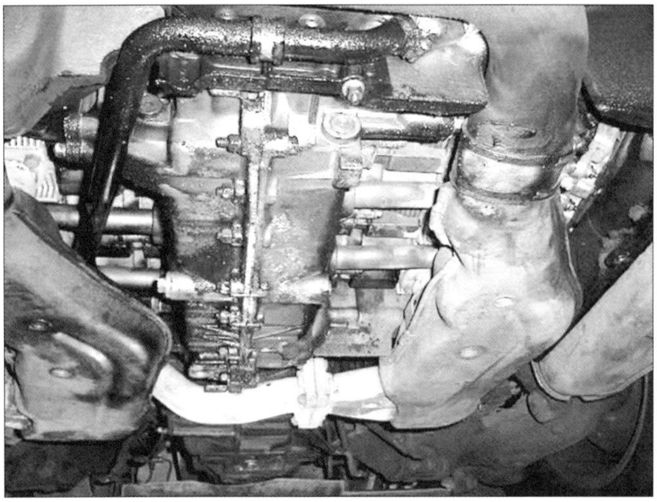

Wärmetauscher am Carrera 2

Wärmetauscher erneuern (Saugmotoren)

Angaben: Horst Ressdorf, USA

Bilder: Mario Costa-Sa, Großbritannien, Kevin Ross, Australien, Tom Sharpes, USA

Werkzeug

- Radmutternschlüssel
- Halbzöllige Brechstange
- Drehmomentschüssel
- Längsschlitz-Schraubendreher
- Kreuzschlitz-Schraubendreher (Akku-Schrauber hilfreich für die Klammern)
- 13-mm-Steckschlüssel mit 3/8-Zoll-Fuß
- 13-mm-Maulschlüssel
- 13-mm-Steckschlüssel mit Kreuzgelenk
- 13-mm-Krähenfuß mit 3/8-Zoll-Antrieb ist nützlich
- 3/8-Zoll-Verlängerung (ca. 20 cm)
- 13-mm-Verteilerschlüssel
- 1/4-Zoll-Ratsche
- 10-mm-Steckschlüssel
- 8-mm Inbus-Steckschlüssel mit 3/8-Zoll
- 2 Achsböcke
- Wagenheber

Material

- Hochwertiges Kriechöl
- Tube hochwirksamen Klebstoffs

Lassen Sie den Motor laufen, um ihn auf Betriebstemperatur zu bringen.

Vorsicht:
Die Inbus-Kopfmuttern dürfen nicht wiederverwendet werden.

Klemmen Sie das Massekabel vom Minuspol der Batterie ab und decken Sie beides mit einem Lappen ab.

Vorsicht:
Durch das Abklemmen der Batterie können Fehlermeldungen in der Motronic und die Voreinstellungen des Radios gelöscht werden.

Lösen Sie die Radmuttern hinten links.

Eine Hebebühne gehört wohl in jede Traumgarage eines Hobby-Schraubers. Sofern man den Platz für eine Zweisäulenhebebühne hat, kann man sich mit einer Investition von rund 1000.- Euro das Schrauberleben sehr erleichtern.

◄ Heben Sie das Fahrzeugheck an und sorgen Sie für eine sichere Abstützung. Eine Zweisäulenhebebühne mit vier Tragarmen ist allerdings besser geeignet als die hier gezeigte Auffahrbühne. In den meisten Fällen wird aber wahrscheinlich ein hydraulischer Wagenheber zum Einsatz kommen. Gute Ausführungen – besonders für Fahrzeuge mit wenig Bodenfreiheit – werden ab 250.- Euro angeboten.

Hinweis:
Den Wagenheber setzt man am besten an der Kerbe unten am Kurbelgehäuse an. Legen Sie zum Schutz eine Unterlage zwischen Wagenheber und Kurbelgehäuse.

Stellen Sie Achsböcke unter jeden unteren Stoßdämpfer-Aufhängungspunkt. Stellen Sie sicher, dass das Fahrzeug stabil darauf ruht.

Vorsicht:
Stellen Sie sicher, dass das Fahrzeug während dieser gesamten Zeit sicher abgestützt ist. Verwenden Sie einen Profi-Wagenheber, Achsböcke oder eine Rampe zum Herauffahren. Ein normaler Wagenheber oder gar der bordeigene im Werkzeugsatz befindliche Heber sind dafür ungeeignet.

Entfernen Sie ggf. die Unterbodenverkleidung unter dem Motor.

Nehmen Sie das linke Hinterrad ab.

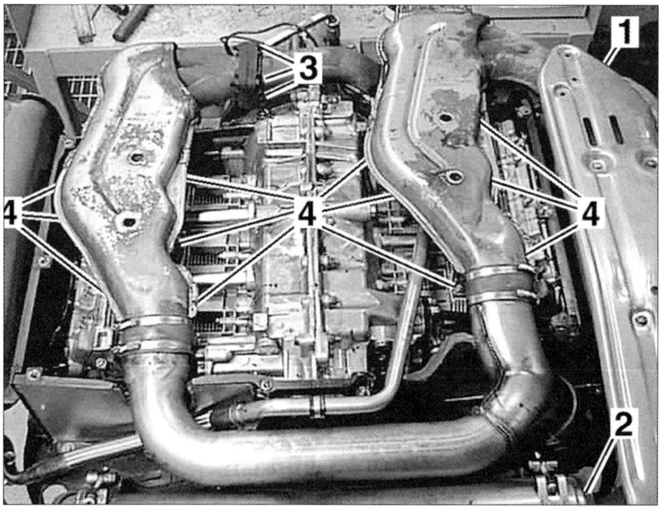

Sprühen Sie folgende Bereiche mit reichlich Kriechöl ein:
Halterung zwischen Wärmetauscher und Kat **(1)**
Halterung zwischen Kat und Hauptschalldämpfer bzw. Bypassrohr **(2)**
13-mm-Schrauben, die die Wärmetauscher zusammenhalten **(3)**
Acht 13-mm- und vier 8-mm-Inbusschrauben, die die Wärmetauscher an den Zylinderköpfen fixieren **(4)**

Hinweis:
Lassen Sie das Öl längere Zeit einwirken, am besten über Nacht.

Die Lambdasonde ist in die Auspuffanlage eingebaut.

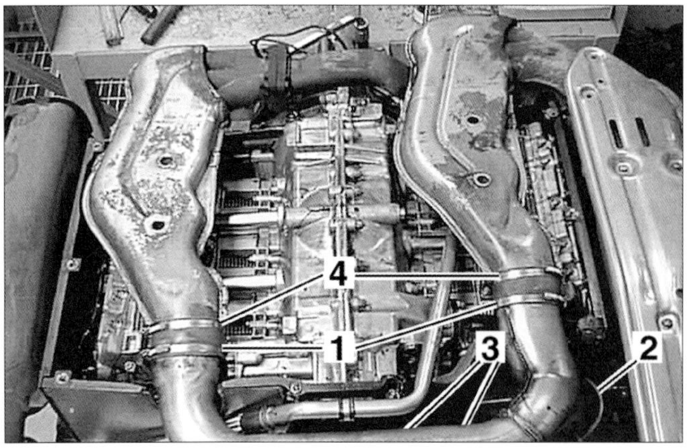

Lösen Sie die Schläuche zur Belüftung des Verteilers. Ziehen Sie den Widerstand und den Geber vom Heißluftknick ab. Lösen Sie die Klammern und bauen Sie das Bogenstück aus.

◄ Entfernen Sie den Heizgebläsemotor (Pfeil) links im Motorraum.

- Lösen Sie den Stromanschluss des Gebläsemotors.
- Lösen Sie die Luftkanalanschlüsse am Gebläsemotor, ziehen Sie den Kanal und alle Strom- und Kanalanschlüsse heraus.
- Entfernen Sie die beiden 10-mm-Schrauben, die das Gebläse links halten. Entfernen Sie den Gebläsemotor zusammen mit dem oberen Luftkanal, der vom Lichtmaschinengebläse her kommt.

Lösen Sie auf der linken Motorraumseite die Lambdasonde.

Im linken Radhaus drücken Sie die Tülle für das Lambdasonden-Kabel heraus, wo es durch den Innenkotflügel hindurchgeführt ist. Ziehen Sie die Verkabelung der Lambdasonde aus dem Motorraum heraus.

Lösen Sie die Schrauben und nehmen Sie den Katalysator heraus.

Entfernen Sie den Vorschalldämpfer.

Hinweis:
Dies wird vor dem nächsten Arbeitsschritt empfohlen, ist aber nicht immer erforderlich.

Die folgenden Bilder zeigen die Arbeiten am ausgebauten Motor.

◄ Zum Entfernen des Luftausgleichsrohrs

- lösen Sie die Klammer (**1**) an jeder Seite des Rohrs,
- lösen Sie die Klammern am Lufteinlass (**2**),
- entfernen Sie die 10-mm-Schrauben an der Halterung und
- nehmen das Rohr heraus.

Lösen Sie die Klammern (**4**) und lassen Sie die flexiblen Rohre von jeder Seite vorn aus dem Wärmetauscher herausgleiten.

Reinigen Sie alles gründlich, bevor Sie die neuen Wärmetauscher einbauen.

◄ Entfernen Sie die 13-mm-Schrauben sowie die Inbusschrauben (Pfeile) zur Befestigung des Wärmetauschers. Nehmen Sie die Wärmetauscher als komplette Einheit von den Zylinderköpfen ab.

Hinweis:

- *Selbst nach dem Einweichen über Nacht werden sich die Schrauben nur unter Schwierigkeiten lösen lassen.*
- *Die Muttern sind erreichbar, auch wenn dies unmöglich erscheint. Dies ist der längste und schwierigste Arbeitsschritt beim Ausbau der Wärmetauscher.*
- *Geduld und viel Kriechöl werden Sie zum Ziel führen.*
- *Verrostete Muttern und abgerissene Schrauben sind hier keine Seltenheit.*
- *Die Wärmetauscher werden als komplette Einheit aus- und eingebaut. Dabei ist ihr Gewicht nicht zu unterschätzen! Ein Helfer ist deshalb also sehr willkommen.*

Trennen Sie die beiden Wärmetauscher voneinander, wenn dies nötig ist.

Säubern Sie die Rillen an den Zylinderköpfen für die Dichtringe.

Kontrollieren Sie die neuen Dichtringe genau. Auf einer Seite ist eine feine Naht. Diese muss nach dem Einbau auf den Wärmetauscher zeigen.

Hinweis:

Mit einem kleinen Tropfen Sekundenkleber auf den gegenüberliegenden Seiten der Dichtringe geht alles leichter. Drücken Sie den Ring in die jeweilige Rille am Zylinderkopf. Der Kleber fixiert den Ring an Ort und Stelle, während Sie den neuen Wärmetauscher in seine Position bugsieren.

Der restliche Einbau vollzieht sich in umgekehrter Reihenfolge des Ausbaus.

Anzugsdrehmoment

Wärmetauscher an Zylinderkopf: .... 23 Nm

Zahnriemen der Servolenkungspumpe erneuern

Angaben: Roland Kunz, Deutschland

Vorsicht:

Vermeiden Sie Verletzungen und stellen Sie vor Arbeitsbeginn sicher, dass der Motor kalt ist.

Werkzeug 9236

Hakenschlüssel

Werkzeug

- Spezialschlüssel zum Lösen des von der Nockenwelle angetriebenen Zahnrades

Die Servolenkungspumpe befindet sich rechts vor dem Motor und wird über einen Riemen von der rechten Nockenwelle angetrieben. Inspektionsintervall für den Riemen beträgt ca. alle 80.000 km oder ca. alle 7 Jahre.

Heben Sie den Wagen an und stellen Sie sicher, dass er ordnungsgemäß abgestützt ist.

Vorsicht:

Stellen Sie sicher, dass das Fahrzeug während dieser gesamten Zeit sicher abgestützt ist. Verwenden Sie einen Profi-Wagenheber, Achsböcke oder eine Rampe zum Herauffahren. Ein normaler Wagenheber oder gar der bordeigene im Werkzeugsatz befindliche Heber sind dafür ungeeignet.

Entfernen Sie ggf. die Unterbodenverkleidung unter dem Motor.

Entfernen Sie den Schalldämpfer und dessen Halterung.

Entfernen Sie von unten die Abdeckung über dem Gehäuse für den Servolenkungsriemen (rechts neben dem Schwungrad) und inspizieren Sie den Riemen.

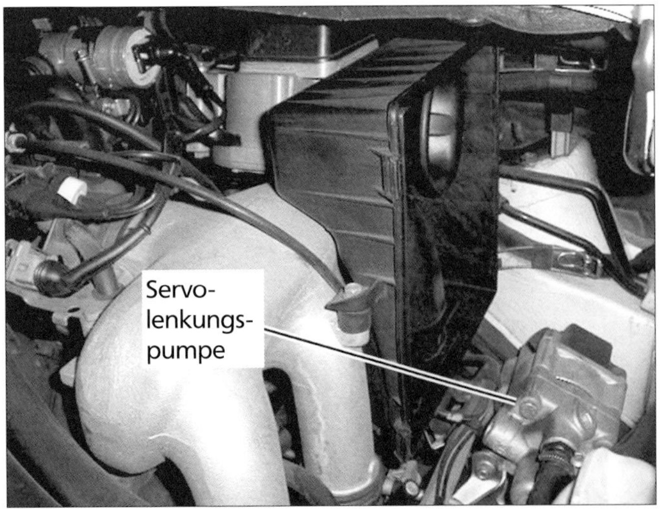

◄ Wenn er erneuert werden muss, lockern Sie die Servolenkungspumpe und die dort angebrachte schwarze Kunststoffverkleidung.

Der Ausbau des Riemens kann Schwierigkeiten bereiten:

- Ziehen Sie ihn vom nockenwellengetriebenen Zahnrad und schieben Sie ihn nach oben in den Motorraum.

Servolenkungs-Pumpe

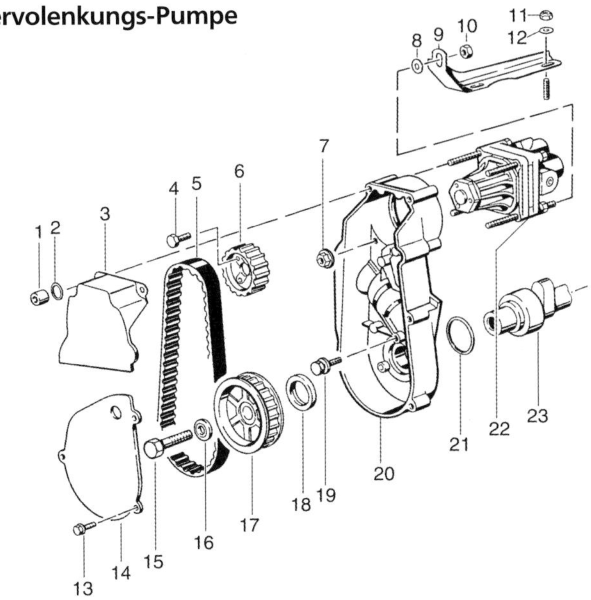

1 Inbusmutter M8
2 Federteller
3 Abdeckung
4 Schraube M6
5 Zahnriemen
6 Pumpenzahnrad
7 Kragenmutter
8 Unterlegscheibe M8
9 Halterung
10 Mutter M8
11 Sicherungsmutter M6
12 Unterlegscheibe
13 Schraube
14 Deckel
15 Schraube M12 (Gewinde mit Optimoly HT einreiben und auf 120 Nm anziehen)
16 Unterlegscheibe
17 Nockenwellenzahnrad
18 Dichtring 30x42x7
19 Selbstsichernde Schraube M6 (erneuern oder mit Loctite 270 fixieren)
20 Trägergehäuse
21 Dichtring 40x4
22 Servolenkungspumpe
23 Ende der rechten Nockenwelle

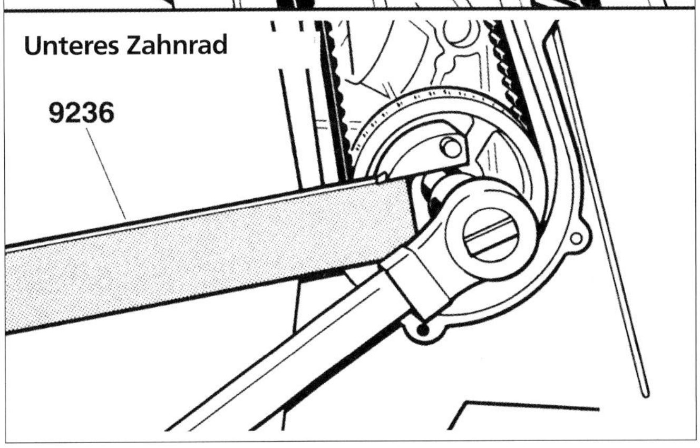

- Ziehen Sie den Riemen von oben, bis das Pumpenrad in der Mitte des Riemens liegt.
- Drehen Sie den Riemen nun um 90 Grad, mit der flachen Seite nach außen. Schieben Sie ihn über das Pumpenrad und lösen Sie ihn davon, so dass er neben dem Pumpenrad liegt.
- Drücken Sie den Riemen nach unten und rollen Sie ihn auf, um ihn aus dem unteren Gehäuse herauszubekommen.

Hinweis:
Man kann den Riemen auch nach oben herausbekommen, aber das ist schwieriger.

Vor Einbau des neuen Riemens:
- Reinigen Sie die Zahnräder und das Riemengehäuse vom Abrieb und anderem Schmutz gründlich (Bremsenreiniger).
- Kontrollieren Sie, ob die Dichtung am Nockenwellenausgang dicht ist.

Der Einbau erfolgt in umgekehrter Reihenfolge des Ausbaus. Der Riemen muss richtig positioniert sein. Die Halterungen der Pumpe sorgen für die Vorspannung des Riemens.

◀ Anstelle des Lösens der Servolenkungspumpe kann der Bolzen gelöst werden, der das nockenwellengetriebene Zahnrad fixiert. Dazu ist jedoch Sonderwerkzeug 9236 erforderlich.

Hinweis:
Erfahrene Hobby-Schrauber, denen ein solches Werkzeug zur Verfügung steht, können so verfahren. Es dauert etwa 30 bis 60 Minuten.

Vorsicht:
Man spart zwar Zeit, aber diese Vorgehensweise ist gerade für Unerfahrene nicht ganz risikolos. Wer sich damit auskennt, weiß um die Probleme des Lösens und Anziehens von Schrauben, die Zahnräder auf ihrer Welle fixieren.

Turbomotor mit ausgebautem Ladeluftkühler
(Foto: Patrick Selestam)

Aus- und Einbau des Motors

Angaben: Porsche AG, Deutschland, Jon Scholz, Australien, Staffan Bergholm, Schweden, David Kalokitis, USA
Bilder: Porsche AG, Deutschland, Jeff Curtis, USA, Kevin Ross, Australien, Patrick Selestam, Schweden, Steve Shanks, USA, Tom Sharpes, USA, Michael Wu, USA, Denis Zuba, Schweiz

Motor und Getriebe werden als Einheit nach unten hin aus dem Fahrzeug ausgebaut.

Obwohl die Vorgehensweise bei allen Modellen gleich ist, gibt es doch wichtige Unterschiede im Detail. Sie hängen von Modell, Baujahr und Zielmarkt ab.

Die folgende Anleitung weist jeweils darauf hin, für welche Modellvarianten welche Besonderheiten zu beachten sind (z. B. Carrera 2, Carrera 4, Sauger, Turbo, Fahrzeuge mit Tiptronic).

Vorsicht:
Der Ausbau des Turbomotors ist kompliziert und nur für erfahrene Hobby-Schrauber mit umfangreicher Werkstattausstattung empfehlenswert. Eine komplette Ausbauanleitung für den Turbomotor fehlt hier deshalb.

Werkzeug
- Motorträger
- Adapter für den Motorträger
- Motor-Getriebe-Träger

Vorsicht:
Vermeiden Sie Verletzungen und stellen vor Arbeitsbeginn sicher, dass der Motor kalt ist.

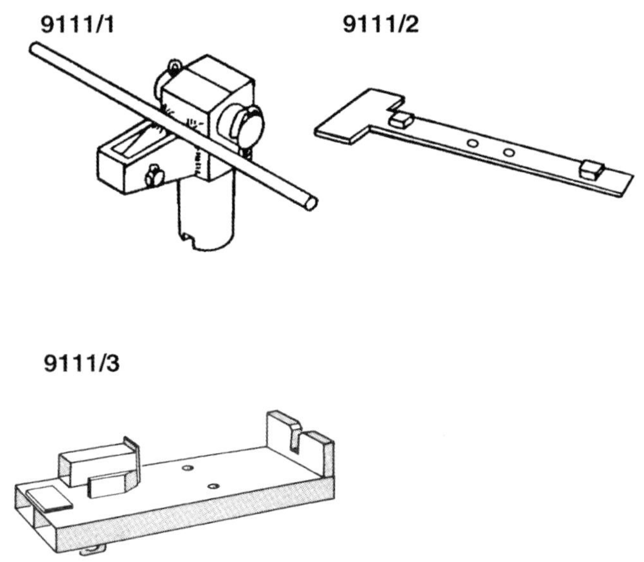

9111/1 .... Adapter für den Motorträger
9111/2 .... Motorträger
9111/3 .... Motor-Getriebe-Träger

Unterboden des Carrera 4 von 1990

(Foto: Porsche AG)

Klemmen Sie die Batterie am Minuspol ab und decken Sie diesen Pol ab.

Vorsicht:
Durch das Abklemmen der Batterie können Fehlermeldungen in der Motronic und die Voreinstellungen des Radios gelöscht werden.

Heben Sie den Wagen an und stellen Sie sicher, dass er ordnungsgemäß abgestützt ist.

Vorsicht:
Stellen Sie sicher, dass das Fahrzeug während dieser gesamten Zeit sicher abgestützt ist. Verwenden Sie einen Profi-Wagenheber, Achsböcke oder eine Rampe zum Herauffahren. Ein normaler Wagenheber oder gar der bordeigene im Werkzeugsatz befindliche Heber sind dafür ungeeignet.

Hinweis:
Der Wagen muss rechts hinten so weit angehoben werden, dass die Unterbodenverkleidung unter Motor und Getriebe entfernt werden kann.

◄ Entfernen Sie die Unterbodenverkleidung unter Motor, Getriebe und (bei Carrera 4) dem Gehäuse des Zentraldifferenzials.

Im rechten Radhaus entleeren Sie den Ölbehälter über den Ablass am Thermostatgehäuse.

Hinweis:
Ist eine Motorüberholung geplant, muss das Öl auch über die Ablassschraube am Kurbelgehäuse abgelassen werden. Beim Turbo gibt es noch eine dritte Stelle zum Ölablassen, nämlich den Vorratsbehälter am Turbolader.

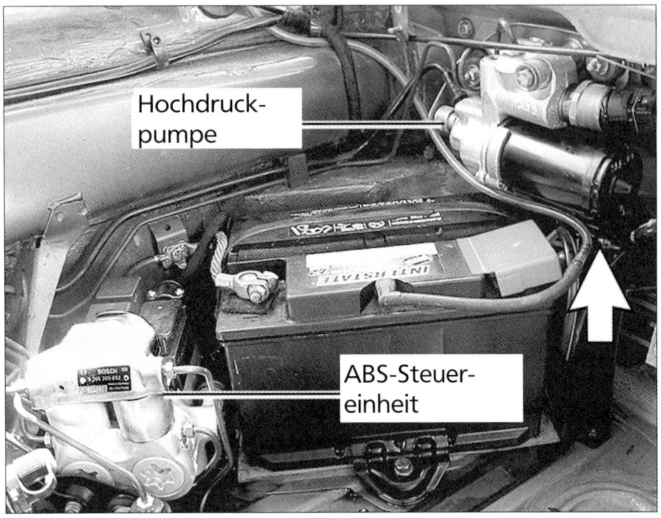

◀ Carrera 4, Turbo, Turbo-Look, Cup und nicht für die USA bestimmte RS-Modelle: Entfernen Sie im Kofferraum vor der Batterie die schwarze Abdeckung über der Hochdruck-Hydraulikpumpe. Trennen Sie alle Anschlüsse (Pfeil) von der Pumpeneinheit.

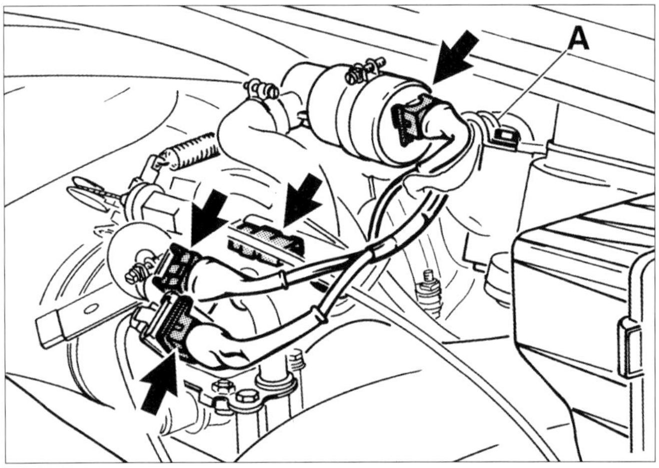

◀ Saugmodelle: Ziehen Sie die Stromanschlüsse vom Saugrohr (Pfeile) ab. Entfernen Sie die Halterung für den Kabelbaum (**A**) vom Luftmengenmesser.

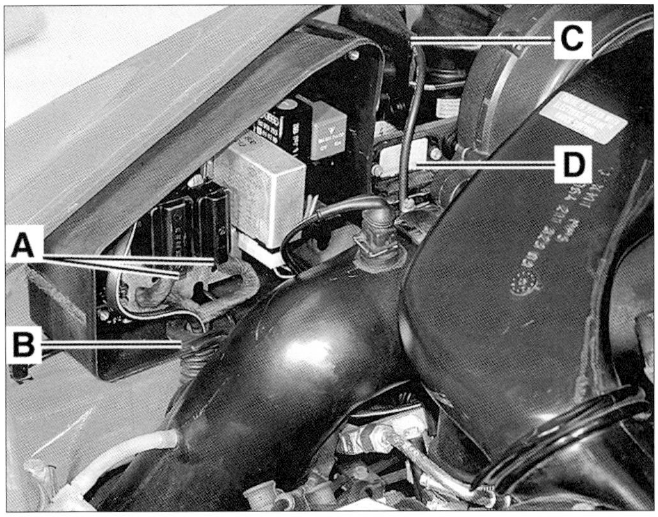

◀ Ziehen Sie die elektrischen Verbindungen an der linken Motorraum-Stirnwand ab.

- Nehmen Sie den Deckel vom Motorraum-Sicherungskasten ab.
- Ziehen Sie die Stecker (**A**) vom/von dem/den Relais ab.
- Drücken Sie die Tülle (**B**) aus der Unterseite der Verkleidung.
- Entfernen Sie den Hochspannungskontakt (**C**) von der Zündspule/den Zündspulen.
- Entfernen Sie die Stromanschlüsse von den Endstufeneinheiten der Zündanlage (**D**).

Entfernen Sie die Zündkabel und die Stromverbindungen vom Verteiler/von den Verteilern.

Hinweis:

- *Das Bild zeigt den Sicherungskasten des Saugmotors.*

• *Beim Turbomotor ist der Kasten an derselben Stelle untergebracht, sieht innen jedoch etwas anders aus. Weitere Unterschiede sind das im Motorraum fehlende Gebläse, nur eine Zündspule, der zweite Kraftstofffilter links im Motorraum und der oben im Motorraum thronende Ladeluftkühler.*

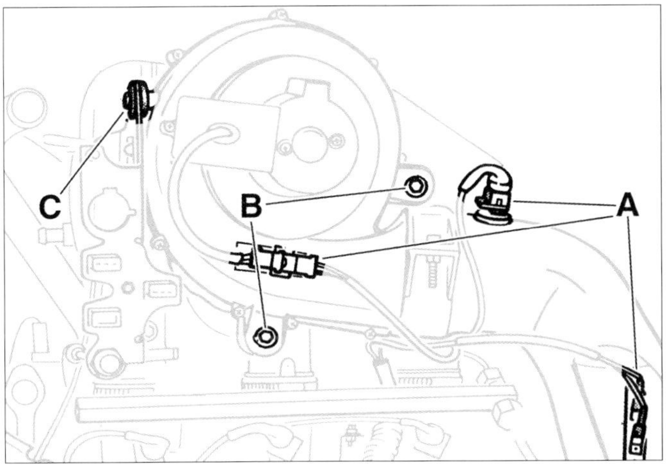

◄ Bei den Saugern muss nun das Gebläse ausgebaut werden. Dazu werden die Stromverbindungen **(A)** an Gebläse und Heizungsleitungen getrennt, die Heizungskanäle ausgebaut, die Schrauben herausgedreht, die das Gebläse fixieren **(B)**, und das Gebläse aus der Muffe **(C)** an seiner Halterung herausgenommen.

Hinweis:
Die Zeichnung zeigt den Motor von links.

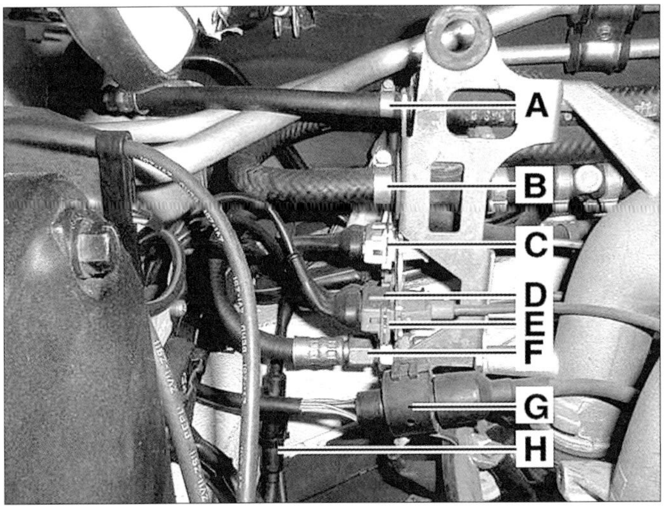

◄ Entfernen Sie die Schläuche und Stromanschlüsse auf der linken Motorseite hinter der Halterung für den Gebläsemotor, und zwar

- den Schlauch für den Aktivkohlebehälter **(A)**,
- den Schlauch für den Bremskraftverstärker **(B)**,
- den Anschluss für den Kurbelwellenstellungs-Geber **(C)**,
- den Anschluss für den Temperaturfühler II an Zylinder 3 **(D)**,
- den Anschluss für den Klopfsensor **(E)**,
- die Kraftstoffrückleitung **(F)**,
- ggf. den Anschluss für den Tempomat **(G)** und
- ggf. den Anschluss für die Lambdasonde **(H)**.

Vorsicht:

- *Bei dieser Arbeit kann unter Druck stehender Kraftstoff aus den Leitungen austreten. Arbeiten Sie deshalb nicht in der Nähe von Heizgeräten oder anderen Brandgefahren. Halten Sie einen Feuerlöscher bereit. Rauchen Sie nicht. Vor Lösen der Kraftstoffleitung wickeln Sie ein Lappen um die Leitung, um austretenden Kraftstoff aufzufangen. Verschließen Sie alle offenen Kraftstoffleitungen.*
- *Um unnötigen Kraftstoffaustritt möglichst zu vermeiden, sollte der Tank bei Ausbau des Motors leer sein.*
- *Bei Arbeiten an der Kraftstoffanlage sollten Sie Handschuhe tragen, weil längerer Kontakt mit Kraftstoff Hautreizungen verursachen kann (Gesundheitsgefahr).*

Hinweis:

Der Gebläsemotor befindet sich beim Turbo an einer anderen Stelle.

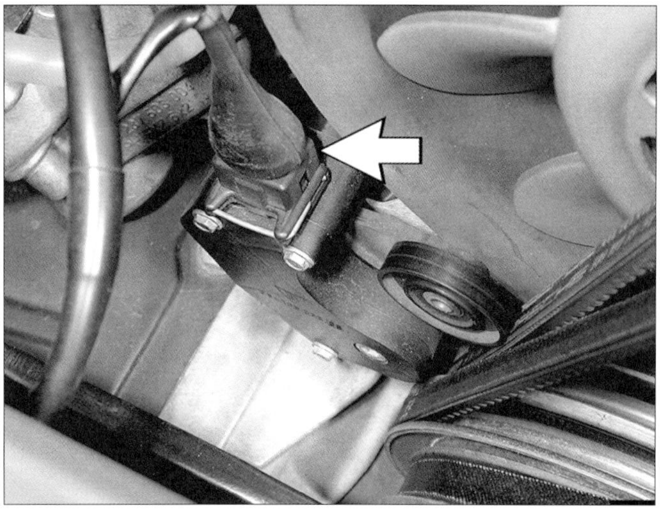

◄ Entfernen Sie den Stromanschluss (Pfeil) vom Motorkühlungs-Riemenspanner.

Lösen Sie den Belüftungsschlauch von den beiden Verteilern.

◄ Wenn eine Klimaanlage eingebaut ist, ist folgendes erforderlich:

- Lösen Sie die Schrauben, mit denen der Klimakompressor befestigt ist (Pfeile).
- Lösen Sie den Riemenspanner für den Kompressor (kleines Foto) und ziehen Sie den Riemen von der Kompressor-Riemenscheibe.
- Entfernen Sie die Haltebolzen und heben Sie den Kompressor mit angeschlossenen Schläuchen aus dem Motorraum.
- Stellen Sie ihn auf dem rechten Kotflügel ab.

Vorsicht:

- *Legen Sie zum Schutz der Lackierung ein weiches Tuch darunter.*
- *Wenn die Klimaschläuche abgetrennt werden müssen, muss das Kältemittel vorher mit den zulässigen Techniken und Hilfsmitteln abgelassen werden.*

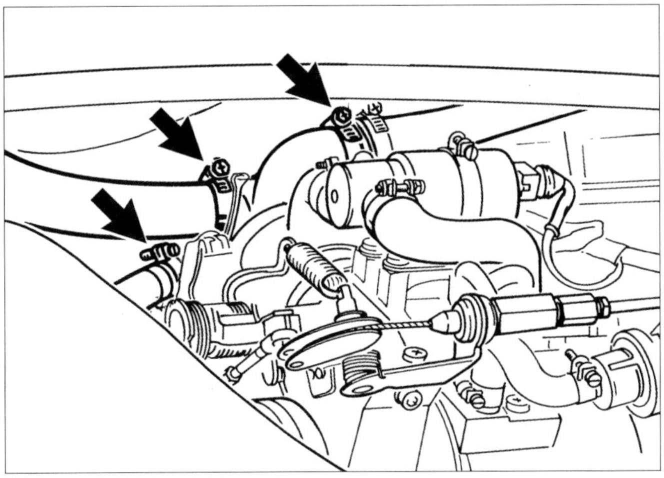

◀ Saugmotoren: Über und hinter dem Leerlaufsteuerventil lösen Sie die Schlauchschellen und bauen die Motorentlüftungsschläuche aus.

Hinweis:
Das Abtrennen geht einfacher, wenn Motor und Getriebe ein Stück abgelassen sind.

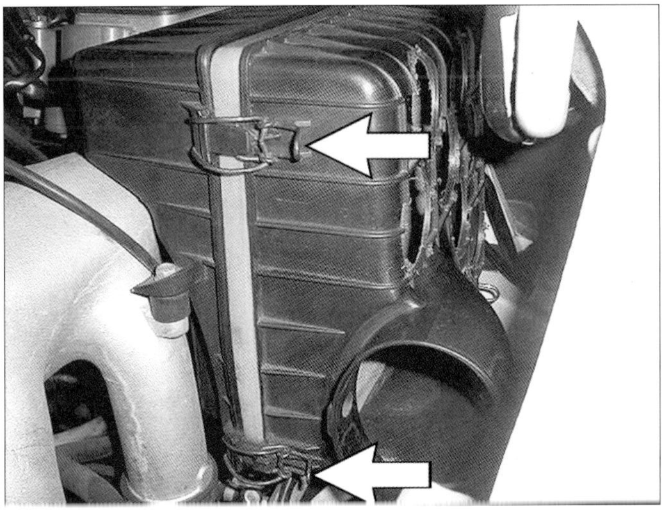

◀ Bei den Saugern lösen Sie die Klammern des Luftfilterkastens (Pfeile) und entfernen Deckel und Luftfilter.

◀ Bei Modellen mit Saugmotor lösen Sie auf der rechten Motorseite die Kraftstoffausgangsleitung am Kraftstofffilter.

Dabei muss die Mutter am Filter gekontert werden.

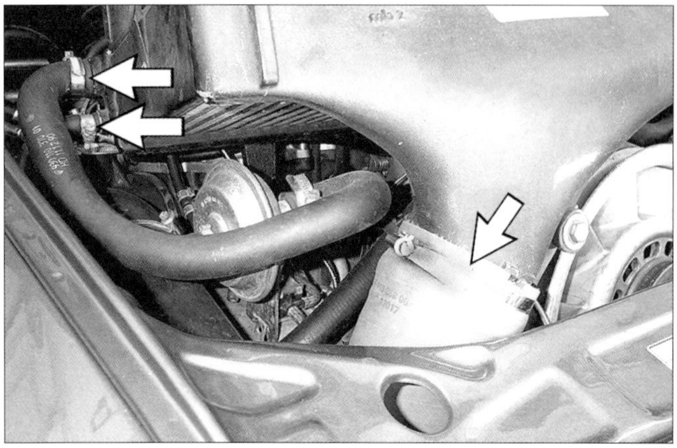

◄ Turbo-Modelle: Bauen Sie den Ladeluftkühler nach der Beschreibung weiter unten in diesem Kapitel aus.

- Entfernen Sie die Kabel vom Druckgeber links hinten am Ladeluftkühler.
- Lösen Sie die Schlauchklammern (Pfeile) und entfernen Sie die Ladeluftschläuche (auf dem Bild: linke Seite).
- Entfernen Sie die Halterungen und ziehen Sie den Ladeluftkühler hoch und aus dem Motorraum heraus.
- Verschließen Sie die Ladeluftschläuche mit sauberen Lappen, damit keine Fremdkörper hineingelangen können.

Hinweis:
An den Ladeluftkühler sind fünf Schläuche angeschlossen.

Turbo-Modelle: Entfernen Sie den Luftfilterkasten.

◄ Turbo-Modelle: Lösen Sie links im Motorraum den Anschluss hinter dem Kraftstofffilter.

- Dabei muss die Mutter am Filter gekontert werden.
- Der Kraftstofffilter bleibt eingebaut.
- Suchen Sie den Anschluss für die Lambdasonde (Pfeil).

Vorsicht:

- *Bei dieser Arbeit kann unter Druck stehender Kraftstoff aus den Leitungen austreten. Arbeiten Sie deshalb nicht in der Nähe von Heizgeräten oder anderen Brandgefahren. Halten Sie einen Feuerlöscher bereit. Rauchen Sie nicht. Vor Lösen der Kraftstoffleitung wickeln Sie ein Lappen um die Leitung, um austretenden Kraftstoff aufzufangen. Verschließen Sie alle offenen Kraftstoffleitungen.*
- *Um unnötigen Kraftstoffaustritt möglichst zu vermeiden, sollte der Tank bei Ausbau des Motors leer sein.*
- *Bei Arbeiten an der Kraftstoffanlage sollten Sie Handschuhe tragen, weil längerer Kontakt mit Kraftstoff Hautreizungen verursachen kann (Gesundheitsgefahr).*

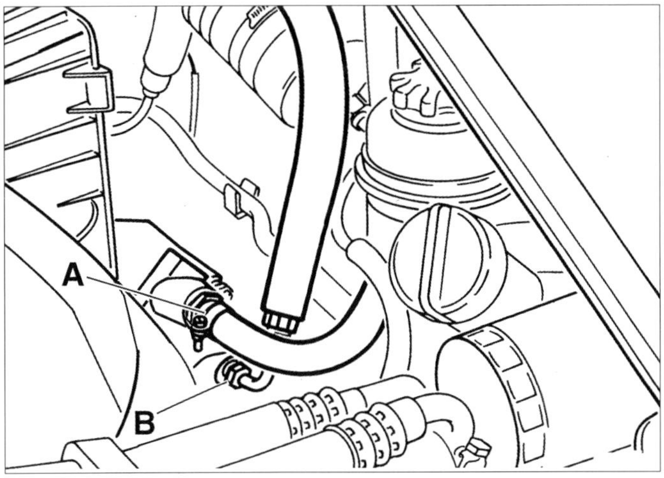

◀ Rechts im Motorraum entleeren Sie den Servolenkungsbehälter (entfällt bei RS und RS America).

- Entfernen Sie die Schlauchschelle **(A)** und trennen Sie den oberen Anschluss für das Servolenkungsöl von der Servolenkungspumpe.
- Lösen Sie die untere Schlauchhalterung **(B)** und legen Sie sie zur Seite.

Hinweis:
Richten Sie sich darauf ein, abtropfendes Hydrauliköl aufzufangen.

Turbo-Modelle: Trennen Sie die Schläuche für Kraftstoff und Ölschläuche vom Motor links und rechts in der Nähe der Stirnwand.

◀ Carrera 4: Vom Innenraum aus demontieren Sie die hintere Ablage vom Mitteltunnel.

- Entfernen Sie die Abdeckung des Kardantunnels.
- Entfernen Sie durch diese Öffnung die oberen Schrauben (Pfeile) am zentralen Kardangehäuse.

An der Pedalbox lösen Sie den Gaszug vom Umlenkhebel am Pedal und hebeln Sie den Kugelkopf ab.

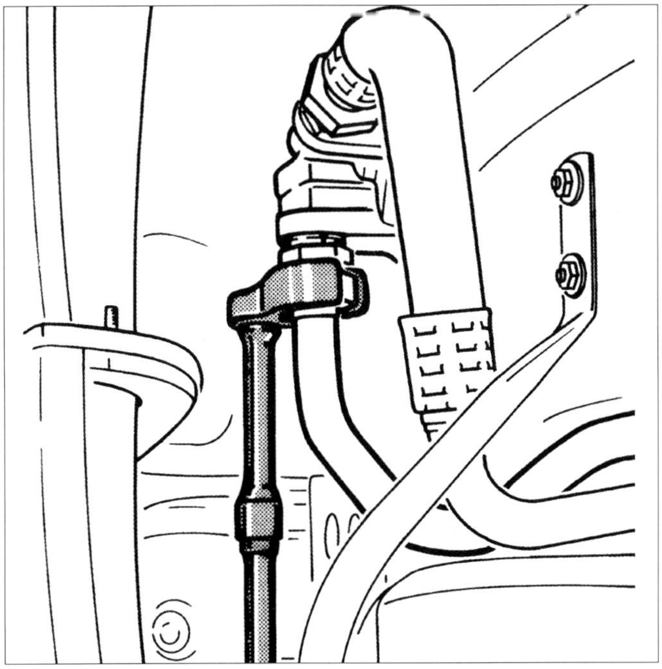

◀ Im rechten hinteren Radhaus trennen Sie den Ölschlauch von der Ölleitung zwischen Motor und Tank; verwenden Sie dazu die Krähenfuß-Knarre.

- Dazu muss an der Ölleitung gekontert werden, damit sie sich nicht mitdreht.
- Richten Sie sich darauf ein, dass heraustropfendes Öl aufgefangen werden muss.
- Entfernen Sie die Halterung für die Ölleitung im Radhaus.
- Verschließen Sie die Enden der Ölleitung.

Unter dem Motor trennen Sie die Heizungskanäle von den Wärmetauschern.

Schrauben Sie die Stromanschlüsse vom Anlasser ab, einschließlich des Massekabels zur Karosserie und der unteren Schraube zur Befestigung des Anlassers.

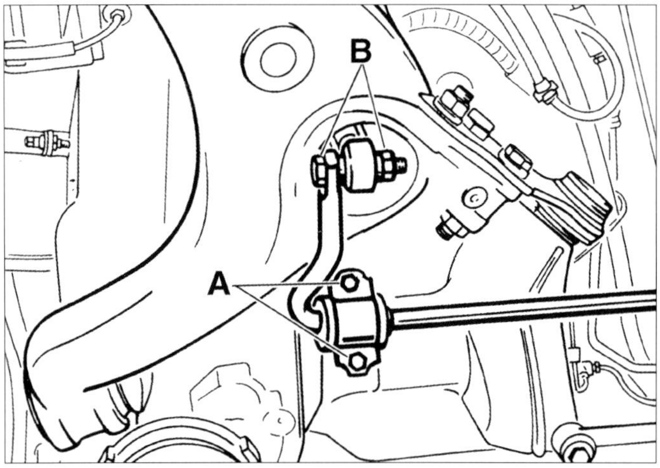

Turbo-Modelle: Entfernen Sie den Schalldämpfer auf der rechten Seite.

Turbo-Modelle: Entfernen Sie das linke Auspuff-Endrohr.

◂ Bauen Sie den hinteren Stabilisator aus.

- Dazu entfernen Sie dessen Sechskantbolzen **(A)**.
- Entfernen Sie auch die Halterung für das abgewinkelte Ende **(B)**.

◂ Fahrzeuge mit Schaltgetriebe: Entfernen Sie die Halterungen für den Kupplungs-Nehmerzylinder (Pfeile) über und links vom Getriebe.

- Ziehen Sie den Nehmerzylinder seitlich heraus.
- Lassen Sie die Hydraulikleitung angeschlossen.

Vorsicht:
Treten Sie nicht die Kupplung, solange der Nehmerzylinder ausgebaut ist.

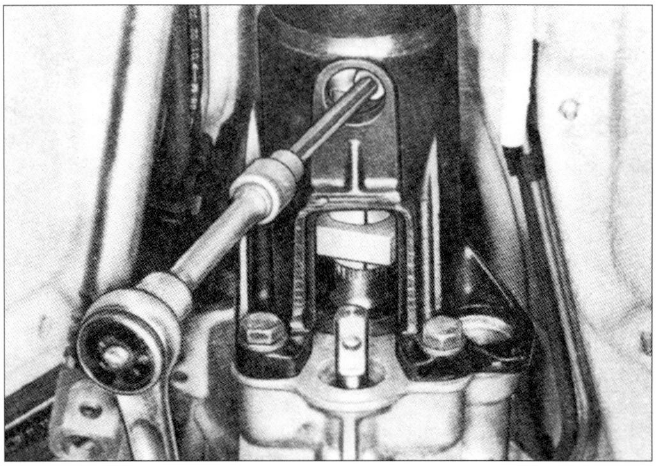

◂ Carrera 4: Von unten her lösen Sie die Schaltgestängeverbindung.

- Ziehen Sie die Gummimanschette vom Schaltgestängegelenk und lösen Sie die Klemmschraube.
- Entfernen Sie die beiden Inbus-Schrauben für die Manschette an der Schaltgestängeklammer.
- Schieben Sie die Manschette vor in das Kardanwellengehäuse.

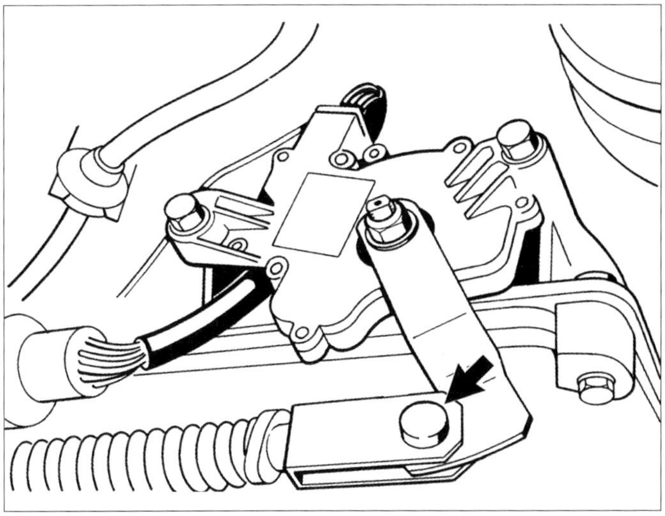

Tiptronic-Modelle: Unter dem Mitteltunnel ziehen Sie die Drosselklappenstange aus dem Führungsrohr und schrauben sie ab.

◀ Tiptronic-Modelle: Am Wählhebelanschluss links am Getriebe ziehen Sie den Sicherungsbolzen (Pfeil) heraus und trennen den Schaltseilzug.

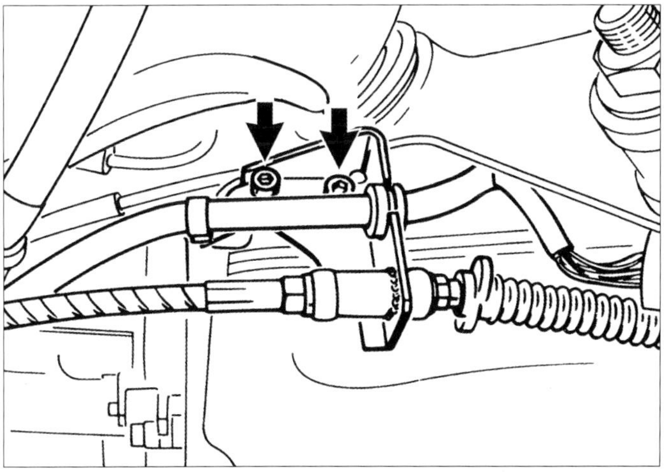

◀ Tiptronic-Modelle: Entfernen Sie die Haltebolzen für die Schaltseilzughalterung (Pfeile) und ziehen Sie den Seilzug zur Seite.

◀ Tiptronic-Modelle: Lösen Sie die Halterung für das Getriebesteuerungskabel, ziehen Sie den elektrischen Stecker heraus und trennen diesen.

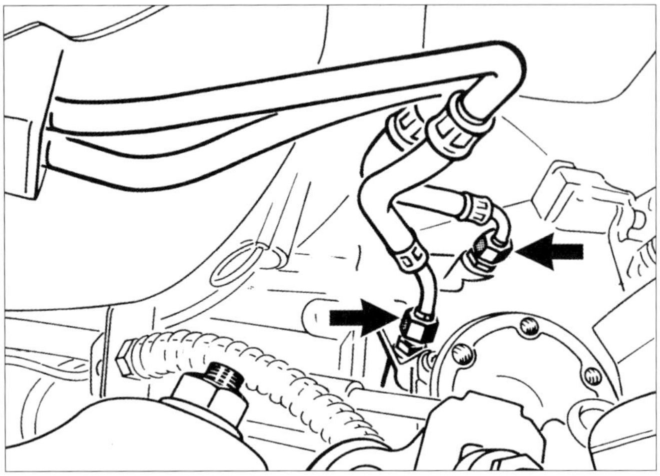

◀ Tiptronic-Modelle: Trennen Sie die ATF-Kühlerleitungen (Pfeile) rechts am Getriebegehäuse.

- Bereiten Sie sich darauf vor, abtropfendes Automatiköl aufzufangen.
- Verschließen Sie alle Ölleitungen und Anschlüsse, um das Eindringen von Fremdkörpern zu vermeiden.

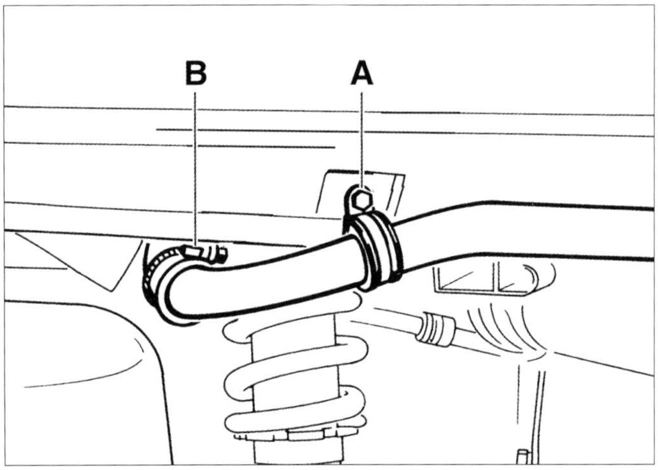

◀ Unter dem linken hinteren Kotflügel entfernen Sie die Schraube an der Halterung der Ölleitung **(A)**.

- Lösen Sie die Schlauchschelle **(B)** und entfernen Sie den Schlauch.
- Verschließen Sie die Ölleitungen und Anschlüsse, damit kein Schmutz eindringen kann.

Ziehen Sie unter dem Fahrzeug den Gaszug aus seinem Führungsrohr.

Carrera 4: Entfernen Sie die Halterungsmuttern für den seitlichen Nehmerzylinder der Traktionskontrolle (PDAS) am Hinterachsdifferenzial.

- Lassen Sie die Hydraulikleitung jedoch angeschlossen.

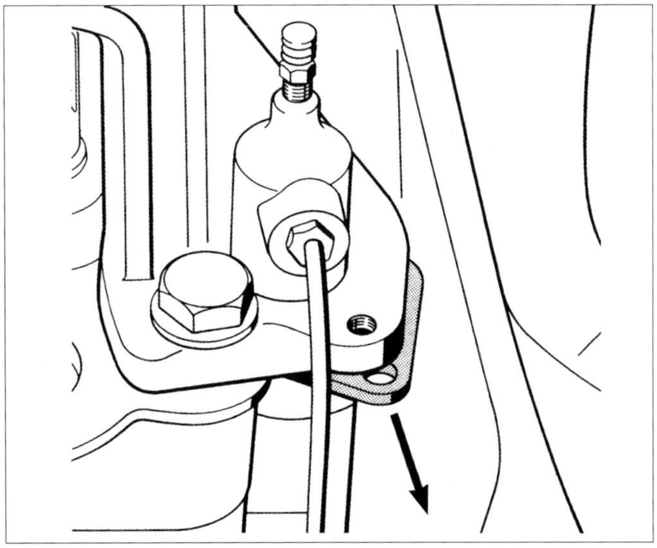

◀ Carrera 4: Am Anschluss zwischen Getriebe und Zentralrohr entfernen Sie die Inbus-Schraube vom Nehmerzylinder am Mitteldifferenzial.

- Ziehen Sie die Sperre (Pfeil) heraus.
- Lassen Sie die Hydraulikleitung jedoch angeschlossen.

Carrera 4: Ziehen Sie die Hydraulikleitung aus ihrer Klammer am Getriebe. Stützen Sie beide Nehmerzylinder der Differenzialsperren mit den noch angeschlossenen Leitungen.

◄ Entfernen Sie die Schrauben an den Gleichlaufgelenken der Antriebswellen (Pfeile).

- Entfernen Sie den profilierten Hitzeschutzschild links vom Getriebe.
- Trennen Sie die Gleichlaufgelenke von den hinteren Halbwellenflanschen.
- Stützen Sie die zur Seite gerückten Halbwellen.

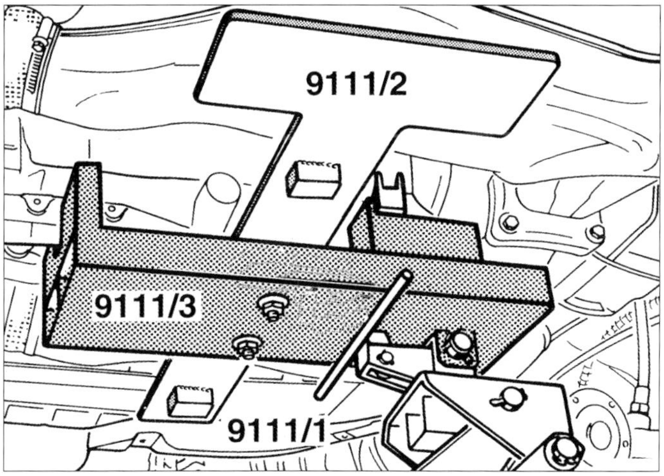

◄ Setzen Sie den Werkstatt-Wagenheber mit den speziellen Motorträgern unter den Gewichtsschwerpunkt des Motor-Getriebe-Bauteils an. Heben Sie dieses Bauteil leicht an.

Hinweis:
Damit die Spezialträger von Porsche sauber unter Motor und Getriebe passen, ist der Ausbau der Halterung für die Motorraum-Unterbodenverkleidung erforderlich.

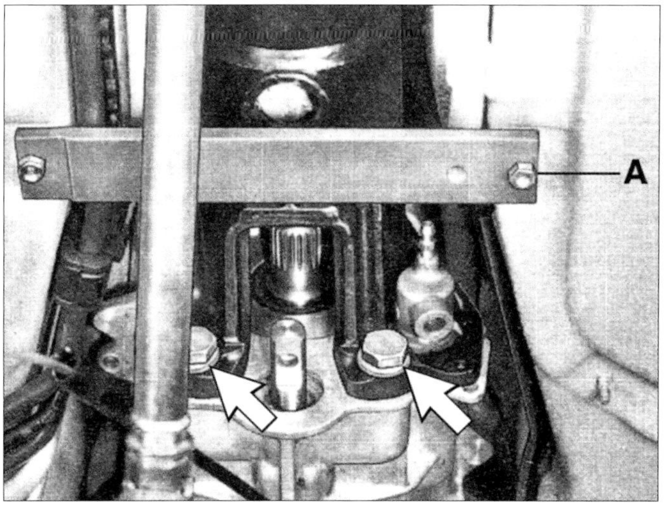

◄ Carrera 4-Modelle: Unter dem Mitteltunnel entfernen Sie die unteren Halteschrauben (Pfeile) für das mittlere Kardanwellengehäuse.

- Schrauben Sie die Stütze **(A)** am hinteren Ende des Kardanwellenrohrs unter den Wagenboden.

Stütze für das hintere Ende des Kardanwellenrohrs
(aus einem Flacheisen zu fertigen)
Länge: .... 220 mm
Abstand zwischen den
Löchern für die Schrauben: .... 190 mm

Entfernen Sie die sechs Halteschrauben für den Getriebe-Querträger.

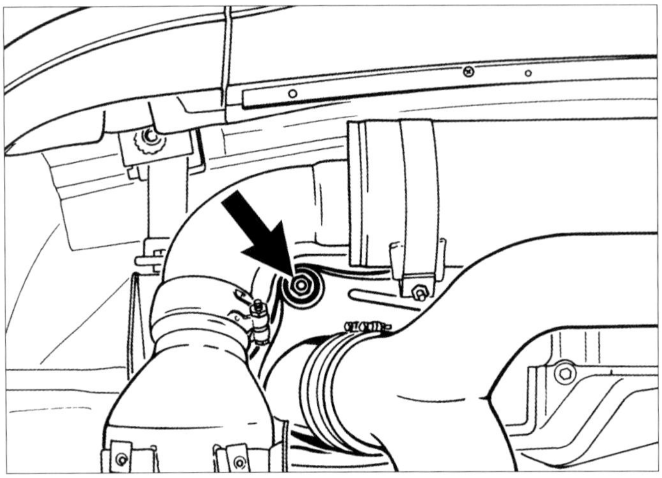

◀ Unter dem hinteren Motorende entfernen Sie die Verkleidungsstopfen aus der hinteren Motorträgerplatte.

Entfernen Sie die hinteren Motorhalterungsschrauben (Pfeil); auf der Zeichnung fehlt der Verkleidungsstopfen.

Lassen Sie den Wagenheber mit der Motor-Getriebe-Einheit etwa 10 Zentimeter ab; beim Carrera 4 bis das Kardanwellenrohr auf der Kardanwellenstütze aufliegt.

- Halten Sie Motor und Getriebe in der Waagerechten.
- Ziehen Sie den Mehrfachstecker für den Motorkabelbaum am Hinterachs-Querträger gleich vor dem Motor heraus.
- Ziehen Sie den Stromanschluss vom Luftmengenmesser ab.
- Lösen Sie die Kurbelgehäuseentlüftungsleitungen (soweit nicht bereits geschehen).

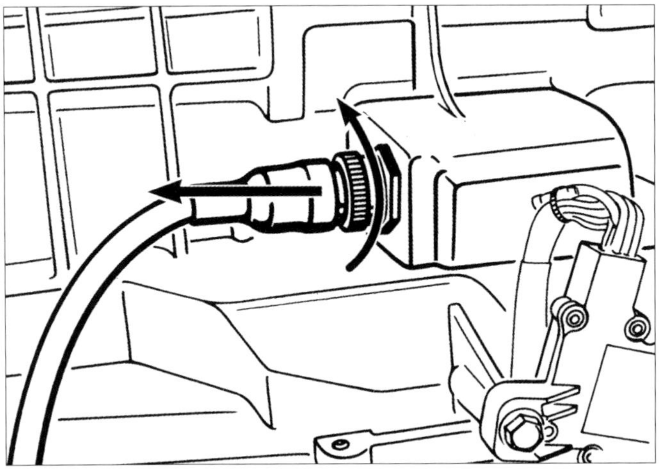

◀ Tiptronic: Ziehen Sie den Stromanschluss vom Getriebe ab.

Senken Sie den Wagenheber mit der Motor-Getriebe-Einheit vorsichtig ab, achten Sie auf Schläuche, Leitungen oder Kabel, die dabei eingeklemmt werden könnten. Rollen Sie das Bauteil nach hinten vom Wagen weg.

Vorsicht:
Wenn der 964 nach dem Ausbau des Motors bewegt werden muss, sichern Sie zum Schutz der Gummimanschetten die Halbwellen mit dickem Draht in waagerechter Stellung.

Hinweis:
Turbo-Modelle: Prüfen Sie die Riemenscheiben der Luftpumpe sowie die Schläuche von Luftpumpe und Servolenkung. Ersetzen Sie sie erforderlichenfalls.

Der Einbau vollzieht sich in umgekehrter Reihenfolge des Ausbaus. Dabei ist zu beachten:

- Wenn die Motor-Getriebe-Einheit noch etwa 10 Zentimeter unter ihrer Einbauposition befindlich ist, schließen Sie die Heizungskanäle an die Wärmetauscher und den Mehrfachstecker am Luftmengenmesser an.
- Achten Sie darauf, dass die Heizungskanäle nicht eingeklemmt werden.

Vorsicht beim Umgang mit dem Ladeluftkühler!

(Foto: Kevin Ross)

- Achten Sie auf den korrekten Einbau und Sitz der Gummidichtungen an den Steckern.
- Achten Sie auf den richtigen Sitz der Dichtungen zwischen Motor und Karosserie.
- Beim Anziehen des Ölschlauchs im rechten hinteren Radhaus ist die Ölleitung zu kontern. Ziehen Sie die Verbindungsschraube erforderlichenfalls nach.
- Tiptronic-Modelle: Vor Anheben in die Einbauposition von Motor und Getriebe schließen Sie den elektrischen Stecker am Getriebe sorgfältig und vorsichtig wieder an; er passt nur in einer Position. Sichern Sie die Verbindung, indem Sie den Bajonettverschluss nach rechts drehen.
- Turbo-Modelle: Prüfen Sie, ob der Ladeluftkühler richtig angeschlossen wurde und kontrollieren Sie, ob der O-Ring unbeschädigt ist und richtig sitzt.
- Prüfen Sie alle Flüssigkeitsstände und füllen Sie erforderlichenfalls nach, bevor Sie den Motor anlassen.

Hinweis:

Bei den Tiptronic-Modellen muss für die ATF-Füllstandsmessung das Bosch-Testgerät 9288 verwendet werden, um den Pegel bei der richtigen Öltemperatur abzulesen. Die genaue Anleitung hierfür finden Sie in Band 3 des Werkstatthandbuchs für den Porsche 964.

Werkzeug P119

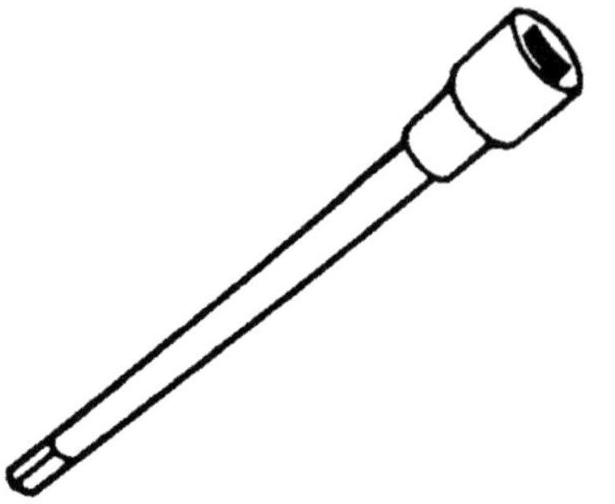

P119 .... Inbus-Schlüssel

Trennen und Wiederzusammenbau von Motor und Getriebe

Quelle: Informationen der Porsche AG

Werkzeug

- Langer Inbus-Schlüssel (für den oberen Bolzen am Anlasser)

Diese Anleitung gilt für alle 964-Modelle mit Schaltgetriebe. Je nach Ausführung, Modelljahr und Zielmarkt können sich Detailabweichungen ergeben.

Hinweis:

- *Bei den Tiptronic-Modellen kann man nach Entfernen des Anlassers durch dessen Öffnung im Wandlergehäuse den Drehmomentwandler vom Antriebsflansch des Motors abschrauben.*
- *Beim Trennen von Motor und Getriebe muss der Drehmomentwandler in der Getriebeglocke verbleiben. Fixieren Sie ihn darin am besten mit Draht.*

Auseinanderbau

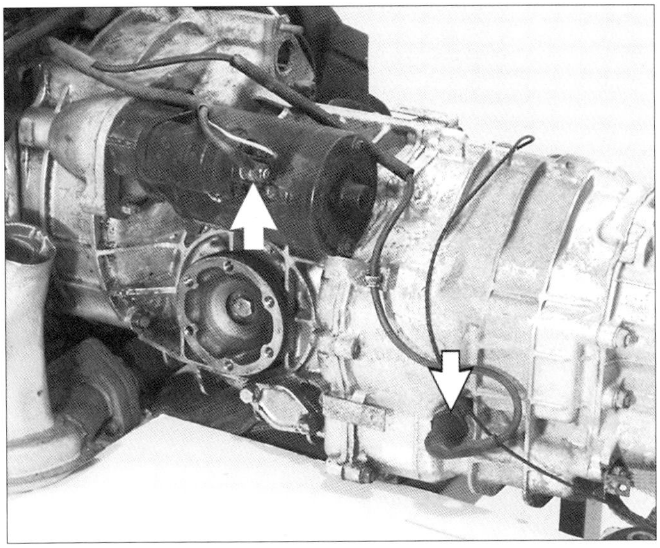

◀ Ziehen Sie die Kabelanschlüsse (Pfeile) vom Anlasser und vom Rückfahrlichtschalter ab.

Entfernen Sie die Halteklammer am Kugelgelenk des Gasgestänges und entfernen Sie das Gasgestänge.

◀ Entfernen Sie die Schraube an der Kupplungs-Ausrückwelle (Pfeil) links am Getriebegehäuse. Ziehen Sie die Welle heraus.

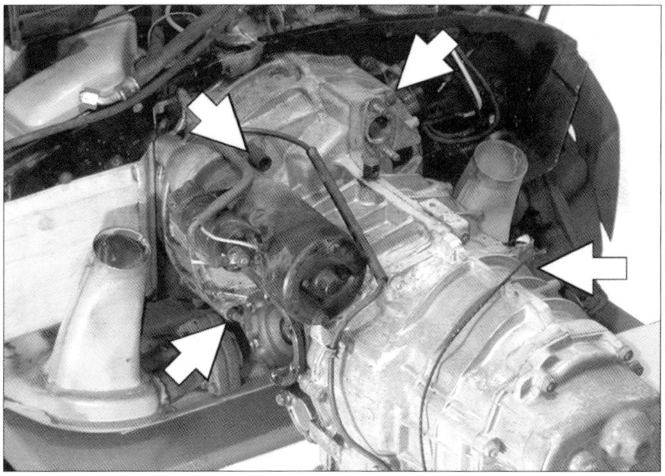

◀ Entfernen Sie die Befestigungsschrauben zwischen Motor und Getriebe (Pfeile) und trennen Sie beide voneinander. Für die obere Befestigungsschraube des Anlassers verwenden Sie Porsche-Spezialwerkzeug P119 oder einen ähnlichen Inbus-Steckschlüssel.

Zusammenbau

Reiben Sie Molybdän-Mehrzweckfett auf alle gleitenden Flächen des Kupplungs-Ausrückmechanismus.

Schmieren Sie die Getriebeeingangswelle mit Optimoly HT.

◀ Setzen Sie die Ausrückgabel in das Ausrücklager und fixieren Sie deren Position provisorisch mit Klebeband.

Schieben Sie Motor und Getriebe zusammen.

◀ Lassen Sie die Ausrückwelle in die Ausrückgabel gleiten.

- Entfernen Sie das Klebeband durch den Ausschnitt für den Nehmerzylinder.
- Ziehen Sie den Haltebolzen der Ausrückwelle fest (Pfeil).

Hinweis:

Beim Wiedereinbau des Kupplungs-Nehmerzylinders drücken Sie die Feder zusammen und befestigen Sie den Nehmerzylinder an der Kupplungsglocke. Hier ist ein erhöhter Kraftaufwand erforderlich, und viel Platz haben Sie auch nicht. Wichtig ist, dass der Nehmerzylinder beim Einführen in die Kupplungsglocke nicht verkantet wird. Nur dann kann die daraus hervortretende Stange wie gewollt in den Kupplungs-Ausrückhebel greifen (Hinweis von Valdis Klavins).

Einstellen des Schwungrad-Drehzahlsensors

Die exakte Positionierung des Gebers ist wichtig; die Toleranz ist dabei sehr eng.

Abstand des Schwungrad-Drehzahlsenors
Geberspitze an Zahnkranz des Schwungrades
Carrera 4 Modelljahr 1989
(Einmassen-Schwungrad) .... 0,8 mm
Ab Modelljahr 1990 (alle Ausführungen) .... 1,0 mm

Zylinderkopf planen (Saugmotoren)

Quelle: Informationen der Porsche AG

Drei Zylinder mit den zugehörigen Kolben

Als letztes Mittel bei Ölverlust an der Kopfdichtung können Kolben und Zylinder ausgetauscht und die Zylinderkopf-Unterseiten geplant werden. Eine solch umfangreiche Motorrevision kostet ab ca. 7000.- Euro aufwärts.

Die Anleitung betrifft alle Carrera 2 und 4 der Baureihe 964:

- Modelljahr 1989 (K-Programm)
- Modelljahr 1990 (L-Programm)
- Modelljahr 1991 (M-Programm)
  bis Motornummer 62M06836 (M64.01 mit Schaltgetriebe) bzw. 62M52757 (M64.02 mit Tiptronic).

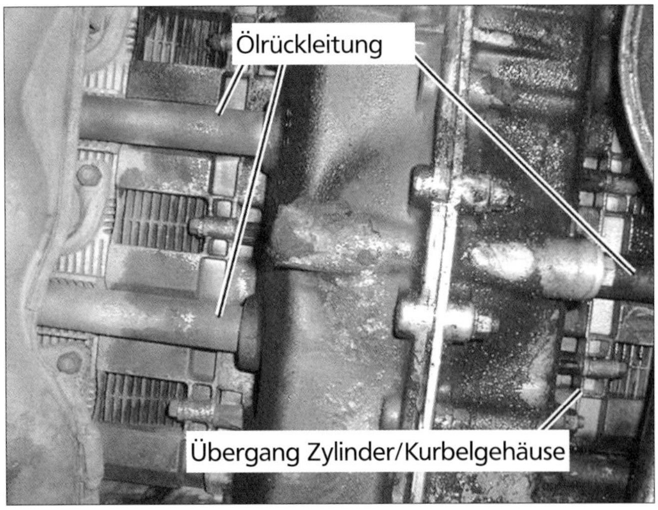

Verkohltes Öl unten am Kurbelgehäuse deutet auf eine undichte Stelle am Übergang zu den Zylindern oder der Zylinderkopfdichtung hin; es kann auch aus der Ölrückleitung stammen.

◄ Beim 964-Motor sind Ölverluste in erster Linie an den Kopfdichtungen sowie am Übergang zwischen Zylindern und Kurbelgehäuse feststellbar sowie an der Ölrückleitung. Der Schmierstoff lagert als feuchter Film an der Unterseite von Zylinderkopf oder Kurbelgehäuse bzw. auf den Wärmetauschern. Aufgrund der Erhitzung beim Betrieb kann das Öl im Bereich der unteren Dichtungen ganz oder teilweise verbrennen. Findet man lediglich eine trockene kleine Dunkelfärbung am Zylinderkopf, so ist kein Eingreifen notwendig. Als Ersatz lieferbare Zylinder haben oben eine Rille, in die ein Ring an der Kopfdichtung eingreift. Die Zylinderköpfe müssen geplant werden, um auf die neuen Zylinder und Kopfdichtungen angepasst zu werden. Mit diesen Arbeiten betraut man in der Regel einen Fachbetrieb, der auch mit Porsche-Triebwerken ausreichend Erfahrung besitzt.

Aufgereiht zur Bearbeitung: Sechs Zylinderköpfe.

◀ Zerlegen und Reinigen Sie die Zylinderköpfe gründlich. Wie bereits bereits erwähnt, sollte man das Planen einem Fachbetrieb überlassen. Im Nachfolgenden wird beschrieben, wie diese Arbeit mit dem Porsche-Spezialwerkzeug 9526 abläuft.

Vorsicht:
Sandstrahlen Sie nicht den zusammengebauten Zylinderkopf.

Das Porsche-Spezialwerkzeug 9526 wird auf die kurzen 8-mm-Kopfbolzen gesetzt.

Hinweis:
Der Ausschnitt des Werkzeugs steht am Einlassventil.

Vorsicht:
Das Sonderwerkzeug darf beim Transport nicht beschädigt oder verbogen worden sein.

Dann werden Spezialwerkzeug und Zylinderkopf in die Drehbank eingespannt.

Mit der Messuhr wird geprüft, ob das drehende Werkzeug einen Höhen- oder Seitenschlag aufweist.

Falls erforderlich wird der Kopf genau senkrecht gestellt, indem man die Befestigungsschrauben löst und den Kopf neu auf dem Spezialwerkzeug fixiert.

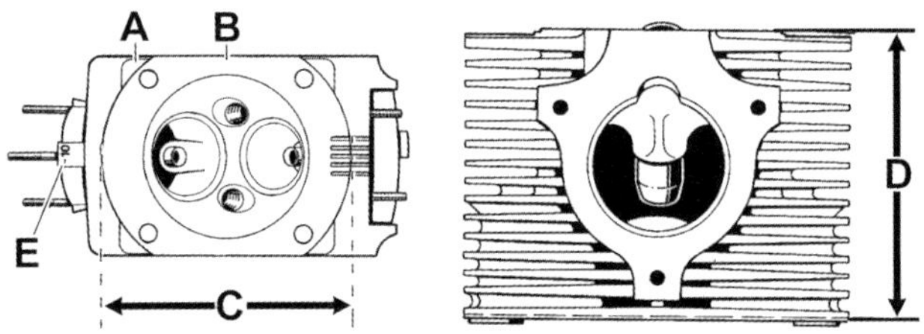

A Oberfläche Zylinderkopf
B Oberfläche Zylinderkopf
C Durchmesser der geplanten Fläche: 145 mm
D Höhe des Zylinderkopfes: 84,46 bis 84,50 mm

Planen der Zylinderköpfe

An den Flächen A und B gleichmäßig abtragen	0,1 mm
Niemals mehr abtragen als insgesamt	0,18 bis 0,22 mm
Durchmesser der geplanten Fläche	145 mm
Höhe des neuen Zylinderkopfs	84,46 bis 84,50 mm

◀ Beim Planen des Zylinderkopfes

- An den Stellen **A** und **B** muss gleich viel Material abtragen werden.
- Ein Zylinderkopf darf maximal zweimal geplant werden.
- Es wird immer eine komplette Zylinderbank auf die exakt selbe Höhe gebracht.
- Die Kanten der bearbeiteten Flächen werden leicht angefast.
- Der bearbeitete Kopf bekommt eine Markierung an der Ansaugseite („-0,10 mm" bzw. „-0,20 mm"), anhand derer angezeigt wird, wie viel Material abgenommen wurde.

Werkzeug

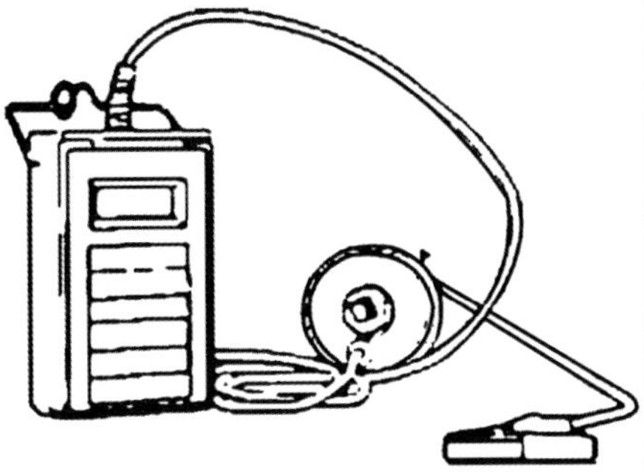

Elektronisches Messgerät für Anzugsdrehmoment

Reihenfolge, in der die Zylinderkopfschrauben angezogen werden

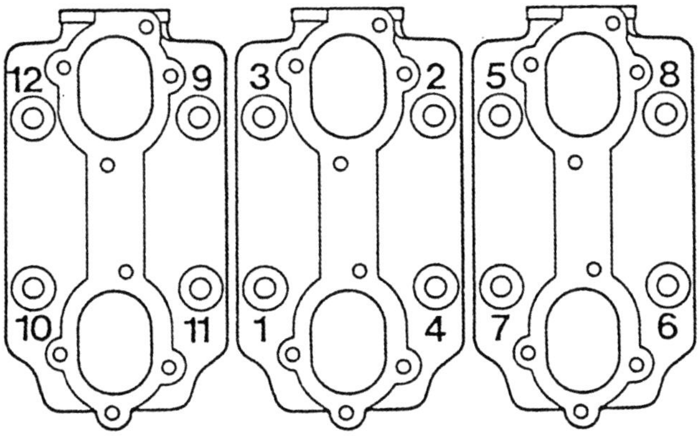

Anziehen der Zylinderkopfschrauben – Stufe 2

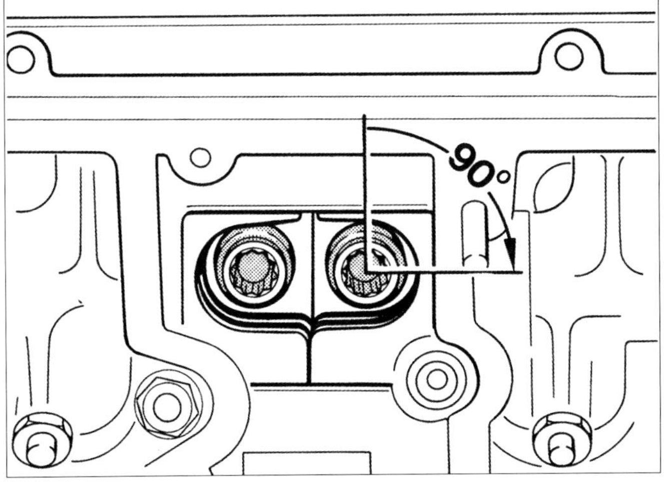

Zum Zusammenbau von Zylindern und Köpfen

- setzen Sie den Ring der Kopfdichtung in die Nut um den Zylinder und
- verwenden Sie ein wenig Fett, um den Ring während des Einbaus in seiner Position zu halten.

Anzugsdrehmomente Zylinderkopf

Quelle: Informationen der Porsche AG

Werkzeug

- Neben den mechanischen Drehwinkel-Messgeräten, die bereits für unter 20.- Euro angeboten werden, gibt es auch die elektronischen Ausführungen, für die man allerdings ca. 80.- Euro einplanen sollte.

Ersatzteile

- Für den Motor von Carrera 2 und 4 Stahl-Kopfdichtung 964 104 115 20 verwenden, nicht die frühere Version aus Graphit

Hinweis:

Die Stahl-Kopfdichtungen wurden ab 24. August 1993 verbaut.

Anzugsdrehmomente

Kopf an Kurbelgehäuse (Sauger und Turbo 3.6)

Stufe 1 .... 20 Nm

Stufe 2 .... Weitere Drehung um 88-92 Grad

Kopf an Kurbelgehäuse (Turbo)

Stufe 1 .... 15 Nm

Stufe 2 .... Weitere Drehung um 88-92 Grad

Aus- und Einbau des Ladeluftkühlers (Turbo-Motoren)

Angaben: Jon Scholz, Australien, Adrian Streather, Schweiz
Bilder: Kevin Ross, Australien, Steve Shanks, USA

Ziehen Sie die Kabel vom Druckgeber links hinten am Ladeluftkühler ab.

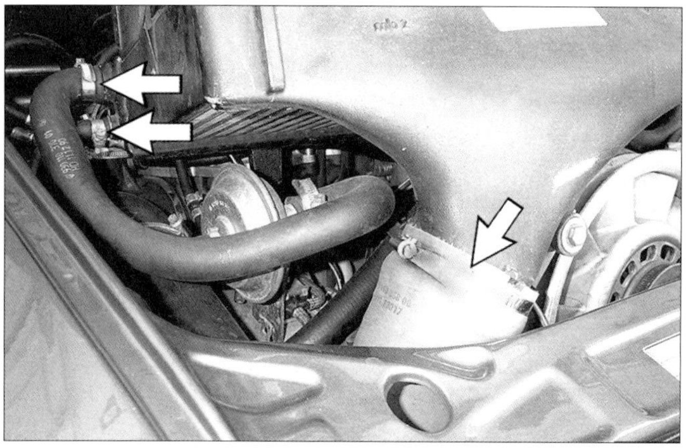

◀ Lösen Sie die Schlauchklammern (Pfeile) und entfernen Sie die Ladeluftschläuche (das Foto zeigt die linke Seite).

Entfernen Sie die Schrauben an der Halterung und ziehen Sie den Ladeluftkühler nach oben aus dem Motorraum heraus.

Verschließen Sie alle Ladeluftleitungen, damit keine Fremdkörper hineinfallen können.

Hinweis:
Dadurch wird verhindert, dass Fremdkörper in den Motor gelangen. Insgesamt gibt es fünf Enden, die verschlossen werden müssen. Eine Plastiktüte, die mit einem Gummiring gehalten wird, reicht dafür bereits aus.

Beim Einbau des Ladeluftkühlers achten Sie darauf, dass der O-Ring am Drosselklappengehäuse richtig sitzt. Ansonsten kann er bei hohem Ladedruck herausgeblasen werden und so eine größere Undichtigkeit verursachen.

Für den Einbau und das Ausrichten des Ladeluftkühlers benötigt man auf jeden Fall einen Helfer.

Um das Luftrückführungs- oder Bypass-Ventil auszubauen, entfernen Sie die drei Schläuche am Ladeluftkühlerbauteil und lösen die beiden Halteklammern.

Schläuche und Anschlüsse am Turbo-Motor

Weitere Schläuche und Anschlüsse am Turbo-Motor

So sollte der Motorraum aussehen, wenn alles wieder an seinem Platz ist.

(Foto: Kevin Ross)

Erneuerung von Teilen der Zündanlage

Angaben: Michael Behrman, USA
Bilder: Kevin Ross, Australien

Nachdem Ladeluftkühler und andere die Arbeit behindernde Komponenten ausgebaut wurden, ist der Austausch von Verteilerkappe und -finger ein Leichtes. Der Abbrand der Kontakte im Innern der Verteilerkappe und an der Spitze des Fingers kann je nach Laufleistung bereits erheblich fortgeschritten sein; ein unrunder Motorlauf kann ein erstes Indiz sein. Im Rahmen der Inspektionsarbeiten sollte man den Zustand dieser Bauteile prüfen und sie im Zweifelsfall früh genug tauschen.
Man sollte bei dieser Gelegenheit auch gleich die Zündkabel (nicht die billigste Ausführung nehmen!) erneuern. Qualitativ hochwertige Kabel können den Strom besser leiten, was für einen kräftigeren Zündfunken sorgt.
Über dem Turbo-Motor winden sich viele Schläuche und einige Kabel. Wichtig ist, dass alle Verbindungen hinterher wieder luftdicht sind. Ersetzen Sie alle Dichtungen. Die Stelle zu finden, durch die Falschluft angesaugt wird, kann beim Turbo sehr schwierig sein. Kennzeichnen Sie möglichst jede Verbindung, bevor Sie sie lösen.

Entfernen Sie den Ladeluftkühler nach der im vorigen Abschnitt gegebenen Anweisung.

Entfernen Sie den Luftkanal zwischen Turbolader und Ladeluftkühler.

Entfernen Sie den Schlauch für das Kraftstoffdunst-Regelventil, wo es am Luftzuführungskanal zum Turbolader endet.

Entfernen Sie diesen Luftzuführungskanal. Die Schelle an dessen laderseitigem Ende erreichen Sie von unten.

Hinweis:

- *Diese Schelle ist schwierig zu erreichen. Verwenden Sie einen 1/4-Zoll-Steckschlüssel mit Gelenk.*
- *Sie können sich den Zugang zu den Schellen am Ansaugkanal erleichtern, wenn Sie das Ausgangs-Winkelstück am Einspritz-Steuergerät lockern.*

Entfernen Sie das obere Stück des Luftzuführungskanals vom Knick an, indem Sie ihn anheben und aus dem unteren Turbolader-Anschluss herausdrehen.

Zündkabel, Verteilerdeckel und -finger sind nun zugänglich und können ausgewechselt werden.

Prüfen Sie, ob die Fliehkraftgewichte im Verteiler leichtgängig sind.

Der Einbau vollzieht sich in umgekehrter Reihenfolge des Ausbaus.

Bauteile der Klimaanlage

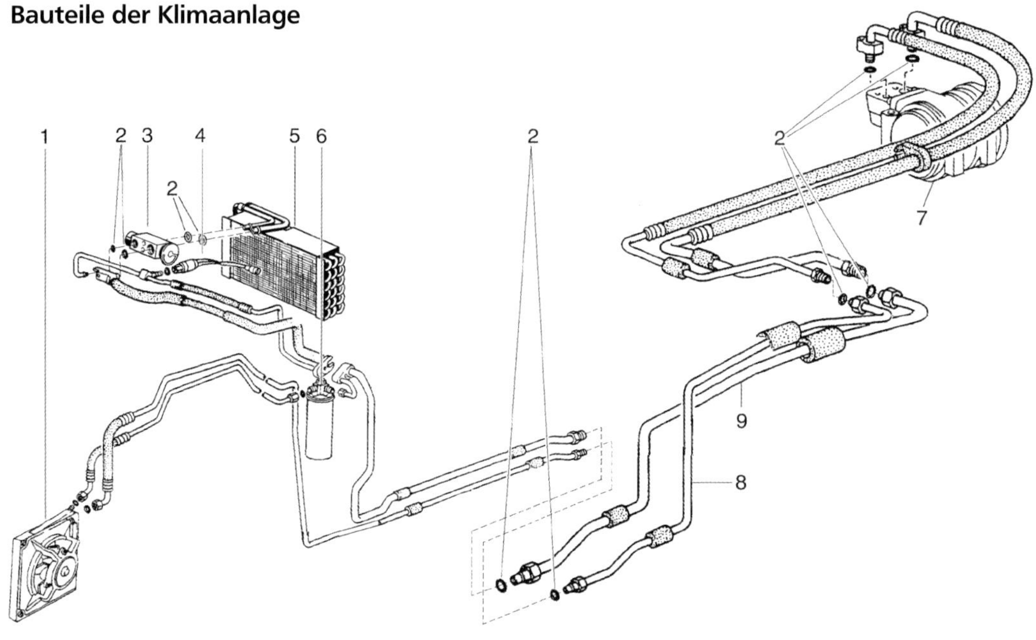

1 Klimakühler mit Gebläse
2 O-Ring, stets ersetzen
3 Expansionsventil
4 Druckschalter
5 Verdampfer
6 Trockner
7 Kompressor
8 Hochdruckleitung
9 Niederdruckleitung
Anzugsdrehmomente für die Kältemittelleitungen:
5/8 Zoll: 3 Nm
3/4 Zoll: 4 Nm
7/8 Zoll: 4 Nm

Klimaanlage und Heizung

Vorsicht:

- *Reparaturen an der Klimaanlage erfordern Spezialwerkzeug zum Entleeren und Befüllen sowie zum Lagern des Kältemittels.*
- *Verkauf und Umgang mit Kältemitteln unterliegen gesetzlichen Beschränkungen auf der Grundlage internationaler Bestimmungen.*
- *In der Regel ist es ratsam, diese Arbeiten einem versierten Fachmann mit entsprechender Ausrüstung zu überlassen.*

Reparatur der Klimaanlage

Angaben: Nagib Gulam, USA
Bilder: Jeff Curtis, USA

Die Klimaanlage in Nagib Gulams 964 lieferte nur noch warme anstelle kalter Luft. Beim 964 sind solche Defekte häufig. Eine Beschreibung der Klimaanlage und Tipps zur Fehlersuche finden Sie in den Kapiteln 8 und 9.

Ersatzteile

- Trockner und Expansionsventil, beide von der US-amerikanischen Firma Hancock Industries geliefert
- O-Ringe, von Porsche geliefert
- Ersetzen Sie die Halterungsschraube des Expansionsventils (M6x28) durch M6x30.

Hinweis:

- *Fragen Sie nach einem Expansionsventil für den Porsche 928 von 1995, nur dann erhalten Sie mit Sicherheit das richtige.*
- *Der Austausch der Schraube am Expansionsventil ist in der werksinternen Technischen Mitteilung 89401 vom März 1994 (Befestigung des Expansionsventils) beschrieben.*

Suchen und lokalisieren Sie Undichtigkeiten im Kältemittelsystem.

Hinweis:

Dazu wurde im vorliegenden Fall ein gebrauchter Leckage-Finder verwendet, der nur an den Ventilstücken des Klimakompressors fündig wurde.

◀ Um den Klimakühler und den Trockner zu erreichen heben Sie den Wagen an und öffnen die Revisionsklappe im vorderen linken Radhaus.

Vorsicht:

Stellen Sie sicher, dass das Fahrzeug während dieser gesamten Zeit sicher abgestützt ist. Verwenden Sie einen Profi-Wagenheber, Achsböcke oder eine Rampe zum Herauffahren. Ein normaler Wagenheber oder gar der bordeigene im Werkzeugsatz befindliche Heber sind dafür ungeeignet.

Unter dem linken Vorderkotflügel des Turbo von 1991 findet man eine Reihe Komponenten der Klimaanlage versteckt.

Hinweis:

Oft findet man unter dem Kotflügel sehr viel Schmutz. Säubern Sie sorgfältig den gesamten Bereich, besonders den Klimakühler, bevor Sie mit der Lecksuche beginnen.

Lediglich das Expansionsventil wurde in dem hier geschilderten Fall nicht überprüft. Es gilt bei den frühen Modelljahren des 964 als anfällig und sollte daher auf jeden Fall erneuert werden. Zu Beginn der Reparaturarbeit an der Klimaanlage wird das Kältemittel abgelassen.

Vorsicht:

Dazu dürfen nur geeignete Geräte und bewährte Vorgehensweisen eingesetzt werden (Fachwerkstatt).

Erneuerung des Expansionsventils

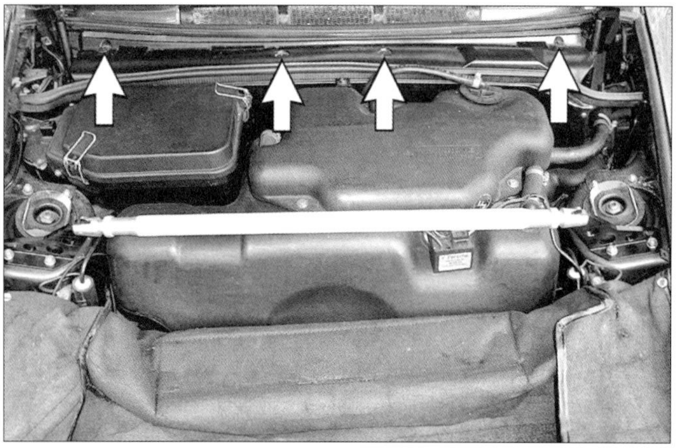

◀ Entfernen Sie die Schrauben (Pfeile) und die damit befestigte Verkleidung hinten im Kofferraum.

Hinweis:

Die Anzahl der hier zu entfernenden Schrauben ist unterschiedlich.

Um die Revisionsklappe hinter dem Kraftstofftank zu entfernen, gehen Sie wie folgt vor:

- Bauen Sie den zentralen Sicherungskasten ab und legen ihn auf eine weiche Unterlage auf dem rechten Vorderkotflügel (lassen Sie alle Kabelanschlüsse unangetastet).
- Entfernen Sie die Schrauben von der Revisionsklappe.
- Heben Sie die beiden Kabelbäume an.
- Ziehen Sie die Klappe heraus.

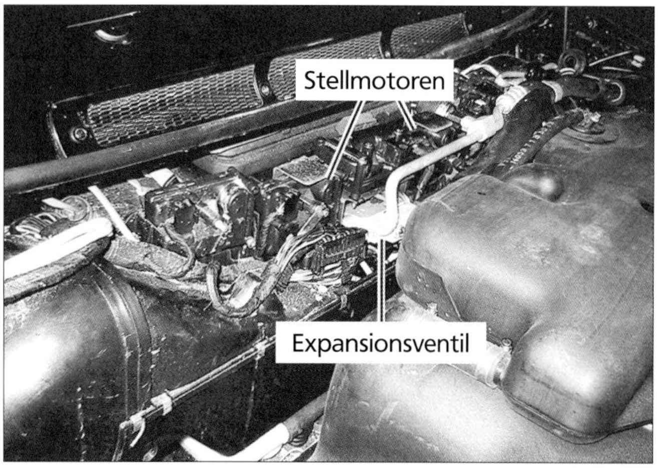

Entfernen Sie die Schrauben, die das Expansionsventil fixieren, eine M6x28 und zwei Inbus-Schrauben.

Hinweis:

- *Hinter dem Tank ist genug Platz, um das Ventil loszuschrauben und herauszuheben.*
- *War das Expansionsventil undicht, ist der ganze Bereich verschmiert. Das Kältemittel wandert überall hin und muss gründlich entfernt werden.*

Erneuerung der Ventilstücke

Mit dem passenden Werkzeug dauert diese Arbeit nur fünf Minuten (Bezugsquellen: Werkzeughändler, Fahrzeugteilehandel). Ersatz für die Ventilstücke gibt es überall dort, wo man Ersatzteile für Klimaanlagen erhalten kann.

◀ Ersetzen Sie die Ventilstücke an den Anschlüssen des Kompressors (Pfeile).

Erneuerung des O-Rings am Klimakühler

Lösen Sie die Schläuche am Klimakühler und wischen Sie austretendes Öl auf.
Ersetzen Sie die O-Ringe an den Enden der Schläuche.
Bauen Sie die Schläuche wieder an.

Erneuerung des Trockners

◀ Prüfen Sie den Trockner unter dem linken Vorderkotflügel. Prüfen Sie, ob sich die Anschlüsse gegenüberliegen oder im 90-Grad-Winkel versetzt zueinander stehen. In letzterem Fall ist der Trockner identisch mit dem – deutlich günstigeren – Teil, das Honda zwischen den Jahren 1988 bis 1991 verwendet hat.

Hinweis:

- *Bei einer großen Motorrevision werden alle Kolben und Zylinder ersetzt. Die Tabelle unten verrät, welche die richtigen sind.*
- *Planen Sie alle Zylinderköpfe.*
- *Verwenden Sie nur die neuen Metall-Kopfdichtungen mit der Nummer 964 104 115 20, nicht die ältere Graphit-Ausführung.*
- *Diese Kopfdichtung wurde bereits während der Bauzeit des 964 eingeführt.*
- *Die Kopfbolzen werden ebenfalls erneuert.*

Werkzeug

- Porsche-Sonderwerkzeug 9526 zum Planen der Zylinderköpfe

Ersatzteile

Bestellen Sie die Teile für Motoren ab Modelljahr 1991 (M-Programm) und Motornummer 62M06837 (M64.01 mit Schaltgetriebe) bzw. 62M52758 (M64.02 mit Tiptronic).

Hinweis:

- *Kolben und Zylinder werden als Pärchen verkauft. Die folgende Tabelle zeigt die Klassifizierung nach Kolbenhöhe und Gewicht.*
- *Pro Motor benötigen Sie sechs Zylinder und sechs Kolben. Unterschiedliche Zylinderhöhen in einem Motor sind zulässig, nicht jedoch in einer Zylinderbank.*

Ersatzteile für Zylinder und Kolben (Saugmotoren)

Ersatzteil	Porsche-Teilenummer
• Satz Kolben und Zylinder (Höhengruppen)	964 103 915 22
	964 103 915 23
	964 103 915 24
	964 103 915 25
• Kopfdichtungssatz	964 100 902 00
• Kopfdichtung aus Stahl	964 104 115 20
• Kompletter Kolben-/Zylindersatz	964 103 915 22

◀ Vom ausgebauten Motor werden Zylinderköpfe, Zylinder und Kolben abgenommen.

Teilzerlegter 964-Motor: Für die Arbeiten ist ein spezieller Motorständer unverzichtbar. Brauchbare Ausführungen gibt es bereits für unter 100.- Euro; der spezielle Montagering für das 911-Triebwerk kostet nochmal ca. 200.- Euro.

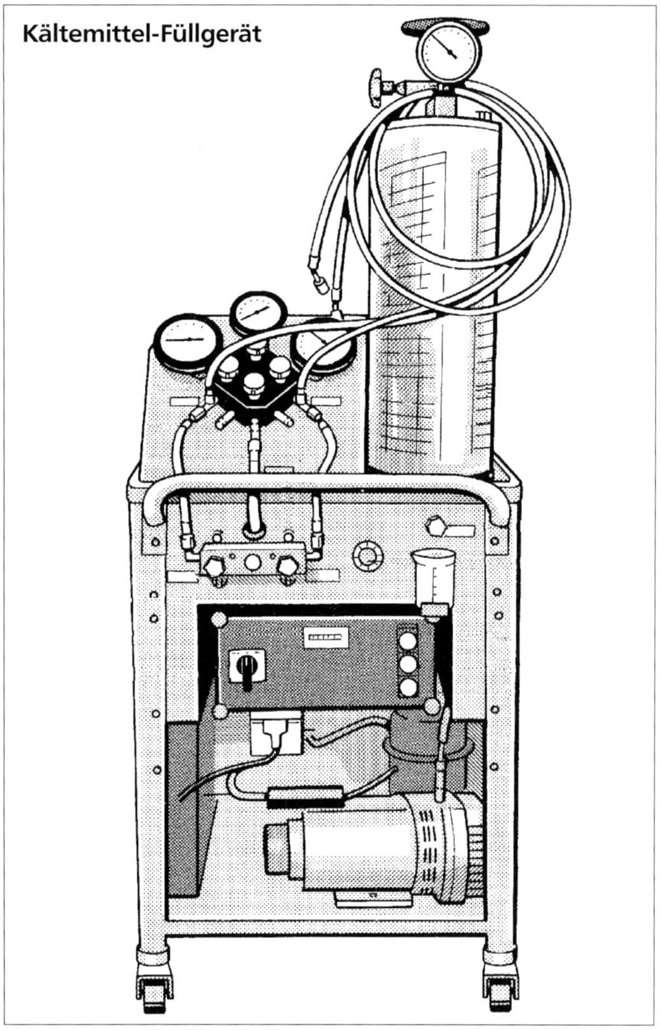

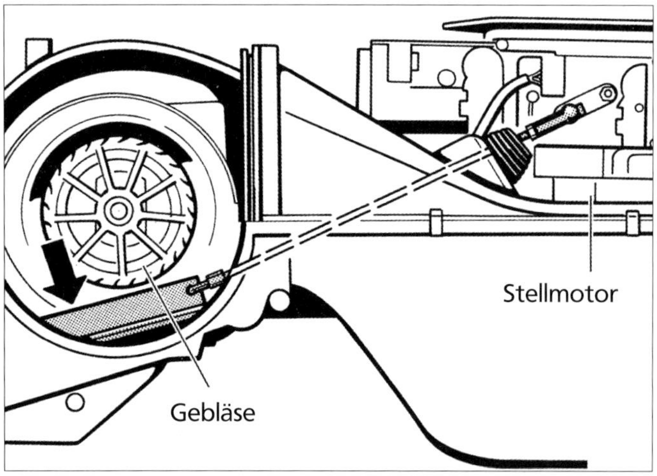

Prüfen und Befüllen

◀ Nach Zusammenbau der Klimaanlage muss diese vorschriftsmäßig gefüllt und gewartet werden. Diese Arbeit sollte einem Fachmann überlassen werden.

Schließen Sie Druckanzeigen an Hoch- und Niederdruckanschluss des Klimakompressors an.

Evakuieren Sie die Anlage und stellen Sie die Pumpe ab. Warten Sie 15 Minuten. Wenn sich die Anzeigen in dieser Zeit verändern, ändert sich der Druck in der Anlage, was auf eine Leckage hindeutet.

Ist die Anlage dicht, so lassen Sie die Kältemittelpumpe wenigstens anderthalb Stunden laufen, um letzte Feuchtigkeit abzusaugen.

Hinweis:
Am besten eignet sich eine 6CFM-Unterdruckpumpe, weil sie ein beachtliches Vakuum erzeugen kann.

Füllen Sie die Anlage mit zwei Behältern Kältemittel R134a.

Lassen Sie den Motor laufen und prüfen Sie die Funktion der Klimaanlage.

Bei zu viel Blasenbildung im Trockner muss Kältemittel nachgefüllt werden (es enthält Schmieröl), nachdem die Anlage einmal eine Weile gelaufen ist.

Reparatur des Mischkammer-Stellmotors

Angaben: Lee Hamilton, USA
Bilder: Jeff Curtis, USA

Die Mischkammer der Heizungs- und Klimaanlage verfügt über fünf Stellmotoren. Hier geht es um die beiden Stellmotoren, die am häufigsten ausfallen. Die anderen drei sind wesentlich zuverlässiger. Prüfung, Ausbau, Inspektion, Reparatur und Wiedereinbau erfolgen im Wesentlichen bei allen gleich.

Der Ausfall eines Stellmotors macht sich für die Fahrzeuginsassen bemerkbar durch:

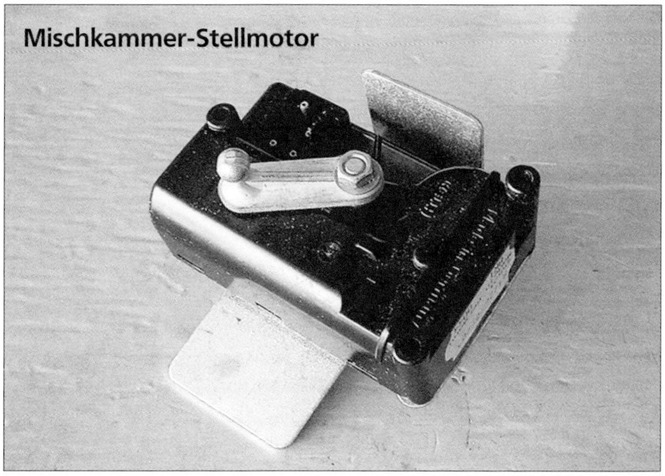

- Ausbleiben der Heizwirkung über die Ausströmer für Fahrer und Beifahrer.
- Das ausschließliche Austreten warmer Luft aus diesen Ausströmern.

Ein gleichzeitiger Ausfall beider Motoren ist nicht ungewöhnlich. Man sollte die Wirkung der Heizungsanlage jeden Monat überprüfen. Meist ist zu seltener Gebrauch die Ursache des Defekts.

◄ Entfernen Sie die Schrauben (Pfeile) und die damit befestigte Verkleidung hinten im Kofferraum.

Hinweis:
Die Anzahl der hier zu entfernenden Schrauben ist unterschiedlich.

◄ Suchen Sie die beiden Mischkammer-Stellmotoren (Pfeile) mit waagerechten, in den Heizungskasten reichenden Wellen.

Prüfen Sie diese Stellmotoren:

- Den Motor anlassen und einen Helfer den Temperaturregler am Heizungs-/Klimasteuergerät betätigen lassen, während Sie die Stellmotoren beobachten.
- Prüfen, ob sie auf die Änderung der Einstellung reagieren, also ihren Hebel bei Wahl kältester Temperatur (blauer Punkt) in die eine und bei Wahl der höchsten Temperatur (roter Punkt) in die andere Richtung bewegen.
- Der Motor, der nicht reagiert, ist defekt. Prüfen Sie nun den nächsten Motor.

Funktionsprüfung des Stellmotors::

- Motor und Zündung abstellen
- Die Batterie am Minuspol abklemmen und diesen Pol abdecken

Vorsicht:

Durch das Abtrennen der Batterie können Fehlermeldungen in der Motronic und die Voreinstellungen des Radios gelöscht werden.

- Dann die Verkabelung vom Stellmotor trennen und die Anschlüsse des Stellmotors mit Überbrückungskabeln direkt mit den Batteriepolen verbinden. Verbinden Sie Pin 4 mit der Plusleitung und Pin 5 mit der Masseleitung. Sie sind markiert und liegen höher als die anderen Pins.
- Wenn sich der Motor nicht bewegt, vertauschen Sie die Anschlüsse.

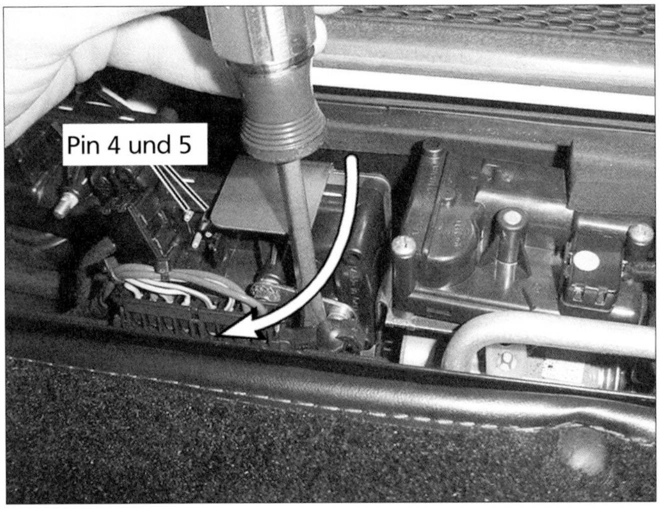

◀ Wenn sich immer noch nichts bewegt, drücken Sie mit einem Schraubendreher den Verbindungshebel vom Kugelgelenk des Stellmotors weg.

- Verbinden Sie wieder Pin 4 und 5 mit der Batterie, wie zuvor beschrieben.
- Wenn sich der Motor nun bewegt, klemmt das Ventil.
- Bewegt er sich jedoch nicht, so ist er defekt.

◀ Ausbau des Stellmotors:

- Entfernen Sie die beiden Schrauben an der Rückseite des Stellmotors.

Hinweis:
Die Schrauben sind hinter dem Ventil versteckt, aber dennoch recht leicht zugänglich.

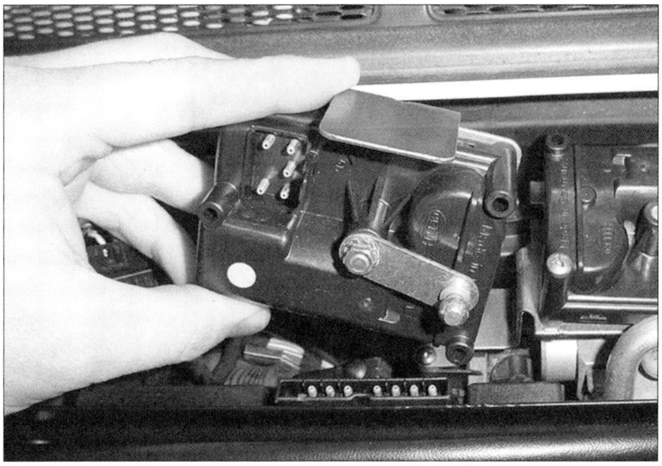

◀ Ziehen Sie die Stellmotoreinheit nach oben und heraus.

Der Einbau des Stellmotors vollzieht sich in umgekehrter Reihenfolge des Ausbaus. Der Hebelarm ist richtig angeschlossen, wenn die Hebel eine Gerade bilden (Stange weitestmöglich hereingeschoben).
Nach Reparatur oder Austausch prüfen Sie abermals die Funktion, wie zuvor beschrieben, um sicherzustellen, dass die Anlage nun wieder fehlerfrei funktioniert.

Zerlegen und Inspektion des Stellmotors

Angaben: Lee Hamilton, USA

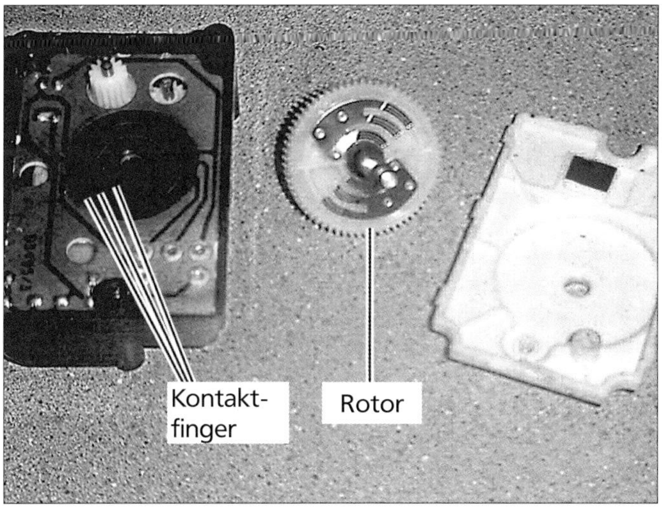

◀ Die folgende Arbeit ist nur für besonders auf Bastelarbeiten spezialisierte 964-Schauber geeignet.

Entfernen Sie die drei Torx-Schrauben und drücken Sie das Gehäuse des Stellmotors auf, indem Sie die Messinghalterung entfernen.

Aus dem offenen Stellmotor entfernen Sie den Rotor, dessen Schleifer auf mehreren Kontaktfingern ruht. Diese Kontakte versorgen den Motor mit Strom.

Verwenden Sie einen sauberen (harten) Bleistiftradierer oder Glasfaserstift (Kontaktreiniger eignet sich nicht für diese Arbeit) und säubern Sie die Spitzen dieser Blechkontakte. Dabei darf keiner verbogen oder beschädigt werden.

Bauen Sie die Stellmotoreinheit wieder zusammen.

Prüfen Sie die Stromversorgung vor dem Einbau, indem Sie 12 Volt Spannung auf die eine Seite des Motors und Masse auf die andere legen. Der Motor muss sich dann in die eine Richtung drehen. Wenn Sie die Anschlüsse vertauschen, muss er in entgegengesetzter Richtung drehen.

Hinweis:

- *Beim rechten Mischkammerventil stellt der Motor auf maximale Kälte, wenn Spannung an Pin 5 und Masse an Pin 4 anliegt.*
- *Beim linken Mischkammerventil stellt der Motor auf maximale Kälte, wenn Spannung an Kontakt 4 und Masse an Kontakt 5 anliegt.*
- *Wenn der Stellmotor richtig reagiert, kann er eingebaut werden. Richten Sie sich darauf ein, dass die Eiheiten erfahrungsgemäß dennoch bald komplett ausfallen. Daher wird empfohlen, es auf jeden Fall durch ein neues auszutauschen.*

Der Motor ist nicht einzeln erhältlich, vielmehr muss man ein komplettes Stellmotor-Bauteil kaufen.

Elektrik

Erneuern des hinteren Gebläsemotors (Saugmotoren)

Angaben: Tom Sharpes, USA

Irgendwann wird das Gebläse links im Motorraum den Geist aufgeben. Die Lagerung verschleißt und das Gebläse verursacht laute, unmissverständliche Laufgeräusche. Der Austausch ist einfacher und preiswerter als man denkt.

Ersatzteile

Ersatzteil	Porsche-Teilenummer
• Gebläse	993 624 328 01
• Gebläsewiderstand	964 616 550 02

Der originale Gebläsemotor des 964 ist nicht mehr lieferbar, aber Porsche verweist auf die ebenfalls passende Ausführung für den 993, der sich nur in Details von der früheren Version unterscheidet. Die beiden sind im Prinzip baugleich, nicht jedoch die Passhülsen für die Halterung.

Gebläse aus dem 964 und sein modernerer Ersatz aus dem 993

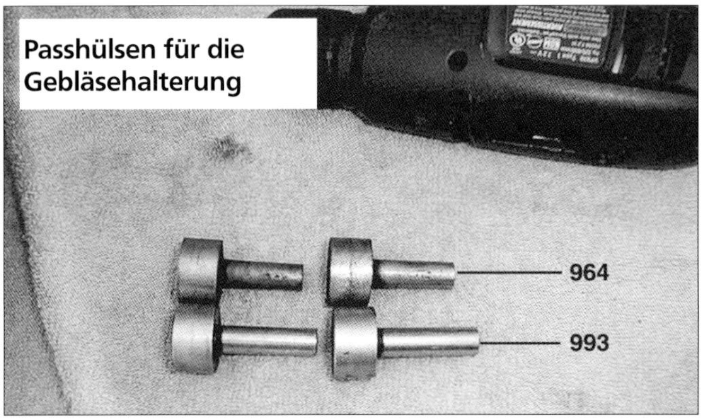

◀ Die Passhülsen am Saugrohr des 993, in die die Halterungsschrauben hineingedreht werden, sind länger als die des 964. Das 993-Gebläse kann zwar auch mit den älteren Buchsen eingebaut werden, das ist jedoch nicht empfehlenswert. Obwohl die Unterschiede nur marginal scheinen, kann es beim Einbau der 993-Teile zu Problemen kommen: Die längeren Buchsen sorgen für einen größeren Abstand des Gebläses von der Halterung am Saugrohr. In Verbindung mit diesen neueren Buchsen sind die verwendeten Schrauben nämlich zu kurz, was zu Schäden an der Halterung führen kann, weil das nutzbare Gewinde nicht lang genug ist. Die Verwendung der richtigen Buchsen ist also sehr wichtig.

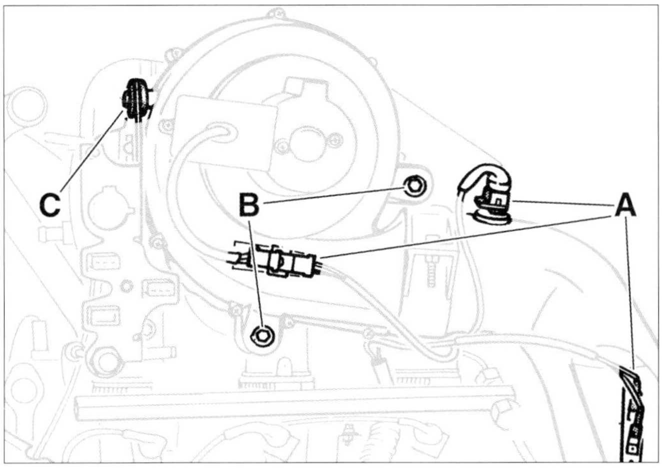

◀ Zum Ausbau des beschädigten Gebläses geht mal folgendermaßen vor:

- Die Stromanschlüsse **(A)** an Gebläse und Heizungsleitungen abziehen.
- Die Heizungsleitungen werden entfernt.
- Die Entlüftungsschläuche von Verteiler und Rückleuchten lösen.
- Die Halterungsschrauben des Gebläses entfernen **(B)**.
- Gebläse aus seiner Gummitülle **(C)** ziehen.

Hinweis:
Die Zeichnung zeigt den Motor von links.

Prüfen Sie die Teilenummer des vorhandenen Gebläsewiderstands. Nummer 964 616 550 00 oder 01 ersetze man durch 964 616 550 02.

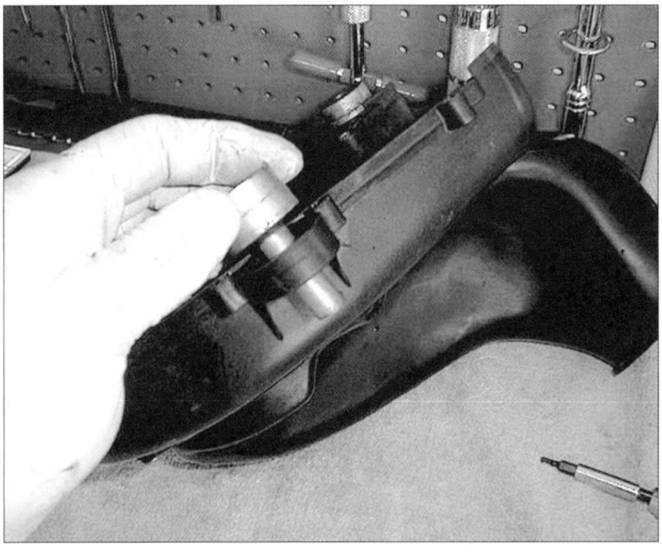

Entfernen Sie die Schrauben am Rand des Gehäuses und zerlegen Sie es.

Hinweis:
Ältere und neuere Gehäuse müssen gleichermaßen zerlegt werden, um die Passhülsen auszutauschen.

Bauen Sie die älteren kurzen Buchsen in die neue Gebläseeinheit um.

Bauen Sie das Gehäuse wieder zusammen und in den Motorraum ein.

Riemenscheiben für Lichtmaschine (Generator) und Motorkühlgebläse (Saugmotoren)

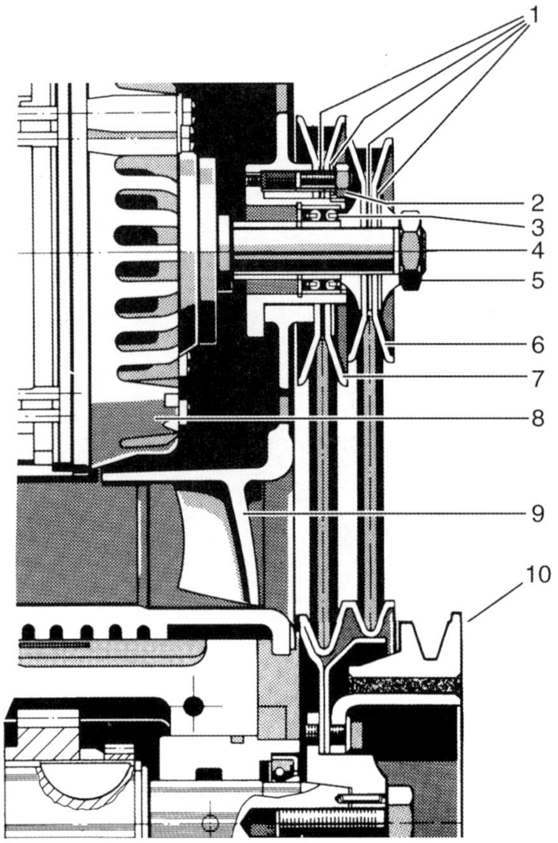

1 Einstellscheiben
2 Innere Halterung für das Schwungrad
3 Doppeltes Lager
4 Lichtmaschinenwelle
5 24-mm-Mutter (Anzugsdrehmoment: 5 Nm)
6 Äußere Riemenscheibe (für das Kühlgebläse)
7 Innere Riemenscheibe (für die Lichtmaschine)
8 Lichtmaschine
9 Kühlgebläse
10 Kurbelwellen-Riemenscheibe

Werkzeug VW 202

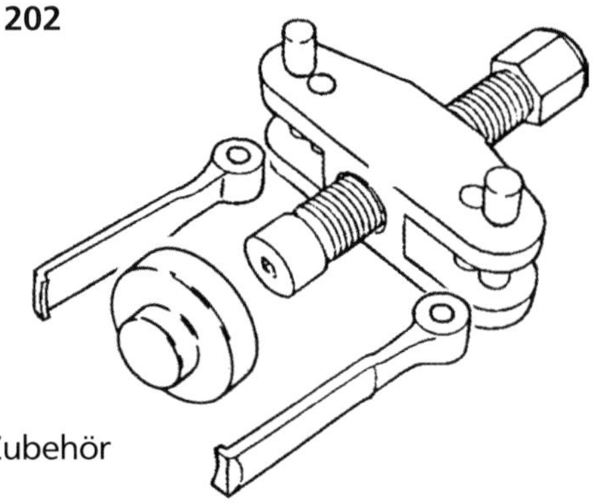

Abzieher und Zubehör

Erneuern von Lichtmaschinen- und Gebläselager

Angaben: Jon Beatty, USA

Viele 964-Besitzer klagen oft über ein Quietschen aus dem Motorraum. Meist handelt es sich dabei um einen Schaden an der Lagerung von Lichtmaschine und Kühlgebläse. Diese Reparatur betrifft insgesamt drei Lager: Das vordere und hintere der Lichtmaschine sowie das des Motorkühlgebläses. Die Lagerung ist dabei so ausgeführt, dass das Gebläse mit einem anderem Tempo laufen kann als die Lichtmaschine, und das, obwohl beide von derselben Riemenscheibe an der Kurbelwelle angetrieben werden.

Hinweis:

- *Bei den Saugmotoren findet man drei Keilriemen für Kühlgebläse, Lichtmaschine und Klimakompressor.*
- *Beim Turbo treibt ein Keilriemen das Kühlgebläse an und ein Keilrippenriemen Lichtmaschine und Klimakompressor.*

Die Konstruktion der Riemenscheiben ist bei den beiden Motorvarianten ähnlich, aber nicht gleich.

Werkzeug

- Hakenschlüssel zum Kontern der Lichtmaschinenwelle
- Abzieher

Hinweis:

Mit dem Hakenschlüssel ist die Arbeit ganz leicht. Sofern nicht mehr im Bordwerkzeugsatz enthalten, gibt es dieses nützliche Werkzeug für wenig Geld im Zubehörhandel.

Ausbau der Lichtmaschine (Generator)

Klemmen Sie den Minuspol der Batterie ab und bedecken Sie den Masseanschluss mit einem Lappen.

Vorsicht:

Durch das Abtrennen der Batterie können Fehlermeldungen in der Motronic und die Voreinstellungen des Radios gelöscht werden.

Modelle mit Saugmotor

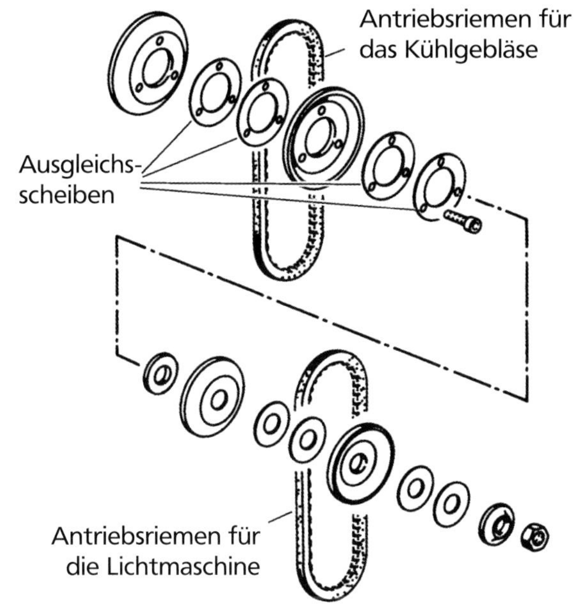

Entfernen Sie die Schutzkappe und lösen Sie mit dem Hakenschlüssel zum Kontern die 24-mm-Gebläseschraube.

◀ Modelle mit Saugmotor:

- Entfernen Sie die Riemenscheibe für die Lichtmaschine (außen). Zählen und notieren Sie die Zahl und Stärke der Ausgleichsscheiben vor, zwischen und hinter den Riemenscheibenhälften.
- Entfernen Sie den Lichtmaschinen-Keilriemen und legen Sie ihn zur Seite.

Modelle mit Turbomotor

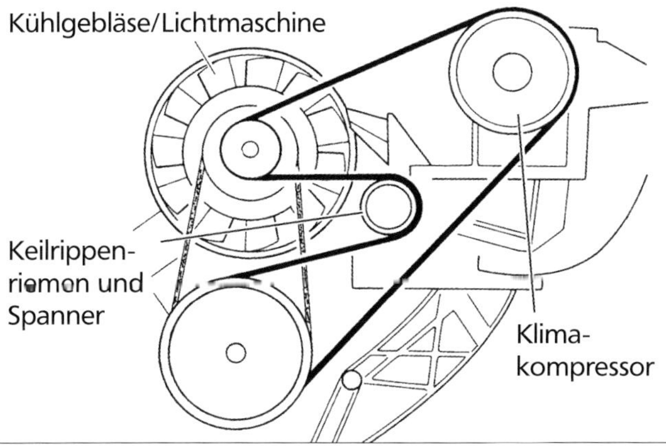

◀ Modelle mit Turbomotor:
- Lockern Sie den Spanner am Keilrippenriemen. Entfernen Sie den Keilrippenriemen und legen Sie ihn zur Seite.
- Entfernen Sie die Riemenscheibe für die Lichtmaschine (außen).
- Entfernen Sie die Riemenscheibe für das Kühlgebläse (innen), indem Sie
  - drei Schrauben zur Befestigung der Riemenscheibe entfernen,
  - die Zahl und Stärke der Distanzscheiben vor, zwischen und hinter den Riemenscheiben zählen und notieren,
  - die Riemenscheibe entfernen und
  - den Kühlgebläse-Riemen entfernen und zur Seite legen.

Hinweis:
- *Damit jede Ausgleichsscheibe wieder an ihrem angestammten Platz montiert werden kann, machen Sie dazu bei der Zerlegung eine Zeichnung und markieren Sie jede Ausgleichsscheibe.*
- *Beim Ausbau der Riemen achten Sie darauf, dass sie sich nicht am Spannungssensor verhaken; bewegen Sie den Riemen nicht mit Gewalt über das Sensor-Laufrad.*

Entfernen Sie das Gehäuse oben links und die Luftzuführung links vom Motor.

Lichtmaschine (Generator) und Kühlgebläse

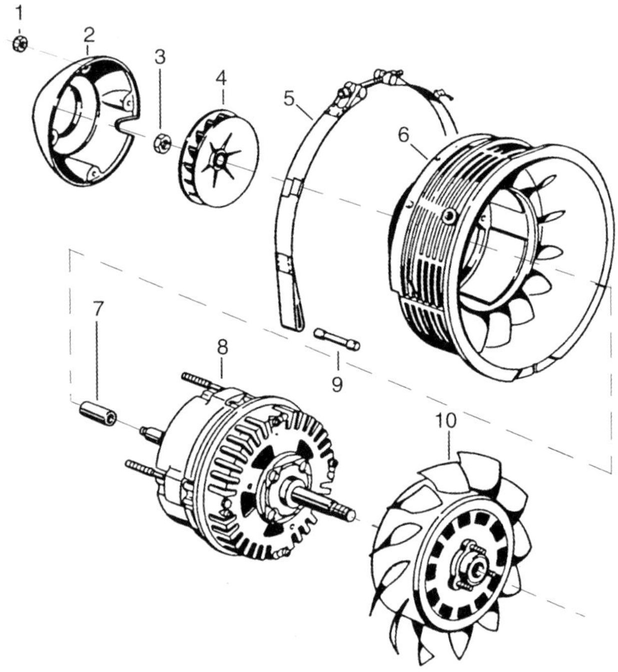

1 M6-Schrauben zur Befestigung des Gehäuses
2 Lichtmaschinen-Kühlgehäuse
3 Halteschraube (mit Loctite 270 fixieren, Anzugsdrehmoment: 1 Nm)
4 Lichtmaschinen-Kühlgebläse
5 Spannband (Anzugsdrehmoment Inbusschraube: 8 Nm)
6 Gebläsegehäuse
7 Distanzstück
8 Lichtmaschine
9 Stift
10 Kühlgebläserad

Abgescherte Generatorwelle

Entfernen Sie das Spannband (**5**) von der Lichtmaschine. Dadurch erhält die Lichtmaschine genug Spiel, um herausgenommen werden zu können.
Entfernen Sie die 10-mm-Schrauben (M6) auf der Rückseite des Lichtmaschinengehäuses (**6**) und heben Sie das Gehäuse heraus, um Zugang zu den Stromanschlüssen zu bekommen.

Hinweis:
Dieser Arbeitsschritt ist ein ganz einfach: Wenn die hintere Abdeckung entfernt ist, ziehen Sie die drei Kabel ab, mit denen die Lichtmaschine angeschlossen ist, und markieren sie.

Entfernen Sie Lichtmaschine und Kühlgebläse als Gesamtbauteil.

Vorsicht:
Das rote Kabel (B+) ist direkt an die Batterie angeschlossen. Deshalb wurde die Batterie abgeklemmt und muss bis zum erfolgreichen Wiedereinbau der Lichtmaschine abgeklemmt bleiben.

Reparatur der Lichtmaschine
Der durchschnittlich begabte Hobby-Schrauber sollte die Lichtmaschine nicht zerlegen. Er ist besser beraten, wenn er den Generator beim Fachmann ordnungsgemäß überholen lässt. Die Kosten dafür belaufen sich auf ca. 300.- Euro, die Preise für ein Neuteil beginnen – abhängig vom Hersteller – bei rund 600.- Euro.

◀ Bei defektem Lichtmaschinenlager wird die Rotorwelle unrund laufen. Dadurch werden die Lichtmaschinenbürsten und die Gleitringe beschädigt. Auch die Bürsten und Gleitringe des Reglers können Schaden nehmen. Eine Teilreparatur macht keinen Sinn. Lassen Sie die Lichtmaschine stets komplett überholen, egal wie viel sie gelaufen ist, und lassen Sie sich vom Betrieb eine Garantie auf die überholte Lichtmaschine geben.
Der Lagersatz, der dem Gebläse eine andere Drehzahl erlaubt als der Lichtmaschine, kostet je nach Bezugsquelle ca. 120.- Euro. Dieses in der Ersatzteilliste als Radnabe bezeichnete Teil, sollte man aber im Zweifel besser als Originalersatzteil von Porsche kaufen. Geben Sie sich mit billigen Reproduktionen nicht zufrieden.

Wiedereinbau der Lichtmaschine

Beim Einbau ist Vorsicht angesagt, weil die Platzverhältnisse sehr beengt sind. Mit einem metrischen Knarrensatz mit 1/4-Zoll-Antrieb gestalten sich Ein- und Zusammenbau etwas leichter.

Verkabelung der Lichtmaschine

Rotes Kabel .... Klemme B+

Es kommt direkt von der Batterie, weshalb diese abgeklemmt sein muss.

Blaues Kabel .... Klemme D+

Braunes Kabel .... Masse

Verbindung zum Massepunkt an der Lichtmaschine

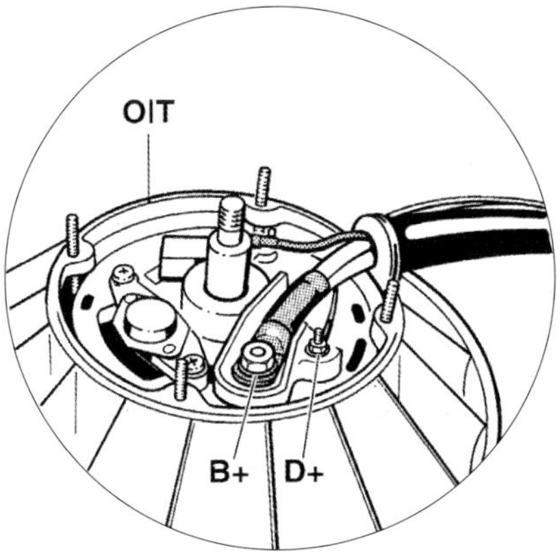

◀ Stellen Sie sicher, dass die Klemmen B+ und D+ der OT-Markierung am Rand des Gebläsegehäuses gegenüber liegen.

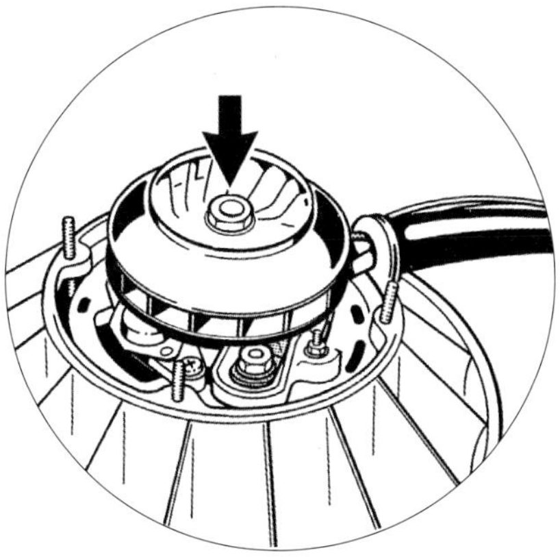

◀ Bauen Sie das Lichtmaschinen-Kühlgebläse an.

- Tragen Sie eine dünne Schicht Loctite 270 auf Welle und Gewinde der Lichtmaschine auf.
- Ziehen Sie die Halteschraube für das Lichtmaschinen-Kühlgebläse fest (Pfeil).

Anzugsdrehmoment

Gebläse an Lichtmaschine .... 13-15 Nm

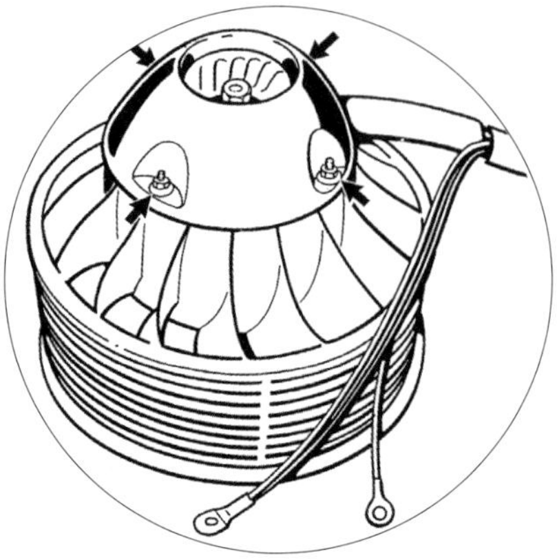

◀ Setzen Sie das Gebläsegehäuse auf.

- Bestreichen Sie die Tülle für die Verkabelung der Lichtmaschine leicht mit Montagefett, um den Einbau ins Gebläsegehäuse zu erleichtern.
- Ziehen Sie die M6-Schrauben (Pfeile) an.

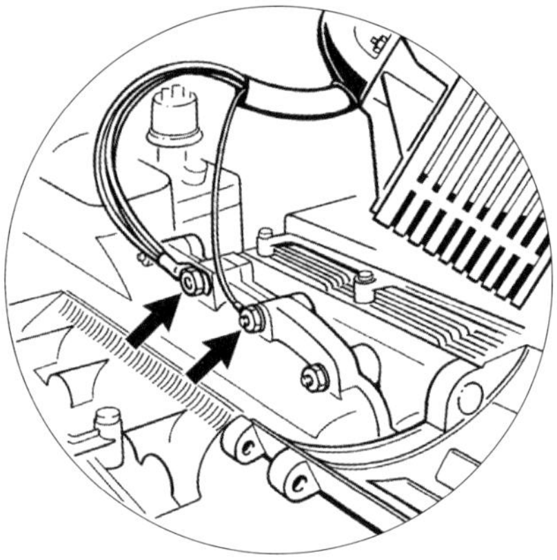

◀ Schließen Sie die Massekabel wieder an die Massepunkte am Kurbelgehäuse (Pfeile) an.

Anzugsdrehmoment
Massekabel an Massepunkt Kurbelgehäuse .... 23 Nm

Richten Sie das Gebläsegehäuse am Kurbelgehäuse aus.

Hinweis:
Ein Fixierstift am Kurbelgehäuse hält das Gebläsegehäuse in der richtigen Position, was den Zusammenbau wesentlich erleichtert.

Schieben Sie das Gebläsegehäuse bis zum Anschlag (in Fahrtrichtung nach vorn) und ziehen Sie das Spannband fest.

Wenn Lichtmaschine und Gebläse eingebaut sind, legen Sie die Riemen auf und spannen diese nach der im nächsten Abschnitt beschriebenen Prozedur.

Antriebsriemen bei Saugmotoren

Spannen des Lichtmaschinen-Keilriemens

Angaben: Jon Beatty, USA

Vorsicht:

- *Verwenden Sie keine Keilriemen aus dem Zubehörhandel, die nicht von Porsche freigegeben sind.*
- *Der Einbau eines neuen oder des noch für gut befundenen alten Riemens muss genau in der vorgeschriebenen Arbeitsweise erfolgen, wenn sich der Riemen nicht im Betrieb lockern soll.*
- *Wenn Sie einen Lichtmaschinen- oder Gebläseriemen erneuern, sollten Sie auch den jeweils anderen erneuern, weil alte und neue Riemen unterschiedlich stark gespannt werden müssten.*

Werkzeug 9574

Messwerkzeug für die Riemenspannung (alternativ Riemen-Vorspannungsprüfer Sonic-Serie von Gates)

Werkzeug

- Messwerkzeug für die Riemenspannung

Vor der Messung der Riemenspannung lassen Sie den Motor kurz laufen.

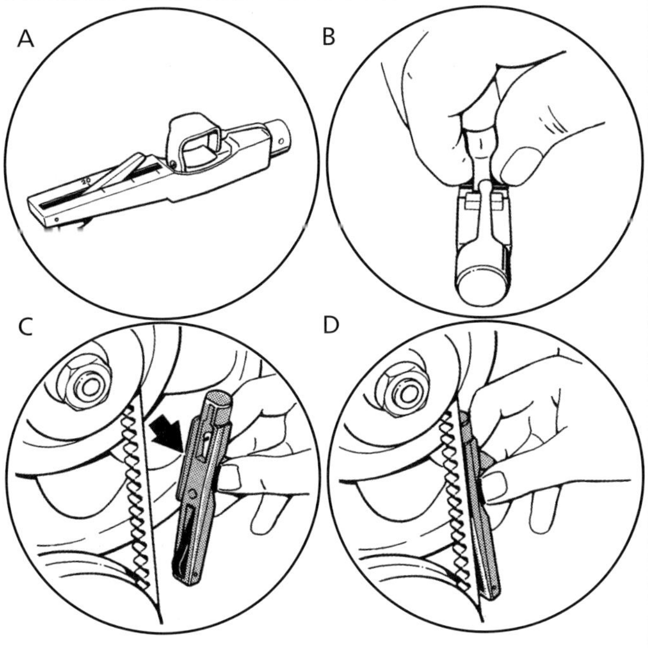

◀ Saugmotoren: Prüfen Sie die Spannung des Keilriemens mit dem entsprechenden Messwerkzeug.

- **A** Porsche-Sonderwerkzeug 9574 o. ä.
- **B** Drücken Sie den Anzeigehebel ins Testgerät, das mit Daumen und Zeigefinger gehalten wird.
- **C** Setzen Sie das Testgerät zwischen den Riemenscheiben auf den Riemen, so dass die Führungsschiene des Messgeräts an der Seite des Riemens anliegt.
- **D** Drücken Sie gleichmäßig senkrecht auf den Druckpunkt, bis man ein Klicken hört oder fühlt.

Üben Sie danach keinen noch stärkeren Druck auf den Knopf aus, weil dies das Ergebnis verfälschen würde.

Nehmen Sie das Testgerät vorsichtig ab und lesen Sie die Spannung am Schnittpunkt zwischen Anzeigearm und oberer Skala ab.

Vorsicht:

Beim Herausnehmen darf das Testgerät nicht mit dem Keilriemenbereich in Berührung geraten, weil dies das Messergebnis verfälschen würde.

Spannung Lichtmaschinen- und Gebläse-Keilriemen (kalter Motor)

Neuer Keilriemen	23-35 auf der Messwertskala
Gebrauchter Keilriemen	15-23 auf der Messwertskala

Stellen Sie die Spannung jedes Riemens durch Einbau oder Entfernen von Ausgleichsscheiben ein.

Hinweis:
- *Man erhält hierfür Ausgleichsscheiben, die 0,5 und 0,7 mm dick sind.*
- *Die dickeren Ausführungen sind durch eine 2-mm-Bohrung gekennzeichnet.*
- *Beachten Sie, dass bei Einbau eines gebrauchten Riemens im Vergleich zu einem Neuteil eine geringere Spannung ausreicht.*

Vorsicht:
Spannen Sie gebrauchte Riemen nicht zu stark; sie könnten dann im Betrieb reißen.

Turbomodelle

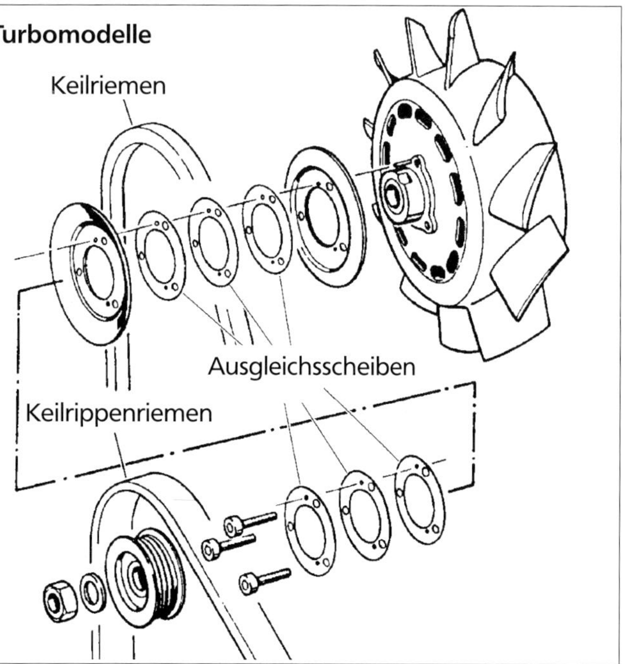

◀ Turbomodelle:

- Prüfen Sie die Spannung des Keilriemens für das Kühlgebläse, wie soeben beschrieben, mit Messwerkzeug 9574.
- Stellen Sie die Spannung durch Einbau oder Entfernen von Distanzscheiben ein.
- Stellen Sie den Keilrippenriemen für Klimaanlage und Lichtmaschine mit dem Riemenspanner ein.

Lassen Sie den Motor im Leerlauf etwa 15 Minuten laufen.
- Als Alternative käme auch eine 10-Minuten-Probefahrt in Betracht.
- Stellen Sie sicher, dass dabei die Klimaanlage läuft.
- Prüfen Sie erneut die Spannung aller Riemen.

Hinweis:
Der Autor empfiehlt die Probefahrt als Teil der Motronic-Einstellprozedur nach dem Abklemmen der Batterie.

Keilriemen für Lichtmaschine und Kühlgebläse (warmer Motor)

Neuer Riemen	28-40 auf der Messwertskala
Gebrauchter Riemen	20-28 auf der Messwertskala

Anzugsdrehmomente

M6-Schrauben an der Lüfterrad-Riemenscheibe	10 Nm
Riemenscheibe an Lichtmaschine	45-55 Nm
Bei den RS-Modellen	40 Nm

Erneuern der Kraftstoffpumpe (Saugmotoren)

Angaben: Jon Grosjean, USA

Vorsicht:

- *Benzin ist leicht entzündlich, es besteht Explosionsgefahr. Arbeiten Sie deshalb nicht in der Nähe von Heizgeräten oder anderen Brandgefahren. Halten Sie einen Feuerlöscher bereit. Rauchen Sie nicht.*
- *Bei Arbeiten an der Kraftstoffanlage sollten Sie Handschuhe tragen, weil längerer Kontakt mit Kraftstoff Hautirritationen und Krankheiten verursachen kann.*

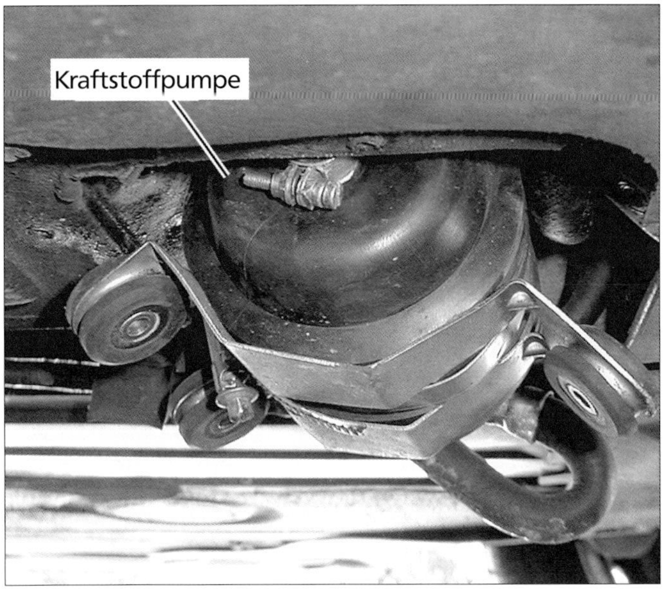

◀ Die Kraftstoffpumpe ist beim 964 leicht getauscht, wenn man sie erst einmal hinter einer Abdeckung unter dem Fahrzeug gefunden hat, rechts von der Mitte hinter dem rechten Vorderrad.

Ersatzteile

- Ersatzteil .... Bosch-Teilenummer
- Kraftstoffpumpe 0 580 464 058

Entfernen Sie die 5 Schrauben und zwei Muttern, um die Kraftstoffpumpe freizulegen.

Entfernen Sie die drei Schrauben, die die Pumpe an ihrer Halterung fixieren.

Verwenden Sie eine Schraubklemme o. ä., um den langen, vom Tank kommenden Benzinschlauch abzuklemmen.

Vorsicht:
Wickeln Sie ein Tuch um Kraftstoffleitungen, bevor Sie sie abziehen.

Entfernen Sie die 19-mm-Mutter am Bajonettverschluss am Ausgang der Kraftstoffpumpe. Drehen Sie die Pumpe nach unten und ziehen Sie sie heraus. Ziehen Sie Stromanschluss und Kraftstoffschlauch ab.

Verbinden Sie Kabel und Schlauch mit der neuen Pumpe und setzen Sie diese mit neuen Schlauchklemmen ein.

Vorsicht:
- *Pumpe, Kabel und Schlauch sind sehr beengt untergebracht; alles muss also wieder genau so sitzen wie vor dem Ausbau.*
- *Klemmen oder knicken Sie die Kraftstoffleitungen nicht. Stellen Sie sicher, dass alle Anschlüsse fest angezogen sind.*

Entfernen Sie die Schraubklemme wieder vom Benzinschlauch.

Erneuern der Scheibenwaschpumpe

Angaben: John Miles, Großbritannien
Bilder: Jeff Curtis, USA, John Miles, Großbritannien

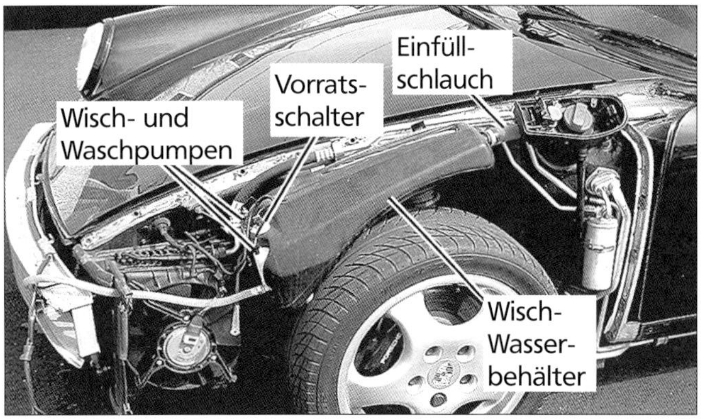

◄ Der Waschwasserbehälter ist im Radhaus links vorn versteckt.

Hinweis:
Die Scheinwerfer-Waschpumpe ist ebenfalls an diesem Behälter montiert.

Vor Arbeitsbeginn sollten Sie das Radhaus mit dem Hochdruckreiniger gründlich säubern.

Entfernen Sie das linke Vorderrad und zwei Kotflügelinnenverkleidungen aus Kunststoff.

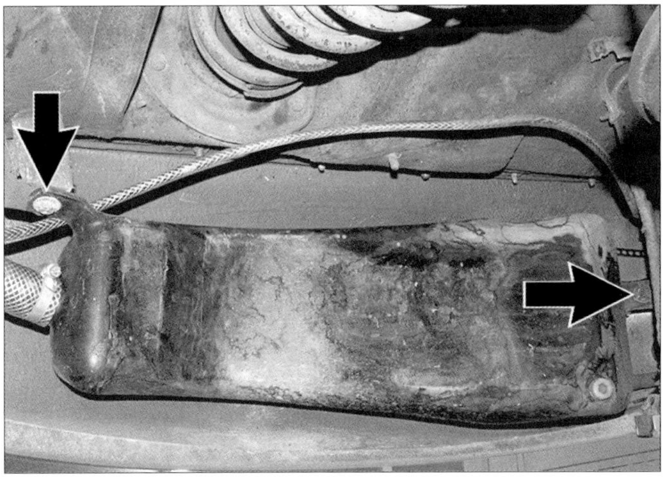

◀ Entfernen Sie die Schrauben (Pfeile) an jedem Ende des Waschwasserbehälters unter dem Kotflügel.

◀ Ziehen Sie den Einfüllschlauch vom Behälter ab und senken Sie diesen ab, um an die vorn oben am Behälter montierte Pumpe zu gelangen.

Hinweis:
Halten Sie ein ausreichend großes Gefäß bereit, um austretendes Wasser aufzufangen.

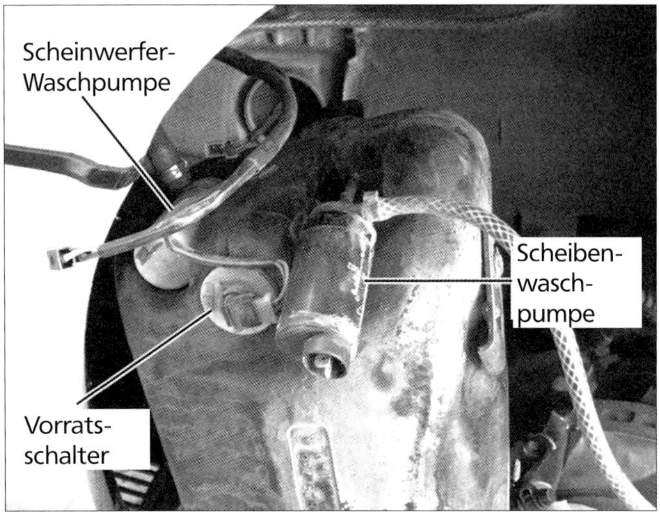

◄ Entfernen Sie die Stromanschlüsse von der Pumpe. Ziehen Sie sie kraftvoll aus der Gummitülle im Behälter. Trennen Sie den Schlauch von der Pumpe.

- Bauen Sie die neue Pumpe ein und schließen Sie sie an.
- Der Einbau vollzieht sich in umgekehrter Reihenfolge des Ausbaus.
- Prüfen Sie, ob die Pumpe funktioniert.
- Säubern Sie die Windschutzscheibe.

Räder und Bremsen

Erneuern des Druckschalters (Hochdruck-Bremsanlage)

Angaben: George Rochford, USA

Vorsicht:

*Diese Arbeit eignet sich nur für sehr erfahrene Hobby-Schrauber. Sobald Bremsprobleme auftreten, sollten Sie anhalten und den Carrera 4 in die nächste Werkstatt zur Reparatur bringen lassen, um die gesamte Anlage unter Verwendung des Bosch-Testgeräts 9288 instand zu setzen. Einzelheiten dazu entnehmen Sie bitte **Kapitel 6**.*

Ersatzteile

Ersatzteil	Bosch-Teilenummer
• O-Ring	999 707 094 40
• Hydraulikdruck-Warnschalter	964 606 904 00

Ein defekter Schalter macht sich meist durch größeren Bremsflüssigkeitsverlust bemerkbar, der sich in einer größeren Flüssigkeitslache unter dem Bug des Fahrzeugs manifestiert. Bei genauerer Untersuchung wird man feststellen, dass diese Undichtigkeit von dem grün eloxierten Druckwarnschalter ausgeht, der in die Hochdruck-Hydraulikpumpe hineingeschraubt wird. Die Pumpe befindet sich vor der Batterie unter einer schwarzen Kunststoff-Abdeckung an der linken Kofferraumwand.

Hinweis:

Die Pumpe befindet sich bei allen 964-Varianten mit Hochdruck-Bremskraftverstärker an dieser Stelle.

Druckschalter an der Hydraulikpumpe

Die frühen Ausführungen dieses Schalters sind als defektanfällig bekannt und wurden im Laufe der Produktionszeit durch eine neue Ausführung ersetzt. Nur allein den – preiswerten – O-Ring zu ersetzen, mit dem der Schalter gegen das Pumpengehäuse abgedichtet ist, zeigt in den wenigsten Fällen den gewünschten Erfolg. Die Erneuerung des ca. 280.- Euro teuren Druckschalters ist meist unumgänglich.

Hinweis:
Vor Ausbau des alten Druckschalters bauen Sie den Hydraulikdruck ab, indem Sie bei abgestellter Zündung mehrmals (ca. 25 bis 30 Mal) mit dem Bremspedal kräftig pumpen.

Entfernen Sie die schwarze Flüssigkeitszuleitung, die links an der Pumpe angeschlossen ist.
- Entfernen Sie den kleinen Stift unter dieser Zuleitung.
- Ziehen Sie dann die schwarze Leitung heraus.

Hinweis:
- *Damit keine Bremsflüssigkeit in den Kofferraum tropft, lassen Sie das Ende der Leitung nie unter den Stand im Bremsflüssigkeitsbehälter sinken.*
- *Legen Sie einige Putzlappen unter die Pumpe, bevor Sie Leitungen davon abtrennen.*
- *Verschließen Sie sorgfältig alle offenen Enden der Bremsleitungen.*

Entfernen Sie die Hochdruck-Stahlleitung mit dem 11-mm-Bremsleitungsschlüssel.

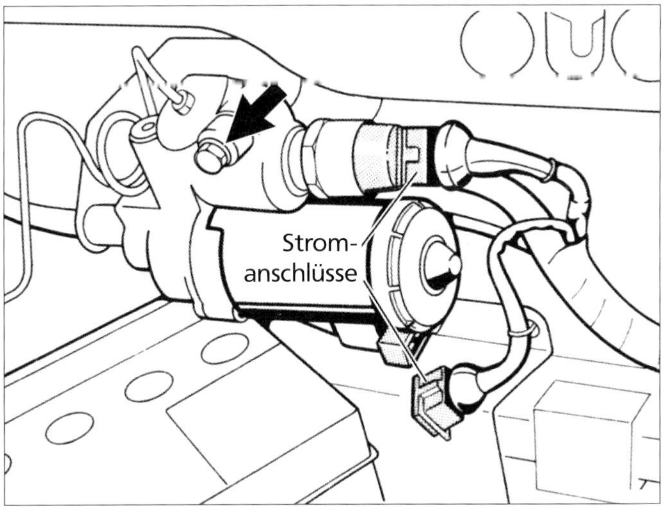

◀ Trennen Sie die beiden Stromanschlüsse vom Schalter und vom Pumpengehäuse.

- Lockern Sie die 12-mm-Halteschraube (Pfeil) und entfernen Sie die Hydraulikpumpe.
- Befestigen Sie die Pumpe in einen Schraubstock mit weichen Schutzbacken. Mit Porsche-Spezialwerkzeug 9524 (tiefer Steckschlüssel, der über den Druckschalter passt), lösen und entfernen Sie den Schalter aus dem Pumpengehäuse.
- Benetzen Sie den neuen O-Ring mit Bremsflüssigkeit und bauen Sie dann den neuen Schalter in die Pumpe ein.
- Bauen Sie die Pumpe ein und schließen Sie die Leitungen an.

Anzugsdrehmoment

Druckschalter an Hydraulikpumpe	26 Nm

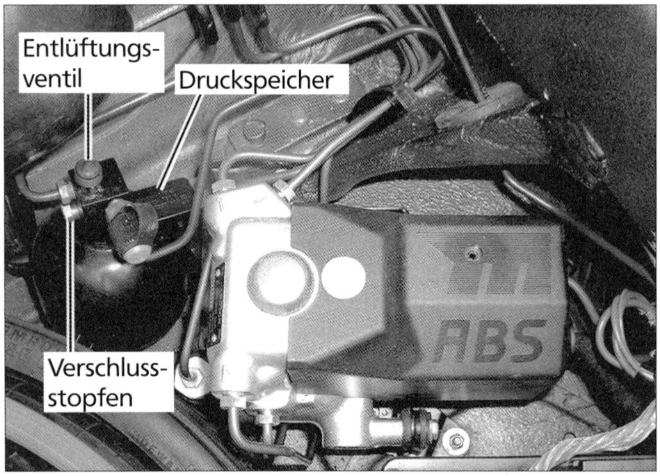

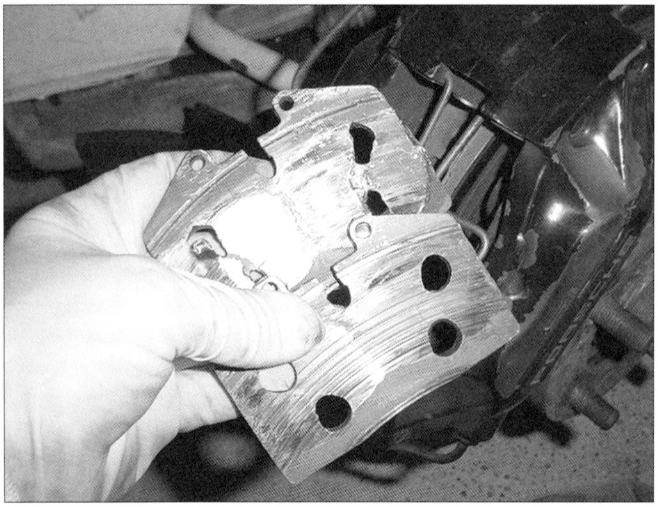
Abschreckendes Beispiel: Hier wurde die Verschleißgrenze deutlich überschritten!

◄ Um die Hydraulikpumpe zu entlüften, gehen Sie wie in **Kapitel 6** beschrieben vor.

Erneuern der vorderen Bremsklötze

Angaben: Porsche AG
Bilder: Jeff Curtis, USA

Ersatzteile

Ersatzteil	Porsche-Teilenummer
• Bremsklötze vorn	911 351 950 06
• Warnkontakt	993 612 965 01
• Dichtmittel Silastic 732 RTV (90 ml)	999 915 451 40

Hinweis:
Die ursprünglich vorn eingebauten Bremsklötze (Teilenummer 911 351 950 02 für Einkolben-Bremssättel) wurden durch Nummer 911 351 950 06 ersetzt, die eine geänderte Aussparung für die Verschleißanzeige aufweisen.

Nach dem Einsetzen der Bremsklötze tragen Sie etwas Silastic 732 RTV auf die Warnkontakte auf, bevor Sie diese in die Klötze hineinsetzen.

Vorsicht:
Die Warnkontakte der Verschleißanzeige können bei fehlerhaftem Einbau auf der Bremsklotz-Trägerplatte Schaden nehmen, so dass die Anzeige nicht mehr korrekt funktioniert.

Hinweis:
Es gibt im Internet Tipps zur Überbrückung der Verschleißkontaktanzeige. Allerdings sollte man beachten, dass man bei überbrückten Warnkontakten die Bremsbelagstärke in ausreichend engen Zeitabständen selbst kontrollieren muss.

Stecken Sie den runden Warnkontakt in die dafür vorgesehene Aussparung im Bremsklotz, so dass die Kabel parallel zur Trägerplatte liegen. Erforderlichenfalls entfernen Sie überschüssiges Dichtmittel. Das Dichtmittel darf nicht auf die Oberfläche des Bremsklotzes oder die Reibfläche der Bremsscheibe gelangen.

Carrera 2 von 1990

(Foto: Jeff Curtis)

Der zehnpolige Anschluss für die Spoilerbetätigung ist bei diesem Carrera 2 von 1994 nicht belegt, denn er wurde mit einem starren Heckspoiler nachgerüstet.

Elektronik

Überbrücken des Heckspoiler-Warnsystems (Saugmotoren bis Modelljahr 1990)

Angaben: Tom Sharpes, USA

Beim Austausch des ausfahrbaren gegen einen starren Heckspoiler ist Folgendes zu beachten: Beim Anlassen wird zwar zunächst die Spoilerwarnlampe angehen, jedoch bei einer Geschwindigkeit über 7 km/h wieder ausgehen und bis zum nächsten Anlassen auch aus bleiben.

Nach Ausbau von Motorhaube und Spoiler und noch vor Einbau des neuen Spoilers führen Sie kurz folgende Maßnahmen durch:

◀ Suchen Sie den zehnpoligen Spoiler-Stromanschluss nahe beim rechten Motorhaubenscharnier, gegenüber dem Luftfilterkasten. Nehmen Sie die Verkabelung aus der Halterung und trennen Sie die Verbindung.

Ab Modelljahr 1991 kann der Anschluss am Steuergerät unter der Armaturentafel abgezogen werden, was zum selben Ergebnis führt.

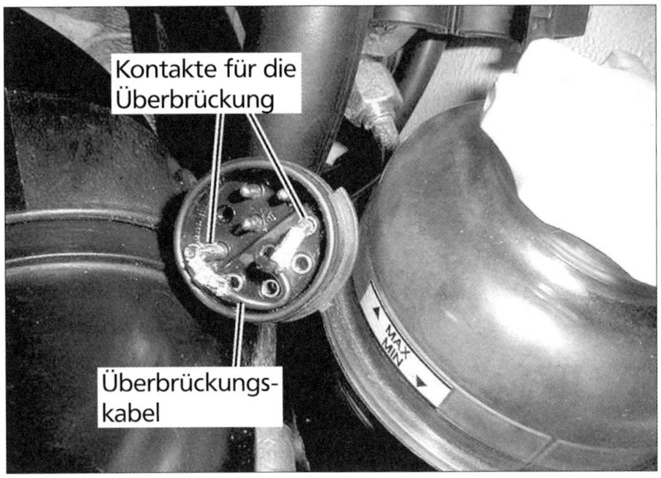

◄ Fertigen Sie ein Überbrückungskabel an und verbinden Sie damit die Kontakte 3 und 7.

Isolieren Sie den Stecker. Am einfachsten geht das mit einfachem Silikon-Dichtmittel für den Haushalt und einer passend großen Kappe. So wird die Feuchtigkeit draußen gehalten.

Karosseriestruktur

Erneuern der Windschutzscheibe

Angaben: Porsche AG

Werkzeug

Saugheber	Kratzer
Klebepistole	Winkelschneidwerkzeug
Schneidwerkzeug	Montageband

Material

Material	Porsche-Teilenummer
• Dichtkleber	999 915 400 40
• Primer	999 915 487 40
• Reinigungslösung	999 915 478 40

Hinweis:

- *Teile mit VAG-Nummer gibt es in VW-Werkstätten.*
- *Tragen Sie bei der Arbeit eine Schutzbrille.*
- *Auch wenn der 964 noch keine bündig geklebte Windschutzscheibe hatte wie modernere Fahrzeuge, bei denen ein Do-it-Yourself-Ausbau der Frontscheibe eigentlich unmöglich ist, so sollte man auch bei diesem Porsche die Erneuerung der Windschutzscheibe einem Fachmann überlassen. Auf jeden Fall muss man darauf achten, dass die Scheibe spannungsfrei eingesetzt wird, sonst kann das nächste Schlagloch teure Spannungsrisse verursachen.*

Bei der hier beschriebenen Vorgehensweise kann die Windschutzscheibe beim Ausbau zerbrechen. Selbst wenn die Scheibe nur an einer Kante beschädigt ist, kann sie nicht mehr verwendet werden. Mit den Saughebern und dem Schneidwerkzeug verringert man zumindest diese Gefahr, ein Restrisiko bleibt aber dennoch bestehen.

Werkzeug

VAG 1344

VAG 1344/1

VAG 1561

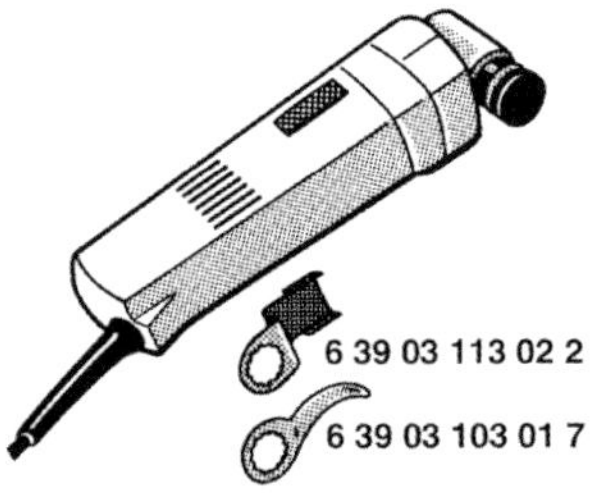

VAG 1344	Doppelte Saugnäpfe
VAG 1344/1	Klebepistole
VAG 1561	Schneidwerkzeug
Fein GmbH 639 03 113 02 2	Kratzer
Fein GmbH 639 03 103 01 7	Winkelschneidwerkzeug

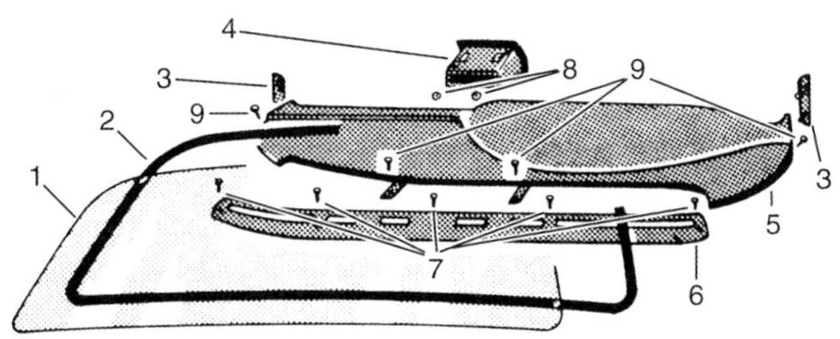

1 Windschutzscheibe
2 Windschutzscheiben-dichtung
3 Abdeckung
4 Mittlerer Luftausströmer
5 Armaturentafel-abdeckung
6 Defrosterblende
7 Flachkopfschrauben
8 Muttern
9 Schneidschrauben

Messen und notieren Sie die Montageposition des Innenspiegels und entfernen Sie ihn anschließend.

Lösen Sie die Muttern an den Wischerarmen und nehmen Sie diese ab.

◀ Vom Fahrzeuginnenraum aus: (vgl. Zeichnung):

- Lösen Sie die fünf Flachkopfschrauben (**7**) und entfernen die Defrosterblende (**6**) sowie den mittleren Luftaustritt (**4**).
- Lösen Sie die Muttern (**8**) von den Gewindebolzen an jeder Seite des mittleren Luftaustritts.
- Entfernen Sie die beiden Abdeckungen (**3**) sowie die Schneidschrauben (**9**) unter den Abdeckungen von der Vorderkante der Armaturentafel:
- Entfernen Sie die Armaturentafelabdeckung (**5**).

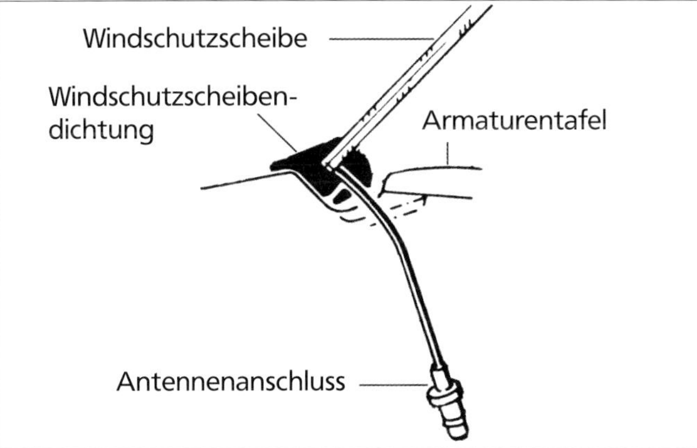

◀ An der Unterkante der Windschutzscheibe ca. 140 mm von der rechten Ecke entfernt lösen Sie den Anschluss zwischen Antenne und Antennenverstärker. Stecker samt Leitung mit Klebeband an der Scheibe befestigen.

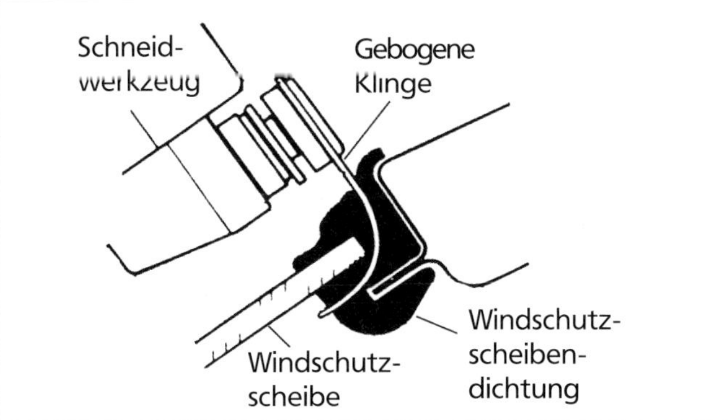

◀ Schneiden Sie die Windschutzscheibendichtung mit scharfer Schneide im Spezial-Schneidwerkzeug durch.

- Drücken Sie die Schneide in das Dichtungsgummi.
- Das Schneidgerät wird mit dem gebogenen Messer bestückt und der Schwingungszahlregler wird auf Stufe 6 gestellt. Nun muss die Dichtung zwischen Windschutzscheibe und Karosserie umlaufend durchtrennt werden.

Vorsicht:
Beschädigen Sie dabei nicht das Antennenkabel.

Entfernen Sie die Windschutzscheibe und beseitigen Sie alle Gummispuren von der Dichtung.

Kleben Sie die sichtbaren Teile der Karosserie um den Fensterausschnitt mit Maler-Abklebeband ab. Um hartnäckige Gummi- und Klebereste zu beseitigen, kann man das Schneidgerät mit unterschiedlich profilierten Klingen (Schabmesser) bestücken.

Hinweis:
Gehen Sie beim Entfernen der Rückstände mit Vorsicht zu Werke, um nicht mit dem Werkzeug die Lackierung oder gar das Karosserieblech zu beschädigen: Die darunter liegende Verzinkung könnte in Mitleidenschaft gezogen werden; der Rost hat dann leichtes Spiel. Lassen Sie also sicherheitshalber einen flächendeckenden Kleberest (Dicke: max. 1 mm) stehen.

Säubern Sie den Scheibenrahmen gründlich mit Reinigungslösung.

Vorsicht:
Wischen Sie danach alle Reste der Lösung gründlich ab.

Tragen Sie Primer auf alle Stellen rund um den Fensterausschnitt auf, wo kein Dichtungsrest stehen geblieben ist und somit die Karosserie freiliegt.

Wenn die originale Windschutzscheibe an den Kanten Schäden aufweist, kann sie nicht wieder verwendet werden.

Schneiden Sie alle Reste von Dichtkleber von der unbeschädigten Scheibe.

Vorsicht:
Bei Sekuriflex-Scheiben darf dabei die Schutzfolie auf der Dichtungsseite nicht beschädigt werden.

Reinigen Sie die (neue oder alte) Scheibe vor dem Einbau.

Vorsicht:
Wischen Sie danach alle Reste der Reinigungslösung gründlich ab.

Hinweis:
In die neue Windschutzscheibe ist die Antenne bereits eingebaut.

Reinigen Sie die neue Gummidichtung, besonders in der Nut für das Scheibenglas.

Vorsicht:
Wischen Sie danach alle Reste der Reinigungslösung gründlich ab.

Bohren Sie in die Scheibendichtung ein Loch für das Antennenkabel.

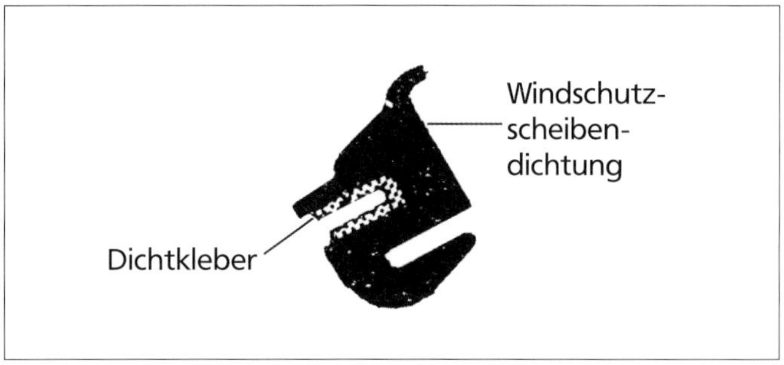

◀ Geben Sie Dichtkleber in die Scheibennut in der Gummidichtung; Sie benötigen dafür ca. 85 ml.

Vorsicht:
Der Einbau der Windschutzscheibe muss binnen vier Stunden ab Aufbringen des Dichtklebers erfolgen.

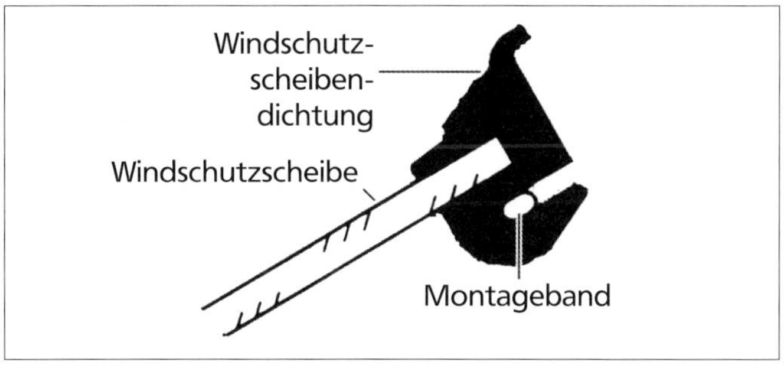

◀ Legen Sie das Dichtgummi um die Scheibe.

- Ziehen Sie Antennenkabel und -stecker durch das Loch in der Dichtung.
- Verlegen Sie ein Montageband (reißfestes Kunststoffseil oder Kabel) in der Gummidichtung.

Hinweis:
Die Enden des Montagebands müssen sich in der Mitte des Dachs am Platz für den Innenspiegel kreuzen.

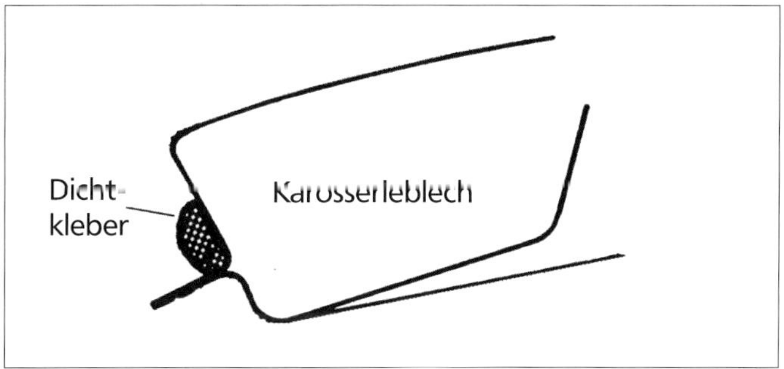

Setzen Sie die Saugheber auf der Außenseite der Windschutzscheibe an

◀ Verwenden Sie die Klebepistole, um Dichtklebstoff auf dem Fensterrahmen aufzubringen. Sie benötigen etwa 70 ml Klebstoff.

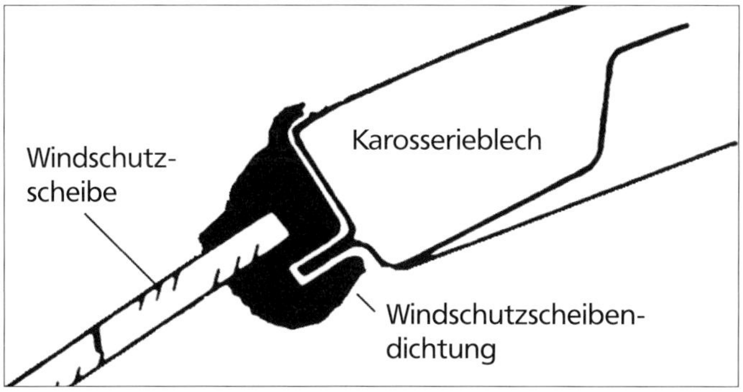

◀ Zusammen mit einem Helfer setzen Sie die Windschutzscheibe in den Karosserieausschnitt ein.

- Richten Sie sie mit Hilfe der Saugheber aus.
- Der Helfer muss von außen leichten Druck auf die Scheibe ausüben und diese in Position halten, während innen das Montageband gezogen wird.
- Vom Innenraum aus legen Sie die Gummidichtung um, indem Sie das Montageband aus der Vertiefung in der Dichtung herausziehen und damit die Dichtlippe über den Windschutzscheibenausschnitt rutscht.

Entfernen Sie überschüssigen Dichtkleber sofort. Reinigen Sie die Windschutzscheibe mit Reinigungslösung.

Verbinden Sie das Antennenkabel an der Scheibe mit dem Antennenverstärker.

Der weitere Zusammenbau erfolgt in umgekehrter Reihenfolge des Ausbaus.

Vorsicht:

- *Bei Fahrzeugen mit Airbag müssen Sie darauf achten, dass die Klebestelle ausreichend ausgehärtet ist.*
- *Zum Aushärten benötigt der Klebstoff zehn Stunden. Dabei wird eine Temperatur von mindestens 15 °C und eine relative Luftfeuchtigkeit von über 40 Prozent vorausgesetzt.*
- *Sinkt die Temperatur oder die Luftfeuchtigkeit unter diesen Wert, so dauert das Aushärten entsprechend länger.*
- *Fahrzeuge ohne Airbag kann man sofort nach Einbau der Scheibe wieder in Betrieb nehmen, aber auch hier ist es besser, den Klebstoff gründlich aushärten zu lassen. Das gilt besonders bei kaltem oder feuchtem Wetter.*

Bauen Sie den Innenspiegel nach der Anleitung auf der folgenden Seite ein.

Innenspiegel im Turbo 3.6 von 1993

Einbau des Innenspiegels

Angaben: Porsche AG

Wenn die Windschutzscheibe erneuert wird, muss hinterher der Innenspiegel wieder an seiner angestammten Stelle angebracht werden, egal ob die ursprüngliche Scheibe wieder verwendet wird oder, das ist der wesentlich häufigere Fall, ob eine neue eingebaut wird. Dann sollten Sie die Position des Innenspiegels notiert haben und diese nun auf die neue Scheibe übertragen.

Material

Material	Porsche-Teilenummer
• Reinigungslösung	000 043 157 00
• Primer	000 043 158 00
• Schablone	000 043 177 00
• Aktivator	000 043 052 00
• Klebstoff	000 043 051 00

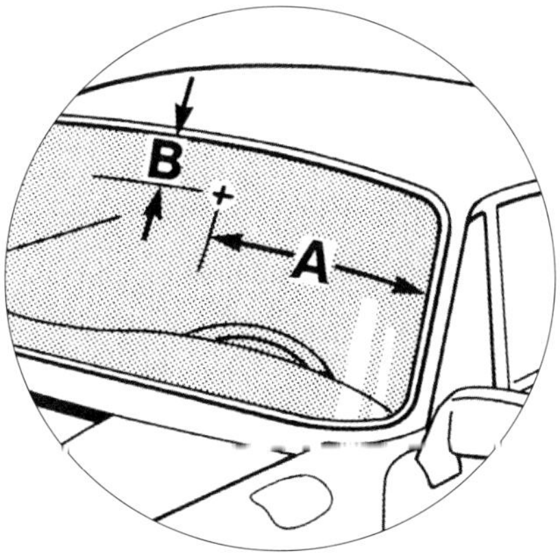

◀ Markieren Sie die Position des Innenspiegels:

- A = 575 mm
- B = 105 mm
- Markieren Sie diese Stelle mit Klebeband auf der Außenseite der Scheibe.

Säubern Sie den Innenspiegel von Kleberesten an seinem Fuß.

Rauen Sie mit Sandpapier die Klebefläche am Fuß des Spiegels auf.

Reinigen Sie den Bereich der Scheibe, auf den der Spiegel aufgeklebt werden soll.

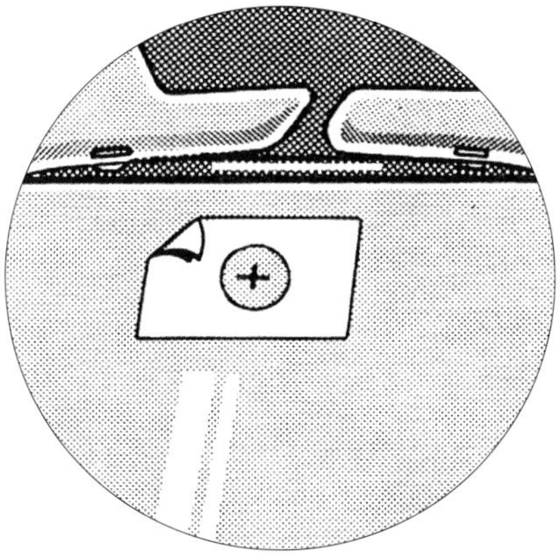

Hinweis:
Aus diesem Grunde wurde das Klebeband zur Positionsmarkierung nicht auf die Innen-, sondern auf die Außenseite der Scheibe geklebt.

◀ Decken Sie den Bereich um die Klebestelle des Spiegels an der Scheibe mit der Schablone ab. Stellen Sie sicher, dass der markierte Bereich für den Spiegel durch das Loch in der Platte sichtbar ist.

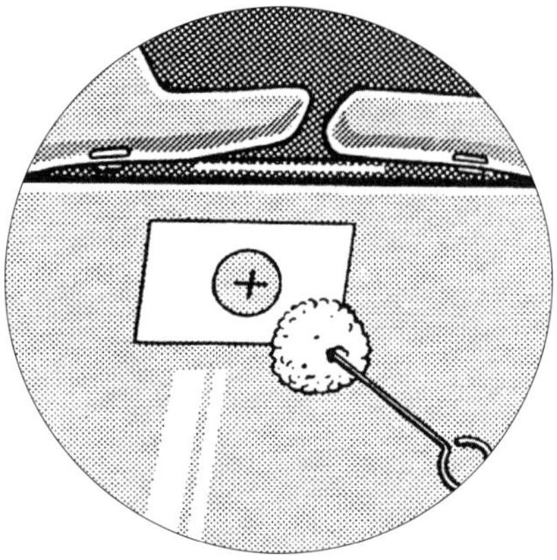

◀ Tragen Sie eine dünne Schicht Primer auf die Klebefläche an der Scheibe auf.

• Lassen Sie die Grundierung 15 bis 20 Minuten antrocknen.

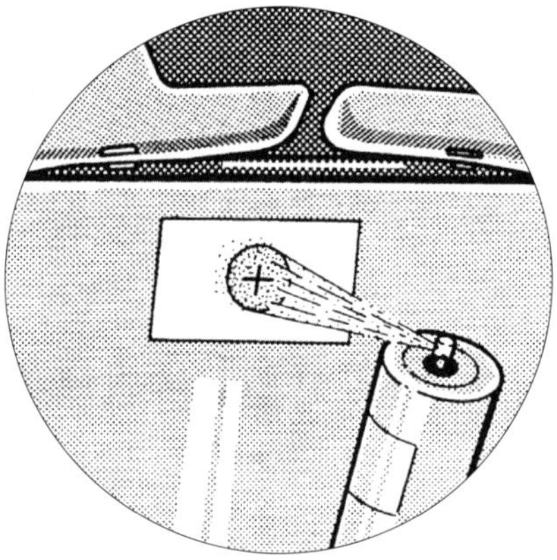

◀ Sprühen Sie den Aktivator auf die Klebefläche an der Scheibe und lassen Sie diesen zwei Minuten einwirken.

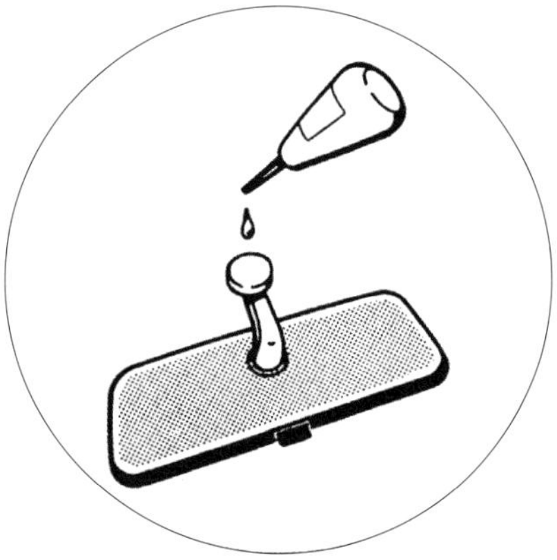

◀ Geben Sie einen kleinen Tropfen Klebstoff auf die Klebefläche am Fuß des Spiegels.

◀ Drücken Sie den Spiegel nun etwa 40 bis 50 Sekunden lang gegen die vorbereitete Stelle an der Windschutzscheibe.

Hinweis:

Nach einer Stunde erreicht der Klebstoff rund 60 Prozent seiner Klebekraft, nach 24 Stunden ist er durchgehärtet.

Entfernen Sie das Klebeband von der Windschutzscheibe und entfernen Sie eventuelle Klebereste.

Innenraum

Reparatur der Warnlampe für Airbag und Sicherheitsgurt

Angaben: Gregg Kricorissian, Kanada

Gregg Kricorissians Carrera 2, Baujahr 1990

Viele 964-Besitzer berichten, dass die Warnlampen für Airbag und Sicherheitsgurte manchmal grundlos längere Zeit leuchten. Der Erfahrungsbericht von Gregg Kricorissian dokumentiert dieses Phänomen, das während der 1200 Kilometer langen Überführungsfahrt seines Carrera 2 (Baujahr 1990) von Virginia, USA nach Toronto, Kanada, direkt nach dem Kauf auftrat. Im Folgenden erklärt er, wie er versuchte, die Ursache dieses Fehlers einzugrenzen und zu beheben.

Zunächst erkannte er nicht, dass das Aufleuchten beider Lampen eine gemeinsame Ursache haben könnte und suchte für jeden Defekt einzeln nach der Ursache. Das führte immerhin dazu, dass er einige schadhafte Kabelverbindungen reparieren konnte, was freilich mit den festgestellten Defekten nichts zu tun hatte.

Außerdem ist bei der Fehlersuche zu beachten, dass die Airbag-Warnlampe, wenn sie einmal angesprochen hat, immer wieder leuchtet, sogar nach der Behebung der Ursache. Man muss die Warnlampe mit dem Bosch-Testgerät 9288 zurücksetzen. So wurden Fehlersuche und -behebung in diesem Fall zu einer langwierigen Angelegenheit.

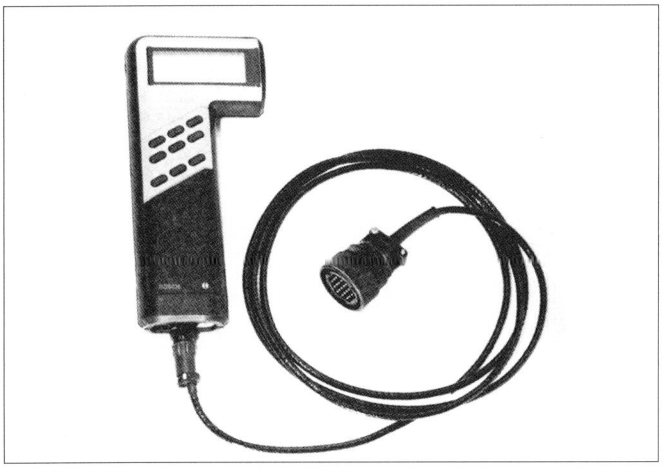

Bosch-Diagnosegerät 9288 (Hammer)

Vorsicht:

Bevor Sie mit der Arbeit am Airbag-System beginnen, muss die Batterie mindestens 20 Minuten lang abgeklemmt sein. Beachten Sie, dass Arbeiten am Airbag-System nur von einem ausgewiesenen, erfahrenen Fachmann ausgeführt werden sollten.

„Zunächst prüfte ich die Anschlüsse der Airbageinheit innerhalb der Lenksäule und reinigte die Kontakte. Soweit ich feststellen konnte, musste der Fehler jedoch an der Platine der Zeituhr seine Ursache haben. Im Internet wird von solchen Defekten berichtet, wenn auch ohne eine dazugehörige schlüssige Erklärung. Meine Zeituhr war aus dem Baujahr 1996, musste also bereits einmal ausgetauscht worden sein".

„Ich baute die Uhr aus, um mir die Rückseite der Platine anzusehen. Sie ist recht einfach aufgebaut: Durch sie wird der große runde Stecker der Verkabelung unter der Armaturentafel mit den Warnlampen verbunden. Außerdem führt eine Verbindung vom Hupknopf weiter zu einem Kabel, das mit dem Relaisschaltkasten verbunden ist".

Vorsicht:
Beim Abziehen dieser Anschlüsse muss man mit sehr viel Feingefühl zu Werke gehen, um die Platine nicht zu beschädigen oder zu zerbrechen. Besonders der Anschluss zur Hupe sitzt recht fest und wird außerdem über einen allzu störenden Sicherungshaken gehalten. Wenn die Uhr bei eingeschalteter Zündung abgeklemmt wird, geht sofort die Airbag-Warnlampe an.

Eine Reparaturmaßnahme an dieser Platine könnte wie folgt aussehen:

- Sobald alle Stecker von der Rückseite der Uhr abgetrennt sind, reinigen Sie alle Kontaktflächen.
- Entfernen Sie die Platine von der Rückseite der Uhr. Dazu muss man vier kleine Blechschrauben lösen und drei Lötverbindungen der Platine zum Mechanismus der Uhr hin vorsichtig trennen.
- Überprüfen Sie nun die Leiterbahnen auf Risse, indem Sie eine helle Lichtquelle hinter die Platine halten. Mit einem Multimeter mit einer Durchgangsprüfung feststellen, ob Leiterbahnen unterbrochen sind.
- Wo Sie Risse entdecken, können Sie sie mit angelötetem Draht eine elektrische Brücke herstellen – in meinem Fall waren keine solchen Risse zu entdecken.
- Alle Komponenten auf der Platine (Widerstände etc.) sollten nun überprüft werden; auch diese erwiesen sich bei mir allesamt als fehlerfrei.
- Löten Sie jetzt vorsichtig jede einzelne Verbindung auf der Platine nach, und zwar mit einem für diese Arbeit geeigneten Elektroniklötkolben und hochwertigem Lötzinn. Dabei darf keine Komponente und kein Bauteil vergessen werden. Einige schienen mir leicht schadhaft – sie könnten die Ursache der Probleme gewesen sein.
- Mit den Blechschrauben wird nun die Platine wieder an der Zeituhr befestigt. Ziehen Sie diese nicht zu fest an, ansons-

ten kann die Platine oder das Uhrengehäuse beschädigt werden.

- Seien Sie vorsichtig beim Anlöten der Uhrenanschlüsse an die Kontaktstellen auf der Platine. Dies darf erst erfolgen, wenn die Schrauben angezogen sind.

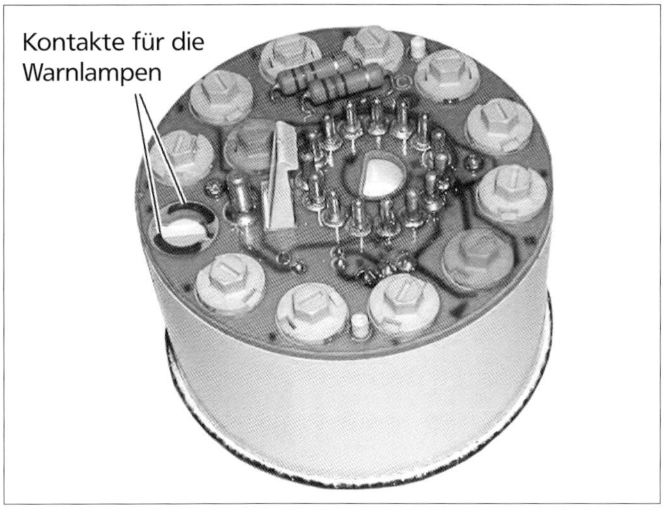

◀ Entnehmen Sie jede Kontrolllampe einzeln und prüfen Sie die Funktion des Leuchtmittels. Reinigen Sie den entsprechenden Kontakt auf der Platine und bauen Sie die Warnlampe wieder ein.

- Prüfen Sie zur Sicherheit auch den Durchgang an den Kontaktstellen auf der Platine.

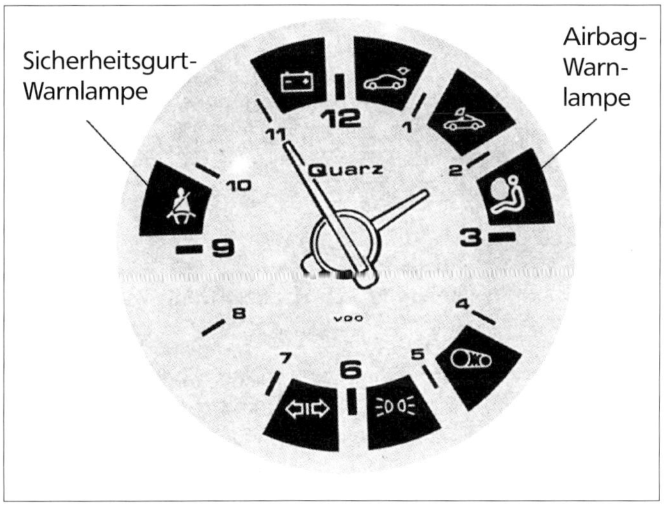

„Ich vermutete die Ursache der grundlos leuchtenden Warnlampen in einer Verspannung der Platine, die dadurch entstehen könnte, dass der große runde Stecker zu stramm sitzt oder sich während der Fahrt verbiegt, weil Zug auf die Kabel ausgeübt wird. Mangelhaftes Verlöten (Kalte Lötstellen) schon beim Herstellungsprozess könnte eine weitere Ursache" sein.

Hinweis:
Die Anschlusspole des großen Rundsteckers an der Platine sind recht dick; in der Produktion dürfte es entsprechend schwierig gewesen sein, die Pole zu verlöten ohne dabei die benachbarten Leiterbahnen zu beschädigen.

Hinweis:
Wenn die Airbag-Warnlampe beim Betätigen der Zündung trotz obligatorischen 5-Sekunden-Selbsttests gar nicht leuchtet, ist wahrscheinlich das Leuchtmittel defekt.

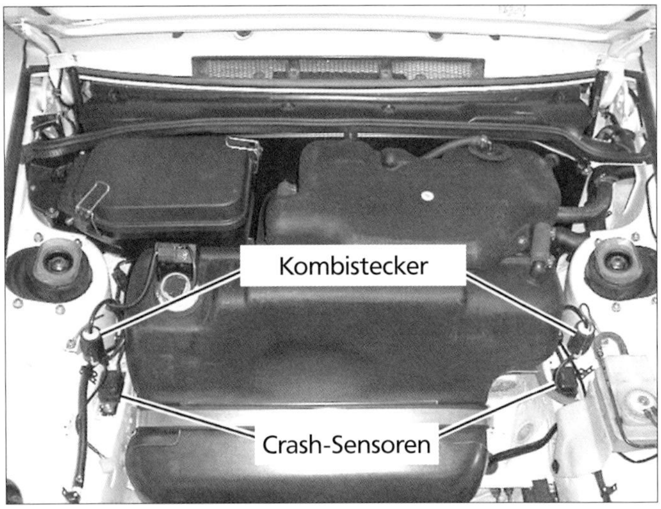

◄Nachdem die Uhr überprüft ist, sollte man die Crash-Sensoren (Aufprallsensoren) im Kofferraum inspizieren, die man links und rechts an den Federdomen findet. Jeder ist in ein mit einem Pfeil versehenen schwarzen Kästchen eingebaut. Dieser Pfeil muss nach vorn zeigen. Die Aufprallsensoren befinden sich direkt unter den Kombisteckern der Entstörkondensatoren, die sich ebenfalls an den Federdomen befinden. Die von diesen Kästen ausgehenden Kabel enden zunächst am Haupt-Sicherungskasten, von wo sie in den Kabelbaum münden.

Klemmen Sie die Sensoren ab und reinigen Sie die Kontaktstellen.

Vorsicht:

- *Die Kontakte sind vergoldet, gehen Sie vorsichtig vor.*
- *Reinigen Sie jeweils nur einen Anschluss und stellen Sie sicher, dass Sie das richtige Kabel wieder daran anschließen.*

Schließen Sie die Batterie erst wieder an, wenn die Arbeit vollständig erledigt ist.

Egal welche Arbeiten Sie ausgeführt haben, die Airbag-Warnlampe wird immer noch leuchten. Setzen Sie sie mit dem Bosch-Testgerät 9288 zurück. Erst dann stellt sich heraus, ob der Fehler behoben wurde.

Wenn die Airbag-Warnlampe aktiviert wird, erfolgt auch eine Warnung an den Fahrer, sich anzuschnallen. Auch diese Lampe leuchtet, bis die Airbag-Warnlampe zurückgesetzt ist, egal ob der Fahrer sich angeschnallt hat oder nicht.

Aus- und Einbau des Fahrer-Airbags

Angaben: Porsche AG

Klemmen Sie das Massekabel vom Minuspol der Batterie ab und decken Sie beides mit einem Lappen ab.

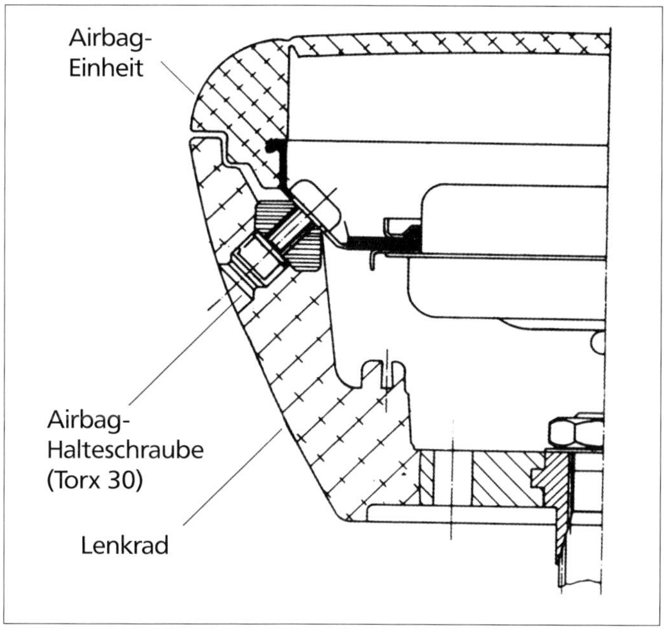

Vorsicht:

- *Bevor Sie mit der Arbeit am Airbag-System beginnen, muss die Batterie mindestens 20 Minuten lang abgeklemmt sein.*
- *Beachten Sie, dass Arbeiten am Airbag-System nur von einem ausgewiesenen, erfahrenen Fachmann ausgeführt werden sollten.*
- *Durch das Abklemmen der Batterie können Fehlermeldungen in der Motronic und die Voreinstellungen des Radios gelöscht werden.*

◀ Entfernen Sie die Halteschrauben für den Airbag, die schräg an den Seiten des Pralltopfs montiert sind.

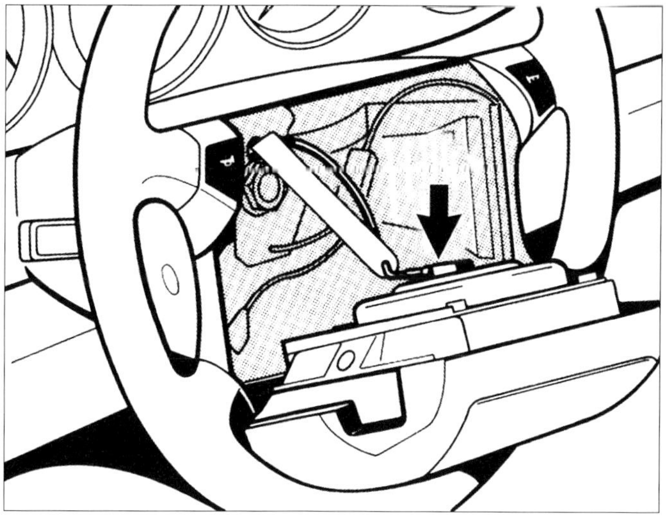

◀ Neigen Sie den Airbag nach hinten und ziehen Sie den Stecker für den Kabelbaum (Pfeil) ab.

Heben Sie den Airbag heraus und lagern Sie ihn an einer sicheren Stelle.

Vorsicht:

Aus Sicherheitsgründen lagern Sie ihn mit der gepolsterten Fläche nach oben.

Der Einbau erfolgt in umgekehrter Reihenfolge des Ausbaus. Erneuern Sie die beiden Halteschrauben (Ab Baujahr 1990 müssen die Schraubenköpfe einen Kragen haben).

Anzugsdrehmoment

Airbag an Lenkrad .... 10 Nm

Aus- und Einbau des Lenkrads mit Airbag

Angaben: Porsche AG

Klemmen Sie das Massekabel vom Minuspol der Batterie ab und decken Sie beides mit einem Lappen ab.

Vorsicht:

- *Bevor Sie mit der Arbeit am Airbag-System beginnen, muss die Batterie mindestens 20 Minuten lang abgeklemmt sein.*
- *Beachten Sie, dass Arbeiten am Airbag-System nur von einem ausgewiesenen, erfahrenen Fachmann ausgeführt werden sollten.*
- *Durch das Abklemmen der Batterie können Fehlermeldungen in der Motronic und die Voreinstellungen des Radios gelöscht werden.*

Entfernen Sie den Airbag gemäß vorstehender Anweisung.

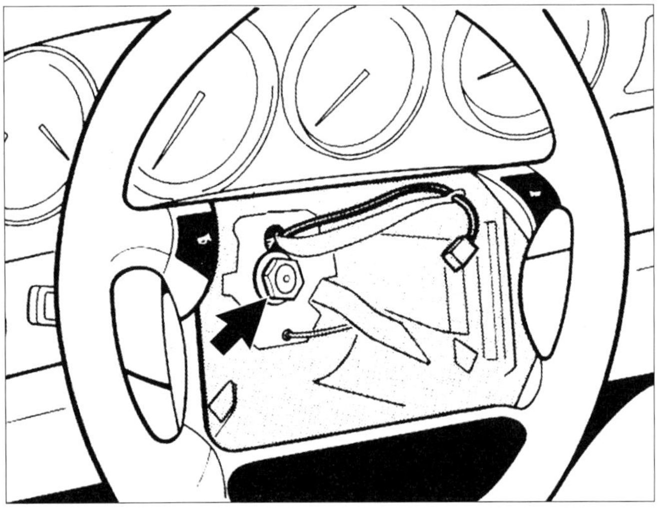

◀ Lösen Sie die Lenkradschraube (Pfeil) und entfernen diese mitsamt Unterlegscheibe.

Markieren Sie die Position des Lenkrads auf der Lenksäule.

Der Einbau erfolgt in umgekehrter Reihenfolge des Ausbaus.

- Beim Einbau des Airbags dürfen keine Stromkabel eingequetscht werden.
- Erneuern Sie die beiden Halteschrauben (Ab Baujahr 1990 müssen die Schraubenköpfe einen Kragen haben).
- Prüfen Sie, ob die Hupe noch funktioniert.

Anzugsdrehmoment

Airbag an Lenkrad	10 Nm
Lenkrad an Lenksäule	45 Nm

911 Carrera 4
START IN EINE NEUE
PORSCHE-GENERATION.
PORSCHE
FAHREN IN SEINER SCHÖNSTEN FORM

D
ES WH 964
www.hmt-zahnmedizin.de

Anhang A:
Fahrzeugidentifizierung

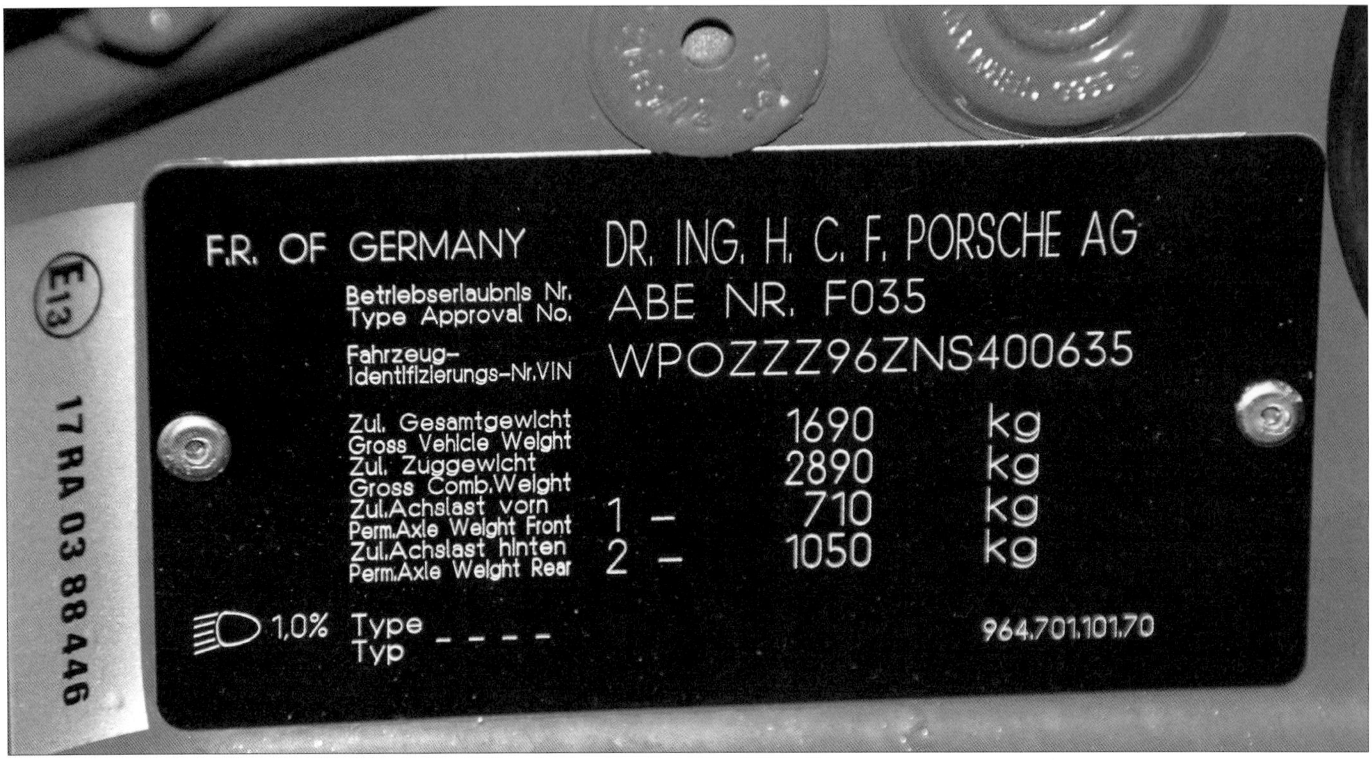

Im Kofferraum vorne rechts – unter der Teppich-Auskleidung – ist bei allen 964 das Fahrzeugidentifizierungsschild montiert.

(Foto: Holger Scheller, „Der Porsche-Code")

Einführung

Der erste Teil dieses Anhangs beschäftigt sich mit den Fahrzeugident-, Motor- und Getriebenummern. Anhand dieser Angaben kann der potenzielle 964-Käufer im Rahmen der Kaufinspektion die Echtheit des Fahrzeugs erkennen. Weitere Informationen zu den Identnummern und Codes, die das Werk vergeben hat, enthält **Kapitel 2**.

Der Rest dieses Abschnittes ist den Produktionszahlen gewidmet.

Kenn-Nummern

Identnummern

Porsche bediente sich des 17-stelligen Systems der Fahrzeug-Identnummern, um Typ und Version des 964 zu bezeichnen.

Dabei verwendete Porsche für die USA ein anderes System als für die anderen Märkte. Für diese Märkte wird auch die Bezeichnung „RoW" (Rest of World = Alle Exportländer ohne USA) verwendet.
So kann man an der Fahrzeug-Identnummer bereits erkennen, ob es sich um ein US-Modell handelt. Bei WP0ZZZ96ZKS401786 ist das beispielsweise nicht der Fall (es handelt sich um ein Carrera 4 Coupé aus dem Modelljahr 1989).

Hinweis:
Die Identnummer findet sich auf dem Typschild im Kofferraum rechts vorn am Innenkotflügel, ganz in der Nähe des Scheinwerfers.

Ein Beispiel für eine US-Nummer wäre WP0CB2969RS465274, ein Speedster aus dem Modelljahr 1994. Die Nummer findet sich hier unten an der linken A-Säule, so dass sie durch die Windschutzscheibe sichtbar ist.

Hinweis:
Bei den Carrera 2 Cabrios der Modelljahre 1990 und 1991 besteht hinsichtlich der Zuordnung Unklarheit. Auf der einen Seite ist angegeben, dass im Modelljahr 1990 exakt 673 solche Fahrzeuge in die USA exportiert wurden. Auf der anderen Seite ist die höchste in den USA bekannte Seriennummer für Mj. 1990 aber die 2067 – dieses Fahrzeug wurde im Juni 1990 gebaut.

Wie man Identnummern liest

Stelle	Zeichen	Bedeutung
1	W	Herkunftsland Deutschland
2	P	Dr. Ing. h.c. F. Porsche AG
3	0	PKW
4	Z	RoW
	A	Coupé für USA
	B	Targa für USA
	C	Cabrio für USA
5	Z	Nicht für USA (RoW)
	A	3,3 Liter Turbo für USA
	B	3,6 Liter Sauger für USA
	C	3,6 Liter Turbo für USA
6	Z	Nicht für USA (RoW)
	0	Nur Sicherheitsgurte (USA)
	2	Sicherheitsgurte und Airbags (USA)
7 und 8	96	Typ 964, vgl. auch die 12. Stelle
9	Z	Nicht für USA (RoW)
	0-9 oder X	Checknummer für USA
10	K	Modelljahr 1989
	L	Modelljahr 1990
	M	Modelljahr 1991
	N	Modelljahr 1992
	P	Modelljahr 1993
	R	Modelljahr 1994
11	S	Herstellungsort Stuttgart
12	4	Typ 964 (Fortsetzung von Ziffern 7 und 8)
13-17		Seriennummer

Identnummern der Serienmodelle nach Modelljahren

Modelljahr	Markt	Modell	Coupé	Targa	Cabrio	Tiptronic	Identnummer	Motornummer
1989	RoW	Carrera 4	x				WP0ZZZ96ZKS400001-2068	62K00001
1989	USA	Carrera 4	x				WP0AB096*KS450001-1117	62K00001
1990	RoW	Carrera 4	x				WP0ZZZ96ZLS400001-9171	62L00001
1990	RoW	Carrera 4		x			WP0ZZZ96ZLS410001-0322	62L00001
1990	RoW	Carrera 4			x		WP0ZZZ96ZLS420001-0895	62L00001
1990	RoW	Carrera 2	x			x	WP0ZZZ96ZLS400001-9171	62L00001
1990	RoW	Carrera 2		x		x	WP0ZZZ96ZLS410001-0322	62L00001
1990	RoW	Carrera 2			x	x	WP0ZZZ96ZLS420001-0895	62L00001
1990	USA	Carrera 4	x				WP0AB296*LS450001-2111	62L00001
1990	USA	Carrera 4		x			WP0BB296*LS460001-0158	62L00001
1990	USA	Carrera 4			x		WP0CB296*LS470001-2067	62L00001
1990	USA	Carrera 2	x			x	WP0AB296*LS450001-2111	62L00001
1990	USA	Carrera 2		x		x	WP0BB296*LS460001-0158	62L00001
1990	USA	Carrera 2			x	x	WP0CB296*LS470001-2067	62L00001
1991	RoW	Carrera 4	x				WP0ZZZ96ZMS400001-7840	62M00001
1991	RoW	Carrera 4		x			WP0ZZZ96ZMS430001-1196	62M00001
1991	RoW	Carrera 4			x		WP0ZZZ96ZMS450001-3886	62M00001
1991	RoW	Carrera 2	x			x	WP0ZZZ96ZMS400001-7840	62M00001
1991	RoW	Carrera 2		x		x	WP0ZZZ96ZMS430001-1196	62M00001
1991	RoW	Carrera 2			x	x	WP0ZZZ96ZMS450001-3886	62M00001
1991	RoW	Turbo 3.3	x				WP0ZZZ96ZMS470001-2298	61M00001
1991	USA	Carrera 4	x				WP0AB296*MS410001-1608	62M00001
1991	USA	Carrera 4		x			WP0BB296*MS440001-0746	62M00001
1991	USA	Carrera 4			x		WP0CB296*MS460001-2207	62M00001
1991	USA	Carrera 2	x			x	WP0AB296*MS410001-1608	62M00001
1991	USA	Carrera 2		x		x	WP0BB296*MS440001-0746	62M00001
1991	USA	Carrera 2			x	x	WP0CB296*MS460001-2207	62M00001
1991	USA	Turbo 3.3	x				WP0AA296*MS480001-0674	61M00001
1992	RoW	Carrera 4	x				WP0ZZZ96ZNS400001-4844	62N00001
1992	RoW	Carrera 4		x			WP0ZZZ96ZNS430001-0597	62N00001
1992	RoW	Carrera 4			x		WP0ZZZ96ZNS450001-2885	62N00001

Identnummern der Serienmodelle nach Modelljahren

Modelljahr	Markt	Modell	Coupé	Targa	Cabrio	Tiptronic	Identnummer	Motornummer
1992	RoW	Carrera 2	x			x	WP0ZZZ96ZNS400001-4844	62N00001
1992	RoW	Carrera 2		x		x	WP0ZZZ96ZNS430001-0597	62N00001
1992	RoW	Carrera 2			x	x	WP0ZZZ96ZNS450001-2885	62N00001
1992	RoW	Turbo 3.3	x				WP0ZZZ96ZNS470001-0836	61N00001
1992	USA	Carrera 4	x				WP0AB296*NS420001-0715	62N00001
1992	USA	Carrera 4		x			WP0BB296*NS440001-0211	62N00001
1992	USA	Carrera 4			x		WP0CB296*NS460001-0992	62N00001
1992	USA	Carrera 2	x			x	WP0AB296*NS420001-0715	62N00001
1992	USA	Carrera 2		x		x	WP0BB296*NS440001-0211	62N00001
1992	USA	Carrera 2			x	x	WP0CB296*NS460001-0992	62N00001
1992	USA	Turbo 3.3	x				WP0AA296*NS480001-0309	61N00001
1993	RoW	Carrera 4	x				WP0ZZZ96ZPS400001-3249	62P00001
1993	RoW	Carrera 4		x			WP0ZZZ96ZPS430001-0419	62P00001
1993	RoW	Carrera 4			x		WP0ZZZ96ZPS450001-1414	62P00001
1993	RoW	Carrera 2	x			x	WP0ZZZ96ZPS400001-3249	62P00001
1993	RoW	Carrera 2		x		x	WP0ZZZ96ZPS430001-0419	62P00001
1993	RoW	Carrera 2			x	x	WP0ZZZ96ZPS450001-1414	62P00001
1993	RoW	Turbo 3.6	x				WP0ZZZ96ZPS470001-0650	61P00001
1993	USA	Carrera 4	x				WP0AB296*PS420001-0520	62P00001
1993	USA	Carrera 4		x			WP0BB296*PS440001-0137	62P00001
1993	USA	Carrera 4			x		WP0CB296*PS460001-0600	62P00001
1993	USA	Carrera 2	x			x	WP0AB296*PS420001-0520	62P00001
1993	USA	Carrera 2		x		x	WP0BB296*PS440001-0137	62P00001
1993	USA	Carrera 2			x	x	WP0CB296*PS460001-0600	62P00001
1994	RoW	Carrera 4	x				WP0ZZZ96ZRS400001-0505	62R00001
1994	RoW	Carrera 4			x		WP0ZZZ96ZRS450001-0315	62R00001
1994	RoW	Carrera 2	x			x	WP0ZZZ96ZRS400001-0505	62R00001
1994	RoW	Carrera 2			x	x	WP0ZZZ96ZRS450001-0315	62R00001
1994	RoW	Turbo 3.6	x				WP0ZZZ96ZRS470001-0471	61R00001
1994	RoW	Speedster				x	WP0ZZZ96ZRS455001-0581	62R00001
1994	USA	Carrera 2	x			x	WP0AB296*RS420001-0456	62R00001

Identnummern der Serienmodelle nach Modelljahren

Modelljahr	Markt	Modell	Coupé	Targa	Cabrio	Tiptronic	Identnummer	Motornummer
1994	USA	Carrera 2		x		x	WP0BB296*RS440001-0081**	62R00001
1994	USA	Carrera 2			x	x	WP0CB296*RS460001-0283	62R00001
1994	USA	Turbo 3.6	x				WP0AC296*RS480001-0466***	61R00001
1994	USA	Speedster				x	WP0CB296*RS465001-0925	62R00001

* An dieser Stelle steht eine Prüfziffer 0 bis 9 oder X

** Sonderausstattung M718 = 1993er mit 1994er Fahrgestellnummer

*** davon 288 im Modelljahr 1993 gebaut und als „M718“ auf Modelljahr 1994 umgeschlüsselt

Identnummern der Sondermodelle nach Modelljahren

Modelljahr	Markt	Modell	Schaltgetriebe	Tiptronic	Identnummer	Motornummer
1990	Kanada	Carrera 4 Coupé	x		WP0AB096*LS459001-0080	62L00001
1990	Kanada	Carrera 4 Targa	x		WP0BB096*LS460001-0158	62L00001
1990	Kanada	Carrera 4 Cabrio	x		WP0CB096*LS479001-0061	62L00001
1990	Kanada	Carrera 2 Coupé	x	x	WP0AB096*LS459001-0080	62L00001
1990	Kanada	Carrera 2 Targa	x	x	WP0BB096*LS460001-0158	62L00001
1990	Kanada	Carrera 2 Cabrio	x	x	WP0CB096*LS479001-0061	62L00001
1991	RoW	Carrera Cup Coupé	x		WP0ZZZ96ZMS409001-0120	62M00001
1992	RoW	Carrera 2 Cabrio Turbo-Look	x	x	Wie Serienmodelle	
1992	RoW	Carrera RS Coupé	x		WP0ZZZ96ZNS490001-2050	62N80001
1992	RoW	Carrera RS Coupé Touring	x		WP0ZZZ96ZNS490001-2050	62N80001
1992	RoW	Carrera RS Coupé Gruppe N GT	x		WP0ZZZ96ZNS499001-0290	62N80001
1992	RoW	Carrera Cup Coupé	x		WP0ZZZ96ZNS498001-0112	62N80001
1992	RoW	Turbo S Coupé	x		Wie Serienmodelle	
1992	USA	American Roadster	x	x	Wie Serienmodelle Carrera 2 und 4 Cabrio	
1992	USA	America GS Cabrio		x	Wie Serienmodelle Carrera 2 und 4 Cabrio	
1992	USA	Carrera Cup Coupé	x		Wie Serienmodelle Carrera 2 und 4 Coupé	
1992	USA	Turbo S2 Coupé	x		Wie Serienmodell Turbo Coupé	

Identnummern der Sondermodelle nach Modelljahren

Modelljahr	Markt	Modell	Schaltgetriebe	Tiptronic	Identnummer	Motornummer
1993	RoW	911 Anniversary Coupé	x		Wie Serienmodell Carrera 4 Coupé	
1993	RoW	Carrera RS 3.8 Coupé	x		WP0ZZZ96ZPS497001-0129	62P85664
1993	RoW	Carrera RSR 3.8 Coupé	x		WP0ZZZ96ZPS496001-0104	62P85664
1993	USA	RS America Coupé	x		WP0AB296*PS418001-0294	62N00001
1993	USA	RS America Coupé	x		WP0AB296*PS419033-0368	62P00001
1993	USA	IMSA Turbo Coupé	x		Wie Serienmodell Turbo Coupé	61P00001
1994	RoW	Turbo 3.6 S Coupé	x		Wie Serienmodell	
1994	RoW	Speedster Turbo-Look	x	x	Wie Serienmodell	
1994	USA	Carrera 4 Turbo-Look	x		Wie Serienmodell	62R00001l
1994	USA	Speedster Turbo-Look	x	x	Wie Serienmodell	
1994	USA	RS America Coupé	x		WPOAB296*RS419001-0139	62R00001
1994	USA	Turbo 3.6 S Coupé	x		Wie Serienmodell	

Der Code „964 830" verrät, dass es sich bei diesem Fahrzeug um einen der seltenen 964 Speedster handelt.

(Foto: Tobias Kindermann, „Der Porsche-Code")

Hinweis:

- *Soweit die Identnummern der Sondermodelle aus der Reihe der Serienmodelle entnommen wurden, sind sie in dieser Tabelle durch den Hinweis auf die Serienmodelle ersetzt.*
- *Vom Motor M64/04 wurden 664 Stück in der Serie gefertigt; sie kamen in die Modelle RS 3.8 und RSR 3.8 und dienten Kunden aus dem Rennsport zum Einbau in ihre Fahrzeuge.*

Dieses exemplarische Typenschild eines Carrera C2 Coupé aus dem Modelljahr 1992 weist neben den M-Optionen und Exclusive-Ausstattungsteilen auch die Motorisierung und Getriebeausstattung aus.

(Foto: Holger Scheller, „Der Porsche-Code")

Motornummern

Die Motornummer befindet sich am Block, und zwar rechts am Kurbelgehäuse neben dem Gebläsegehäuse.

Die Motornummer ist stets achtstellig.

Beispielsweise steht 62K86401 für einen Saugmotor im Carrera 4 von 1989.

Die Tabelle erläutert die Daten für die serienmäßigen Motoren.

Hinweis:
Wenn Ziffer 4 etwas anderes ist als eine Null, so handelt es sich um einen Motor für die Tiptronic (ab Modelljahr 1991 stets Ziffer 5, so dass dieser Motor M64/02 klar identifiziert werden konnte).

Wie man Motornummern liest

Stelle	Zeichen	Bedeutung
1	6	Zylinderzahl
2	1	Turbo-Modelle
	2	Sauger
3	K	Modelljahr 1989
	L	Modelljahr 1990
	M	Modelljahr 1991
	N	Modelljahr 1992
	P	Modelljahr 1993
	R	Modelljahr 1994
4 bis 8		Seriennummer des einzelnen Motors

Getriebenummern

Die Getriebenummer findet sich auf dem Getriebe-Typschild. Sie besteht aus zwölf, ab Modelljahr 1992 elf Zeichen.

Wie man Getriebenummern liest

Stelle	Zeichen	Bedeutung
1 bis 5	G6400	Allradler, außer für Schweiz und Taiwan
	G6401	Allradler für die Schweiz
	G6402	Allradler für Taiwan
	G5003	Schaltgetriebe für Hecktriebler, nicht Schweiz
	G5004	Schaltgetriebe für Hecktriebler, Schweiz
	G5005	Schaltgetriebe für Hecktriebler, USA ab 1992
	G5010	Schaltgetriebe für RS-Reihe
	G5052	Schaltgetriebe für Hecktriebler (alle Modelle)
	A5001	Tiptronic, Modelljahre 1990 und 1991
	A5002	Tiptronic ab 1992, RoW
	A5003	Tiptronic ab 1992, für USA und Taiwan

Wie man Getriebenummern liest

Stelle	Zeichen	Bedeutung
6	0	kein Sperrdifferenzial (1990 G50 und A50, 1991 G50/03 und /04 sowie A50)
	1	1990: Sperrdifferenzial in Getrieben G50 und A50
		1991: kein Sperrdifferenzial, Getriebe G50/02
		Ab 1992: kein Sperrdifferenzial in Getrieben G50 und A50
	2	Sperrdifferenzial (1991: Getriebe G50/52, ab 1992 G50 und A50)
	3	G64-Getreibe mit variabler Differenzialsperre
7	K	Modelljahr 1989
	L	Modelljahr 1990
	M	Modelljahr 1991, danach entfallend
7-11		Seriennummer 1992, 1993, 1994
8-12		Seriennummer 1989, 1990, 1991

Produktionszahlen nach Modelljahren

Die Modelljahre liefen (nach Produktionsdatum) etwa folgendermaßen:

RoW (Nicht für USA)

K-Programm: Oktober 1988 bis Juli 1989
L-Programm: August 1989 bis Juli 1990
M-Programm: August 1990 bis März 1991
N-Programm: April 1991 bis Juli 1992
P-Programm: August 1992 bis Juli 1993
R-Programm: August 1993 bis Dezember 1993; einige Speedster und Turbo wurden noch 1994 gefertigt.

USA

K-Programm: Oktober 1988 bis Juli 1989
L-Programm: August 1989 bis April 1990
M-Programm (erste Serie): Mai 1990 bis Oktober 1990
M-Programm (zweite Serie): November 1990 bis Juli 1991
N-Programm: August 1991 bis Juli 1992
P-Programm: August 1992 (RS America schon ab Januar 1992) bis April 1993
R-Programm: Mai 1993 bis 1994

Produktionszahlen der Baureihe 964

Modelljahr	Markt	Modell	Stückzahl
1989	RoW	Carrera 4 Coupé	2068
1989	USA	Carrera 4 Coupé	1117
1990	RoW	Carrera 2 und 4 Coupé, inkl. Tiptronic	9171
1990	RoW	Carrera 2 und 4 Targa, inkl. Tiptronic	322
1990	RoW	Carrera 2 und 4 Cabrio, inkl. Tiptronic	895
1990	USA	Carrera 2 und 4 Coupé, inkl. Tiptronic	2111
1990	USA	Carrera 2 und 4 Targa, inkl. Tiptronic	158
1990	USA	Carrera 2 und 4 Cabrio, inkl. Tiptronic	2067
1990	Kanada	Carrera 2 und 4 Coupé, inkl. Tiptronic	80
1990	Kanada	Carrera 2 und 4 Targa, inkl. Tiptronic	158
1990	Kanada	Carrera 2 und 4 Cabrio, inkl. Tiptronic	61
1991	RoW	Carrera 2 und 4 Coupé, inkl. Tiptronic	7840
1991	RoW	Carrera 2 und 4 Targa, inkl. Tiptronic	1196
1991	RoW	Carrera 2 und 4 Cabrio, inkl. Tiptronic	3886
1991	RoW	Carrera Cup	120
1991	RoW	Turbo 3.3	2298
1991	USA	Carrera 2 und 4 Coupé, inkl. Tiptronic	1608
1991	USA	Carrera 2 und 4 Targa, inkl. Tiptronic	746
1991	USA	Carrera 2 und 4 Cabrio, inkl. Tiptronic	2207
1991	USA	Turbo 3.3	1992
1992	RoW	Carrera 2 und 4 Coupé, inkl. Tiptronic	4844
1992	RoW	Carrera 2 und 4 Targa, inkl. Tiptronic	597
1992	RoW	Carrera 2 und 4 Cabrio, inkl. Tiptronic	2885
1992	RoW	Carrera RS ohne Gruppe N GT	1992
1992	RoW	Carrera RS Gruppe N GT	290
1992	RoW	Carrera Cup	150
1992	RoW	Turbo 3.3 und Turbo S	756
1992	RoW	Turbo S	80
1992	USA	Carrera 2 und 4 Coupé, inkl. Tiptronic	670
1992	USA	Carrera 2 und 4 Targa, inkl. Tiptronic	211
1992	USA	Carrera 2 und 4 Cabrio, inkl. Tiptronic	642
1992	USA	American Roadster	250

Produktionszahlen der Baureihe 964

Modelljahr	Markt	Modell	Stückzahl
1992	USA	Turbo 3.3	289
1992	USA	Turbo S2	20
1993	RoW	Carrera 2 und 4 Coupé, inkl. Tiptronic	3249
1993	RoW	911 Carrera 4 Anniversary	911
1993	RoW	Carrera 2 und 4 Targa, inkl. Tiptronic	419
1993	RoW	Carrera 2 und 4 Cabrio, inkl. Tiptronic	1414
1993	RoW	RS 3.8	129
1993	RoW	RSR 3.8	130
1993	RoW	Turbo 3.6	650
1993	USA	Carrera 2 und 4 Coupé, inkl. Tiptronic	520
1993	USA	Carrera 2 und 4 Targa, inkl. Tiptronic	137
1993	USA	Carrera 2 und 4 Cabrio, inkl. Tiptronic	600
1993	USA	RS America 1. Serie	294
1993	USA	RS America 2. Serie	335
1994	RoW	Carrera 2 und 4 Coupé, inkl. Tiptronic	505
1994	RoW	Carrera 2 und 4 Targa, inkl. Tiptronic	315
1994	RoW	Carrera 2 und 4 Cabrio, inkl. Tiptronic	581
1994	RoW	Turbo 3.6 und Turbo 3.6 S	471
1994	USA	Carrera 4 Turbo-Look	256
1994	USA	Carrera 2 Coupé	200
1994	USA	Carrera 2 und 4 Cabrio, inkl. Tiptronic	283
1994	USA	RS America	139
1994	USA	Speedster und Speedster Turbo-Look	925
1994	USA	Turbo 3.6 und Turbo 3.6S*	466
1995	USA	America GS	1

* Davon 288 Turbo 3.6 von Modelljahr 1993 auf 1994 umgeschlüsselt (M718)

Hinweis:

Nach insbesondere vom Werk unbestätigten Forschungsergebnissen ist davon auszugehen, dass unter den 466 Turbo 3.6 für die USA und den 471 Exemplaren für andere Länder 75 Stück im Werk 1 die Flachschnauze erhalten hatten, von denen 39 in die USA und 10 nach Japan gingen. Weitere 19 Exemplare waren Leichtbau-Turbo 3.6 S ohne Flachschnauze, alle für die USA.

S KC 964
www.porsche-flughafen-stuttgart.de

Anhang B:
Sonderausstattungs-Codes

Carrera 4 von 1990 an der Shonan-Bucht in Japan

(Foto: Yasutoshi Kikuchi)

Einführung

Die Codierung für Sonderausstattungen, Lackierung und Innenraumfarben sind aus mehreren werksseitigen Publikationen zusammengetragen.

Die Liste der mit M beginnenden Codes gilt für jede Porsche-Modellserie von 1978 bis 2001. Die Codes für Außen- und Innenfarben sind nur für den 964 anwendbar.

Es gab mehrere Abteilungen, um spezielle Sonderwünsche der Kundschaft zu verwirklichen, so sind einige beim 964 mögliche Farbcodes noch unentdeckt geblieben. Beispielsweise konnte man den 964 mit der Lackierung eines älteren Modells bestellen. Wenigstens drei 964 RS erhielten den weißen Farbton L117 der RS-Serie von 1973, einer davon ist in diesem Buch abgebildet. Er konnte vom Autor 2001 bei einem Tag der offenen Tür fotografiert werden.

M-Optionen (1978 bis 2001)

Die mit „M" beginnenden Sonderausstattungs-Codes wurden 1978 mit dem 911 SC eingeführt. Diese Liste enthält alle für den Typ 964 relevante Zusatzausstattungen.

Zusatzausstattung (M-Optionen)

Code	Beschreibung
M002	Touring-Ausstattung für Carrera RS z. B. elektrische Fensterheber, Zentralverriegelung, Unterfahrschutz
M018	Leder-Sportlenkrad mit 30 mm erhöhter Nabe
M020	Geschwindigkeitsmesser mit Doppelskala mph, km/h
M024	Griechenland-Ausführung
M027	Kalifornien-Ausführung
M030	Sportfahrwerk
M034	Italien-Ausführung
M058	Stoßfänger mit Pralldämpfer vorn und hinten
M061	Großbritannien-Ausführung
M062	Schweden-Ausführung (u. a. hintere Schmutzfänger)
M063	Luxemburg-Ausführung
M070	Persenning zur Abdeckung des gesamten Innenraums bei geöffnetem Verdeck
M096	Jubiläumsmodell „30 Jahre 911"
M111	Österreich-Ausführung
M113	Kanada-Ausführung
M114	Taiwan-Ausführung
M119	Spanien-Ausführung
M124	Frankreich-Ausführung
M126	Beschriftung französisch
M127	Beschriftung schwedisch
M130	Beschriftung englisch
M139	Sitzheizung, linker Sitz, regelbar

Zusatzausstattung (M-Optionen)

Code	Beschreibung
M150	Betrieb mit verbleitem Kraftstoff
M151	Abweichende Teile für Motor
M156	Geräuschreduzierter Schalldämpfer
M157	3-Wege-Katalysator, mit Lambdasonde und Digitaler Motor-Elektrik
M158	Radio Blaupunkt Reno SQR 46
M160	Radio Blaupunkt Charleston SQR 26
M176	Gebläse für Ölkühler
M185	2-Punkt-Gurte hinten, mit Aufrollautomatik
M186	2-Punkt-Gurte hinten, manuell
M193	Japan-Ausführung
M195	Vorbereitung Cellular-Telefonsystem
M208	Anhängerkupplung
M215	Saudi-Arabien-Ausführung
M219	Ausgleichsgetriebe
M220	Sperrdifferenzial 40 %
M221	Sperrdifferenzial „Porsche“
M225	Belgien-Ausführung, Motorbezeichnung -B-
M249	Tiptronic-Getriebe
M261	Außenspiegel für Beifahrerseite -plan-, elektrisch verstell- und beheizbar
M277	Schweiz-Ausführung
M286	Intensiv-Waschanlage
M288	Scheinwerferreinigungsanlage
M325	Südafrika-/Neuseeland-Ausführung

Zusatzausstattung (M-Optionen)

Code	Beschreibung
M326	Radio Blaupunkt Berlin IQR 88 mit ARI
M326	Radio „Porsche CR-21“, RDW
M327	Radio „Symphony RDS“
M328	bis Mj. 1990: Radio Blaupunkt Bremen SQR 46 mit ARI, ab Mj. 1991: Radio Blaupunkt Symphony SQR 49
M329	Radio Blaupunkt Toronto SQR 48
M330	Radio Blaupunkt Toronto SQR 46
M331	Radio „Porsche CR-1“
M332	Radio „Porsche CR-2“
M333	Radio Paris RCR 41
M334	Cassettenradio Bremen RCM 42
M335	3-Punkt-Automatik-Gurte, hinten
M339	Allradantrieb
M340	Sitzheizung, rechter Sitz, regelbar
M341	Zentralverriegelung
M347	16-Zoll-Schmiedefelgen platin-eloxiert, Felge 7x16“ mit Reifen 225/50 VR 16
M379	Basissitz links, elektrisch höhenverstellbar
M380	Basissitz rechts, elektrisch höhenverstellbar
M381	Basissitz links, manuell verstellbar
M382	Basissitz rechts, manuell verstellbar
M383	Sportsitz links, elektrisch höhenverstellbar
M384	Schalensitz, links
M385	Schalensitz, rechts
M387	Sportsitz rechts, elektrisch höhenverstellbar

Zusatzausstattung (M-Optionen)

Code	Beschreibung
M395	16-Zoll-Leichtmetallräder, geschmiedet
M396	17-Zoll-Cup-Felgen (AL)
M402	16-Zoll-Cup-Gussrad
M403	17-Zoll-Leichtmetallräder, Cup-Design; 7 J x 17 mit 205/50 ZR 17 Reifen vorn, 8 J x 17 MIT 255/40 ZR 17 Reifen hinten
M419	Fondgepäckauflage
M423	Kassetten- und Münzbehälter
M424	Automatische Heizungsregulierung
M425	Heckscheibenwischer
M430	Nebelscheinwerfer gelb
M433	Lederlenkrad Atiwe
M437	Komfortsitz links, elektrisch verstellbar
M438	Komfortsitz rechts, elektrisch verstellbar
M439	Elektrische Verdeckbetätigung
M441	Radiovorbereitung
M449	Guss-Notrad
M451	Reduzierte Radiovorbereitung
M454	Automatische Geschwindigkeitsregulierung
M462	Sekuriflex-Frontscheibe
M463	Frontscheibe klar
M467	Außenspiegel Fahrerseite konvex, elektrisch verstell- und beheizbar
M479	Australien-Ausführung
M481	5-Gang-Schaltgetriebe
M484	USA-Ausführung

Zusatzausstattung (M-Optionen)

Code	Beschreibung
M487	Schaltung Nebelscheinwerfer mit Begrenzungslicht
M488	Beschriftung deutsch
M490	Klangpaket
M491	Turbo-Look
M492	Scheinwerfer für Linksverkehr
M494	Zusatzverstärker
M496	Telefonvorbereitung Philips C-Netz
M498	Entfall der Modellbezeichnung am Heck
M499	Ausführung für die Bundesrepublik Deutschland
M503	Cabrio-Variante (Speedster)
M513	Lordosenstütze rechter Sitz
M525	Alarmanlage mit Dauerton
M526	Türtafeln in Stoff
M528	Außenspiegel Beifahrerseite konvex, elektrisch verstell- und beheizbar
M533	Alarmanlage
M534	Diebstahlsicherungsanlage
M545	92-Liter-Tank
M553	USA-/Kanada-Ausführung
M559	Kälteanlage
M561	Airbag Fahrerseite
M562	Airbag Fahrer- und Beifahrerseite
M564	Ohne Airbag
M567	Frontscheibe im oberen Bereich stark eingefärbt

Zusatzausstattung (M-Optionen)

Code	Beschreibung
M573	Klimaanlage
M576	Ohne Nebelschlussleuchte
M579	Hongkong-Ausführung
M586	Lordosenstütze linker Sitz
M592	ABS (Antiblockiersystem) von Bosch/Teves
M593	ABS von Bosch
M602	Hochgesetzte Bremsleuchte
M605	Leuchtweitenregulierung
M612	Telefonvorbereitung Philips C2-Netz
M614	Telefonvorbereitung Motorola D-Netz
M615	Telefonanlage D-Netz
M650	Elektrisches Schiebedach
M656	Ohne Servolenkung
M657	Servolenkung
M659	Bordcomputer
M685	Geteilte Rücksitzanlage
M686	Radio Blaupunkt Ludwigsburg SQM 26 mit ARI
M690	CD-Player „CD-10" Radio + ARI
M691	CD-Player „CD-2" mit Radio
M692	CD-Wechsler „Porsche"

Zusatzausstattung (M-Optionen)

Code	Beschreibung
M693	CD-Radio London RDM 42
M718	R-Programm, Änderung der Identnummern für USA und Kanada, Mai 1993
M718	S-Programm, Änderung der Identnummern für USA und Kanada
M900	Touristen-Fahrzeuge
M930	Sitzbezüge hinten, Leder
M931	Sitzbezüge hinten, Kunstleder
M932	Sitzbezüge hinten, Stoff-Kunstleder/Kunstleder
M933	Sitzbezüge hinten, Stoff-Leder/Leder
M934	Sitzbezüge hinten, Stoff-Stoff/Kunstleder
M935	Sitzbezüge hinten, Raffleder
M946	Sitzbezüge vorne, Leder-Leder/Kunstleder
M947	Sitzbezüge, vorne: Stoff-Leder/Kunstleder; hinten: Stoff-Kunstleder/Kunstleder
M948	Sitzbezüge vorne: Stoff-Leder/Leder
M975	Kofferraumverkleidung mit Veloursteppich
M980	Raffleder-Sitzbezüge
M981	Lederausstattung, ohne Sitzbezüge
M983	Sitzbezüge vorne, Leder
M986	Teilleder-Ausstattung
M990	Sitzbezüge vorne, Stoff-Stoff/Kunstleder

Porsche Exclusive (I-Optionen)

Zu den M-Optionen kommen die in der Exclusive-Abteilung hinzugefügten Extras. Hier handelt es sich sowohl um technische Sonderausstattungen als auch um Veränderungen in der Innenausstattung. Diesen Optionen wurde ein „I" vorausgeschickt, das aber nicht auf dem Produktionsschild zu finden ist. In der nachfolgenden Übersicht entfällt das „I" deshalb ebenfalls.

Porsche Exclusive verlautbarte zu Zeiten des 964, mit dem unter diesem Label vermarkteten Zubehör könne der Porsche auf jeden individuellen Geschmack maßgeschneidert werden. Dieses Leitmotiv vertritt Porsche Exclusive bis heute. Soweit möglich und der Sicherheit nicht abträglich, verwirklicht diese Porsche-Abteilung jeden noch so ausgefallenen Kundenwunsch.

In der folgenden Liste sind alle für den 964 erhältlichen Zusatzausstattungen aufgeführt.

Sonderausstattungen von Porsche Exclusive

Code	Beschreibung
X17	Instrumententräger und Schalttafelblende mit Wurzelholz hell verkleidet (Airbag-Ausführung)
X18	Instrumententräger und Schalttafelblende mit Wurzelholz dunkel verkleidet (Airbag-Ausführung)
X19	Instrumententräger und Schalttafelblende (Airbag) mit Leder beziehen
X20	Ultraschall-Alarmanlage mit Abschlepp- und Räderschutz
X21	Einbau Telefonkonsole „C2T/C4T" (ohne Telefoneinbau, Airbag-Ausführung)
X24	Tiptronic Wählhebel in Wurzelholz dunkel
X25	Tiptronic Wählhebel in Wurzelholz hell
X26	Airbag-Lenkrad komplett mit Leder beziehen
X27	Sicherheitsbügel 911 Carrera 2/4/Cabrio (mit Leder bezogen)
X28	Airbag-Lenkrad kombiniert Wurzelholz hell/Leder nach Wahl
X30	Airbag-Lenkrad kombiniert Wurzelholz dunkel/ Leder nach Wahl
X31	Griff für Handbremshebel in Wurzelholz hell
X32	Griff für Handbremshebel in Wurzelholz dunkel
X33	Motor-Leistungssteigerung (911 Turbo)
X34	Instrumentenringe mit Leder beziehen, Instrumentenzifferblätter lackieren, wahlweise in den Farben Klassikgrau, Carraragrau, Sherwoodgrün, Magenta, Kobaltblau, Marineblau, Kaschmirbeige
X36	Fahrzeug tieferlegen (ohne Sportfahrwerk)
X37	Einsatz für Schalthebelknopf in Farbe Silber, Gravur nach Wahl

Sonderausstattungen von Porsche Exclusive

Code	Beschreibung
X40	Sonnenblenden links und rechts, in rechter Sonnenblende Leseleuchte
X45	Instrumenten-Zifferblätter lackiert in Interieurfarbe
X85	Flachschnauzer für Turbo 3.6 S
X88	Leistungssteigerung für Turbo 3.6 S
X89	Radnabenabdeckungen mit Porschewappen farbig in Exterieurfarbe lackiert
X92	Frontspoiler für Flachschnauzer Turbo 3.6 S (385 PS)
X93	Heckspoiler für Turbo 3.6 S mit normalem und Flachschnauzer-Bug
X99	Naturleder
XC3	Hardtop (ohne Erstmontage)
XC4	Einsatz für Schalthebelknopf, Porsche-Wappen Leder geprägt
XC5	Einsatz für Schalthebelknopf, Porsche-Wappen gold
XC6	Einsatz für Schalthebelknopf, Porsche-Wappen silber
XC7	Einsatz für Schalthebelknopf, Porsche-Wappen emailliert
XC8	Schalthebelknopf in Wurzelholz hell mit Schaltschema inkl. Schaltmanschette
XC9	Schalthebelknopf in Wurzelholz dunkel mit Schaltschema inkl. Schaltmanschette
XD4	Radnabenabdeckungen mit Porsche-Wappen farbig
XD6	Sportfahrwerk 911 Carrera 2/911 Carrera 4
XD7	Querstrebe für Stoßdämpferdome vorne
XD8	Anhängekupplung

Sonderausstattungen von Porsche Exclusive

Code	Beschreibung
XD9	Felgensterne in Wagenfarbe lackieren
XE2	4-Endrohr-Auspuff (911 Turbo)
XF1	Instrumententräger und Schalttafelblende mit Leder beziehen
XF5	Instrumentenringe mit Leder beziehen
XF6	Abdeckung Mitteltunnel (unter dem Handbremshebel) mit Leder beziehen
XF7	Ablage (hinter Handbremshebel) mit Leder beziehen
XF8	Mittelkonsole „C2/C4" mit Leder bezogen (diverse Einbauten möglich)
XF9	Einbau CD-Player Blaupunkt in Mittelkonsole „C2/C4"
XG1	Lenkrad Typ F/Ati I handgenäht, Porsche-Wappen geprägt, Lederfarbe nach Wahl
XG2	Lenkrad Typ F/Ati I handgenäht, Porsche-Wappen gold, Lederfarbe nach Wahl
XG3	Lenkrad Typ F/Ati I handgenäht, Porsche-Wappen silber, Lederfarbe nach Wahl
XG4	Lenkrad Typ F/Ati I handgenäht, Porsche-Wappen emailliert, Lederfarbe nach Wahl
XG6	Lenkradkranz 4-Speichen-Lenkrad mit Leder beziehen, Lederfarbe nach Wahl
XG7	Lenkrad Typ F/Ati I Lederfarbe schwarz, Porsche-Wappen nach Wahl od. Leder geprägt
XH6	4-Speichen-Signaltaster mit Leder beziehen, Porsche-Wappen Leder geprägt
XH7	4-Speichen-Signaltaster mit Leder beziehen, Porsche-Wappen gold
XH8	4-Speichen-Signaltaster mit Leder beziehen, Porsche-Wappen silber

Sonderausstattungen von Porsche Exclusive

Code	Beschreibung
XH9	4-Speichen-Signaltaster mit Leder beziehen, Porsche-Wappen emailliert
XJ1	4-Speichen-Signaltaster mit Leder beziehen, Porsche-Wappen emailliert matt (USA)
XJ2	Pralltopf mit Leder beziehen
XJ3	Rosetten inkl. Drehknöpfe für Innentür-verriegelung mit Leder beziehen
XJ4	Rosette für Zündschloss mit Leder beziehen
XJ5	Zünd-/Türschlüssel mit Leder beziehen
XJ6	Lenksäulenverkleidung mit Leder beziehen
XJ8	Tiptronic Wählhebel mit Leder beziehen, Lederfarbe nach Wahl
XK7	Schalthebelknopf und Schaltmanschette mit Leder beziehen, Farbe nach Wahl
XK8	Einsatz für Schalthebelknopf, in Farbe Gold, Gravur nach Wahl
XM3	Instrumententräger und Schalttafelblende mit Wurzelholz hell verkleidet
XM4	Instrumententräger und Schalttafelblende mit Wurzelholz dunkel verkleidet
XM5	Bedienungsknöpfe mit Leder beziehen (4 Stück inkl. Einbau)
XM7	Knopf für Handschuhkastenschloss mit Leder beziehen
XM8	Warnblinkschalter mit Leder beziehen
XN1	Fensterheberschalter mit Leder beziehen (3 Stück)
XN2	Innere Betätigungshebel für Türöffner mit Leder beziehen
XN3	Luftseitendüsen im Armaturenbrett mit Leder beziehen

Sonderausstattungen von Porsche Exclusive

Code	Beschreibung
XN4	Luftmitteldüse im Armaturenbrett mit Leder beziehen
XN7	Handbremshebel mit Leder beziehen
XN8	Sonnenblenden links und rechts mit Leder beziehen
XN9	Sonnenblenden links und rechts mit Leder beziehen, in rechter Sonnenblende Make-Up-Spiegel beleuchtet
XO1	Lenkrad Typ F/Ati II Lederfarbe schwarz, Porsche-Wappen Leder geprägt
XO2	Lenkrad Typ F/Ati II Lederfarbe schwarz, Porsche-Wappen gold
XO3	Lenkrad Typ F/Ati II Lederfarbe schwarz, Porsche-Wappen silber
XO4	Lenkrad Typ F/Ati II Lederfarbe schwarz, Porsche-Wappen emailliert
XO5	Lenkrad Typ F/Ati II handgenäht, Lederfarbe nach Wahl, Porsche-Wappen Leder geprägt
XO6	Lenkrad Typ F/Ati II handgenäht, Lederfarbe nach Wahl, Porsche-Wappen gold
XO7	Lenkrad Typ F/Ati II handgenäht, Lederfarbe nach Wahl, Porsche-Wappen silber
XO8	Lenkrad Typ F/Ati II handgenäht, Lederfarbe nach Wahl, Porsche-Wappen emailliert
XO9	Mittelkonsole „C2/C4" mit Leder bezogen (Airbag-Ausführung, diverse Einbauten möglich)
XP3	Cabrio-Verdeck-Abdeckung in Leder
XP4	Vordere und hintere Fußbodenteppiche mit Leder einfassen
XP6	Sicherheitsgurtschlösser und Gurtpeitschen vorne mit Leder beziehen
XP9	Lautsprecherabdeckungen mit Leder beziehen (6 Stück)

Sonderausstattungen von Porsche Exclusive

Code	Beschreibung
XR3	Abdeckungen für Sitzbeschläge vorne mit Leder beziehen
XR6	Lehnenentriegelung vorne mit Leder beziehen (4 Stück)
XR7	Heckscheibenwaschdüse
XS2	Einbau Innen-/Außenthermometer in Mittelkonsole „C2/C4"
XS3	Einbau Voltmeter in Mittelkonsole „C2/C4"
XS7	Drehzahlmesser mit integriertem Außenthermometer
XT2	Dachantenne für Telefonanlage, Telefonweiche montieren (weitere Telefoneinbauten werden nach Aufwand berechnet z. B. Telefontyp Siemens, Becker, Bosch etc.)
XT5	Telefonhörer und Halter mit Leder beziehen
XU1	Fernsteuerung für Zentralverriegelung
XU2	Ultraschall-Alarmanlage ohne Abschlepp- und Räderschutz
XU4	Klappfächer für Kassetten und CD Cartridge mit Leder bezogen (unter den Knieschutzleisten links und rechts)
XU5	Einbau angelieferte Telefonanlage Philips Porty mit Telefonkonsole „C2T/C4T" Sende-/Empfangsgerät im Bereich Reserverad montiert, Telefonvorbereitung über Z-Antrag
XU6	Einbau angelieferte Telefonanlage Philips Porty mit Telefonkonsole „C4T" Sende-/Empfangsgerät im linken Notsitzbereich montiert, Telefonvorbereitung über Z-Antrag
XU7	Einbau Telefonkonsole „C2T/C4T" (ohne Telefoneinbau)
XU8	Innenbeleuchtung mit Verzögerungs-Relais
XV1	Defrosterblende mit Leder beziehen

Sonderausstattungen von Porsche Exclusive

Code	Beschreibung
XV2	Abdeckkappen für Luftseitendüsen links und rechts mit Leder beziehen
XV3	Blende für Klima-/Heizungsregulierung mit Leder beziehen
XV4	Schalter für Sitzheizungsregulierung mit Leder beziehen
XV5	Schalter für Sitzverstellung mit Leder beziehen (6 Stück)
XV6	Blendenrahmen für Schalter/Sitzverstellung mit Leder beziehen
XV7	Knopf für Tankdeckelbetätigung mit Leder beziehen
XV8	Knopf für Spiegelverstellung mit Leder beziehen
XV9	Abdeckung für Sicherheitsgurtdurchführung mit Leder beziehen
XW1	Rosette für Gurtdurchführung vorne mit Leder beziehen
XW2	Sicherheitsgurtschlösser und Gurtpeitschen hinten mit Leder beziehen
XW3	Schalter für Heckscheibenwischer und Wischer Intensivreinigung mit Leder beziehen
XW4	Knopf für Lichtschalter mit Leder beziehen
XW5	Knopf für Scheibenwischer/Intervallschaltung und Armaturenbeleuchtung mit Leder beziehen
XW6	Rosette für Knöpfe Türinnenverriegelung mit Leder beziehen
XW7	Rosette für Warnsummer mit Leder beziehen
XW8	Abdeckkappen für Türgarnierleisten mit Leder beziehen
XW9	Abdeckleiste für Schweller links und rechts mit Leder beziehen

Sonderausstattungen von Porsche Exclusive

Code	Beschreibung
XX1	Fußmatten vorne mit Schriftzug „Porsche" oder „Exclusive"
XX2	Fußraumbeleuchtung für Fahrer- und Beifahrerseite
XX3	Türtaschenbeleuchtung links und rechts
XX6	Einsatz für Schalthebelknopf mit Leder beziehen, Schaltschema Leder geprägt
XX7	Fahrzeug auf 7x und 9x16"-Felgen umrüsten

Sonderausstattungen von Porsche Exclusive

Code	Beschreibung
XZ4	Rosette für Handschuhkastenschloss mit Leder beziehen
XZ5	Innenraumsensor in Leder
XZ6	Rechte Frischluftdüse in Leder
XZ7	Außenspiegelverstellhebel und Einfassungen in Leder

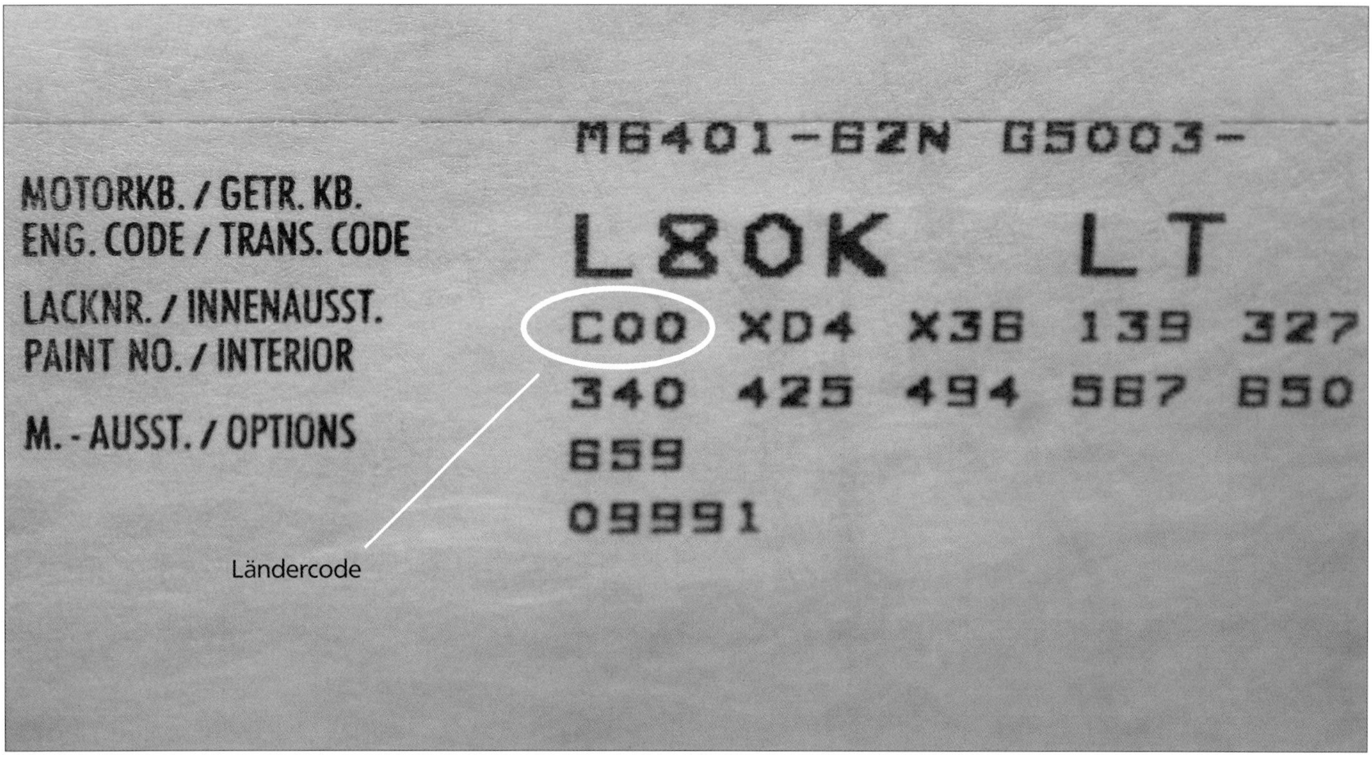

Mit dem Kürzel „C00" weist dieses Typschild ein frühes Exemplar eines Carrera C2 Coupé aus, das im Modelljahr 1992 produziert wurde.

(Foto: Holger Scheller, „Der Porsche-Code")

Ländercodes

Diese Liste der Ländercodes verrät, für welches Land das jeweilige Fahrzeug ursprünglich gefertigt wurde.
Den Ländercode findet man lediglich auf dem Aufkleber unter der Kofferraumhaube und im Wartungsheft, weitere Einzelheiten hierzu entnehmen Sie **Kapitel 2**.

Die nachstehende Liste entspricht dem Stand vom 10. Januar 2002, wie von der Abteilung VAT1/Vertrieb After Sales Technik von Porsche veröffentlicht.

Ländercodes

Code	Land
C00	Deutschland
C02	Restliche USA (ab 1991 USA insgesamt)
C03	Kalifornien
C04	Puerto Rico
C05	Frankreich
C06	Französische Kolonien
C07	Italien
C08	Japan (Linkslenker)
C09	Schweden
C10	Schweiz
C11	Österreich
C12	Dänemark
C13	Finnland
C14	Taiwan
C15	Hongkong
C16	Großbritannien
C17	Britisches Militär in Deutschland

Ländercodes

Code	Land
C18	Japan (Rechtslenker)
C19	Luxemburg
C20	Niederlande
C21	Norwegen
C22	Belgien
C23	Australien
C24	Neuseeland
C26	Südafrika
C27	Spanien
C28	Griechenland
C31	Saudi-Arabien
C32	Golfstaaten
C36	Kanada
C69	Frankreich (vor 1986)
C72	Schweiz (vor 1986)
C99	Sonderausführung

Farben und Lackierungen

Lackierungen

Serienmäßige Lackierungen (1989-1994)

Code	Farbe
12G	Speed-gelb (ab Mj. 93)
22C	Muranogrün
22R	Minzgrün
22S	Signalgrün
347	Dunkelblau
38B	Maritimblau
39D	Amarantviolett (ab Mj. 94)
39E	Rivierablau (ab Mj. 94)

Serienmäßige Lackierungen (1989-1994)

Code	Farbe
548	Apricotbeige
60M	Leinen
700	Schwarz
719	Schwarz (ab Mj. 93)
80K	Indischrot
82N	Sternrubin
908	Grand-Prix-Weiß

Sonderlackierungen (1989-1994)

Code	Farbe
10L	Fly-Yellow
22D	Schiefer-Metallic
22E	Tannengrün-Metallic
22L	Oakgrün-Metallic
23F	Schiefer-Metallic*
23I	Wimbledongrün-Metallic
25C	Türkis-Metallic
25H	Libelltürkis-Metallic
35U	Venezianischblau
35V	Marineblau-Metallic
37B	Taubenblau-Metallic
37E	Veilchenblau-Metallic
37U	Cobaltblau-Metallic
37W	Nachtblau-Metallic
37X	Horizontblau-Metallic
37Z	Amazonasgrün-Metallic
38A	Amethyst-Metallic

Sonderlackierungen (1989-1994)

Code	Farbe
38W	Lavendelblau-Metallic
39A	Amazonasgrün Pearl*
39C	Nachtblau Pearl*
39G	Viola-Metallic (ab Mj. 94)
39N	Irisblau-Metallic (ab Mj. 94)
39R	Aventuragrün-Metallic (ab Mj. 94)
39Z	Amazonasgrün-Metallic
40L	Cognacbraun-Metallic
40M	Vesuvgrau-Metallic
550	Leinen-Metallic
554	Paladio-Metallic
693	Steingrau-Metallic
697	Diamantblau-Metallic
729	Satinschwarz-Metallic
738	Schwarz-Metallic (bis Mj. 92)
744	Schwarz-Metallic
746	Schwarz-Metallic (ab Mj. 93)

Sonderlackierungen (1989-1994)

Code	Farbe
81K	Lachssilber-Metallic
81L	Samtrot-Metallic
82H	Korallenrot-Metallic
83E	Himbeerrot-Metallic
83K	Amethyst-Metallic*
83W	Wimbledongrün-Metallic
84R	Arenarot-Metallic
92A	Zermattsilber-Metallic
92E	Polarsilber-Metallic

Felgenfarben

Code	Farbe
61M	Silber-Metallic

Verdeckfarben

Jahr	Farben
1990	Schwarz, Mahagoni, Blau, Burgunderrot
1991	Schwarz, Mahagoni, Blau, Burgunderrot

Verdeckfarben

Jahr	Farben
1992	Schwarz, Magenta, Dunkelblau, Kobaltblau
1993	Schwarz, Magenta, Dunkelblau, Kobaltblau, Klassischgrau
1994	Schwarz, Magenta, Dunkelblau, Kobaltblau, Klassischgrau

Sonderlackierungen (1989-1994)

Code	Farbe
92M	Polarsilber-Metallic*
92T	Arktissilber-Metallic
980	Silber-Metallic
9898	Sonderfarbe aus vorhergehender Porsche-Serie
9999	Sonderfarbe nach Farbmuster vom Kunden
990	Silber-Metallic
998	Sonderfarbe von früheren 911 (Farbe nach Muster)
999	Sonderfarbe nach vom Kunden beigestelltem Muster

Hinweis:
** bezeichnet wasserbasierte Farben, wie sie von Porsche ab 1991 im Produktionsprozess verwendet wurden.*

Eine der klassischen Porsche-Farben seit vielen Jahren: 80K – Indischrot lautet das Farbschild an diesem Porsche 964.

(Foto: Holger Scheller, „Der Porsche-Code")

Innenraumfarben

Das Thema Innenraumfarben ist sehr komplex. Jedes Teil hat seine eigenen Farben und Codes, die hier zusammengefasst sind.
Ein Aufkleber innen an der Kofferraumhaube gibt Auskunft über die Ausstattung mittels des so genannten Innenausstattungscode, der aus zwei Buchstaben besteht, z. B. BH, UF, XX oder TS. Mit Hilfe der zwei Buchstaben kann man alle dreistelligen Kennungen der einzelnen Ausstattungsteile des jeweiligen Fahrzeugs errechnen. Die decodierten Daten kann man nur von den Porsche-Händlern der jeweils betroffenen Länder erhalten, denn sie sind auf bestimmte Fahrgestellnummern bezogen. Die folgenden Innenausstattungskombinationen und die Codes dazu bieten aber ausreichend Gewähr für ihre Richtigkeit.

Hinweis:
Diese zweibuchstabigen Codes tauchen auch auf den Bestellformularen für jedes Modell und Modelljahr auf. Je nach Modell und Modelljahr kann eine Buchstabenkombination völlig unterschiedliche Bedeutungen haben.

Die Codes aus drei Buchstaben wurden im Jahr 1991 eingeführt, vorher wurde eine Kombination aus Ziffern und Buchstaben verwendet.

Keder-Codes

Code	Farben
1MJ	Burgunderrot-Weiß
4TN	Kaschmirbeige-Weiß
4WJ	Leinen-Weiß
6LN	Mahagoni-Weiß
7BN	Schwarz-Weiß
8GJ	Blau-Weiß

Teppich-Codes

Code	Farbe
2XF	Leinen
3KM	Venezianischblau

Teppich-Codes

Code	Farbe
3WT	Schiefergrau
4KV	Blau
4XR	Klassischgrau
4ZN	Kobaltblau
5FV	Schwarz
5MF	Mahagoni
5PV	Schwarz (für Kofferraum)
5UM	Karamel
6YR	Hellgrau
7VT	Seidengrau
8AS	Rubikongrau
8MD	Burgunderrot
8UT	Kaschmirbeige
8WZ	Magenta
9MT	Samtrot
D13	Carreragrau
D50	Florentinergrau
J23	Forstgrün
K20	Wimbledongrün
M10	Rhodamin
M33	Matadorrot

Vollleder-Codes

Code	Farbe
4YU	Kaschmirbeige
6XL	Klassischgrau
6YL	Magenta
8YR	Schwarz
8ZL	Hellgrau
9YL	Kobaltblau
C35	Mattschwarz
D35	Carreragrau
E38	Rubikonrot

Vollleder-Codes

Code	Farbe
HO5	Blau
J25	Forstgrün
KZ2	Schwarz
LG7	Burgunderrot
MO5	Matadorrot
TS1	Blau
TV1	Mahagoni
TW1	Leinen
UD5	Karamell
UD6	Venezianischblau
XN4	Kaschmirbeige
XN6	Samtrot
XN7	Schiefergrau
ATH	Schwarz

Leder-Stoff-Codes

Code	Farbe
XP6	Schwarz und Seidengrau
XP4	Blau und Kaschmirbeige
XP1	Schwarz und Kaschmirbeige
TV9	Burgunderrot und Leinen
TV8	Mahagoni und Leinen
TV7	Blau und Leinen
TV6	Schwarz und Leinen
ATQ	Schwarz und Kaschmirbeige
ATM	Schwarz und Hellgrau
AST	Magenta und Hellgrau
ART	Kobaltblau und Hellgrau
APT	Klassischgrau und Hellgrau
CJL	Dunkelgrau und Perlgrau
CJX	Hellgrau und Dunkelgrau

Vollkunstleder-Codes

Code	Farbe
05T	Schwarz
1KX	Blau
1MX	Mahagoni
2WJ	Klassischgrau
3MK	Burgunderrot
4WY	Magenta
9ZH	Kobaltblau

Kunstleder-Stoff-Codes

Code	Farbe
XP2	Blau und Kaschmirbeige
XN8	Schwarz und Kaschmirbeige
TT6	Burgunderrot und Leinen
TT5	Mahagoni und Leinen
TT4	Blau und Leinen
TT3	Schwarz und Leinen
ATK	Schwarz und Hellgrau
ASR	Magenta und Hellgrau
ARR	Kobaltblau und Hellgrau
APR	Klassischgrau und Hellgrau

Dachhimmelfarben

Code	Farbe
1KX	Blau
1MX	Mahagoni
1SY	Rubikongrau
2YR	Kobaltblau
4WH	Klassischgrau
5VW	Magenta
700	Schwarz
8LC	Burgunderrot

Hinweis:
Rubikongrau war zunächst nur für den 911 Anniversary erhältlich. Einmal eingeführt, konnte der Farbton nunmehr in den Modelljahren 1993 und 1994 über Porsche Exclusive für jedes 964-Modell bestellt werden.

Formteile, Einfassungen und Innenausstattung

Code	Farbe
01C	Satinschwarz
70C	Rallyeschwarz (nur für die Verkleidungen im Speedster)
70K	Schwarz

Sitze und Gurte

Ledersitze mit Mittelteil in Nadelstreifen-Velours

Code	Farben
LS5	Schwarz mit Schwarz und Weiß
LS9	Burgrunderrot mit Burgunderrot und Weiß
TR1	Blau mit Blau und Weiß
TU1	Mahagoni mit Mahagoni und Weiß
XF5	Leinen mit Leinen und Weiß
XF8	Kaschmirbeige mit Kaschmirbeige und Weiß

Leder mit Mittelteil in Stoff

Code	Farben
XG9	Burgunderrot mit Burgunderrot
XG8	Blau mit Blau
XG7	Mahagoni mit Mahagoni
XG6	Schwarz mit Schwarz
XG5	Kaschmirbeige mit Kaschmirbeige
XF7	Leinen mit Leinen
BQJ	Blau mit Blau
ATW	Kaschmirbeige mit Kaschmirbeige
ATJ	Schwarz mit Schwarz
ASJ	Magenta mit Magenta
AQU	Kobaltblau mit Kobaltblau
AQT	Klassischgrau mit Klassischgrau
AQJ	Hellgrau und Hellgrau

Leder mit Porsche-Schriftzug in Stoff

Code	Farbe
XF9	Kaschmirbeige mit Kaschmirbeige
XF6	Leinen mit Leinen
TU3	Mahagoni mit Mahagoni
TR3	Blau mit Blau
QB8	Burgunderrot mit Burgunderrot
QB2	Schwarz mit Schwarz

Leder mit Porsche-Schriftzug in Stoff

Code	Farbe
BQL	Blau mit Blau
ATU	Kaschmirbeige mit Kaschmirbeige
ATD	Schwarz mit Schwarz
ASG	Magenta mit Magenta
ARG	Kobaltblau mit Kobaltblau
AQG	Hellgrau mit Hellgrau
APG	Klassischgrau mit Klassischgrau

Leder/Kunstleder mit Mittelteil in Nadelstreifen-Velours

Code	Farben
PY1	Schwarz/Schwarz mit Schwarz und Weiß
PY4	Burgunderrot/Burgunderrot mit Burgunderrot und Weiß
TU4	Mahagoni/Mahagoni mit Mahagoni und Weiß
TR4	Blau/Blau mit Blau und Weiß
XH2	Leinen/Leinen mit Leinen und Weiß
XH7	Kaschmirbeige/Kaschmirbeige mit Kaschmirbeige und Weiß

Leder/Kunstleder mit Mittelteil in Stoff

Code	Farben
XJ7	Burgunderrot/Burgunderrot mit Burgunderrot
XJ5	Blau/Blau mit Blau
XJ3	Mahagoni/Mahagoni mit Mahagoni
XJ2	Schwarz/Schwarz mit Schwarz
XH9	Kaschmirbeige/Kaschmirbeige mit Kaschmirbeige
XH6	Leinen/Leinen mit Leinen
ATL	Kaschmirbeige/Kaschmirbeige mit Kaschmirbeige
ATF	Schwarz/Schwarz mit Schwarz
ASF	Magenta/Magenta mit Magenta
ARF	Kobaltblau/Kobaltblau mit Kobaltblau
AQF	Hellgrau/Hellgrau mit Hellgrau
APF	Klassischgrau/Klassischgrau mit Klassischgrau

Leder/Kunstleder mit Porsche-Schriftzug in Stoff

Code	Farben
XH8	Kaschmirbeige/Kaschmirbeige mit Kaschmirbeige
XH4	Leinen/Leinen mit Leinen
TU6	Mahagoni/Mahagoni mit Mahagoni
TR6	Blau/Blau mit Blau
QA1	Burgunderrot/Burgunderrot mit Burgunderrot
PZ7	Schwarz/Schwarz mit Schwarz
BQM	Blau/Blau mit Blau
ATR	Kaschmirbeige/Kaschmirbeige mit Kaschmirbeige
ATA	Schwarz/Schwarz mit Schwarz
ASD	Magenta/Magenta mit Magenta
ARD	Kobaltblau/Kobaltblau mit Kobaltblau
AQD	Hellgrau/Hellgrau mit Hellgrau
APD	Klassischgrau/Klassischgrau mit Klassischgrau

Leder/Kunstleder ohne Stoffanteil

Code	Farben
JN3	Schwarz/Schwarz
TV2	Mahagoni/Mahagoni

Kunstleder mit Mittelteil in Nadelstreifen-Velours

Code	Farben
NY5	Schwarz mit Schwarz und Weiß
NY8	Burgunderrot mit Burgunderrot und Weiß
TR7	Blau mit Blau und Weiß
TU7	Mahagoni mit Mahagoni und Weiß
XK2	Leinen mit Leinen und Weiß
XK5	Kaschmirbeige mit Kaschmirbeige und Weiß

Kunstleder mit Mittelteil in Stoff

Code	Farben
XN2	Burgunderrot mit Burgunderrot
XN1	Blau mit Blau
XK9	Mahagoni mit Mahagoni

Kunstleder mit Mittelteil in Stoff

Code	Farben
XK8	Schwarz mit Schwarz
XK7	Kaschmirbeige mit Kaschmirbeige
XK4	Leinen
ASN	Magenta mit Magenta
AQV	Kobaltblau mit Kobaltblau
AQP	Klassischgrau mit Klassischgrau
AQN	Hellgrau mit Hellgrau

Kunstleder mit Porsche-Schriftzug in Stoff

Code	Farben
XK6	Kaschmirbeige mit Kaschmirbeige
XK3	Leinen mit Leinen

Hinweis:
Für die Sitze gab es noch viel mehr Farbkombinationen. Die hier genannten sind die am häufigsten vorkommenden. Die Farbkombinationen beziehen sich auch auf Sitzkissen und die Rücksitze.

Kunstleder mit Porsche-Schriftzug in Stoff

Code	Farben
TU9	Mahagoni mit Mahagoni
TR9	Blau mit Blau
PX6	Burgunderrot mit Burgunderrot
PX2	Schwarz mit Schwarz
ASM	Magenta mit Magenta
ARM	Kobaltblau mit Kobaltblau
AQM	Hellgrau mit Hellgrau
APM	Klassischgrau mit Klassischgrau

Kunstleder mit Cordstoff

Code	Farben
CJE	Schwarz mit Schwarz (nur für RS America)

Sicherheitsgurte

Code	Farbe
70B	Schwarz
H04	Rivierablau
N13	Guardsrot
V02	Speedgelb

Als Basis für das geplante Rallye-Paris-Dakar-Projekt mit dem 959 entstanden bei Porsche unter der Bezeichnung 911 SC 4x4 (Typ 953) drei Exemplare eines überarbeiteten 911 mit Allradantrieb.

Das aus dem Arrows Team hervorgegangene Footwork Arrows Team setzte in der Saison 1991 nicht nur mit einem 12-Zylinder-Porsche-Triebwerk befeuerte Formel-1-Wagen ein (Fahrer: Michele Alboreto und Alex Caffi), sondern auch einen 964.

Dem im englischen Banbury beheimatete Prodrive-Team gelang im Jahr 1984 mit dem Franzosen René Metge und seinem Beifahrer Dominic Lemoyne ein Überraschungserfolg bei dieser legendären Marathonrallye.

Konrad Motorsport setzte in der Saison 1994 in Le Mans einen Carrera RSR 3.8 ein. Von der 43. Startposition aus ins Rennen gegangen, belegten Cor Euser (NL), Matjaz Tomlje (SLO) und Patrick Huisman (NL) nach 24 Stunden mit 50 Runden Rückstand auf den siegreichen Porsche 962 des Le Mans Porsche Teams den 10. Gesamtrang.

Einer dieser drei 225 PS starken und 210 km/h schnellen Technologieträger steht heute in den USA. (Foto: Darren Fink)

Mit dem Fahrertrio Pierre Yver (F) / Jack Leconte (F) / Jean-Luc Chéreau (F) kam der Carrera RSR des Société Larbre Compétition Teams in der 1994er Ausgabe des Langstreckenklassikers an der Sarthe leider nicht ins Ziel: Ausfall aufgrund eines Unfalls.

Anhang C:
Fehlercodes

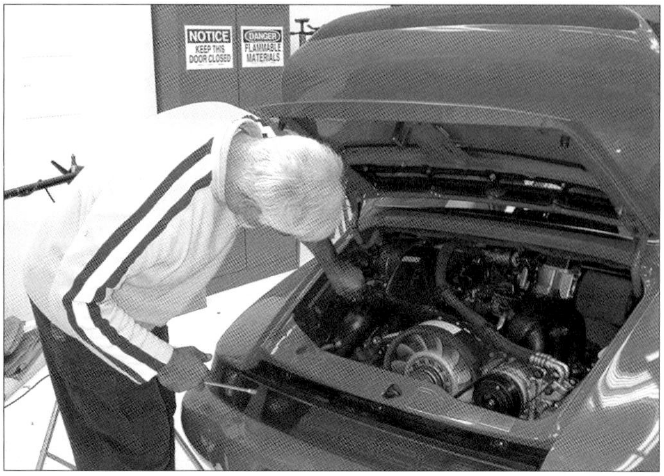

Der 964 ist zwar hinsichtlich der verbauten Elektronik im Vergleich zu den jüngeren 911-Generationen eher einfach ausgestattet, aber Probleme in diesem Bereich können gerade Hobby-Schrauber schnell verzweifeln lassen.

Tabellen

Wie man Fehlercodes liest

Nur sehr wenige 964-Besitzer verfügen über die Testausrüstung für Motor und Getriebe. Aber nicht selten kann ein Club-Kamerad mit technischem Equipment weiterhelfen. Für dieses Szenario finden Interessierte im Folgenden eine Auflistung möglicher Fehleranzeigen.
Gleichwohl verfügen die für die USA bestimmten, ab Mai 1990 (Beginn des dortigen Modelljahres 1991) gebauten Fahrzeuge meist über eine Motorkontrolllampe. Diese liefert die blinkenden Zeichen, die normalerweise über das Bosch-Testgerät 9268 ausgeworfen werden. Die Angaben dazu können den Fahrern dieser Fahrzeuge also auf jeden Fall weiterhelfen.
Bei der Tiptronic ist die Fehlerauslesung nur über das Tiptronic-Steuergerät und den Diagnosestecker möglich. Die Motorkontrolllampe zeigt diese Defekte nicht an.

Bosch 9268-Testgerät mit Blinkanzeige

Das mit Blinkanzeige arbeitende Bosch-Testgerät kann an den 19-poligen Stecker im rechten Fußraum angeschlossen werden. Dazu wird das Adapterstück 9268/2 benötigt.

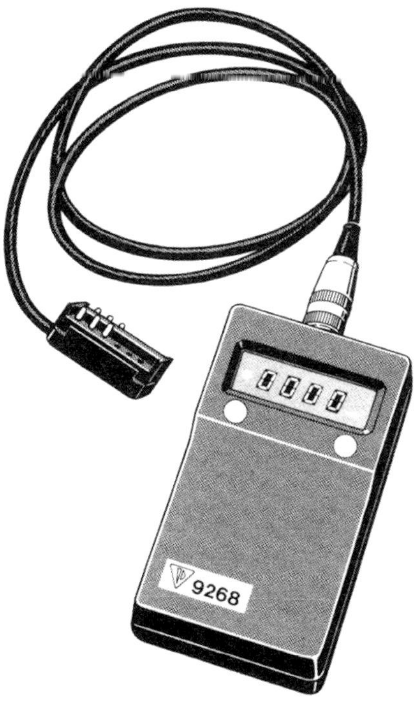

Das Bosch-Testgerät 9268 kann dauernde („harte") und vorübergehende („weiche") Defekte feststellen. Es zeigt sie mittels Blinkzeichen an, deren Bedeutung weiter unten in diesem Anhang erklärt wird.

Bosch 9288-Testgerät

Das Bosch-Testgerät 9288, als „Hammer" bekannt, kann direkt an den Diagnosestecker angeschlossen werden.

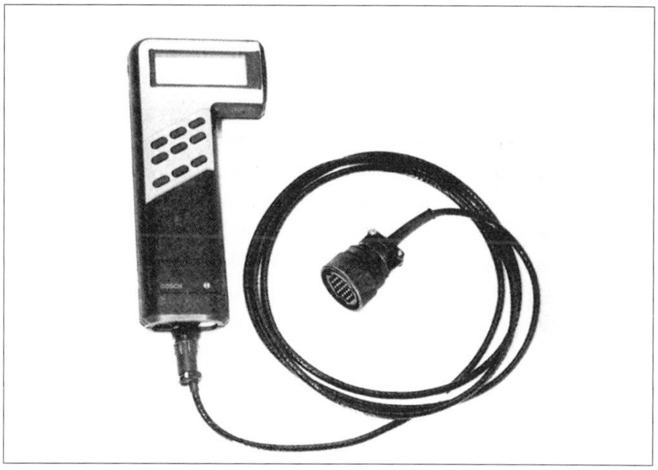

Vorsicht:
Anschließen und Abziehen müssen jeweils bei abgestellter Zündung erfolgen.

Das Gerät liest keine Codes aus, sondern übersetzt sie bereits in Textform und zeigt diese an. Beispiel: „Leerlaufkontakt unterbrochen" oder „Ausfall Signal Lambdasonde".

Das Bosch-Testgerät 9288 kann über den Diagnosestecker auch aktuelle Motor-Parameter ablesen, und zwar:
- Temperatur der Ansaugluft
- Zündzeitpunkt
- Spannung der Lambdasonde
- Code der Version
- Leerlaufregelwert
- Motortemperatur
- Motordrehzahl
- Spannung des zur Verfügung stehenden Stroms
- Signal des Luftmengenmessers
- Lastsignal

Hinweis:
Die Diagnose erfordert mindestens die Modulversion 2.0 für das Testgerät 9288. Die Diagnose kann bei stehendem Motor, aber eingeschalteter Zündung durchgeführt werden oder bei bis 2000/min drehendem Motor.

Motorcodes

Fehlercodes für „harte" Defekte

Fehlercodes für harte, also dauerhafte Motorfehler werden auf der blinkenden Anzeige des Testgeräts 9268 ausgewiesen oder über die Motorkontrolllampe. Dabei sind:

Fehlercodes für „harte" Defekte

Bosch 9268	Bosch 9288 („Hammer")
1500	Kein Defekt
1111	Stromversorgung defekt
1112	Leerlaufkontakt Massefehler
1115	Leerlaufkontakt Unterbrechung
1113	Volllastkontakt Massefehler
1114	Motortemperaturfühler
1121	Luftmengenmesser
1122	Leerlaufregelung
1123	Lambdasonden-Regulierung beendet
1124	Lambdasonde falsches Signal
1125	Lufteinlasstemperaturfühler
1131	Klopfsensor 1
1132	Klopfsensor 2
1133	Klopfsensor-Steuereinheit (im Motor-Steuergerät)
1134	Hallsensor
1141	Steuergerät oder Chip ausgetauscht
1143	Tankentlüftungsventil
1144	Resonanzklappe
1145	Motor-Kontrolllampe
1151	Einspritzventil 1
1152	Einspritzventil 2
1153	Einspritzventil 3
1154	Einspritzventil 4
1155	Einspritzventil 5
1156	Einspritzventil 6

Fehlercodes für „weiche" Defekte

Fehlercodes für weiche, also vorübergehende Motorfehler, werden auf der blinkenden Anzeige des Testgeräts 9268 ausgewiesen oder über die Motorkontrolllampe.

Beim Bosch-Testgerät 9288 werden diese Fehler in zwei Gruppen mit unterschiedlichem Zusatz angezeigt.

- Bei der einen Gruppe lautet der Zusatz: „Fehler existiert nicht" (bedeutet: Ein Kontakt ist locker),
- bei der anderen „Signal nicht plausibel" (Signal außerhalb des zu erwartenden Toleranzbereichs).

Fehlercodes für „weiche" Defekte

Bosch 9268	Bosch 9288 („Hammer")
1211	Vorübergehend Spannungsversorgung defekt
1212	Vorübergehend Leerlaufkontakt Massefehler
1215	Vorübergehend Leerlaufkontakt Unterbrechung
1213	Vorübergehend Volllastkontakt Massefehler
1214	Vorübergehend Motortemperaturfühler
1221	Vorübergehend Luftmengenmesser
1222	Vorübergehend Leerlaufsteuerung
1223	Vorübergehend Lambdasonden-Regulierung beendet
1224	Vorübergehend Lambdasonde falsches Signal
1225	Vorübergehend Lufteinlasstemperaturfühler
1231	Vorübergehend Klopfsensor 1
1232	Vorübergehend Klopfsensor 2
1233	Vorübergehend Klopfsensor-Steuereinheit (im Motor-Steuergerät)

Fehlercodes für „weiche" Defekte

Bosch 9268	Bosch 9288 („Hammer")
1234	Vorübergehend Hallsensor
1243	Vorübergehend Tankentlüftungsventil
1244	Vorübergehend Resonanzklappe
1245	Vorübergehend Motor-Kontrollleuchte
1251	Vorübergehend Einspritzventil 1

Fehlercodes für „weiche" Defekte

Bosch 9268	Bosch 9288 („Hammer")
1252	Vorübergehend Einspritzventil 2
1253	Vorübergehend Einspritzventil 3
1254	Vorübergehend Einspritzventil 4
1255	Vorübergehend Einspritzventil 5
1256	Vorübergehend Einspritzventil 6

Tiptronic

Die in der Tabelle angezeigten Tiptronic-Fehlercodes sind vom Bosch 9268-Testgerät mit Blinkanzeige abzulesen, beim Bosch-Testgerät 9288 wird der Fehler in Textform angezeigt. Ist das Bosch 9288-Testgerät angeschlossen, sind nur Kontroll-Fehlercodes zugänglich.

Fehlercodes für Tiptronic-Defekte

Bosch 9268	Bosch 9288 („Hammer")
11	Nicht plausibles Signal
13	Spannung für Antriebsverbindungen
14	Spannung für Fühler
21	Drehzahlsignal vom Motor-Steuergerät
22	Lastsignal vom Motor-Steuergerät
23	Drosselklappenpotentiometer
24	Veränderung der Zünd-Steuerzeiten
31	Magnetventil 1
32	Magnetventil 2
33	Magnetventil Drehmomentwandler-Kupplung
34	Druckregler
35	Wählhebelschalter
36	Getriebedrehzahlsensor
37	Getriebetemperaturfühler

Fehlercodes für Tiptronic-Defekte

Bosch 9268	Bosch 9288 („Hammer")
38	Wählhebelschalter (für Anlassen)
42, 43, 44	Tiptronic-Steuergerät defekt
45, 46	Zurückschalt-Schutz im Drehzahlbegrenzer
51	Schalter für manuelles Programm
52	Gangwechsel-Schalter
53	Kickdown-Schalter
54	Querbeschleunigungssensor
55	Geschwindigkeitssignal 1 (ABS)
56	Signaleingang Kombi-Instrument
57	Relais Getriebeölkühler
59	Schalter R-Position
60	Relais für Rückfahrlicht

Quellennachweis und Danksagung

Quellennachweis und Danksagung

Nicht alle Beiträge zu diesem Buch stammen von 964-Fahrern.
(Foto: Porsche AG)

Die Erlaubnis zur Nutzung der von Porsche veröffentlichten Reparaturhinweise wurde erteilt von Herrn Walter Bohn-Dumele, Abt. VAT1, Ludwigsburg.

Bücher, Handbücher, Zeitschriften:
Kundendienstinformation 911 Carrera 4 (1989); Porsche AG
Kundendienstinformation 928 von Porsche AG
Kundendienstinformation 911 Turbo (1991); Porsche AG
Kundendienstinformation 911 Turbo (1993); Porsche AG
Kundendienstinformation 911 Carrera RS; Porsche AG
Kundendienstinformation Airbagsystem; Porsche AG
Kundendienstinformation Tiptronic (1990); Porsche AG
Werkstatthandbuch Carrera 2 und **4**; Porsche AG
Werkstatthandbuch 911 Turbo (1991); Porsche AG
Werkstatthandbuch 911 Turbo (1993); Porsche AG
Betriebsanleitung 911 Carrera 2 und **4** (1990, deutsche Ausgabe); Porsche AG
Betriebsanleitung 911 Carrera 2 und **4** (1990, US-Ausgabe); Porsche AG
Betriebsanleitung 911 Carrera 2 und **4** sowie **Turbo** (1993, US-Ausgabe); Porsche AG
Ersatzteilkatalog 911 Carrera 2 und **4** sowie **Turbo**; Porsche AG
Verkaufsprospekte zum 964 von 1989 bis 1994; Porsche AG
Historisches Archiv Porsche AG, Herr Jens Torner
Hinweise zum Porsche 964 über www.alldata.com
Porsche Carrera 964 1989-1994 Technical Data „Without Guesswork"; Bentley Publishers Inc.
Werkstatthandbuch Porsche 911 Carrera; Bentley Publishers Inc.
www.rennist.com, weltgrößtes Forum für Porsche-Fahrer
www.porsche964.co.uk, britisches Forum für 964-Fahrer von John Miles
Christophorus; Porsche AG
auto motor und sport
911 and Porsche World; britische Zeitschrift
auto-illustrierte; schweizerische Automobilzeitschrift
Touring – Magazin des Touring Club of Switzerland
Original Porsche 911, 2. Auflage; Peter Morgan
Porsche 911 Red Book 1965-1999; Patrick C. Paternie
Bosch Fuel Injection and Engine Management; Charles O. Probst, SAE (Bentley Publishers Inc.)
Porsche 911 Gold Portfolio 1990-1997; Brooklands Books
Porsche Typenatlas; Marc Bongers
Turbo- und Kompressormotoren; Hack/Langkabel
Das große Porsche-Buch; Ingo Seiff
Bosch Component Identification Glossary; Bosch
Pulling ABS Codes; Larry Carley
About ABS; Ken Pratte

Danksagung

An alle, die zu diesem Werk beigetragen haben.

Besondere Beiträge
Alan und Barbara Betts (USA), besonders enge Freunde, die von Anfang an viel Unterstützung leisteten; ihre Großzügigkeit wird unvergessen bleiben.

Bruce Anderson (USA)
Historisches Archiv Porsche AG, Herr Jens Torner (D)
Porsche AG, Abteilung VAT, Herr Walter Bohn-Dumele (D)
Porsche AG International, PR-Abteilung, Herr Michael Schimpke (D)
Elji – Frog und Coyote (F)
James Moder (D)
Jeff Curtis (USA)
Jim Schrager (USA)
John Dunkle (USA)
John Miles (GB)
Larry Turner (USA)
Michael Perlmutter (USA) stellte Bentley Publishers seinen Carrera 4 für Untersuchungen und Fotos zur Verfügung.
Philip Raby (GB), 911 and Porsche World
Sir Malcolm Guthrie B.T. (GB), großzügige Unterstützung, ein außergewöhnliches Vorwort und die Widmung
Stef Scheepers, Präsident der deutschen Sektion des Porsche Club of America
Stephanie Streather, Powerpoint-Präsentation dieses Buchs
Stephen Taylor (GB), Ermutigung und Unterstützung
Tom Sharpes (USA), Idee zu diesem Buch

Fotos

Alle in diesem Buch abgedruckten Fotografien wurden ausdrücklich für diese Veröffentlichung freigegeben.

Hinweis:
Dieses Buch wendet sich an den Autoliebhaber. Einige Fotos konnten nicht in bester Qualität wiedergegeben werden. Einige wurden trotz ihrer weniger guten Qualität wegen ihrer Relevanz oder der Seltenheit in dieses Buch aufgenommen.